存储器科学与技术丛书

忆阻器导论

缪向水　李　祎　孙华军　薛堪豪　编著

科学出版社
北　京

内 容 简 介

本书在全面阐述忆阻器的基本理论、发展历史及趋势的基础上,从忆阻器材料体系、器件设计及集成工艺等方面系统论述忆阻器的物理机制、器件模型和实现方法,并详细介绍忆阻器在可编程模拟电路、类脑神经形态计算,以及非易失性逻辑运算等新兴信息存储与处理融合领域的重要应用,最后对忆阻与其他物理效应耦合的多功能器件的未来发展前景进行探讨。

本书可供微电子、材料、凝聚态物理、电路与系统、自动化、人工智能、计算机和神经生物学等领域及相关行业进行忆阻器理论、材料、器件研究及应用的科研、工程技术人员和高等院校的师生学习。

图书在版编目(CIP)数据

忆阻器导论/缪向水等编著. —北京:科学出版社,2018.3
(存储器科学与技术丛书)
ISBN 978-7-03-056687-4

Ⅰ.①忆… Ⅱ.①缪… Ⅲ.①非线性电阻器 Ⅳ.①TM54

中国版本图书馆 CIP 数据核字(2018)第 042335 号

责任编辑:魏英杰 / 责任校对:郭瑞芝
责任印制:赵 博 / 封面设计:陈 敬

科学出版社 出版
北京东黄城根北街 16 号
邮政编码:100717
http://www.sciencep.com

中煤(北京)印务有限公司印刷
科学出版社发行 各地新华书店经销
*

2018 年 3 月第 一 版 开本:720×1000 B5
2025 年 4 月第五次印刷 印张:28
字数:562 000
定价:180.00 元
(如有印装质量问题,我社负责调换)

《存储器科学与技术丛书》编委会

顾问：干福熹院士　叶朝辉院士　郝跃院士　刘明院士　黄如院士
主编：缪向水
编委：（按姓氏汉语拼音排序）
　　　方　粮（国防科技大学）
　　　冯　丹（华中科技大学）
　　　康晋锋（北京大学）
　　　李润伟（中国科学院宁波材料技术与工程研究所）
　　　林殷茵（复旦大学）
　　　刘益春（东北师范大学）
　　　钱　鹤（清华大学）
　　　任天令（清华大学）
　　　施路平（清华大学）
　　　宋志棠（中国科学院上海微系统与信息技术研究所）
　　　孙志梅（北京航空航天大学）
　　　谭小地（北京理工大学）
　　　万　青（南京大学）
　　　吴谊群（中国科学院上海光学精密机械研究所）
　　　谢长生（华中科技大学）
　　　张怀武（电子科技大学）
　　　张　卫（复旦大学）
　　　赵巍胜（北京航空航天大学）
　　　周益春（湘潭大学）

FOREWORD

If It's Pinched It's A Memristor

I would like to congratulate the authors of this excellent and timely introductory book, especially on the 3 additional basic circuit elements called the memristor, the memcapacitor, and the meminductor, which I postulated in the seventies, via an "axiomatic approach".

Following is a succinct writeup which I believe constitutes the foundation of this currently very active research topic.

1. Experimental Definition

The simplest and yet most general definition of a memristor is that it exhibits a v-i characteristic consisting of a hysteresis loop which passes through the origin $(v,i)=(0,0)$, when driven by a sinusoidal (or any periodic current or voltage signal with zero DC component) current source $i(t)$, or voltage source $v(t)$, with "any" amplitude, and "any" frequency.

Such a multi-valued v-i characteristic is called a "pinched hysteresis loop". The shape and size of the pinched hysteresis loop depend on both the amplitude and frequency of the periodic input signal.

The positive and negative "lobe" (corresponding to the positive and negative half cycle of the sine wave) of each pinched hysteresis loop may intersect not only itself, but also the horizontal axis representing the input signal.

However, they may NOT intersect the vertical axis representing the dependent variable.

2. Genealogy of Memristors

In increasing order of generality, the class of memristors defined in Eq. (1-11) or Eq. (1-14) is called "ideal memristors". Any ideal memristor can be transformed into a mathematically different but equivalent class of memristors called "ideal generic memristors". They are in fact "ideal memristor siblings" because they exhibit "identical" odd-symmetric pinched hysteresis loops when driven by the same current, or voltage input signals. A broader class of memristors called "generic memristors" is characterized by a memristance (resp., memductance) which depends on one or more state variables, whose pinched hysteresis loop need not be odd symmetric. The most general class of memristors called "extended Memristors" is characterized by a memristance (resp. memductance) which depend on both the input current (resp. voltage) and one or more state variables.

It is easy to identify which of the above 4 classes summarized in Fig. 2.3 does a physical memristor device belong by making the following sets of simple measurements:

Apply a voltage source with a sinusoidal waveform $v(t) = A\sin\omega t$ across the physical memristor and observe the associated pinched hysteresis loop in the i vs. v plane over a range of frequency ω with "fixed" amplitude A. As the frequency ω increases, my theory of memristors predicts that the area of each lobe will decrease continuously and eventually shrink to a continuous "single-valued" loci beyond some frequency $\omega*$. If this limiting loci is a "curve", and "not" a straight line, then the memristor device is an "Extended" Memristor.

In contrast, if the limiting loci at $\omega = \omega*$ is a "straight line" passing through the origin, and whose "slope" changes as the amplitude A is increased, then the memristor device is a "generic" memristor.

In the special case where the "slope" of the limiting straight line at $\omega = \omega*$ does "not" change as one increases the amplitude A, then the memristor device is an "ideal generic memristor".

In this case, a plot of the "charge" (obtained by integrating the memristor current $i(t)$ over one time period) vs. the "flux" (obtained by integrating the sinusoidal memristor voltage $v(t) = A\sin\omega t$) of the memristor "must" give a continuous single-valued curve, namely, the "constitutive relation" of an equivalent "ideal memristor".

3. Non-Volatile and Volatile Memristors

A memristor is said to be "non-volatile" if it exhibits at least two distinct memristances (resp., memductances) when the memristor terminals are either open circuited, or short circuited. Such memristors retained the value of their memristance (resp., memductance) just before opening, or shorting, their terminals, without the need of a power supply.

While all ideal memristors, and their siblings are non-volatile, many generic and extended memristors are volatile.

For example, both the potassium and sodium ion-channel memristors in the

Hodgkin-Huxley circuit model are "volatile" memristors.

4. Passivity, Activity, Local Passivity, and Local Activity Properties

A memristor is said to be "passive" if its pinched hysteresis loop associated with "any" periodic input signal with zero DC component (e. g. , sine waves) lies only in the 1st and the 3rd quadrants of the v-i plane. Otherwise, it is said to be "active".

Since an "active" memristor behaves like a "power source" where $v(t) i(t) <$ 0 at all times t when the pinched hysteresis loop is located in the 2nd quadrant, or in the 4th quadrant, of the v-i plane, an active memristor must be endowed with a built-in power supply, such as a radio-active source, a solar cell, or an additional pair of wires connected to some external source of power.

A memristor is said to be "locally passive" at a DC equilibrium point Q where $(\delta v(t))(\delta i(t)) > 0$ for "any" associated "small-signal" pair $(\delta v(t), \delta i(t))$ measured at Q.

Otherwise, it is said to be "locally active" at Q.

A memristor (biased at a DC "Equilibrium Point" Q) which is locally-active at Q can be used to function as a "small-signal" power amplifier, an oscillator, or as a generator of "action potentials" (spikes). For example, both the potassium ion-channel memristor, and the sodium ion-channel memristor, in the classic Hodgkin-Huxley circuit model are "locally active" -they are powered by the potassium battery connected in series with the potassium ion-channel memristor, and the sodium battery connected in series with the sodium ion-channel memristor, respectively.

In contrast, a "synaptic" memristor modelled by a monotonically-increasing flux vs. charge curve is "locally-passive", capable of storing information indefinitely (for all times), without a power supply.

The above power-related properties of memristors are mutually exclusive.

For example:

① A synaptic memristor is passive and locally passive;

② The sodium ion-channel memristor in the Hodgkin-Huxley circuit model is passive but locally active;

③ The memristor used in the simplest 3-element circuit described in Fig. 2. 19(a) for generating chaos is active and locally active.

The above terse summary of the 4 classes of memristors are delineated in the first two chapters of this timely book. An in-depth understanding of these two chapters is essential for conducting research on the subject described in the ensuing chapters.

Leon O. Chua
University of California, Berkeley
January 2016

前　言

在当今信息化时代,集成电路技术是整个信息技术及信息社会的核心基础。随着 CMOS 逻辑和存储器件尺寸不断缩小,并逐渐逼近物理极限,集成电路技术"摩尔定律"的延续也将遭遇困境。同时,传统的信息存储与处理分离的计算机系统架构以及信息系统架构也遇到"冯·诺依曼瓶颈"、"存储墙"等一系列技术的挑战。是否有新型信息器件给信息技术的发展带来革命性的突破,一直以来都是萦绕在学术界和产业界人们心头的梦想。

忆阻器被认为是电阻、电感和电容之外的第四种电路基本元件,且被视为下一代非易失性存储器技术,具有高速、低功耗、易集成,以及与 CMOS 工艺兼容等优势,能够满足下一代高密度信息存储和高性能计算对通用型电子存储器的性能需求。同时,忆阻器能够实现非易失性状态逻辑运算和类脑神经形态计算功能,在单个器件中融合信息存储与计算,可作为未来信息存储与计算融合的非图灵计算模型和非冯·诺依曼计算体系架构的核心基础器件,在大数据时代超高密度信息存储、超高性能计算和类脑人工智能等重大战略领域中具有里程碑的意义和基石的作用。

忆阻器研究涉及微电子、凝聚态物理、材料学、电路与系统、计算机、自动化、人工智能和神经生物学等多学科领域,属于新兴交叉学科研究。目前,国外忆阻研究正蓬勃发展,国内许多大学和研究机构也开展了卓有成效的研究工作,取得了一些不输国外同行的优秀研究成果,然而国内尚无系统地、全面地展现从忆阻器基本理论、材料与器件到各方面应用的前沿进展的学术著作。

基于我们多年来从事忆阻器研究的相关成果和心得体会,本书首先介绍忆阻器的概念及其发展沿革,阐述其理论体系和物理实现,并重点介绍在信息存储、模拟电路、类脑神经形态计算、逻辑运算和多功能耦合器件领域的应用原理和最新进展。同时,深入讨论其对未来信息存储与计算融合的非冯·诺依曼计算体系结构研究的推动作用。本书力求将较为完整的忆阻器基础知识和研究全貌展示给读者,期望对读者掌握忆阻器基础知识、理清忆阻器研究中的关键科学技术问题有所助益。

全书共 8 章。第 1 章介绍忆阻器相关基本概念及其发展历史,概述其研究现状,分析其发展趋势,特别是忆阻器研究在中国的发展。第 2 章系统阐述忆阻器的定义、分类及数学模型等基本理论,并描述由忆阻衍生出的记忆元件系统(忆容、忆感)的基本概念及其物理实现。第 3 章综述忆阻器的材料体系、电阻转变物理机制,并着重介绍第一性原理计算在探究忆阻机制中发挥的重要作用。第 4 章主要介绍忆阻器的制备工艺及几种重要忆阻器集成结构。第 5 章主要介绍几种典型的忆阻器 SPICE 模型,以及忆阻器在模拟电路中的应用。第 6 章突出介绍基于忆阻器的类脑神经形态计算,包括仿生神经元和神经突触器件的原理,长短期记忆、联想学习等认知功能的实现,以及忆阻神经网络及其在模式识别领域的重要应用。第 7 章详细介绍基于忆阻器的非易失性实质蕴涵逻辑、时序逻辑、数字电路、可编程架构的实现方法,探讨存储与计算融合的并行计算架构。第 8 章重点介绍各类基于忆阻器的的多功能耦合器件,包括磁耦合器件、光耦合器件、超导耦合器件、柔性忆阻器件、铁电耦合器件及其物理机制。

感谢参与本书工作的周亚雄、段念、许磊、王卓睿、闫鹏、刘念、钟应鹏、钟姝婧、姜磊、陈建文、陆家豪、孙康、张涛、卢珂、程龙、武泽翰等研究生。

特别致谢"忆阻器之父"加州大学伯克利分校蔡少棠(Leon O. Chua)教授一直以来对我们忆阻器研究的关切和帮助。在本书写作过程中,蔡教授不厌其烦地与我们沟通,对忆阻理论进行释疑,并在百忙之中为本书撰写序言,我们感到非常荣幸!

本书涉及的部分研究成果是作者在国家国际科技合作项目、国家自然科学基金项目、国家高技术发展研究计划(863 计划)项目和华中科技大学的支持下完成的,在此表示感谢!

限于作者水平,书中难免有不妥之处,敬请专家和读者谅解、指正。

2016 年 3 月
于华中科技大学

目 录

FOREWORD
前言
第1章 绪论 ··· 1
  1.1 基本电路元件 ·· 1
  1.2 忆阻器的重要概念 ·· 2
    1.2.1 忆阻器的原始定义 ·· 2
    1.2.2 忆阻系统 ·· 5
    1.2.3 广义忆阻器理论 ··· 6
  1.3 忆阻器的物理实现 ·· 10
    1.3.1 忆阻器的器件结构 ·· 10
    1.3.2 忆阻器的电阻转变特性 ··································· 11
    1.3.3 惠普 TiO_2 忆阻器的发现 ······························· 12
  1.4 基于忆阻器的信息存储及其与处理融合应用 ············· 14
    1.4.1 非易失性存储器 ··· 14
    1.4.2 非易失性逻辑运算 ·· 16
    1.4.3 类脑神经形态计算 ·· 16
  1.5 忆阻器研究在中国 ·· 18
  参考文献 ·· 20
第2章 忆阻器理论 ·· 26
  2.1 忆阻器的数学模型 ·· 26
    2.1.1 理想型忆阻器 ··· 29
    2.1.2 理想通用型忆阻器 ·· 31
    2.1.3 通用型忆阻器 ··· 40
    2.1.4 拓展型忆阻器 ··· 43
    2.1.5 忆阻器的 V-I 特性 ······································ 45
    2.1.6 POP 断电图 ·· 50
    2.1.7 直流 V-I 图 ·· 55
    2.1.8 连续记忆忆阻器 ··· 66
    2.1.9 小结 ·· 70
  2.2 忆容 ··· 71

2.2.1　忆容系统的定义 ……………………………………………… 71
　　2.2.2　忆容系统的实现 ……………………………………………… 73
2.3　忆感 …………………………………………………………………… 78
　　2.3.1　忆感系统的定义 ……………………………………………… 78
　　2.3.2　忆感系统的实现 ……………………………………………… 79
2.4　记忆特性的共存 ……………………………………………………… 81
参考文献 …………………………………………………………………… 82

第 3 章　忆阻器材料及物理机制 …………………………………………… 86
3.1　忆阻材料 ……………………………………………………………… 86
　　3.1.1　二元金属氧化物 ……………………………………………… 87
　　3.1.2　钙钛矿结构氧化物 …………………………………………… 93
　　3.1.3　固态电解质材料 ……………………………………………… 95
　　3.1.4　硫系化合物半导体材料 ……………………………………… 95
　　3.1.5　有机材料 ……………………………………………………… 96
3.2　无机忆阻物理机制 …………………………………………………… 97
　　3.2.1　电化学金属化机制 …………………………………………… 97
　　3.2.2　价态转变机制 ………………………………………………… 100
　　3.2.3　热化学机制 …………………………………………………… 103
　　3.2.4　纯电子效应 …………………………………………………… 103
3.3　有机忆阻物理机制 …………………………………………………… 107
　　3.3.1　导电丝忆阻机制 ……………………………………………… 107
　　3.3.2　金属有机框架材料忆阻 ……………………………………… 108
3.4　第一性原理计算 ……………………………………………………… 110
　　3.4.1　对忆阻转变机理的研究 ……………………………………… 111
　　3.4.2　对特定导电细丝结构的预测 ………………………………… 119
　　3.4.3　掺杂对忆阻特性影响的研究 ………………………………… 121
　　3.4.4　对忆阻材料选择的研究 ……………………………………… 125
　　3.4.5　对实验分析的指导作用 ……………………………………… 127
　　3.4.6　忆阻机理第一性原理计算的展望 …………………………… 129
参考文献 …………………………………………………………………… 130

第 4 章　忆阻器工艺与集成 ………………………………………………… 141
4.1　纳米尺寸忆阻器单元 ………………………………………………… 141
　　4.1.1　忆阻器单元的制备工艺 ……………………………………… 141
　　4.1.2　忆阻器的微缩能力 …………………………………………… 149
4.2　忆阻器集成 …………………………………………………………… 155

4.2.1　忆阻器集成工艺 ································· 155
　　4.2.2　阵列中的漏电流问题 ····························· 156
　　4.2.3　1T1R 结构 ······································ 157
　　4.2.4　1D1R 结构 ······································ 164
　　4.2.5　1S1R 结构 ······································ 170
　　4.2.6　互补式忆阻器 ··································· 184
　　4.2.7　自整流忆阻器 ··································· 193
　　4.2.8　三维集成 ······································· 199
　参考文献 ··· 205

第 5 章　忆阻器在模拟电路中的应用 ························· 213
5.1　理想 SPICE 模型 ····································· 213
　　5.1.1　边界迁移模型 ··································· 214
　　5.1.2　突触活动依赖可塑性模型 ························· 217
5.2　双极性阈值行为模型 ································· 224
　　5.2.1　Pershin 模型 ··································· 224
　　5.2.2　Biolek 模型 ···································· 227
5.3　紧凑模型 ··· 229
　　5.3.1　导电丝紧凑模型 ································· 229
　　5.3.2　导电丝紧凑模型验证 ····························· 232
5.4　忆阻器可编程模拟电路设计 ··························· 236
　　5.4.1　忆阻器一端接地的可编程电路 ····················· 237
　　5.4.2　利用电阻分压的忆阻器可编程电路 ················· 239
　　5.4.3　忆阻器的通用编程模块 ··························· 242
　　5.4.4　基于运算放大器的忆阻器编程模块 ················· 243
5.5　忆容与忆感的电路模型 ······························· 246
　参考文献 ··· 248

第 6 章　忆阻器在类脑神经形态计算中的应用 ················· 251
6.1　神经形态计算研究背景 ······························· 251
6.2　基于忆阻器的神经元 ································· 253
　　6.2.1　Hodgkin-Huxley 神经元的忆阻模型 ················ 254
　　6.2.2　基于忆阻器件的神经元电路 ······················· 257
6.3　基于忆阻器的电子突触 ······························· 260
　　6.3.1　单忆阻器电子突触 ······························· 263
　　6.3.2　桥式忆阻突触电路 ······························· 266
　　6.3.3　时序依赖突触可塑性 ····························· 268

6.3.4　频率依赖突触可塑性 279
6.4　联合学习的功能和实现 283
6.5　长短期记忆 292
　　6.5.1　生物长短期记忆固化模型 292
　　6.5.2　忆阻器的记忆遗忘曲线 293
6.6　基于忆阻的人工神经网络 301
　　6.6.1　基于忆阻器的模式识别 301
　　6.6.2　基于忆阻器的脉冲神经网络 307
参考文献 313

第 7 章　忆阻器在逻辑运算中的应用 322
7.1　布尔逻辑运算 322
　　7.1.1　忆阻器实质蕴涵逻辑 323
　　7.1.2　忆阻器时序逻辑 332
7.2　非易失性触发器 344
7.3　存储与计算融合的忆阻架构 349
　　7.3.1　冯·诺依曼架构的现状与挑战 349
　　7.3.2　基于忆阻器的非冯·诺依曼并行架构 350
参考文献 355

第 8 章　基于忆阻器的多功能耦合器件 360
8.1　磁耦合忆阻器件 360
　　8.1.1　ZnO 基稀磁半导体材料阻变控磁研究 361
　　8.1.2　其他材料阻变控磁研究 373
　　8.1.3　磁耦合忆阻器件 380
8.2　光耦合忆阻器件 384
　　8.2.1　阻变过程对光学性能的调节 385
　　8.2.2　光照对器件阻值的调节 388
8.3　超导耦合忆阻器件 391
8.4　柔性忆阻器件 394
　　8.4.1　结构、分类、材料与性能指标 394
　　8.4.2　柔性忆阻器件研究进展 397
8.5　铁电耦合忆阻器件 418
参考文献 428

第 1 章 绪 论

忆阻器作为第四种无源基本电路元件,能够实现 0、1 信息存储功能,具有高速、低功耗、易集成、结构简单,以及与 CMOS 工艺兼容等优势,既能满足下一代高密度信息存储和高性能计算对通用型电子存储器的性能需求,又能实现非易失性状态逻辑运算和类脑神经形态计算功能。忆阻器在单个器件中融合了存储与计算功能,因此成为未来信息存储与计算融合的非冯·诺依曼计算体系架构的核心基础器件。

本章首先介绍传统电路理论中的基本电路元件,引入忆阻器及更广义忆阻系统的基本概念。然后,简要介绍忆阻器的基本结构及其电阻转变特性,综述忆阻器在几大重要应用领域的发展现状和趋势,如信息存储、逻辑运算和类脑神经形态计算等。最后,介绍忆阻器研究在中国的发展历程和现状。

1.1 基本电路元件

电路理论是现代信息技术的基础,计算机系统、通信系统、控制系统和电力系统等都是由实际基本电路构成。从实际电路抽象出理想电路模型,就是把构成实际电路的元器件和设备抽象成电路元件的组合体[1]。

理想的基本电路元件是构造电路模型的最基本单元,应该具有三个重要特性,即二端元件、可以通过电压和电流按数学方式描述、不能被分解为其他元件[2]。

一般认为,存在五个理想的基本电路元件,即电阻、电容、电感、电压源和电流源。电阻、电容和电感是无源基本电路元件,电压源和电流源则是有源基本电路元件。无源元件和有源元件的区别在于,前者不能产生电能量,而后者是可以产生电能量的元件。利用以上基本电路元件,就可以构建庞大而复杂的各种电路及系统。

电路的特性可以由电路的物理量来描述。电路中涉及的物理基本变量有电流 i、电压 v、电荷 q 和磁通量 φ,它们分别对应电磁场中的磁场强度 H、电场强度 E、电位移 D 和磁感应强度 B。然而,在理解忆阻器的基本概念时,读者请勿将 φ 理解为磁感应强度与面积的乘积,而应按数学形式将其理解为"电压对时间的积分"的一种简称。事实上,在忆阻器领域中若将 φ 称为 "integrated voltage" 就能避免许多混淆。由于"磁通量"一词较为简短,且在某些特殊情况下 φ 的确可以等同于物理上的磁通量,所以我们仍沿用"磁通量"或"通量"的名词来指代 φ,只需着重强调本书中的 φ 一般与磁学或磁性并无关系。电路元件就是由以上四个基本变量之间不同的代数关系来定义的。四个变量共有六种成对的组合。其中，有两种组合 (q,i) 和 (φ,v) 表征电荷与电流、磁通量与电压之间的普遍规律，即

$$i = \frac{\mathrm{d}q}{\mathrm{d}t} \tag{1-1}$$

$$v = \frac{\mathrm{d}\varphi}{\mathrm{d}t} \tag{1-2}$$

电流 i 和电压 v 之间的关系则定义了一种基本电路元件——电阻，可以用 R 来表示，即

$$R = \frac{v}{i} \tag{1-3}$$

这一关系可以用 v-i 平面上一条确定的曲线来表述。这条曲线称为电阻元件的伏安特性曲线。

电荷 q 和电压 v 之间的关系也定义了一种基本电路元件——电容，可以用 C 来表示，即

$$C = \frac{q}{v} \tag{1-4}$$

这一关系可以用 q-v 平面上一条确定的曲线来表述。这条曲线称为电容元件的库伏特性曲线。

磁通量 φ 和电流 i 之间的关系则定义了传统电路理论中认为的最后一种基本无源电路元件——电感，可以用 L 来表示，即

$$L = \frac{\varphi}{i} \tag{1-5}$$

这一关系可以用 φ-i 平面上一条确定的曲线来表述。这条曲线称为电感元件的韦安特性曲线。

到这里，读者可能会产生疑问，最后一种两个基本变量之间的代数关系组合 (q,φ) 又代表什么物理意义呢？这是传统电路理论中没有讲述和无法解答的问题。

1.2　忆阻器的重要概念

1.2.1　忆阻器的原始定义

传统电路理论中的三种无源基本元件可以由电流、电压、电荷和磁通量四种基本变量之间的代数关系推演出来。

1971 年，加州大学伯克利分校的蔡少棠教授从电路理论完备性角度，以 Memristor——The missing circuit element 为题发文预测除电阻、电容和电感之外，还存在第四种遗失的无源基本电路元件，表征电荷和磁通量之间的关系，并将其命名

为忆阻器(memristor),用 M 表示[3]。他证明,忆阻器是一种非线性电阻,器件的电阻值能够随输入电流或电压的历史而发生变化,也就是说,能够通过电阻值的变化记忆流经的电荷或磁通。这也是忆阻器英文名称的由来,由 memory 和 resistor 两个单词组合而成。

四种无源基本电路元件及其关系如图 1.1 所示[4]。

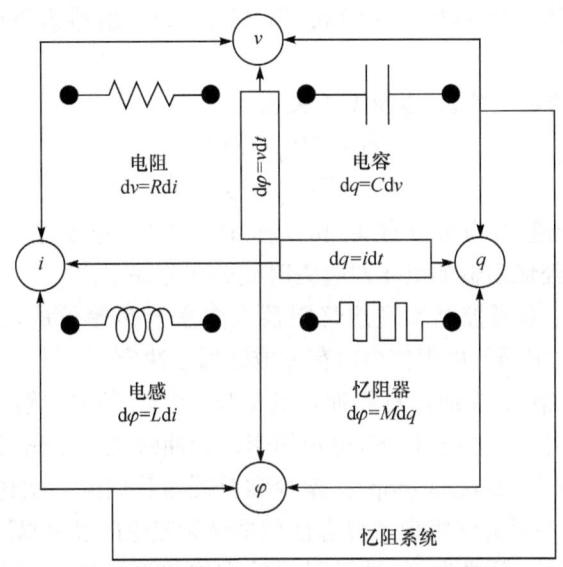

图 1.1　四种无源基本电路元件及其关系[4]

蔡少棠教授提出,对于任意时刻 t,φ 与 q 之间也应该存在如下函数关系,即
$$f(\varphi,q,t)=0 \tag{1-6}$$
如果在任意时刻 t,φ 可以写成 q 的单值函数,即
$$\varphi=\hat{\varphi}(q,t) \tag{1-7}$$
其中,$\hat{\varphi}$ 是分段连续且斜率有界的函数,则可定义 φ 与 q 之间的关系为
$$\mathrm{d}\varphi=M(q(t))\mathrm{d}q \tag{1-8}$$
式中,M 表示忆阻值。

由图 1.1 可知下式,即
$$\mathrm{d}\varphi=v(t)\mathrm{d}t \tag{1-9}$$
$$\mathrm{d}q=i(t)\mathrm{d}t \tag{1-10}$$
将式(1-9)和式(1-10)代入式(1-8),可得下式,即
$$v(t)=M(q(t))i(t) \tag{1-11}$$
这表明,忆阻 M 是与电阻具有共同量纲的物理量,数值上等于某一时刻施加在忆阻器两端的电压与流经电流之比。

在任一时刻 t,忆阻 M 的值依赖于过去流经该器件的电荷总量 q,即由流经忆阻器的电流对过去时间的积分决定。因此，忆阻器是一种具有电荷记忆功能的非线性电阻。像这种单纯由 φ 和 q 的关系推出，忆阻值 M 由 q 决定的忆阻器，称为电荷控制型理想忆阻器。

同理，φ 和 q 的关系可以写成如下函数，即

$$q = \hat{q}(\varphi) \tag{1-12}$$

其中，$\hat{q}$ 是分段连续且斜率有界的函数，称其定义的忆阻器为磁通控制型理想忆阻器。

这类忆阻器的定义关系，以及 V-I 关系为

$$dq = W(\varphi(t))d\varphi \tag{1-13}$$

$$i(t) = W(\varphi(t))v(t) \tag{1-14}$$

其中，W 表示忆导值，与电导具有共同的量纲；W 的值依赖于过去流经该器件的磁通总量 φ，即由流经忆阻器的电压对过去时间的积分决定。

电荷控制型与磁通控制型理想忆阻器在数学上是等价的，具有相同的外部 V-I 特性。理想忆阻器的电阻值由电荷 q 或磁通 φ 决定。

如果对理想忆阻器施加任意周期性的电压（电流）信号，然后将激励电压（电流）和相应的响应电流（电压）作图，得到的李萨如曲线是一个斜"8"字形的紧捏型迟滞回线（pinched hysteresis loop）。蔡少棠教授与我们经多次讨论，将其简写为"捏滞回线"，以统一对此忆阻现象标志性判据尚无定论的多种描述。

以电荷控制型忆阻器为例，设忆阻器的本构关系可以表示为三次非线性函数[5]，即

$$\varphi = q + \frac{1}{3}q^3 \tag{1-15}$$

如图 1.2(a)所示，其中左上角为忆阻器的电路符号。

给忆阻器施加一个幅值 $A=1$、频率 $\omega=1$ 的正弦电流信号，即

$$\begin{cases} i(t) = A\sin\omega t, & t \geqslant 0 \\ i(t) = 0, & t < 0 \end{cases} \tag{1-16}$$

假设 $t=0$ 时，初始电荷量 $q_0 = q(0) = 0$，式(1-16)对时间 t 积分，可得任意 t 时刻的电荷量为

$$q(t) = \int_0^t A\sin\omega\tau \, d\tau = \frac{A}{\omega}(1 - \cos\omega t), \quad t \geqslant 0 \tag{1-17}$$

将式(1-17)代入式(1-15)，得到的磁通量为

$$\varphi(t) = \frac{A}{\omega}(1 - \cos\omega t)\left[1 + \frac{1}{3}\left(\frac{A^2}{\omega^2}\right)(1 - \cos\omega t)^2\right] \tag{1-18}$$

取磁通量对 t 的微分可以得到下式，即

$$v(t)=A\left[1+\frac{A^2}{\omega^2}(1-\cos\omega t)^2\right]\sin\omega t \tag{1-19}$$

将$(i(t),v(t))$关系在 V-I 平面内作图,就可以得到如图 1.2(b)所示的捏滞回线。图 1.2(c)和图 1.2(d)分别是 i、q、v 和 φ 随时间 t 的曲线。

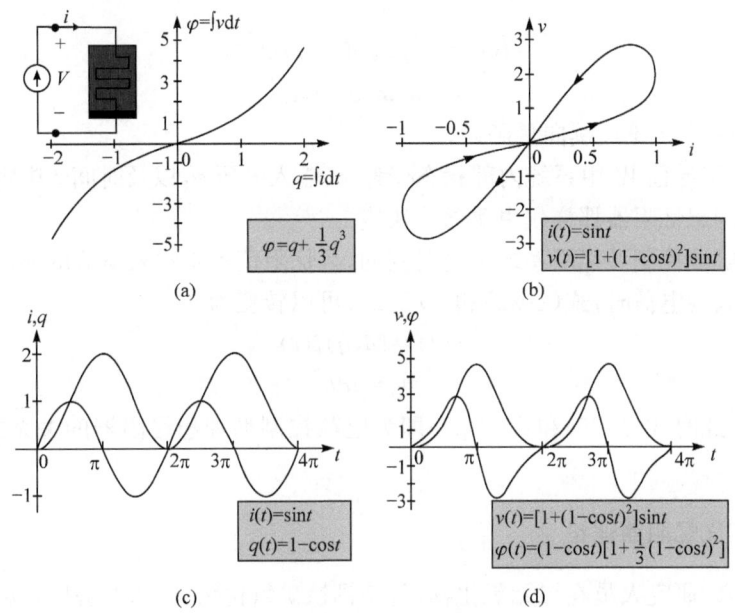

图 1.2　忆阻器的符号、本构关系及其捏滞回线[5]

1.2.2　忆阻系统

1976 年,蔡少棠教授又将忆阻器的概念进一步推广为不限域于 φ-q 关系的忆阻系统,认为 1.2.1 节定义的理想忆阻器是忆阻系统的一个特例[6]。

忆阻系统的定义满足如下关系式,即

$$\dot{x}=f(x,i(t),t) \tag{1-20}$$
$$y(t)=g(x,u(t),t)u(t) \tag{1-21}$$

其中,$u(t)$ 和 $y(t)$ 分别为系统的输入信号和输出信号;x 为系统的 n 阶状态参量;t 为时间。

当输入信号 $u(t)$ 为 0 时,输出信号 $y(t)$ 也为 0,这种经过坐标原点的图形,在系统输入、输出信号间的捏滞回线关系中得到自证。

根据定义,电流控制型忆阻系统的输入输出关系为

$$v(t)=M(x,i(t),t)i(t) \tag{1-22}$$
$$\dot{x}=g(x,i(t),t) \tag{1-23}$$

其中，x 表示一个 n 维向量，每一个分量都是系统的内部状态变量；g 是一个 n 维连续向量函数。

此时，忆阻值 M 由系统内部状态变量 x、输入电流 i，以及时间 t 决定，不像电荷控制型理想忆阻器那样仅由电荷 q 决定。同理，电压控制型忆阻系统的输入输出关系为

$$i(t) = W(x, v(t), t) v(t) \tag{1-24}$$
$$x = h(x, v(t), t) \tag{1-25}$$

其中，h 是一个 n 维连续向量函数。

此时，忆导值 W 由系统内部状态变量 x、输入电压 v，以及时间 t 决定，不像磁通控制型理想忆阻器那样仅由磁通 φ 决定。

如果电流控制型忆阻系统不是时变的，且忆阻值不是输入电流的显函数，内部状态变量只为电荷时，式(1-22)和式(1-23)可以转变为

$$v(t) = M(q) i(t) \tag{1-26}$$
$$\mathrm{d}q = i \mathrm{d}t \tag{1-27}$$

可以发现，此时式(1-26)和式(1-27)即为电荷控制型理想忆阻器的关系式(1-11)和式(1-10)。

1.2.3 广义忆阻器理论

近年来，研究人员在二元氧化物、复杂钙钛矿氧化物、固态电解质材料、非晶碳材料、有机高分子材料等各种材料和器件中都发现捏滞回线这一特征现象，器件能够在高阻态和低阻态之间发生可逆的转变。研究人员将这些器件都称为忆阻器或具有忆阻特性的器件[7]，并针对不同材料，提出各异的物理机制来解释其忆阻特性，如氧空位迁移导致的导电通道形成和断裂、界面势垒调制、活性电极金属化反应导致的金属导电通道的形成和断裂、注入载流子的捕获和释放，以及金属-绝缘体转变机制等[8]。

目前世界上大部分研究者主要研究器件的准静态电学特性，并没有严格地证明他们研究的器件符合忆阻数学理论或模型。这一方面源于忆阻理论自身也在不断改进完善，另一方面在于研究人员对于忆阻理论的数学模型并未完全接受。

基于此，蔡少棠教授 2011 年撰文提出，不管何种阻变材料或者何种物理机制，二端器件只要能展现出捏滞回线这一特征，就是忆阻器[5]。之后又于 2013 年总结了忆阻器的三条简单判据[9]。

① 在双极性周期性电信号的激励下，器件在 V-I 平面的电特性为一个捏滞回线。

② 当电信号扫描频率增大时，捏滞回线的波瓣面积持续减小。

③ 当扫描频率趋近无穷大时，捏滞回线将收缩为一条单值函数。

图 1.3 是神经元中钾离子通道忆阻器的捏滞回线及其频率特性[9]。当正弦信号扫描频率为 100Hz 时,器件表现出一条明显的过零点 8 字形回线;当频率逐渐增大至 10kHz 时,器件电特性已经接近为一条直线,退化为纯电阻系统。该判据也应用在非晶态掺锶锰酸镧(a-LSMO)等忆阻器研究中(图 1.4),器件的忆阻特性随着频率的增加而逐渐减弱[10]。

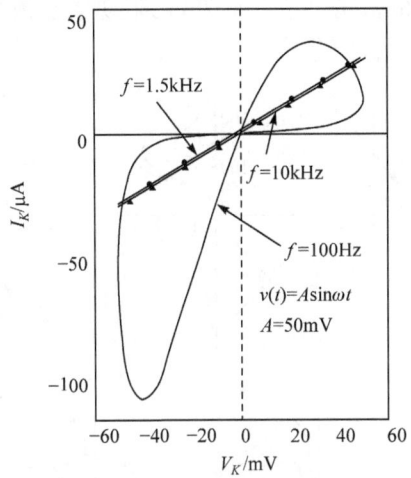

图 1.3　钾离子通道忆阻器的捏滞回线及其频率特性[9]

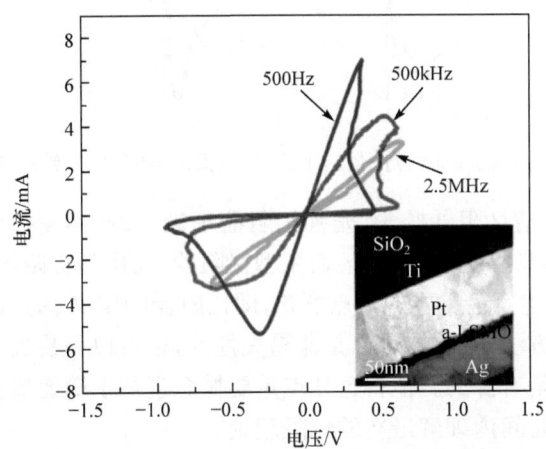

图 1.4　2.5MHz、500kHz 和 500Hz 周期性三角波激励下
Ag/a-LSMO/Pt 忆阻器的伏安特性曲线[10]

除了在电子器件中发现符合忆阻数学模型和判据的捏滞回线特性,忆阻作为最基本的电路元件特性,理应普适性地出现在更多的物体之中。

2012 年,英国帝国理工学院的 Prodromakis 和蔡少棠教授等在 *Nature Materials*

撰文提出忆阻器现象的最早记录可追溯到两个世纪以前,钨丝灯、高压汞气灯、低压水银管、电弧放电管,以及钠灯的电特性都表现出忆阻现象,如图 1.5 所示[11]。英国人 Davy 在 1801 年做的碳弧放电实验被认为是第一个人造忆阻器[11,12],这甚至早于 1827 年欧姆公开发表电阻及 1831 年法拉第公开发表电感。气体放电灯的电特性也被证明符合上述的忆阻器判据[13]。第一个无线电检波器、固态二极管等被陆续认为属于忆阻器的范畴[14,15]。此外,忆阻现象也被用来描述在植物和生物神经元突触中的一些电学行为[16-18]。

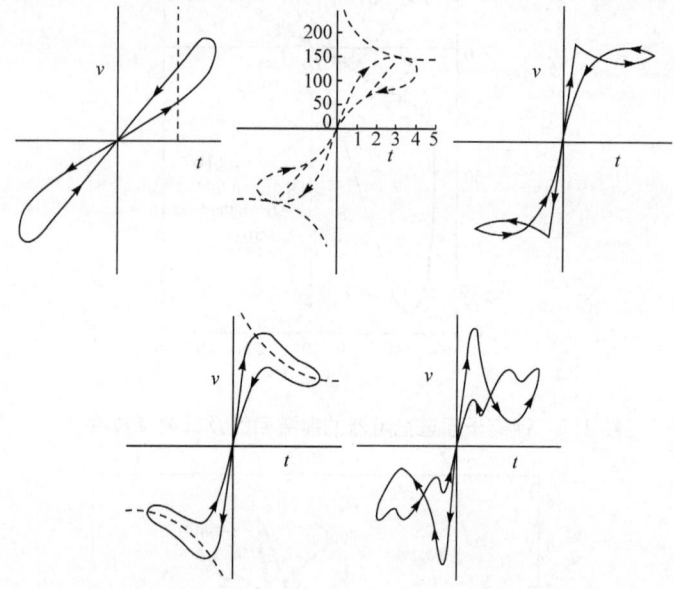

图 1.5 钨丝灯、高压汞气灯、低压水银管、电弧放电管,以及钠灯的电特性[11]

为了进一步理清忆阻器概念,完善忆阻器理论,2015 年蔡少棠教授长篇撰文将忆阻器分类为理想型忆阻器、理想通用型忆阻器、通用型忆阻器和拓展型忆阻器四类[19],并详细阐述了最重要的几点概念,即忆阻器的定义、忆阻器分类的数学原理,及其实验判别方法;忆阻器可以是非易失性的,也可以是易失性的;忆阻器可以是无源的,也可以是有源的。他将这几点重要概念进行了简要概括,作为本书的序言,以供读者在短时间内理解最新的忆阻理论。

这些概念不少与读者印象中的忆阻器概念不符合,同时也跳出了前文所述的忆阻器经典概念,这种突破也是科学理论发展的必然。因此,我们不厌其烦的在下面赘述一次,读者也可以结合下章内容进一步加深理解。

(1) 忆阻器的实验定义

忆阻器最简单通常的定义是当被任意幅值、任意频率的正弦(或任意零直流分量的周期电流或电压信号)电流源 $i(t)$ 或电压源 $v(t)$ 激励的时候,其伏安特性曲线是过原点$(v,i)=(0,0)$的。这样一个多值的伏安特性被称为捏滞回线。捏滞回线的形状和大小由周期性输入信号的幅值和频率决定。

每个捏滞回线的正、负两个波瓣（对应的是正弦曲线正、负两个半周期）不但会被自身截断，还会被代表输入的横轴截断。然而，它可能不会被代表因变量的纵轴截断。

（2）忆阻器系谱

按照定义由窄到宽来分类，1971年蔡少棠教授定义的一类忆阻器被称为理想忆阻器。任意理想忆阻器可以通过变换得到数学形式不同，但是等价的一类忆阻器，称为理想通用型忆阻器。由于它们在相同电流或电压输入信号的驱动下拥有完全相同的奇对称捏滞回线，它们实际上是理想忆阻器衍生类。更广义的一类忆阻器被称为通用型忆阻器，其忆阻（或对应的忆导）由一个或更多状态变量决定，因此其捏滞回线也不需要是奇对称的。最广义的一类忆阻器被称为拓展型忆阻器（广义忆阻器），其忆阻（或忆导）由输入电流（或电压）和一个或更多状态变量同时决定，大部分报道的忆阻器应归属于这一类广义忆阻器，如自旋忆阻器、相变存储器、热敏电阻、神经元中离子通道等。

在实际的物理器件中，上述四类忆阻器很容易通过如下的简单测试来区分。

给一个忆阻物理器件施加波形为$v(t)=A\sin\omega t$的正弦电压信号，固定幅值A并调整频率ω，观察对应伏安平面的捏滞回线。当频率ω增加时，每一波瓣面积都会逐渐减小，当超过频率ω^*时趋近极限，捏滞回线将最终变成一条"单值"的轨迹。如果这条极限轨迹是曲线而非直线，这个忆阻器件就是拓展型忆阻器。

与此相反，如果$\omega=\omega^*$处的极限轨迹是条过零点的直线，且其斜率随幅值A的增加而改变，那么这个忆阻器就是通用型忆阻器。

在特殊情况下，如果$\omega=\omega^*$处的极限轨迹是条过零点的直线，且其斜率不随幅值A的增加而改变，那么这个忆阻器就是理想通用型忆阻器。

在满足理想通用型忆阻器的情况下，电荷量（由对一段时间内忆阻器电流$i(t)$的积分得到）-磁通（由对正弦电压$v(t)=A\sin\omega t$积分得到）关系是连续单调函数，这就是等效理想忆阻器的本构关系。

以上的简单测试验证方法，对材料和器件研究人员是非常便捷有效的。

（3）非易失性和易失性忆阻器

如果存在至少对应忆阻器开态和关态的两个明显的忆阻阻值，且忆阻器可以在没有电源激励的作用下保持原来开态或关态的忆阻阻值，我们称其为非易失的。

所有的理想忆阻及其衍生类都是非易失的，但很多通用型和拓展型忆阻器是易失的。

（4）无源、有源、局域无源和局域有源特性

如果一个忆阻器在任意零直流分量周期性信号作用下，捏滞回线只在第一和

第三象限有分布,我们称其为无源的;否则,称为有源的。有源忆阻器的捏滞回线可以不过零点。因为当捏滞回线落于伏安平面的第二或是第四象限时,$v(t)i(t)<0$,有源忆阻器的行为类似于一个能量源。有源忆阻器内部一定存在一个电源,如放射源、纳米太阳能电池或是存在与外部能量源相连的线。

若在 DC 平衡点 Q,测量任意相应的小信号对$(\delta v(t), \delta i(t))$,有$(\delta v(t), \delta i(t))>0$,我们称这个忆阻器是局域无源的;否则,称为局域有源的。一个在 Q 点局域有源的忆阻器(在 DC 平衡点 Q 偏置下)可以用来作为小信号功率放大器、振荡器或是神经元动作电位产生器。例如,在经典的 Hodgkin-Huxley 电路模型中,钾离子忆阻器和钠离子忆阻器是局域有源的。它们可以看做是与钾离子电池串联的钾离子通道忆阻器,或者是与钠离子电池串联的钠离子通道忆阻器。

与此相反,突触忆阻器可以看作是在磁通-电量平面单调递增的局域无源型,因此可以在无电源激励下实现永久的信息存储。例如,突触忆阻器是无源和局域无源的;Hodgkin-Huxley 电路模型中钠离子通道忆阻器是无源但局域有源的;用来产生混沌的 3 元件电路中忆阻器是有源和局域有源的。

1.3 忆阻器的物理实现

1.3.1 忆阻器的器件结构

一般而言,无源忆阻器是金属/绝缘层/金属(metal/insulator/metal,MIM)单元结构(图 1.6(a))。当然,这里的"M"可以是任何良好的电子导体,"I"是绝缘体,一般是良好的离子导体,如氧化物、硫化物,以及有机化合物等[20,21]。这一简单的器件结构容易扩展成为三端或四端器件,也便于通过十字交叉阵列(crossbar)结构实现大规模集成,如图 1.6(b)所示为 4×4 的阵列结构。Crossbar 结构可以通过较为简单的制备工艺获得,互相垂直的上下电极的宽度由制备工艺的特

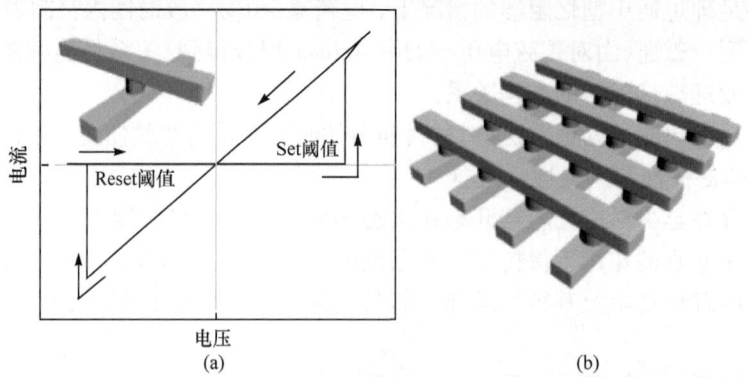

图 1.6 MIM 忆阻器单元结构、实测的捏滞回线与十字交叉阵列结构

征尺寸决定。上下电极中间就是具有忆阻特性的功能材料。上下电极可以作为字线和位线,从而便于选定器件施加电信号对其操作。

1.3.2 忆阻器的电阻转变特性

忆阻器的电阻转变特性指的是器件在特定外加电信号作用下,电阻值会在(至少)两个稳定的阻态间发生切换,当外加电信号撤去后,阻态能够保持。

这一电阻转变及状态保持特性,使忆阻器作为一种新型的非易失性存储器而备受关注。这一类应用在信息存储领域的忆阻器又被称为阻变存储器(resistive random access memory,RRAM)。

根据使忆阻器发生电阻转变所需的电压极性,可以将忆阻器分为单极性(unipolar)和双极性(bipolar)两类。如图1.7(a)所示,单极性忆阻器在高阻态和低阻态之间转变并不依靠外加电信号的极性,而只与电信号的幅值大小有关。器件制备后的初始阻态一般为高阻态(high resistance state,OFF state),对器件施加电压扫描,当电压增大到一定置位(Set)阈值 V_{Set} 时,器件突然转变为一个低阻态(low resistance state,ON state)。此后,重新从0开始扫描,在某个复位(Reset)阈值电压 V_{Reset} 时,器件转变回高阻态,V_{Reset} 一般小于 V_{Set}。在双极性器件中,Set和Reset则发生在不同极性的电压扫描过程中,如图1.7(b)所示。在电压扫描过程中,一般都需要设置限流(compliance current,CC),以免Set发生时突然增大的电流击穿薄膜导致器件失效。

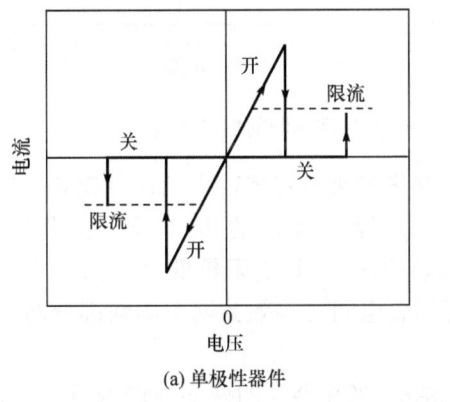
(a) 单极性器件

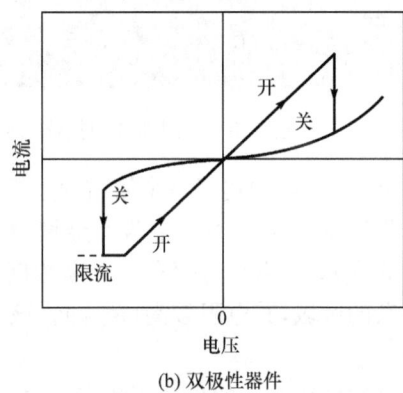
(b) 双极性器件

图1.7 按电阻转变极性分类[20]

根据忆阻器的电阻转变过程中是否存在明确的开关阈值电压,还可以将忆阻器大致分为数字式和模拟式忆阻器。前者在某个特定的置位阈值电压和复位阈值电压处,发生高低阻态之间的突变;后者则会在电激励作用下发生电阻的连续性变化。

1.3.3 惠普 TiO₂ 忆阻器的发现

自忆阻器概念提出之后,研究人员就开始探索忆阻器的物理实现及其工程应用,但在 20 世纪并没有太多进展,导致相关研究更多聚焦在忆阻基本理论、忆阻变换器及其电路理论等方面的一些探讨。无法获得符合忆阻数学理论的忆阻器件实物,这也是忆阻器在理论提出后在国际上沉寂 30 多年的重要原因。

直到 2008 年这一情况才有了转变。惠普实验室 Strukov 等在 *Nature* 上发文,认为 Pt/TiO₂/Pt 三明治叠层结构器件在电压扫描过程中出现的捏滞回线就是忆阻现象,并构建了器件的忆阻模型[4]。惠普 TiO₂ 忆阻器件的扫描透射显微镜照片和实测的捏滞回线如图 1.8 所示。

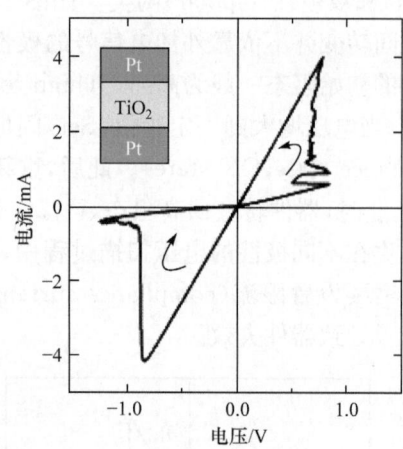

图 1.8 忆阻器件的扫描透射显微镜照片和实测的捏滞回线[4]

Strukov 等构建了一个简洁的边界迁移模型来解释器件中的忆阻现象。他们将忆阻器设想为一个夹在两个金属电极间的厚度为 D 的 TiO₂ 半导体薄膜,如图 1.9 所示。TiO₂ 薄膜有一个高浓度掺杂的区域,其电阻较低(R_{ON});一个低浓度掺杂的区域,其电阻较高(R_{OFF})。该薄膜总电阻可等效为两个串联部分的电阻之和。

高浓度掺杂区的长度用状态变量 w 表示,当在器件的两端外加偏压 $v(t)$ 时,氧空位在电场作用下发生迁移,重新排列,两个区域间的边界也随之移动。考虑最简单的欧姆电导和线性离子漂移情形,平均氧空位迁移率为 μ_v,可以得到下式,即

$$v(t) = \left(R_{ON} \frac{w(t)}{D} + R_{OFF} \left(1 - \frac{w(t)}{D} \right) \right) i(t) \tag{1-28}$$

$$\frac{\mathrm{d}w(t)}{\mathrm{d}t} = \mu_v \frac{R_{ON}}{D} i(t) \tag{1-29}$$

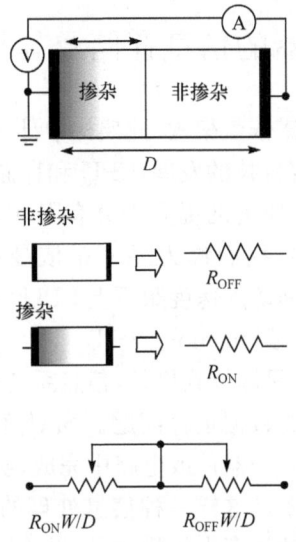

图 1.9 基于氧空位迁移的忆阻机制模型示意[4]

由此可以推出 $w(t)$，即

$$w(t) = \mu_v \frac{R_{ON}}{D} q(t) \tag{1-30}$$

将式(1-30)代入式(1-28)可以得到这个系统的忆阻，当 $R_{ON} \ll R_{OFF}$ 时可以简化为

$$M(q) = R_{OFF} \left(1 - \frac{\mu_v R_{ON}}{D^2} q(t)\right) \tag{1-31}$$

其中，q 依赖项对忆阻有决定贡献；较高的氧空位迁移率 μ_v 和较小的半导体薄膜厚度 D 使忆阻的绝对数值变大。

由于 $1/D^2$ 因子的影响，容易得出这样的结论，即对任何材料，在纳米尺度下忆阻的绝对数值比在微米尺度下大 10^6 倍，忆阻效应也更明显。这也是为何要实际应用忆阻效应，器件必须做到纳米级尺寸才能够展现出性能上的优势。

忆阻器技术名列美国 *Time* "2008 年 50 项最佳发明"、美国 *Wired* "2008 年十大科技突破"名单之中，在 *PC World* "彻底改变生活的未来 15 大技术"评选中，忆阻器也是名列前茅。

需要指出的是，氧化物等材料中的非易失性双极性电阻转变特性，并非惠普实验室首次发现，早已被提出用作阻变存储器，并已获得广泛的研究。惠普实验室首次把这一已经存在的电阻转变特性与忆阻理论联系起来是关键的突破，推动"忆阻"从概念走向物理实现。

1.4 基于忆阻器的信息存储及其与处理融合应用

传统的计算机采用冯·诺依曼架构,此架构中计算和存储功能是分离的,分别由 CPU 和存储器完成。随着科技的发展,CPU 和存储器的速度和容量飞速提高,但由于传输数据、指令的总线速度的提升十分有限,CPU 和存储器之间频繁的数据传输造成信息处理的瓶颈,我们称为冯·诺依曼瓶颈(von Neumann bottleneck)。另一方面,存储器数据访问速度跟不上 CPU 的数据处理速度,且这一差距被越拉越大,这就导致了存储墙(memory wall)。

在大数据时代,数据信息呈爆炸式增长,信息系统也在追求越来越高的数据处理效率来解决规模越来越大的数据运算问题。面对这样日益严峻的挑战,研究人员思考能否将计算与存储在同一器件或电路中完成,实现信息存储与计算的融合,以提高信息处理的速度和效率。这样一种信息处理的范式,是类似于人脑信息处理机制的。人脑神经信息活动具有大规模并行、分布式存储与处理、自组织、自适应和自学习的特征。在神经系统中,信息的存储与处理是融合的,记忆模块与计算模块没有明显的界限。

信息存储与处理融合的计算架构和范式在并行处理大数据量的任务时,如视觉捕捉、图形识别等,能够表现出优越的性能,可能给大数据时代下需要应对海量实时数据的大规模并行运算的计算机架构带来革命性突破。

近年来,忆阻器备受关注的重要应用领域包括非易失性存储(nonvolatile memory)、逻辑运算(logic computing),以及类脑神经形态计算(brain-inspired neuromorphic computing)等。这三种截然不同又互相关联的技术路线,为发展信息存储与处理融合的新型计算体系架构,突破传统冯·诺依曼架构瓶颈,提供了可行的路线[7,22-24]。我们也把基于忆阻器的非易失性逻辑运算称为数字式的信息存储与处理融合方式,而把基于忆阻器的类脑神经形态计算称为模拟式的信息存储与处理融合方式。

1.4.1 非易失性存储器

忆阻器由于其电阻开关及状态保持特性,现阶段主要应用是一种新型非易失性存储器——阻变存储器,已经获得学术界和工业界较为成熟的研究。在 2011 年国际半导体技术发展路线图(ITRS)中,阻变存储器 RRAM 在存储密度、功耗、读写速度、可擦写次数和数据保持时间等重要存储性能指标上优于其他几类非易失性存储器(表 1.1),极有潜力发展成为下一代通用存储器[7]。惠普实验室于 2011 年在 $2\mu m$ 特征尺寸的 Ta_2O_5 RRAM 中实现了 ps 级的信息擦写,Set 和 Reset 时间分别达到 105 ps 和 120 ps,其功耗分别为 1.9 pJ 和 5.8 pJ[25]。随后,Williams 研究小组通过将特征尺寸从 $2\mu m$ 减小到纳米级,在 110nm 特征尺寸的 Nb_2O_5 RRAM 中将器件功耗降低到 100fJ 级[26],之后又通过在 SiO_2 中引入 Pt 纳米晶,在 Ta/SiO_2:Pt/Pt 结构 RRAM 中实现了快于 100 ps 级的擦写速度,器件还具有良好的超过 6 个月的数据保持时间和超过 3×10^7 次循环擦写特性[27]。比利时微电子研究中心和美国马萨诸塞大学的研究团队分别采用刻蚀和纳米压印工艺制备出 $10\times10nm^2$ 的全功能 RRAM 原型阵列,展示了在保持良好阻变特性的同时向 10nm 以下工艺继续发展的可缩小性[28,29]。三星公司采用等离子体氧化的方法制备了 $Pt/Ta_2O_{5-x}/TaO_{2-x}/Pt$ 的非对称双层结构 RRAM,擦写时间为 10ns,而且其可擦写次数达到 10^{12} 次,能够满足现阶段消费电子产品对存储器擦写次数的要求,也接近 ITRS 报告中给出的未来通用存储器 $10^{12}\sim10^{14}$ 次循环擦写次数的性能指标[30]。在阵列集成时,已经可以实现 $4F^2$ 的高密度集成[31],采用 Crossbar 结构或侧墙(sidewall)结构进行 3D,甚至 4D 的集成[32,33],还能得到更高的集成密度。

表 1.1 新型非易失性存储器与现存几种存储器性能对比[7]

	原型器件			已商业化技术			
	忆阻器	PCM	STTRAM	SRAM	DRAM	Flash(NAND)	HDD
集成面积/F^2	<4	4-16	20-60	140	6-12	1-4	2/3
每比特能耗/pJ	0.1-3	2-25	0.1-2.5	0.0005	0.005	0.00002	$1\text{-}10\times10^9$
读取速度/ns	<10	10-50	10-35	0.1-0.3	10	100,000	$5\text{-}8\times10^6$
擦写速度/ns	~10	50-500	10-90	0.1-0.3	10	100,000	$5\text{-}8\times10^6$
保持时间	years	years	years	As long as voltage applied	<<second	years	years
循环次数/cycles	10^{12}	10^9	10^{15}	$>10^{16}$	$>10^{16}$	10^4	10^4

对 NAND Flash 存储单元进行存取时需要将字线及位线置为高电平状态,考虑电路因素,其操作功耗一般为每比特数百皮焦。考虑其多值存储能力,NAND Flash 有效集成面积较小。PCM:相变存储器;STTRAM:自旋磁矩转移随机存储器;SRAM:静态随机存储器;DRAM:动态随机存储器;HDD:硬盘。

在 RRAM 芯片方面,SONY 公司在 2011 年 ISSCC 会议上展示了一款基于 CuTe 材料的 4MB RRAM 芯片,采用 $0.18\mu m$ CMOS 制程,数据读取速度高达 2.3GB/s,擦写速度也达到 216 MB/s[34]。Panasonic 公司在 2011 年 IEDM 会议上展示了其研究的 $Ir/Ta_2O_{5-\delta}/TaO_x/TaN$ 结构 RRAM,并制备出 256KB 的 1T1R 结构 RRAM 阵列,测试并外推验证器件在 85℃下数据能够保持超过 10 年[35],在此基础上采用 $0.38\ \mu m$ CMOS 制程开发了一款 8MB 芯片,数据擦写速度达到 443MB/s[36]。中国台湾清华大学和台积公司也合作在 ISSCC 2012 会议上公布了一款基于 65nm 制程的 4MB RRAM 芯片,其供电电压为 0.5V,数据随机读取时间为 45ns[37]。随后 Sandisk 和 Toshiba 联合在 ISSCC 2013 会议上展示了一款基于 24nm 制程的 32GB RRAM 芯片,其读写电路可以与现存 NAND 闪存接口兼容,读延时 40μs,写延时为 230μs,这是第一款容量在 GB 级的 RRAM 芯片[38]。

值得指出的是,现阶段各方面性能均衡且接近应用的 RRAM 主要是基于氧空位或金属丝导电通道的忆阻器件。这两类器件研究最广泛,其物理机制也了解得最深入,忆阻特性的调控方法也最完善。相比而言,其他机理的忆阻器件还需更多工作才能得到可控稳定的忆阻特性,以接近实际应用。

1.4.2 非易失性逻辑运算

在传统计算机中,CPU 由 CMOS 晶体管构成,其基于布尔逻辑进行计算都是借助电平逻辑来执行,也就是 0、1 逻辑都是用高低电平来表征。然而,电平逻辑往往伴随着易失性,即掉电以后电平的状态无法保存。所有计算的输入和输出都必须传输到专门的存储模块中进行保存。这也是冯·诺依曼瓶颈的来源。忆阻器除了实现信息存储功能,还展现出进行逻辑运算的能力。利用这一特性,研究人员可以设计、制备基于忆阻器的存储与计算融合的单元或电路模块,逻辑运算的结果直接存储在计算单元之中,从而突破信息传输速率的限制。

2006 年,日本国立材料研究所(NIMS)的 Terabe 等在 *Nature* 发文报道了利用具有量子化电导的原子开关器件执行与、或、非三种基本逻辑操作的工作[39]。2010 年,惠普实验室在 *Nature* 发文首次展示了基于忆阻的实质蕴涵(material implication, IMP)非易失性逻辑运算,并实现了 NAND 等基本布尔逻辑[22]。这些工作都为信息存储与处理功能在同一器件中的融合提供可能性。

随后,各国研究人员不断基于忆阻器提出新的逻辑运算操作方法,德国亚琛工业大学的 Waser 团队、华中科技大学缪向水团队、清华大学潘峰团队都各自提出完备的 16 种布尔逻辑运算实现方案,为构建更复杂的组合逻辑电路、时序逻辑电路奠定了基础[40-43]。

1.4.3 类脑神经形态计算

前面提到的阻变存储器 RRAM 和逻辑运算是"数字式"忆阻器的重要应用,而类脑神经形态计算则是"模拟式"忆阻器的典型应用。

2014 年 12 月,美国 *Science* 公布了其评选的 2014 年十大科技突破,其中美国国际商用机器公司(IBM)研制的新一代模仿人脑计算机芯片榜上有名[44]。不久,这项科技突破也在中国科学院和工程院两院院士评选出的国际十大科技新闻中名列榜首。这款名为真北(True North)的芯片包含 54 亿个晶体管,根据人脑神经系统中神经元和神经突触结构和功能,真北模拟了 100 万个神经元和 2.56 亿个神经突触,具有 4096 个处理核[45]。这些处理核相互连接,形成一个如神经网络般的网状结构。这款芯片能够受到如此高的赞誉,在于其处理信息的模式是革新的,不同于传统的存储和计算分立的冯·诺依曼计算架构,真北能够模仿人脑处理信息的方式。

然而,需要指出的是,现阶段无论是 IBM 的真北芯片,还是欧盟庞大 FAC-ETS 计划研发的神经形态电子芯片,用来构建神经网络两种基本单元(神经元和神经突触)的依然是晶体管。这一源于超大规模集成电路的技术方案受限于仿脑所需的巨大元件数目和难以承受的功耗,因为模拟一个神经元或者突触就需要数十个晶体管等元件,而人脑中包括多达 $\sim 10^{11}$ 个神经元及 $\sim 10^{15}$ 个神经突触。尤其是,神经形态芯片中突触的数目远远超过神经元的数目,人工突触占据了芯片的大部分面积,消耗了大部分功耗。

为突破神经形态芯片模拟人脑智能这一发展过程中的功耗和集成度瓶颈,理想的人工突触器件应该具有如下几种基本性能,即具有非易失的突触权重;具有突触可塑性,突触权重能够通过学习从而发生改变;纳米级尺寸;低功耗;易于大规模互连集成[46-48]。只有拥有这样的人工突触器件,才可能开发出能够在一定程度上模仿大脑认知功能的微电子芯片,同时芯片面积和功耗在可接受范围内。

模拟生物神经突触的可塑性的首要条件是人工突触器件的电导(或电阻)可模拟式地连续调节,而忆阻器这样一种具有记忆功能的非线性电阻,其阻值能够随流经的电荷量而发生变化,并在断电后保持这种变化的状态,可以认为是模拟神经突触的完美器件[23,24,46-48]。此外,通过将忆阻器与传统电学元件的互连,同样可以实现类神经元的阈值动作电位发放功能[49]。这意味着,基于忆阻器就可以实现神经元和突触这两种神经系统基本单元的仿生模拟。更进一步的是,基于忆阻突触器件的人工神经网络构建,以及更高阶认知功能的实现等重要问题也已经获得重要的突破性进展[50-53],基于忆阻器的人工智能系统的出现也指日可待。

此外,由于忆阻器与一般电路元件所不同的非线性动力学特性,也被用于构建新型非线性电路和混沌系统[54-56]。具有阈值特性的忆阻器还可替代其他无源元件,用于可编程电路中的振荡器、放大器、触发器、锁存器等[57-61],赋予传统数字电路和模拟电路新的功能和特性。

针对以上不同种类的应用,有如下几点需要进一步说明。

① 信息存储、逻辑运算、神经形态计算和非线性电路等不同应用,对忆阻器的电阻调控精度、开关速度、擦写次数、非线性度和阻态保持时间等各方面性能要求是各有其侧重的[7]。

② 大部分忆阻器件在被操作至高阻态或低阻态时,能够非易失性地长时间保持在当前电阻状态。此时,高阻态和低阻态可作为表征 0 和 1 的物理量,进行信息的存储和计算。这也是忆阻器应用于非易失性信息存储和逻辑运算的物理基础。

③ 部分忆阻器件的电阻状态保持特性不佳,尤其是低阻态会随着时间的流逝自发恢复到高阻状态,使存储的信息丢失。然而,这一短时的记忆保持特性,类似于人脑中信息短时程记忆的现象,也有研究人员巧妙地将易失性的忆阻器用于模拟人脑记忆遗忘的认知功能[62-64],以应用于神经形态计算。

忆阻器是下一代信息存储与计算融合器件的必然选择。然而,现阶段的发展依然存在一些亟须克服的瓶颈。

① 忆阻器材料种类繁多,没有统一的物理机制模型,需要进一步深入揭示各类忆阻器的阻变微观动力学机制,掌握忆阻特性的调控规律和方法,遴选出适合各类应用的忆阻材料[65-67]。

② 获得高性能忆阻器件,是将忆阻器推向应用的前提。虽然基于忆阻的非易失性存储器件研究已经较为成熟,但要在功耗、擦写速度、集成度和可靠性等各方面性能指标上超越现阶段商用化的存储器,还需学术界和工业界共同努力[68-70]。

③ 在逻辑运算和类脑神经形态计算应用方面,虽已取得较大进展,但研究尚不系统、成熟。新的算法、架构都亟待设计和验证[71-73]。

总的来说,如何抓住突破传统冯·诺依曼体系结构的重要机遇,继续针对忆阻器这一具有重要应用前景的原创性新型信息器件,将微电子、计算机、材料、凝聚态物理、电路与系统、自动化与神经生物学等多学科交叉和技术融合,研发出高性能忆阻器件,构建新的信息存储与处理理论体系,探索和提出前瞻性的存储与计算高效融合架构,开拓新的技术增长点和工程应用领域,是一个极具重要科学意义的命题。

1.5 忆阻器研究在中国

忆阻,代表记忆电阻之意,这一中文专业术语可以完美地表达 memristor 的原意。

人民教育出版社早在 1980 年和 1981 年就分别出版了蔡少棠教授的两本著作《非线性网络理论引论》、《非线性电路理论》的译著,两书的译者分别是电子科技大学虞厥邦教授和清华大学肖达川教授[74,75]。

北京工业大学的陈大培于 1985 年在《电子学报》上撰文《忆阻元件浅谈》详细介绍了二端荷控、磁控忆阻器的理论定义[76]。刘有让和林争辉等也发表文章介绍了电路元件新理论(忆阻器)[77,78]。由此可见,在 20 世纪 80 年代,国内已经有一些研究人员开始关注忆阻器相关理论的研究。

直到 2008 年,惠普实验室将忆阻器这一理论概念与 TiO_2 器件中电阻双极性转变现象联系起来,忆阻器技术一夜成名,国内研究也迅速活跃起来。首先,国内在阻变存储器方面也已经有了不错的研究积累,使得忆阻材料与器件的制备、物理机制的研究能够顺利迅速开展。同时,纳米忆阻器在逻辑运算、神经突触仿生、非线性电路等方面的巨大应用前景吸引了众多不同学科研究人员的目光。

华中科技大学、中国科学院微电子研究所、清华大学、北京大学、复旦大学、中国科学院宁波材料研究所、南京大学、国防科技大学、东北师范大学、西南大学和电子科技大学等高校和科研院所都开展了忆阻器的相关研究,取得了一系列高水平成果[79-93]。

华中科技大学从 2009 年起先后承担了国家国际科技合作项目"忆阻器材料与原型器件研究"、国家自然科学基金重点项目、面上项目和青年基金项目,以及国家 863 项目子课题等国家项目,在国内率先开展忆阻器材料及器件研究,主要针对硫系化合物材料忆阻机制、材料优化、器件工艺展开研究,重点探索基于忆阻的类脑神经形态计算及非易失性逻辑运算理论与实现技术[79-81]。从实验上对 $Ge_2Sb_2Te_5$、AgInSbTe 和 GeTe 等硫系化合物材料的忆阻特性进行了调控,并分析了其物理机制。提出采用硫系化合物忆阻器作为电子突触器件,模拟实现了神经元活动时序、频率、幅值依赖的多种器件级突触可塑性功能,以及小规模网络级的类脑联想学习功能。基于忆阻器提出 16 种完备布尔逻辑的实现算法,在多种忆阻器电路中进行了实验验证,进而设计了数据传输、交换、加法、乘法、异或、移位等计算机中数据处理操作在大规模忆阻器阵列中的实现方案。

中国科学院刘明院士团队针对 ZrO_2、HfO_x 等阻变存储器的电阻转变物理机理、器件三维集成、阻值转变统计研究及产业化推动方面开展了大量深入的工作[82]。

清华大学潘峰教授团队对 ZnO、Ta_2O_5 和 AlN 等阻变材料的阻变机理、性能优化展开了深入研究,并探索了 PEDOT:PSS 等有机器件导电行为的调控和神经突触模拟功能特性[83]。钱鹤教授团队针对 WO_x、AlO_x 材料的阻变机制、集成结构和规模集成方面开展了系统研究[84]。

北京大学黄如院士团队在 CMOS 工艺兼容 SiO_x 阻变材料、有机柔性阻变材料及其多值存储特性方面展开了一系列研究[85]。康晋峰教授团队在 ZnO、HfO_x 器件的物理机制、模型模拟、器件优化设计方法学、高密度 3D 集成技术、神经元计算等方面进行了大量深入的研究工作[86]。

中国科学院宁波材料研究所李润伟研究员团队在 HfO_x 和金属有机框架(MOF)阻变材料的性能优化、柔性器件,以及光电磁多功能耦合方面开展了一系列有特色的研究[87]。

复旦大学林茵茵教授团队在 CuO_x 系列阻变存储器的器件集成结构、集成工艺和电路设计方面开展了系统的研究[88]。

2015 年 12 月 16~17 日"武汉忆阻理论、器件与应用研讨会"在华中科技大学召开,蔡少棠教授应邀做主题报告"Ten Things You Did Not Know About Memristors"。来自清华大学、北京大学、复旦大学、南京大学、中国科学院微电子研究所、中国科学院宁波材料研究所、国防科技大学、华中科技大学等单位的研究者交流和分享了国内最前沿的忆阻器研究成果。

尽管国内在忆阻器材料体系、物理机制、性能优化、规模集成、非线性电路和类脑神经形态计算等方面取得了令人鼓舞的研究进展，但在很多方面依然需要研究者和广大工程技术人员的继续协同攻关。例如，忆阻器件的可靠性、阵列的控制电路设计，以及CMOS集成工艺，制约着忆阻器作为非易失性存储器产品的商业化进程；作为未来极具潜力的应用领域，基于忆阻的神经形态计算与逻辑运算处在发展的初期，缺乏成熟的系统理论、算法，以及完善的存储与计算融合的体系架构，亟需更具颠覆性的创新思想来推进这方面的研究，这也是国内在忆阻器技术实现弯道超车的绝佳机遇。此外，国内学术界与工业界在忆阻器这一颠覆性技术的合作研发不够，未来如何在与国外HP、IBM、Samsung、Qualcomm等巨头的技术积累直接抗衡中取胜，这是我国忆阻器技术发展极为关键的重要命题。

参 考 文 献

[1] 梁贵书,董华英. 电路理论基础(第三版). 北京：中国电力出版社,2009.

[2] James W N, Susan A, et al. 电路(第十版). 周玉坤,冼立勤,李莉,等译. 北京：电子工业出版社,2015.

[3] Chua L O. Memristor: the missing circuit element. IEEE Transactions on Circuit Theory, 1971,18(5):507-519.

[4] Strukov D B, Snider G S, Stewart D R, et al. The missing memristor found. Nature, 2008, 453:80-83.

[5] Chua L O. Resistance switching memories are memristors. Applied Physics A,2011,102:765-783.

[6] Chua L O, Kang S M. Memristive devices and systems//Proceedings of the IEEE,1976,64:209-223.

[7] Yang J J, Strukov D B, Stewart D R. Memristive devices for computing. Nature Nanotechnology,2013,8:13-24.

[8] Pan F, Gao S, Chen C, et al. Recent progress in resistive random access memories: materials, switching mechanisms, and performance. Materials Science and Engineering: R: Reports, 2014,83:1-59.

[9] Adhikari S P, Sah M P, Kim H, et al. Three fingerprints of memristor. IEEE Transactions on Circuits and Systems I : Regular Papers,2013,60:3008-3021.

[10] Liu D, Cheng H, Zhu X, et al. Analog memristors based on thickening/thinning of Ag nanofilaments in amorphous manganite thin films. ACS Applied Materials & Interfaces, 2013,5:11258-11264.

[11] Prodromakis T, Toumazou C, Chua L O. Two centuries of memristors. Nature Materials, 2012,11:478-481.

[12] Lin D, Chua L O, Hui S Y. The first man-made memristor: circa 1801[scanning our past]// Proceedings of the IEEE, 2015, 103: 131-136.

[13] Lin D, Hui S Y R, Chua L O. Gas discharge lamps are volatile memristors. IEEE Transactions on Circuits and Systems Ⅰ: Regular Papers, 2014, 61: 2066-2073.

[14] Gandhi G, Aggarwal V, Chua L O. The first radios were made using memristors. IEEE Transactions on Circuits and Systems Magazine, 2013, 13: 8-16.

[15] Gandhi G, Aggarwal V, Chua L O. Coherer is the elusive memristor//IEEE International Symposium on Circuits and Systems(ISCAS), 2014.

[16] Volkov A G, Tucket C, Reedus J, et al. Memristors in plants. Plant Signaling & Behavior, 2014, 9: e28152.

[17] Chua L O, Sbitnev V, Kim H. Hodgkin-Huxley axon is made of memristors. International Journal of Bifurcation and Chaos, 2012, 22: 1230011.

[18] Chua L O. Memristor, Hodgkin-Huxley, and edge of chaos. Nanotechnology, 2013, 24: 383001.

[19] Chua L O. Everything you wish to know about memristors but are afraid to ask. Radio Engineering, 2015, 24: 319.

[20] Waser R, Aono M. Nanoionics-based resistive switching memories. Nature Materials, 2007, 6: 833-840.

[21] Waser R, Dittmann R, Staikov G, et al. Redox-based resistive switching memories-nanoionic mechanisms, prospects, and challenges. Advanced Materials, 2009, 21: 2632-2663.

[22] Borghetti J, Snider G S, Kuekes P J, et al. Memristive switches enable stateful logic operations via material implication. Nature, 2010, 464: 873-876.

[23] Snider G S. Spike-timing-dependent learning in memristive nanodevices//IEEE International Symposium on Nanoscale Architectures, 2008.

[24] Jo S H, Chang T, Ebong I, et al. Nanoscale memristor device as synapse in neuromorphic systems. Nano Letters, 2010, 10: 1297-1301.

[25] Torrezan A C, Strachan J P, Medeiros-Ribeiro G, et al. Sub-nanosecond switching of a tantalum oxide memristor. Nanotechnology, 2011, 22: 485203.

[26] Pickett M D, Williams R S. Sub-100 fJ and sub-nanosecond thermally driven threshold switching in niobium oxide crosspoint nanodevices. Nanotechnology, 2012, 23: 215202.

[27] Choi B J, Torrezan A C, Norris K J, et al. Electrical performance and scalability of Pt dispersed SiO_2 nanometallic resistance switch. Nano Letters, 2013, 13: 3213.

[28] Govoreanu B, Kar G, Chen Y, et al. $10 \times 10 nm^2$ Hf/HfO_x crossbar resistive RAM with excellent performance, reliability and low-energy operation//IEEE International Electron Devices Meeting, 2011.

[29] Pi S, Lin P, Xia Q. Memristor crossbar arrays with junction areas towards sub-$10 \times 10 nm^2$// The 13th International Workshop on Cellular Nanoscale Networks and Their Applications, 2012.

[30] Lee M J, Lee C B, Lee D, et al. A fast, high-endurance and scalable non-volatile memory device made from asymmetric Ta_2O_{5-x}/TaO_{2-x} bilayer structures. Nature Materials, 2011, 10: 625-630.

[31] Wang X, Fang Z, Li X. Highly compact 1T-1R architecture ($4F^2$ footprint) involving fully CMOS compatible vertical GAA nano-pillar transistors and oxide-based RRAM cells exhibiting excellent NVM properties and ultra-low power operation//IEEE International Electron Devices Meeting, 2012.

[32] Strukov D B, Williams R S. Four-dimensional address topology for circuits with stacked multilayer crossbar arrays//Proceedings of the National Academy of Sciences, 2009, 106: 20155-20158.

[33] Chien W, Lee F, Lin Y, et al. Multi-layer sidewall WO_X resistive memory suitable for 3D ReRAM//IEEE Symposium on VLSI Technology, 2012.

[34] Otsuka W, Miyata K, Kitagawa M, et al. A 4Mb conductive-bridge resistive memory with 2.3Gb/s read-throughput and 216Mb/s program-throughput//IEEE International Solid-State Circuits Conference, 2011.

[35] Wei Z, Takagi T, Kanzawa Y, et al. Demonstration of high-density ReRAM ensuring 10-year retention at 85℃ based on a newly developed reliability model//IEEE International Electron Devices Meeting, 2011.

[36] Kawahara A, Azuma R, Ikeda Y, et al. An 8 Mb multi-layered cross-point ReRAM macro with 443 MB/s write throughput. IEEE Journal of Solid-State Circuits, 2013, 48: 178-185.

[37] Chang M F, Wu C W, Kuo C C, et al. A 0.5V 4 Mb logic-process compatible embedded resistive RAM (ReRAM) in 65 nm CMOS using low-voltage current-mode sensing scheme with 45ns random read time//IEEE International Solid-State Circuits Conference, 2012.

[38] Liu T, Yan T H, Scheuerlein R, et al. A 130.7-mm^2-layer 32-Gb ReRAM memory device in 24-nm Technology. IEEE Journal of Solid-State Circuits, 2014, 49: 140-153.

[39] Terabe K, Hasegawa T, Nakayama T, et al. Quantized conductance atomic switch. Nature, 2005, 433: 47-50.

[40] Siemon A, Breuer T, Aslam N, et al. Realization of Boolean logic functionality using redox-based memristive devices. Adv. Funct. Mater, 2015, 5: 6414-6423.

[41] Zhou Y, Li Y, Xu L, et al. 16 Boolean logics in three steps with two anti-serially connected memristors. Applied Physics Letters, 2015, 106: 233502.

[42] Gao S, Zeng F, Wang M, et al. Implementation of complete Boolean logic functions in single complementary resistive switch. Scientific Reports, 2015, 5: 15467.

[43] Adam G C, Hoskins B D, Prezioso M. Three-dimensional stateful material implication logic. arXiv Preprint arXiv, 2015, 1509.02986.

[44] Science. 2014 break through of the year, runners-up. Science. 2014, 346: 1444-1449.

[45] Merolla P A, et al. A million spiking-neuron integrated circuit with scalable communication network and interface. Science, 2014, 345: 668-673.

[46] Strukov D B. Smart connections. Nature, 2011, 476:403-405.
[47] Kuzum D, Yu S, Wong H P. Synaptic electronics: materials, devices and applications. Nanotechnology, 2013, 24:382001.
[48] Jeong D S, Kim I, Ziegler M, et al. Towards artificial neurons and synapses: a materials point of view. RSC Advances, 2013, 3:3169-3183.
[49] Pickett M D, Medeiros-Ribeiro G, Williams R S. A scalable neuristor built with Mott memristors. Nature Materials, 2013, 12:114-117.
[50] Alibart F, Zamanidoost E, Strukov D B. Pattern classification by memristive crossbar circuits using ex situ and in situ training. Nature Communications, 2013, 4:2072.
[51] Prezioso M, Merrikh-Bayat F, Hoskins B D, et al. Training and operation of an integrated neuromorphic network based on metal-oxide memristors. Nature, 2015, 7:61-64.
[52] Hu S G, Liu Y, Liu Z, et al. Associative memory realized by a reconfigurable memristive Hopfield neural network. Nature Communications, 2015, 6:7522.
[53] Li Y, Xu L, Zhong Y P, et al. Associative learning with temporal contiguity in a memristive circuit for large-scale neuromorphic networks. Advanced Electronic Materials, 2015, 1:1500125.
[54] Itoh M, Chua L O. Memristor oscillators. International Journal of Bifurcation and Chaos, 2008, 18:3183-3206.
[55] Muthuswamy B, Chua L O. Simplest chaotic circuit. International Journal of Bifurcation and Chaos, 2010, 20:1567-1580.
[56] Wu A, Wen S, Zeng Z. Synchronization control of a class of memristor-based recurrent neural networks. Information Sciences, 2012, 183:106-116.
[57] Pershin Y V, Di V M. Practical approach to programmable analog circuits with memristors. IEEE Transactions on Circuits and Systems Ⅰ: Regular Papers, 2010, 57:1857-1864.
[58] Shin S, Kim K, Kang S. Memristor applications for programmable analog ICs. IEEE Transactions on Nanotechnology, 2011, 10:266-274.
[59] Corinto F, Ascoli A, Gilli M. Nonlinear dynamics of memristor oscillators. IEEE Transactions on Circuits and Systems Ⅰ: Regular Papers, 2011, 58:1323-1336.
[60] Robinett W, Pickett M, Borghetti J, et al. A memristor-based nonvolatile latch circuit. Nanotechnology, 2010, 21(23):235203.
[61] Chiu P F, Chang M F, Wu C W, et al. Low store energy, low VDDmin, 8T2R nonvolatile latch and SRAM with vertical-stacked resistive memory (memristor) devices for low power mobile applications. IEEE Journal of Solid-State Circuits, 2012, 47:1483-1496.
[62] Ohno T, Hasegawa T, Tsuruoka T, et al. Short-term plasticity and long-term potentiation mimicked in single inorganic synapses. Nature Materials, 2011, 10:591-595.
[63] Chang T, Jo S H, Lu W. Short-term memory to long-term memory transition in a nanoscale memristor. ACS Nano, 2011, 5:7669-7676.
[64] Yang R, Terabe K, Liu G, et al. On-demand nanodevice with electrical and neuromorphic

multifunction realized by local ion migration. ACS Nano,2012,6:9515-9521.
[65] Wedig A, Luebben M, Cho D Y, et al. Nanoscale cation motion in TaOx, HfOx and TiOx memristive systems. Nature Nanotechnology,2016,11:67-74.
[66] Sangwan V K, Jariwala D, Kim I S, et al. Gate-tunable memristive phenomena mediated by grain boundaries in single-layer MoS_2. Nature Nanotechnology,2015,10:403-406.
[67] Lee S, Sohn J, Chen H Y, et al. Metal oxide resistive memory using graphene edge electrode. Nature Communications,2015,6:8407.
[68] Hwang C S. Prospective of semiconductor memory devices:from memory system to materials. Advanced Electronic Materials,2015,1:1400056.
[69] Yoon J H, Kim K M, Song S J, et al. $Pt/Ta_2O_5/HfO_{2-x}/Ti$ resistive switching memory competing with multilevel NAND flash. Advanced Materials,2015,27:3811-3816.
[70] Bessonov A A, Kirikova M N, Petukhov D I, et al. Layered memristive and memcapacitive switches for printable electronics. Nature Materials,2015,14:199-204.
[71] Karam R, Puri R, Ghosh S, et al. Emerging trends in design and applications of memory-based computing and content-addressable memories. Proceedings of the IEEE,2015,103:1311-1330.
[72] Indiveri G, Liu S C. Memory and information processing in neuromorphic systems. Proceedings of the IEEE,2015,103:1379-1397.
[73] Querlioz D, Bichler O, Vincent A F, et al. Bioinspired programming of memory devices for implementing an inference engine. Proceedings of the IEEE,2015,103:1398-1416.
[74] 蔡少棠. 非线性网络理论引论. 虞厥邦,译. 北京:人民教育出版社,1980.
[75] 蔡少棠. 非线性电路理论. 肖达川,译. 北京:人民教育出版社,1981.
[76] 陈大梽. 忆阻元件浅说. 电子学报,1985,13:107-110.
[77] 刘有让,张婕玲. 尚未找到的电路元件——忆阻器. 太原重型机械学院学报,1988,9:71-75.
[78] 林争辉. 开发电路元件的一种新理论. 上海交通大学学报,1995,29:182-188.
[79] 李祎. 基于硫系化合物的类神经元突触的认知存储器件研究. 武汉:华中科技大学博士学位论文,2014.
[80] 张金箭. 碲基硫系化合物材料的忆阻特性研究. 武汉:华中科技大学博士学位论文,2014.
[81] Wang Q, Sun H J, Zhang J J, et al. Electrode materials for $Ge_2Sb_2Te_5$-based memristors. Journal of Electronic Materials,2012,41:3417-3422.
[82] 刘明. 新型阻变存储技术. 北京:科学出版社,2014.
[83] 潘峰,陈超. 阻变存储器材料与器件. 北京:科学出版社,2014.
[84] Bai Y, Wu H, Zhang Y, et al. Low power W:AlO_x/WO_x bilayer resistive switching structure based on conductive filament formation and rupture mechanism. Applied Physics Letters,2013,102:173503.
[85] Pan Y, Huang R, Huang Y, et al. Material engineering technique for SiO_x-based embedded RRAM with CMOS compatible process//The 12th Annual IEEE Non-Volatile Memory Technology Symposium,2012.

[86] Chen H Y, Yu S, Gao B, et al. HfOx based vertical resistive random access memory for cost-effective 3D cross-point architecture without cell selector//IEEE International Electron Devices Meeting, 2012.

[87] Shang J, Liu G, Yang H, et al. Thermally stable transparent resistive random access memory based on all-oxide heterostructures. Advanced Functional Materials, 2014, 24: 2171-2179.

[88] 林殷茵, 宋雅丽, 薛晓勇. 阻变存储器: 器件、材料、机理、可靠性及电路. 北京: 科学出版社, 2014.

[89] Zhu L, Wan C, Guo L, et al. Artificial synapse network on inorganic proton conductor for neuromorphic systems. Nature Communications, 2014, 5: 3158.

[90] 刘东青. 基于非晶态掺锶锰酸镧薄膜的忆阻器研究. 长沙: 国防科学技术大学博士学位论文, 2014.

[91] 王中强. 金属氧化物忆阻器件的制备及其阻变存储、神经突触仿生研究. 沈阳: 东北师范大学博士学位论文, 2013.

[92] 董哲康. 基于忆阻器的组合电路及神经网络研究. 成都: 西南大学博士学位论文, 2015.

[93] Hu S, Liu Y, Liu Z, et al. Associative memory realized by a reconfigurable memristive Hopfield neural network. Nature Communications, 2015, 6: 7522.

第 2 章 忆阻器理论

1971 年,"忆阻器之父"蔡少棠教授在理论上提出忆阻器的概念[1],惠普实验室 2008 年宣布物理制备出了具有忆阻器特征的二端器件,并在 Nature 上发表了其研究成果[2]。这一突破性文章引起了学术界和工业界的广泛关注,同时引发了一系列关于如何利用忆阻器独特性质构建新一代智能电脑[3]和类脑机器[4,5]的讨论与探索。2015 年,蔡少棠教授撰文从数学方法的角度阐述了忆阻器定义中更多有趣又值得关注的细节,并提出更多忆阻器相关的新概念,赋予忆阻器更为专业清晰和活泼的生命。第 2.1 节主要引用蔡少棠教授的这篇文章。

不同于传统的基础电路元件(电阻、电容和电感),忆阻器本质上是非线性电子器件。所有的忆阻器都可以分为如下三类,即理想型忆阻器(ideal memristors),通用型忆阻器(generic memristors)和拓展性忆阻器(extended memristors)。它们因为定义方程的形式不同而具有不同的特性。通用型忆阻器的一个子集可以展现出和理想型忆阻器同样的特性,因此这个子集也被称为理想通用型忆阻器,可以视为第四类忆阻器。由于理想通用型忆阻器通过一对一的数学变换能够转变为理想型忆阻器,因此也被称作理想型母忆阻器概念的衍生。

本章主要通过定义和图注来讲述与忆阻器有关的一些新概念,同时介绍忆阻系统的拓展,即忆容系统和忆感系统。忆容系统和忆感系统是记忆元件系统中除忆阻系统外另两种具有记忆特性的系统。相对于忆阻系统主要研究器件电压-电流 V-I 域上的电学特性,忆容系统和忆感系统则研究器件在电荷-电压(q-V)域和磁通-电流(φ-I)域的特性。除了阐述由忆阻系统的定义衍生推导出忆容系统和忆感系统的定义,本章还会特别介绍几种忆容系统和忆感系统的物理实现方式。

2.1 忆阻器的数学模型[6]

在直流分量为零的周期性电流源或电压源作用下,任何在 V-I 域展示出过原点的捏滞回线的二端器件,都可以被称为忆阻器。如果输入的是电流源信号,可以称这类器件为如图 2.1 所示的电流控制型忆阻器;如果输入的是电压源信号,可以称这类器件为如图 2.2 所示的电压控制型忆阻器。

上述是公理化、黑匣子化或者说是定义上的忆阻器,因为这个二端器件的内部结构并没有被明确地指出来。现实也确实如此,忆阻器不但可以用不同的材料制备出来,甚至其特性在变形虫、鱿鱼、植物和很多其他生物体中都有发现[7]。

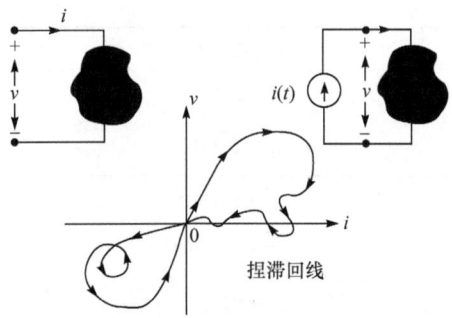

图 2.1　V-I 平面的捏滞回线定义了一个电流控制型忆阻器[6]
（对于任意周期性的输入信号 $i(t)$，可以得到同频率的周期信号 $v(t)$。$i(t)$-$v(t)$
轨迹一定经过原点，而且可能会自相交，或者与横轴相交，但不会和纵轴相交）

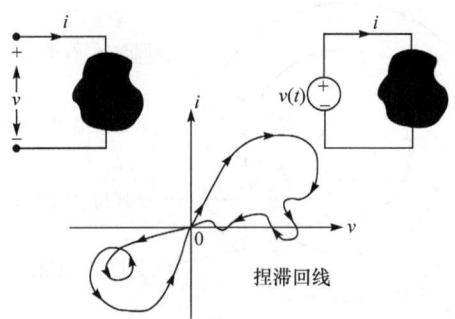

图 2.2　I-V 平面的捏滞回线定义了一个电压控制型忆阻器[6]
（对于任意周期性的输入信号 $v(t)$，可以得到同频率的周期信号 $i(t)$。$i(t)$-$v(t)$
轨迹一定经过原点，而且可能会自相交，或者与横轴相交，但不会和纵轴相交）

一旦器件在实验中被认定是忆阻器，为了方便对其进行研究，一整套的数学模型就会自然应运而生。其特征曲线、V-I 域的捏滞回线（"8"字回线）也会得到更多的研究与讨论。

如表 2.1 所示，根据忆阻器数学模型的复杂度，很容易地将忆阻器分为 4 类（表 2.1 是按复杂度递减的方式分类的）。

表 2.1　四类忆阻器[6]

项目	电流控制型	电压控制型
拓展型忆阻器	$v=R(x,i)i$ $R(x,0)\neq\infty$ $\dfrac{dx}{dt}=f(x,i)$	$i=G(x,v)v$ $G(x,0)\neq\infty$ $\dfrac{dx}{dt}=g(x,v)$

续表

项目	电流控制型	电压控制型
通用型忆阻器	$v=R(x)i$ $\dfrac{\mathrm{d}x}{\mathrm{d}t}=f(x,i)$	$i=G(x)v$ $\dfrac{\mathrm{d}x}{\mathrm{d}t}=g(x,v)$
理想通用型忆阻器	$v=R(x)i$ $\dfrac{\mathrm{d}x}{\mathrm{d}t}=\hat{f}(x)i$	$i=G(x)v$ $\dfrac{\mathrm{d}x}{\mathrm{d}t}=\hat{g}(x)v$
理想型忆阻器	$v=R(q)i$ $\dfrac{\mathrm{d}q}{\mathrm{d}t}=i$	$i=G(\varphi)v$ $\dfrac{\mathrm{d}\varphi}{\mathrm{d}t}=v$

图 2.3 所示的文氏图清晰展示了表 2.1 中四类忆阻器之间的关系。

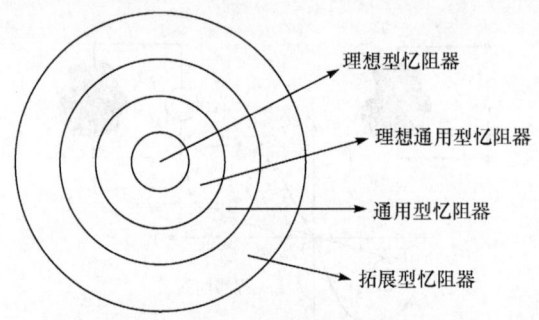

图 2.3 四类忆阻器之间的关系[6]

四类忆阻器中最简单的一类,也就是表 2.1 中最底层的一类忆阻器——理想型忆阻器,这类忆阻器符合忆阻器的初始定义[1]。通过给定任意的初始条件 $\varphi(0)$ 来确定器件的本构关系,即

$$\varphi \triangleq \varphi(0) + \int_0^q R(q)\mathrm{d}q \triangleq \hat{\varphi}(q) \tag{2-1}$$

在式(2-1)两边对 t 求导,可得下式,即

$$\frac{\mathrm{d}\varphi}{\mathrm{d}t}=R(q)\frac{\mathrm{d}q}{\mathrm{d}t} \tag{2-2}$$

$$v=R(q)i \tag{2-3}$$

其中, $\dfrac{\mathrm{d}\varphi}{\mathrm{d}t}=v$; $\dfrac{\mathrm{d}q}{\mathrm{d}t}=i$。

式(2-1)等价于式(2-2),也被称为电荷控制型忆阻器的本构关系[1,8,9]。类似地,磁通控制型忆阻器的本构方程为

$$q=\hat{q}(\varphi) \tag{2-4}$$

等价于电压控制型忆阻器,即

$$i = G(\varphi)v \tag{2-5}$$

$$\frac{d\varphi}{dt} = v \tag{2-6}$$

如表 2.1 右下角的定义所示，有兴趣的读者可参考文献[10]~[12]。

2.1.1 理想型忆阻器

为避免混淆，在这一部分只讨论电压控制型忆阻器，对应的电流控制型忆阻器的特性及分析方法与之类似。输入是电压源，自变量是磁通 φ，因此有

$$\varphi(t) \triangleq \int_{-\infty}^{t} v(\tau)d\tau = \varphi(0) + \int_{0}^{t} v(\tau)d\tau \tag{2-7}$$

一旦电压源 $v = v(t)$ 和初始的磁通 $\varphi(0)$ 给出，磁通的波形 $\varphi(t)$ 就可以通过式(2-7)计算出来，同时代入时变电导 $G(\varphi(t))$ 中，则可以通过状态依赖欧姆定律 $i(t) = G(\varphi(t))v(t)$ 计算出相应的电流波形 $i(t)$。以 t 为参量，作出以 v 为横轴，i 为纵轴的伏安特性曲线，该曲线通常是过原点的多值曲线。

以一个奇对称分段曲线(PWL)本构方程描述的理想的磁通控制型忆阻器为例(图 2.4 左侧)。图 2.4(a)和图 2.4(c)的对称分段曲线可用同式(2-8)表述，即

$$q = \hat{q}(\varphi) = 0.01\varphi + 0.04|\varphi + 0.25| - 0.04|\varphi - 0.25| \tag{2-8}$$

在忆阻器两端连接一个电压源 $v(t) = 1.2\sin t$，选择两个不同的初始存储状态，如图 2.4(a)和图 2.4(c) q-φ 图中的①点所示，则这两个状态对应的捏滞回线如图 2.4(b)和图 2.4(d)所示。由此可见，忆阻器的捏滞回线取决于初始存储状态，同一个理想忆阻器在相同的周期性电压源作用下(在这个例子中对应的是电流源)，不同的初始状态可以得到两个看起来完全不同的捏滞回线。

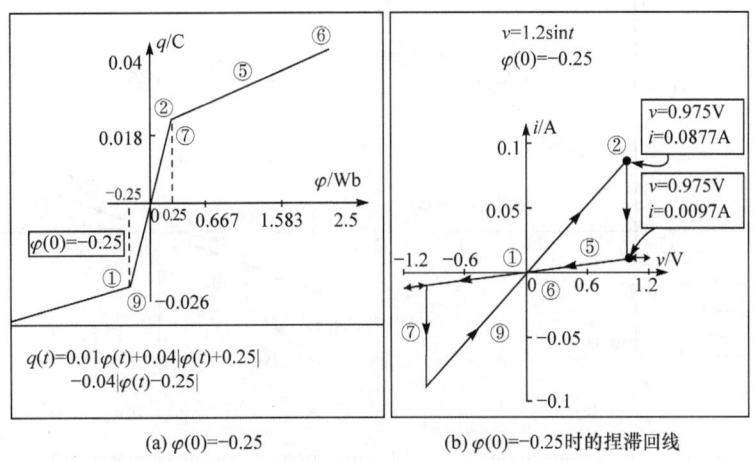

(a) $\varphi(0) = -0.25$ (b) $\varphi(0) = -0.25$ 时的捏滞回线

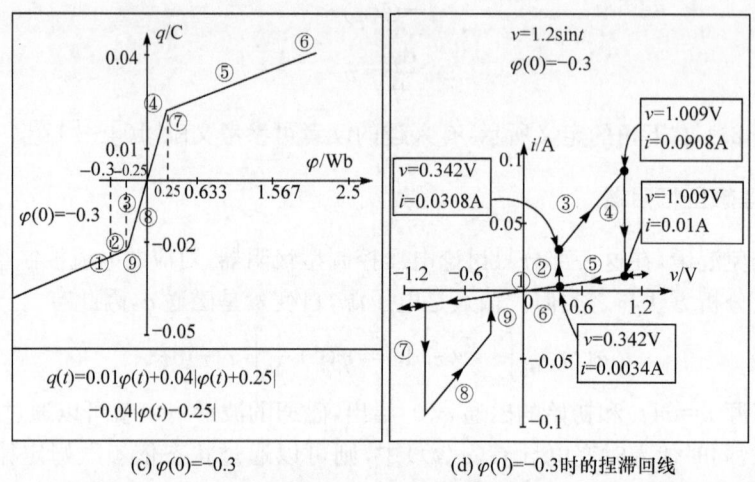

(c) $\varphi(0)=-0.3$ (d) $\varphi(0)=-0.3$时的捏滞回线

图 2.4　两个不同的捏滞回线[6]

可以发现,图 2.4 中的两个捏滞回线都是奇对称的。然而,这种对称特性并不是来自于本构方程 $q=\hat{q}(\varphi)$ 和输入信号都是关于原点对称的缘故。事实上,即使修改了 q 与 φ 的关系使得 q-φ 图不再对称,如图 2.5(a)所示,较之图 2.4(a)其最左端的斜率被适当减小,使得分段曲线(PWL)方程变为

$$q=-0.00375+0.025\varphi+0.04|\varphi+0.25|-0.025|\varphi-0.25| \quad (2\text{-}9)$$

在这样的非对称本构方程下,仍然能得到如图 2.5(b)所示的奇对称的捏滞回线。这种对称性定理在文献[13]中有证明。

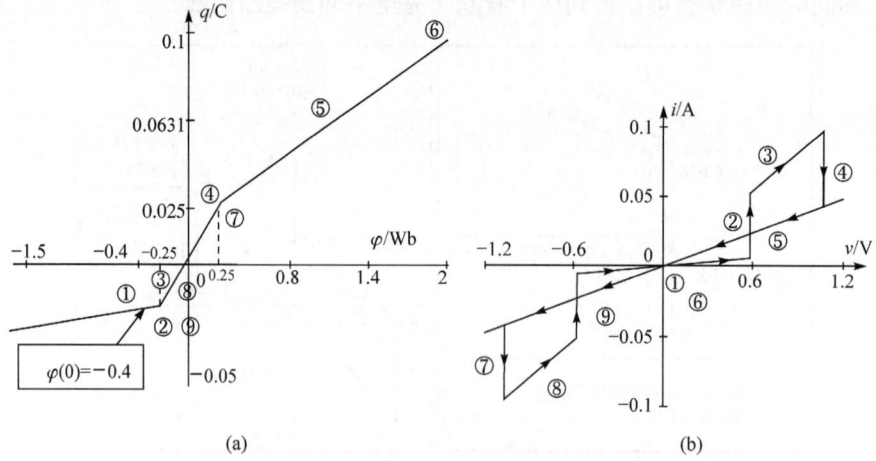

(a)　　　　　　　　　　(b)

图 2.5　非对称的本构关系 $q=\hat{q}(\varphi)$ 也可以得到奇对称的捏滞回线[6]

由此,我们可以得到捏滞回线对称性定理,从任意半波奇对称电压源或电流源

驱动的理想忆阻器得到的捏滞回线是奇对称的,而且在原点有不同斜率的相交,说明在原点附近很小的区域是双值的。

2.1.2 理想通用型忆阻器

满足表 2.1 中第三列状态依赖欧姆定律和状态方程的一类忆阻器,即为理想通用型忆阻器。给定一个理想忆阻器,可以通过选择任意分段可微的 1:1 函数,创造出无限多的理想通用型忆阻器类型,然后通过如表 2.2 所述的简单变换,就可以得到理想通用型忆阻器的压控模型。

表 2.2　四步构造一个理想型衍生忆阻器[6]

步骤	方法
第 1 步	选择一个分段可微 1:1 函数 $x=\hat{x}(\varphi)$,得到反函数 $\varphi=\hat{x}^{-1}(x)$
第 2 步	定义状态依赖函数 $G(\varphi) \triangleq \dfrac{\mathrm{d}\hat{q}(\varphi)}{\mathrm{d}\varphi}\bigg|_{\varphi=\hat{x}^{-1}(x)}$
第 3 步	定义变形函数 $g(x)=\dfrac{\mathrm{d}\hat{x}(\varphi)}{\mathrm{d}\varphi}\bigg|_{\varphi=\hat{x}^{-1}(x)}$
第 4 步	定义子忆阻器 $i=G(x)v, \dfrac{\mathrm{d}x}{\mathrm{d}t}=g(x)v$

下面列举一个衍生忆阻器(memristor sibling)算法解释表 2.2 的计算过程。

例 1　衍生忆阻器算法

选择图 2.5(a)中的一个理想电压控制型忆阻器,其 q-φ 分段函数可在图 2.6 中再现,而且其以磁通为自变量的忆导方程 $G(\varphi)$ 的解析式可以直接通过对 q-φ 分段函数每一段求导获得。

要进行表 2.2 中的第 1 步,必须选择一个分段可微 1:1 函数 $x=\hat{x}(\varphi)$,得到反函数 $\varphi=\hat{x}^{-1}(x)$。为简单起见,选择两段分段线性函数 $x=\hat{x}(\varphi)$,得到它的反函数 $\varphi=\hat{x}^{-1}(x)$,如图 2.7 所示。

如图 2.6 所示,要进行表 2.2 中的第 2 步,必须得到一个关于 φ 的解析方程 $G(\varphi)=\dfrac{\mathrm{d}\hat{q}(\varphi)}{\mathrm{d}\varphi}$。然后,替换图 2.7 反函数 $\varphi=\hat{x}^{-1}(x)$ 中的 φ,可以得到如图 2.8 所示的状态依赖函数 $G(x)$。

要进行表 2.2 中的第 3 步,必须通过图 2.7 得到 φ 的函数 $\dfrac{\mathrm{d}\hat{x}(\varphi)}{\mathrm{d}\varphi}$,然后替换图 2.7 反函数 $\varphi=\hat{x}^{-1}(x)$ 中的 φ,可以得到如图 2.9 所示的变形函数 $g(x)$。

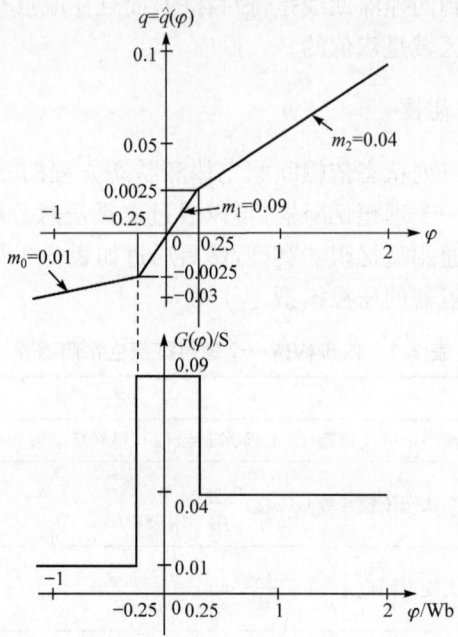

图 2.6 理想压控忆阻器的本构关系和忆导[6] ($q=\hat{q}(\varphi)=-0.00375+0.025\varphi+0.04|\varphi+0.25|-0.025|\varphi-0.25|$, $G(\varphi)=0.025+0.04\mathrm{sgn}(\varphi+0.25)-0.025\mathrm{sgn}(\varphi-0.25)$)

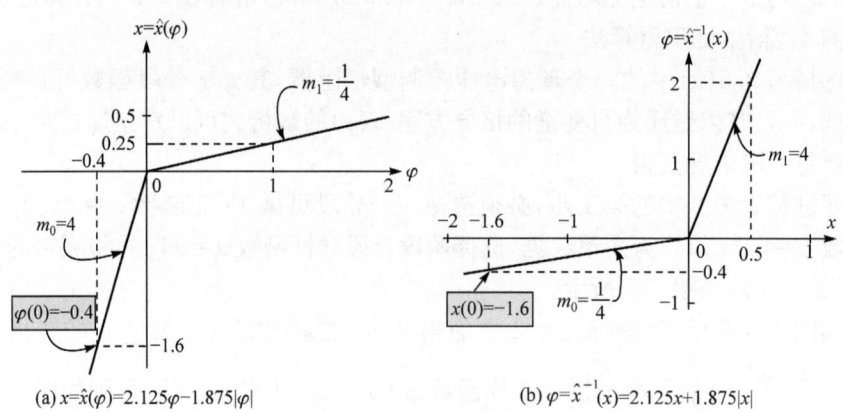

(a) $x=\hat{x}(\varphi)=2.125\varphi-1.875|\varphi|$

(b) $\varphi=\hat{x}^{-1}(x)=2.125x+1.875|x|$

图 2.7 分段线性方程 $x=\hat{x}(\varphi)=2.125\varphi-1.875|\varphi|$
及其反函数 $\varphi=\hat{x}^{-1}(x)=2.125x+1.875|x|$[6]

为进行表 2.2 中的最后一步,画出如图 2.8 和图 2.9 所示得到的 $G(x)$ 和 $\hat{g}(x)$,如图 2.10(b)所示。

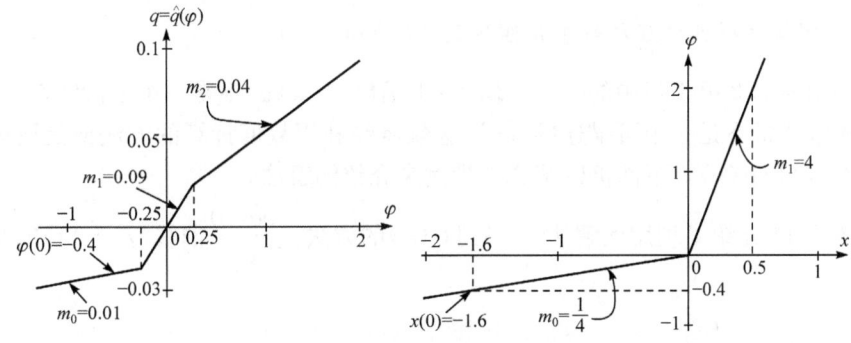

图 2.8 代数法推导 $G(x)$[6]

$(q=\hat{q}(\varphi)=-0.00375+0.025\varphi+0.04|\varphi+0.25|-0.025|\varphi-0.25|$,
$\varphi=\hat{x}^{-1}(x)=2.125x+1.875|x|$, $G(x)=0.025+0.04\mathrm{sgn}(\varphi+0.25)-0.025\mathrm{sgn}(\varphi-0.25))$

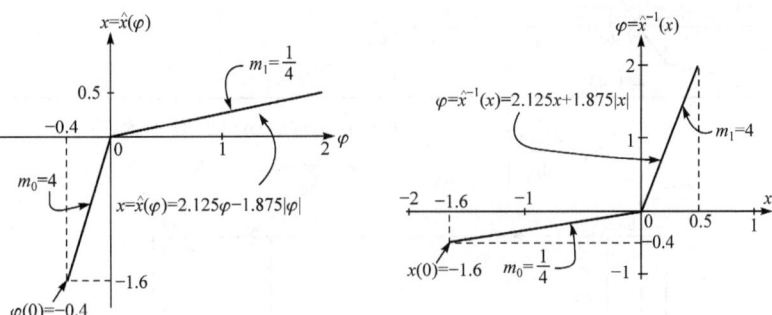

图 2.9 代数法推导 $g(x)$[6] ($g(x)=\dfrac{\mathrm{d}\hat{x}(\varphi)}{\mathrm{d}\varphi}\bigg|_{\varphi=\hat{x}^{-1}(x)}=2.125-1.875\mathrm{sgn}[2.125x+1.875|x|])$

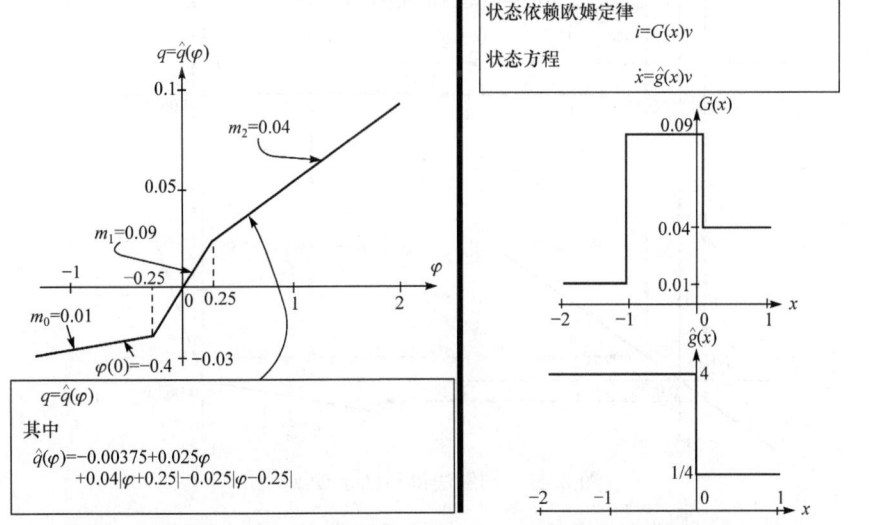

(a) 磁通控制型理想忆阻器的本构方程 (b) 状态依赖欧姆定律及状态方程

图2.10 磁通控制型理想忆阻器的本构方程及其对应的状态依赖欧姆定律和状态方程[6]

1. 图解法得到电压控制型忆阻器的 $G(x)$ 和 $g(x)$

如果表 2.2 第 1 步中的分段可微 1∶1 函数 $x=\hat{x}(\varphi)$ 不是一个分段线性函数,其反函数通常不是一个可描述的等式,这就需要利用数值计算的方法或是图解法得到 $G(x)$ 和 $g(x)$。下面仍以图 2.6 为例来介绍图解法。

图 2.11 介绍了利用图解法[14]得到 $G(x)$ 的方法。$\dfrac{\mathrm{d}\hat{q}(\varphi)}{\mathrm{d}\varphi}$ 曲线(左上角)的每一

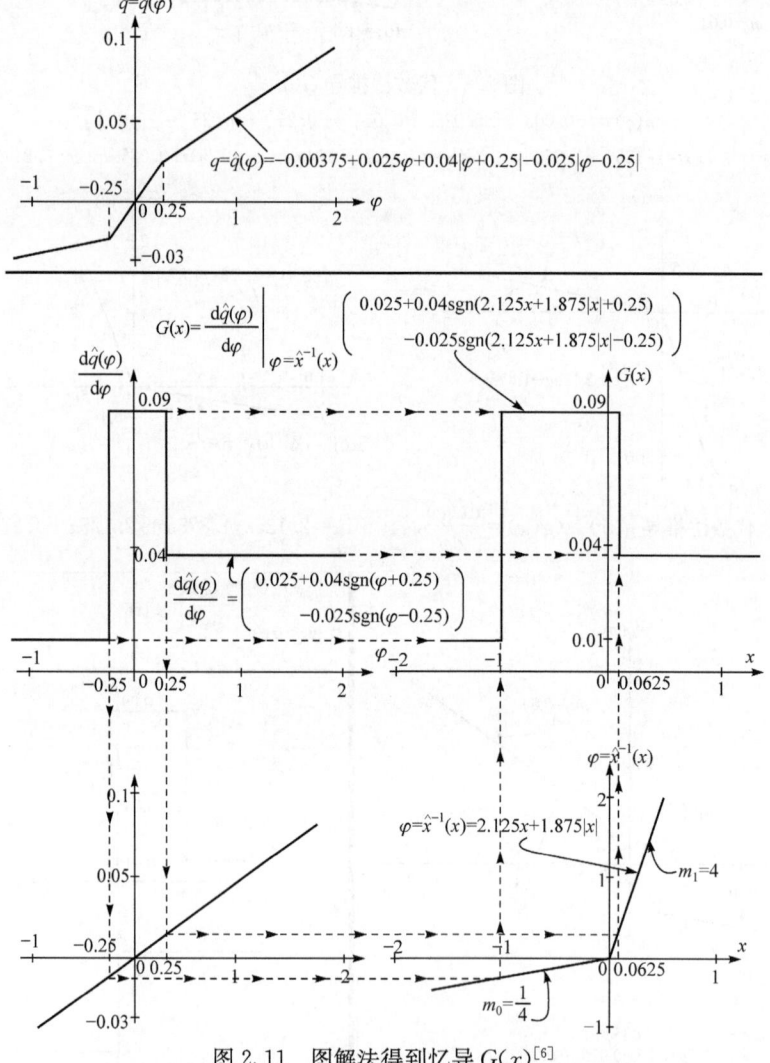

图 2.11　图解法得到忆导 $G(x)$ [6]

($\dfrac{\mathrm{d}\hat{q}(\varphi)}{\mathrm{d}\varphi}$(左上角)和 $\varphi=\hat{x}^{-1}(x)$(右下角)分别是 φ 和 x 的方程。

根据如右上角所示的两条曲线图解法可以得到的忆导函数 $G(x)$)

个点 P 向下垂直映射，同时向右水平映射。然后，再分别向右和向下映射相交，如此可以得到反函数曲线 $x=\hat{x}^{-1}(\varphi)$（右下角）。重复此过程，通过取函数 $\dfrac{\mathrm{d}\hat{q}(\varphi)}{\mathrm{d}\varphi}$ 中足够的点，根据这些点画出平滑曲线，就可以得到函数 $G(x)$。

函数 $g(x)$ 也可以用相似的方法得到，如图 2.12 所示。

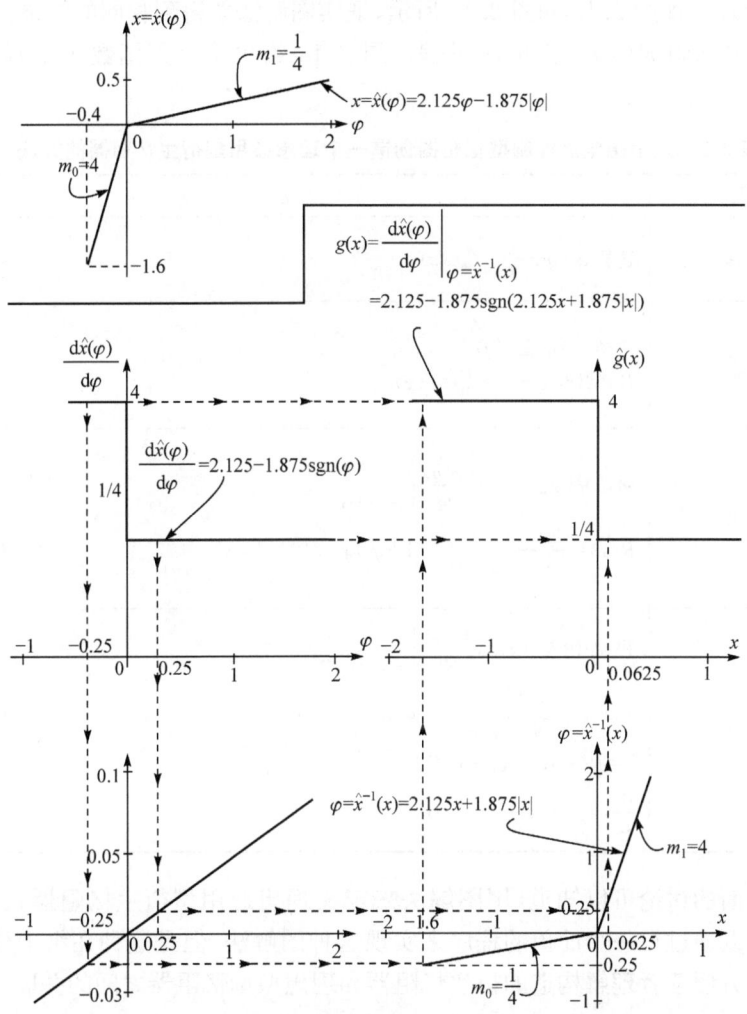

图 2.12 忆阻器变形函数 $g(x)$ 可以从图中得到[6]

($\dfrac{\mathrm{d}\hat{q}(\varphi)}{\mathrm{d}\varphi}$（左上角）和 $\varphi=\hat{x}^{-1}(x)$（右下角）分别是 φ 和 x 的方程。根据如右上角所示的两条曲线图解法可以得到忆阻变形函数 $g(x)$)

2. 图解法得到电流控制型忆阻器的 $R(x)$ 和 $\hat{f}(x)$

目前,我们选择的都是通过分段函数 $q=\hat{q}(\varphi)$ 磁通控制的理想忆阻器。如表 2.3 所示,现在讨论用平滑曲线 $\varphi=\hat{\varphi}(q)$ 描述的理想电荷控制型忆阻器。这里选择一个非常特殊的 1∶1 函数 $x=\hat{x}(q)=q^3$,这样就容易得到它的反函数 $q=\hat{x}^{-1}(x)=x^{1/3}$,如图 2.13 和图 2.14 所示,证实图解法能得到相同的结果。图 2.13 给出了得到忆阻 $R(x)$ 的图解法过程。图 2.14 给出了得到函数 $\hat{f}(x)$ 的图解法过程。

表 2.3 从理想电流控制型忆阻器创造一个理想通用型衍生忆阻器的方法[6]

步骤	方法	
第 1 步	选择 $\varphi=q+\dfrac{1}{3}q^3 \triangleq \hat{\varphi}(q)$	(1)
第 2 步	选择 $x=q^3 \triangleq \hat{x}(q)$ 反函数为 $q=x^{1/3} \triangleq \hat{x}^{-1}(x)$	(2) (3)
第 3 步	将(1)代入 $R(x) \triangleq \left.\dfrac{\mathrm{d}\hat{\varphi}(q)}{\mathrm{d}q}\right\|_{q=\hat{x}^{-1}(x)}$ $R(x) = \left.\dfrac{\mathrm{d}\hat{\varphi}(q)}{\mathrm{d}q}\right\|_{q=x^{1/3}} \triangleq (1+q^2)\|_{q=x^{1/3}} = 1+x^{2/3}$	(4)
第 4 步	将(2)代入 $\hat{f}(x) \triangleq \left.\dfrac{\mathrm{d}\hat{x}(q)}{\mathrm{d}q}\right\|_{q=\hat{x}^{-1}(x)}$ $\hat{f}(x) \triangleq \left.\dfrac{\mathrm{d}\hat{x}(q)}{\mathrm{d}q}\right\|_{q=x^{1/3}} = 3q^2\|_{q=x^{1/3}} = 3x^{2/3}$ $v=R(x)i, v=(1+x^{2/3})i$ $\dfrac{\mathrm{d}x}{\mathrm{d}t}=\hat{f}(x)i, \dfrac{\mathrm{d}x}{\mathrm{d}t}=3x^{2/3}i$	(5) (6)

由上面的讨论可以知道,用图解法来定义理想通用型衍生忆阻器是适用的。当然也可以通过写一个简单的程序来实现这种图解法,但是这种在纸上作图的方式更能够方便读者理解构造的衍生忆阻器和理想型母忆阻器之间的关联。

3. 理想忆阻器和它的拓展型有相同的捏滞回线

如图 2.10 所示,可以通过结合忆导 $G(x)$ 和拓展型的变形函数 $g(x)$ 来验证理想忆阻器的本构关系 $q=\hat{q}(x)$。它们表面上看起来十分不同,但事实上,如果施加相同的电压信号 $v(t)=1.2\sin t$ 及相同的初始态磁通 $\varphi(0)=-0.4$ 给左边的理想

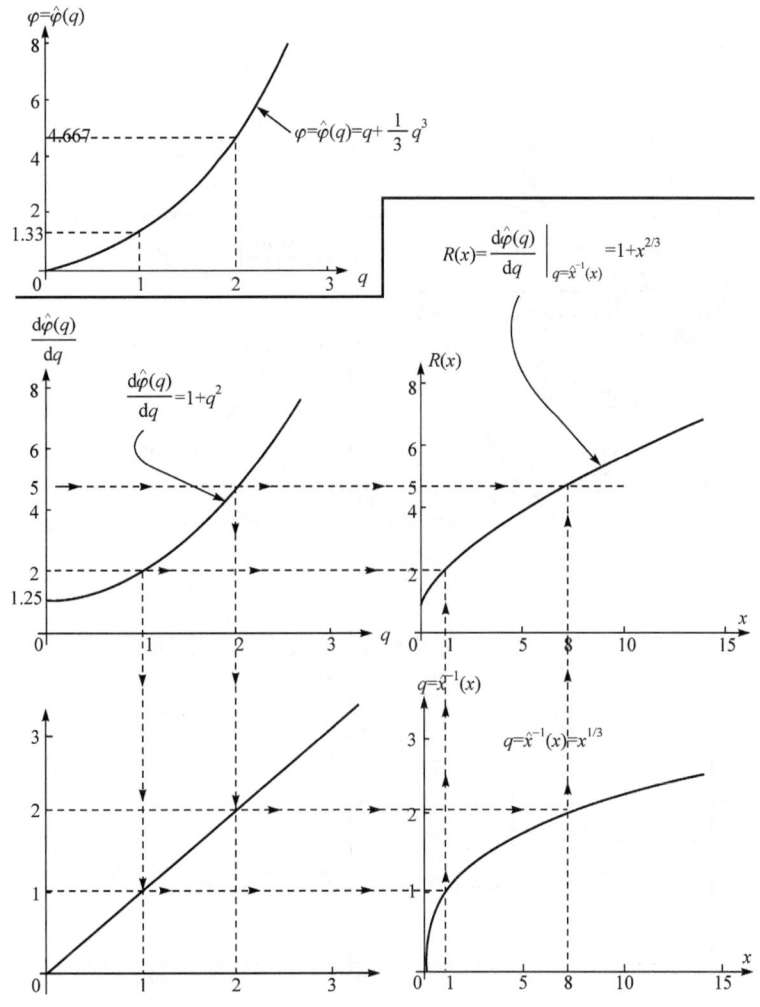

图 2.13　图解法得到忆阻 $R(x)$[6]

($\dfrac{\mathrm{d}\hat{\varphi}(q)}{\mathrm{d}q}$(左上角)和 $q=\hat{x}^{-1}(x)$(右下角)分别是 φ 和 x 的方程。

根据如右上角所示的两条曲线图解法可以得到忆导函数 $R(x)$)

忆阻器和右边的拓展型忆阻器,可以在图 2.15 中看到完全不同的波形 $\varphi(t)$(左列的第 2 行)和 $x(t)$(右列的第 2 行)。然而,它们确实代表了忆导 $G(x)$ 和电流 $i(t)$,因此它们在图 2.15 中的捏滞回线是相同的。

$$\begin{aligned}
x(0) &= \hat{x}(\varphi(0)) \\
&= 2.125\varphi(0) - 1.875|\varphi(0)| \\
&= 2.125(-0.4) - 1.875|-0.4| \\
&= -1.6
\end{aligned} \tag{2-10}$$

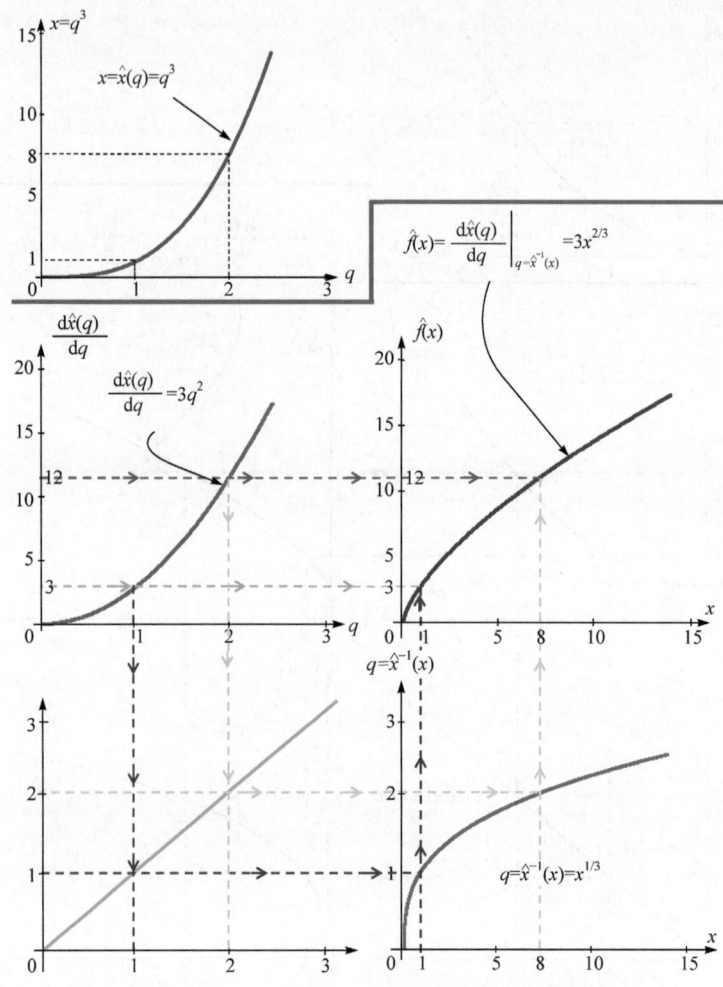

图 2.14　图解法得到变形函数 $\hat{f}(x)$ [6]

($\frac{\mathrm{d}\hat{\varphi}(q)}{\mathrm{d}q}$(左上角)和 $q=\hat{x}^{-1}(x)$(右下角)分别是 φ 和 x 的方程。

根据如右上角所示的两条曲线图解法可以得到的变形函数 $\hat{f}(x)$)

至此,可以将上面的结果总结为捏滞回线定理,在相同的输入信号和初始状态下,任何理想忆阻器及其众多拓展型忆阻器在 V-I 平面上都有相同的捏滞字回线。

4. 从拓展型忆阻器中推出理想忆阻器

任何理想通用型忆阻器和与其相关的理想型忆阻器都有相同的捏滞回线,因此构建只用一个标量方程(本构方程)描述的理想衍生忆阻器相比需要两个方程描述的衍生忆阻器就会在计算和分析上显得更有意义。表 2.4(左列)展示了从任何

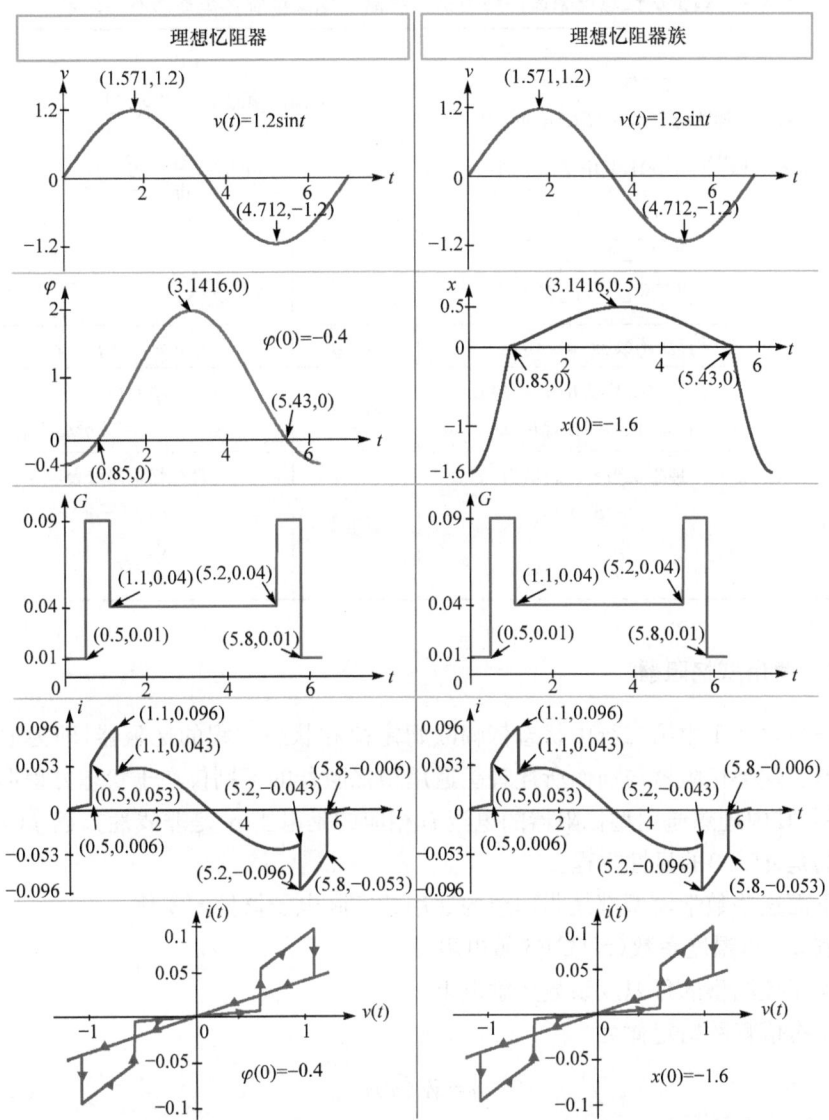

图 2.15 在相应初始状态和相同输入电压的驱动下，理想忆阻器及其族中的任意一个的电流 $i(t)$ 都是相同的[6]（理想忆阻器的磁通 $\varphi(t)$ 及其相应的衍生忆阻器的状态 $x(t)$ 是不同的）

理想通用型衍生忆阻器中恢复理想电流控制型忆阻器忆阻 $\hat{R}(q)$ 的简单步骤。作为例证，选择表 2.3 右下角的衍生忆阻器，相应的忆阻 $\hat{R}(q)$ 如表 2.4 的右下角所示。

表 2.4 四步从任意理想通用型衍生忆阻器中恢复理想忆阻器的本构关系[15]

	已知条件: 状态依赖欧姆定律 $v=R(x)i$ 和 状态方程 $\frac{dx}{dt}=f(x)i$,其中 $f(x)\geqslant 0$		例子: 状态依赖欧姆定律 $v=\underbrace{(1+x^{2/3})}_{R(x)}i$ 状态方程 $\frac{dx}{dt}=\underbrace{(3x^{2/3})}_{f(x)}i$
第一步	计算 $q=\int\left[\frac{1}{f(x)}\right]dx \triangleq h(x)$	第一步	$q=\int\left(\frac{1}{3x^{2/3}}\right)dx=x^{1/3}\triangleq h(x)$
第二步	计算反函数 $x=h^{-1}(q)$	第二步	$x=h^{-1}(q)=q^3$
第三步	用 $h^{-1}(q)$ 替换 $R(x)$ 中的 x $R(x)\vert_{x=h^{-1}(q)}\triangleq \hat{R}(q)$	第三步	$R(x)\vert_{x=q^3}=(1+x^{2/3})\vert_{x=q^3}$ $=1+q^2\triangleq \hat{R}(q)$
第四步	理想忆阻器可表示为 $v=\hat{R}(q)i$ $\frac{dq}{dt}=i$	第四步	理想忆阻器可表示为 $v=(1+q^2)i$ $\frac{dq}{dt}=i$

2.1.3 通用型忆阻器

满足表 2.1 中第二行中状态依赖欧姆定律和状态方程的忆阻器,即为通用型忆阻器。这类忆阻器与前面所述理想通用型忆阻器的区别仅在于状态方程形式上的区别,其中理想通用型忆阻器的电流 i(相应的是电压 v)是非线性方程 $\hat{f}(x)$(相对应的是 $\hat{g}(x)$)的显性方程。

下面这些数学模型都是非理想的通用的实际电子器件的实例。

例 2 负温度系数(NTC)热敏电阻[8]

电压控制型的负温度系数热敏电阻。

状态依赖欧姆定律为

$$i=W(x)v \qquad (2\text{-}11a)$$

状态方程为

$$\frac{dx}{dt}=\frac{\delta_N}{H_{CN}}(T_{ON}-x)+\frac{W(x)}{H_{CN}}v^2 \qquad (2\text{-}11b)$$

其中,忆导方程 $W(x)$ 可以定义为

$$W(x)=\left[R_{ON}e^{\beta_N\left(\frac{1}{x}-\frac{1}{T_{ON}}\right)}\right]^{-1} \qquad (2\text{-}11c)$$

其中,$\delta_N, \beta_N, H_{CN}, R_{ON}, T_{ON}$ 是常数;状态变量 x 表示负温度系数热敏电阻的温度。

例 3 正温度系数(PTC)热敏电阻

电压控制型的正温度系数热敏电阻。

状态依赖欧姆定律为

$$i = W(x)v \tag{2-12a}$$

状态方程为

$$\frac{dx}{dt} = \frac{\delta_P}{H_{CP}}(T_{OP} - x) + \frac{W(x)}{H_{CP}}v^2 \tag{2-12b}$$

忆导方程 $W(x)$ 可以定义为

$$W(x) = [R_{OP} e^{\beta_P(x - T_{OP})}]^{-1} \tag{2-12c}$$

其中,$\delta_P, \beta_P, H_{CP}, R_{OP}, T_{OP}$ 是常数;状态变量 x 表示正温度系数热敏电阻的温度。

例 4 Hodgkin-Huxley 钾离子沟道[16]

状态依赖欧姆定律为

$$i = W(x)v \tag{2-13a}$$

状态方程为

$$\frac{dx}{dt} = f_n(x, v) \tag{2-13b}$$

忆导 $W(x)$ 可以定义为

$$W(x) = \bar{g}_k x^4 \tag{2-13c}$$

$$f_n(x, v) \triangleq \left\{ \frac{0.01[(v + E_k) + 10]}{\exp\left[\frac{(v + E_k) + 10}{10}\right] - 1} \right\}(1 - x) \tag{2-13d}$$

$$- 0.125 \left\{ \exp\left[\frac{(v + E_k)}{80}\right] \right\} x$$

其中,$\bar{g}_k$ 和 E_k 是常数。

例 5 Hodgkin-Huxley 钠离子沟道[16]

状态依赖欧姆定律为

$$i = G(x_1, x_2)v \tag{2-14a}$$

状态方程为

$$\frac{dx_1}{dt} = f_m(x_1, v) \tag{2-14b}$$

$$\frac{dx_2}{dt} = f_h(x_2, v) \tag{2-14c}$$

忆导 $W(x)$ 可以定义为

$$G(x_1, x_2) = g_{Na} x_1^3 x_2 \tag{2-14d}$$

$$f_m(x_1,v) \triangleq \left\{ \frac{0.1(v-E_{Na})+25}{\exp\left[\frac{(v-E_{Na})+25}{10}\right]-1} \right\}(1-x_1) \quad (2\text{-}14\text{e})$$

$$-4\left\{\exp\left[\frac{(v-E_{Na})}{18}\right]\right\}x_1$$

$$f_h(x_2,v) \triangleq \left\{0.07\exp\left[\frac{(v-E_{Na})}{20}\right]\right\}(1-x_2)$$

$$-\left\{\frac{1}{\exp\left[\frac{(v-E_{Na})+30}{10}\right]+1}\right\}x_2 \quad (2\text{-}14\text{f})$$

其中，$\bar{g}_{Na}$ 和 E_{Na} 是常数。

例 6 二阶忆阻器

状态依赖欧姆定律为

$$i=G(x_1,x_2)v \quad (2\text{-}15\text{a})$$

状态方程为

$$\frac{dx_1}{dt}=f_1(x_1,x_2,v) \quad (2\text{-}15\text{b})$$

$$\frac{dx_2}{dt}=f_2(x_1,x_2,v) \quad (2\text{-}15\text{c})$$

忆导 $W(x)$ 可以定义为

$$G(x_1,x_2)=\frac{1}{K_1 e^{\beta_1(x_1-\gamma_1)}+K_2 e^{\beta_2(\frac{1}{x_2}-\frac{1}{\gamma_2})}} \quad (2\text{-}15\text{d})$$

$$f_1(x_1,x_2,v) \triangleq \frac{1}{\alpha_1}\left[\begin{array}{l}\delta_1(\gamma_1-x_1)\\+\dfrac{K_1 e^{\beta_1(x_1-\gamma_1)}}{(K_1 e^{\beta_1(x_1-\gamma_1)}+K_2 e^{\beta_2(\frac{1}{x_2}-\frac{1}{\gamma_2})})^2}v^2\end{array}\right] \quad (2\text{-}15\text{e})$$

$$f_2(x_1,x_2,v) \triangleq \frac{1}{\alpha_2}\left[\begin{array}{l}\delta_2(\gamma_2-x_2)\\+\dfrac{K_2 e^{\beta_2(\frac{1}{x_2}-\frac{1}{\gamma_2})}}{(K_1 e^{\beta_1(x_1-\gamma_1)}+K_2 e^{\beta_2(\frac{1}{x_2}-\frac{1}{\gamma_2})})^2}v^2\end{array}\right] \quad (2\text{-}15\text{f})$$

其中，$\alpha_1,\alpha_2,\beta_1,\beta_2,\delta_1,\delta_2,\gamma_1,\gamma_2,K_1,K_2$ 是常数。

例 7 假想型分段函数忆阻器[7]

状态依赖欧姆定律为

$$i=G(x)v \quad (2\text{-}16\text{a})$$

状态方程为

$$\frac{dx}{dt}=f(x)+v \quad (2\text{-}16\text{b})$$

忆导 $G(x)$ 可以定义为

$$G(x)=G_0 x^2 \tag{2-16c}$$

其中，G_0 是常数。

非线性方程可以定义为

$$f(x)=30-x+|x-20|-|x-40| \tag{2-16d}$$

如图 2.16 所示，它是一个 3 段分段函数，断点在 $x=20$ 和 $x=40$

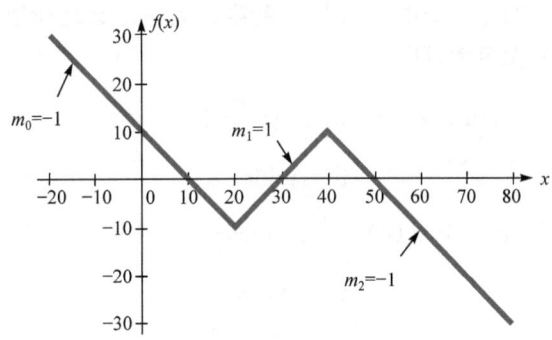

图 2.16　状态方程式(2-16d)是一个 3 段分段线性函数[6]
（断点在 $x=20$ 和 $x=40$，斜率 $m_0=-1$、$m_1=1$ 和 $m_2=-1$）

2.1.4　拓展型忆阻器

当忆阻器的忆阻 $R(x,i)$ 或是忆导 $G(x,v)$ 方程不但是状态变量 $x=(x_1,x_2,\cdots x_n)$，还是输入电流源 i 或输入电压源 v 的函数时，这类忆阻器属于拓展型忆阻器。如表 2.1 的第一列所述，忆阻 $R(x,0)$ 或忆导 $G(x,0)$ 分别在 $i=0$ 或是 $v=0$ 处必须是有限数值，不能是无穷大。

这里需要特别指出，忆阻 $R(x,0)=\infty$ 的电流控制型器件或忆导 $G(x,0)=\infty$ 电压控制型器件的不是忆阻器。考虑由下列状态依赖欧姆定律和状态方程定义的电压控制型器件。

状态依赖欧姆定律为

$$i=G(x,v)v \tag{2-17a}$$

状态方程为

$$\frac{\mathrm{d}x}{\mathrm{d}t}=g(x,v) \tag{2-17b}$$

忆导 $G(x)$ 可以定义为

$$G(x,v) \triangleq \frac{x}{v} \tag{2-17c}$$

$$g(x,v) \triangleq v \tag{2-17d}$$

$$i = \left(\frac{x}{v}\right)v = x \tag{2-18}$$

$$x(t) = \int_0^t v(\tau)\mathrm{d}\tau = \varphi(t), \quad t \geqslant 0 \tag{2-19}$$

$$\varphi(t) = i(t) \tag{2-20}$$

由式(2-17)定义的是一个电感而非忆阻器。上述定义之所以错误,就是因为当 $v=0$ 时,其忆导为无穷大,即

$$\lim_{v \to 0} G(x,v) = \lim_{v \to 0} x^3 \left(\frac{\sin v}{v}\right) = x^3 \neq \infty \tag{2-21}$$

$$v = A\sin t \tag{2-22}$$

$$x(t) = x(0) + \int_0^t A\sin\tau \mathrm{d}\tau = -A\cos t \tag{2-23}$$

$$i = -A\cos t \tag{2-24}$$

$$v^2(t) + i^2(t) = A^2 \tag{2-25}$$

上述例子在 V-I 平面上的捏滞回线不是 8 字形回线,因此不是一个忆阻器(图 2.17)。

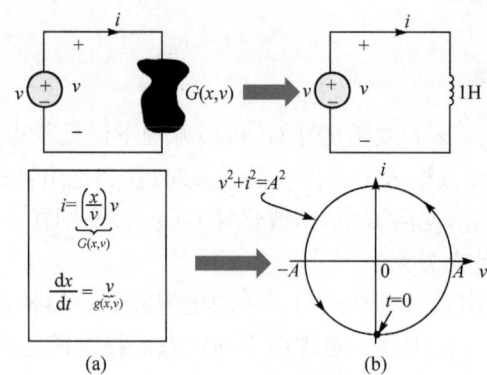

图 2.17　图(a)中器件可由与表 2.1 中电压控制型忆阻器相同的等式描述,电压源 $v=A\sin t$ 驱动的 V-I 平面的轨迹是一个以 A 为半径的圆(b),这是一个 1H 的电感[6]
(可由 $v=A\sin t, i=A\sin t$ 描述)

下面举两个拓展型忆阻器的例子,它们的分母与式(2-17)形式相同,但是 $G(x,0) \neq \infty$。

例 8

状态依赖欧姆定律为

$$i = \underbrace{x^3 \left(\frac{\sin v}{v} \right)}_{G(x,v)} v \tag{2-26a}$$

状态方程为

$$\frac{dx}{dt} = (x^2 - 1) v^3 \tag{2-26b}$$

用罗比达法则求解有

$$\lim_{v \to 0} G(x,v) = \lim_{v \to 0} x^3 \left(\frac{\sin v}{v} \right) v = x^3 \neq \infty$$

例 9

状态依赖欧姆定律为

$$i = \underbrace{(x^3 + 2x^2 - x - 5) \left(\frac{v}{e^v - 1} \right)}_{G(x,v)} v \tag{2-27a}$$

状态方程

$$\frac{dx}{dt} = e^x \sin v + x^3 v^5 \tag{2-27b}$$

用罗比达法则求解有

$$\lim_{v \to 0} G(x,v) = \lim_{v \to 0} (x^3 + 2x^2 - x - 5) \left(\frac{v}{e^v - 1} \right)$$
$$= x^3 + 2x^2 - x - 5 \neq \infty \tag{2-28}$$

2.1.5 忆阻器的 V-I 特性

1. 捏滞回线的特征

假设响应电压 $v(t)$（对应的响应电流 $i(t)$）拥有相同频率的周期性，所有由下述状态依赖欧姆定律数学式的电流控制型忆阻器（对应的是电压控制型忆阻器）在零直流分量的周期性电流源 $i(t)$（对应的是电压源 $v(t)$）作用下都具有捏滞回线特征，如图 2.1 所示（对应的如图 2.2 所示）。

电流控制型状态依赖方程为

$$\begin{aligned} v &= R(q)i, \quad \text{理想型忆阻器及其衍生} \\ v &= R(x)i, \quad \text{通用型忆阻器} \\ v &= R(x,i)i, R(x,0) \neq \infty, \quad \text{拓展型忆阻器} \end{aligned} \tag{2-29a}$$

电压控制型状态依赖方程为

$$v=R(q)i, \quad \text{理想型忆阻器及其衍生}$$
$$v=R(x)i, \quad \text{通用型忆阻器} \tag{2-29b}$$
$$v=R(x,i)i, R(x,0)\neq\infty, \quad \text{拓展型忆阻器}$$

捏滞回线已成为一个重要的判断标志。任何定义下的模型都是从具体的物理器件中抽象出来的[17],没有模型可以完全准确预判出真实物理器件在任意电压或电流源驱动下的电路中表现出来的响应。即使传统意义上的电阻,也不会完全精确吻合欧姆定律,因为几乎所有电阻都会显示出轻微但非零的寄生效应,如电容、电感和一些阻值随温度、频率变化的电阻。同样,没有哪种实际的忆阻器是能精确地用式(2-29a)和式(2-29b)描述。例如,在很多生物[18]、化学[19]和植物[20]忆阻器中,它们的捏滞回线交点距离原点有轻微的偏移量。如文献[21]所述,如果这些非理想的偏离也可以引入一些如外部寄生元件、电压源和电流源来建立等效模型,这些忆阻器件被称为有瑕疵的忆阻器[7]。

各种各样捏滞回线忆阻器案例可以在文献[3]、[22]、[23]中看到。所有忆阻器不但存在捏滞回线这样的基本特征,它们的特性表现出了相似的频变效应[21]。特别地,高于临界频率 f^* 时,所有忆阻器的捏滞回线的每一波瓣面积都随频率 f 的增加单调递减。此外,在足够高的频率时,所有一般意义上的忆阻器捏滞回线都趋向于变为一条直线(直线的斜率取决于激励周期信号的幅值),或者对于广义忆阻器来说,变为一个单值函数(其精确的伏安曲线随激励周期信号的幅值变化)[21,7]。

2. 一致过零点特性

在前面所述的捏滞回线的特征提供了实验上辨认忆阻器的必要条件,下面给出实验上最普遍存在的忆阻器辨认方法,被称为一致过零点特性,从而完善忆阻器的电路理论基础。

事实上,实验方案是假定电流 $i(t)$ 和电压 $v(t)$ 都是相同频率的周期函数,这里给出一种特例,就是任何测量对$(i(t),v(t))$是周期信号与否必须被列出来。从电路理论的视角出发这是很有必要的,因为可以从测量的忆阻器电流电压对$(i(t),v(t))$辨认出忆阻器。例如,如图2.18(a)所示,忆阻器已经联入了一个任意的电路之中,这些电路可能包含线性、非线性电阻、电容、电感、受控源、晶体管、运放和其他忆阻器等,由电流源和电压源提供激励[14]。一致过零点特性是通过测量瞬态的伏安特性对得到,例如文献[24]在汗腺管的测量中也可以得到相同结论。

图2.18(a)展示的任意的电路元件互联组成的一个电路,包括一个或更多的忆阻器、电流源和电压源。为了更清楚地展示,我们选择任意的一个忆阻器来研

究,将原理图画成只有这个忆阻器(右边的)和代表电路其他部分的盒子(后面的讨论不涉及盒子内部结构)相连的形式。在特殊的情况中,只有一个电流源 $i(t)$(对应的电压源 $v(t)$),图 2.18(a)简化为如图 2.1 所示的电流控制型忆阻器配置(对应的也可以是如图 2.2 所示的电压控制型忆阻器配置)。

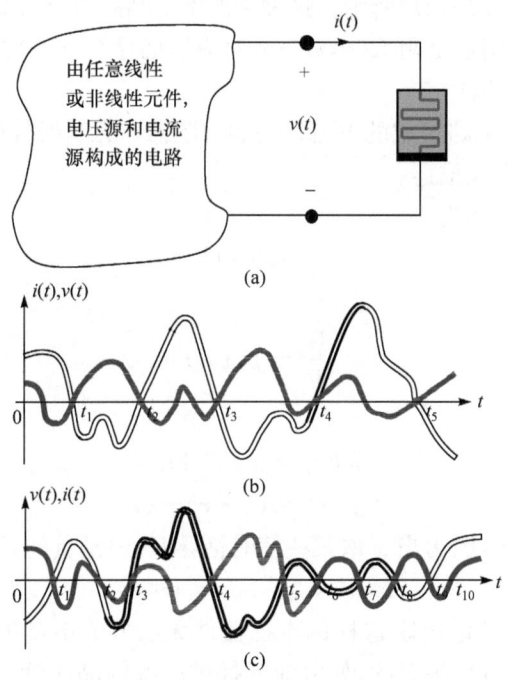

图 2.18 一致过零点特性图[6]

接下来,用$(i(t),v(t))$(或者$(v(t),i(t))$)表示图 2.18(a)中的忆阻器测量到的一个相关的波形对$(i(t),v(t))$(或者$(v(t),i(t))$),设定盒子中所有的动态电路元件初始条件后,之后被称为可容许的信号对。假定在每一个已经设置好初始条件的盒子中,都可以测量到一个特定的可容许信号对,在理想情况下,考虑不改变图 2.18(a)中的忆阻器,而更换盒子内部的初始条件,尽可能得到所有可能的电路组合。对每一个这样的电路组合测量一个可容许的信号对。接下来,介绍表 2.1 中定义的一个所有忆阻器的普遍特征。

(1) 忆阻器的一致过零点特性

电压 $v(t)$ 的波形(对应的电流 $i(t)$)及与之关联的电流 $i(t)$(对应的电压 $v(t)$)组成的可容许的信号对$(i(t),v(t))$(对应的是$(v(t),i(t))$),如图 2.18(a)所示,当电流 $i(t)=0$ 时($v(t)=0$),在时间轴上一定过零点。

上述忆阻器特征满足表 2.1 中电流控制型(对应的电压控制型)忆阻器定义的规定格式。

为了阐述上述普遍忆阻器特征的应用,假定可容许的信号对波形对如图 2.18(b)(对应图 2.18(c))所示。

从图 2.18(b)(对应图 2.18(c))可以看到一致性过零点特性。

需要说明的是,一致过零点特性并不妨碍电压为零的时候电流不为零,如图 2.18(b)(对应图 2.18(c))所示。这种情况下,实际上可以出现在忆阻器是有源的,对应的是无源忆阻器忆阻 $R(x,i) \geqslant 0$(对应的忆导 $G(x,v) \geqslant 0$)。

例 10 有源忆阻器

图 2.19(a)中的电路组成的电流控制型忆阻器与无源线性电容 C 和电导 L 串联。忆阻器可以用下式描述。

状态依赖欧姆定律为

$$v = R(x)I \tag{2-30a}$$

状态方程为

$$\frac{\mathrm{d}x}{\mathrm{d}t} = f(x,i) \tag{2-30b}$$

其中

$$R(x) = \beta(x^2 - 1)i \tag{2-30c}$$

$$f(x,i) = i(1-x) - \alpha x \tag{2-30d}$$

忆阻器是有源的,因为当 x 取某些值时忆导 $R(x)$ 是负的,即

$$R(x) < 0, \quad -1 < x < 1 \tag{2-31}$$

例如,p-n 结二极管、热敏电阻这样的本征器件无法放大电学能量,因此不能称作有源电子器件,但可以用现有的,如电池等提供电源的晶体管、运放来搭建有源电子器件。进一步,上述有源忆阻器的搭建[25]和忆阻 $R(x)$ 的测量非常类似于式(2-30c)的描述。

图 2.19(a)中的电路是图 2.18(a)的一个例子,在如图 2.18(a)所示的盒子中由一个线性电容与一个线性电阻串联组成。图 2.19(a)的非凡意义不但在于可以作为振荡器(在某些 L、C 取值),而且可以产生非周期的持续不确定混沌振荡,让人联想起放大噪声信号。

例如,图 2.19(c)显示图 2.19(a)中电路测量忆阻电流 $i(t)$ 和忆阻电压 $v(t)$ 得到的混沌波形。注意到,过零点电压不但包括所有的过零点电流,还有一些附加的 $i(t)$ 非零瞬态(例如,在 $t=40$ 和 $t=50$ 之间,在 $t=90$ 和 $t=100$ 之间的点),因此提出电流控制型忆阻器的特征。实例中,$v(t)$ 的零点而非 $i(t)$ 的零点可以看作 V-I 平面中的二、四象限中的点,其轨迹也被称为李萨如曲线,如图 2.19(d)所示。

(2)无源忆阻器有相同的过零点特性

电流 $i(t)$ 和电压 $v(t)$ 有零点集 $\{t_1(i), t_2(i), \cdots, t_M(i)\}$ 和 $\{t_1(v), t_2(v), \cdots, t_N(v)\}$ 与之相关的无源忆阻器相同。特别地,$t_k(i) = t_k(v), M = N$。

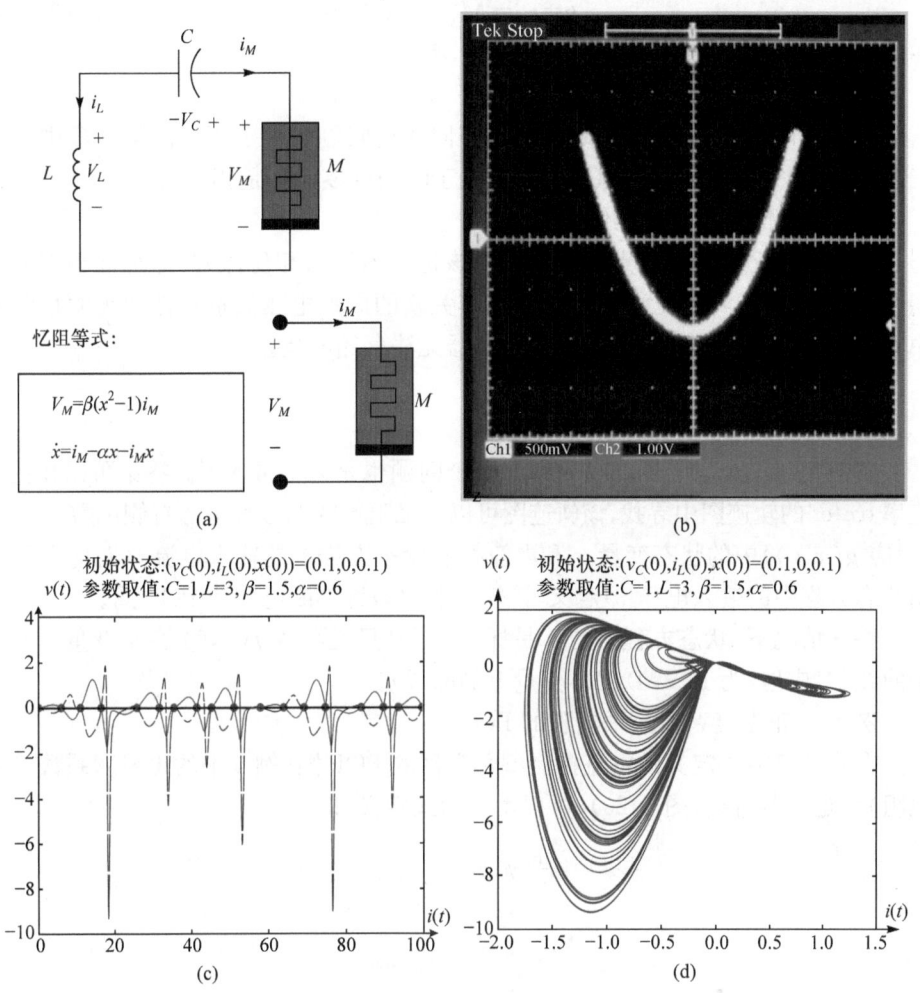

图 2.19 一个 3 元件复杂电路[6]

(图 2.19(a)产生复杂摆动的局部有源[26]和非线性都由忆阻器提供,这里的忆阻器也被称作局部有源忆阻器,能够用晶体管、运算放大器等搭建,其电源可以直接由电池提供[7,25]。图 2.19(b)展示了在该 2 端电子合成忆阻器的忆阻值 $R(x)$,其中横纵坐标代表了图 2.19(a)中流过忆阻器的电流 $i(M)$ 和其两端电压 $v(M)$。

图 2.19(c)由数值计算得到的电流波形 $i(t)$ 和电压波形 $v(t)$ 是非周期的。图 2.19(d)相关的李萨如图被称作奇异吸引子[27]。观察可知,虽然图形并不是一个闭合环路,但在原点,且是紧捏型的)

上述特性的验证可以通过考察图 2.1 和图 2.2 的捏滞回线第四象限部分,其瞬时功耗为

$$p(t)=v(t)i(t)<0 \quad (2\text{-}32)$$

这意味着功耗总是由忆阻器向盒子里的外部电路放电提供来实现式(2-32)。但这是不可能的,因为对于无源忆阻器电阻 $R(x,i)>0$,也就是 $G(x,v)>0$,意味着

$$p = vi = M(x,i)i^2 > 0 \tag{2-33a}$$

在所有时间 t 内,与式(2-32)矛盾。此外,有

$$p = iv = G(x,v)v^2 > 0 \tag{2-33b}$$

从上述分析可知,所有无源忆阻器的捏滞回线被限制在 V-I 平面的第一象限和第三象限,对于无源忆阻器的 $i(t)$ 和 $v(t)$ 关于时间的零点集是相同的。

(3) 无源忆阻器没有相位漂移

上述无源忆阻器的零点特性意味着该忆阻器没有相位漂移,即相同频率的周期性电流波形 $i(t)$,电压波形 $v(t)$ 和与其关联的周期电压波形在任何无源忆阻器中的相位漂移为零。这意味着无源忆阻器无法存储能量。

2.1.6 POP:断电图

如何判断一个忆阻器非易失呢?这个问题也是老生常谈了。答案可以在变化速率 dx/dt 的轨迹图中寻找,该轨迹图可以由忆阻器状态方程里的右侧函数 $f(x,i)$(对应 $g(x,v)$)中的状态变量 x 和电流控制状态方程中的输入电流 i(对应电压控制状态方程中的输入电压 v)定义,该轨迹图也被称作断电图或 POP 图。

特殊情况下,状态方程中的 x 是标量,POP 只是函数 $f(x,0)$ 在 x 变量上的一个曲线(对应地,为 $g(x,0)$ 在 x 变量上的曲线)。

例11 正温度系数热敏电阻的 POP

在式(2-12)中定义的电流控制型忆阻器的 POP 图(例3中的正温度系数热敏电阻)就是一条直线(图 2.20),可以由下面式定义,即

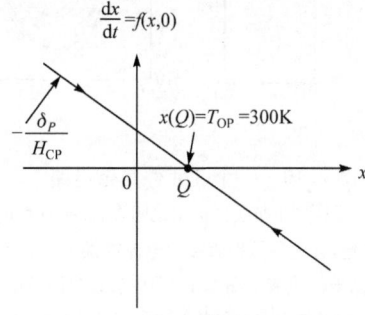

图 2.20 电流控制型正温度系数热敏电阻的断电图[6]

($\delta_P = 0.8$W/K, $H_{CP} = 0.8$J/K, $T_{OP} = 300$K。箭头指向的是断电图上 x 的移动方向)

$$\frac{dx}{dt} = \frac{\delta_P}{H_{CP}}(T_{OP} - x) \tag{2-34}$$

图中 x 轴上方的箭头指向右边,说明 x 轴上方的可以从 POP 图上任何 $x(0) \neq x(Q)$ 的初始态开始的解 $x(t)$,必须移动到 $x(0)$ 的右侧(在 $x(0)$ 处,$\frac{dx}{dt} > 0$),因为

只要 $x(t)$ 处在 x 轴上方，$t>0$ 就成立。

相反地，x 轴下方的箭头指向左边表示着在 x 轴下方的可以从 POP 图上任何 $x(0)\neq x(Q)$ 的初始态开始的解 $x(t)$，必须移动到 $x(0)$ 的左侧（在 $x(0)$ 处，$\dfrac{dx}{dt}<0$），因为只要 $x(t)$ 处在 x 轴下方，$t<0$ 就成立。

POP 图与 x 轴的每一个交点都可以被叫做断电忆阻器的平衡点，因为在每个交点处，都会有 $\dfrac{dx}{dt}=0$，这意味着可以从任意初始态 $x(0)=x(Q)$ 开始的状态 $x(t)$ 必须在 $x(t)=x(Q)$ 处保持不变，因为 $t>0$。

在非线性动力学理论[28]中，图 2.20 中的平衡点 $x=x(Q)$ 是渐进稳定的。因为解 $x(t)$ 可以从任何 $x(0)\neq x(Q)$ 的初始态开始，而当时间 t 趋向无穷时，该解会趋向平衡点 $x=x(Q)$。

从图 2.20 可知，对于任何初始态 $x(0)$，随着式(2-12b)中状态变量 $x(t)$ 趋向 $x(Q)$（当 $v=0$ 时），时间趋向无穷，其忆感值满足下式，即

$$W(x(t)) \to W(x(Q)) = [R_{OP} e^{\beta_P(x(Q)-T_{OP})}]^{-1}$$
$$= \dfrac{1}{R_{OP}} \tag{2-35}$$

也就是说，在环境温度等于 300K 时，断电正温度系数忆阻器相当于一个阻值为 R_{OP} 的线性无源电阻。这样的忆阻器是易失型的，因为初始状态 $x(0)$（可以看做历史信号的积累）对于小信号电阻的值没有影响，该小信号电阻是通过在忆阻器两端施加一个无穷小的电压 $\delta v(t)$，然后测其电流响应 $\delta i(t)$ 得到的。该忆阻器"遗忘"了历史输入信号产生的效果，因此称它为易失型的。

例 12 假想型忆阻器的 POP 图

在式(2-16)定义的假想电压控制型忆阻器的 POP 图如图 2.16 所示。它有三个平衡点，分别在 $x=10$、$x=30$ 和 $x=50$ 处，在这些平衡点处 $\dfrac{dx}{dt}=0$。

在 $\dfrac{dx}{dt}>0$（$\dfrac{dx}{dt}<0$）的 x 轴上（下）方的分段函数的每一个分段点用一个向右（左）的箭头标示出 POP 图的走向，如图 2.21 所示。图中三个平衡点分别在 $Q_0(x=10)$、$Q_1(x=50)$ 和 $Q_2(x=30)$ 处。这样一个在平面上描绘 $x(t)$ 的运动轨迹的图被称为动态线路图[14]。

当图 2.16 中 POP 图和 x 轴的相交点对应终端为短路（开路）电压（电流）控制型忆阻器电路平衡点时，相应的动态线路图可以区别 POP 图上的平衡点是渐进稳定还是渐进不稳定。对于例 12，图 2.21 所示的动态线路图可以识别平衡点 Q_0 和 Q_1 是渐进稳定的，而平衡点 Q_2 是渐进不稳定的。

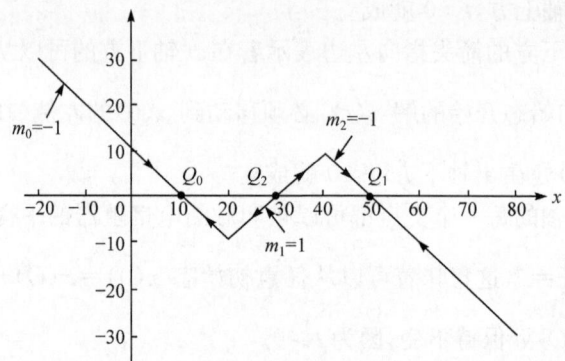

图 2.21 式(2-16)定义的电压控制性忆阻器断电图的动态路线图[6]

粗略观察图 2.21 中的动态路线图,可以发现其本身具有非易失性记忆,在这个意义上,取决于始状态 $x(0)$,则该忆阻器可以表征出两个渐进稳定平衡态之一,即

$$x=x(Q_0)=10, \quad x(0)<30 \quad (2-36a)$$
$$x=x(Q_1)=50, \quad x(0)>30 \quad (2-36b)$$

这两个明显的平衡态引起以下两个相应的稳态小信号电导(假设式(2-16c)中 $G_0=1$),则

$$W(x(Q_0))=(10)^2=100S, \quad x(0)<30 \quad (2-37a)$$
$$W(x(Q_1))=(50)^2=2500S, \quad x(0)>30 \quad (2-37b)$$

由于这两个明显的忆感稳态值 $W(x(Q_0))$ 能够用来表示双态,即 0 和 1,可以称该忆阻器具有非易失性记忆,因为对所有 $t>0$,忆感值 $W=100S$,或者 $W=2500S$ 都会被保留,直到施加一个大小合适的外加电压将平衡状态转换成其他稳定态。

以上例子可以简单地概括为非易失性忆阻器定理,即如果一个有着标量状态变量 x 的忆阻器,其 POP 图和 x 轴以负斜率交点个数有两个以上,则该忆阻器是非易失性的。

例 13 连续记忆忆阻器的断电图

考虑一个假想拓展型电压控制型忆阻器。状态依赖欧姆定律为

$$i=G(x,v)v \quad (2-38a)$$
$$G(x,0)\neq\infty$$

状态方程为

$$\frac{\mathrm{d}x}{\mathrm{d}t}=g(x,v) \quad (2-38b)$$

其中

$$g(x,v) \triangleq \frac{v}{x} \tag{2-38c}$$

为了强调忆阻器的非易失性记忆特性取决于其断电图(POP)和 x 轴的交点,而不需要忆感方程 $G(x,v)$,因此在这个例子中,我们不去细述式(2-38a)中的 $G(x,v)$。

上述忆阻器的断电图(当 $v=V=0$ 时)可以由下式给出,即

$$\frac{dy}{dx}=\frac{0}{x}=0 \tag{2-39}$$

如图 2.22 所示,该断电图为水平线加粗部分,就是整个 x 轴。上述忆阻器被赋予连续的稳定平衡点(非渐进稳定)。下文会把断电图与 x 轴重合的忆阻器称为连续记忆忆阻器。由于连续记忆忆阻器的每一个状态 $x(Q)$ 都可以使 $x=X_Q$ 和 $v=V_Q$ 处的忆导方程 $G(x,v)$ 决定电导的值。假定 $G(x,0)$ 可以推断出 x 轴上所有 $G(x,0) \geqslant 0$ 的值,该忆阻器则被赋予连续的非易失性、非负的电导记忆。

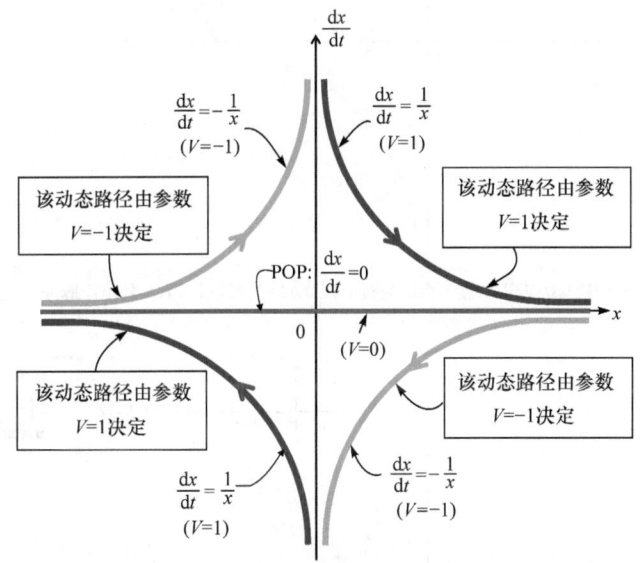

图 2.22 由式(2-38)定义的忆阻器的断电图与 x 轴一致[6]
(每一个点都是稳定的平衡点(非渐进稳定的)。对应 $V=1$(第一、三象限)和 $V=-1$(第二、四象限)的四个动态线路图可以表示从任何四路的初始态 $x(0)$ 出发的运动方向)

如果忆导函数 $G(x,0)$ 是一个光滑的函数 x,则这个忆阻器能够被用作类脑机器或神经形态芯片里的突触[3,5,29]。

在用电导函数 $G(x,0)$ 推断出 G_1 和 G_2 两个特殊的值特殊情况下,即

$$G(x,0)=G_1, \quad 0<x<10$$
$$G(x,0)=G_2, \quad 10<x<\infty \tag{2-40}$$

这个忆阻器可以被用作非易失性双态存储器,其中 G_1 代表状态"0",G_2 代表状态"1"。

如果施加一个合适幅值 ΔE 和持续时间为 ΔT 的方形电压激励,可以让一个连续记忆存储器很简单地从一个非易失态 $x(Q_1)$ 跳变成另一个非易失态 $x(Q_2)$,反之亦然。

举例来说,如果希望从非易失态 Q_2 跳变成非易失态 Q_1(图 2.23(a)),为了简单,选择幅值 ΔE 为 $1\,\mathrm{V}$ 的负向方形脉冲,时间从 t_0 持续到 t_1,即 $\Delta T = t_1 - t_0 = \Delta_1$。如图 2.23(a)中第四象限的动态路线,其中 t_1 投影到 X 轴上为 Q_1。相反,若需要

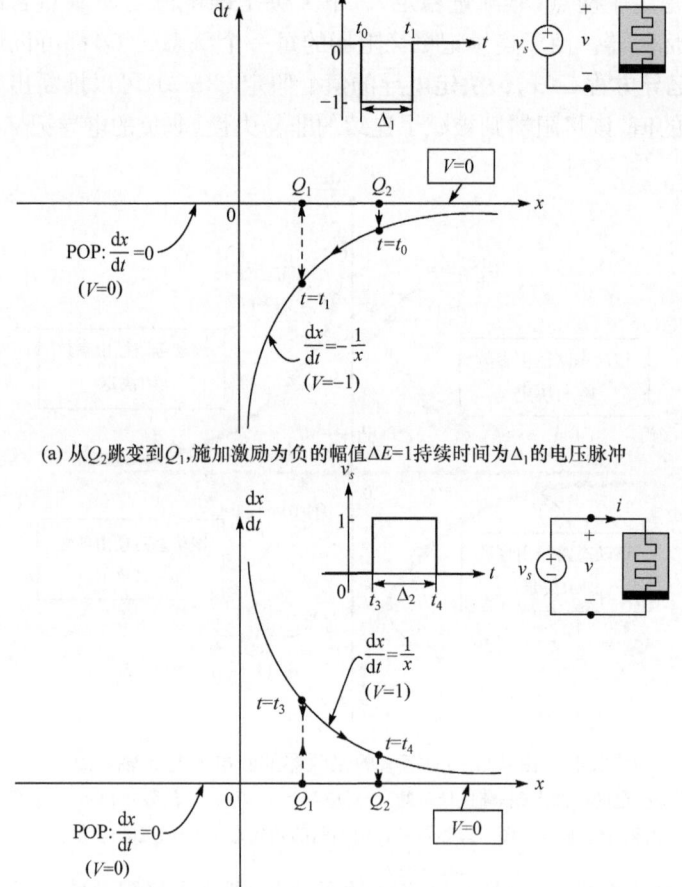

(a) 从 Q_2 跳变到 Q_1,施加激励为负的幅值 $\Delta E=1$ 持续时间为 Δ_1 的电压脉冲

(b) 从 Q_1 跳变到 Q_2,施加激励为正的幅值 $\Delta E=1$ 持续时间为 Δ_2 的电压脉冲

图 2.23 一个合适极性,幅值为 ΔE,持续时间为 ΔT 的方形电压脉冲可以让器件从任意一个非易失态转换到其他非易失态[6]

由非易失态 Q_1 跳变到非易失态 Q_2，只需要施加一个如图 2.23(b)所示的正向方形脉冲(假定幅值 ΔE 为 1V)，其中脉冲宽度可以由 $\Delta T = t_4 - t_3 = \Delta_2$ 来计算。

由式(2-38c)观察可知，对于每一个 $V>0$ 的值，存在两个对称的动态线路图，分别位于第一和第三象限。同样，对于每一个 $V<0$ 的值，存在两个动态线路图分别位于第二和第四象限。注意到，由于对应于方程(2-38c)的非动态线路图与 x 轴有交点，连续记忆忆阻器的断电图会将所有的动态线路图约束到 $(dx/dt)>0$ 的上半平面或者 $(dx/dt)<0$ 的下半平面。

2.1.7　直流 V-I 图

电子工程的初学者已经知道，对于大部分二端器件，通过将其与一个电压为 V 的电池相连，测量相应的直流电流 I，就可以得到直流 V-I 曲线。重复施加不同的电压 V，在 V-I 平面上可以得到一系列的点。用一条光滑的曲线将其连接起来，可以被称为该器件的直流 V-I 曲线。注意到，直流电的附属成分很重要，当在直流电源中补充进一个低频的正弦波或者三角波电压成分，测得的曲线也会发生比较大的变化。后面这个测量方式更常用一些，因为它取代了直流电压特别慢的人为调谐方式，代之以自动调谐的方式，其中周期波形的缓慢变化被假定可以产生与人为调谐相同的效果。

可惜的是，对于忆阻器来说，不管对于该周期性电压信号，选择多低的频率，人为和自动的调谐方式会得到完全不同的结果。在本章，读者将看到用传统方法测得的忆阻器的直流 V-I 曲线都是错误的，对于大多数忆阻器而言，正确的直流 V-I 曲线并不是一条曲线，而是由 V-I 平面上的一系列点构成的许多分支或者就是这些点重复成 V-I 平面上的一个单独的点——孤点。

由于将这一系列奇怪的点叫做曲线容易引起误解，因此从这里开始将惯用的直流 V-I 曲线(DC V-I curve)改成术语直流 V-I 图(DC V-I plot)，除非途中一系列点都落在曲线上。

例 14　正温度系数热敏电阻的直流 V-I 图

将式(2-12)定义的正温度系数热敏电阻作为考虑对象。为了测量该忆阻器的直流 V-I 图，必须用一系列的恒定电压 $V=V_1, V_2, \cdots, V_m$ 代入式(2-12a)和式(2-12b)中，当所有瞬变量衰减为零后测得相应的恒定电流 $i=I=I_1, I_2, \cdots, I_m$。这一系列的响应点 $(V_1, I_1), (V_2, I_2), \cdots, (V_m, I_m)$ 即为正温度系数热敏电阻的直流 V-I 图。需要考虑的是，在测量下一个点时，实验者需要等多久。要回答这个基本的问题，需要假定正温度系数热敏忆阻器特性遵循式(2-12)。零瞬态时，测得的状态变量 $x=X_Q$ 一定是一个常量，因为 $\left.\dfrac{dx}{dt}\right|_{x=X_Q}=0$。这样的 x 在非线性动态理论[14,28]被称作一个平衡状态。忆阻器这样的平衡状态可以通过令式(2-12b)

右手边为零,然后解出所有的 x 的恒值而得到。对于每一个指定的 $v=V$,可以满足如下忆阻器平衡方程,即

$$\frac{\delta_P}{H_{\rm CP}}(T_{\rm OP}-x)+\frac{1}{H_{\rm CP}}[R_{\rm OP}{\rm e}^{\beta_P(x-T_{\rm OP})}]^{-1}V^2=0 \qquad (2\text{-}41)$$

一般而言,忆阻器平衡方程是强非线性代数方程,并且它们的解要通过数值计算或者图形得到。有很多软件可以用来求解此类代数方程。如果该方程对于每一个 V 值只有一个解,这类软件则可以高效地得到可靠的解,较为可惜的是,即使方程有多个解,这类软件也只能得到一个解。

上述的忆阻器平衡方程(2-41)除了可以通过分析得到精确的解,还可以用图形法来解,虽然这种方法相对于数值计算的方法精确度更低一些,但却更普及。另外,这种方法最独特的方法是可以保证每一个直流电压 V 对应的直流电流 I 都可以被找到。更为重要的是,图形计算的方法可以提供忆阻器更多的动态视野,这是所有数值计算软件或者仿真软件都做不到的。

为计算所有的满足方程(2-12a)的直流(V,I)点,需要将 x 代入方程(2-12a)中,x 除了在平衡点都是关于时间的函数。将由方程(2-12c)定义的忆导函数$W(x)$在 X_Q 的变化范围内绘制成一个 $x=X_Q$ 的函数(X_Q 与正温度系数热敏电阻有关),如图 2.24 所示。

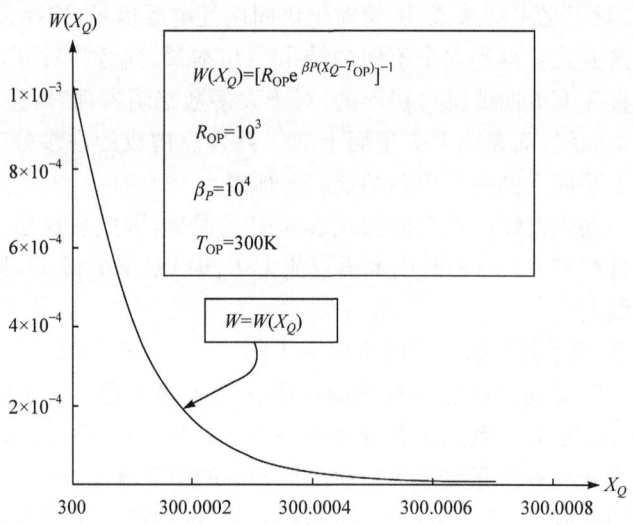

图 2.24　正温度系数热敏电阻的状态依赖欧姆定律中 X_Q 相关的忆导方程 $W=W(X_Q)$[6]

图形法的下一步就是对正温度系数热敏电阻的每一个直流电压 V,绘制 ${\rm d}x/{\rm d}t$(式(2-12b)的右边定义)关于 x 的图。图 2.25 中每一条曲线都相对应于一个直流电压值 $V=V_K$,其中的两个箭头标明从初始点 $x=x(0)$ 出发后曲线的走向。箭

头的方向在上半平面($dx/dt>0$)都是指向右边,在下半平面($dx/dt<0$)都是指向左边。观察到每一条曲线的$dx/dt=0$都在与x轴相交处。这些正是正温度系数热敏电阻的平衡点。图 2.25 中的每一条曲线实际上都是在图 2.23 中遇到过的动态线路图。因此,可以把图 2.25 称为正温度系数热敏电阻的动态路线图系。对于每一个交叉点的坐标(X_Q,V_Q)都可以在图 2.25 中提取得到。

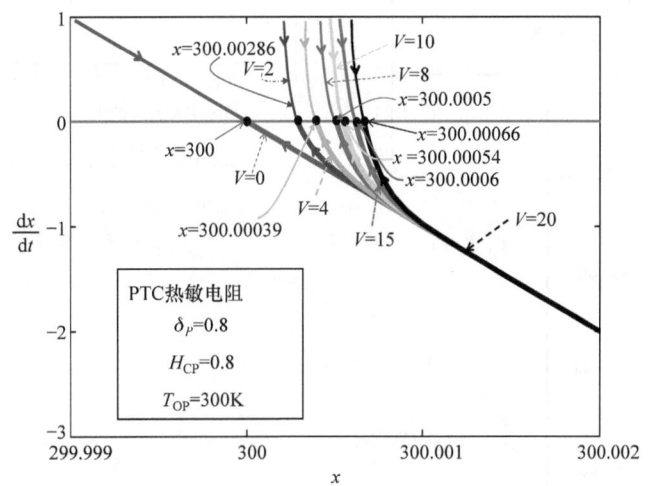

图 2.25 对于每一个感兴趣的范围内的直流电压V计算平衡状态$x=X_Q$的图解法[6]
(每一条动态路线都对应于范围$0V \leqslant V \leqslant 20V$的某个固定常数值$v=V$。由
动态路线图$v=V_K$时与$(dx/dt)=0$轴的交点可以得到$V=V_K$时的值$X_Q(V_k)$。坐标
$(V_K,X_Q(V_K))$则是对应电压依赖型平衡图中的一个点)

备注 1 每一个忆阻器相关的动态线路族系包括任何一阶忆阻器平衡点的一个子集坐标X_Q。

图 2.25 的X_Q的变化范围大概在$300<X_Q<300.0008$。从图 2.25 中提取出的一系列点(X_Q,V)可以用来绘出X_Q作为V的函数曲线的大致形状,如图 2.26 所示,视$X_Q=\hat{X}_Q(V)$。在图 2.25 中,直流电压V越大,$X_Q=\hat{X}(V)$的曲线越光滑。

为了获得正温度系数热敏电阻的直流V-I曲线,将图 2.26 中的$X_Q=\hat{X}(V)$代替图 2.24 中的X_Q,即

$$W=W(X_Q)|_{X_Q=\hat{X}_Q(V)}=W(\hat{X}_Q(V)) \triangleq \overline{W}(V) \tag{2-42}$$

忆导方程$W=\overline{W}(V)$能够用电脑软件计算获得,然而用文献[14]中呈现的图解法可以更清晰明了一些,虽然会耗费更多的时间,并且精确度也不够高。

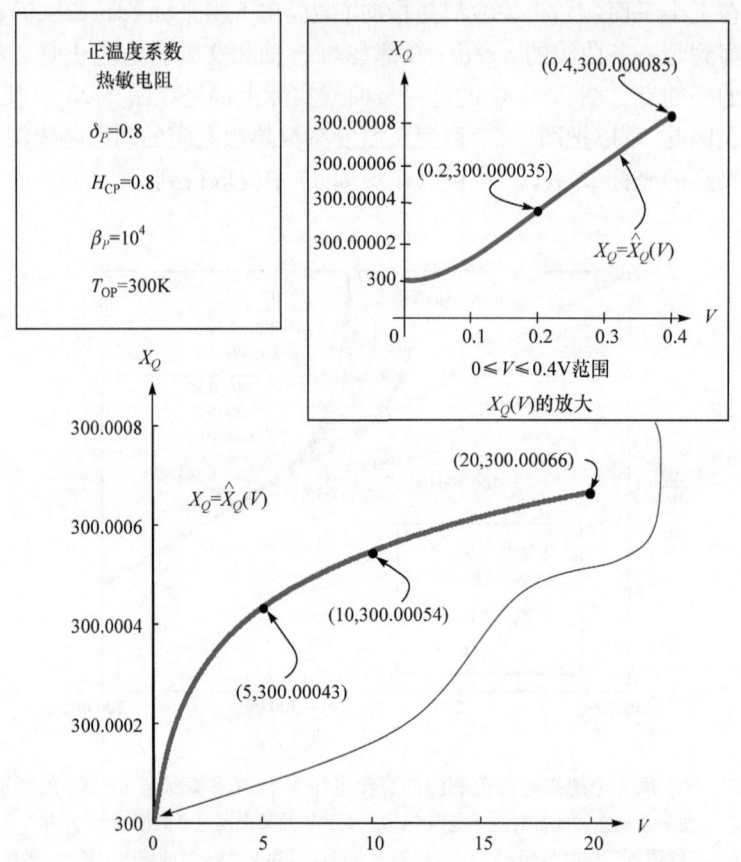

图 2.26 正温度系数热敏电阻的电压依赖型平衡图[6]
(通过一条平滑的曲线将图 2.25 中得到的一系列点 $(V_K, X_Q(V_K))$ 连起来绘制得到)

方程 $W=W(\hat{X}_Q)$（图 2.24）和 $X_Q=\hat{X}_Q(V)$（图 2.26）分别被绘制在图 2.27 的左上角和右下角。在图 2.27 的左下角添加的单位斜率线可以让我们很方便的通过作垂直和水平线得到每一个直流电压 V 对应的 X_Q 的坐标。如图 2.26 给出的，找到当 $V=5$ 和 $V=15$ 的两个 X_Q 值。

为了找到当 $V=5$ 的 X_Q 值，先在右上角的 $V=5$ 处画一个垂直的投影线，该投影线与下方曲线 $X_Q=\hat{X}_Q(V)$ 在点①处相交。然后，再通过点①画一条水平的投影线直到它与左下角的单位斜率线在点②处相交。通过点②画一条垂直投影线让它与左上角的曲线相交在点③。最后，通过点③画一条水平投影线，直到与最初的垂直投影线相较于点④。也就是说，坐标为 $(X_Q, W(\hat{X}_Q))$ 的点③映射到坐标为 $(V, \overline{W}(V))$ 的点④上，这就是所要找的函数 $W=\overline{W}(V)$ 上的点。

仍然可以通过将曲线 $W=\overline{W}(V)$ 上的每个点乘以对应的 V 值来绘制直流 V-I

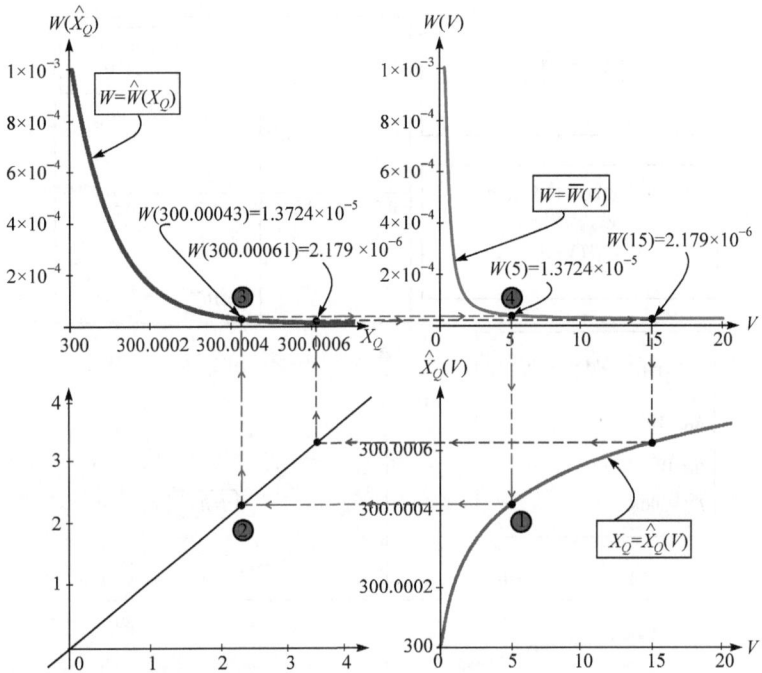

图 2.27 在正温度系数忆阻器上施加 $v=V$ 的直流电压时,构造忆导方程函数 $W(X_Q)$ 的图解法[6]

曲线图,按照国际规定的欧姆定律(2-12a)所示,即

$$I = \overline{W}(V)V \triangleq \hat{I}(V) \tag{2-43}$$

对于 $V>0$ 和 $V<0$,如图 2.28 所示,最右边的分支就是通过图形法在一个不精确的范围内粗略计算得到的,不包含图 2.28 插图中的中间部分(对应 $0<V<0.5$),这部分可以在 $x=0$ 附近更精确的范围内用同样的图形法获得。通过仔细分析式(2-12)、式(2-41)和式(2-42),可以简单地得到图 2.28 中的最左边部分,因为通过分析这些式,可以发现正温度系数忆阻器的直流 V-I 图关于 V 是完全对称的。

图 2.28 说明正温度系数热敏电阻的直流 V-I 图关于直流电压 V 是一个单值函数,因此也可以称其为直流 V-I 曲线。有种特别情况,就是断电时($V=0$),有一个特殊的小信号电导等于曲线在 $V=0$ 时的斜率,即

$$\begin{aligned}
\left.\frac{\delta I}{\delta V}\right|_{V=0} &= W(X_Q)|_{V=0} \\
&= [R_{OP} e^{\beta_P(300-300)}]^{-1} \\
&= \frac{1}{R_{OP}} \\
&= 10^{-3}
\end{aligned} \tag{2-44}$$

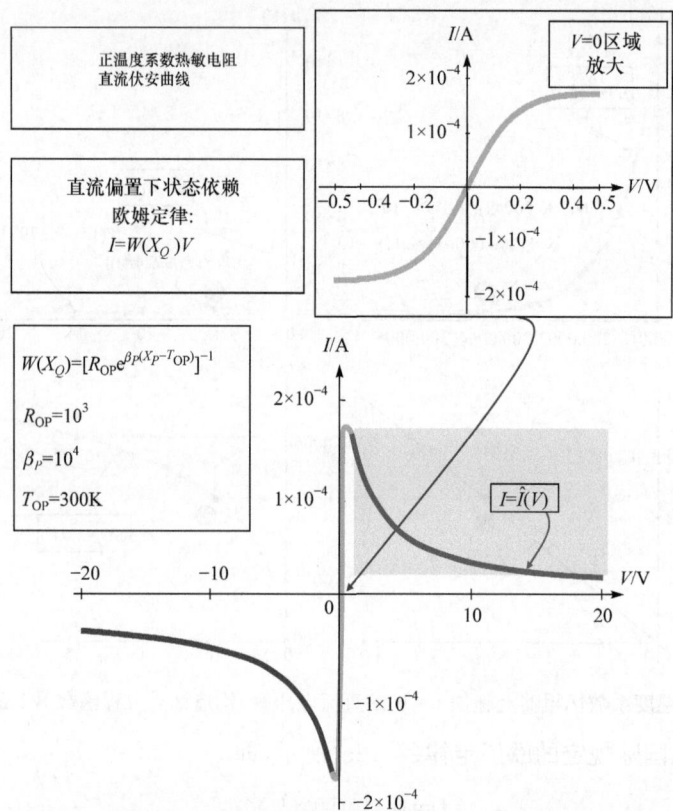

图 2.28　正温度系数热敏电阻在 $-20V<V<20V$ 的直流 V-I 图[6]
（插图为靠近原点处 $-0.5V<V<0.5V$ 的细节放大图）

可以发现，通过施加一个电压脉冲信号 $\delta v(t)$，并且测量其电流响应 $\delta i(t)$，可以得到上述的小信号电导。理解这一忆阻器（正温度系数热敏电阻）是易失性记忆器件是很关键的，因为不管之前有没有在其两端施加过激励，同样的小信号电导都可以被测量得到。该易失性可以从图 2.25 中看出，因为正温度系数热敏电阻的断电图和 dx/dt 轴只有一个交点。

例 15　鞋带型直流 V-I 图

让我们再次回到式(2-16)假设的分段线性忆阻器，图 2.21 中该忆阻器的断电图和相应的动态线路显示，当断电时($V=0$)，该忆阻器有三个平衡状态，即 $X_{Q_0}=10$、$X_{Q_1}=50$ 和 $X_{Q_2}=30$，其中 Q_0 和 Q_1 是渐进稳定，Q_2 点是不稳定的，因为在实际中由于电路噪声的存在，是观察不到的。因此，这个忆阻器可以被用作非易失性的双态存储器，其中状态 0 可以由在 Q_0 点的小信号电导 $G_0=100S$ 来编码，状态 1 可以由在 Q_1 点的小信号电导 $G_1=2500S$ 来编码。如文献[7]中的图 33 所示，通过对忆阻器施加一个小的正电压脉冲可以将忆阻器从状态 Q_0 切换到状态 Q_1,相应的,施加一个负的脉冲可以将忆阻器状态由 Q_1 切换到 Q_0。

如文献[7]介绍,在断电期间,这两个独特的小信号电导 G_1 和 G_0 的存在意味着,不同于正温度系数热敏电阻,该忆阻器的直流 V-I 图至少有两个分支经过原点 $(V, I)=(0,0)$。这样的直流 V-I 图不再是一个单值曲线,那么它应该是什么样的呢。现有的数值计算软件或者仿真器都不能用来计算该直流 V-I 图。如下三种方法可以用来解决此问题。

(1) 得到直流 V-I 图的方法 1:图解合成方法

对式(2-16)而非式(2-12)定义的忆阻器重复例 13 中的步骤。

(2) 得到直流 V-I 图的方法 2:分段线性方法

用 3 个独立的线性差分方程分析解出状态方程(2-16b),其中差分方程 $f(x)$ 被一个仿射函数代替,该仿射函数代表图 2.16 中 3 条直线的延展。每一个解的相关部分都被提取出来并作了相应的图。这三个解的联合即为该分段线性忆阻器的直流 V-I 图。

(3) 得到直流 V-I 图的方法 3:参数法[30]

第一步,令式(2-16b)中的 $dx/dt=0$,并且将其改为如下参数形式(用其直流符号 V 和 X 替换 v 和 x),也就是说,变为标量参数 X 的函数 $\hat{v}(X)$ 为

$$V = -30 + X - |X-20| + |X-40| \triangleq \hat{v}(X) \tag{2-45}$$

第二步,$G_0=1$,用式(2-45)代替式(2-16a)中的 v(将 v, i 和 x 换成直流符号 V, I 和 X),将其改为如下的参数形式,标量参数 X 的函数 $\hat{i}(X)$,即

$$I = -30X^2 + X^3 - |X-20|X^2 + |X-40|X^2 \triangleq \hat{i}(X) \tag{2-46}$$

第三步,将图 2.16 的断电图中的相关区间 $-20 < X < 80$ 划分成一系列的等距点,即

$$X = \{X_K : -20 < X_K < 80\} \tag{2-47}$$

$$X = \{-20, -15, -10, -5, 0, 5, 10, 15, 20\} \tag{2-48}$$

第四步,对每一个 $X_K \in X$,计算式(2-45)中的 $V_K = \hat{v}(X_K)$ 和式(2-46)中的 $I_K = \hat{i}(X_K)$。

第五步,对于每一个 $X_K \in X$,在 V-I 平面上画出每一个对应的点 $(V_K = \hat{v}(X_K), I_K = \hat{i}(X_K))$,并用平滑的曲线连接这些点。得到的轨迹即为该忆阻器的直流 V-I 图。由式(2-45)和式(2-46)计算得到的两个参数方程 $V_K = \hat{v}(X_K)$ 和 $I_K = \hat{i}(X_K)$ 分别如图 2.29(a)和图 2.29(b)所示。如图 2.29(c)所示的轨迹即为例 11 中由式(2-16)定义的分段线性忆阻器的直流 V-I 图。

不同于数值计算的方法,这种方法中的观察特别重要,$\hat{v}(X)$ 和 $\hat{i}(X)$ 均为描述直流 V-I 图的分析方程。观察可知下式,即

$$\hat{i}(X) = G(X)\hat{v}(X) \tag{2-49}$$

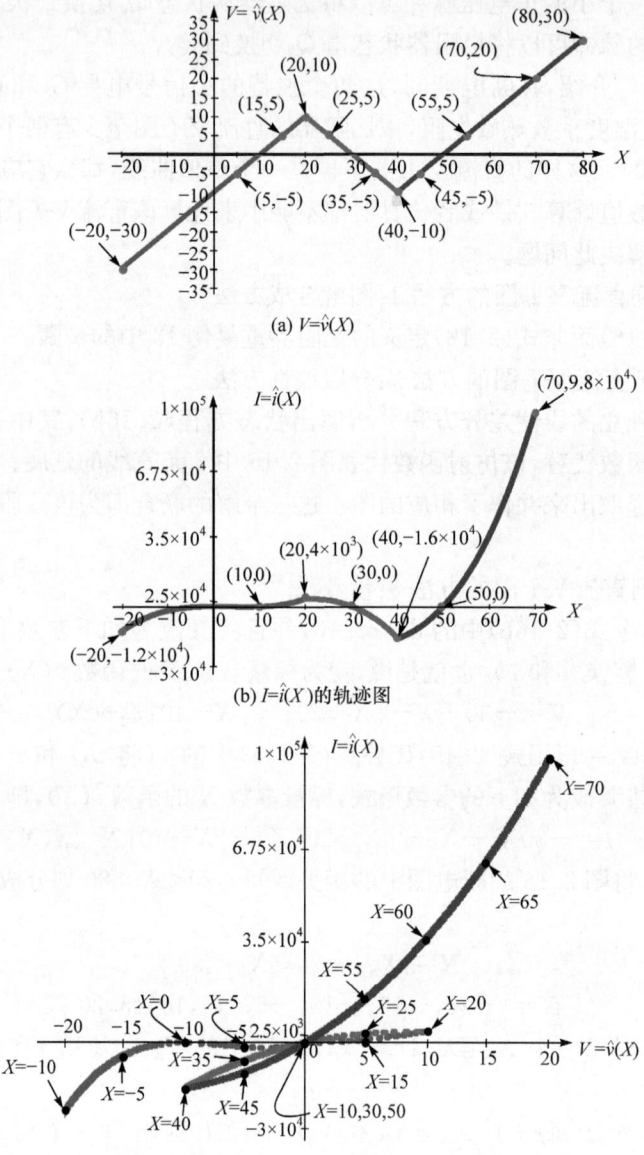

(a) $V=\hat{v}(X)$

(b) $I=\hat{i}(X)$ 的轨迹图

(c) 以 $X=20$ 和 $X=40$ 为节点可以分为三段，分别对应图 2.16 中断电图的左中右区段

图 2.29 参数方程图[6]

备注 2 在合适的时候，参数方法可以为直流 V-I 方程提供准确的分析方程。若令一个电压控制型忆阻器的状态方程右侧为 0，得到一个表达式，只要 v 可以改写为关于这个表达式中 x 的函数，参数化方法都是适用的。

1. 无源但是局部有源忆阻器

由于 X 只是为了画出直流 V-I 图而引入的一个参数,为了避免混乱,在画好图后可以将其删除(图 2.30),就是一个放大了的图 2.29(c),其中几个重要点的坐标为了备查被标注出来了。可以注意到,由式(2-16b)定义该忆阻器是无源的,因为所有的点都处在 $VI \geqslant 0$ 的第一或者第三象限。有趣的是,在区间 $-10\text{V} < V < -3.334\text{V}$,直流小信号电导是负值。

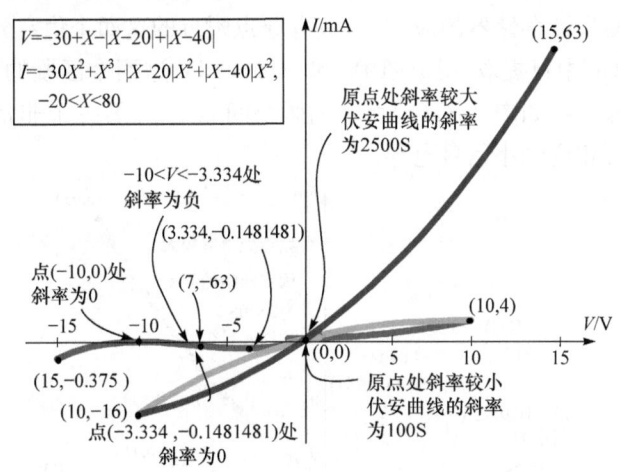

图 2.30　例 12 中由方程(2-16)定义的忆阻器的直流 V-I 图[6]

2. 直流 V-I 图可能包括一些不可见点

例 12 中的分段线性忆阻器的直流 V-I 图并不是一条曲线,而是一系列点,这些代表了 V-I 坐标的点对应于电源电压在 $-15 \sim 15\text{V}$ 的分段线性忆阻器中所有三个平衡点 Q_0、Q_1 和 Q_2,这三个平衡点分别对应 $-15 \sim 10\text{V}$ 的区段、$-10 \sim 15\text{V}$ 的区段,以及 $10 \sim -10\text{V}$ 的区段。

由于 $-10\text{V} < V < 10\text{V}$ 范围内的任意电压,图 2.21 中的平衡定 Q_2 都是不稳定的,因为不管解 $x(t)$ 的初始态 $x(0)$ 等于什么,它都会处在 Q_2 附近并将背离 Q_2,并且趋向 Q_0(如果 $x(0) < 30$)或者 Q_1(如果 $x(0) > 30$),图 2.30 中的直流 V-I 图不能够直接测量,也不能由任何标准的数值计算软件或仿真器得到。

备注 3　对于一个局部有源忆阻器的直流 V-I 图,不是上面的所有点都可以用传统的测量手段直接观察到的。

3. 通过原点的两条稳定分支意味着非易失性的双态记忆特性

由于图 2.30 所示的直流 V-I 图有两个稳定的分支($-15 \sim 10\text{V}$ 对应稳定平衡

点 Q_0，$-10\sim15\text{V}$ 区段对应稳定平衡点 Q_1），通过在忆阻器两端施加电压 $V=V^*$ 并测量其响应电流，发现对于 $-10\text{V}<V<10\text{V}$ 的任意电压 $V=V^*$，图中都对应两个分支的点，其中一个可以作为双稳态中的 0，另一个作为双稳态中的 1。$V^*=0$ 便成为一个很自然的选择，因为那意味着如果将一个小电压信号与忆阻器连接起来，通过测量将会得到两个不同的电流响应，其中一个可以将其指定为状态 0，另一个则是状态 1。例如，文献[7]中图 33 所示，由于在这种情况下，不需要直流电源，记忆状态将一直保持到有一个合适的改变信号将其改变。

由于在非易失性存储器的应用中，只有原点附近的这两个稳定分支非常有用，因此在图 2.31(a)中只提取 $-15\sim10\text{V}$ 和 $-10\sim15\text{V}$ 这两个区段的分支。为了鉴别哪个分支被保持在如图 2.31(b)所示的微小间隔里，需要一个非常小的信号，其中其斜率则对应相应的小信号电导。

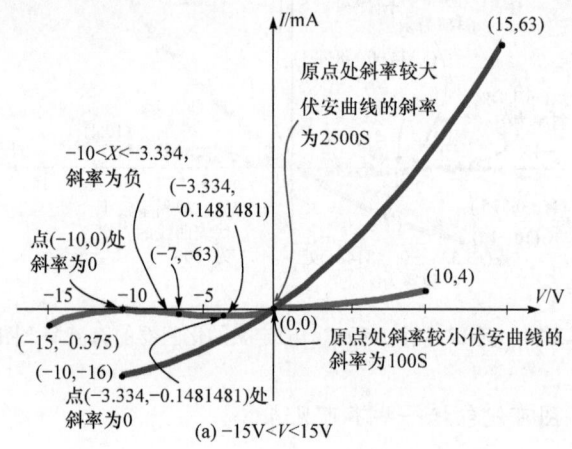

(a) $-15\text{V}<V<15\text{V}$

原点附近放大后的直流伏安曲线：$G_0=1$

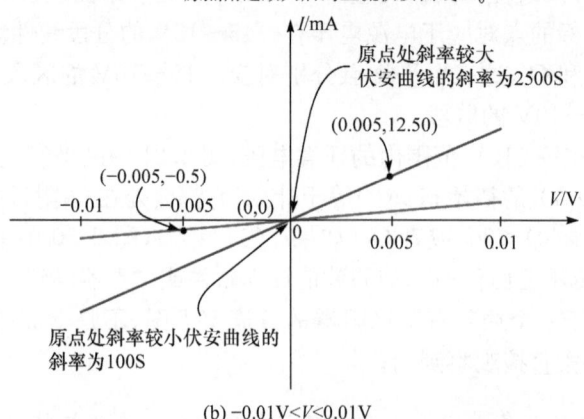

(b) $-0.01\text{V}<V<0.01\text{V}$

图 2.31　直流 V-I 图原点附近两个稳态分支的放大图[6]

4. 准直流 V-I 图

在忆阻器(其直流 V-I 图如图 2.30 所示)两端施加一个振幅为 A 频率为 ω 的正弦或者三角电压信号。假设振幅 $A>10\text{V}$,频率 ω 特别小,因此电压源可以等同于一个可以手动调节的直流电压源。在这种情况下,测量得到的 V-I 图将是一个捏滞回线,该回线将分别在位于 $V=-10\text{V}$ 和 $V=10\text{V}$ 处有两个跳变,因为该忆阻器在 $V<-10\text{V}$ 和 $V>10\text{V}$ 的范围分别只有一个平衡点。由于图 2.32 中的轨迹并没有通过一个可调直流电压源测量,因此我们把测得的捏滞回线称为准直流 V-I 图。

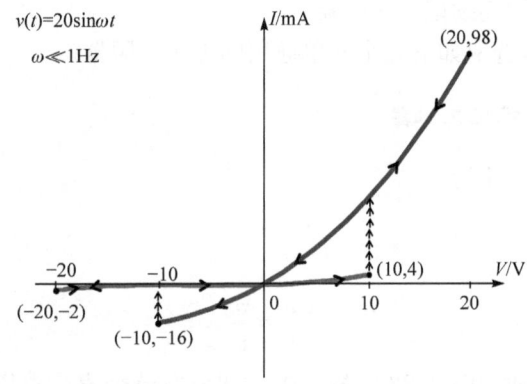

图 2.32 图 2.30 中直流 V-I 图相关的准直流 V-I 图[6]

5. 鞋带型直流 V-I 图

用图 2.33 中显示的直流 V-I 图来结束 2.1.7 节,由于和插图中的鞋带图样很相像,因此就用忆阻器鞋带型直流 V-I 图来命名,或者简称其为忆阻器鞋带图。

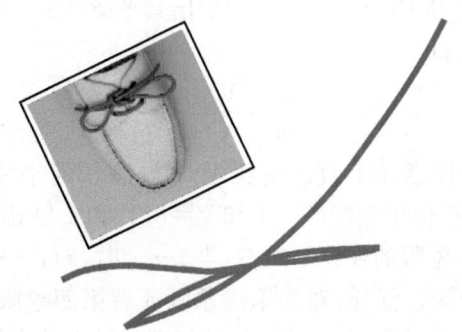

图 2.33 忆阻器鞋带图[6]

2.1.8 连续记忆忆阻器

这一小节主要介绍连续记忆忆阻器。如式(2-39)所示,其断电图和 x 轴重合。回忆断电图相关的部分,任何忆阻器的断电图都是通过其状态方程得来的。因此,对于任一个断电图与 x 轴重合的忆阻器状态方程,可以选择任意状态依赖欧姆定律,即

$$i = G(x,v)v \tag{2-50a}$$

其中忆导满足下式,即

$$0 \leqslant G(x,v) < \infty \tag{2-50b}$$

从而生成一个特定的连续记忆忆阻器。

为了清晰明了,选取如下几个简单通用的无源忆阻器。

1. 通用的连续记忆忆阻器

状态依赖欧姆定律为

$$i = x^2 v \tag{2-51a}$$

状态方程为

$$\frac{\mathrm{d}x}{\mathrm{d}t} = \frac{v}{x} \tag{2-51b}$$

该忆阻器的断电图即为图 2.22 中的 x 轴。如何在整个直流电压轴上获得该忆阻器的直流 V-I 图呢?通过上面的描述,一个忆阻器的直流 V-I 图可以是一个单值曲线(图 2.28 所示的正温度系数热敏电阻的直流 V-I 曲线就是),也可以是多个单值曲线,或者是一系列连续的点构成的自我相交而成多个回线(图 2.33 描绘的鞋带型直流 V-I 图)。

为了获得任意忆阻器的直流 V-I 图,第一步就是让其状态方程为 0,然后对整个 v 轴上每一个直流电压 $V(-\infty < V < \infty)$ 解出其平衡态 $x = X_Q$。执行式(2-51b)中的步骤,可以获得下式,即

$$\frac{\mathrm{d}x}{\mathrm{d}t} = \frac{V}{X} = 0 \tag{2-52}$$

这意味着该忆阻器在任意非零直流电压 V 下没有任何平衡态。这个结论能从图 2.22 获得,其中没有恒压曲线($V=1$ 和 $V=-1$)和 x 轴相交,除了 $V=0$ 时。

由此可知,对第一象限的任意初始态,当 $t \to \infty$ 时,$x(t) \to \infty$,对于第三象限的初始态而言,$x(t) \to -\infty$。同样,对于第二象限或者第四象限的任意初始态而言,当 $t \to \infty$ 时,$x(t) \to 0$。也就是说,x 轴以外的任意初始态从未停止过移动,除了 $t = \infty$ 时。

从图 2.22 可以观察得到,如果将一个电动势 $V = E > 0$ 的电源接到忆阻器两

端,并且初始态 $x(0)>0$,则该忆阻器很快被击穿,因为由式(2-51a)可知,电流 $i(t)\to\infty$。如果 $x(0)>0$,并且 $V<0$ 时,则只有在 $t=\infty$ 时,至少在原则上,$i(t)\to 0$。

于是出现由式(2-51)定义的连续记忆忆阻器的直流 V-I 曲线只有一个点,也就是原点。

尽管很奇怪,一个 V-I 关系由 $v=0,i=0$ 定义的二端电路元件在文献[31]中已被提出,它被称作双线无损单口网络(nullator)。

2. 超低频率下的捏滞回线

如果在忆阻器两端连接一个超低频率的正弦电压源或者一个三角信号源 $v(t)$ 会有什么发生呢?

如图 2.34 所示,V-I 平面上绘制的 $(v(t),i(t))$ 的李萨如图,该图由式(2-51)计算得来,其中 $v(t)=A\sin\omega t$,振幅 $A=1, x(t)=0, \omega$ 则为四个不同的频率 1、0.1、0.01 和 0.001。正如忆阻器期待的那样而言,均为捏滞回线,可以证明对于一个周期性信号 $v(t)=A\sin\omega t$,在其电流响应中并没有瞬态成分。当频率远远低于 1,即 $\omega\ll 1$ 时,更倾向于称该捏滞回线为直流 V-I 图。然而,该忆阻器正确的直流 V-I 图应该是一个孤点,即点 $(V,I)=(0,0)$,因此对于低频捏滞回线,可以用准 V-I 图来为其命名。

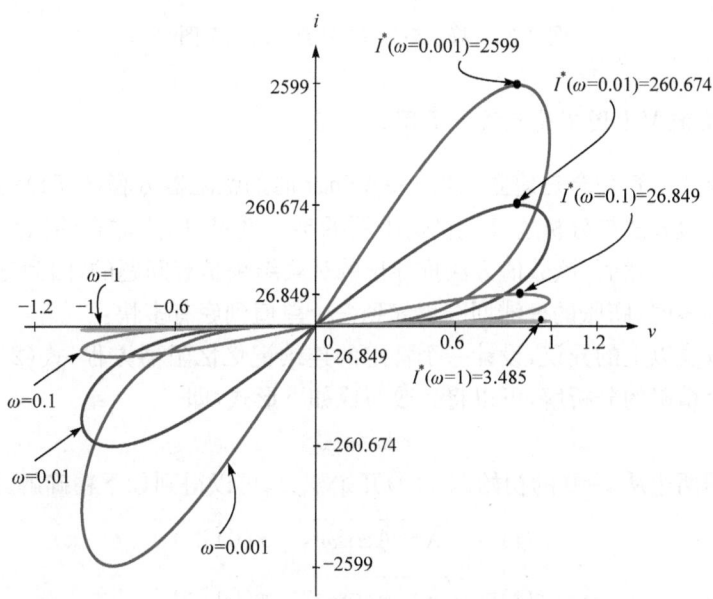

图 2.34 式(2-51)定义的连续记忆忆阻器忆阻器的捏滞回线[6]

随着 ω 的减小,可以观察到准直流 V-I 图每一支围成的面积以指数速率增长。图 2.34 标出的极大点 $I^*(1)$、$I^*(0.1)$、$I^*(0.01)$ 和 $I^*(0.001)$ 表明,当 ω 趋向于零时,$I^*(\omega)$ 以指数方式增长,如图 2.35 所示。依照这个规律,当频率 ω 特别小时,忆阻器最终会烧坏。

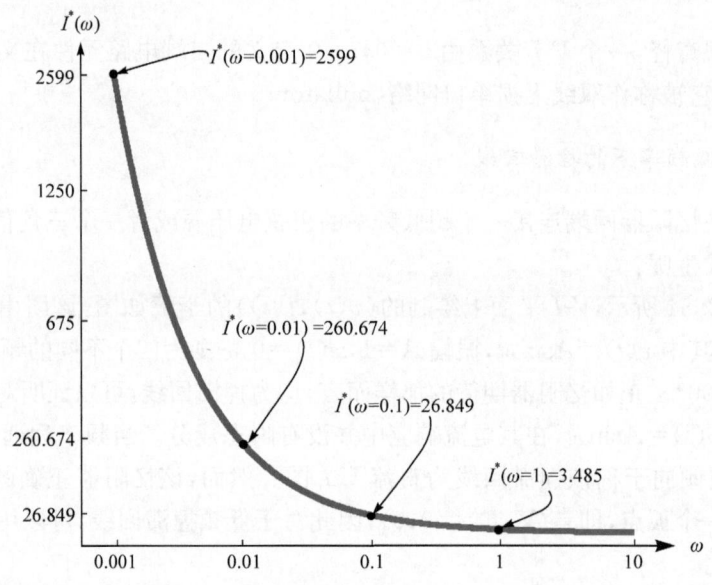

图 2.35　峰值电流 I^* 关于 ω 的关系图[6]

3. 准直流 V-I 图不是直流 V-I 图

前一节的内容完全是建立在当 $v=A\sin\omega t$ 时的忆阻器方程(2-51)的数值仿真上。通常数值方法是分析连续记忆忆阻器的唯一选择,因为非自治微分方程的理论是不存在的。然而,该数值方法推导出的观察结果是有问题的,因为它们并不能解释在 ω 为零时,膨胀的捏滞回线坍缩到一个单值到底有多快。

为了解决以上的异议,设计一个特定的连续记忆忆阻器方程(式(2-51b)),该方程有一个精确的分析解,可以将其改写成如下形式,即

$$x\mathrm{d}x = v\mathrm{d}t \tag{2-53}$$

对方程两边从 $t=0$ 的初始态 $x(0)$ 开始积分,可以得到如下精确解,即

$$x(t)=\sqrt{\overline{X}-\overline{A}\cos\omega t},\quad x(0)\geqslant 0$$
$$x(t)=\sqrt{\overline{X}-\overline{A}\cos\omega t},\quad x(0)\geqslant 0$$

其中,$\overline{A}\triangleq\dfrac{2A}{\omega}$;$\overline{X}\triangleq x^2(0)+\overline{A}$。

注意,当且仅当$\omega\neq 0$时,式(2-53)中的分析解是在所有时间范围$t\geqslant 0$内定义的。也就是说,当$v=A\sin\omega t$,并且$\omega\to 0$时,连续记忆忆阻器方程(2-51)没有数学解。

图 2.36 描绘的是在初始态$x(0)=1$,振幅$A=1$,频率分别为$\omega=1$、0.1、0.01 和 0.001 时,$\mathrm{d}x/\mathrm{d}t$-$x(t)$的关系轨迹。随着$\omega\to 0$,鸡蛋型的回线则会被朝着x轴压缩(虽然并不会彼此相交),最左边的点则在$x=x(0)$处被固定。观察到对于$x(0)\geqslant 0$,轨迹曲线都处在右半平面,而对于$x(0)\leqslant 0$,轨迹曲线都处在左半平面,没有轨迹曲线能与$x=0$相交。

观察到尽管对于所有的$\omega\neq 0$,图 2.36 中的鸡蛋型轨迹可以形成连续的回线,因此在一个周期稳态机制中,一个直流输入电压$V=1(V=-1)$相应的轨迹在$t\to\infty$时将趋向$+\infty(0)$,但是永远不会达到稳定状态。于是可以出现如下结果,在一个极低的频率下,由式(2-51)定义的连续记忆忆阻器的准直流 V-I 图和忆阻器唯一的直流 V-I 图并不一样,因为 V-I 图会经过$V=I=0$这个点。

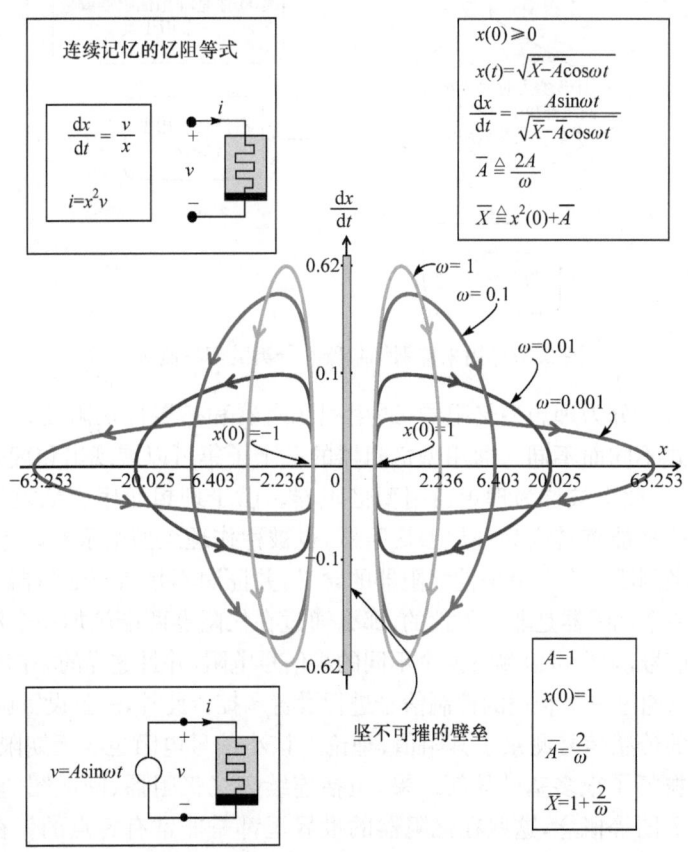

图 2.36 ($\mathrm{d}x/\mathrm{d}t$)-$x(t)$的关系轨迹图[6]

(驱动电压为正弦电压源$v=A\sin\omega t$,初始态$x(0)=1$,振幅$A=1$,频率分别为$\omega=1$,0.1,0.01 和 0.001。$x(0)>0$对应的轨迹为右半平面,反之则为左半平面)

2.1.9 小结

图 2.37 提供了鉴别忆阻器并分类的四种测试,可以在一个二端器件上施加一个特定范围频率的周期电压或电流源(具有零均值)来得到其李萨如图,继而基于李萨如图来判别器件是否为忆阻器,如果是,又是哪一类忆阻器。

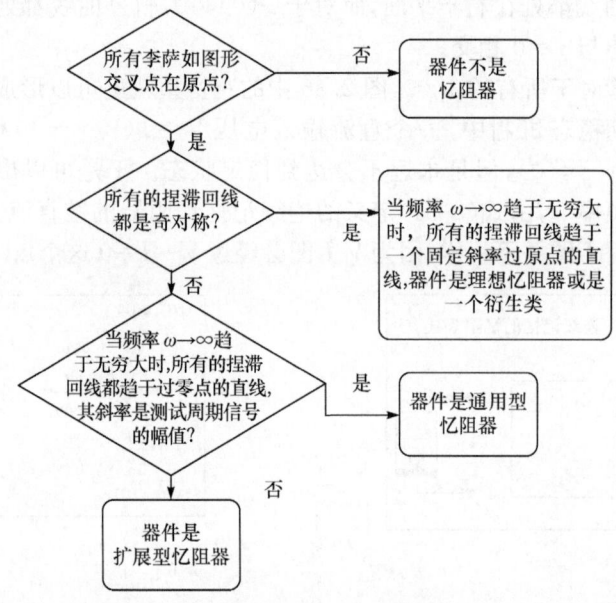

图 2.37　用来鉴别忆阻器并分类的四种测试[6]

忆阻器可以分为理想型忆阻器、通用型忆阻器和拓展性忆阻器。它们因为定义方程的形式不同而不同。通用型忆阻器的一个子集可以展现出和理想型忆阻器同样的特性,因此也被称为理想通用型忆阻器。由于理想通用型忆阻器通过一个一对一数学变换能够转变为理想型忆阻器,也被称作理想型忆阻器母体的衍生。

以上已经阐明一个非易失性忆阻器的含义,并证明不是所有忆阻器都是非易失性的。如果一个忆阻器是非易失性的,那么通过在忆阻器两端施加一个没有直流成分的小传感信号,至少可以测得两个不同的小信号电阻,并且这样的小信号电阻中的任一个都可以通过一个合适的控制信号进行设置调控。此外,一旦设置调控了,即使通过一些小的传感信号测量了其阻值,理论上该小信号电阻也会无期限地保持。

这一节概括了很多基础的新结果,包括连续记忆忆阻器、断电图、直流 V-I 图和准直流 V-I 图等概念,这些在忆阻器的世界里都是非常有特点的。在这么多令人眼花缭乱的图中,鞋带型直流 V-I 图由于其特别和直观性最突出。更令人印象深刻的是,那个奇特的鞋带图通过 2 个状态变量的显函数可以进行准确的分析表达,该显函数是由蔡少棠教授发明的参数化方法推导出的。

2.2 忆 容

在忆阻系统的概念逐渐被人们接受之后,另外两种记忆电路元件概念,忆容(memcapacitor)和忆感(meminductor)也被相继提出,其概念是否正确、能够物理实现及其潜在的应用价值得到研究人员的广泛关注和探讨。

早在 2009 年,"忆阻器之父"蔡少棠教授就在 IEEE 专家课程 *Introduction to Memristors* 中提到由忆阻衍生出来的忆容和忆感的概念。Ventra 和 Pershin 也联合蔡少棠教授在 *Proceedings of the IEEE* 上将忆阻器的概念和理论进一步拓展到了电容型器件和电感型器件领域,并据此提出两种新型的电路系统的概念,即忆容系统和忆感系统[32,33]。类比忆阻系统,可以得到一个初步的简单印象,忆容系统或忆感系统的电容值或电感值不但由所施加激励的瞬时值决定,而且与施加激励的整个历史有关,也就是说具有电容或电感记忆的特性。

2.2.1 忆容系统的定义

忆容系统从字面上理解就是一个具有记忆特性的电容系统,其电容值能够记录通过该电容的激励信号的历史。与忆阻系统一样,忆容系统也分为电压控制型和电荷控制型。对于电压控制型的忆容系统,同样可以用类似定义忆阻系统的式来定义[33],即

$$q(t) = C(x, V, t) V_C(t) \tag{2-54}$$
$$\dot{x} = f(x, V_C, t) \tag{2-55}$$

将上式改写为状态变量 x 相关的方程后,可以得到一个电荷控制型的忆容系统,即

$$V_C(t) = C^{-1}(x, q, t) q(t) \tag{2-56}$$
$$\dot{x} = f(x, q, t) \tag{2-57}$$

其中,$q(t)$ 表示整个系统存储的瞬时电荷的时刻值;$V_C(t)$ 表示系统两个端口之间的电压;C 表示该系统的瞬时忆容值,该瞬时值由系统内部的一个变量决定;C^{-1} 为忆容值的倒数值。

如果一个忆容系统的电容值依赖的是输入电压的整个输入历史,可以用下式对这种关系进行描述,即

$$C(t) = C \int_{t_0}^{t} V_C(\tau) d\tau \tag{2-58}$$

当一个忆容系统的内部变量等于电压对时间的积分时,该系统可以看做一个特例,即一种新型二端口电路元件(忆容器)。如果一个忆容系统满足方程(2-58),则该忆容系统可以看做是一个理想的电压控制型忆容器。在这种情况下,电压控

制型忆容系统的定义方程(2-54)和方程(2-55)可以简化为

$$q(t) = C\left[\int_{t_0}^{t} V_C(\tau)\mathrm{d}\tau\right]V_C(t) \tag{2-59}$$

同理,对于电荷控制型忆容系统的定义方程(2-56)和方程(2-57),则可以改写为

$$V_C(t) = C^{-1}\left[\int_{t_0}^{t} q(\tau)\mathrm{d}\tau\right]q(t) \tag{2-60}$$

方程(2-54)和方程(2-55)定义了最通用的忆容系统。方程(2-59)和方程(2-60)定义的电压控制型忆容器和电荷控制型忆容器可以看做该忆容系统中理想型的特例——忆容器。

忆容器的定义建立了电荷 q 和电压 V 之间的状态依赖关系,而 q-V 域的捏滞回线也被认为是忆容器的判定标志[33],如图 2.38 所示。在忆容器 q-V 特性曲线中,当电压 V 等于 0 时,电荷 q 必然等于 0,然而电流却不一定为 0,说明忆容器必然是能量储存型器件。此外,忆容 q-V 特性曲线的左半部分 U_1 和右半部分 U_2 关于原点完全对称,意味着输出的能量精确等于输入器件的能量,即忆容器必然是无源型器件。同忆阻系统特性一样,忆容系统的特性曲线也是与频率相关的,其围成的面积将随着输入激励的频率增大而不断减小,直至在无限高频率值处表现为一条直线。也就是说,在输入信号的频率接近无限大时,忆容系统通常表现出一个线性元件的特征,而在频率接近零时,则表现出非线性元件的特性。这种行为依赖于系统在低频偏置下可以及时完成自我调整的能力,然而当外界偏置为高频振荡时,系统就无法完成自我调整了。

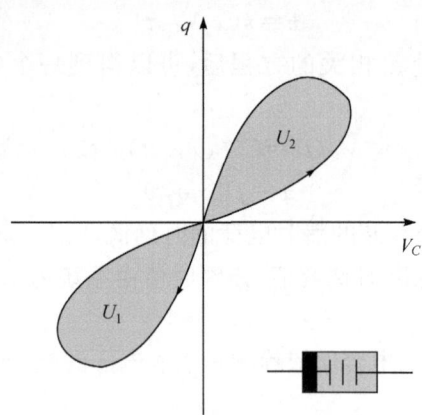

图 2.38 q-V 域的捏滞回线[33](插图为忆容器元件符号)

忆容器是一个可以储存能量和电荷的器件,这样的器件一般有着两个电阻几乎可以忽略的外端金属平板,板间则为电介质。记忆效应可以来源于在几何形状和/或介电常数的变化。

关于忆容器的实现,可以从两个不同的角度去考虑,或者将两者结合起来考虑。最简单的实现方式通过改变系统的几何特性[34],例如改变微纳机电系统的结构形状。众所周知,传统的平板电容器的电容值是与平板的面积大小,以及平板之间的距离相关的,如果平板的面积与平板之间的距离在外界激励下可以实现相应的改变,则对应的电容值也会发生相应的变化。相应的,在第2种方法中,可以从忆容器介质的材料特性角度去考虑[35],从量子力学的角度去研究材料中自由载流子与束缚电荷等特性。举例而言,如果材料的介电常数为历史依赖型的,在外界的激励下,器件的电容值与外界激励的关系也可以满足忆容器定义的 q-V 关系。

在这两种情况下,非弹性(耗散)效应可能会在施加外部控制参数(电荷或电压)的情况下,来改变系统的电容值。在耗散过程中,能量是以构成电容器材料的热量的消散来完成的。在实际的忆容系统中,一般都是耗散型的。

也就是说,基于几何机制的忆容器的忆容值是随着几何形态发生改变的,例如改变平板间距和平板形状面积;在介电常数相关的忆容机制中,其忆容特性则由板间电介质的介电特性变化提供的。具体地,可以将介电常数相关的机制归为三类,延迟响应机制,即电介质的介电常数对时间响应延迟;介电常数改变机制,即电介质能够在外界激励下改变介电常数;介质自发极化机制,即电容结构中的电介质是自发极化材料,如铁电材料。

接下来,讨论几何机制和介电常数跳变机制两种情况下忆容器可能的物理实现。

2.2.2 忆容系统的实现

1. 弹性电极忆容器

在几何机制忆容系统中,最常见的是基于微机电(MEMS)和纳机电(NEMS)系统的忆容器[34,36]。其忆容特性来源于微纳尺度下系统的机械和电气性能的相互作用。在一些射频应用,如可调谐滤波器、阻抗匹配电路和电压控制振荡器[37,38]中,这样的特性都是最基础也是最常见的。此外,在纳米尺度上,这样的结构也有被考虑用来做存储器应用[39]和敏感测量[40]。

如图2.39(a)所示,是由MEMS技术搭建的一个忆容系统实验图[36],该电容极板是由一个弹簧悬挂着的。如图2.39(b)所示,是在该系统中测量所得的电容和电压的关系图。图中的迟滞回线体现该系统的记忆效应。该记忆效应来源与在外加激励下电容上极板的位移。从理论上来说,不同于电阻,忆容器应该是非能量耗散的,这种带有记忆特性的电容并不完全符合忆容器的数学定义。下面介绍一种理想化的忆容器模型——弹性电极忆容器。

图2.40(a)展示了一个理想化的弹性电极忆容器。在该图中,电容的下极板是固定的,上极板则由一个弹簧悬挂着。当其中一个极板上添加一个电荷时,由于

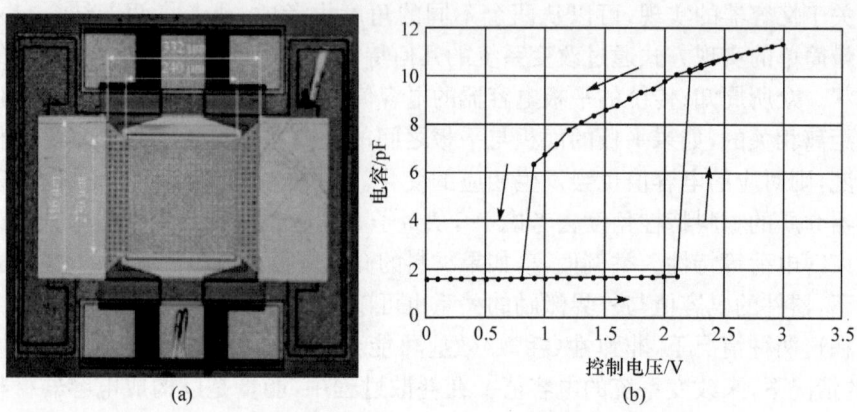

图 2.39 基于 MEMS 技术的记忆电容实验图[36]

电荷间的相互作用,极板间的距离会发生变化,该系统的记忆机制来自初始条件和极板间施加的场是时间依赖型的。该忆容系统模型的仿真结果如图 2.40(b)所示,当一个单脉冲电压施加到该弹性忆容系统上时,上极板就开始振荡,这种振荡将会持续一段时间,也就是会保持对该脉冲的记忆。从记忆元件的观点出发,该弹性系统可以称得上无源忆容器件的一个重要例子。从仿真结果中的 q-V 曲线,可以看出该曲线为一个捏滞回线,即为忆容器的特征曲线,q-V 域内的捏滞回线[33]。

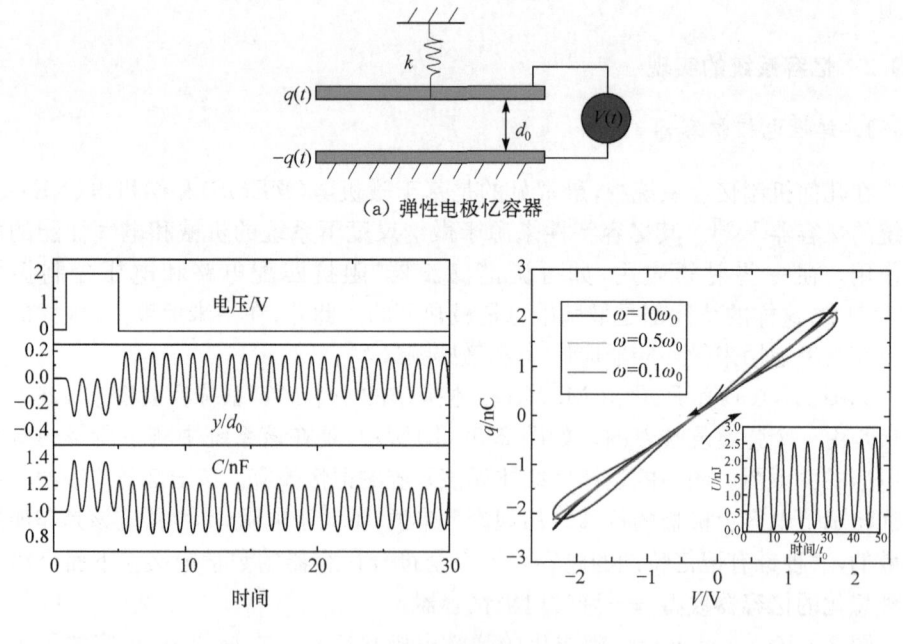

(a) 弹性电极忆容器

(b) 仿真结果

图 2.40 弹性电极忆容系统模型及仿真结果[33]

弹性忆容系统也可以用弹性薄膜作为电极(图2.41[41]),不同于用弹簧悬挂上极板,该系统中传统的平板式上极板换成了一个弹性薄膜,下极板还是一样地固定,在外界激励下,弹性薄膜会有凸起或凹下两种状态,对应的即是稳定的高低电容态,就可以完成一个比特信息的非易失性存储。这种忆容器的实现比较理想化,在实际物理实现的过程中依然存在很多问题。

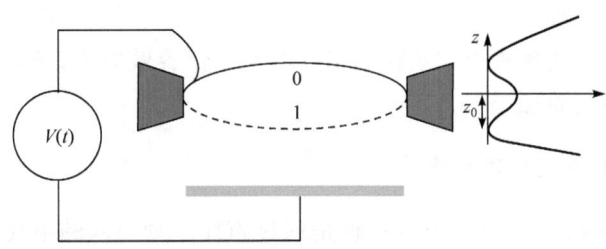

图2.41　弹性薄膜做电极的弹性忆容系统[41]

2. 多层金属-绝缘层忆容系统

2010年,Pershin等提出一种固态忆容器的实现形式,即在简单的平板电容架构中嵌入多层金属和绝缘材料层[35]。这种系统是基于两个极板中间介质的慢极化率来实现的。其核心思想是利用非线性的电子传输(隧穿)来实现快速写入和长期存储的功能。如图2.42所示是一个忆容系统的特例,在这个结构中,N层金属层嵌在两极板间的绝缘介质中。这个结构如此设计,使得外部板和内部层之间不可能发生电子传输。因此,内部电荷只能由极板之间介质的极化来重新分配,即内部极板间的总电荷数是被约束的。

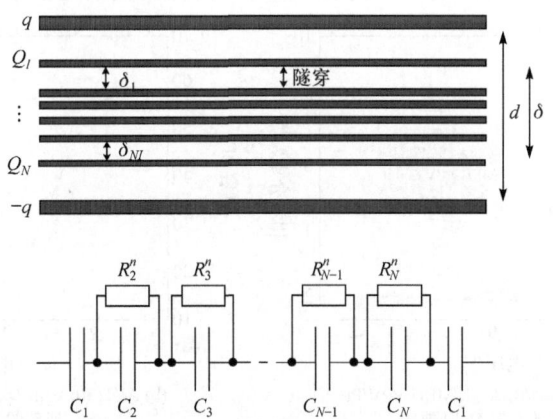

图2.42　绝缘层中内嵌多层金属的忆容器的结构原理图[35]
(多层金属层被嵌入到典型平板电容的绝缘层介质材料中,可以
同时忽略内嵌金属层材料和电容的平板电极之间的电子隧穿效应)

由于内嵌金属层与金属层之间的间距 δ_N 特别小,远小于平板电容两极板间的间距 d,金属层之间的电子发生隧穿很容易实现。当外部施加激励时,电子将在金属层之间发生隧穿,并在金属层上累积,在内嵌金属层之间形成一个电场,该电场与极板间电容方向是相反的,将在很大程度上影响器件的整体介电常数。因此,当外部施加不同极性电压时,器件的整体电容值将在高容抗态和低容抗态之间跳变,呈现出忆容器的特性。

迟滞响应忆容的现象也体现在纳米孔的离子忆容效应中,该现象在分子动力学模拟中已经得到验证[42]。

3. 介电常数跳变忆容系统

在忆容器的实现方式中,还有一种是通过施加激励引起的电化学反应引起器件内部材料结构的变化,从而导致器件反应材料的介电常数(ε)发生变化。研究人员已经在 Si/SiO_x、DMO/NSTO,以及离子掺杂聚合物等材料中观测到了因介电常数变化而引起的非易失性电容变化现象[43]。如图 2.43 所示,在基于 MEH-PPV 聚合物的器件中,当外加激励由 0 减小至 $-2V$ 时,聚合物材料的相对介电常数由 2.03 跳变至 9.11。随后,当激励由 $-2V$ 重新增大到 $+0.5V$ 时,聚合物材料的相对介电常数也从 9.11 跳变至 2.09。图中电容与外激励间顺时针方向的迟滞曲线清晰地表明聚合物介电常数可以随着施加激励的变化而改变。图 2.43(b)右上角插图所展示的结构是将上述 MEH-PPV 聚合物材料插入到一个多层 MIM 电容结构中。其中,SiO_2 层可以有效地抑制 MEH-PPV 聚合物层的漏电流,显著增强 MIM 电容器件的稳定性和可编程重复性。当激励电压由 $2 \to -3V$ 时,器件的电容值逐渐增大并最后到达一个饱和状态,即器件的高容态。在相反的激励变化

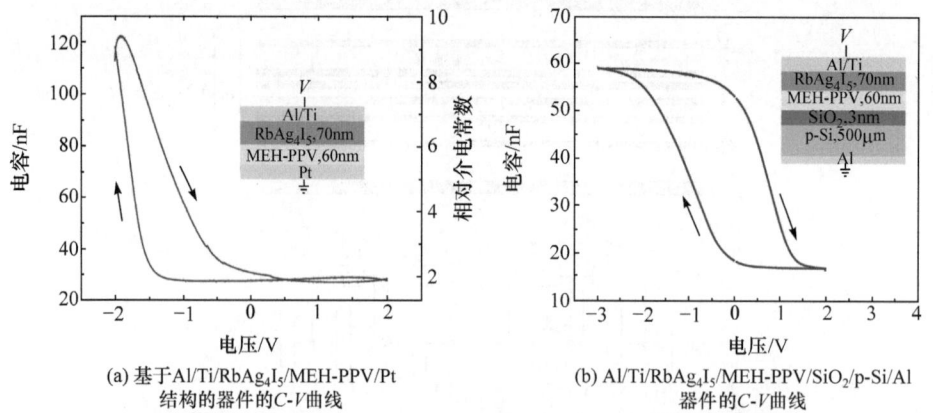

(a) 基于 $Al/Ti/RbAg_4I_5/MEH-PPV/Pt$ 结构的器件的 C-V 曲线

(b) $Al/Ti/RbAg_4I_5/MEH-PPV/SiO_2/p-Si/Al$ 器件的 C-V 曲线

图 2.43 基于 MEH-PPV 高分子聚合物材料器件的 C-V 特性[43]
(器件表征出来的电容值 C 与外界施加直流交变电压 V 之间的函数关系曲线)

过程中,器件的电容值逐渐减小并最终回到初始容抗态。因此,器件整体上表现出一种非易失性的电容-电压迟滞变化。

4. 内嵌忆阻器的忆容系统

如图 2.44 所示,将 MIM 结构的忆阻器嵌入到平板电容中,外界激励下忆阻器阻值跳变的同时也可以改变器件的电容值。其等效电路如图 2.44(a)所示,当外界激励使忆阻 R_{MR} 跳变为高阻值时,器件等效电路如图 2.44(b)所示。此时,R_{MR} 支路等效于断开,器件的电容值等效于电容 C_{MIM} 与电容 C_{MR} 的串联值[44]。而当外界激励使忆阻值 R_{MR} 跳变为低阻值时,器件等效电路如图 2.44(c)所示,此时 R_{MR} 支路等效于短路,器件的电容值则约等于电容 C_{MIM}。随着忆阻值在外界激励下的跳变,器件的忆容值也可以发生一个跳变,从而完成忆容特性的实现。

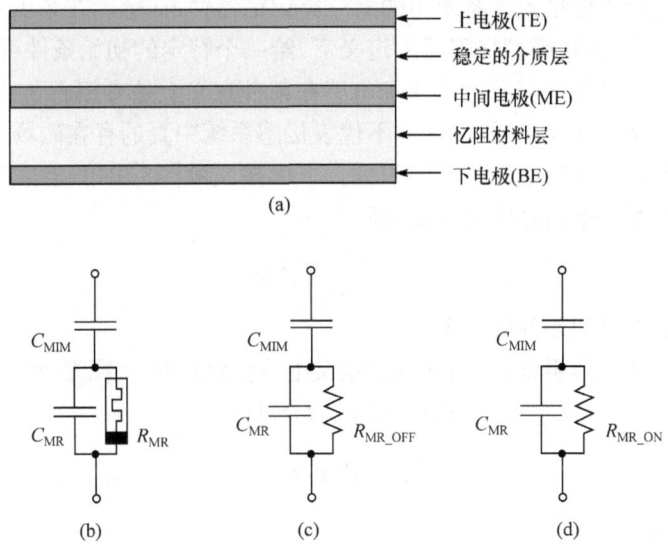

图 2.44　内嵌附加忆阻材料层的忆容器[44]
((a)忆容器原理结构图;(b) 内嵌忆阻材料层忆容器的等效电路图;(c) 当忆阻材料层处于高阻态时忆容器的等效电路图;(d) 当忆阻材料层处于低阻态时忆容器的等效电路图)

然而,上述忆容器架构在实际制备过程中是很难实现的,因为该结构不但需要选用高阻变率的忆阻器材料(R_{OFF}/R_{ON}要达到 10^6 数量级),同时还要保证选用的材料具有较大的介电率,以便在器件面积较小时(纳米尺寸)依然能够获得较大的电容值[45]。目前能够同时满足以上两个要求的材料较难获得,因此需要进一步在忆容材料的遴选方面做更多的工作。

近年的研究成果显示[45,46],内嵌忆阻材料层的忆容器的结构可以进一步被简化:中间的内嵌金属电极可被去掉,从而减少一次光刻工艺和制备过程中掩膜板的数量,降低忆容器制备工艺的复杂度。但该简化方式也会带来新的问题:器件的高容态产生不确定性[47]。由于内嵌金属材料层可以使电容平板电极之间的重叠面积(即有效面积)固定,从而使器件的高容抗态也唯一确定。去掉内嵌金属层后,忆阻材料层在外界激励下形成的导电丝的尺寸将作为平板电容的上平板电极,而导电细丝具有不均匀性,其位置、密度等特性也具有不确定性。因此,省略内嵌电极会使所制备的内嵌忆阻材料层忆容器的高容态在重复擦写过程中不稳定,制约该忆容器的实际应用。

2.3 忆　　感

2.3.1 忆感系统的定义

本节继续介绍记忆元件系统中的第三类记忆器件:忆感。在 2.1.4 节中提到,蔡少棠教授认为,在拓展型忆阻器的定义下,给一个特定的初始条件可以得到一个 1H 的电感[6],这意味着忆阻的定义和电感在某种意义上是有相通之处的。

忆感的定义中涉及磁通,但这并不代表忆感系统中真的存在磁场,磁通的定义仅表示忆感系统两端口电压的时间积分。下面按文献[33]中的定义方法,可以从忆阻的定义中类比推出忆感的定义,即

$$\varphi(t) = \int_{-\infty}^{t} V_L(\tau) \mathrm{d}\tau \tag{2-61}$$

其中,$V_L(t)$ 是电感两端的感生电压。

类比忆阻和忆容系统,用如下方程定义电流控制型忆感系统,即

$$\varphi(t) = L(x, I, t) I(t) \tag{2-62}$$

$$\frac{\mathrm{d}x}{\mathrm{d}t} = f(x, I, t) \tag{2-63}$$

其中,L 是忆感。

相似地,磁通控制型忆感系统可以定义为

$$I(t) = L^{-1}(x, \varphi, t) \varphi(t) \tag{2-64}$$

$$\frac{\mathrm{d}x}{\mathrm{d}t} = f(x, \varphi, t) \tag{2-65}$$

其中,L^{-1} 代表忆感值的倒数。

电流控制型忆感系统的定义方程可以改写为

$$\varphi(t) = L\left[\int_{t_0}^{t} I(\tau) \mathrm{d}\tau\right] I(t) \tag{2-66}$$

而磁通控制型的忆感系统则可以改写为

$$I(t) = L^{-1}\left[\int_{t_0}^{t} \varphi(\tau) \mathrm{d}\tau\right] \varphi(t) \tag{2-67}$$

与忆容器和忆容系统一样,忆感器和忆感系统的特征曲线也是捏滞回线。不同的是,忆容系统的定义建立的是电荷 q 和电压 V 之间的状态依赖关系,而忆感系统建立的是磁通 φ 和电流 I 参量之间的状态依赖关系,即忆感系统的特征曲线是 $\varphi\text{-}i$ 域的捏滞回线,如图 2.45 所示。在忆感器的特征曲线中,当电流 I 为 0 时,磁通 φ 必然为 0,但此时的电压却不一定为 0,因此可以判断出忆感器也是储能型的无源二端口电路器件。同忆阻系统和忆容系统一样,忆感系统的特征曲线同样具有频率依赖性,即曲线所围成的面积随着外界施加激励的频率增高而不断减小,直至在无限高频率值处表现为一条直线。也就是说,在输入信号的频率接近无限大时,忆感系统通常表现出一个线性元件的特征,而在频率接近零时,又表现出非线性元件的特性。这种行为依赖于系统在低频偏置下可以及时完成自我调整的能力,然而当外界偏置为高频振荡时,系统就无法完成自我调整了。

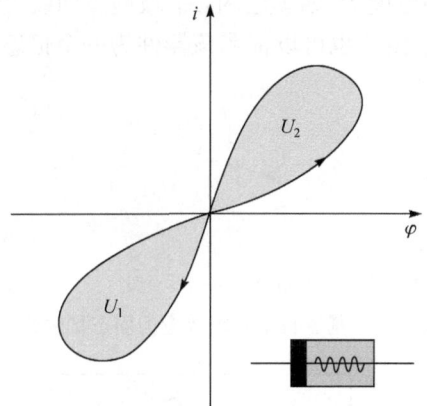

图 2.45 $\varphi\text{-}i$ 域的捏滞回线[33](插图为忆感器元件符号)

2.3.2 忆感系统的实现

相对于忆阻系统和忆容系统,忆感系统的研究进展不多。但和忆容系统一样,微机电系统技术中机械、电、磁和热的相互作用也可以为忆感系统的实现提供参考,即可以利用激励驱动下器件几何参数或者材料磁导率的改变来实现忆感系统,这种系统可以称为几何机制忆感系统。

在利用双压电晶片元件效应的可调微机电系统中[48],几何机制忆感系统已经得以实现[49]。双压电晶片效应是指复合材料在电热效应作用下,可以发生可逆机械形变的一种效应。忆感器则是通过形成电感器的热膨胀系数的不同来实现。当对该结构外加一个电压时,由于温度的升高和结构的变形温度会发生改变,这种改变也是可控的。由于不管是加热还是冷却,都具有一定的弛豫时间,因此这样结构表现出忆感系统的特性。

另外,值得关注的是,清华大学潘峰团队 2014 年提出基于 $\text{Pt}/\text{Y}_3\text{Fe}_5\text{O}_{12}$ 结构

中自旋霍尔磁电阻效应(spin Hall magnetoresistance effect)的忆感器实现方案[50],该忆感器展现出非易失存储磁通量的能力,原理如图 2.46 所示。该方案利用了 Pt 材料中的自旋霍尔磁阻效应。当电流经过 Pt 层时,由于自旋霍尔效应,Pt 层中将会产生横向的自旋电流。如果 YIG($Y_3Fe_5O_{12}$)的极化磁场方向与电流的自旋极化方向垂直,自旋电流 J_S 会被磁场最大程度的吸收,则体现出的即为 Pt 层的高阻态;反之,当磁化方向和自旋极化方向平行时,自旋电子将会被反弹回 Pt 薄膜中并形成额外的电流分量,从而体现出 Pt 层的低阻态。基于该机制,Pt 层的阻值可以进行高低阻值的编程。基于自旋磁阻效应的忆感器中,可以测得其磁通量和差异电流(varied current)的特征关系曲线,其中差异电流的定义为 $i=I(R-R_{min})/R_{max}$,I 为器件输入电流,而 R_{min} 和 R_{max} 分别表示器件 Pt 薄膜层的最小和最大电阻值。差异电流不会随着磁场作用下的自旋轨道耦合而发生变化。如图 2.47 所示,对于不同厚度 P_t 薄膜层的 $\varphi\text{-}i$ 域捏滞回线,可以看出 $\varphi\text{-}i$ 域内的特征曲线是一条捏滞回线,由此也可以证明该器件为一个忆感器件。

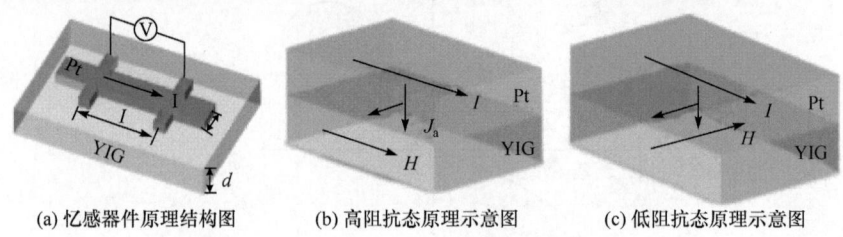

(a) 忆感器件原理结构图　　(b) 高阻抗态原理示意图　　(c) 低阻抗态原理示意图

图 2.46　基于自旋磁阻效应的固态忆感器[50]

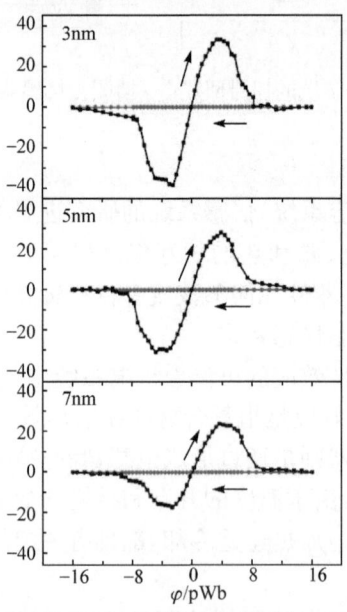

图 2.47　基于自旋磁阻效应的固态忆感器 $\varphi\text{-}i$ 域电特性[50]

2.4 记忆特性的共存

在前面的章节中,我们具体讨论了三种记忆特性——忆阻效应、忆容效应和忆感效应。而在实际的器件当中,这三种记忆特性可以是共存的,特别是当器件尺寸达到纳米级别的时候。在目前的研究中,在某些特定器件当中,忆容和忆阻共存的机理研究得较为清楚[51]。所谓忆容和忆阻特性共存,就是当实际器件在外在激励下表现出高阻态和低阻态时,也可以同时展现出高容态和低容态。例如,TiN/HfO_x/AlO_x/Pt 器件在外加激励下的导电过程,阻抗谱的测量结果表明,在高阻态的情况下,该器件的阻抗(Z)可以看成一个电阻(R)和一个电容(C)的并联[51]。

这是由于器件的电阻转变机制是基于导电细丝的形成和熔断。当连通器件下电极和上电极的导电细丝断裂时,器件处于高阻态。此时下电极与残留的导电细丝之间存在一个势垒,下电极的电子若想在直流激励下隧穿到反应材料层使电路导通,就必须跨越这个势垒,故器件导电特性会受到阻碍,处于高阻态。同时,残留导电细丝内部具有高密度的电子陷阱,需要大量的电子来填补这些陷阱,会进一步阻碍下电极与上电极之间的直流导电过程。这时的下电极与残留导电丝之间可以积累电荷,所以器件同时表现出高容态。当下电极与上电极之间的导电细丝连通时,器件处于低阻态。此时器件等效于短路,电荷无法积累,故而在低阻态时器件同步表现出低容态。在连续编程操作的过程中,底电极与残留导电丝之间的距离相应的增大和减小,因此器件的忆阻特性和忆容特性也会相应地发生同步跳变。

早在 2006 年,研究人员在钙钛矿氧化物薄膜中就发现了忆容特性和忆阻特性共存的现象[52]。如图 2.48 所示,Au/PCMO/YBCO/LAO 的三明治结构器件,在正向脉冲的激励下,其电阻值由高阻态跳变为低阻态,其电容值也同时由高容态跳变为低容态;在负向脉冲的作用下,器件的电阻和电容都同时跳变回高阻态和高容态。这种电容和电阻同步跳变的行为同样可以用上述的忆阻忆容共存机理解释:在负脉冲作用下,高密度的氧空位将聚集于顶电极与 PCMO 薄膜的交界面处,并将破坏此处的电子态杂化,因此电极与 PCMO 的交界面处会形成一个氧空位堆积区域,从而阻碍器件整体的直流电导过程,使器件表现出高电阻态和高电容态;当施加正脉冲时,交界面处的氧空位密度将会局部明显降低,从而使器件电阻值和电容值同步减小,表现出低电阻态和低电容态。其中,电容特性的变化也是频率相关的。当输入信号频率从 100Hz 变化到 10kHz 时,器件的电脉冲感应的电容比保持在 120% 左右。当频率继续上升,电容比则开始减小,直到频率为 1MHz 时减小到几乎为 0。另外,通过调节施加脉冲的参数,可以在器件中测得电容的多值渐变特性。上述的这些特性都具有较好重复性,说明在器件中的这些特性的物理机制并不是破坏性的。

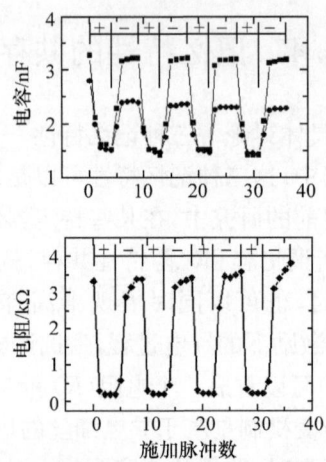

图 2.48 实际物理器件中忆阻忆容特性共存现象[50]

当然,上述的例子并不能说明所有的电容特性和电阻特性共存的现象中,电容和电阻都是同步跳变。由于发生阻变和容变的机制不一,某些情况下电容和电阻也会发生相反方向的变化[53]。猜想其原因,可能是器件的导电机制同时受顶电极和底电极与器件功能层之间界面的影响。器件整体的电阻值和电容值就要等效于上下两个界面相应电阻和电容分量的串联值。当一定幅值的正向脉冲能够使器件顶电极与功能层界面处的接触电阻和寄生电容短路时,由于脉冲幅值饱和的限制,并不会影响到底界面处的电容和电阻状态。所以,当器件整体的等效电阻因顶界面处的电阻减小而减小时,整体电容却由于只取决于底接触面而增大(电容串联减小原理),在这种假设下,器件的电阻和电容可以发生相反方向的跳变。这种具有由电脉冲调控的电容转变效应的微电子器件,由于其尺寸小,开关速度快和非破坏性的读写能力,可以应用于非易失性的二进制或者多进制存储与计算。

参 考 文 献

[1] Chua L O. Memristor: the missing circuit element. IEEE Transaction on Circuit Theory, 1971,18:507-519.

[2] Strukov D B, Snider G S, Stewart D R, et al. The missing memristor found. Nature, 2008, 453:80-83.

[3] Sah M P, Kim H, Chua L O. Brains are made of memristors. IEEE Circuits and Systems Magazine,2014,14:12-36.

[4] Vance A. With 'The Machine' HP may have invented a new kind of computer. http://www.businessweek.com/printer/articles/206401[2015-10-9].

[5] Prezioso M, Merrikh-Bayat F, Hoskins B D, et al. Training and operation of an integrated

neuromorphic network based on metal-oxide memristors. Nature,2015,521(7550):61-64.

[6] Chua L O. Everything you wish to know about memristors but are afraid to ask. Radioengineering,2015,24(2):319.

[7] Chua L O. If it's pinched it's a memristor. Semiconductor Science and Technology,2014,29:104001-104042.

[8] Chua L O,Kang S M. Memristive devices and systems. Proceeding of the IEEE,1976,64:209-223.

[9] Chua L O. Nonlinear circuit foundations for nanodevices,part I:the four-element tours. Proceeding of the IEEE,2003,91:1830-1859.

[10] Chua L O. Introduction to memristor. http://ieeexplore.ieee.org/xpl/modulesabstract.jsp?mdnumber=EW1091[2009-11-10].

[11] Chua L O. Resistance switching memories are memristors. Applied Physics A,2011,102:765-783.

[12] Chua L O. The fourth element. Proceeding of the IEEE,2012,100:1920-1927.

[13] Biolek D,Biolek Z,BiolkovaV. Pinched hysteretic loops of ideal memrsitors,memcapacitors and meminductors must be self-crossing. Electronics Letters,2011,47:1385-1387.

[14] Chua L O. Introduction to Nonlinear Network Theory. New York:McGraw-Hill,1969.

[15] Georgiou P S,et al. Window function and sigmoidal behavior of memristive systems. Royal Society Open Science,2015.

[16] Chua L O,Sbitnev V,Kim H. Hodgkin-Huxley axon is made of memristors. International Journal on Bifurcation and Chaos,2012,22:1-48.

[17] Chua L O. Device modeling via basic nonlinear circuit elements. IEEE Transaction on Circuit and Systems,1980,27:1014-1044.

[18] Gale E,Adamatsky A,Costello B. Slime mould memristor. BioNano Sci,2015,5:1-7.

[19] MacvittieK,KatzE. Electrochemical system with memimpedance properties. Journal of Physical Chemistry C,2013,117:24943-24947.

[20] Volkov A,et al. Memristor in plants. Plant Signaling and Behavior,2014,9:1-7.

[21] Sah M P,et al. A generic model of memristor with parasitic components. IEEE Transaction on Circuit and Systems-I,2015,62:891-898.

[22] Tetzlaff R. Memristor and Memristive Systems. New York:Springer,2014.

[23] Adhikari S P,et al. Three fingerprints of memristor. IEEE Transaction on Circuit and Systems-I,2013,60:3008-3021.

[24] Martinsen O G,et al. Memristance in human skin. Journal of Physics:Conference Series,2010,224:012071.

[25] Muthuswamy B,Chua L O. Simplest chaotic circuit. International Journal on Bifurcation and Chaos,2010,20:1567-1580.

[26] Mainzer K,Chua L O. Local Activity Principle. London:Imperial College Press,2013.

[27] Parker T S,Chua L O. Practical Numerical Algorithms for Chaotic Systems. New York:

Springer,1989.

[28] Alligood K T,Sauer T D,Yorke J A. Chaos: An Introduction in Dynamical Systems. New York: Springer,1996.

[29] Waser R. Nanoelectronics and Information Technology. New York: John Wiley & Sons,2012.

[30] Chua L O. Nonlinear network analysis-the parametric approach. Phd Dissertation, University of Illinois,1964.

[31] Carlin H J, Youla D C. Network synthesis with negative resistors. Proceedings of IRE, 1961,49:907-920.

[32] Ventra M D, Pershin Y V, Chua L O. Circuit elements with memory: memristors, memcapacitors, and meminductors. Proceedings of the IEEE,2009,97(10):1717-1724.

[33] Pershin YV, Ventra M D. Memory effects in complex materials and nanoscale systems. Advances in Physics,2011,60(2):145-227.

[34] Ventra M D, Evoy S, Heflin J R. Introduction to Nanoscale Science and Technology. New York: Springer,2004.

[35] Martinez-Rincon J, Ventra M D, Pershin Y V. Solid-state memcapacitive system with negative and diverging capacitance. Physical Review B,2010,81(19):195430.

[36] Nieminen H, Ermolov V, Nybergh K, et al. Microelectromechanical capacitors for RF applications. Journal of Micromechanics and Microengineering,2002,12(2):177.

[37] Rebeiz G M. RF MEMS: Theory, Design, and Technology. New York: John Wiley & Sons,2004.

[38] Varadan V K, Vinoy K J, Jose K A. RF MEMS and Their Applications. New York: John Wiley & Sons,2003.

[39] Jang J E, Cha S N, Choi Y J, et al. Nanoscale memory cell based on a nanoelectromechanical switched capacitor. Nature Nanotechnology,2008,3(1):26-30.

[40] LaHaye M D, Suh J, Echternach P M, et al. Nanomechanical measurements of a superconducting qubit. Nature,2009,459(7249):960-964.

[41] Martinez-Rincon J, Pershin Y V. Bistable nonvolatile elastic-membrane memcapacitor exhibiting a chaotic behavior. IEEE Transactions on Electron Devices,2011,58(6):1809-1812.

[42] Krems M, Pershin Y V, Ventra M D. Ionic memcapacitive effects in nanopores. Nano Letters,2010,10:2674-2678.

[43] Lai Q, et al. Analog memory capacitor based on field-configurable ion-doped polymers. Applied Physics Letters,2009,95(21):213503.

[44] Flak J, Lehtonen E, Laiho M, et al. Solid-state memcapacitive device based on memristive switch. Semiconductor Science and Technology,2014,29(10):104012.

[45] Meade R E, Sandhu G S. Memcapacitor devices, field effect transistor devices, and, non-volatile memory arrays. U. S. Patent 8,867,261. 2014-10-21.

[46] Strachan J P, Ribeiro G, Strukov D. Memcapacitive devices. U. S. Patent 8,493,138. 2013-7-23.

[47] Flak J, Poikonen J K. Solid-State Memcapacitors and Their Applications. New York: Springer, 2014: 585-601.

[48] Chu W H, Mehregany M, Mullen R L. Analysis of tip deflection and force of a bimetallic cantilever microactuator. Journal of Micromechanics and Microengineering, 1993, 3(1): 4.

[49] Chang S, Sivoththaman S. A tunable RF MEMS inductor on silicon incorporating an amorphous silicon bimorph in a low-temperature process. IEEE Electron Devices Letters, 2006, 27(11): 905-907.

[50] Han J, Song C, Gao S, et al. Realization of the meminductor. ACS Nano, 2014, 8(10): 10043-10047.

[51] Yu S, Jeyasingh R, Wu Y, et al. AC conductance measurement and analysis of the conduction processes in HfO_x based resistive switching memory. Applied Physics Letters, 2011, 99(23): 232105.

[52] Liu S, Wu N, Ignatiev A, et al. Electric-pulse-induced capacitance change effect in perovskite oxide thin films. Journal of Applied Physics, 2006, 100(5): 056101.

[53] Yan Z B, Liu J M. Coexistence of high performance resistance and capacitance memory based on multilayered metal-oxide structures. Scientific Reports, 2013, 3: 2482.

第 3 章 忆阻器材料及物理机制

忆阻器常见的单元结构为金属/绝缘体/金属三明治结构,包括两层电极材料和一层作为中间层的忆阻功能材料。器件的电阻转变特性与电极材料、功能层材料的种类密切相关。不同种类功能材料的电阻转变机理各有不同,而使用不同类型电极材料的同种功能材料也可能表现出不同的电阻转变行为。目前,研究人员在越来越多的材料体系中都发现了忆阻特性,然而其电阻转变特性背后的物理机制还存在争议。同时,一些新奇的物理现象和新型的忆阻材料引起了科学界广泛的关注,也为忆阻器在未来新型信息器件中的应用提供了可能。本章主要概述常见的忆阻器材料及其分类,阐述几种已获广泛实验验证的电阻转变物理机制,并介绍第一性原理计算在揭示忆阻器物理机制中发挥的独特作用。

3.1 忆阻材料

忆阻器作为一种基本电路元件具有广泛的应用前景,其中阻变存储器已被深入研究,并有望成为下一代通用存储器件。虽然在阻变存储器的早期发展阶段,研究人员未将器件的电阻转变现象与蔡少棠教授提出的忆阻器理论联系起来,但阻变存储器几十年来的发展已经能够较好地反映忆阻器材料体系及其物理机制的全貌。

总的说来,阻变存储器的发展大致经历了三个阶段,不同阶段均有其代表性的功能材料。第一阶段从 20 世纪 60~80 年代,阻变现象开始被大量报道,氧化物材料作为 MIM 结构中的绝缘材料被广泛关注。1962 年,Hickmot 等[1]首先报道了 $Al/Al_2O_3/Al$ 结构存在滞回的电流-电压特性,证明在外加电场作用下器件可实现阻变开关操作。随后,更多的二元氧化物材料,如 NiO[2]、SiO_x[3]、NbO_x[4] 和 TiO_{2-x}[5],被证实具有阻变开关效应。由于当时材料的阻变不易控制,且机理研究缓慢,同时硅基集成电路技术的蓬勃发展,使阻变材料的关注度逐步下降。直至 20 世纪 90 年代,随着浮栅结构的闪存面临物理尺寸极限,阻变现象应用于存储器领域重新受到人们的关注,第二段研究热潮开始。以 Asamitsu 等[6]在 1997 年报道的 $Pr_{0.7}Ca_{0.3}MnO_3$(PCMO)材料为代表,阻变材料的相关研究主要聚焦在复杂过渡金属氧化物,如钙钛矿结构的水锰矿和钛酸盐[7]。2000 年,Ignatiev 等[8]和 Bednorz 等[9]分别在 PCMO 薄膜与 Cr 掺杂的 $SrZrO_3$ 薄膜中发现了可逆的非易失阻变现象,稳定实现了阻变材料在直流电压和交流脉冲作用下阻值的可逆转变,揭示了阻变现象应用于新型非易失性存储器方向的巨大潜力。由此开始,更多针对阻变存储器的研究蓬勃涌现,阻变材料的选取也更加广泛,二元过渡金属氧化物、固态电解质材料与有机材料等均有报道。第三个阶段的研究热潮开始于美国惠普实验室 Strukov 等[10]在 Nature 上发表题为 The missing memristor found 的文章,首次将许多器件中普遍存在的电阻转变现象与蔡少棠教授 1971 年理论上提出的忆阻器联系起来。自此以后,越来越多的具有电阻转变效应的材料与器件被包含到忆阻器的概念之中,同时忆阻器的概念也逐渐扩展,从无源忆阻器到有源忆阻器,再到记忆元件系统。

3.1.1　二元金属氧化物

许多二元金属氧化物都能表现出电阻转变行为,其中大部分为过渡金属氧化物,还有一些是镧系金属氧化物,以及 IV、V、VI 主族金属氧化物。常见的忆阻材料和电极材料[11]如图 3.1 所示。

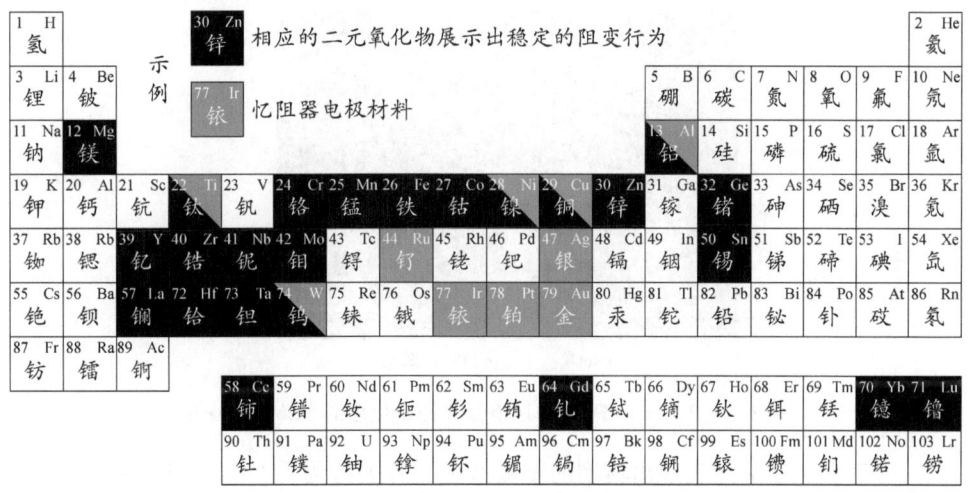

图 3.1　常见的忆阻材料和电极材料[11]

(黑底标明忆阻材料,灰底标明电极材料)

在众多的氧化物中,TiO_x、HfO_x、AlO_x、TaO_x 和 ZrO_x 等材料受到广泛的关注。此外,由于与传统 CMOS 工艺兼容,CuO_x 与 WO_x 材料也存在较多的报道,它们可以通过 Cu 或 W 氧化生成。常见的二元金属氧化物沉积方法包括热氧化生长、磁控溅射、脉冲激光沉积(PLD)和原子层沉积(ALD)等。

1. TiO_x

TiO_x 是较早被研究的忆阻材料之一,但主要是针对其电阻转变机理方面。根据现有的文献报道,TiO$_x$ 材料开关次数和数据保持能力与 TaO$_x$ 相比并不突出。2008 年,惠普实验室 Strukov 等[10]就是采用的 TiO$_x$ 材料制备了具有捏滞回线的忆阻器,并提出其电阻转变机理为带正电的氧空位迁移导致富氧区域与缺氧区域之间界面的移动。2010 年,Kwon 等研究了 Pt/TiO$_2$/Pt 结构的阻变器件的开关机理,如图 3.2 所示为器件结构示意图和初始化过程后的 SEM 图像。随后,通过 HR-TEM 方法直接观察到功能层材料中生成的纳米导电细丝,并确认导电细丝的组成为缺氧的 Ti$_4$O$_7$ Magnéli 相[12]。

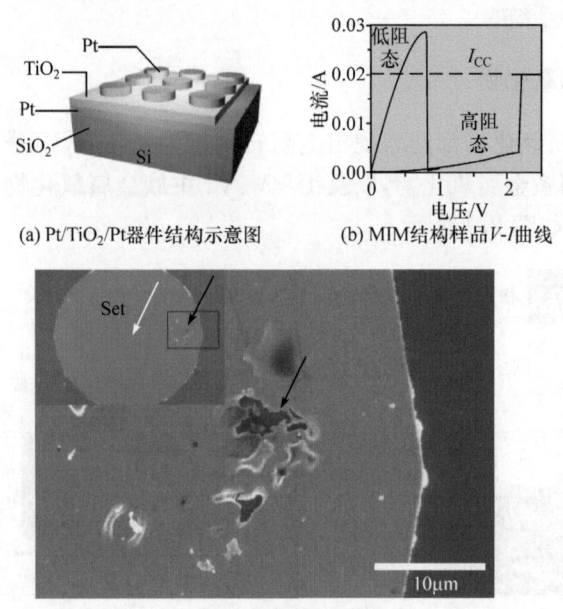

(a) Pt/TiO$_2$/Pt器件结构示意图　　(b) MIM结构样品V-I曲线

(c) Set状态上电极的SEM图像

图3.2　Pt/TiO$_2$/Pt 结构忆阻器和初始化后的 SEM 图像[12]

Pt/TiO$_2$/Pt 单元表现出典型的单极型阻变开关行为[13-16]。一般来说,双极型 Reset 电压同样可以使对称结构的单极型阻变单元从低阻回到高阻,但是在 Pt/TiO$_x$/Pt 单元中,导电丝熔断机制的双极型 Reset 电流比单极型 Reset 电流要小[17,18]。Pt/TiO$_x$/TiN 单元表现出双极型阻变开关行为,但单极型 Reset 仍可在 Pt/TiO$_x$ 界面处被观测到[19]。Yang 等[20]将亚化学计量比的 TiO$_{2-x}$ 薄膜与理想配比的 TiO$_2$ 薄膜进行堆叠,形成双层结构制备出 50×50nm^2 尺寸的 Pt/TiO$_2$/TiO$_{2-x}$/Pt 器件,观察到双极型阻变行为,且当上电极施加负电压时发生高阻向低阻的转变。然而,Do 等[21]在同样结构的器件中发现,双极型开关方向与前面的报道相反,即当上电极施加正电压时发生高阻向低阻的转变。从这点来看,氧富余与氧缺乏双层结构单元的开关机理尚未得到统一的解释。Jiang 等[22]采用直流磁控溅射的方法,利用高纯度 Ti 靶在不同氧气流量氛围下进行反应,系统研究了不同

氧含量 TiO_x 的导电特性,并构建 $Pt/TiO_2/TiO_x/Pt$ 结构器件,观测到其双极性开关行为向单极性开关行为的转变。Tang 等[23]针对 $Au/Ti/TiO_2/Au$ 结构器件,研究了在不同初始化限制电流条件下不同的忆阻开关现象,证明 Ti 与 TiO_2 材料的界面反应在其中起到了关键作用。

2. HfO_x

HfO_x 是传统的高 K 电介质材料,可用作高性能 MOSFET 的栅绝缘层材料。当其存在较高浓度的缺陷时,能表现出良好的电阻转变性能。基于 HfO_x 材料的忆阻器件常采用 $TiN/HfO_x/Pt$ 结构,其中 TiN 电极起储氧作用,整个器件表现出双极型开关行为。Yu 等[24]就此种结构器件的导电机理进行研究,通过电学测试及曲线拟合的方法,证明功能层薄膜内存在较高浓度的陷阱,因此漏电流较大。器件导电行为偏离传统高 K 介质的 Poole-Frenkel 模型,进而提出陷阱辅助隧穿电流的导电模型来解释实验结果。为了与 CMOS 工艺兼容,需要避免采用难以刻蚀的 Pt 电极。Lee 等[25]报道了一种 $TiN/Ti/HfO_x/TiN$ 结构的器件,插入的 Ti 金属层能有效减少 HfO_x 材料内的氧含量,起到存储氧的作用。这种单元表现出双极型开关特性,性能参数优良,开关速度快(<10ns),开关窗口较大(>100),可擦写次数高(>10^6),同时具有较长的高温保持时间和多值存储能力。利用超薄厚度(3nm)的 HfO_x 材料,Ti/HfO_x 结构单元在后退火操作后可以表现出不需电初始化的性能。Lee 等[26]还采用 Al、Cu 和 Ta 来作为 HfO_x 材料的覆盖层,这些器件可以表现出稳定的双极型开关行为,但开关窗口只有 4 左右,这与插入的覆盖层的氧捕获能力有关。Govoreanu 等[27]报道的利用 Hf 做覆盖层的 $10nm \times 10nm$ 尺寸 $TiN/Hf/HfO_x/TiN$ 阻变器件具有更为优异的性能。Zhang 等[28]研究了如图 3.3 所示结构的忆阻器件的阻变特性,其中 IL 代表在 TiN 下电极上原子层生长 HfO_x 材料生成的 Hf 与 Ti 亚氧化物层。在此种结构的器件中,可以观察到互补式阻变开关行为(complementary resistance switching,CRS)。当下电极为 Pt 时,CRS 现象消失,阻变性能变差。

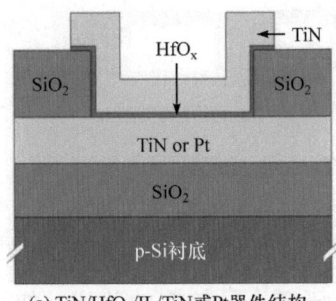

(a) $TiN/HfO_x/IL/TiN$ 或 Pt 器件结构

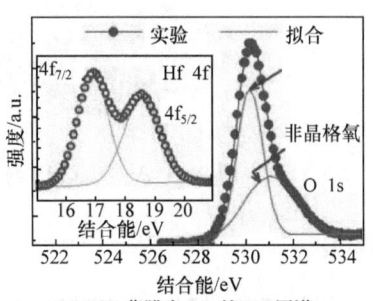

(b) HfO_x 薄膜中 O 1s 的 XPS 图谱

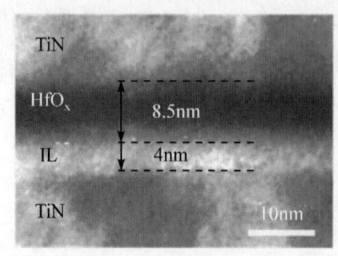 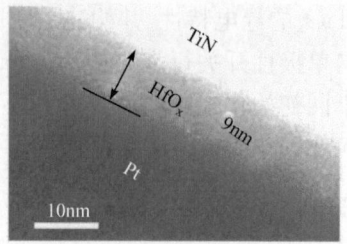

(c) TiN/HfO$_x$/IL/TiN器件的高分辨率TEM图像　　(d) TiN/HfO$_x$/IL/TiN器件的TEM图像

图 3.3　Al/AlO$_x$/Pt 与 Al/Ti/AlO$_x$/Pt 器件的阻变特性[28]

3. AlO$_x$

由于带隙宽度较大(约 8.9eV)，AlO$_x$ 基忆阻器件具有较小的 Reset 电流。AlO$_x$ 材料的开关电流在早期相关的报道中为几百微安或毫安量级。如图 3.4 所示，Wu 等[29]研究了 Al/AlO$_x$/Pt 与 Al/Ti/AlO$_x$/Pt 器件，两者分别表现双极性和单极性的开关行为，并且前者可以实现低至 1 微安左右的 Reset 电流。Kim 等[30]采用掺氮的 AlO$_x$ 材料，达到了小于 100 纳安的 Reset 电流。AlO$_x$ 忆阻材料具有低功耗的优势，同时更小的 Reset 电流导致其器件低阻可达兆欧量级，能够有效地抑制存储阵列的泄漏电流，从而有利于无选通存储器件单元大规模阵列的实现[31]。Tian 等[32]采用双层石墨烯作为 AlO$_x$ 忆阻材料的底电极，实现了通过栅电压调控器件的高低阻窗口。Yu 等[33]采用双层结构的 HfO$_x$/AlO$_x$ 器件，获得了比单层 HfO$_x$ 更好的开关一致性。

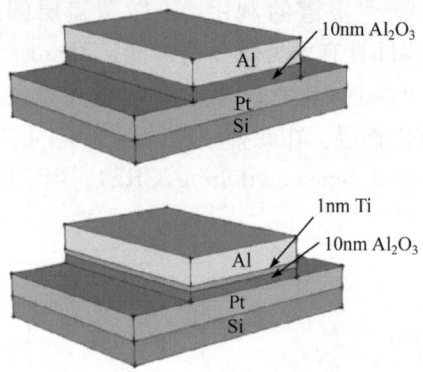

图 3.4　Al/AlO$_x$/Pt 与 Al/Ti/AlO$_x$/Pt 器件[29]

4. TaO$_x$

TaO$_x$ 材料由于良好的开关耐受力受到研究人员较多的关注。如图 3.5 和图 3.6 所示，Wei 等[34,35]分别采用 X 射线光电子能谱(XPS)和电子能量损失谱

(EELS),表明 TaO_x 通常由导电性良好的 TaO_2 和绝缘性良好的 Ta_2O_5 相组成,氧浓度在两相之间的转变可以导致开关效应。在脉冲开关的耐受力方面,Wei 等[34] 达到 10^9 次循环,Yang 等[36] 达到 10^{10} 次循环,Lee 等[37] 达到 10^{12} 次循环。如此高的擦写次数可以使忆阻开关器件满足嵌入式应用的要求,并且有可能改变分级存储器体系。

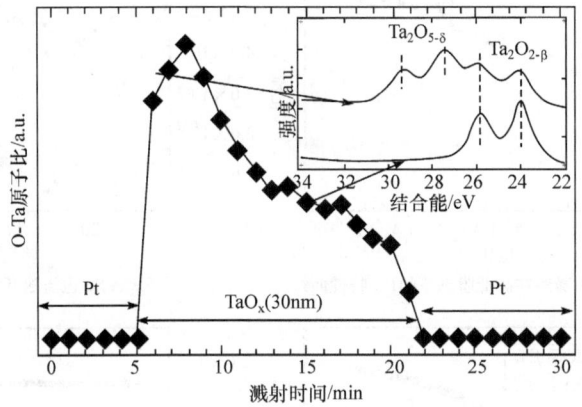

图 3.5　O-Ta 比例的 XPS 深度分析[34]

(插图分别为靠近阳极和位于内部的 TaO_x 材料的 XPS 图谱)

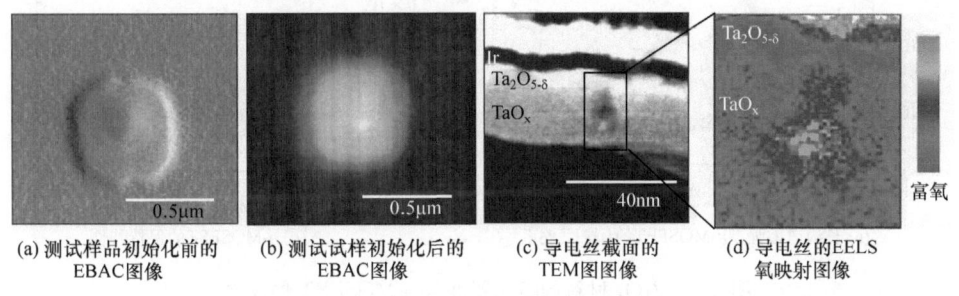

(a) 测试样品初始化前的 EBAC 图像　(b) 测试试样初始化后的 EBAC 图像　(c) 导电丝截面的 TEM 图图像　(d) 导电丝的 EELS 氧映射图像

图 3.6　TaO_x 基阻变器件导电丝的直接观测

5. ZrO_x

ZrO_x 材料也是较早被报道的电阻转变材料之一。Lee 等[38]在 2005 年将基于非化学计量比 ZrO_x 材料的阻变器件与 n-MOSFET 集成在一起,观测到稳定的电阻转变现象,且高低阻保持特性较好(图 3.7)。随后,Wu 等[39]基于化学计量比的 ZrO_2 材料制备了 $Al/ZrO_2/Al$ 结构的器件单元,有效提高了器件良率。Guan 等[40]通过在 ZrO_2 功能层中引入金纳米晶作为电子陷阱,进一步提高了器件良率。另外,基于 ZrO_x 材料的双功能层阻变存储器,可以实现无需选通器件,提高开关稳定性与一致性的效果[41,42]。2012年,Liu 等[43]采用原位 TEM 方法,对 Ag(或 Cu)/ZrO$_2$/Pt 结构单元的导电丝生长情况进行实时观测,完善了电化学金属化反应机制的物理解释,其中 ZrO$_2$ 材料作为氧化物固态电解质。

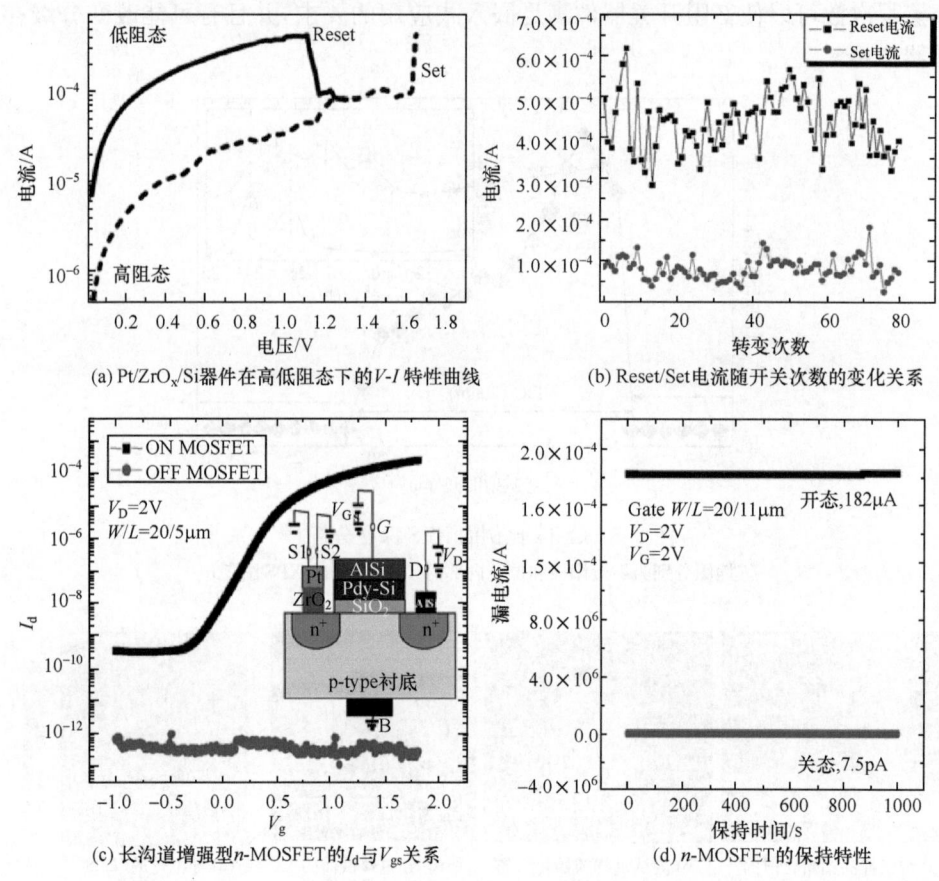

图 3.7 ZrO$_x$ 材料的阻变器件与 n-MOSFET 集成[39]

6. Cu$_x$O

由于 Cu 在先进半导体互连工艺中的广泛应用,其氧化物 Cu$_x$O(1<x<2)在集成方面具有明显的优势。制备 Cu$_x$O 基忆阻器件不会引入污染性元素,成本低廉,与传统 CMOS 工艺完全兼容,因此相关阻变材料的报道较多。Dong 等[44]提出 Mo/Cu$_x$O/Pt 结构单元的非易失性开关机理由空间电荷限制电流(SCLC)效应和导电细丝共同决定,同时器件的保持特性可以通过制备参数的改变进行调控。基于相同的机理,Wang 等[45]在 Ti/Cu$_x$O/Pt 阻变器件中实现了多值存储特性,其中 Ti 作为氧存储层在器件开关过程中起到重要作用。Zhou 等[46]报道了

TaN/Cu$_x$O/Cu 结构单元的阻变行为,由于 TaN 与 Cu$_x$O 界面处 TaON 的形成,可以有效提高低阻阻值及器件的可靠性,相关的机理可用导电丝和电荷陷阱模型来解释。Lv 等[47]在上电极 Al 与 Cu$_x$O 功能层中间插入了一层 Ge$_2$Sb$_2$Te$_5$ 薄膜,利用电初始化操作在 Ge$_2$Sb$_2$Te$_5$ 薄膜中形成的丝状晶态导电通路,可使 Cu$_x$O 薄膜中生成导电丝的分布更为集中,显著提高了器件阻变参数的一致性。

Cu$_x$O 阻变材料通常由 CuO 与 Cu$_2$O 混合形成,组分比例较为多变且不易控制,然而单一组分材料的阻变行为也被较多报道。Fujiwara 等[48]采用 Ni/CuO/Pt 结构单元,证明其开关行为由 CuO 本身的氧化还原反应决定,低阻态时形成 Cu 导电丝。Yasuhara 等[49]制备平面结构的 Pt/CuO/Pt 器件,通过 SEM、PEEM 和 XAS 等测试手段,观察导电桥形成过程,判断其断裂主要由焦耳热相关作用决定,与电化学反应无关。Chen 等[50]在 1T1R 结构的 Ni(或 Ti)/Cu$_2$O/Cu 单元基础上,制备了 64KB 的存储器阵列,探讨电荷俘获机制与开关过程的关系,解释了不同脉冲操作对开关行为的影响。华中科技大学缪向水团队在 TiW/Cu$_2$O/Cu 结构单元中,将 Cu$_2$O 材料的缺陷特性与阻变行为联系起来,提出基于肖特基势垒发射和 Mott 变程跃迁的器件微观导电机理,分别解释了高低阻状态下器件的微观导电过程[51]。

7. WO$_x$

由于金属 W 是铝布线标准 CMOS 工艺后端制程中普遍采用的材料,因此使用 WO$_x$ 作为阻变材料可以与现有 CMOS 工艺很好地兼容。钨塞(W-plug)广泛存在于各层金属布线之间,可以起到金属互联的作用,因此采用快速热氧化工艺可方便地在钨塞顶端制备 WO$_x$ 阻变层。但是,WO$_x$ 阻变材料普遍存在初始电阻低、初始化电压高的问题,不利于器件的大规模、高密度集成。因此,如何提高器件的初始阻值,降低功耗是 WO$_x$ 阻变存储研究的关键问题之一。Lai 等[52]采用热氧化钨塞方法制备了 TiN/WO$_x$/W 结构存储单元,器件结构与制备工艺流程如图 3.8 所示,其具有开关速度快(2ns)、操作电压低(1.4V)、可擦写次数高(10^8)等优势和多值存储能力。类似地,Bai 等[53]采用标准 0.18μm 的 CMOS 工艺制备了 Al/W：AlO$_x$/WO$_x$/Al 双功能层结构的存储器单元,器件单元不需初始化过程且功耗较小(Set 和 Reset 电流均小于 1μA)。

3.1.2 钙钛矿结构氧化物

自 2000 年在 Pr$_{0.7}$Ca$_{0.3}$MnO$_3$(PCMO)薄膜器件中发现电脉冲触发可逆电阻转变效应(EPIR 效应),越来越多的钙钛矿型氧化物电阻转变材料被提出和研究,如 SrTiO$_3$、La$_{0.225}$Pr$_{0.4}$Ca$_{0.375}$MnO$_3$ 和 Na$_{0.5}$Bi$_{0.5}$TiO$_3$ 等。钙钛矿型氧化物具有非

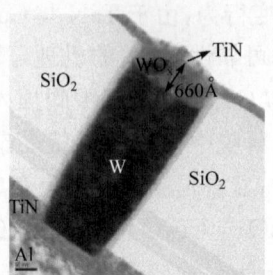

(a) 500℃ RTO工艺制备WO$_x$器件截面TEM图像

- 底电极
- TiN和W填进孔
- W-化学机械抛光和清洗
- RTO 500℃氧化,60s
- 上电极

(b) 自对准RTO工艺制备WO$_x$器件流程图

图 3.8 WO$_x$ 结构与工艺制备流程[52]

易失、高速和低功耗等良好性能。下面介绍两种常见的钙钛矿型阻变材料。

1. PCMO

钙钛矿型 ReAMnO$_3$(Re=稀土元素离子,A=碱金属离子)因其特殊的电学和磁学性能,如庞磁电阻(CMR)和电致电阻(CER)效应,而获得众多专业人员的研究。在许多具有电致电阻效应的钙钛矿材料中,Pr$_{1-x}$Ca$_x$MnO$_3$(PCMO)薄膜展现出良好的 EPIR 性能,在室温电场脉冲作用下可以产生电阻转变现象。阻变现象是可重复且与脉冲极性相关的,PCMO 材料具有高密度、低功耗和快速开关速度($<$100ns)的良好性能。

2. 掺杂的 SrTiO$_3$/SrZrO$_3$(STO/SZO)

ABO$_3$ 型钙钛矿材料是一类有价值的氧化物。(Br,Sr)TiO$_3$(BST)因其高介电常数和低损耗,可以用于 DRAM 的电容介质材料。钙钛矿型铁电体 Pb(Zr,Ti)O$_3$(PZT)可以用于铁电存储器和光电子存储器。掺杂的 SrTiO$_3$(STO)薄膜具有电场诱导阻变和可重复性的开关效应,同样获得较多的关注。

STO/SZO 材料中通常掺杂 Cr、V、Nb 等过渡金属元素。掺杂 0.2% Cr 的 SrZrO$_3$(SZO)中,分别以 Au 和 SrRuO$_3$(SRO)作为上下电极,可以得到最佳的元件特性,过量或过少都会使得元件特性变差。在 STO 中,掺杂 0.2%的 Cr 同样可获得良好的阻变性能。

钙钛矿型氧化物材料的制备工艺比较复杂、成分比例较难控制且与传统

CMOS工艺不兼容,因此这类材料在非易失存储领域,特别是阻变存储领域的应用前景并不明朗。此外,与二元金属氧化物相比,已报道的器件开关电压、阻变窗口等多方面指标均显得不够优秀。目前,大部分关于忆阻材料的研究都集中在二元金属氧化物,并且发现了许多接近工业生产指标的材料。

3.1.3 固态电解质材料

这一类材料因其晶体中的缺陷或特殊结构,为离子提供快速迁移的通道,因此又被称为快离子导体。如今一大批固态电解质材料被用于忆阻器研究,包括氧化物(如Ta_2O_5[54]、ZrO_2[55-57]、SiO_2[58,59]和HfO_2[60]等),硫系化合物(如GeS_x[61,62]、$GeSe$[63,64]、AgS[65]、As_2S[66,67]、Cu_2S[68]、$AgGeSe$[69]、$Ge_2Sb_2Te_5$[70]和AgInSbTe[71]等),一些Cu/Ag的化合物(如CuC[72]、AgI[73,74]等),有机材料[75]和a-Si[76]等,其中硫系化合物材料与有机材料将在3.1.4节和3.1.5节介绍。

基于固态电解质材料的忆阻器,通常也被称为电化学金属化忆阻器或者导电桥忆阻器,其电阻转变机制与导电丝在固态电解质层中的形成与断裂有关。该过程包括金属离子的输运和氧化还原反应。这一类忆阻器的器件单元通常包含一个电化学活性电极,如Ag、Cu和Ni等,固态电解质中间功能层,以及一个惰性的对电极,如Pt、Au和W等。

Hirose等[77]早在1976年就报道过$Ag-As_2S_3$的双极性电阻转变行为,并通过光学显微镜观察到平面$Ag/Ag-As_2S_3/Au$结构中Ag导电细丝的形成。2005年,Terabe等[68]在 Nature 上报道了基于$Ag/Ag_2S/Pt$交叉阵列结构的量子化电导转变行为,其工作原理也是Ag导电丝的形成与断裂。这类器件可用于多值存储,并已应用于逻辑运算器件和电子突触仿生。

3.1.4 硫系化合物半导体材料

硫系化合物作为固态电解质之一,也是一种重要的忆阻器材料,其本征与非本征的忆阻特性也被大量研究。常见的硫系化合物有GeS_x[61,62]、$GeSe$[63,64]、Ag_2S[68]和$AgGeSe$[69]等。

Oblea等[78]展示了基于$Ge_2Se_3/Ag_2Se/Ag$结构的忆阻器件,发现其忆阻交流 V-I 特性随频率升高逐渐收敛为一条直线,而在直流扫描下得到很多不同的电阻态。Kozicki等[63,79]分别研究了Ag和Cu掺杂的Ge-S系材料的忆阻特性,发现这种Ag或Cu掺杂的硫系化合物非常适合用于忆阻器件,且实验结果表明即使经过430℃的高温工艺处理,Ag-Ge-S材料仍能保持稳定的忆阻特性。Aono等[68,80]长期研究了基于Ag_2S材料的忆阻器件,基于其电化学金属化忆阻机制,搭建原子开关,并对其开关特性进行了深入研究。Valov和Waser等[86,87]进行了大量GeS_x基电化学金属化存储单元的研究,提出两个反向连接的$Ag/GeS_x/Pt$的器件结构,研究其互补型电阻转变行为,发现其在 20ns 内的超快转变特性。此外,由于 Ag 在正常环境条件下也易扩散到 GeS_x 功能层,从而降低 OFF 态的保持特性,通过置入一层 Ta 阻挡层,能够有效抑制 Ag 扩散进入固态电解质层,同时也不影响其基本电阻转变功能,从而提高 OFF 态的保持特性。Kohlstedt 和 Waser 等[64,88,89]也报道了 $Ge_{0.3}Se_{0.7}$ 基的硫系固态电解质的电阻转变特性。

此外,有一类硫系化合物因其晶态和非晶态间的可逆转变特性,在相变随机存储器领域得到了大量的研究。这类材料在不发生相变的情况下,也能表现出良好的阻变性能,从而越来越受到关注。以 $Ge_2Sb_2Te_5$ 为例,Pandian 等[81,82]研究发现在 Sb 过量的 $Ge_2Sb_{2+x}Te_5$ 材料在晶态下,会随电压极性的改变发生可逆的电阻变化,而这种电阻转变与相变效应无关,他们将之归因于过量的 Sb 在材料内形成了导电的 Sb 丝,而在外加电场下,电压极性的改变直接导致 Sb 丝的形成和断裂,因此发生电阻变化。基于此,韩国光州科学技术研究院的 Hwang 团队[83]采用表面低温热氧化的方式对其进行了改进,通过在 $Ge_2Sb_{2+x}Te_5$ 薄膜表面形成氧化层,可以提高功能层的电阻。这相当于与器件串联了一个较大的电阻,由此有效地提高了器件的低阻,去除了一些离散的低阻态影响,提高了器件电阻的一致性。华中科技大学缪向水团队[70,71,84]也开展了 $Ge_2Sb_2Te_5$、AgInSbTe、GeTe、Sb_2Te_3 和 Bi_2Te_3 等大量硫系化合物忆阻性能的研究,并通过提出 $Cu/Ag/Ge_2Sb_2Te_5/Cu$ 和 $TiW/Ge_2Sb_2Te_5/TiW$ 两种不同结构,分别观察到基于导电丝模型的非本征忆阻特性,以及基于空间电荷限制电流效应的本征忆阻特性。首尔国立大学的 Hwang 等[85]通过高分辨透射电子显微镜观察到从高阻态转变到低阻态时,在非晶 $Ge_2Sb_2Te_5$ 薄膜中形成 Te 导电丝,研究其导电机理发现其高阻态源于 Poole-Frenkel 效应,低阻态源于这种半导体特性的 Te 导电丝的形成。

由此可见,同一类硫系化合物材料,根据其材料成分、掺杂元素、电极材料等的不同,展现出不一样的阻变行为,其内在的阻变机理也不同,这也引起研究人员越来越多的关注。同时,很多硫系化合物作为相变材料,分别在晶态和非晶态都展现出良好的忆阻特性,这为多值存储提供了可能性,成为这类材料的一个潜在的应用优势。

3.1.5 有机材料

有机材料用于忆阻器,也能够在电压条件作用下实现阻态的高低可逆转变,且兼具两者的优点,成本低廉、结构和制备工艺简单、柔韧性高等。有机材料种类繁多,正引起越来越多的研究者的兴趣,到目前为止,已有许多种有机材料可以实现电阻转变。

这类有机功能层材料主要包括有机小分子材料(AIDCN[90-92]、Alq_3[93-95]、某些染料[96,97]等)、聚合物材料(聚苯乙烯[98,99]、丙烯酸酯[98]、PVK[100,101]、PMMA[102]等)、施主受主复合型材料(通常指带有给体和受体的复合材料,如 CuTCNQ[103,104]

等,以及给体材料和受体材料双层层叠结构,如 NPB/Alq$_3$[94]、CuPc/AIDCN[105]等)、掺入电子施主或受主的共轭高分子聚合物和低聚物(如 NaCl 掺杂的聚苯乙炔[106]、PEDOT:PSS:NaCl/6T-co-PEO[107]等)、有机无机杂交体系,尤其是掺入金属纳米粒的有机基质(如 CNPF/(Ag)/CNPF[108]等)。

Erokhin 等[109-113]采用锂(铷)离子掺杂的聚氧化乙烯作为固态电解质,研究发现金属离子能够在固态电解质和聚苯胺之间可逆迁移,从而使聚苯胺在还原的绝缘态和氧化的导电态之间转换。他们还将聚苯胺、聚氧化乙烯-苯乙烯磺酸、金纳米粒子制成三维(3D)网络结构的忆阻器,并通过多重任务和单一任务的训练方式分别模拟了成人和婴儿大脑的学习功能①。Chen 等[114,115]研究了天然铁蛋白的输运特性,通过调节铁(Ⅲ)离子的摄入量,能够连续调控铁蛋白的阻态,这为通过生物高分子材料来制备忆阻器件提供了可能性。

随着有机材料在存储领域越来越受到重视,其性能与制备工艺也取得了巨大的进展,但相较于无机材料的存储器件而言,有机材料器件性能相对较差。另一方面,器件的电阻转变机理仍存在着许多争议。为了提高有机忆阻器件的擦写速度、数据保持时间、存储窗口和器件功耗等各方面参数,研究人员更需要进一步阐明有机忆阻器的电阻转变机理,提高热稳定性等挑战性工作。

3.2 无机忆阻物理机制

目前,尚未有一种统一的理论可以解释所有忆阻现象,忆阻机理往往因为材料组成的不同而发生变化。总体来说,忆阻机理可以大致分为电化学金属化机制(ECM)、价态转变机制(VCM)、热化学机制(TCM)和纯电子效应。

3.2.1 电化学金属化机制

以电化学金属化机制为导电机理的忆阻器,通常采用活性电极/固态电解质或介电材料/惰性电极的 MIM 结构,其中活性电极为 Ag 或 Cu,惰性电极如 Pt、Ir、W、TiN 或掺杂硅等[116,117]。功能层材料既可选用固态电解质材料,如 Ag 或 Cu 掺杂的硫系化合物[118,119],也可选用如 SiO$_2$[120]、无定形 Si[121]等介电材料。

在电压作用下,活性电极 Ag 或 Cu 能够被氧化,生成金属阳离子并沿着电场方向向惰性电极一侧移动,在移动的过程中逐渐被还原,最终在功能层材料中生成金属导电丝,使器件从高阻态转变到低阻态。在反向电压作用下,导电丝可发生熔解和断裂,导致器件回到高阻态,完成整个开关过程。

导电丝的形成涉及阳极氧化、阳离子迁移和离子还原。这三部分的作用速度跟

---

① 为方便描述,将不加区分使用三维和 3D。

器件材料与操作方式有关,其相互之间的大小关系决定了导电丝的形成过程及最终形态。研究人员在不同材料体系的原位观测中也发现了导电丝形成过程不尽相同。

① 当阳离子迁移速度很快时(如在硫系化合物功能层中),阳极氧化和离子还原的速度相对较慢,金属离子可以到达惰性电极以后才被还原。这样金属原子便在惰性电极附近开始聚集,导电丝由惰性电极向活性电极一侧生长。Choi 等[122]采用原位扫描隧道显微镜(STEM)来观测 Cu/Cu-GeTe/Pt-Ir 结构中 Cu 导电丝动态生长与断裂的过程,如图 3.9 所示。从图 3.9(c)～图 3.9(e)和图 3.9(g)～图 3.9(j)可以看出,Cu 导电丝由惰性电极向活性电极一侧生长。这是由于铜离子在 Cu-GeTe 中具有很高的离子迁移率。

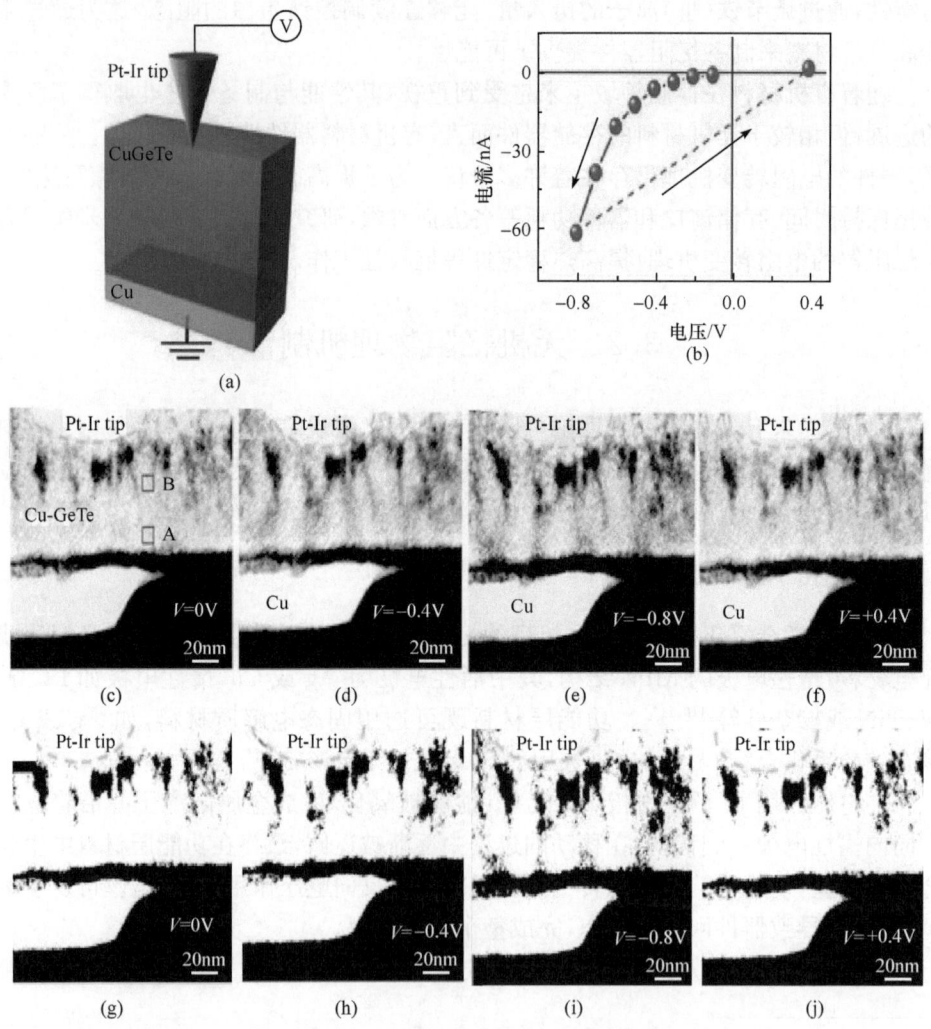

图 3.9 Cu-GeTe 固态电解质中导电丝形成的 STEM 观测[122]

Hubbard 等[123]同样采用 STEM 方法对斜向垂直结构的 $Cu/Al_2O_3/Pt$ 器件进行导电丝动态生长的实时观测，如图 3.10 所示。可以看出，导电丝由惰性电极 Pt 一侧向活性电极 Cu 方向生长，最终连通上下两个电极。

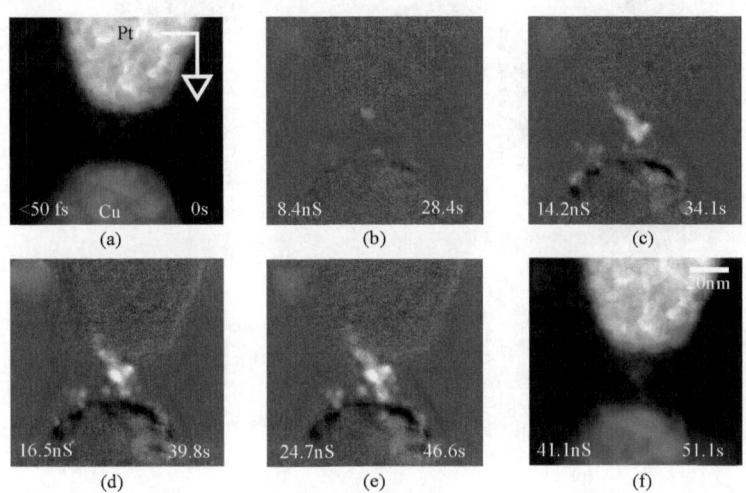

图 3.10　$Cu/Al_2O_3/Pt$ 器件中导电丝生长的 STEM 观测[123]

② 当阳离子迁移速度很慢时（如在 SiO_2 介电材料功能层中），阳极氧化和离子还原的速度相对较快，金属离子在还未到达惰性电极时就被阴极漂移过来的电子还原，在靠近活性电极处回到金属状态，成为活性电极的延伸部分。重复此过程，则金属导电丝由活性电极向惰性电极一侧生长，这与离子迁移速度很快的情况正好相反。Yang 等[124]采用扫描隧道显微镜技术对初始化后的 Ag/a-Si/Pt 器件的导电丝进行观测，如图 3.11 所示。图 3.11(a)表明导电丝由间隔排布的纳米团簇构成，靠近活性电极一侧较粗，惰性电极一侧较细，组成锥形结构。如图 3.11(b)所示为另一个器件单元形成的部分导电细丝，可以看出其从活性电极向惰性电极一侧生长，与固态电解质材料的情况相反。图 3.11(c)~图 3.11(e)分别采用选区电子衍射(SAED)、高分辨率 TEM 成像和快速傅里叶变换(FFT)证明纳米团簇的成分为 Ag 原子，说明金属阳离子在还未到达惰性电极时已经发生还原反应。值得注意的是，这种导电丝并不是由金属原子连续排列形成的，而是一系列金属原子团簇间隔纳米量级距离形成，较小的间隔距离使电子能够有效地发生隧穿效应，导电丝对外展现较高的电导率。

Yang 等[124]同时又采用原位扫描隧道显微镜的方法对 Ag/a-Si/W 器件进行导电丝的动态观测，如图 3.12 所示。如图 3.12(c)~图 3.12(g)所示为数字摄像机记录的导电丝生长不同阶段的扫描隧道显微镜图像，可以看出其与图 3.11 所示的非原位 TEM 测试结果一致。导电丝均是从活性电极向惰性电极一侧生长。

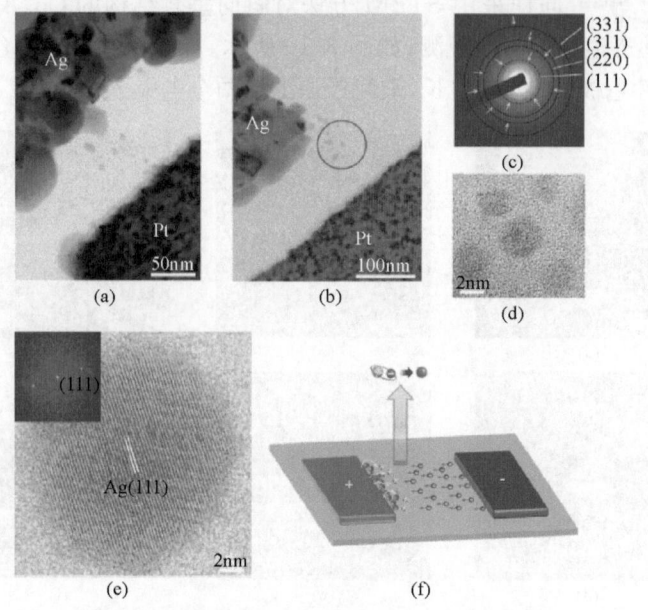

图 3.11 a-Si 器件中导电丝的 TEM 观测[124]

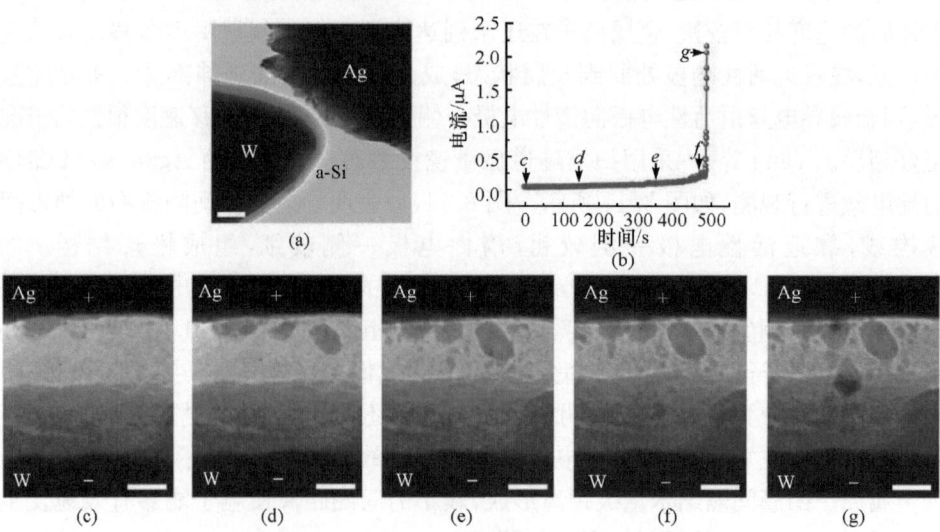

图 3.12 a-Si 器件导电丝的 STEM 动态观测[124]

3.2.2 价态转变机制

与电化学金属化机制类似,价态转变机制也与离子迁移有关。在许多基于过渡金属氧化物和钙钛矿结构氧化物材料的器件中,若采用非活性电极,则氧离子具有更高的迁移率,是器件开关作用的主导因素。为了简化导电模型,通常采用带正电的氧空位来描述导电过程。在电场的作用下,氧空位发生迁移运动导致功能层材料的组成不均匀,金属元素发生价态变化。同时,氧空位的排布会形成非金属性导电丝,使器件表现出导电丝开关行为。另外,当电极与功能层之间存在肖特基势垒时,氧空位在界面处的积累会导致势垒高度的变化,进而影响阻变开关过程。因此,很多基于价态转变机制的阻变体系,其导电机理往往由导电丝与界面势垒共同决定。

近些年,借助先进观测技术和器件模拟优化的帮助,基于价态转变机制的忆阻器在性能上有显著的进步,耐受力大于 10^{12}、开关速度小于 1ns[125]、器件特征尺寸小于 10nm 等优异指标分别被达到。Kwon 等[12]通过高分辨率扫描隧道显微镜技术成功观察到 TiO_2 材料中的价态变化,形成一种化学计量比为 Ti_nO_{2n-1} 的新导电相,如图 3.13 所示。图 3.13(a)展现了 $Pt/TiO_2/Pt$ 结构器件在低阻态时的 HRTEM 图像,可以明显看到导电丝的形成区域。由图 3.13(b)~图 3.13(e)的各种验证方法,可以确定导电丝由(002)晶向的 Ti_4O_7 Magnéli 相构成。

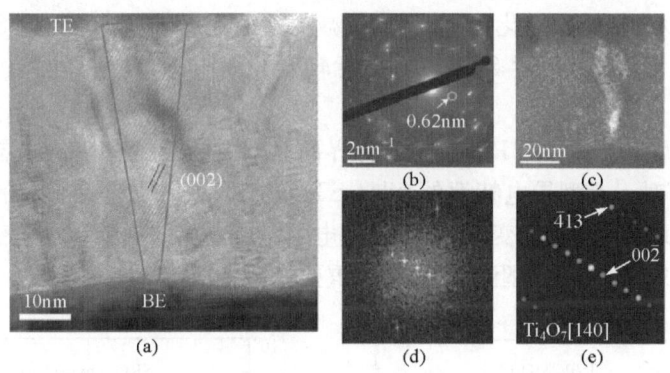

图 3.13 TiO_2 忆阻器件功能层中 Magnéli 相的 TEM 观测[12]

Chen 等[126]利用原位扫描隧道显微镜技术对 ZnO 材料中导电丝的生长和溶解过程进行动态观测,如图 3.14 所示。图 3.14(a)~图 3.14(d)展示了电初始化过程中导电丝形成的实时图像,经确定其成分为 Zn 富余的 ZnO_{1-x} 相。加正向 Reset 电压,导电丝从阳极处开始溶解并最终断裂,器件回到高阻态,如图 3.14(e)~图 3.14(h)所示。由此可知,ZnO 基器件展现单极型开关特性,氧空位的迁移导致导电丝区域的成分在 ZnO 相和 Zn 富余的 ZnO_{1-x} 相之间转变。

导电丝类型的价态转变机制器件的低阻态均与器件面积关联较小,但当界面势垒在忆阻导电过程中起作用时,低阻态阻值便与器件面积成反比例关系,这也是证明器件存在界面效应的证据之一。图 3.15(a)和图 3.15(b)分别为 Ti/PCMO/

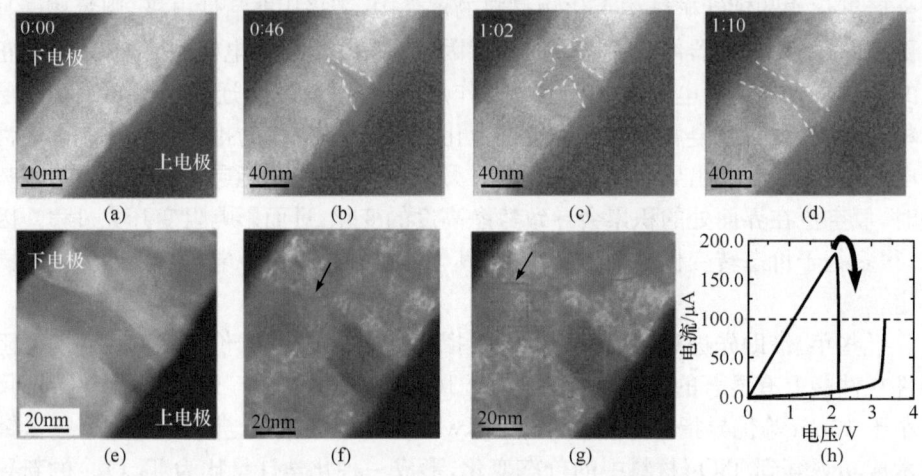

图 3.14 ZnO 材料中导电丝的 STEM 观测[126]

SRO 和 SRO/Nb：STO/Ag 器件单元的 V-I 特性曲线，未做处理时均表现良好的阻变特性[127]。将两种单元分别在 400℃空气氛围和氧气氛围中退火，则 PCMO 和 Nb：STO 材料均被氧化，内部氧空位减少。退火后的 Ti/PCMO/SRO 单元转变为低阻态，而 SRO/Nb：STO/Ag 单元转变为高阻态，且两者的阻变现象均受到抑制。

对于 p 型导电特性的 PCMO 材料，界面氧空位的减少会使耗尽层变窄，接触电阻下降；而对于 n 型导电特性的 Nb：STO 材料，氧空位起着有效的施主作用，氧空位的减少会使耗尽层变宽，提高接触电阻。氧空位的减少导致阻变受抑制，可以从侧面反映出氧空位在阻变过程中的重要作用。

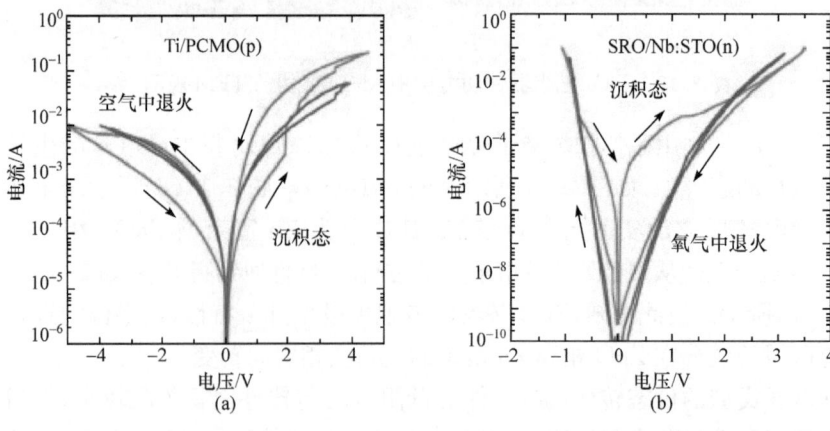

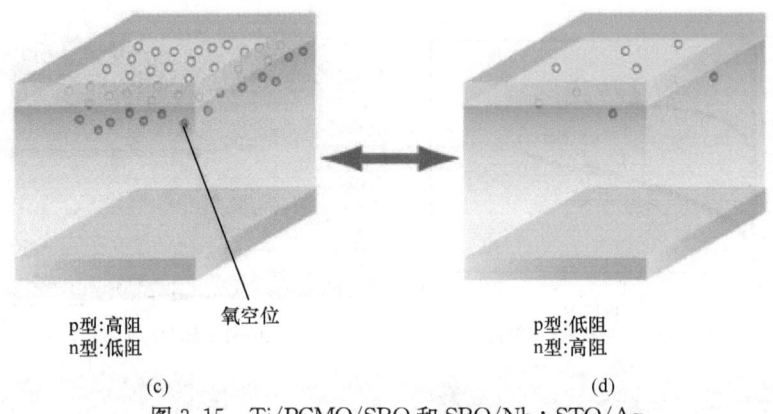

p型:高阻　　　　　　　　　　　　p型:低阻
n型:低阻　　　　　　　　　　　　n型:高阻
　(c)　　　　　　　　　　　　　　　(d)

图 3.15　Ti/PCMO/SRO 和 SRO/Nb：STO/Ag 器件单元的 V-I 特性回线及界面氧空位示意图[127]

3.2.3　热化学机制

在热化学机制起主导作用的忆阻器件中,单元阻值由高阻转变为低阻通常是由功能层热分解后生成导电丝引起的。随后,导电丝的热溶解使得器件由低阻回到高阻。当限制电流在毫安量级时,两惰性电极和一种金属氧化物半导体通常能够表现出热化学机制的阻变行为,如 Pt/NiO/Pt[128,129]、Pt/CoO/Pt[130] 和 Pt/ZnO/Pt[126] 等。2007 年,Park 等[131] 采用 HRTEM 和 EELS 方法,系统研究了 NiO_x 多晶薄膜在高阻态、低阻态和失效的低阻态下的材料结构变化,发现 NiO_x 功能层中的导电丝由 Ni 原子组成而且分布在晶界处(图 3.16)。2013 年,Chen 等[126] 采用原位扫描隧道显微镜技术动态观测到 ZnO 中热效应主导的导电丝的形成和断裂,为热化学机制的导电机理提供了有力的证据。

3.2.4　纯电子效应

一般说来,前面介绍的几种机理均与离子迁移或电子/离子联合输运相关,其局域导电通道的建立均与离子迁移和氧化还原反应有关。但是,还存在着一些特别的阻变器件,它们的阻变行为以纯电子效应为基础,如铁电忆阻器、基于电荷俘获与释放的忆阻器、基于金属绝缘体转变效应的忆阻器和基于 sp^2/sp^3 杂化轨道转变的碳基忆阻器。

铁电忆阻器依靠铁电极化方向的改变来实现非易失性阻变,其器件组成核心是一层仅有几个晶胞尺寸厚度的铁电介质层,如 $BaTiO_3$ 铁电隧道结[132-134]。铁电隧道结电流大小依赖于极化状态,因此可导致隧穿电致电阻(TER)效应,实现器件阻值跟随极化状态变化。Chanthbouala 等[132] 在 $Au/Co/BaTiO_3(2nm)/La_{0.67}Sr_{0.33}MnO_3$ 铁电忆阻器中,展示了极化状态与电阻的关系。可以看到当极化状态向下的比例增大时,器件的阻值上升,如图 3.17 所示。

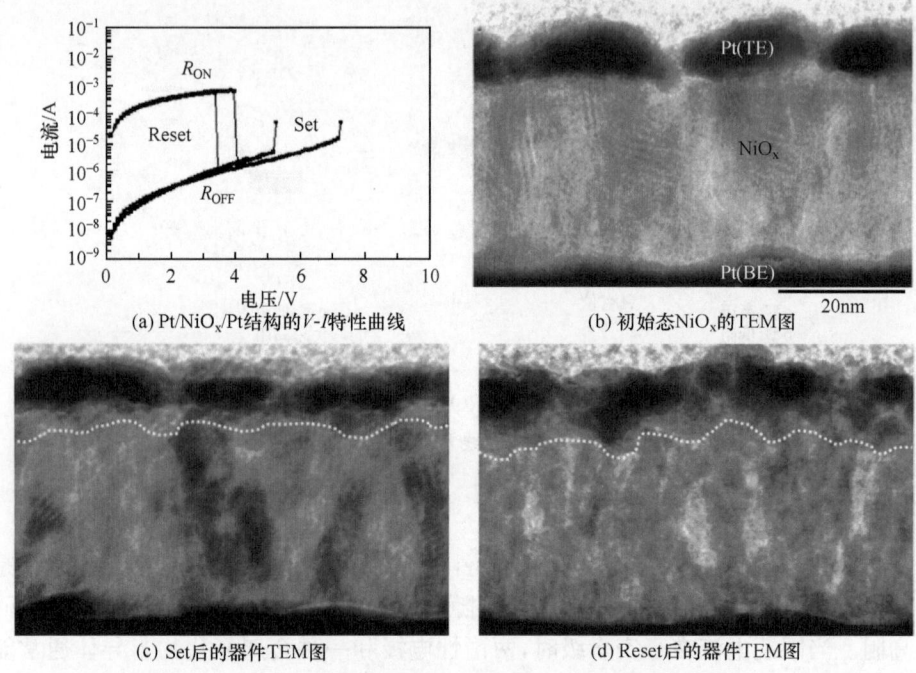

图 3.16 NiO$_x$ 材料在器件初态和开关操作后的 TEM 图像[131]

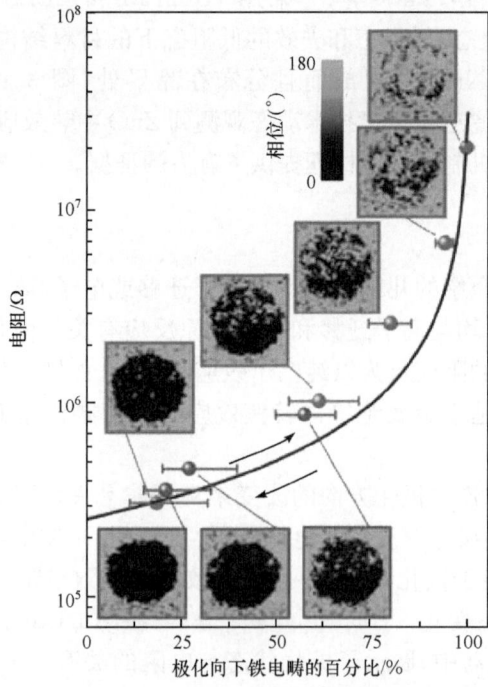

图 3.17 Au/Co/BaTiO$_3$/La$_{0.67}$Sr$_{0.33}$MnO$_3$ 铁电忆阻器电阻值随极化向下的变化关系[132]

基于电荷俘获与释放的忆阻器通常跟电荷陷阱有关,当载流子被薄膜中的缺陷俘获时,会使陷阱能级在能带中的分布发生改变,进而导致薄膜不同的电阻状态,通常引起空间电荷限制电流效应(SCLC)[135]。具体来讲,SCLC 效应所对应的 J-V 特性通常可分为三个部分,即欧姆定律线性区、电荷填充限制电流区和 Child 定律平方区,如图 3.18 所示。当外加电压小于转变电压 V_{tr} 时,材料内部热生成自由载流子浓度大于注入载流子浓度,部分缺陷中心被注入载流子填充,电学上表现为欧姆导电形式;当外加电压大于转变电压 V_{tr} 时,注入载流子迁移时间小于介电弛豫时间,注入载流子不会完全被热生载流子阻隔而留在材料内部,因此电学特性偏离欧姆导电,同时注入载流子浓度随外加电压的升高而增加,缺陷逐渐被填充;当外加电压达到 V_{TFL} 时,材料内部缺陷被完全填充,注入载流子可在介质材料中自由移动,导致电流的快速抬升。电压继续升高,材料内部的空间电荷将限制外部载流子的注入,使得电学特性遵从 Child 定律,表现电流密度和电压的平方关系。

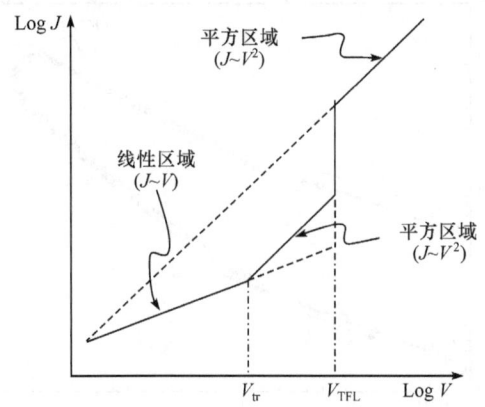

图 3.18 空间限制电荷导电机理的电学特性[135]

Shang 等[136]利用 SCLC 机理成功地解释了 Ag/LCMO/Pt 阻变器件的导电机理。器件在双对数坐标下的 V-I 特性曲线如图 3.19 所示。此外,当载流子被金属/电介质功能层界面处的界面态俘获时,会造成肖特基势垒形状的改变,进而引起电阻变化[127,137]。

华中科技大学缪向水团队[138]研究了符合 2∶2∶5 化学计量比晶态 $Ge_2Sb_2Te_5$(c-GST)的本征忆阻特性,采用 TiW/c-GST/TiW 器件结构,发现了基于 SCLC 机制的电阻转变特性。如图 3.20 所示,器件高阻时,当负向扫描电压极小时(<0.1V),lg$I$-lg$V$ 曲线斜率约为 1,呈欧姆线性导电。之后当扫描电压继续增大时,电流发生非线性的急速增加,在这个区域,SCLC 机制对整个器件的导电起主导作用。器件转变为低阻后,在高扫描电压区域,SCLC 机制也起着主导作用。

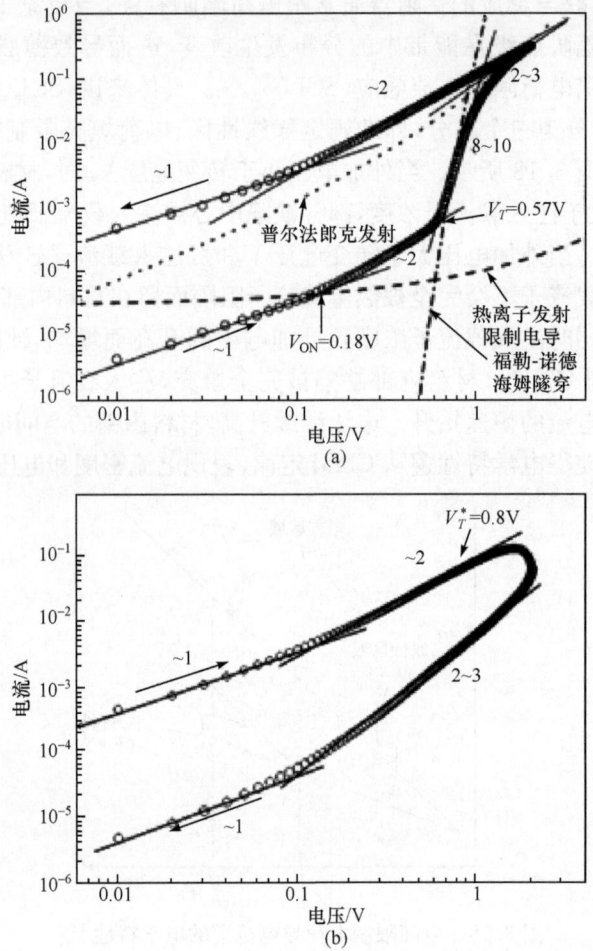

图 3.19　Ag/LCMO/Pt 阻变器件在双对数坐标下的 $V\text{-}I$ 特性曲线[136]

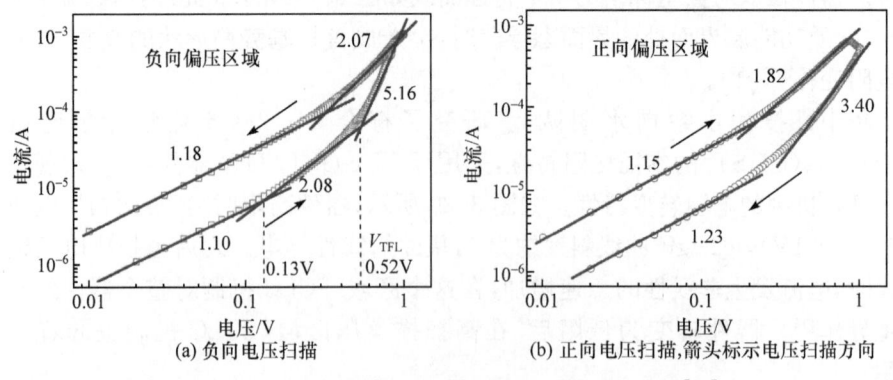

图 3.20　TiW/c-GST/TiW 器件 $\lg I\text{-}\lg V$ 拟合曲线[138]

该团队[71]通过不同电极材料,在 Ta/AgInSbTe/Ag 和 Ag/AgInSbTe/Ag 两种器件中都发现了基于 SCLC 的电阻转变行为。同时,在 Ag/AgInSbTe/Ag 忆阻器中发现由电化学金属化反应所导致的额外的电流升高和降低的现象,从而发现 Ag/AgInSbTe/Ag 器件的电阻转变是 SCLC 效应和电化学金属化反应共同作用的结果。该类硫系化合物忆阻器材料展现出优良的电阻渐变特性,成功地应用在电子突触仿生功能的实现之中。

金属-绝缘体转变同样是一种可以导致非易失性阻变的纯电子效应,常见的材料有 $Pr_{1-x}Ca_xMnO_3$、NiO 和 VO_2 等[139,140]。研究表明,这种 Mott 转变与局部温度改变有关[141],当电流通过器件时,将局部加热材料至其转变温度,形成连接上下电极的具有较好导电性的通道。此外,对 $SiO_2:Pt$ 无序固态电解质材料的研究表明,电场作用下电荷的注入和抽离可以改变电子局域化长度。当电子局域化长度高于或低于样品尺寸大小时,可以导致材料的金属-绝缘体转变[142,143]。

单质碳具有多种存在形态,其中包括较高电导率 sp^2 轨道主导的石墨形态和较低电导率 sp^3 轨道主导的金刚石形态。在 sp^2 杂化形成的 π 电子具有十分优异的导电性能,而 sp^3 杂化由于碳的四个价电子全部成键,不利于电子在其中传输。因此,通过电场作用等手段可以调节 sp^2 团簇尺寸,调控 sp^2/sp^3 局域结构,增强 sp^2 周围局域电场,从而达到控制导电通道的效果。非晶碳(a-C)在这两种形态之间的转变可以引起非易失性的阻变行为[144,145]。

3.3 有机忆阻物理机制

3.3.1 导电丝忆阻机制

导电细丝的忆阻机制是指在有机材料内形成导电能力较强的导电通道,这是一类局域效应的电阻转变机制,即在有机功能材料内的部分区域发生电阻转变的行为。由于导电丝的大小比器件面积要小得多,因此其形成具有很大的随机性,同时这类器件也具有很好的可缩小性。

在有机物中经常被报道的一类导电丝是金属导电丝[146-148]。Kim 等[71]采用 WPF-BT-FEO 作为有机介质层材料,在 Ag/WPF-BT-FEO/重掺杂 p 型多晶硅的 8×8 交叉矩阵结构中,通过 TEM 直接观察到 Ag 的金属导电丝,如图 3.21 所示。当在 Ag 电极上施加 0~5V 的正向偏压时,在低偏压区域,电流逐渐升高,且在阈值电压附近发生跳变,表明器件发生了从高阻态到低阻态的转变,随后在 5~0V 的电压扫描中,器件保持低阻态。当给器件施加负向偏压时,电阻从低阻态转变到高阻态,且在负向扫描中保持高阻态不变。从图 3.21 中可以清晰地看出,Ag 导电细丝分别在低阻态和高阻态时形成和断裂的图像,可以直观地展现出 Ag 导电细丝生长与断裂的动态过程。

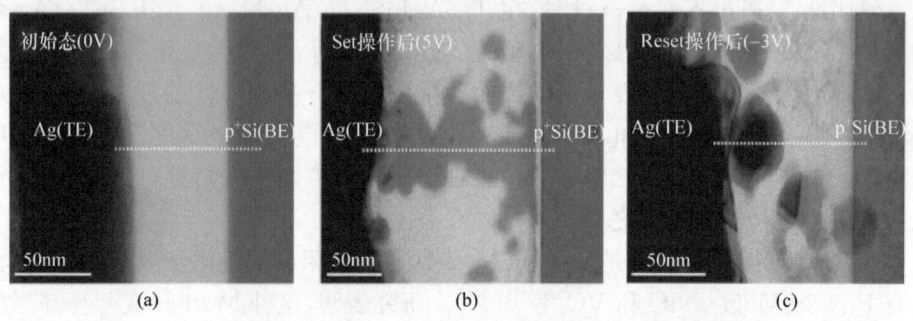

图 3.21 不同电阻态下器件单元的横截面 TEM 图[71]

另一类被经常报道的导电丝为碳富集的导电丝[99,149]。Kevorkian 等[150]通过对比纯净的碳氢化合物和掺入电子施主的碳氢化合物,发现在纯净的碳氢化合物中,由于金属电极电迁移形成金属导电丝,而在掺杂的碳氢化合物中,形成电荷转移配合物的导电丝。Pender 和 Fleming[149]在辉光放电的聚合物薄膜中发现两种不同的导电丝机制,即低电压电阻转变(1~5V)与高电压电阻转变(>20V)。这类转变依赖于三个条件,即电极厚度、功能层薄膜厚度和导电丝形成的环境特征。高电压区域的电阻转变是由于金属电极的局部熔化而形成金属导电丝。低电压区域的电阻转变是由于聚合物薄膜局部热分解而形成碳的导电丝。如图 3.22 所示,低电压区电阻转变来源于功能层薄膜内碳富集区域中碳导电丝的形成与断裂。

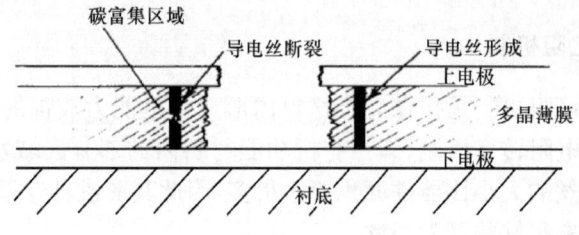

图 3.22 低电压区电阻转变模型[149]

3.3.2 金属有机框架材料忆阻

金属有机框架(MOF)材料是有机配体与无机金属离子或团簇通过配位键构建的有机-无机杂化的新型晶体框架材料,具有比表面积高、结构三维高度有序、物理性质稳定可调、孔环境可修饰等优点,在储氢和二氧化碳分离等领域具有潜在的应用价值。近年来,这一类材料在电致阻变方面的应用也越来越受到研究者的关注,其电阻转变机制也因材料而异。

Grzybowski 等[151]在 Ag/Rb-CD-MOF/Ag 器件结构中,发现环糊精基的金属

有机框架单晶具有忆阻效应,而非金属有机框架结构的不具有忆阻效应。这一发现有赖于金属有机框架晶体结构中的亚纳米宽度的通道,成为小离子的通路,并限制较大离子的迁移(如含水的 Ag^+)。进入金属有机框架的可移动离子的增加使其变为一种独特的电解质,可以让电容电流和法拉第电流通过。虽然这一器件的读写速率较慢,但是可以通过减少阻碍电流输运的材料的数量和提高氧化还原反应动力学来加以改善。

李润伟团队[152,153]对金属有机框架材料的电致阻变行为也展开了相关研究,在以金属铟和对苯二甲酸氨所形成的类石英结构金属-有机框架单晶材料(RSMOF-1)中,同时观察到电阻转变特性(图 3.23)和铁电性,且电阻转变电压和高低阻态阻值分布均一。通过第一性原理分子动力学仿真发现,电场控制框架结构中客体水分子的极性翻转得到稳定的电致阻变效应。

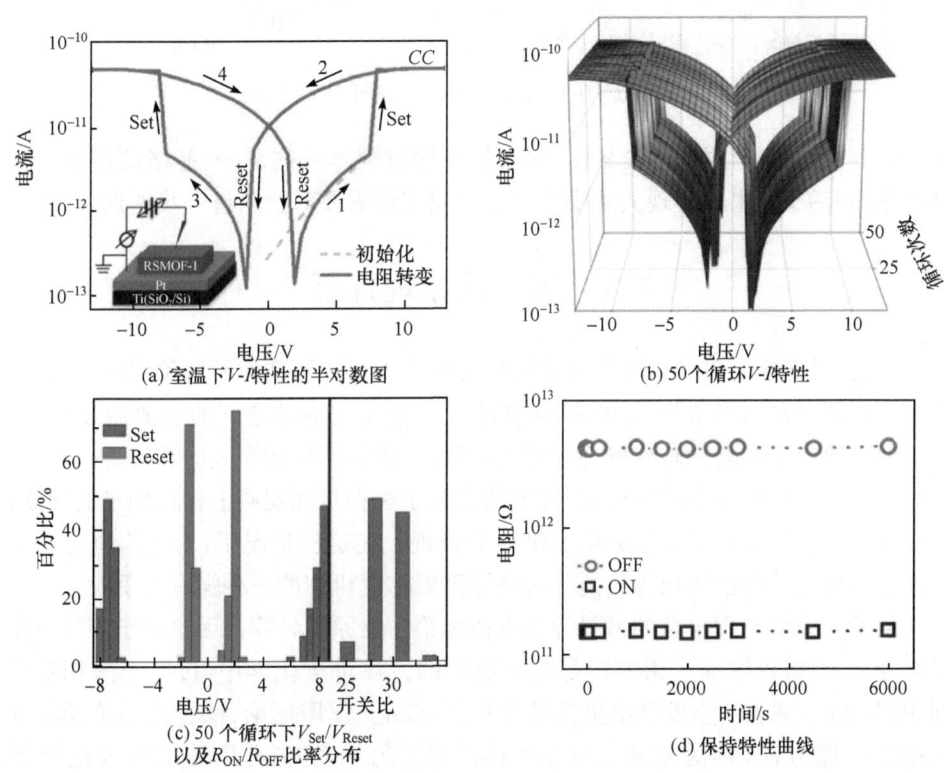

(a) 室温下 V-I 特性的半对数图

(b) 50 个循环 V-I 特性

(c) 50 个循环下 V_{Set}/V_{Reset} 以及 R_{ON}/R_{OFF} 比率分布

(d) 保持特性曲线

图 3.23 RSMOF-1 电阻转变特性[152]

除此之外,该团队利用液相外延法在柔性 Au/PET 衬底上制备了高质量的有机金属框架(HKUST-1)纳米薄膜。这一采用 Au/HKUST-1/Au/PET 结构的器件,在±70℃的宽温区内能够保持均一的电阻转变特性,而且这一器件在 2.8% 的应变情况下仍能保持稳定,如图 3.24 所示。通过导电原子力显微镜和深度剖析的 XPS 研究发现电场诱导的 Cu^{2+} 迁移,可能导致苯均三酸高热分解,从而形成高电导的细丝。这一发现使这种柔性薄膜有望应用于可穿戴电子器件领域。

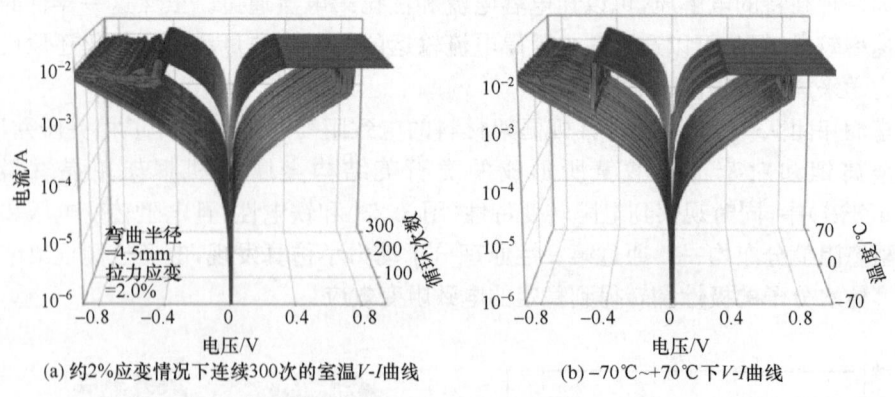

图 3.24 Au/HKUST-1/Au/PET 器件 V-I 曲线[153]

综上所述,忆阻材料种类繁多,忆阻机制跟材料本身的成分、晶格结构和电极材料等都有关联,未来实现大规模的商业化应用还需要对材料进一步遴选、改性。

3.4 第一性原理计算

目前,对于非易失性忆阻器导电机理的研究大都停留在实验现象观察上,而其物理本质还存在诸多争议,这也是目前进行大规模应用时遇到的主要瓶颈之一。为了确切地验证忆阻的转变机理,固然需要设计更加巧妙和深入的实验,但是由于导电细丝的形成位置具有随机性,传统的实验手法在机理观测上存在相当的难度,尤其是针对基于阴离子空位的化合价转变机理。在这种情况下,对材料进行原子尺度上的理论计算已经成为国内外研究忆阻器物理机理的一种强有力手段。

从量子力学原理出发的材料计算也称为第一性原理计算。无论对于固体还是复杂分子,直接求解薛定谔方程都是不现实的。在量子化学中,传统上采用哈特利-福克近似,并进一步发展出更为精确的组态相互作用理论、耦合簇理论及多体微扰等计算方法,称为从头(ab initio)计算。另一种方式是采用密度泛函理论[154,155]进行计算,在计算材料学中也被认为是 ab initio 的。无论是否 ab initio,第一性原理计算原则上都是不含或极少含有经验参数,因此具有普适性的优点,并对未知体系具有很好的预测能力。由于计算速度上的优势,忆阻器的理论研究中密度泛函理论是被普遍采用的计算方法。

利用第一性原理计算可以探索如下参数。

① 忆阻器的电介质中各种中性或带电缺陷的形成能带缺陷态能级。
② 复杂缺陷结构(如氧空位链)的稳定化能与导电性。
③ 离子在介质中电迁移的能量势垒。
④ 晶界、表面等对体系电子结构的影响。
⑤ 电极、导电细丝与电介质之间的接触势垒。
⑥ 电形成过程中可能出现的未知相,包括化学组分、结构和导电性。

①~③均需要人为构建较大的超原胞来实现,一般含有上百个原子。如果超原胞较小,空位或者处于间隙位置的离子与其周期性镜像之间的距离不够大,会影响计算结果的精确度。④和⑤的关键在于构建合适的界面模型。对于⑥,由于结果完全未知,一般采用密度泛函理论结合遗传算法来实现。

下面针对其在忆阻器研究中的具体作用分别介绍。

3.4.1 对忆阻转变机理的研究

Nishi 等[156]假定导电细丝由一定浓度的氧空位组成,利用第一性原理计算对 TiO_2 忆阻器中导电细丝的形成与断裂机理进行研究。图 3.25 展示了含有 z 方向导电细丝模型和断裂(2-V_O out)模型。从如图 3.26 所示的两种模型的电子

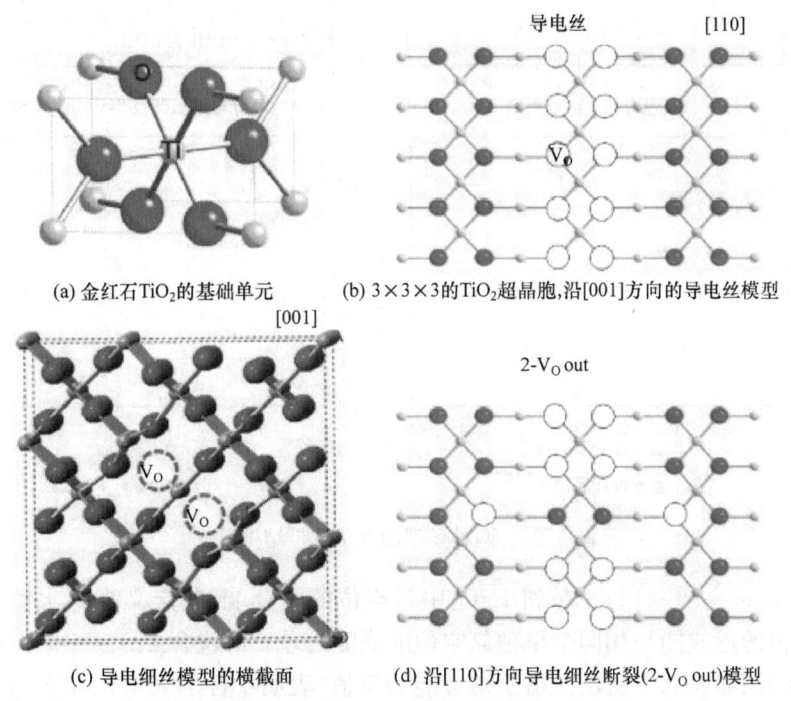

(a) 金红石TiO_2的基础单元　　(b) 3×3×3的TiO_2超晶胞,沿[001]方向的导电丝模型

(c) 导电细丝模型的横截面　　(d) 沿[110]方向导电细丝断裂(2-V_O out)模型

图 3.25　导电细丝模型和断裂模型[156]

能带结构可以看到,在 Γ-Z 的区间(恰好是沿着导电细丝的方向)内缺陷能级出现明显的分裂,而在 2-V_O out 模型中缺陷能级的分裂情况则大大减少。如图 3.27 所示为两种模型的电子局域函数(electron localization function)计算结果,可以看出在导电细丝模型中沿导电细丝 z 方向形成了一个非局域的电子分布;在 2-V_O out 模型中,两个移走的氧空位中断了交叠的电子态,使得电子分布在 z 方向不再是非局域的状态。在如图 3.28 所示的两种模型局部电荷密度的计算结果中,可以更加直观地看到两种模型在电子电荷分布上的不同之处。由于连续贯穿的氧空位链会在 TiO_2 中产生特定方向上的电导,可能充当 TiO_2 忆阻器中的导电细丝或者是诱发 Magnéli 相导电细丝形成的重要步骤。这项计算结果形象地支持了氧空位的部分缺失导致细丝断裂(Reset)的物理图景。

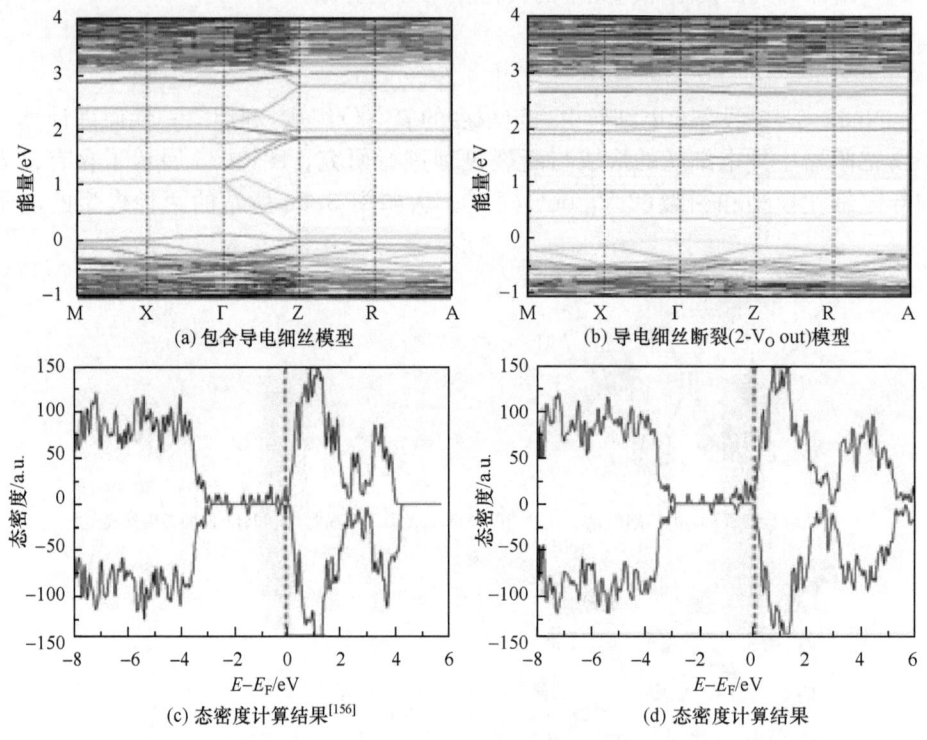

图 3.26 两种模型的电子能带结构[156]

Shluger 等[157]计算了单斜 HfO_2 中氧空位的结合能,其定义为一次性引入多个氧空位的形成能与相同个单独氧空位形成能之差。对包含 2、3、4 个氧空位情况的计算结果如表 3.1 所示。由于结合能为负值,表明中性的氧空位在室温下有聚集的倾向,且每个空位的结合能随聚集程度的增加而增加。此外,他们还发现一个有趣的现象,即氧空位对的集合能及键长与碱土双原子分子之间的结合能和键长

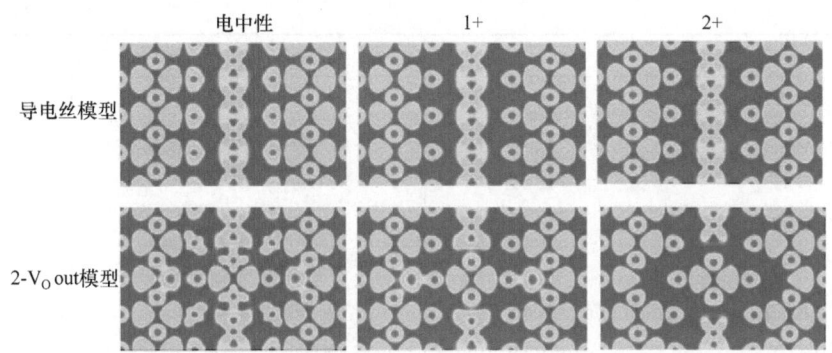

图 3.27 三种不同电荷状态下(中性、+1、+2)导电细丝模型及断裂(2-V_O out)模型的电子局域函数计算结果[156](与图 3.25(c)为同一截面绘制)

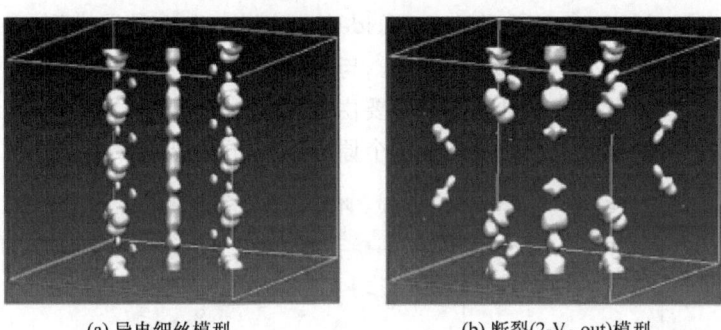

(a) 导电细丝模型   (b) 断裂(2-V_O out)模型

图 3.28 两种模型缺陷状态的部分电荷密度(从价带顶到费米能级的积分)等面图[156]

很类似。文章认为在 HfO_2 基忆阻器形成导电细丝的阶段,外加偏压后是由带正电荷的氧空位发生移动,经历一个充当陷阱的角色来捕获电荷并与其周围空位分享电荷的过程,最后通过氧空位的聚集形成导电细丝。

表 3.1 中性氧空位在单斜 HfO_2 中的结合能计算结果[157]

(D、T、Q 分别代表 2 个、3 个、4 个空位,括号中的字母为每种结构的二级标签)

缺陷	$E_{bind,A}$/eV	缺陷	$E_{bind,A}$/eV
$D(A)^0_{44}$	−0.01	$T(A)^0_{444}$	−0.15
$D(B)^0_{44}$	−0.05	$T(B)^0_{444}$	−0.10
$D(C)^0_{44}$	−0.11	$T(C)^0_{444}$	−0.09
$D(D)^0_{33}$	−0.03	$T(D)^0_{443}$	−0.45

续表

缺陷	$E_{bind,A}/eV$	缺陷	$E_{bind,A}/eV$
$D(E)_{33}^0$	−0.17	$T(E)_{333}^0$	−0.22
$D(F)_{33}^0$	−0.16	$T(F)_{333}^0$	−0.18
$D(G)_{34}^0$	−0.21	$T(G)_{333}^0$	−0.34
$D(H)_{34}^0$	−0.18	$T(H)_{334}^0$	−0.39
$Q(A)_{4444}^0$	−0.14	$Q(E)_{3333}^0$	−0.42
$Q(B)_{4443}^0$	−0.43	$Q(F)_{3333}^0$	−0.45
$Q(C)_{4443}^0$	−0.31	$Q(G)_{3334}^0$	−0.71
$Q(D)_{4443}^0$	−0.54	$Q(H)_{3334}^0$	−0.59

在氧化物忆阻器中,一种普遍的看法是电形成优先发生在晶界处。薛堪豪等[158]针对立方 HfO_2 建立了 CSL(coincidence site lattice)晶界模型,并进行了态密度的分析,如图 3.29 和图 3.30 所示。与单晶材料相比,在禁带中出现了一系列的晶界态,其中在导带附近的晶界态主要由 2 号 Hf 原子贡献,而在价带附近的晶界态主要由 6 和 7 号氧原子贡献,这 3 个原子都处于晶界中。由于在晶界处存在

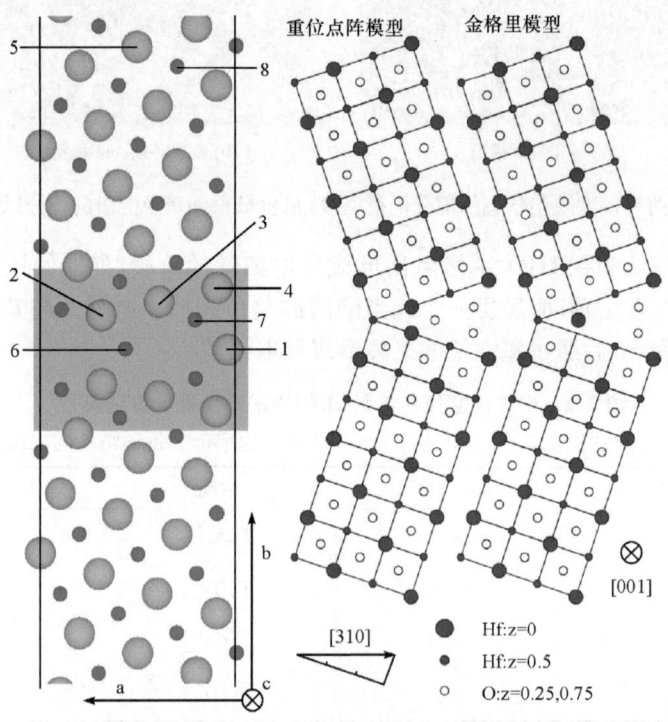

图 3.29 针对立方 HfO_2 的 CSL 晶界模型及一种变体 Kingery 模型[158]

一个倾斜角度使得晶界附近的阴、阳离子结合并不十分紧密,从而在禁带中产生了额外的状态分布,尽管在 CSL 模型中整体的化学计量比是 HfO_2。他们又在 CSL 模型基础上在晶界处引入了氧空位和几种间隙原子,如图 3.31 所示。从态密度的计算结果(图 3.32)可以看到,在 HfO_2 晶界处仅凭借氧空位不足以形成一个金属特性的导电通道。当晶界处引入 Hf 和 Ti 原子时,费米能级落在导带中,可以认为此时的晶界呈金属特性。另一方面,若将密排六方金属 Ti 作为化学势的参考,间隙 Ti 原子在 HfO_2 晶界中的形成能为负值。这也说明,在有 Ti 做电极的时候导电细丝更容易在晶界处形成。

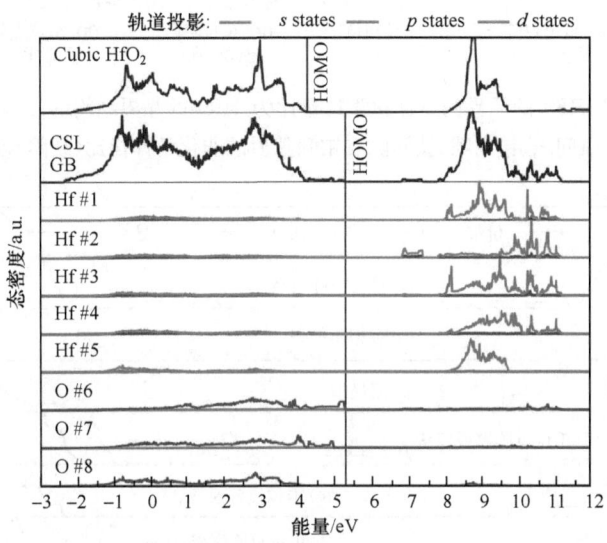

图 3.30　立方 HfO_2 晶界模型的总态密度及局部分波态密度图[158](与单晶立方 HfO_2 相比较)

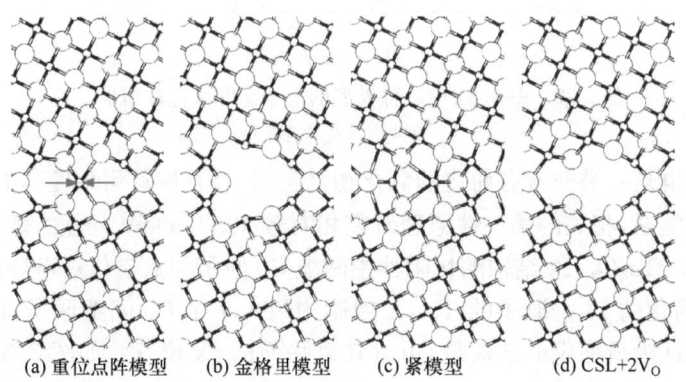

(a) 重位点阵模型　(b) 金格里模型　(c) 紧模型　(d) $CSL+2V_O$

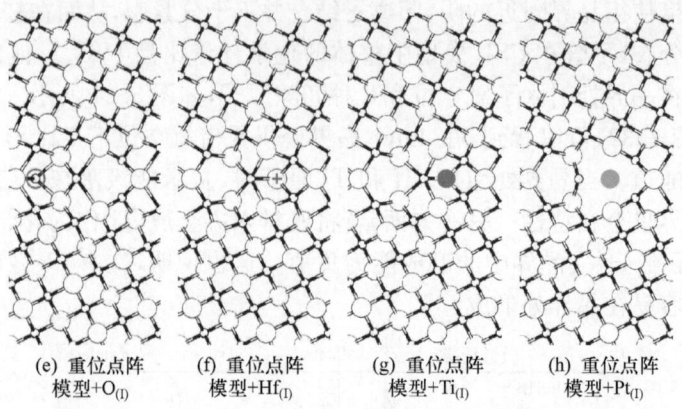

(e) 重位点阵模型+$O_{(I)}$　(f) 重位点阵模型+$Hf_{(I)}$　(g) 重位点阵模型+$Ti_{(I)}$　(h) 重位点阵模型+$Pt_{(I)}$

图 3.31　基于 HfO_2 的晶界的三种化学计量比为 HfO_2 的晶界结构的位形,以及引入了氧空位、氧间隙、铪间隙、钛间隙和铂间隙后的非化学计量比(缺陷)模型[158]

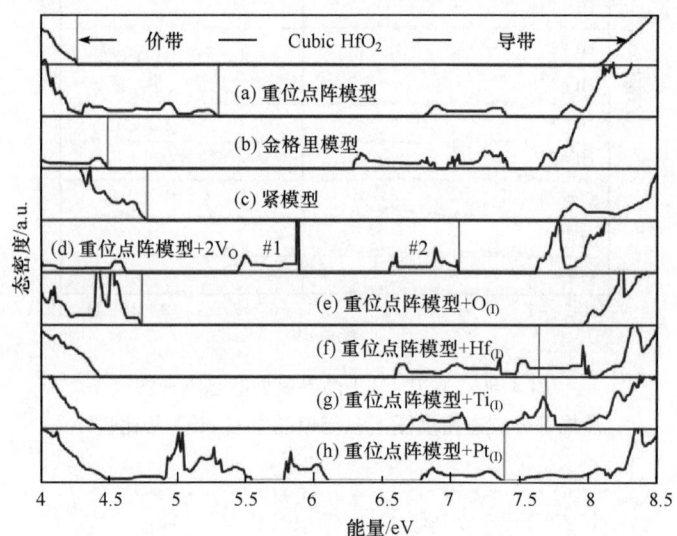

图 3.32　图 3.31 中各种模型的电子态密度计算结果[158]
(垂线表示费米能级)

Ta_2O_5 也是一类非常有前途的氧化物忆阻器,具有擦写耐久度高的优点,但由于结构较为复杂,相关的第一性原理研究相对较少。Gu 等[159]通过第一性原理计算探索了 $Cu/Ta_2O_5/Pt$ 结构的忆阻器中间隙 Cu 原子与氧空位对电导的影响。首先,他们在简化的 14 个原子的 Ta_2O_5 原胞中引入 1 个 Cu 间隙原子,通过形成能的计算分析认为最稳定的结构是 Cu 处在氧平面的 6k 位置。如图 3.33 所示为能带结构及态密度计算结果。可以看到,在纯 Ta_2O_5 导带下方,引入的 Cu 间隙原子形成了一个缺陷能级。该能级主要由 Ta 的 d 电子和 Cu 的 p、d 电子组成,因为离

Ta$_2$O$_5$ 的导带很近所以大部分的贡献仍为 Ta 的 d 电子。从体系的局部电荷密度等面图(图 3.34)中可以清楚地看到,在两个临近的 Ta-O 平面间通过间隙 Cu 形

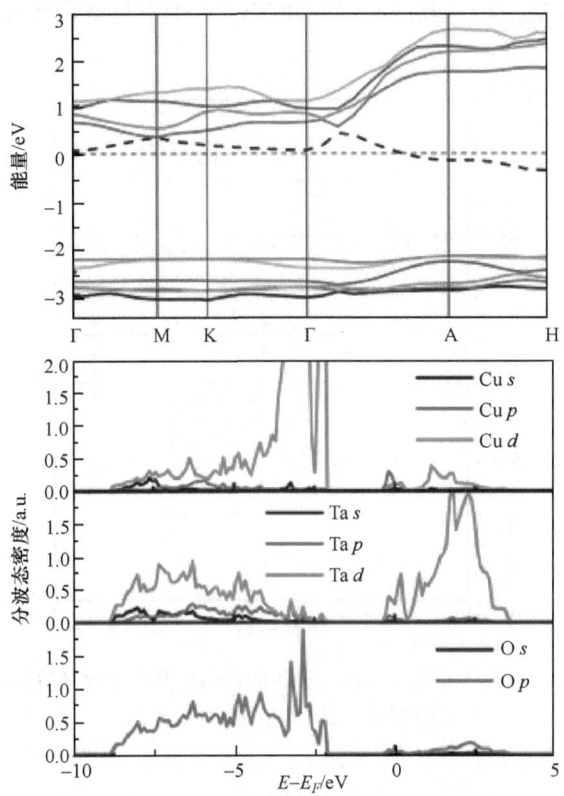

图 3.33　加入 1 个间隙 Cu 原子的 Ta$_2$O$_5$ 能带结构及态密度计算结果[159]

(虚线表示由间隙 Cu 原子引起的缺陷状态)

图 3.34　由在 Ta$_2$O$_5$ 中引入 1 个间隙 Cu 原子而引起的缺陷状态局部电荷密度结果,
等平面相当于电子密度为 0.04e/Å^3 [159]

(小球和大球分别代表 O 和 Ta 原子)

成一个导电通道。对氧空位的情况,可以进行类似分析,结果如图3.35和图3.36所示。由于氧空位形成的能级比Cu形成的能级要深得多,且其电荷局限在空位处,没有把上下的Ta-O平面联通,说明在Ta_2O_5中由氧空位形成导电通道的可能性很小。

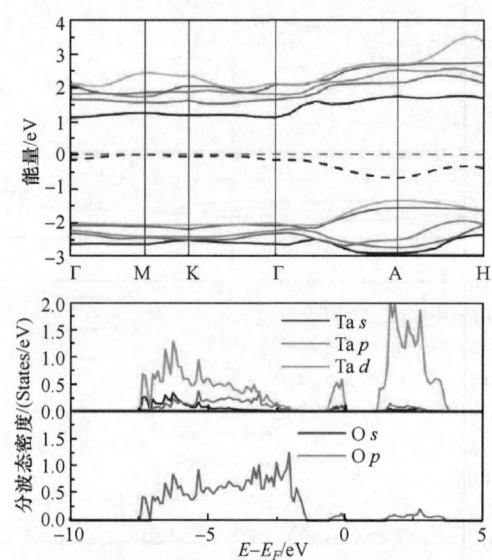

图3.35 带有1个氧空位的Ta_2O_5能带结构及态密度计算结果[159]
(虚线表示由氧空位引起的缺陷状态)

图3.36 由在Ta_2O_5中引入1个氧空位而引起的缺陷状态局部电荷密度结果,
等平面相当于电子密度为$0.04e/Å^3$ [159]
(小球和大球分别代表O和Ta原子)

考虑到在14个原子的原胞中引入一个Cu原子会造成间隙浓度过大的问题,他们又在[001]方向建立起包含5个原胞的Ta_2O_5超胞,形成四种模型。

① 加入一个 Cu 原子。
② direct path：在每个原胞相同位置加入一个 Cu 原子。
③ defective path：在模型 B 中移走一个 Cu 原子。
④ deformed path：在模型 B 中移走一个 Cu 放在相同氧平面的 6k 位置。

对这四种模型分别计算，得到的缺陷状态的局部电荷密度结果如图 3.37 所示。尽管可以看到相邻 2 个 Ta-O 平面都会通过间隙 Cu 原子相连，但是模型②最完美地连通了整个超胞，因此他们推测这种连接方式是电子在 Ta_2O_5 薄膜中输运的通道。

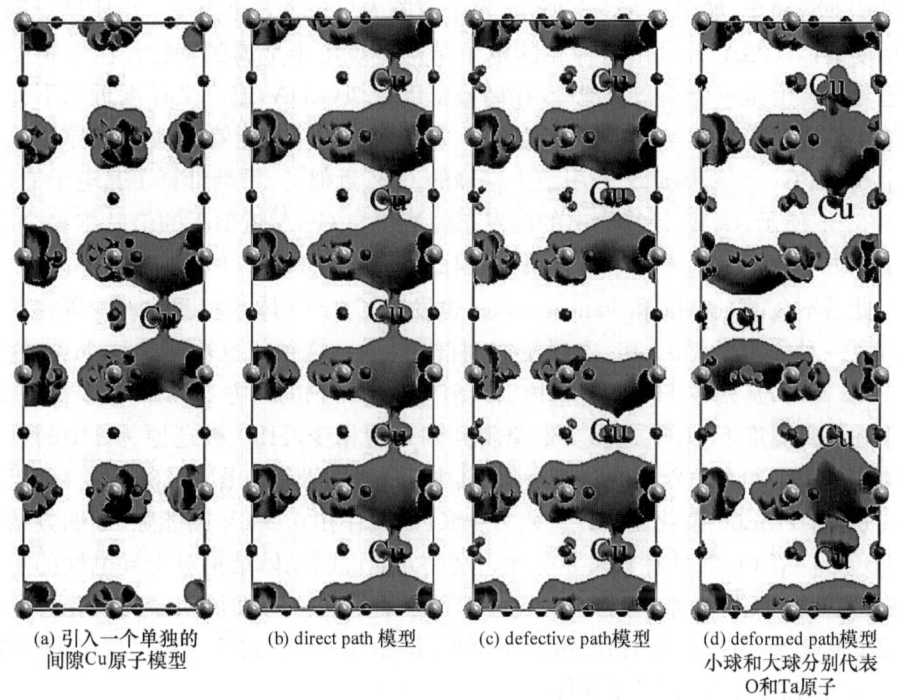

(a) 引入一个单独的间隙 Cu 原子模型　　(b) direct path 模型　　(c) defective path 模型　　(d) deformed path 模型 小球和大球分别代表 O 和 Ta 原子

图 3.37　四种 Ta_2O_5 缺陷状态的局部电荷密度结果[159]
(等平面相当于电子密度为 $0.04e/Å^3$)

TiO_2、HfO_2 和 Ta_2O_5 是目前最常见的几种氧化物忆阻器的介质材料。然而，已有第一性原理计算的结果表明在 TiO_2 中氧空位的有向排列即可导致电导产生，但关于 HfO_2 与 Ta_2O_5 的计算结果并不支持这一观点。这样的结果可能与 Ti 较易变价的特性有关。由此可见，第一性原理计算对不同材料有很好的适应性，能够揭示出它们之间细微的差别。

3.4.2　对特定导电细丝结构的预测

在含有 Ag、Cu 等活性电极的忆阻器中，导电细丝往往就由该活性金属的团簇组成,已经获得了实验上强有力的证据[76]。在基于氧化物的忆阻器中,导电机理被认为主要是由氧空位形成的导电细丝主导,但直接探测这类导电细丝的难度很大,因此有必要从理论上对这类导电细丝的具体结构进行预测。

与 Ti-O 体系存在一系列导电的 Magnéli 相不同,Hf-O 体系的相图中原本并不存在导电的亚氧化物相。薛堪豪等[160]考虑到在忆阻器中 HfO_x 是以薄膜的形式存在,且与电极之间存在成分复杂的界面,因此一些能量上亚稳定的亚氧化物也可能存在。如果某种亚氧化物具有金属导电性,就有可能充当导电细丝的角色。通过第一性原理计算预测了第一种可能存在的铪的亚氧化物(四方相的 Hf_2O_3)。该结构非常简单,如图 3.38(a) 所示,每个原胞内只包含 5 个原子。由密度泛函广义梯度近似(GGA)计算出这种相的电子结构呈现出半金属的特性。由于密度泛函理论本质上是一个基态的理论,在局域密度近似(LDA)或广义梯度近似下计算出的半导体禁带宽度一般都显著地低于实验值[161],并可能错误地将半导体认定为金属(如 Ge[162]),因此又采用最为精确的 GW 近似[163]重新计算了其电子能带。如图 3.39 所示,G_0W_0 计算给出的激发态能量值与 GGA 近似下的值基本吻合,证实了四方 Hf_2O_3 的确是一个半金属态,因此可能成为 HfO_x 中的导电通道。

此后不久,Puchala 和 van der Ven 也发表了 Zr-O 体系相图的理论研究[164],预言了一种六方的 ZrO 相,隶属于空间群 $P\bar{6}2m$。这种相也被证实是 HfO 的基态[165]。同时,从四方 Hf_2O_3 中直接引入氧空位所得到的四方 HfO 能量上则较高。由于在一定温度下 HfO_2 也会发生单斜到四方的相变,HfO_2 被还原为 Hf 的过程总体上是一个四方向六方的转变过程,其中几个关键步骤如图 3.38 所示。值得注意的是,用 HSE06 杂化泛函计算六方 HfO 发现存在 0.23eV 的能隙,而四方结构的 HfO 与 Hf_2O_3 都具有金属导电性。这一方面说明晶体结构对于导电性的重要影响,例如在 HfO 体系中四方相较易出现金属性;另一方面说明较高氧化态导电而较低氧化态存在能隙的情况也并不罕见,例如 Magnéli 相 Ti_4O_7 呈现出金属性,而刚玉结构的 Ti_2O_3 却是半导体。

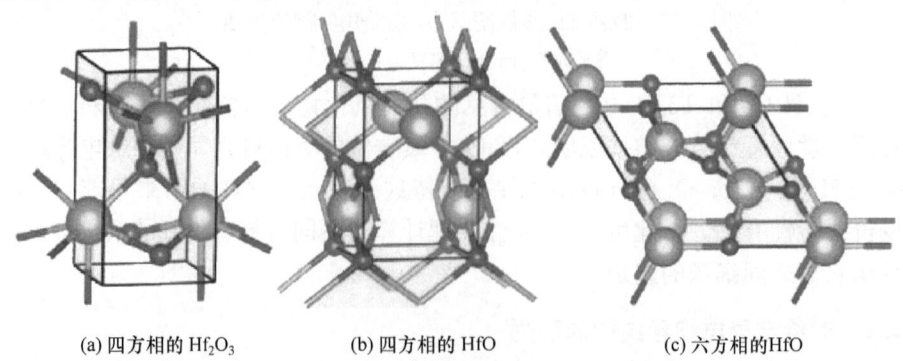

(a) 四方相的 Hf_2O_3 (b) 四方相的 HfO   (c) 六方相的 HfO

图 3.38 几种通过第一性原理计算预测的 HfO_x 相的结构示意图[161]

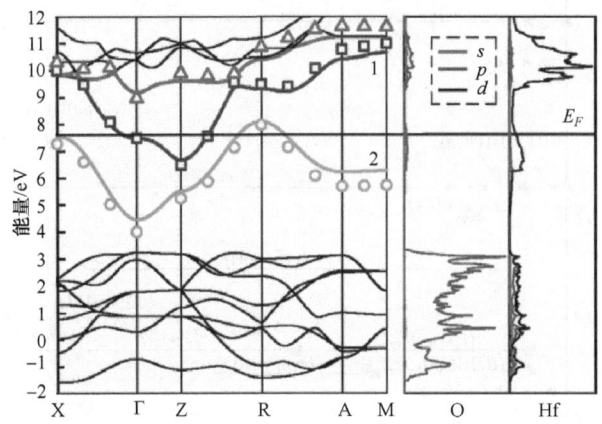

图 3.39 四方 Hf_2O_3 的电子能带图与态密度[161]
(能带图中离散点为 G_0W_0 计算结构,连续曲线为 GGA 的计算结果)

McKenna 等通过第一性原理计算认为从能量角度考虑 HfO_x（0.2＜x＜2）应当分解为 $HfO_{0.2}$ 和 HfO_2,其结论并不支持 Hf_2O_3 或 HfO 作为导电细丝的可能性。然而,Manory 等[166]在实验中的确发现了 x 位于 1.5～1.7 的四方结构 HfO_x。对此的一种解释是,电极/HfO_2 薄膜/电极结构中的各种压力可能导致一些亚稳相的稳定化。HfO_x 忆阻器中导电细丝的研究也促进了 Hf-O 体系在各种压强下相图的研究。Oganov 小组[167]于 2015 年采用遗传算法预测了 Pnnm Hf_2O、Imm2 Hf_5O_2 和 Pnnm HfO_3 等新型铪氧化物,并证实四方 Hf_2O_3 与六方 HfO 在一定的压强下可以稳定存在(图 3.40)。

由于忆阻器中的导电细丝尺寸受到限制,有理由质疑类似四方 Hf_2O_3 的半金属相在三维周期性被破坏的情况下是否能够维持其固有电导。为此,薛堪豪等[165]构建了四方 Hf_2O_3 嵌入在 HfO_2 中的复合结构模型,如图 3.41 所示。局部电子态密度计算的结果表明(图 3.42),即使导电细丝的横向尺度小到 1nm×1nm,四方 Hf_2O_3 也能维持金属性的电导,并且整个体系的电导的确是局限于 Hf_2O_3 范围内,证实了导电细丝处具有局域电导的物理图像。

3.4.3 掺杂对忆阻特性影响的研究

为优化忆阻器特性,如擦写次数、数据保持特性等,离子掺杂技术被广泛应用于忆阻器。例如,基于 HfO_2 的忆阻器,忆阻现象被认为是由于包含氧空位的导电细丝生长和断裂而产生的,杂质将会影响材料中缺陷的热、动力学稳定性,从而在物理本质上调制忆阻特性。

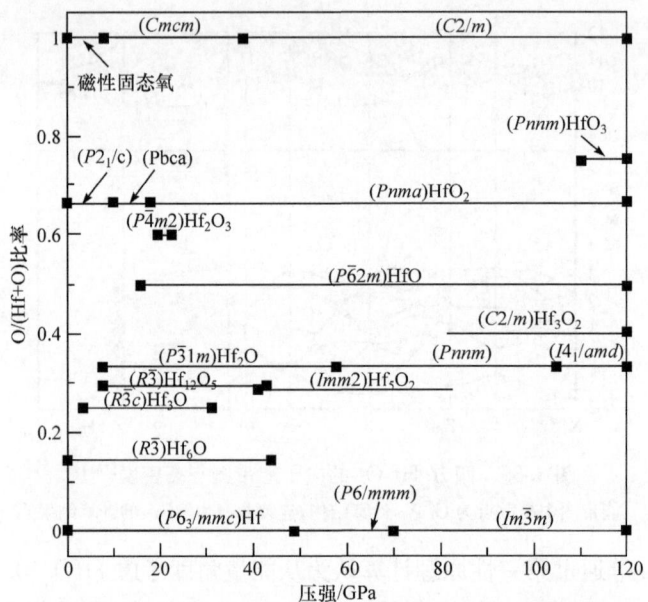

图 3.40　第一性原理计算预测的 Hf-O 体系压力-成分相图[167]

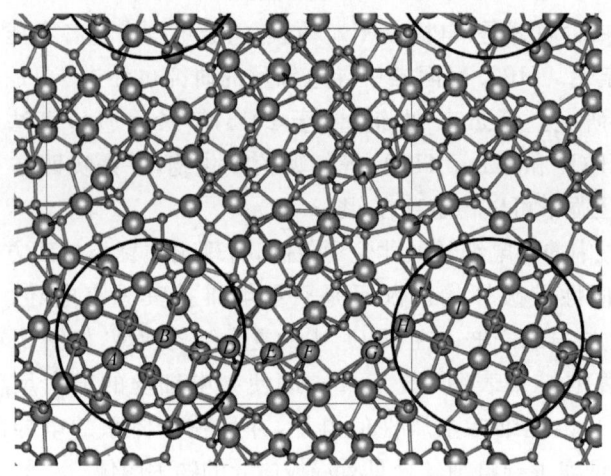

图 3.41　四方 Hf_2O_3（大体位于圆圈内）嵌入在 HfO_2 中的复合结构模型[165]

代月花[168]通过对建立的 HfO_2 模型中引入 Al 掺杂,发现相对纯净 HfO_2 而言,+1 价的氧空位能够得到大幅度的稳定,而且中性与+1 价的氧空位都能被有效地陷在 Al 离子周围,因此 Al 杂质附近成为导电细丝优先生长的位置。康晋峰[169]发现含有氧空位的 HfO_2 体系在禁带中出现了氧空位的局域态,但是表现为一个深的陷阱能级(图 3.43)。HfO_2 中掺杂 Al 原子与氧空位在最近邻位置时的态密度计算结果表明后(图 3.44),原来的深陷阱能级向上移动变成了浅陷阱能

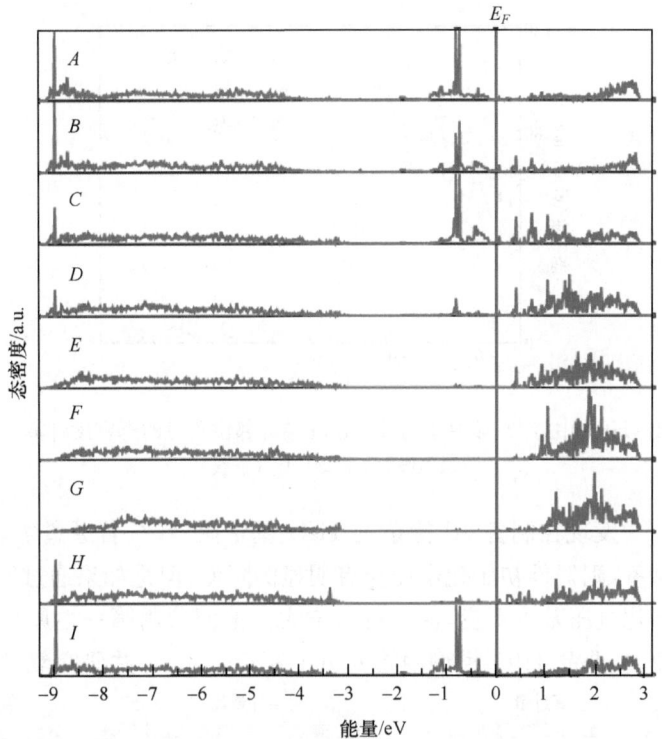

图 3.42 对图 3.41 中的模型进行局部电子态密度计算的结果[165]
(A-I 为九个不同铪原子,其中 E、F、G 位于 HfO_2 中,其余原子位于导电细丝中)

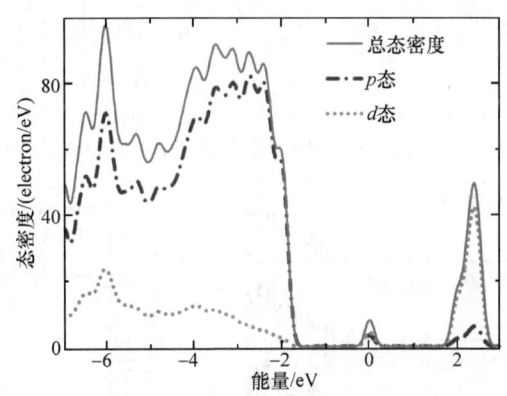

图 3.43 引入氧空位的 HfO_2 体系态密度计算结果[169]
(费米能级设在零点处)

级。如果通过 La 对 HfO_2 体系进行掺杂则陷阱能级仍出现在禁带中间附近成为深陷阱能级。以上两项研究能够很好地解释实验中发现的掺 Al 后 HfO_2 能够在较低电压下实现电形成的事实。

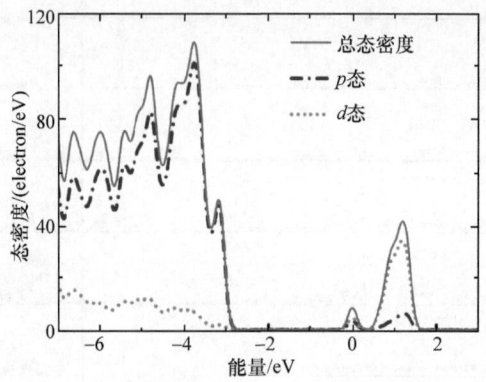

图 3.44 HfO₂ 中掺杂 Al 原子与氧空位在最近邻位置时的态密度计算结果[169]
(深能级向上移动形成浅能级)

Nishi 等[170]发现在制备 Al 掺杂的 HfOₓ 基忆阻器时,若通过氧化、溅射和离子注入方式制备,则器件初始化电压会有明显的降低,但是如果通过原子层淀积方式制备则初始化电压基本不变,甚至有所增大。他们利用第一性原理计算探讨了这一矛盾现象,在非晶 HfO₂ 模型中掺入 Al(图 3.45(a)),并研究氧的化学计量比

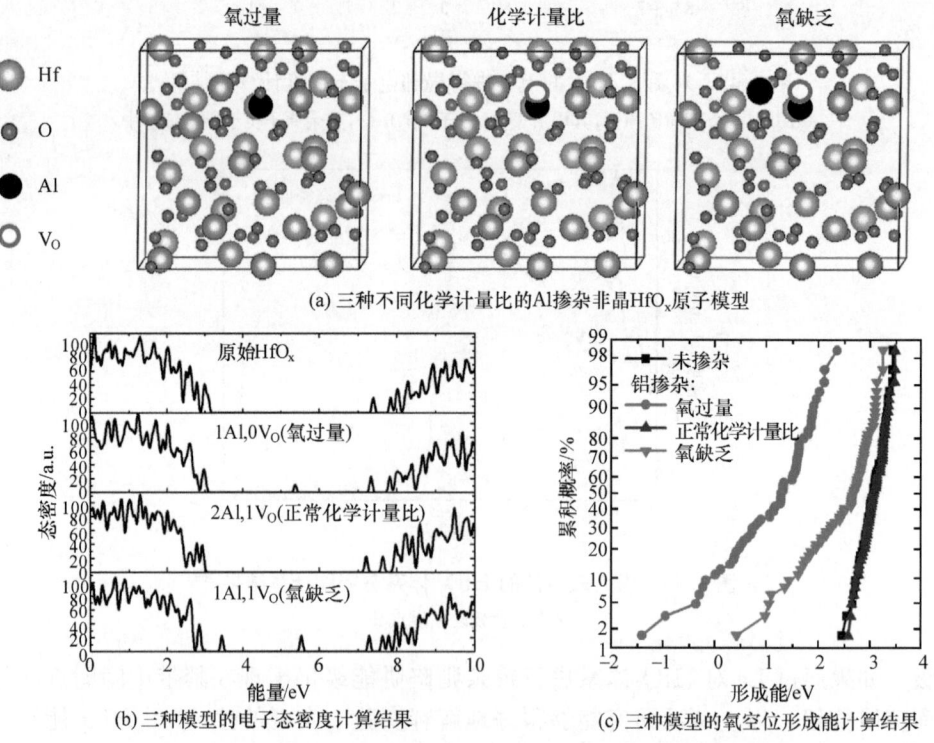

图 3.45 三种不同化学计量比的 Al 掺杂非晶 HfOₓ 模型及计算结果[170]

对忆阻器特性的影响。图 3.45(b)给出了三种模型的电子态密度计算结果,其中可以清楚地看到在氧过量或缺乏时可以在禁带中发现缺陷能级,而在满足化学计量比的情况下没有在禁带中发现缺陷能级的存在。图 3.45(c)是在不同化学计量比情况下氧空位形成能计算结果,结果表明在满足化学计量比的情况下其分布基本和未掺杂 HfO_2 分布重合,没有减少氧空位形成能;而在氧过量和氧缺乏情况下,Al 的掺杂均明显地降低了氧空位的形成能。这也对前面的矛盾问题给出了一种解释,由于氧化、溅射和离子注入等手段制备的 HfO_x 基忆阻器基本都处于非化学计量比的情况,而通过原子层淀积手段制备的 HfO_x 基忆阻器则相对更加接近理想化学计量比,因此在 Al 掺杂的 HfO_x 基忆阻器中通过前者制备时体系初始化电压会出现明显降低的现象,而后者却不会。

3.4.4 对忆阻材料选择的研究

忆阻器作为下一代非易失存储器的有力竞争者,其介质材料的筛选是一个重要的环节。通过第一性原理计算可以对各类忆阻材料的性能极限进行探究。

Robertson 等[171]通过第一性原理计算对四种高介电常数氧化物(HfO_2、TiO_2、Ta_2O_5 和 Al_2O_3)中氧空位的形成能、电荷状态和迁移势垒等进行了研究。首先,他们基于沙漏模型(hour glass model)建立了三种可能的 Reset 过程模型(图 3.46(b)~图 3.46(d))。在图 3.46(b)中,氧空位从导电细丝最细处移动到一端的电极处,因此整体的氧空位数量基本没有变化,有更好的保持性。图 3.46(c)

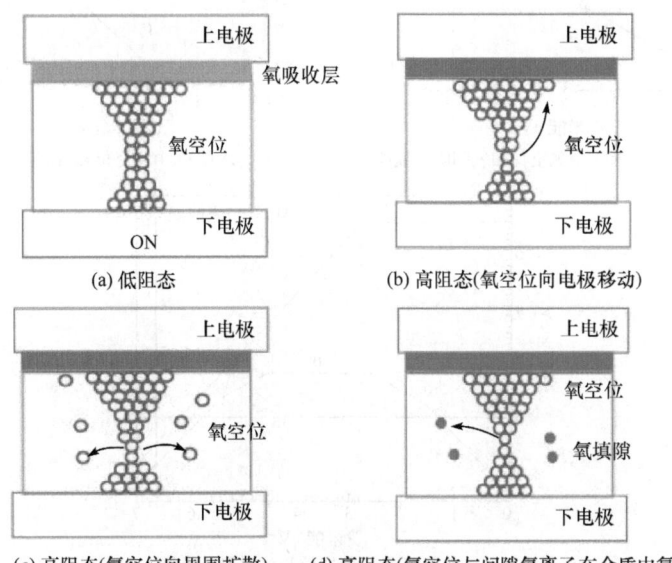

图 3.46 开关过程示意图[171]

氧空位扩散到周围介质和图 3.46(d)氧空位与间隙氧原子复合两种情况都不能保持每次循环的氧空位数量保持不变,因此可靠性较为逊色。四种材料中氧缺陷形成能计算结果如图 3.47 所示,能带结构(价带与导带边)和加入金属层之后的能带

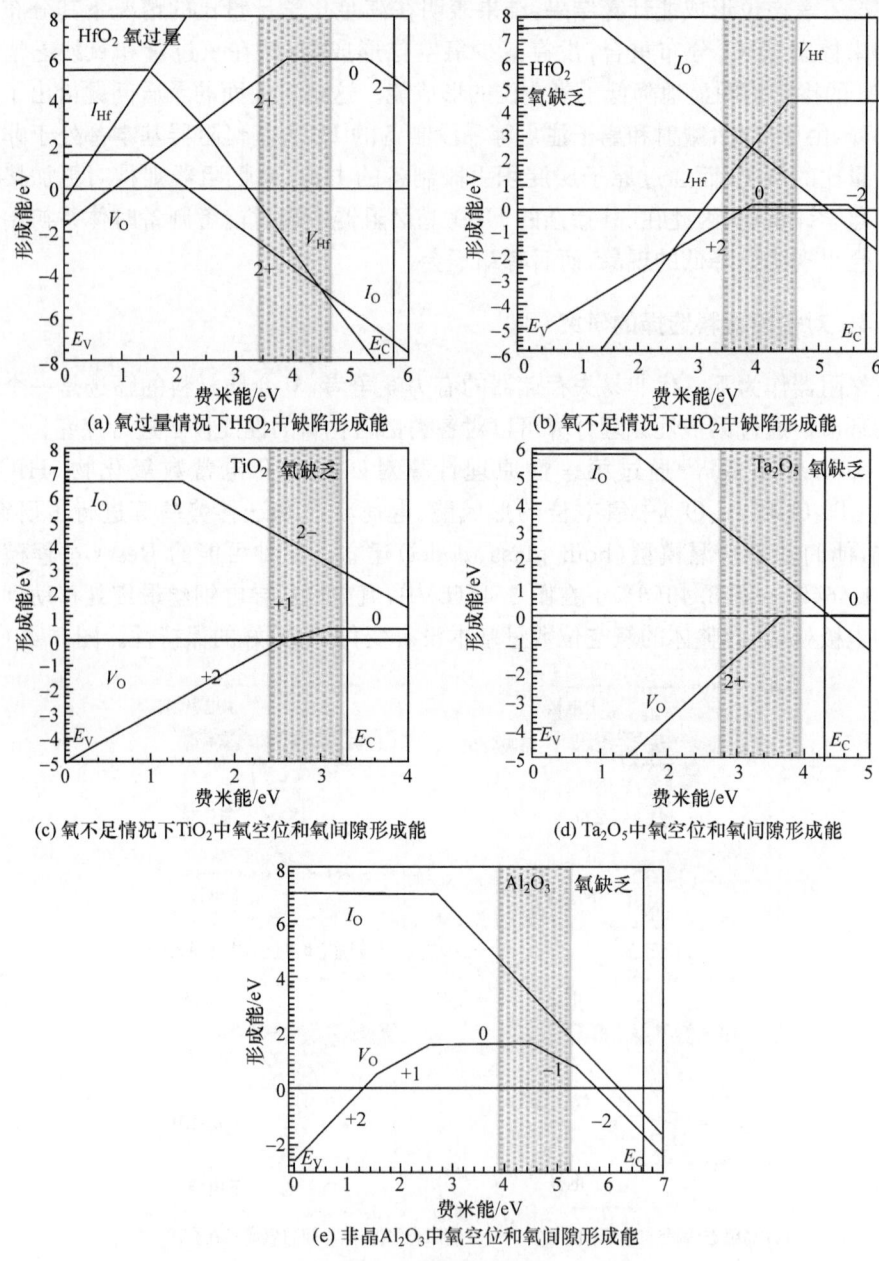

图 3.47　四种材料中氧缺陷形成能计算结果[171]

结构计算结果如图 3.48 所示。他们认为,氧的化学势对忆阻器保持特性有很大影响,而插入适当的金属层可以调控氧的化学势,进而调控氧空位的形成能,以期提高循环可靠性。一般尽可能希望将氧空位固定在+2 价态,以提高其在电场下的迁移率。通过对四种材料的比较,他们认为 Ta_2O_5 基的忆阻器相较其他三种材料有较高的循环可靠性,这是因为其非晶状态比较稳定;与常用的电极,如 TiN 搭配时,其氧空位的价态为+2 价。

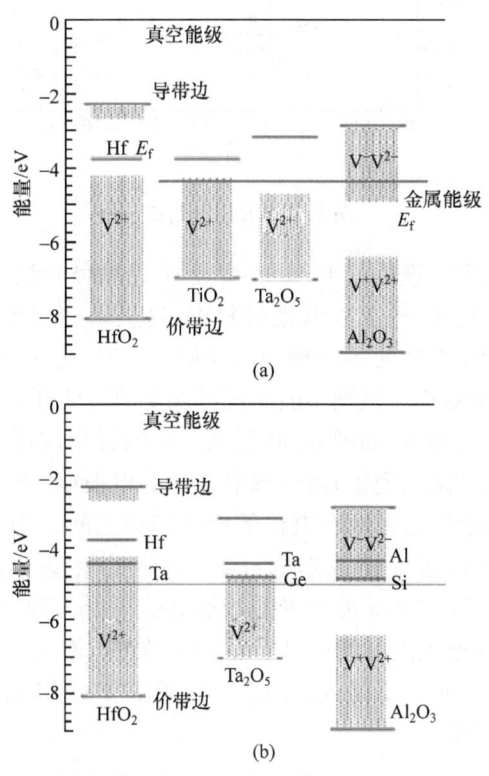

图 3.48 能带结构计算结果[171]
((a)四种氧化物的相对真空能级的能带结构组合图,示意了带边、
氧空位价态的过渡能及金属电极的费米能级,Al、Ti 和 Ta 有相似的功函数;(b)加入
不同金属层后的氧化物能带结构,以及如何导致费米能级移动到+2 价氧空位区域)

3.4.5 对实验分析的指导作用

第一性原理计算可以通过物理本质的分析指导实验。例如,Wong 等[24]在对 TiN/HfO_x/Pt 结构的实验数据进行拟合(图 3.49)时得到的陷阱能级(E_t=0.08 eV)与该体系通过第一性原理计算出的陷阱能级结果(−1.2∼2.1 eV)相比有较大偏差,进而对其进行深入分析,提出基于 TiN/HfO_x/Pt 结构的陷阱辅助隧穿模型。

立足该模型进行的导电机理分析可以得到与实验数据吻合的合理解释。

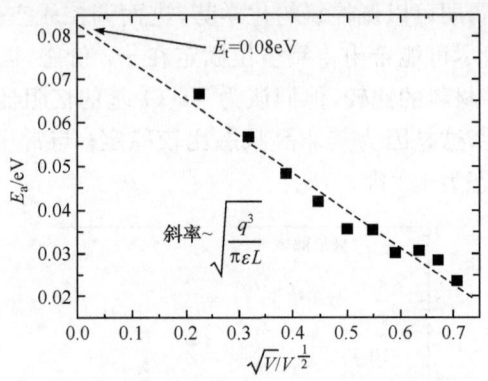

图 3.49　E_a-$\sqrt{V}$曲线

有一种特殊的忆阻机理是基于 Mott 型金属-绝缘体转变,其原型器件是 NiO 等强关联过渡金属氧化物[172]。在其他材料中,这类阻变机理还存在诸多不明了的地方。例如,在用 Pt 掺杂的 SiO_2 做为功能层使用时,上下电极的材料将严重影响忆阻特性,如果使用对称电极则不能实现可重复的阻变现象,而使用非对称电极时可以得到重复的阻变现象,如图 3.50 所示。中国科学院微电子研究所刘明[173]认为若要得到可重复的阻变现象,需要选取合适的电极(如 Pt/Mo)使得功能层材料(SiO_2:Pt)的费米能级处在两个电极的费米能级之间。为了验证这一假设,对重掺杂 Pt 的 SiO_2 进行第一性原理的计算,得到的模型与态密度计算结果如图 3.51 所示。可见,Pt 与 Mo 的费米能级恰好位于上、下缺陷带中,解释了为什么 Pt 与 Mo 分别用作电极的时候可以出现 Mott 转变,而采用 Mo/Mo 或者 Pt/Pt 电极的时候则只能稳定处于低阻或高阻态。这项工作对 Mott 型忆阻器在电极选择方面提供了理论基础。

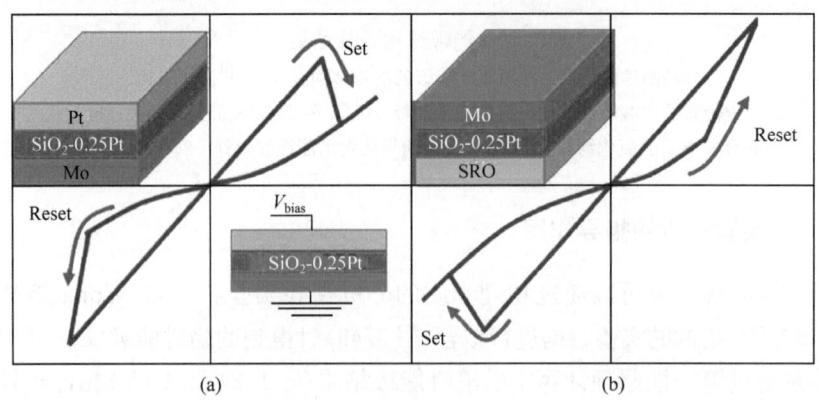

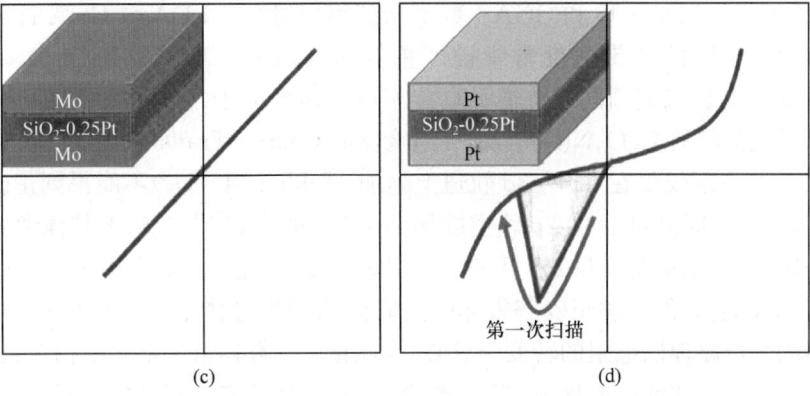

图 3.50 四种典型器件结构和相应的 V-I 曲线[173]

((a) Mo/SiO$_2$-0.25Pt/Pt 结构;(b) Mo/SiO$_2$-0.25Pt/SRO 结构,Set 电压为负值,SRO 为 SrRuO$_3$;
(c) Mo/SiO$_2$-0.25Pt/Mo 对称结构,始终处于低阻状态不能实现电阻变化;
(d) Pt/SiO$_2$-0.25Pt/Pt 结构,初始状态为低阻状态,加一个负电压后保持在高阻状态)

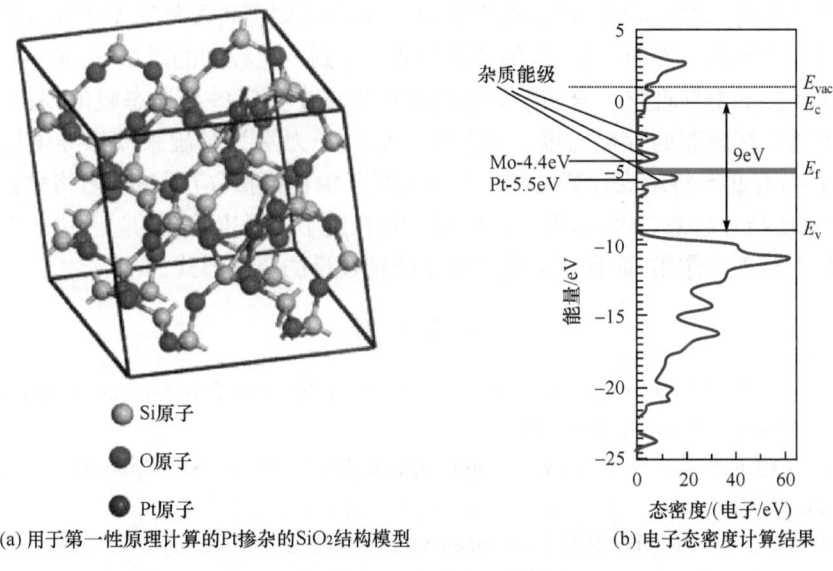

(a) 用于第一性原理计算的Pt掺杂的SiO$_2$结构模型　　　　(b) 电子态密度计算结果

图 3.51　Pt 掺杂的 SiO$_2$ 模型与态密度计算结果[173]

3.4.6　忆阻机理第一性原理计算的展望

为解释忆阻器的工作机理,第一性原理计算方面已经有了大量的工作。在未来的研究中,可望在如下方面做更进一步的发展。

首先,计算方法的改进。由于忆阻器相关计算经常涉及缺陷态的引入,难以避免地需要使用超大的原胞。在 500 个原子左右的计算量下,密度泛函理论当前只有 LDA、GGA、LDA+U 和 GGA+U 等形式可以胜任。LDA 与 GGA 计算出的半导体和绝缘体的禁带宽度常常被严重低估。LDA+U 或 GGA+U 引入了 Hubbard U 参数来刻画同一轨道上自旋相反的两个电子之间的关联效应[174],一般适用于强关联的 CoO、NiO 等 Mott 绝缘体或 Charge Transfer 绝缘体。在应用于 TiO_2 时,发现仅仅在 Ti 的 3d 轨道上施加 Hubbard U(U_d)不能得到正确的禁带宽度,而必须同时对 O 的 2p 轨道施加一个 U_p 的参数[175]。对于其他常见的忆阻器介质材料,相应的 LDA+U 研究还比较欠缺。此外,有必要开发计算量与 LDA/GGA 类似,但能够正确获得非强关联体系的半导体电子结构的计算方法。忆阻器的工作原理以电阻的转变为核心,因此正确计算体系的电子结构至关重要。在保证合理禁带宽度的前提下,当前被广泛应用的计算方法有杂化泛函方法(在固体中以 HSE 泛函[176]为典型)和准粒子激发能方法[163](尤其是 GW 近似)。这些方法的计算量仍非常巨大,一般只能处理数十个原子的原胞。目前发展的方向是对这些较为精确的计算方法进行适当的简化,以降低运算量。

其次,多值存储也是忆阻器发展的一个重要方向。以往对存储器的模拟往往只关心其保持的逻辑状态,以及正确地读写,不似逻辑器件那样对 V-I 曲线的精确程度有较高要求。然而,当导电细丝的尺寸缩小到一定程度的时候,许多小组都报道了量子化的电导现象。若能精确地控制产生多个稳定的导通态阻值,就有可能大幅度提高忆阻器的存储密度。为了完全以量子力学为基础来模拟导电细丝的 V-I 行为,有必要将微观计算的结果与介观量子输运模拟(应用非平衡格林函数工具)紧密地结合起来。因此,第一性原理计算在这个多尺度建模的过程中不但起到阐明物理机理的作用,而且还将提供体系哈密顿量的合适形式。

参 考 文 献

[1] Hickmott T W. Low-frequency negative resistance in thin anodic oxide films. Journal of Applied Physics,1962,33:2669-2682.

[2] Gibbons J F,Beadle W E. Switching properties of thin NiO films. Solid-State Electron,1964, 7(11):785-790.

[3] Simmons J G,Verderber R R. New conduction and reversible memory phenomena in thininsulating films. Proceedings of the Royal Society of London, Series A,1967,301:77-102.

[4] Hiatt W R,Hickmott T W. Bistable switching in niobium oxide diodes. Applied Physics Letters,1965,6(6):106-108.

[5] Chopra K L. Avalanche-induced negative resistance in thin oxide film. Journal of Applied Physics,1965,36:184-187.

[6] Asamitsu A,Tomioka Y,Kuwahara H,et al. Current switching of resistive states inmagnetoresistive manganites. Nature,1997,388(6637):50-52.

[7] Sawa A. Resistive switching in transition metal oxides. Materials Today,2008, 11(6):28-36.

[8] Liu S Q, Wu N J, Ignatiev A. Electric-pulse-induced reversible resistance change effect in magnetoresistive films. Applied Physics Letters, 2000, 76:2749.

[9] Beck A, Bednorz J G, Gerber C, et al. Reproducible switching effect in thin oxide films for memory applications. Applied Physics Letters, 2000, 77(1):139-141.

[10] Strukov D B, Snider G S, Stewart D R, et al. The missing memristor found. Nature, 2008, 453(7191):80-83.

[11] Wong H S P, Lee H Y, Yu S, et al. Metal-oxide RRAM. Proceedings of the IEEE, 2012, 100(6):1951-1970.

[12] Kwon D H, Kim K M, Jang J H, et al. Atomic structure of conducting nanofilaments in TiO_2 resistive switching memory. Nature Nanotechnology, 2010, 5(2):148-153.

[13] Rohde C, Choi B J, Jeong D S, et al. Identification of a determining parameter for resistive switching of TiO_2 thin films. Applied Physics Letters, 2005, 86(26):2907.

[14] Choi B J, Jeong D S, Kim S K, et al. Resistive switching mechanism of TiO_2 thin films grown by atomic-layer deposition. Journal of Applied Physics, 2005, 98(3):33715.

[15] Chae S C, Lee J S, Choi W S, et al. Multilevel unipolar resistance switching in TiO_2 thin films. Applied Physics Letters, 2009, 95(9):93508.

[16] Hsiung C P, Gan J Y, Tseng S H, et al. Resistance switching characteristics of TiO_2 thin films prepared with reactive sputtering. Electrochem. Solid-State Letters, 2009, 12(7):31-33.

[17] Jeong D S, Schroeder H, Waser R. Coexistence of bipolar and unipolar resistive switching behaviors in a $Pt/TiO_2/Pt$ stack. Electrochem Solid-State Letters, 2007, 10(8):51-53.

[18] Wang W, Fujita S, Wong S S. RESET mechanism of TiO_x resistance-change memory device. IEEE Electron Devices Letters, 2009, 30(7):733-735.

[19] Fujimoto M, Koyama H, et al. High-speed resistive switching of TiO_2/TiN nano-crystalline thin film. Japanese Journal of Applied Physics, 2006, 45(3):310.

[20] Yang J J, Pickett M D, Li X, et al. Memristive switching mechanism for metal/oxide/metal nanodevices. Nature Nanotechnology, 2008, 3(7):429-433.

[21] Do Y H, Kwak J S, Bae Y C, et al. Hysteretic bipolar resistive switching characteristics in TiO_2/TiO_{2-x} multilayer homojunctions. Applied Physics Letters, 2009, 95(9):93507.

[22] Jiang H, Xia Q. Single-and bi-layer memristive devices with tunable properties using TiO_x switching layers deposited by reactive sputtering. Applied Physics Letters, 2014, 104(15):153505.

[23] Tang Z, Fang L, Xu N, et al. Forming compliance dominated memristive switching through interfacial reaction in $Ti/TiO_2/Au$ structure. Journal of Applied Physics, 2015, 118(18):185309.

[24] Yu S, Guan X, Wong H S P. Conduction mechanism of $TiN/HfO_x/Pt$ resistive switching memory: a trap-assisted-tunneling model. Applied Physics Letters, 2011, 99(6):63507.

[25] Lee H Y, Chen P S, Wu T Y, et al. Low power and high speed bipolar switching with a thin reactive Ti buffer layer in robust HfO_2 based RRAM//IEEE International Electron Devices Meeting, 2008.

[26] Lee H Y, Chen P S, Wu T Y, et al. Bipolar resistive memory with robust endurance using AlCu as buffer electrode. IEEE Electron Devices Letters, 2009, 30(7): 703-705.

[27] Govoreanu B, Kar G S, Chen Y Y, et al. 10×10 nm² Hf/HfO$_x$ crossbar resistive RAM with excellent performance, reliability and low-energy operation//IEEE International Electron Devices Meeting, 2011.

[28] Zhang H Z, Ang D S, Gu C J, et al. Role of interfacial layer on complementary resistive switching in the TiN/HfO$_x$/TiN resistive memory device. Applied Physics Letters, 2014, 105(22): 222106.

[29] Wu Y, Lee B, Wong H S P. Al$_2$O$_3$-based RRAM using atomic layer deposition (ALD) with 1-μA rESET Current. IEEE Electron Devices Letters, 2010, 31(12): 1449-1451.

[30] Kim W, Park S I, Zhang Z, et al. Forming-free nitrogen-doped AlO$_x$ RRAM with sub-μA programming current//2011 Symposium on VLSI Technology-Digest of Technical Papers, 2011: 22-23.

[31] Liang J, Wong H S P. Cross-point memory array without cell selectors-device characteristics and data storage pattern dependencies. IEEE Transactions on Electron Devices, 2010, 57(10): 2531-2538.

[32] Tian H, Zhao H M, Wang X F, et al. In situ tuning of switching window in a gate-controlled bilayer graphene-electrode resistive memory device. Advanced Materials, 2015, 27: 7767.

[33] Yu S, Wu Y, Chai Y, et al. Characterization of switching parameters and multilevel capability in HfO$_x$/AlO$_x$ bi-layer RRAM devices//IEEE International Symposium on VLSI Technology, Systems and Applications(VLSI-TSA), 2011.

[34] Wei Z, Kanzawa Y, Arita K, et al. Highly reliable TaO$_x$ ReRAM and direct evidence of redox reaction mechanism//IEEE International Electron Devices Meeting, 2008.

[35] Wei Z, Takagi T, Kanzawa Y, et al. Demonstration of high-density ReRAM ensuring 10-year retention at 85℃ based on a newly developed reliability model//IEEE International Electron Devices Meeting, 2011.

[36] Yang J J, Zhang M X, Strachan J P, et al. High switching endurance in TaO$_x$ memristive devices. Applied Physics Letters, 2010, 97(23): 232102.

[37] Lee M J, Lee C B, Lee D, et al. A fast, high-endurance and scalable non-volatile memory device made from asymmetric Ta$_2$O$_{5-x}$/TaO$_{2-x}$ bilayer structures. Nature Materials, 2011, 10(8): 625-630.

[38] Lee D, Choi H, Sim H, et al. Resistance switching of the nonstoichiometric zirconium oxide for nonvolatile memory applications. IEEE Electron Devices Letters, 2005, 26(10): 719-721.

[39] Wu X, Zhou P, Li J, et al. Reproducible unipolar resistance switching in stoichiometric ZrO$_2$ films. Applied Physics Letters, 2007, 90: 183507.

[40] Guan W, Long S, Jia R, et al. Nonvolatile resistive switching memory utilizing gold nanocrystals embedded in zirconium oxide. Applied Physics Letters, 2007, 91: 062111.

[41] Lee J, Shin J, Lee D, et al. Diode-less nano-scale ZrO$_x$/HfO$_x$ RRAM device with excellent

switching uniformity and reliability for high-density cross-point memory applications//IEEE International Electron Devices Meeting,2010.

[42] Kim Y B, Lee S R, Lee D, et al. Bi-layered RRAM with unlimited endurance and extremely uniform switching//IEEE Symposium on VLSI Technology,2011:52-53.

[43] Liu Q, Sun J, Lv H, et al. Real-time observation on dynamic growth/dissolution of conductive filaments in oxide-electrolyte-based ReRAM. Advanced Materials, 2012, 24(14): 1844-1849.

[44] Dong R, Lee D S, Xiang W F, et al. Reproducible hysteresis and resistive switching in metal-Cu_xO-metal heterostructures. Applied Physics Letters,2007,90(4):42107.

[45] Wang S Y, Huang C W, Lee D Y, et al. Multilevel resistive switching in $Ti/Cu_xO/Pt$ memory devices. Journal of Applied Physics,2010,108(11):114110.

[46] Zhou P, Yin M, Wan H J, et al. Role of TaON interface for Cu_xO resistive switching memory based on a combined model. Applied Physics Letters,2009,94(5):53510.

[47] Lv H, Wan H, Tang T. Improvement of resistive switching uniformity by introducing a thin GST interface layer. IEEE Electron Devices Letters,2010,31(9):978-980.

[48] Fujiwara K, Nemoto T, Rozenberg M J, et al. Resistance switching and formation of a conductive bridge in metal/binary oxide/metal structure for memory devices. Japanese Journal of Applied Physics,2008,47(8):6266.

[49] Yasuhara R, Fujiwara K, Horiba K, et al. Inhomogeneous chemical states in resistance-switching devices with a planar-type Pt/CuO/Pt structure. Applied Physics Letters, 2009, 95(1):12110.

[50] Chen A, Haddad S, Wu Y C, et al. Switching characteristics of Cu_2O metal-insulator-metal resistive memory. Applied Physics Letters,2007,91(12):3517.

[51] Yan P, Li Y, Hui Y J, et al. Conducting mechanisms of forming-free $TiW/Cu_2O/Cu$ memristive devices. Applied Physics Letters,2015,107(8):83501.

[52] Lai E K, Chien W C, Chen Y C, et al. Tungsten oxide resistive memory using rapid thermal oxidation of tungsten plugs. Applied Physics Letters,2010,49(4):4DD17.

[53] Bai Y, Wu H, Zhang Y, et al. Low power $W:AlO_x/WO_x$ bilayer resistive switching structure based on conductive filament formation and rupture mechanism. Applied Physics Letters, 2013,102(17):173503.

[54] Tsuruoka T, Terabe K, Hasegawa T, et al. Forming and switching mechanisms of a cation-migration-based oxide resistive memory. Nanotechnology,2010,21:425205-425212.

[55] Guan W, Liu M, Long S, et al. On the resistive switching mechanisms of $Cu/ZrO_2:Cu/Pt$. Applied Physics Letters,2008,93:223506-223508.

[56] Liu Q, Long S, Lv H, et al. Controllable growth of nanoscale conductive filaments in solid-electrolyte-based ReRAM by using a metal nanocrystal covered bottom electrode. ACS Nano,2010,4:6162-6168.

[57] Liu Q, Dou C, Wang Y, et al. Formation of multiple conductive filaments in the $Cu/ZrO_2:$

Cu/Pt device. Applied Physics Letters,2009,95:23501-23503.

[58] Schindler C, Staikov G, Waser R. Electrode kinetics of Cu-SiO$_2$-based resistive switching cells:Overcoming the voltage-time dilemma of electrochemical metallization memories. Applied Physics Letters,2009,94:72109-72111.

[59] Bernard Y, Renard V T, Gonon P, et al. Back-end-of-line compatible conductive bridging RAM based on Cu and SiO$_2$. Microelectronic Engineering,2011,88:814-816.

[60] Wang Y, Liu Q, Long S, et al. Investigation of resistive switching in Cu-doped HfO$_2$ thin film for multilevel non-volatile memory applications. Nanotechnology,2010,21:45202-45207.

[61] Palma G, Vianello E, Molas G, et al. Effect of the active layer thickness and temperature on the switching kinetics of GeS$_2$-based conductive bridge memories. Japanese Journal of Applied Physics,2013,52:UNSP 04CD02-04CD05.

[62] Jameson J R, Gilbert N, Koushan F, et al. One-dimensional model of the programming kinetics of conductive-bridge memory cells. Applied Physics Letters,2011,99:63506-63508.

[63] Kozicki M N, Park M, Mitkova M. Nanoscale memory elements based on solid-state electrolytes. IEEE Transactions on Nanotechnology,2005,4(3):331-338.

[64] Soni R, Meuffels P, Petraru A, et al. Rate limiting step for the switching kinetics in Cu doped Ge$_{0.3}$Se$_{0.7}$ based memory devices with symmetrical and asymmetrical electrodes. Journal of Applied Physics,2013,113:124504-124508.

[65] Xu Z, Bando Y, Wang W, et al. Real-time in situ HRTEM-resolved resistance switching of Ag$_2$S nanoscale ionic conductor. ACS Nano,2010,4:2515-2522.

[66] Sakamoto T, Sunamura H, Kawaura H, et al. Nanometer-scale switches using copper sulfide. Applied Physics Letters,2003,82:3032-3034.

[67] Banno N, Sakamoto T, Hasegawa T, et al. Effect of ion diffusion on switching voltage of solid-electrolyte nanometer switch. Japanese Journal of Applied Physics,2006,45:3666-3668.

[68] Terabe K, Hasegawa T, Nakayama T, et al. Quantized conductance atomic switch. Nature,2005,433:47-50.

[69] Chen L, Liu Z, Xia Y, et al. Electrical field induced precipitation reaction and percolation in Ag$_{30}$Ge$_{17}$Se$_{53}$ amorphous electrolyte films. Applied Physics Letters,2009,94:162112-162114.

[70] Wang Q, Sun H J, Zhang J J, et al. Electrode materials for Ge$_2$Sb$_2$Te$_5$-Based memristors. Journal of Electronic Materials,2012,41:3417-3422.

[71] Zhang J J, Sun H J, Li Y, et al. AgInSbTe memristor with gradual resistance tuning. Applied Physics Letters,2013,102:183513-183516.

[72] Pyun M, Choi H, Park J B, et al. Electrical and reliability characteristics of copper-doped carbon (CuC) based resistive switching devices for nonvolatile memory applications. Applied Physics Letters,2008,93:212907-212909.

[73] Tappertzhofen S, Valov I, Waser R. Quantum conductance and switching kinetics of AgI-based microcrossbar cells. Nanotechnology,2012,23:145703-145708.

[74] Menzel S, Tappertzhofen S, Waser R, et al. Switching kinetics of electrochemical metalliza-

tion memory cells. Physical Chemistry Chemical Physics,2013,15:6945-6952.

[75] Cho B,Yun J M,Song S,et al. Direct observation of Ag filamentary paths in organic resistive memory devices. Advanced Functional Materials,2011,21:3976-3981.

[76] Yang Y,Gao P,Gaba S,et al. Observation of conducting filament growth in nanoscale resistive memories. Nature Communications,2012,3:732-739.

[77] Hirose Y,Hirose H. Polarity-dependent memory switching and behavior of Ag dendrite in Ag-photodoped amorphous As_2S_3 films. Journal of Applied Physics,1976,47:2767-2772.

[78] Oblea A S,Timilsina A,Moore D,et al. Silver chalcogenide based memristor devices//International Joint Conference on Neural Neworks,2010.

[79] Kozicki M N,Balakrishnan M,Gopalan C,et al. Programmable metallization cell memory based on Ag-Ge-S and Cu-Ge-S solid electrolytes//IEEE Nov-Volatile Memory Technology Symposium,2005,D5:1-7.

[80] Ohno T,Hasegawa T,Nayak A,et al. Sensory and short-term memory formations observed in a Ag_2S gap-type atomic switch. Applied Physics Letters,2011,99:203108-203110.

[81] Pandian R,Kooi B J,Palasantzas G,et al. Polarity-dependent reversible resistance switching in Ge-Sb-Te phase-change thin films. Applied Physics Letters,2007,91:152103-152105.

[82] Pandian R,Kooi B J,Oosthoek J L M,et al. Polarity-dependent resistance switching in GeSbTe phase-change thin films: The importance of excess Sb in filament formation. Applied Physics Letters,2009, 95:252109-252111.

[83] Woo J,Jung S,Siddik M,et al. Effect of interfacial oxide layer on the switching uniformity of $Ge_2Sb_2Te_5$-based resistive change memory devices. Applied Physics Letters, 2011, 99: 162109-162111.

[84] Li Y,Zhong Y P,Zhang J J,et al. Intrinsic memristance mechanism of crystalline stoichiometric $Ge_2Sb_2Te_5$. Applied Physics Letters,2013,103:43501-43505.

[85] Yoo S,Eom T,Gwon T,et al. Bipolar resistive switching behavior of an amorphous $Ge_2Sb_2Te_5$ thin films with a Te layer. Nanoscale,2015,7:6340-6347.

[86] Hurk J,Havel V,Linn E,et al. $Ag/GeS_x/Pt$-based complementary resistive switches for hybrid CMOS/Nanoelectronic logic and memory architectures. Scientific Reports,2013,3:2856-2860.

[87] Hurk J,Dippel A,Cho D,et al. Physical origins and suppression of Ag dissolution in GeS_x-based ECM cells. Physical Chemistry Chemical Physics,2014,16:18217-18225.

[88] Soni R,Meuffels P,Kohlstedt H,et al. Reliability analysis of the low resistance state stability of $Ge_{0.3}Se_{0.7}$ based solid electrolyte nonvolatile memory cells. Applied Physics Letters, 2009,94:123503-123505.

[89] Soni R,Meuffels P,Petraru A,et al. Probing Cu doped $Ge_{0.3}Se_{0.7}$ based resistance switching memory devices with random telegraph noise. Journal of Applied Physics,2010,107:24517-24526.

[90] Ma L P,Liu J,YangY. Organic electrical bistable devices and rewritable memory cells. Applied Physics Letters,2002,80:2997-2999.

[91] Kano M,Orito S,Tsuruoka Y,et al. Nonvolatile memory effect of an Al/2-Amino-4,5-dicyanoimidazole/Al structure. Synthetic Metals,2005,153:265-268.

[92] Terai M, Fujita K, Tsutsui T. Electrical bistability of organic thin-film device using Ag electrode. Japanese Journal of Applied Physics, 2006, 45: 3754-3757.

[93] Mahapatro A K, Agrawal R, Ghosh S. Electric-field-induced conductance transition in 8-hydroxyquinoline aluminum (Alq3). Journal of Applied Physics, 2004, 96: 3583-3585.

[94] Lauters M, McCarthy B, Sarid D, et al. Nonvolatile multilevel conductance and memory effects in organic thin films. Applied Physics Letters, 2005, 87: 231105-231107.

[95] Chang T Y, Cheng Y W, Lee P T. Electrical characteristics of an organic bistable device using an Al/Alq3/nanostructured MoO_3/Alq3/p+-Si structure. Applied Physics Letters, 2010, 96: 043309-043311.

[96] Bandyopadhyay A, Pal A J. Key to design functional organic molecules for binary operation with large conductance switching. Chemical Physics Letters, 2003, 371: 86-90.

[97] Bandyopadhyay A, Pal A J. Large conductance switching and binary operation in organic devices: Role of functional groups. Journal of Physical Chemistry B, 2003, 107: 2531-2536.

[98] Henisch H K, Smith W R. Switching in organic polymer films. Applied Physics Letters, 1974, 24: 589-591.

[99] Segui Y, Ai B, Carchano H. Switching in polystyrene films: transition from on to off state. Journal of Applied Physics, 1976, 47: 140-143.

[100] Lai Y S, Tu C H, Kwong D L, et al. Bistable resistance switching of poly(N-vinylcarbazole) films for nonvolatile memory applications. Applied Physics Letters, 2005, 87: 122101-122103.

[101] Kondo T, Lee S M, Malicki M, et al. A nonvolatile organic memory device using ITO surfaces modified by Ag-nanodots. Advanced Functional Materials, 2008, 18: 1112-1118.

[102] Son D I, Kim T W, Shim J H, et al. Flexible organic bistable devices based on graphene embedded in an insulating poly (methyl methacrylate) polymer layer. Nano Letters, 2010, 10: 2441-2447.

[103] Potember R S, Poehler T O, Cowan D O. Electrical switching and memory phenomena in Cu-TCNQ thin films. Applied Physics Letters, 1979, 34: 405-407.

[104] Oyamada T, Tanaka H, Matsushige K, et al. Switching effect in Cu: TCNQ charge transfer-complex thin films by vacuum codeposition. Applied Physics Letters, 2003, 83: 1252-1254.

[105] Tu C H, Lai Y S, Kwong D L. Electrical switching and transport in the Si/organic monolayer/Au and Si/organic bilayer/Al devices. Applied Physics Letters, 2006, 89: 62105-62107.

[106] Krieger J H, Trubin S V, Vaschenko S B, et al. Molecular analogue memory cell based on electrical switching and memory in molecular thin films. Synthetic Metals, 2001, 122: 199-202.

[107] Verbakel F, Meskers S C J, Janssen R A J. Electronic memory effects in a sexithiophene-poly (ethylene oxide) block copolymer doped with NaCl Combined diode and resistive switching behavior. Chemistry of Materials, 2006, 18: 2707-2712.

[108] Ouisse T, Stefan O. Electrical bistability of polyfluorene devices. Organic Electronics, 2004, 5: 251-256.

[109] Berzina T, Erokhina S, Camorani P. et al. Electrochemical control of the conductivity in an organic memristor: a time-resolved X-ray fluorescence study of ionic drift as a function of the applied voltage. ACS Applied Materials and Interfaces, 2009, 1: 2115-2118.

[110] Berzina T, Smerieri A, Bernabo M, et al. Optimization of an organic memristor as an adaptive memory element. Journal of Applied Physics, 2009, 105: 124515-124519.

[111] Berzina T, Smerieri A, Ruggeri G, et al. Role of the solid electrolyte composition on the performance of a polymeric memristor. Materials Science and Engineering: C, 2010, 30: 407-411.

[112] Pincella F, Camorani P, Erokhin V, et al. Electrical properties of an organic memristive system. Applied Physics A, 2011, 104: 1039-1046.

[113] Erokhin V, Berzina T, Gorshkov K, et al. Stochastic hybrid 3D matrix: learning and adaptation of electrical properties. Journal of Materials Chemistry, 2012, 22: 22881-22887.

[114] Meng F, Jiang L, Zheng K, et al. Protein-based memristive nanodevices. Small, 2011, 7: 3016-3020.

[115] Meng F, Sana B, Li Y, et al. Bioengineered tunable memristor based on protein nanocage. Small, 2014, 10: 277-283.

[116] Jo S H, Lu W. CMOS compatible nanoscale nonvolatile resistance switching memory. Nano Letters, 2008, 8(2): 392-397.

[117] Jo S H, Kim K H, Lu W. High-density crossbar arrays based on a Si memristive system. Nano Letters, 2009, 9(2): 870-874.

[118] Valov I, Waser R, Jameson J R, et al. Electrochemical metallization memories-fundamentals, applications, prospects. Nanotechnology, 2011, 22(25): 254003.

[119] Schindler C, Valov I, Waser R. Faradaic currents during electroforming of resistively switching Ag-Ge-Se type electrochemical metallization memory cells. Physical Chemistry Chemical Physics, 2009, 11(28): 5974-5979.

[120] Schindler C, Staikov G, Waser R. Electrode kinetics of Cu-SiO_2-based resistive switching cells: overcoming the voltage-time dilemma of electrochemical metallization memories. Applied Physics Letters, 2009, 94(7): 2109.

[121] Kim K H, Gaba S, Wheeler D, et al. A functional hybrid memristor crossbar-array/CMOS system for data storage and neuromorphic applications. Nano Letters, 2011, 12(1): 389-395.

[122] Choi S J, Park G S, Kim K H, et al. In situ observation of voltage-induced multilevel resistive switching in solid electrolyte memory. Advanced Materials, 2011, 23(29): 3272-3277.

[123] Hubbard W, Kerelsky A, Jasmin G, et al. Nanofilament formation and regeneration during Cu/Al_2O_3 resistive memory switching. Nano Letters, 2015, 15(6): 3983-3987.

[124] Yang Y, Gao P, Gaba S, et al. Observation of conducting filament growth in nanoscale resistive memories. Nature Communications, 2012, 3: 732.

[125] Torrezan A C, Strachan J P, Medeiros-Ribeiro G, et al. Sub-nanosecond switching of a tantalum oxide memristor. Nanotechnology, 2011, 22(48): 485203.

[126] Chen J Y, Hsin C L, Huang C W, et al. Dynamic evolution of conducting nanofilament in resistive switching memories. Nano Letters, 2013, 13(8): 3671-3677.

[127] Sawa A. Resistive switching in transition metal oxides. Materials Today, 2008, 11(6): 28-36.

[128] Jung K, Seo H, Kim Y, et al. Temperature dependence of high-and low-resistance bistable states in polycrystalline NiO films. Applied Physics Letters, 2007, 90(5): 052104.

[129] Lee M J, Kim S I, Lee C B, et al. Low-temperature-grown transition metal oxide based storage materials and oxide transistors for high-density non-volatile memory. Advanced Functional Materials, 2009, 19(10): 1587-1593.

[130] Nagashima K, Yanagida T, Kanai M, et al. Carrier type dependence on spatial asymmetry of unipolar resistive switching of metal oxides. Applied Physics Letters, 2013, 103(17): 173506.

[131] Park G S, Li X S, Kim D C, et al. Observation of electric-field induced Ni filament channels in polycrystalline NiO_x film. Applied Physics Letters, 2007, 91(22): 222103-222103.

[132] Chanthbouala A, Garcia V, Cherifi R O, et al. A ferroelectric memristor. Nature Materials, 2012, 11(10): 860-864.

[133] Chanthbouala A, Crassous A, Garcia V, et al. Solid-state memories based on ferroelectric tunnel junctions. Nature Nanotechnology, 2012, 7(2): 101-104.

[134] Gruverman A, Wu D, Lu H, et al. Tunneling electroresistance effect in ferroelectric tunnel junctions at the nanoscale. Nano Letters, 2009, 9(10): 3539-3543.

[135] Lampert M A. Simplified theory of space-charge-limited currents in an insulator with traps. Physical Review, 1956, 103(6): 1648.

[136] Shang D S, Wang Q, Chen L D, et al. Effect of carrier trapping on the hysteretic current-voltage characteristics in $Ag/La_{0.7}Ca_{0.3}MnO_3/Pt$ heterostructures. Physical Review B, 2006, 73(24): 245427.

[137] Sawa A, Fujii T, Kawasaki M, et al. Interface resistance switching at a few nanometer thick perovskite manganite active layers. Applied Physics Letters, 2006, 88(23): 2112.

[138] Li Y, Zhong Y P, Zhang J J, et al. Intrinsic memristance mechanism of crystalline stoichiometric $Ge_2Sb_2Te_5$. Applied Physics Letters, 2013, 103: 43501-43505.

[139] Kim D S, Kim Y H, Lee C E, et al. Colossal electroresistance mechanism in a $Au/Pr_{0.7}Ca_{0.3}MnO_3/Pt$ sandwich structure: evidence for a Mott transition. Physical Review B, 2006, 74(17): 174430.

[140] Sakai J, Kurisu M. Effect of pressure on the electric-field-induced resistance switching of VO_2 planar-type junctions. Physical Review B, 2008, 78(3): 33106.

[141] Pickett M D, Medeiros-Ribeiro G, Williams R S. A scalable neuristor built with Mott memristors. Nature Materials, 2013, 12(2): 114-117.

[142] Chen A B, Kim S G, Wang Y, et al. A size-dependent nanoscale metal-insulator transition in random materials. Nature Nanotechnology, 2011, 6(4): 237-241.

[143] Choi B J, Chen A B, Yang X, et al. Purely electronic switching with high uniformity, resist-

ance tunability, and good retention in Pt-dispersed SiO₂ thin films for ReRAM. Advanced Materials, 2011, 23(33):3847-3852.

[144] Fu D, Xie D, Feng T, et al. Unipolar resistive switching properties of diamondlike carbon-based RRAM devices. IEEE Electron Devices Letters, 2011, 32(6):803-805.

[145] Di F, Dan X, Chen H Z, et al. Preparation and characteristics of nanoscale diamond-like carbon films for resistive memory applications. Chinese Physics Letters, 2010, 27(9):98102.

[146] Hwang W, Kao K C. On the theory of filamentary double injection and electroluminescence in molecular crystals. Journal of Chemical Physics, 1974, 60:3845-3855.

[147] Wierschem A, Niedernostheide F J, Gorbatyuk A, et al. Observation of current-density filamentation in multilayer structures by EBIC measurements. Scanning, 1995, 17:106-116.

[148] Graves-Abe T, Sturm J C. Programmable organic thin-film devices with extremely high current densities. Applied Physics Letters, 2005, 87:133502.

[149] Pender L F, Fleming R J. Memory switching in glow discharge polymerized thin films. Journal of Applied Physics, 1975, 46:3426-3431.

[150] Kevorkian J, Labes M M, Larson D C, et al. Bistable switching in organic thin films. Discussions of Faraday Society, 1971, 51:139-143.

[151] Yoon S M, Warren S C, Grzybowski B A. Storage of electrical information in metal-organic-framework memristors. Angewandte Chemie International Edition, 2014, 53:4437-4441.

[152] Pan L, Liu G, Li H, et al. A resistance-switchable and ferroelectric metal-organic framework. Journal of the American Chemical Society, 2014, 136:17477-17483.

[153] Pan L, Ji Z H, Yi X H, et al. Metal-organic framework nanofilm for mechanically flexible information storage applications. Advanced Functional Materials, 2015, 25:2677-2685.

[154] Hohenberg P, Kohn W. Inhomogeneous electron gas. Physical Review, 1964, 136(3B):B864.

[155] Kohn W, Sham L J. Self-consistent equations including exchange and correlation effects. Physical Review, 1965, 140(4A):A1133.

[156] Zhao L, Park S G, Magyari-Köpe B, et al. First principles modeling of charged oxygen vacancy filaments in reduced TiO₂-implications to the operation of non-volatile memory devices. Mathematical and Computer Modeling, 2013, 58(1):275-281.

[157] Bradley S R, Bersuker G, Shluger A L. Modelling of oxygen vacancy aggregates in monoclinic HfO₂: can they contribute to conductive filament formation. Journal of Physics: Condensed Matter, 2015, 27(41):415401.

[158] Xue K H, Blaise P, Fonseca L R C, et al. Grain boundary composition and conduction in HfO₂: an ab initio study. Applied Physics Letters, 2013, 102(20):201908.

[159] Gu T, Tada T, Watanabe S. Conductive path formation in the Ta₂O₅ atomic switch: first-principles analyses. ACS Nano, 2010, 4(11):6477-6482.

[160] Xue K H, Blaise P, Fonseca L R, et al. Prediction of semimetallic tetragonal Hf₂O₃ and Zr₂O₃ from first principles. Physical Review Letters, 2013, 110(6):65502.

[161] Hybertsen M S, Louie S G. Nonlocal-density-functional approximation for exchange and

correlation in semiconductors. Physical Review B,1984,30(10):5777.

[162] Broqvist P,Alkauskas A,Pasquarello A. Defect levels of dangling bonds in silicon and germanium through hybrid functionals. Physical Review B,2008,78(7):075203.

[163] Hedin L. New method for calculating the one-particle Green's function with application to the electron-gas problem. Physical Review,1965,139(3A):A796.

[164] Puchala B,Van der Ven A. Thermodynamics of the ZrO system from first-principles calculations. Physical Review B,2013,88(9):094108.

[165] Xue K H,Traoré B,Blaise P,et al. A combined Ab initio and experimental study on the nature of conductive filaments in resistive random access memory. IEEE Transactions on Electron Devices,2014, 61(5):1394-1402.

[166] Manory R R,Mori T,Shimizu I,et al. Growth and structure control of HfO_{2-x} films with cubic and tetragonal structures obtained by ion beam assisted deposition. Journal of Vacuum Science & Technology A,2002,20(2):549-554.

[167] Zhang J,Oganov A R,Li X,et al. Pressure-induced novel compounds in the Hf-O system from first-principles calculations. Physical Review B,2015,92(18):184104.

[168] Zhao Q,Zhou M X,Zhang W,et al. Effects of interaction between defects on the uniformity of doping HfO_2-based RRAM: a first principle study. Journal of Semiconductors, 2013, 34(3):032001.

[169] Zhang H,Gao B,Yu S,et al. Effects of ionic doping on the behaviors of oxygen vacancies in HfO_2 and ZrO_2: a first principles study//International Conference on Simulation of Semiconductor Processes and Devices,2009,9:1-4.

[170] Zhao L,Clima S,Magyari-Köpe B,et al. Ab initio modeling of oxygen-vacancy formation in doped-HfO_x RRAM: effects of oxide phases,stoichiometry,and dopant concentrations. Applied Physics Letters,2015,107(1):013504.

[171] Guo Y,Robertson J. Ab initio calculations of materials selection of oxides for resistive random access memories. Microelectronic Engineering,2015,147:339-343.

[172] Xue K H,de Araujo C A P,Celinska J,et al. A non-filamentary model for unipolar switching transition metal oxide resistance random access memories. Journal of Applied Physics,2011,109(9):091602.

[173] Zhang K,Lu N,Li L,et al. Resistance-switching mechanism of SiO_2:Pt-based Mott memory. Journal of Applied Physics,2015,118(24):245701.

[174] Anisimov V I,Zaanen J,Andersen O K. Band theory and Mott insulators: Hubbard U instead of Stoner I. Physical Review B,1991,44(3):943.

[175] Park S G,Magyari-Köpe B,Nishi Y. Electronic correlation effects in reduced rutile TiO_2 within the LDA+ U method. Physical Review B,2010,82(11):115109.

[176] Heyd J,Scuseria G E,Ernzerhof M. Hybrid functionals based on a screened coulomb potential. Journal of Chemical Physics,2003,118(18):8207-8215.

第4章 忆阻器工艺与集成

忆阻器因其良好可控的电阻状态转变特性,可以作为阻变随机存储器,应用在高密度非易失性存储器领域。阻变随机存储器展现出擦写速度快、功耗低、重复擦写次数高、多值存储和存储密度高等众多优点,表现出来的潜力超过其他存储器件,被誉为最有潜力的下一代高密度非易失性存储器候选者[1]。

忆阻器制备工艺及单元集成结构是实现高性能忆阻器的关键。本章首先介绍忆阻器的制备工艺、器件微缩至纳米尺寸时对电学特性的影响,随后展示几种重要单元集成结构,如1T1R结构、1D1R结构、1S1R结构的制备和机理,并讨论新型互补式忆阻器和自整流忆阻器的器件结构与原理,最后介绍忆阻器三维集成的最新进展。

4.1 纳米尺寸忆阻器单元

4.1.1 忆阻器单元的制备工艺

为了制备具有良好忆阻特性的忆阻器单元,忆阻器的制备工艺中的每个环节,如单元结构、薄膜制备工艺、图形转移工艺等都需要控制得当,任何一方面做出的改变都将对器件性能产生严重影响,因此在研究特性和机理之前,确定忆阻器的制备工艺至关重要。

1. 薄膜制备工艺

在忆阻器件薄膜制备工艺中,常见的薄膜沉积方法主要有磁控溅射、脉冲激光沉积(PLD)、原子层沉积(ALD)、溶胶-凝胶、分子束外延(MBE)等。下面逐一介绍。

(1)磁控溅射

早在1852年,Grove发现阴极溅射现象,从此溅射技术进入人们的视野。但是,直到1877年真正用于研究的溅射设备才初露端倪。1970年后,磁场被引入溅射,大大扩展了溅射技术的应用领域,磁控溅射也因此成为了应用最为广泛的薄膜制备技术之一。磁控溅射可以分为直流磁控溅射和射频磁控溅射。可以导电的靶材,如金属靶材,采用直流溅射;对于不导电的靶材如氧化物陶瓷靶材则采用射频溅射。磁控溅射的基本原理是在靶材和基片间充入放电所需的气体(通常为氩气),加上电压,产生辉光放电。电离出的高能氩离子轰击靶材表面,靶材表面原子溅射至基片上沉积形成薄膜。

除了以上普通溅射,还可以进行反应溅射,用来制备氧化物和氮化物等。要进行反应溅射需要在通入氩气的同时,通入 O_2 或 N_2 等与溅射出来的靶原子反应。例如,直流反应溅射制备 Cu_2O 忆阻薄膜时,就是利用氩气电离出的氩离子轰击 Cu 靶,同时通入的氧气作为反应气体与溅射出的 Cu 原子反应生成 Cu_2O,沉积在基片上。反应溅射的优点就是可以通过调节氩气与反应气体的比例,从而调节沉积的氧化物或氮化物的原子比例。

磁控溅射的优点很多,例如制备的薄膜均匀且致密,基底附着力强;可以快速大面积沉积;溅射速率较容易掌控,薄膜厚度重复性好;可用于几乎所有化合物和金属薄膜的制备,同时可选基底材料也较多。因此,对于实验研究来说,是一个简单有效的薄膜沉积方法。

鉴于磁控溅射的诸多优点,用磁控溅射制备忆组材料非常多见。选用磁控溅射的方法可以制备绝大多数无机材料(如 TiO_x[2]、TaO_x[3]、NiO_x[4]、ZnO_x[5]、CuO_x[6])、硫系化合物(如 $Ge_2Sb_2Te_5$[7]、AgInSbTe[8])和一些复杂多元氧化物(如 $La_{0.7}Sr_{0.3}ZrO_3$)等。磁控溅射制备 AgInSbTe[9] 薄膜和 Cu_2O[10] 薄膜的基本参数分别如表 4.1 和表 4.2 所示。如图 4.1(a)所示是 Ag/AgInSbTe/Ta 忆阻单元剖面的 TEM 图,可以看出溅射薄膜致密均匀。如图 4.1(b)所示是反应溅射得到的 Cu_2O 的 XRD 图,可以看出通过控制 Ar 和 O_2 的比值能够很好地控制薄膜成分。

表 4.1 磁控溅射制备 AgInSbTe 薄膜的基本参数

条件	参数
靶材纯度(AgInSbTe)	99.999%
溅射温度	室温
背景真空	8.0×10^{-5} Pa 以下
氩气流量	30 ml/min
溅射气压	0.5 Pa
溅射功率	30 W
溅射速率	30nm/min

表 4.2 磁控溅射制备 Cu_2O 薄膜的基本参数

条件	参数
靶材纯度(Cu)	99.99%
溅射温度	室温
背景真空	5×10^{-3} Pa 以下

续表

条件	参数
Ar：O_2	80：20
溅射气压	0.37 Pa
溅射电流	0.2 A
溅射电压	420 V
溅射速率	1.5nm/s

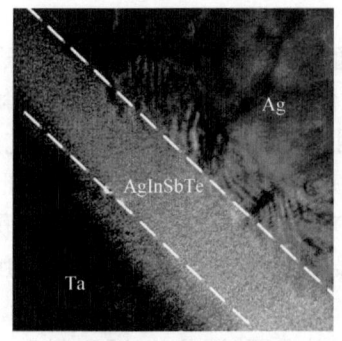
(a) Ag/AgInSbTe/Ta器件的截面TEM图[9]

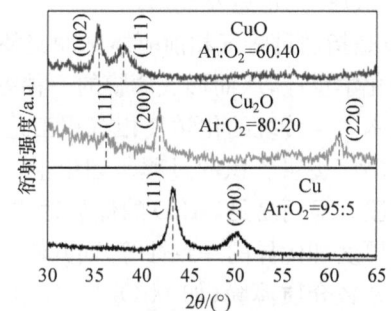
(b) 不同Ar:O_2值溅射CuO_x薄膜的XRD图谱[10]

图 4.1 磁控溅射制备薄膜性能分析

(2) 脉冲激光沉积

1987年,美国Bell实验室首次成功地利用短波长脉冲准分子激光制备了高质量的钇钡铜氧超导薄膜[11],因其在制备多元素化合物薄膜方面显示出独特的优越性,引起了国内外薄膜研究者的重视和兴趣。脉冲激光沉积是一种真空物理气相沉积方法,当一束强的脉冲激光照射到靶材上时,靶表面材料就会被激光加热、熔化、气化直至变为等离子体,然后等离子体(通常是在气氛气体中)从靶向衬底传输,最后输运到衬底上的烧蚀物在衬底上凝聚、成核至形成薄膜。因此,整个PLD过程可分为三个阶段,即激光与靶的作用阶段;烧蚀物(在气氛气体中)的传输阶段;到达衬底上的烧蚀物在衬底上的成膜阶段。

与已有的制膜技术相比,薄膜与靶材成分一致是PLD的最大优点,是区别于其他技术的主要标志,可对化学成分复杂的复合物材料进行全等同镀膜,易于保证镀膜后化学计量比的稳定;易于在较低的温度下原位生长取向一致的结构和外延单晶膜;由于激光的高能量,可以沉积难熔薄膜。另外,设备简单、易控制、效率高、灵活性大,为制备多元化合物薄膜、多层膜和超晶格提供了方便。不过,PLD沉积的薄膜存在表面颗粒问题:瞬间沉积时不可避免地会出现大小不一的颗粒,之后这些颗粒会以大的团簇形状存留在膜中,因此很难进行大面积薄膜的均匀沉积。目前可以改进的方法主要有基片靶材旋转法和激光束运动法。相对前面所讲的磁控溅射方法,对于制备忆阻材料,PLD 常用来制备三元钙钛矿氧化物、多组分材料和一些复杂氧化物(如 $BiFeO_3$[12]、$SrTiO_3$[13]、$Pr_{0.7}Ca_{0.3}MnO_3$[14])。

(3) 原子层沉积

原子层沉积最初起源于 20 世纪 70 年代中期,芬兰科学家最先采用 ALD 技术制作了多晶发光 ZnS:Mn 和非晶 Al_2O_3 绝缘膜[15]。早期的 ALD 由于生长速度慢,一度限制了其发展。直到 20 世纪 90 年代中期,集成电路的发展促进了 ALD 设备的改进,速度慢的缺点逐步得到解决。越来越多的研究人员开始运用这一制膜方法,ALD 技术也愈发成熟。

ALD 是指通过将气相前驱体脉冲交替地通入反应腔,并在基片表面上进行化学吸附和化学反应,从而形成薄膜的一种方法,因此在本质上 ALD 是一种化学气相沉积技术。与传统的化学气相沉积工艺不同,ALD 是一个非连续的工艺过程,是一个按顺序逐层沉积的过程。理论上,一个完整的 ALD 沉积周期只会形成一层单分子膜。显而易见,ALD 的优势就体现出来,如单原子层依次沉积,沉积层具有均匀的厚度和优异的一致性等,而其缺点主要是沉积速度较慢。ALD 常用来制备高介电常数介质薄膜(如 HfO_2[16]、ZrO_2[17]、TiO_x[18]),这些与传统 CMOS 工艺兼容的忆阻材料对于今后忆阻器大规模集成至关重要,因此其 ALD 制备方法也成了研究人员的首要选择。

(4) 溶胶-凝胶法

溶胶-凝胶技术是 20 世纪 80 年代来以来广泛应用的一种镀膜方法。无机物或金属醇盐经过水解缩聚过程,溶液变为稳定的透明溶胶体系,胶粒间缓慢聚合成 1nm 左右的粒,形成具有一定空间结构的凝胶。之后经过干燥、烧结固化制备出分子乃至纳米亚结构的材料。溶胶-凝胶法的主要优点有:制备过程温度低,这使得制造不能在高温下加热的薄膜成为可能;由于溶液是分子级、原子级混合,增进了多元组分体系的化学均匀性,反应过程易于控制,可以调控凝胶的微观结构;可以实现分子水平上的均匀掺杂。同样,溶胶-凝胶法也存在不可避免的问题:原材料是有机化合物,成本较高,而且有些对人的健康有害;反应涉及大量的过程变量,影响反应的因素较多,工艺过程时间较长;薄膜的厚度和膜厚均匀性难以准确控制等。

研究人员基于溶胶-凝胶法制备出了具有忆阻特性的 TiO_2 等氧化物薄膜[19],由于溶胶-凝胶法能够实现均匀的掺杂,在进行掺杂优化时溶胶-凝胶法是一个不错的选择。

(5) 分子束外延

分子束外延是新发展起来的外延制膜方法,是一种制备单晶薄膜的新技术。

它是在超高真空系统中,将组成化合物中的各个元素和掺杂元素分别放入不同的源炉内。加热源炉使它们的分子(原子)以一定的热运动速度和一定的束流强度比例喷射到基片表面上,与基片表面相互作用,进行单晶薄膜的外延生长。它的特点就是,MBE可以严格的控制生长速率,由于其生长速率较慢(约为 0.01~1nm/s),可实现单原子(分子)层外延,具有极好的膜厚可控性;通过调节束源和衬底之间的挡板开闭,控制薄膜的成分和杂质浓度,实现选择性外延生长;衬底温度可以低于平衡态温度,进而实现低温生长,可以有效减少互扩散和自掺杂。

MBE用在常见忆阻材料的制备不多见,有研究人员曾用它来制备基于 $LiNbO_2$[20]的忆阻器件。

2. 图形转移工艺

图形转移是微电子器件制备中的重要工艺,用于在基片上建立设计好的三维图形,决定着制造工艺的先进程度。目前,常见的图形转移技术主要分为光子光源光刻技术、纳米压印技术、电子束或离子束曝光技术。

(1) 光子光源光刻技术

光子光源进行光刻是以一种被称为光刻胶的光敏感聚合物为主要材料的照相制版技术。光刻胶又称光致抗蚀剂是一类对辐照敏感的,由碳、氢、氧等元素组成的有机高分子化合物,这类化合物中均含有一种可以有特定波长的光引发化学反应的感光剂。依其对光照的反应分成正性光刻胶与负性光刻胶。在外界一定条件(如曝光)的作用下,光刻胶的分子结构由于光化学反应而发生变化,进而引起其化学、物理或机械性质发生相应变化。例如,在显影液中的溶解度发生变化,由可溶性变为不可溶性或相反。这样光刻胶感光部分与未感光部分在显影液中溶解速度就出现差异。微电子工艺就是利用光刻胶的这一特性来进行光刻的。

光刻胶分为正性胶和负性胶两类,两者经曝光和显影后得到的图形正好相反。显影时,正胶的感光区较易溶解而未感光区不溶解,所形成图形是掩模版图形的正映像。负胶的情况正好相反,显影时感光区较难溶解而未感光区溶解,形成图形是掩模版图形的负映像。

典型的光学光刻工艺通常包括如下步骤:衬底准备,目的是增强光刻胶对衬底的附着力,一般通过除衬底污染、脱水烘干和使用附着力促进剂来完成;涂胶,目的是在衬底表面形成厚度均匀、附着性强且无缺陷的光刻胶薄膜,一般采用旋涂法;前烘,除去光刻胶薄膜中多余的溶剂,使光刻胶硬化;曝光,紫外光促进光刻胶发生反应;后烘,平滑光刻胶侧墙,提高分辨率;显影,溶解可溶光刻胶使潜在图形显现出来;坚膜,加热进一步蒸发溶剂,稳定光刻胶;检查图形。典型光学光刻工艺流程如图 4.2 所示。

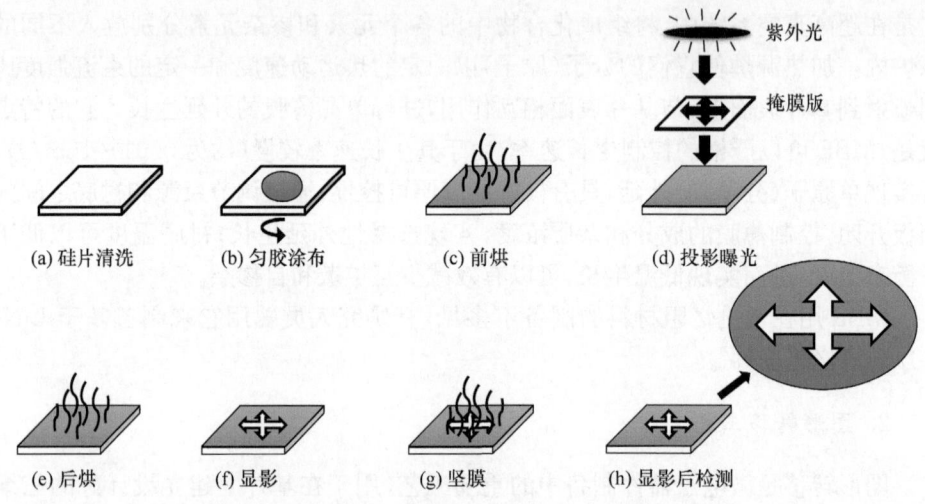

图 4.2 典型光学光刻工艺流程图

下面通过一个例子来说明紫外光刻制备 Ti/Pt/TiO$_2$/TiO$_{2-x}$/Ti/Pt 忆阻器件的流程[21],如图 4.3 所示。整个过程有五个部分,三次光刻。

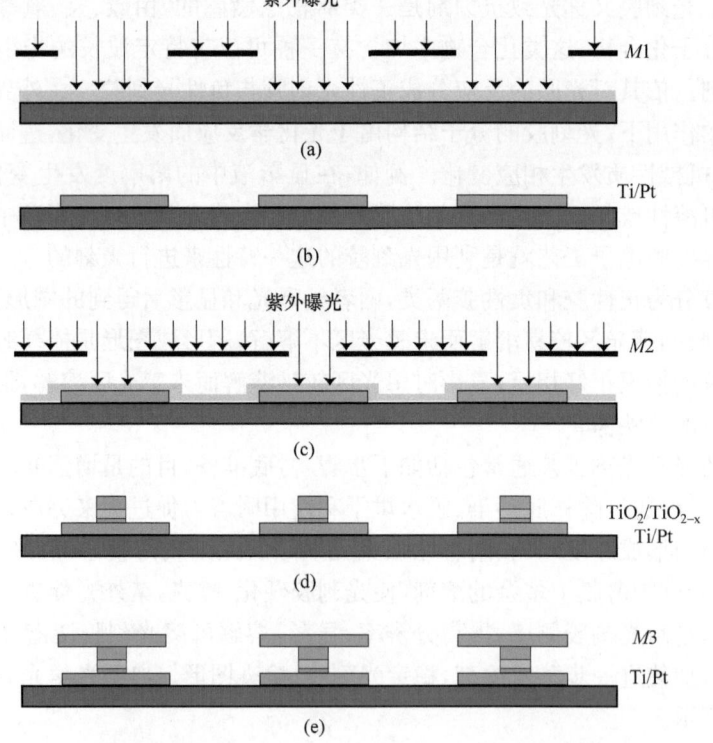

图 4.3 紫外光刻制备 Ti/Pt/TiO$_2$/TiO$_{2-x}$/Ti/Pt 忆阻器件流程图[21]

① 用带有下电极图形的掩模版覆盖在已经旋涂光刻胶的基片上,进行曝光。

② 显影,沉积下电极 Ti/Pt 之后剥离(剥离是在沉积薄膜之后,通过剥离液的浸泡,溶解光刻胶的同时使光刻胶上的薄膜脱落,从而留下与衬底接触的薄膜图形)。

③ 重复步骤①,采用带有功能层图形的掩模版覆盖曝光。

④ 显影,沉积 TiO_2/TiO_{2-x} 之后剥离。

⑤ 重复步骤①和②,采用带有上电极图形的掩模版覆盖曝光,显影,沉积上电极 Ti/Pt 之后剥离。

采用这五个步骤,结合特定的掩模图形可以制备出忆阻器单元器件或忆阻器阵列。

为了追求更小的特征尺寸和更高的光刻精度,紫外曝光的光源也有很多改进,涌现了很多新技术。在这些技术中,具有较好的产业化前景的是紫外光刻技术、深紫外光刻技术、极紫外光刻技术和 X 射线光刻技术。紫外光刻技术是以高压汞或汞-氙弧灯发出紫外光,波长为 350~450nm,能满足 0.35mm 及以上分辨率图形的转移,多用于忆阻器基础研究器件制备。深紫外光刻技术是以 KrF 气体或 ArF 气体在高压受激而产生的等离子体发出的深紫外波长的激光作为光源,波长为 248nm 和 193nm,可满足 0.25~0.18mm 和 0.18~90nm 的分辨率要求。Prezioso 等[22]用深紫外光刻技术成功制备出电极宽度 200nm 的 12×12 的忆阻器 crossbar 阵列。极紫外光刻技术采用波长为 10~14nm 的极紫外光作为光源,可使曝光波长一下子降到 13.5nm,它能够把光刻技术扩展到 32nm 以下的特征尺寸,并且是能够满足未来 16nm 生产的主要技术。X 射线光刻技术是以 X 光作为光源,是满足 100nm 以下工艺要求的技术之一,现阶段极紫外和 X 射线光刻用于忆阻器的制作还较少。

(2) 纳米压印技术

在物理接触式光刻技术中,纳米压印最为成熟且最为引人关注。纳米压印光刻技术将有纳米图案的模板以机械力在涂有高分子材料的基板上等比例压印复制图案,加工分辨率只与模板图案尺寸有关,可做到 2nm 的精度。自纳米压印提出以来有三种典型传统技术,即热压印光刻技术、紫外常温压印光刻技术、微接触压印技术。

热纳米压印技术是指在压力作用下使硬膜上的图形转移到已加热到玻璃态的热塑性聚合物中的压印技术。要完成热压印技术,首先要制备带纳米图案的硬膜,硬膜通常采用 Si 或 SiO_2 材料,然后用电子束直写技术在上面做出纳米图案,在衬底上旋涂一层热塑性高分子光刻胶,利用机械力将硬膜压入高温软化的热塑性高分子光刻胶中,维持一段时间等光刻胶固化成形后,分离硬膜,衬底上就留下了需要的纳米图案。热纳米压印技术最大的缺点是,硬膜在高温下表面结构或其他热塑性材料会有热膨胀的趋势,这将导致转移图形出现尺寸的误差。

为了解决由于受热受力产生形变的问题,1999年美国德克萨斯大学的研究小组将紫外光引入纳米压印技术。紫外光纳米压印技术与热纳米压印技术最大的不同点在于,硬膜由不透光的Si或SiO_2改为透明的石英板材料,压印过程不再需要加热,压印之后的聚合物材料由热固成型改为了紫外光辐射成形,大大降低了衬底变形的几率和程度。由于缺少加热过程,光刻胶中一旦进入气泡,就很难排出,这些气泡就会成为细微结构中的缺陷。

微接触压印技术是从纳米压印技术派生出来的另一种技术,因其使用的模具从硬膜变为了软膜,因此又称为软印膜技术。微接触纳米压印技术的工艺流程如下。首先,与硬膜制备方法一样制备出具有纳米图案的硬膜母版,再用液态聚二甲基硅氧烷(PDMS)浇铸在母板上,PDMS固化后取下,形成PDMS模板。之后,将PDMS模板浸泡在含硫醇的溶液里,把表面形成一层硫醇膜的模板轻压在基片的贵金属表面10～20s后移开,硫醇会与贵金属发生自组装反应生成单分子层,这样图形就由模板转移到了衬底上。

纳米压印技术作为一项低成本、高产出、高分辨率的纳米结构图形复制技术,一经提出就受到科研人员的重视。很多研究小组也把纳米压印用到了忆阻器的制备中。惠普公司的Xia等[23]用紫外光纳米压印制备忆阻器阵列取得了很大的成功,并且他们通过技术改进,用一次压印就制备出了自对准的忆阻器交叉阵列。如图4.4所示是一次纳米压印制备的100nm忆阻器阵列图片。

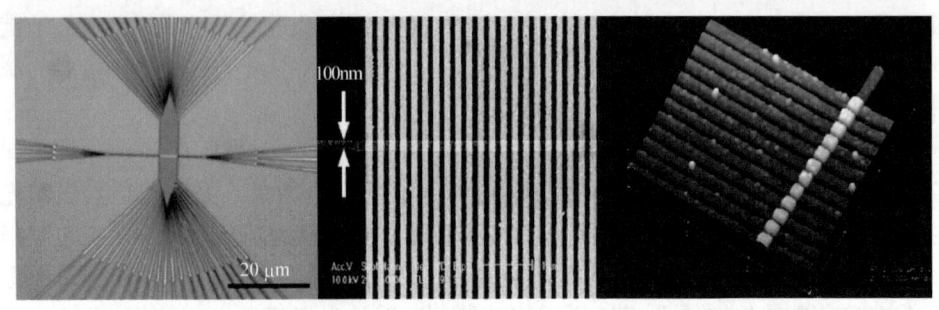

(a) 100nm忆阻器阵列光学显微镜图　(b) 100nm忆阻器阵列TEM图　(c) 100nm忆阻器阵列AFM图

图4.4　一次纳米压印制备的100nm忆阻器阵列图[23]

(3) 电子束或离子束曝光

电子束和离子束曝光技术都是以粒子为源的。电子束曝光技术是利用电子束在涂有电子抗蚀剂的晶片上直接描画或投影复印图形的技术。电子束的能量越高,束斑的直径就越小,能量在10～50keV的电子束的波长远小于紫外光源的波长,现代的电子束曝光设备已经能够制作小于10nm的精细线条结构[24]。离子束曝光技术同电子束光刻技术一样,其曝光分辨率也远远超过传统的光学曝光,但在目前的忆阻器件制备上应用较少。

4.1.2 忆阻器的微缩能力

现阶段忆阻器的研究主要是基于大尺寸的忆阻器件,关注忆阻材料本身的忆阻特性和忆阻机理。然而,忆阻器如果想要取代现有的非易失性存储器实现大规模应用,它的微缩能力是研究人员极为关注的关键问题之一。当器件进入纳米尺度后,器件性能参数会如何变化?阻变机制是否不同?如何解决高密度集成中的电流串扰、热串扰问题?如何与传统 CMOS 集成工艺兼容?这都需要研究人员通过系统的科学实验来研究清楚。针对器件尺寸微缩能力,通常指的是两方面:一是器件特征尺寸的微缩;二是材料厚度的微缩。下面简要介绍忆阻器件尺寸微缩对于器件特性影响方面的相关研究进展。

1. 器件尺寸微缩

2008 年,Strukov 等[25]用一个简单的物理模型展示了忆阻器的忆阻特性会随着器件尺寸缩小有所提升。之后,越来越多的研究人员对纳米尺度下的忆阻器进行了深入研究。例如,Lee 等[26]通过对基于 HfO_x、TiO_x 忆阻器在不同纳米尺寸下的研究,得到了尺寸微缩对忆阻器相关特性的影响因素。首先,器件尺寸微缩使器件中固有缺陷减少,这对于靠缺陷来形成导电细丝的 HfO_x、TiO_x 忆阻器来说至关重要。缺陷的大大减少使得忆阻器需要更大的电压来形成导电细丝,体现在器件外部就是 $V_{Forming}$ 和 V_{Set} 变大。如图 4.5(a)所示为器件尺寸与 $V_{Forming}$、V_{Set} 和电阻的关系。可以看出,小尺寸器件中阻变窗口变大了,原因是低阻态的阻值与器件尺寸没有太大关系,而高阻态的阻值随尺寸减小而增大。其次,器件尺寸微缩使器件局部热量加强。如图 4.5(b)所示为局部热量增强效应使得器件的擦写速度变快。这一点不难理解,局部热量的加强意味着氧离子迁移速度变大,迁移速度变大必然导致器件的擦写速度变快。最后,器件尺寸微缩使器件一致性得到提升。如图 4.5(c)所示为忆阻器相关参数在不同尺寸下的统计值。可以看到,纳米尺寸的忆阻器相较于大尺寸忆阻器具有更加一致的 V_{Set}/V_{Reset} 和 LRS/HRS 分布。这些一致性的提升与器件中不可控缺陷数量减少有关。

此外,Kim[27]在对 $Pt/WO_x/W$ 结构的忆阻器进行研究时发现,WO_x 忆阻器在微米尺寸和纳米尺寸下的忆阻机理有所不同。他们分别制备了 $100\mu m \times 100\mu m$ 和直径 50nm 孔状的两种不同大小的忆阻器件。两种忆阻器的直流 V-I 曲线如图 4.6 所示。图 4.6(a)为微米尺寸下器件的 V-I 曲线图,箭头所示电流是顺时针流动,Set 方向上电流的突变符合典型的导电丝型忆阻机理。也就是说,WO_x 中氧

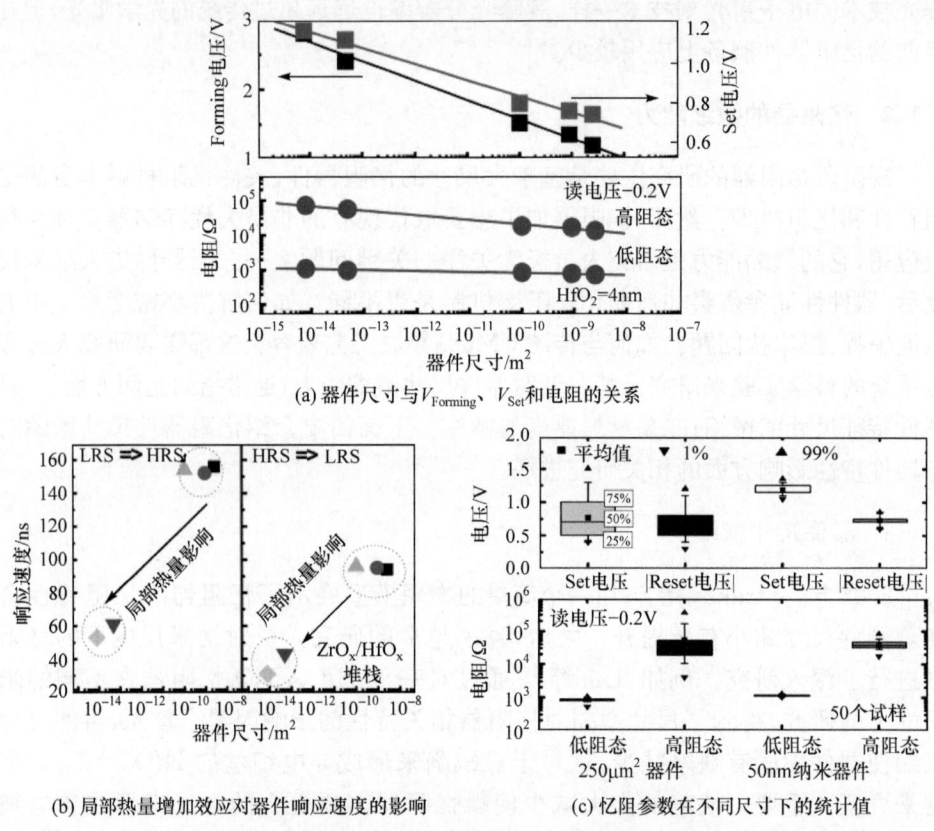

图 4.5 尺寸微缩对忆阻器相关特性的影响[26]

空位导电细丝的连接和断裂是器件发生电阻转变的原因。如图 4.6(b) 所示的纳米尺寸(直径 50nm)下器件的 V-I 曲线图与图 4.6(a) 明显不同。电流流动沿逆时针方向,并且没有任何突变过程,说明起主导作用的是界面效应。图 4.6(c) 和图 4.6(d) 所示为纳米尺寸器件的制备过程,以及器件横截面的 SEM 图片。随后 Kim 对两种器件做了一致性的测试,直流扫描下不同尺寸器件的高低阻统计分布,如图 4.7 所示。发现纳米尺寸下的器件具备更好的一致性和更高的阻变窗口,原因是纳米尺寸的器件面积小,从而因缺陷和晶界导致的漏电流通路减少,同时界面效应产生的阻态变化具有更好的一致性。在微米尺寸下的器件中,有很多不可控的缺陷存在,这些缺陷形成的导电细丝不论在形状上,还是在阻值上都具有随机性,因此导致微米尺寸下器件的一致性不好。

Kim 给出了 $Pt/WO_x/W$ 忆阻器在两种尺寸下的忆阻机理。如图 4.8 所示,微米尺寸下器件忆阻机理同典型的氧化物忆阻机理类似,依靠氧空位导电丝的形成和断裂。当器件进入纳米尺寸,对上电极施加正向偏压时,如图 4.8(b) 左图所示,

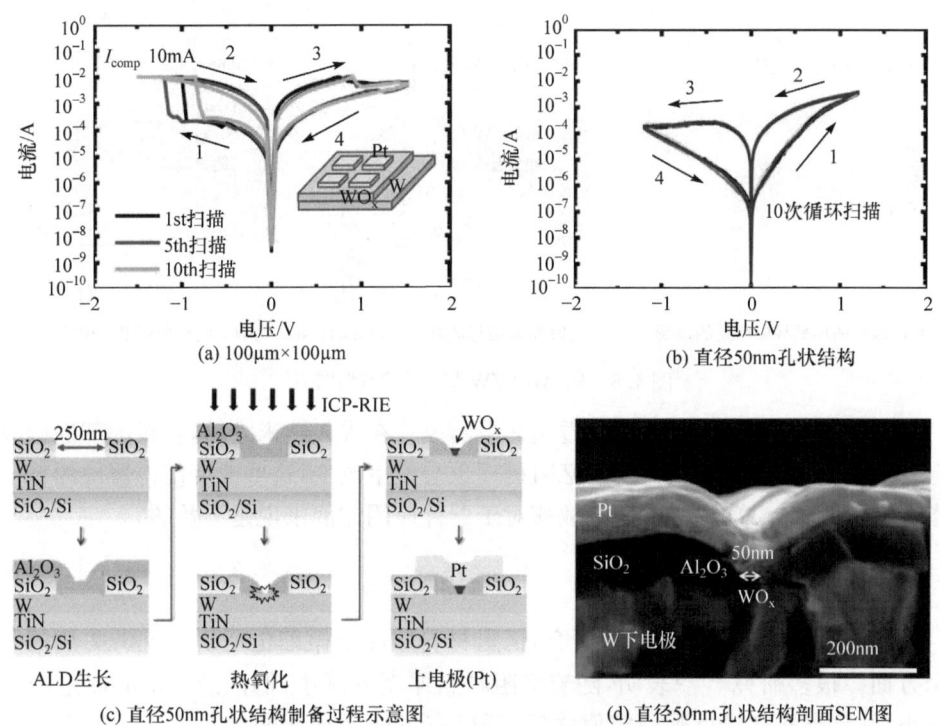

图 4.6 Pt/WO$_x$/W 忆阻器的 V-I 曲线图[27]

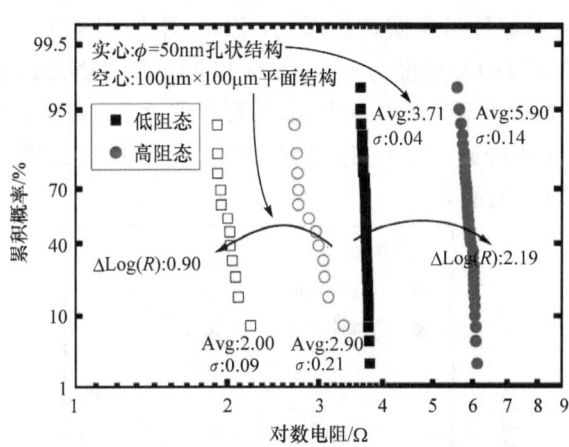

图 4.7 直流扫描下不同尺寸器件的高低阻统计分布[27]

氧离子向上电极移动,WO$_x$ 中富氧层厚度减小,同时氧空位在 W 电极处聚集降低了 WO$_x$ 与 W 电极之间的肖特基势垒,单元转变为低阻。反过来,对上电极施加负向偏压时,氧离子向下电极移动,WO$_x$ 中富氧层厚度增大,同时 W 电极处氧空位在减少使 WO$_x$ 与 W 电极之间的肖特基势垒恢复,单元转变回高阻。

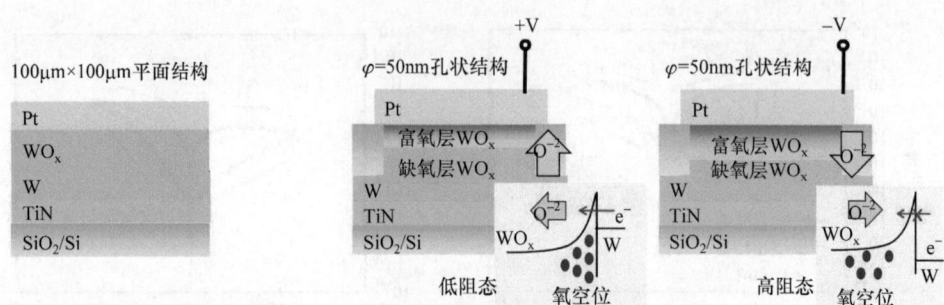

(a) 缺陷诱导的局部导电细丝的通断　　(b) 富氧层与缺氧层界面移动及WO_x与W之间势垒高度的调控

图 4.8　$Pt/WO_x/W$ 忆阻器物理机制[4]

通过上面的两个例子，可以看出忆阻器尺寸在进入纳米之后，材料内部的构成会发生一定的改变，甚至材料的忆阻机理也会发生改变，这些改变使得器件的特征指标发生偏移。总的来看，这些偏移对于器件应用方面来说是有益的。

2. 忆阻材料厚度的微缩

除了对于器件尺寸微缩的研究，忆阻材料厚度的微缩也是研究人员关注的一个方面。很多研究[28,29]表明，随着忆阻材料厚度的减小，器件的 Forming 电压会变小，并且当厚度减小到一定值之后，器件有可能实现无初始化过程。从理论上讲，厚度微缩的极限取决于因电子隧穿而产生的 OFF 状态下电阻的极限。为了弄清楚忆阻材料厚度对器件阻变窗口的影响，Zhao 等[30]用基于密度泛函的非平衡格林函数模拟计算了 HfO_x 厚度为 1nm、2nm 和 3nm 的 $TiN/HfO_x/TiN$ 忆阻器的高低电阻比，如图 4.9 所示。可以看出，如果要得到大于 100 的高低电阻比的忆阻材料的厚度为 2nm 最合适。后来，通过对实际器件进行测试研究，发现 HfO_x 厚度有减小到 2nm 以下的潜力。

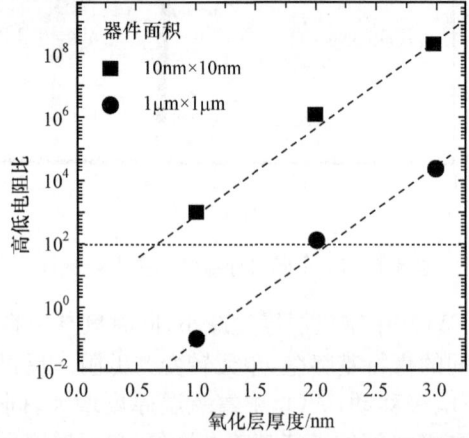

图 4.9　模拟得到的不同面积和不同氧化层厚度的 $TiN/HfO_x/TiN$ 忆阻器的高低电阻比[30]

Park 等[31]研究了 2nm 以下的超薄 Ta_2O_5 薄膜的忆阻特性。他们制备了四组 Ta_2O_5 厚度分别为 0.5nm、1nm、1.5nm 和 2nm 的结构为 $TiN/Ta_2O_5/Ta/TaN$ 的忆阻器。这些忆阻单元的直径为 28nm,如图 4.10 所示。在对这些单元进行电学测试之后发现,Ta_2O_5 厚度为 0.5nm 的忆阻单元在直流扫描和脉冲下均展现出了正常的忆阻特性和高可靠性。然而,其他三组忆阻单元的表现则不尽如人意,在电阻转换的过程中出现了一些反常的突变,以及高阻态阻值降低和可靠性变差。究其原因,Park 等认为是不同厚度 Ta_2O_5 中形成的导电通道形状不同,从而使得忆阻单元表现出了不同的效果。如图 4.11(a)所示,在 Ta_2O_5 厚度为 0.5nm 的忆阻单元中,圆锥形的导电通道使得 Set 和 Reset 过程能够正常平缓的发生。在厚一些的 Ta_2O_5 忆阻单元中,导电通道变成了沙漏状,如图 4.11(b)所示。正是因为会产生上半部分的圆锥,在向单元施加 Set 电压时,电场会降落在凸出的部分,两部分圆锥连接形成沙漏形状使得单元突然转变到低阻。上下两部分的圆锥即便在 Reset 操作之后,也不会消失,这些遗留的凸出部分就是器件出现反常突变的原因。0.5nm 的 Ta_2O_5 因为太薄,不会形成沙漏状的导电通路。

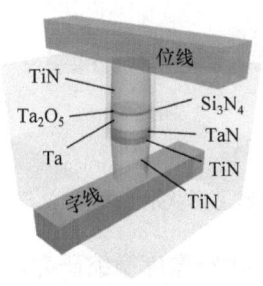

(a) 忆阻单元示意图

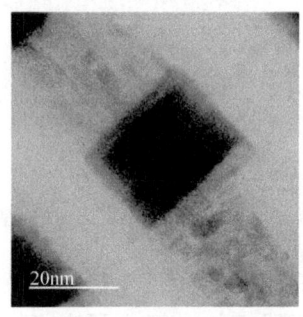

(b) $TiN/Ta_2O_5/Ta/TaN$器件TEM图

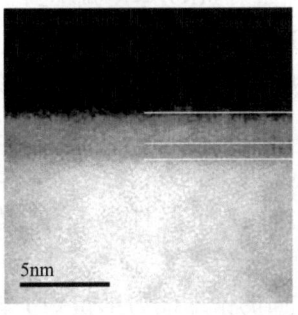

(c) 0.5nm Ta_2O_5器件的高角环形暗场(HAADF)TEM图

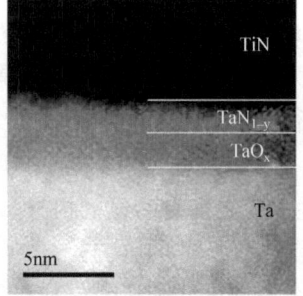

(d) 2nm Ta_2O_5器件的高角环形暗场(HAADF)TEM图

图 4.10 四种不同 Ta_2O_5 厚度的 $TiN/Ta_2O_5/Ta/TaN$ 忆阻器结构图[31]

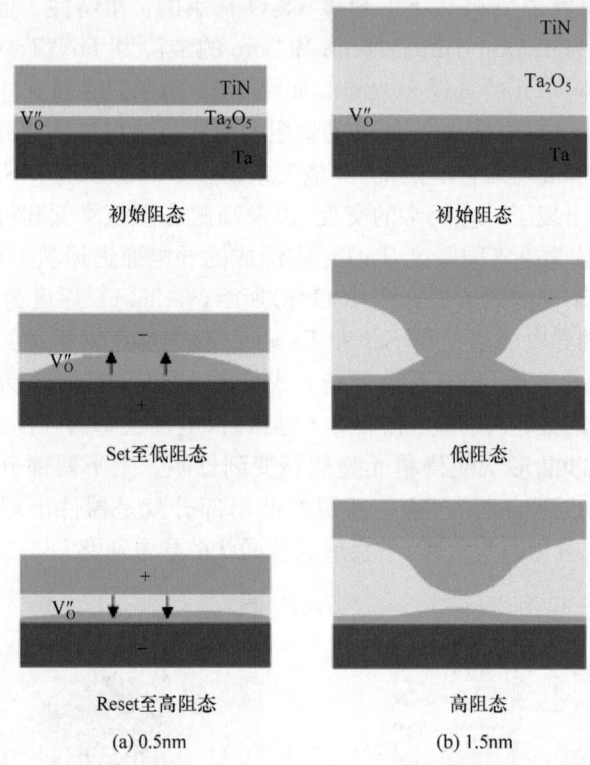

图 4.11 不同 Ta_2O_5 厚度中导电通道形状示意图[31]

此外,除了对上述具有本征忆阻特性的材料进行厚度微缩研究,针对有电极参与反应的忆阻器,Wang 等[32]研究了忆阻材料厚度减小受电极扩散的影响。他们在研究结构为 $Cu/HfO_x/Pt$ 的忆阻器时,发现如果 HfO_x 厚度减小到 3nm 之后,Cu 电极中的 Cu 会扩散进入 HfO_x 并贯穿整个 HfO_x 薄膜,使得器件发生短路而导致良率降低。为了解决这一问题,他们提出电极两次沉积的方法,先沉积一次 Cu 上电极之后进行热氧化,然后再沉积一次 Cu 上电极。也就是,在 Cu 和 HfO_x 之间加一层 3nm 的 CuO_x 层,虽然器件的厚度有所增加,但有效阻挡了 Cu 离子的扩散,器件的性能较之前有明显的提升,因此电极两次沉积的方法有效解决了忆阻材料厚度减小受电极扩散的影响。

忆阻器在器件尺寸和忆阻材料厚度两方面的微缩能力都得到了相应的研究。可以看出,不同材料的忆阻器微缩带来的影响有共通之处,也有不同之处。同时,微缩带来的效果有的是有益的,有的是有害的。因此,想要弄清楚微缩对忆阻器的影响,实现忆阻器将来在大规模集成电路中的应用,还需要更多更系统的研究。

4.2 忆阻器集成

4.2.1 忆阻器集成工艺

忆阻器的集成一般分为有无源阵列和有源阵列两种集成类型。无源交叉阵列由于其在生产工艺和密度上的优势要优于有源交叉阵列。有源阵列一般通过采用场效应晶体管(MOSFET)和忆阻器串联构成 1T1R 结构,并在集成阵列中利用字线和位线来达到选通存储单元的目的[33]。有源 1T1R 结构的单元最小尺寸是由选择晶体管的尺寸来决定的,因此这种集成结构的单元面积大,可缩小性受到晶体管的限制,并且这种平面集成方式不利于 3D 的堆叠,相比而言,无源阵列就没有上述的这些问题。因此,无论是从工艺还是从集成密度的角度考虑,忆阻器的无源交叉阵列都要比有源阵列更具有优势。Wang 等[34]利用双极结型晶体管代替 MOSFET,由于 BJT 的多发射极共用相同的基极和集电极,因此该晶体管与忆阻器串联后的存储单元的有效面积为 $4F^2$(F 指集成工艺的最小特征尺寸,如图 4.12(a)所示),使有源交叉阵列的密度大大增加。

在无源阵列中,存储单元是由相互垂直的字线和位线交叉点结构组成的,存储功能层位于字线和位线两者之间,因此存储单元的尺寸最小可以缩小到 $4F^2$,这也是二维结构中的最小单元尺寸。采用分离 CMOS 电路和忆阻器阵列的方式也能提高芯片的产量,并且减少成本。与此同时,由于无源阵列结构有利于实现 3D 堆叠集成,因此存储单元的有效尺寸实际可以缩小到 $4F^2/N$(N 为堆叠的层数),相应的密度也得到极大的提高[35](图 4.12(b))。考虑到无源阵列在工艺和密度上的优势,该 crossbar 结构是忆阻器集成工艺的优先之选,同样也是最为经济的固态存储器件结构[36]。

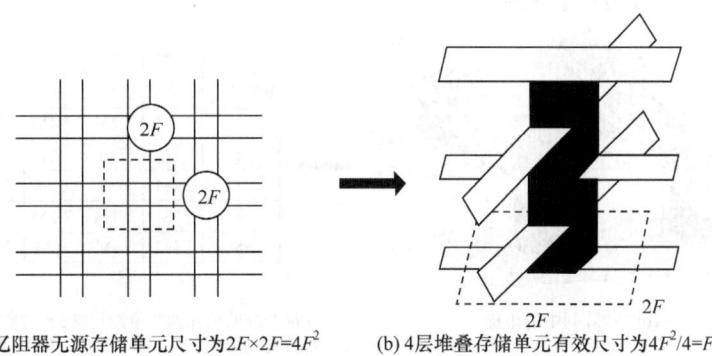

(a) 忆阻器无源存储单元尺寸为 $2F \times 2F = 4F^2$ (b) 4 层堆叠存储单元有效尺寸为 $4F^2/4 = F^2$

图 4.12 忆阻器无源阵列原理图[35]

4.2.2 阵列中的漏电流问题

忆阻器阵列中的漏电流问题主要是指在对交叉阵列中的某一单元进行读取操作时,由于该单元周围器件的状态,电流没有按照设定路径流经(通常是绕过高阻态部分)而造成误读的问题。漏电流问题是忆阻器在电路和架构层面面临的主要挑战之一。当前常用的解决办法是串联一个二极管或晶体管,或者是设计出新型互补式忆阻器或自整流忆阻器件使得每个存储单元具有整流特性来消除因串扰导致的误读现象。

在如图4.13(a)所示的交叉阵列中,选取其中一个2×2阵列为例,当周围都是LRS态(ON态)的其他三个单元构成一个漏电流路径时,一个HRS态(OFF态)单元就会被误读成LRS态,这就是串扰现象[37]。如图4.13(b)所示,当一个读电压(V_{read})被施加到一个HRS态(3,3)所在的字线上时,这个单元就会被误读成LRS态,因为周围的(3,2),(2,3)和(2,2)单元都处于LRS态并构成了一个漏电流路径((2,3)→(2,2)→(3,2)图中箭头所示)。串扰同样影响着周围存在漏电流路径的HRS单元。由图4.13(c)可以看出,不但(3,3)单元将HRS误读成LRS,周围其他的存储单元也存在很大程度上的误读现象。例如,(4,2)单元的阻值就从55MΩ误读到7.1MΩ[38]。在一个$m \times n(m, n > 2)$的交叉阵列或者3D堆叠阵列中,漏电流路径数目越多,误读的情况将会越严重。

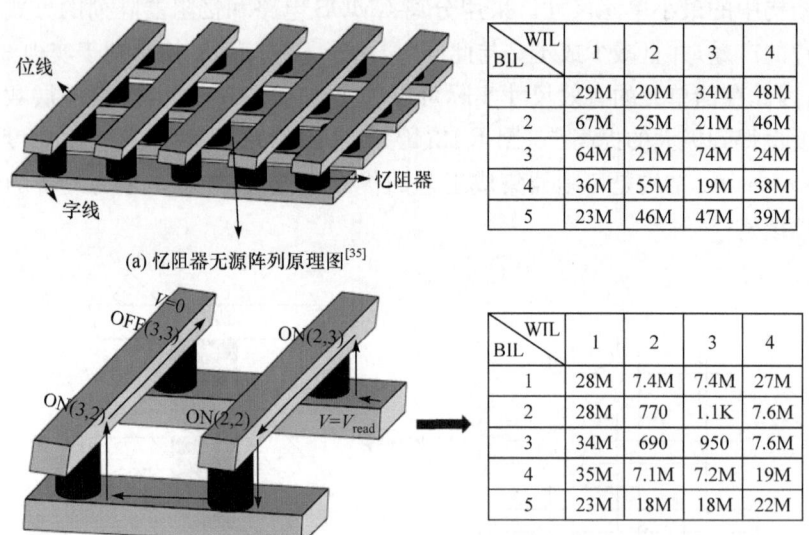

图4.13 忆阻器无源阵列和串扰问题

有两种方法来应对无源交叉阵列中的串扰现象。一种是利用CMOS电路[39]，另一种是采用忆阻器无源交叉阵列的整流效应。利用 CMOS 电路来缓解串扰问题会增加成本，并且使工艺变得很复杂，因此基于整流特性的忆阻器无源交叉阵列在半导体工业中得到了大力发展。Lee 等[37]在 2007 年提出通过串联一个具有整流效应的器件（VO_2）作为选通开关，使电流只通过选通的路径。在这种交叉阵列中，整流器件作用在每一个存储单元上以达到缓解串扰的目的，同时不影响存储密度。如图 4.14 所示，每个存储单元都与一个整流器件串联。当右下角单元是 HRS 态，周围单元处于 LRS 态时，当一个读电压施加到右下角单元时，电流主要流经该单元，因此由于整流器件的作用误读情况得以解决。

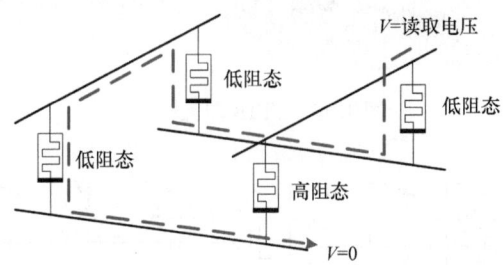

(a) 读取没有串联整流器件HRS存储单元时的电流路径

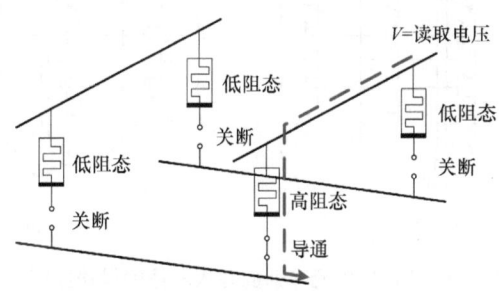

(b) 读取带有整流器件的HRS存储单元时的电流路径

图 4.14 存储单位与整流器件串联[40]

4.2.3 1T1R 结构

所谓 1T1R 是指一个晶体管与一个忆阻器或阻变单元串联的结构。利用晶体管实现对忆阻器单元的选通，避免因漏电流问题而造成的串扰现象。1T1R 单元的最大优势是可以较为容易地集成在逻辑工艺上，这对于系统级芯片应用来说非常具有吸引力。

用金属氧化物半导体场效应晶体管作为选通开关构成 1T1R 单元结构如图 4.15 所示[41]。采用 MOSFET 作控制开关可以有效抑制泄漏电流，同时可以提供较大的编程电流，加快编程速度。图 4.15 中的单元结构采用 $0.18\mu m$ TSMC 工艺制作,当字线施加 2V 电压时,最大编程电流为 500μA,可以实现 5ns 的快速编程操作。与二极管不同,MOSFET 是双向导通器件,因此单元采用施加极性相反的电压实现写入和擦除。图 4.16 给出 1T1R 单元阵列的写入和擦除操作原理。

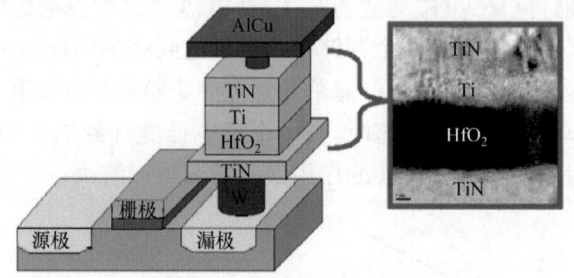

图 4.15　1T1R 单元[41]

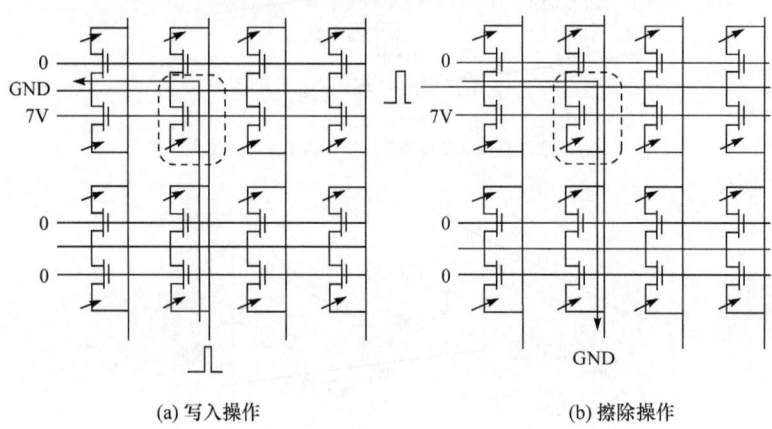

(a) 写入操作　　　　　　　　(b) 擦除操作

图 4.16　1T1R 单元阵列的写入和擦除操作原理[42]

对于 1T1R 单元,由于需要在硅衬底上制作 MOSFET 作为单元中的开关器件,因此不能像 1D1R 那样把单元阵列叠置起来。也可以通过芯片叠置技术把多个硅器件层堆叠起来,通过硅通孔连接不同层器件,但这将增加工艺成本,并且受到功耗和散热问题的限制[43]。

Lin 等[44]将活性 Ti 作为上电极应用到双极性 ZrO_2 忆阻器件中会显著提高其开关特性。这类忆阻器件的 Reset 电压在单极性开关模式下接近于其读电压,因此拥有更小的误读率。但是,双极性开关器件在从低阻态向高阻态切换时会引入很大的 Reset 电流 I_{Reset}(可达 10mA),这一点也是其实现实际应用的主要限制。Song[45]指出 LRS 态和 Set 过程中流经器件的电流之间的关系,结果表明由于器件和测试系统之间产生的大寄生电容带来的不可控的过冲电流不但导致更低的 LRS 阻态,同时也造成了更大的 Reset 电流。Kinoshita 等[46]提到通过一个内部的晶体管可将 Reset 电流降至 150μA。Wan[47]研究也表明过冲电流可以被内部晶体管很好的控制。Nardi 等[48]也表示基于 NiO 的忆阻器导电丝的尺寸是可以通过一个内部 MOSFET 控制的,从而将 Reset 电流减小到 10μA。因此,可以说当前的一些 1T1R 结构解决了忆阻器的高操作电流和高功耗的问题。

对于 1T1R 结构,单元面积受晶体管尺寸影响,继而限制了存储密度。值得关注的是,新加坡微电子研究院和北京大学微电子研究院共同在 2012 年 IEDM 会议上提出的 ITIR 结构忆阻器采用与 CMOS 工艺兼容的垂直纳米柱晶体管和 TiN/Ni/HfO$_2$/n$^+$-Si RRAM 单元,存储密度也达到了 $4F^2$,器件还展示出极低的 Set 和 Reset 操作电流和功耗,分别为~20nA/85nW 和~200pA/700pW。与此同时,该器件还展现出多级开关特性,并具有 10^5 的开关次数和高达 10 年(85℃)的保持时间,且能在 50ns 的脉冲信号下实现开关响应[49]。图 4.17 为基于垂直纳米柱晶体管的 1T1R 结构模型及其在双极性开关模式下的 V-I 图。

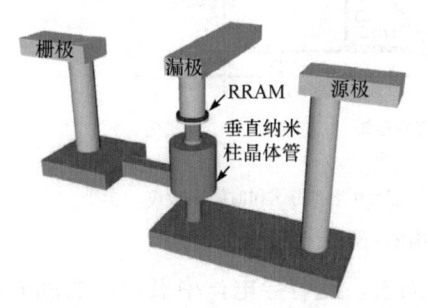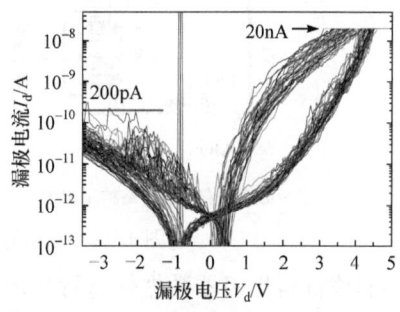

(a) 基于垂直纳米柱晶体管的1T1R结构单元示意图　　(b) 双极性开关模式下的开关曲线图

图 4.17　基于垂直纳米柱晶体管的 1T1R 结构模型及其在双极性开关模式下的 V-I 图[49]

Panasonic 公司在 2011 年 IEDM 会议上展示了其研究的 Ir/Ta$_2$O$_{5-\delta}$/TaO$_x$/TaN 结构 RRAM,并制备出 256 KB 的 1T1R 结构忆阻器阵列,测试并外推验证器件在 85℃下数据能够保持超过 10 年[50],并在此基础上采用 0.38μm CMOS 制程开发了一款 8MB 芯片,数据擦写速度达到 443MB/s[51]。

该芯片采用多层结构,利用晶体管将全局位线与各层的位线连接起来,而每个存储单元采用与一个双向二极管串联的交叉点结构,因此避免了单元面积受晶体管尺寸的影响,再加上它的多层结构特点,使得其存储密度得到了极大的提升,如图 4.18 所示。

该器件模型下的双层存储结构及 V-I 曲线如图 4.19 所示,基于电流的方向,分别在上下两层选用不同的晶体管(NMOS 和 PMOS),由于流经各部分的电流大小相同,因此可以依据晶体管的 V-I 曲线调节晶体管栅极电压来控制电流大小,保证了器件存储部分在低阻态下也能够稳定工作。

Chen 等[52]在 2013 年对 HfO$_2$/Hf 1T1R 结构忆阻器进行了分析,得出氧空位

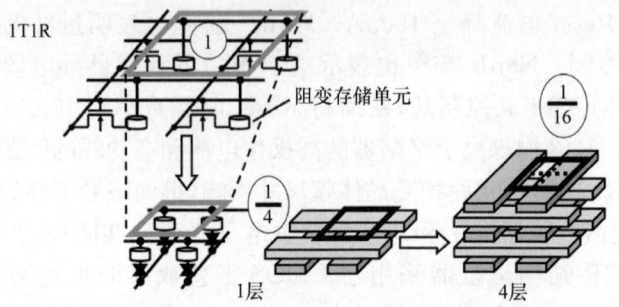

图 4.18　1T1R 结构和交叉点结构对比图[51]

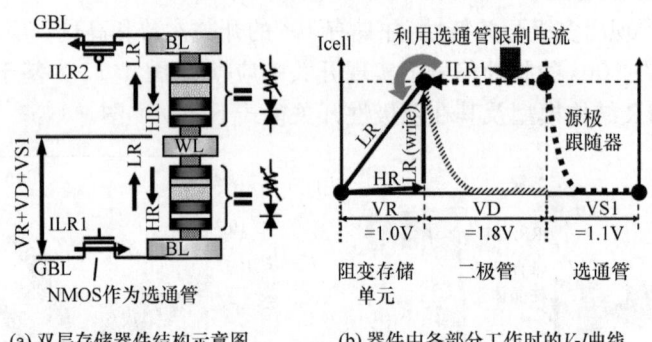

(a) 双层存储器件结构示意图　　(b) 器件中各部分工作时的 V-I 曲线

图 4.19　双层存储结构图及 V-I 曲线[51]

是影响该材料忆阻器数据保持特性的主要因素。随着导电丝中氧空位的流失,器件的稳定性会随之变差。提出两种使保持特性变差的机制,如图 4.20 所示。一种是移动的氧原子扩散回到 HfO_2 层与导电丝中氧空位复合,另一种是导电丝中的氧空位扩散到了其他地方。该研究同时发现在器件制作流程中附加一道退火工艺可以显著提升其保持特性,且对全堆栈进行退火会使氧原子与 Hf 结合形成 HfO_x 层,使得氧含量减少,同时 HfO_x 层具有更大的氧容量,这减弱了氧原子的扩散,如图 4.21 所示。

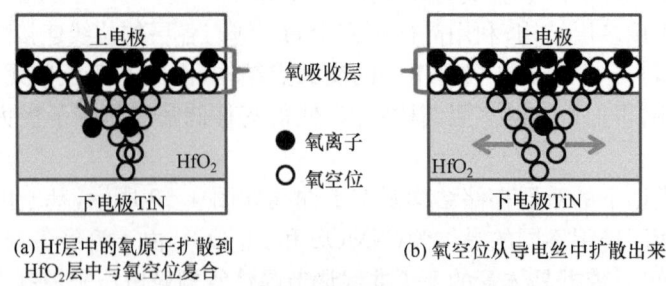

(a) Hf 层中的氧原子扩散到 HfO_2 层中与氧空位复合　　(b) 氧空位从导电丝中扩散出来

图 4.20　两种使保持特性变差的机制[52]

中国科学院微电子研究所 Liu 等[53]于 2014 年对 1T1R 结构器件的重复性和

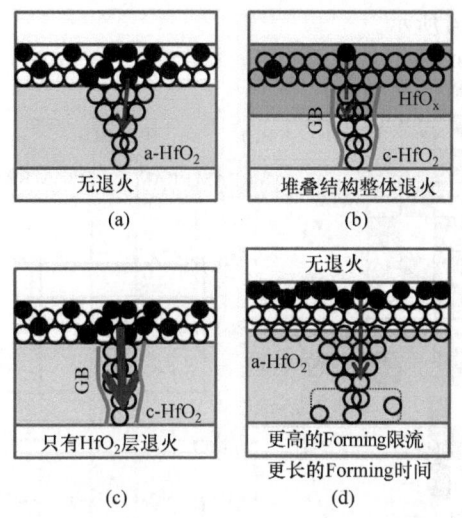

图 4.21 不同退火条件下器件导电丝与氧浓度示意图[52]

一致性进行了研究,利用改变栅极电压固定源漏电压的扫描方式代替传统的固定栅极电压改变源漏电压的扫描方式,如图 4.22 所示。当栅极电压 V_G 达到某一确定值时,漏源电流 I_{DS} 从毫安级骤降到纳安级,这意味着忆阻器的复位过程中,忆阻器阻值由低阻($10^2\,\Omega$)急剧变化到高阻($10^8\,\Omega$),有效地消除了中间阻态,因此提高了忆阻器的可靠性。

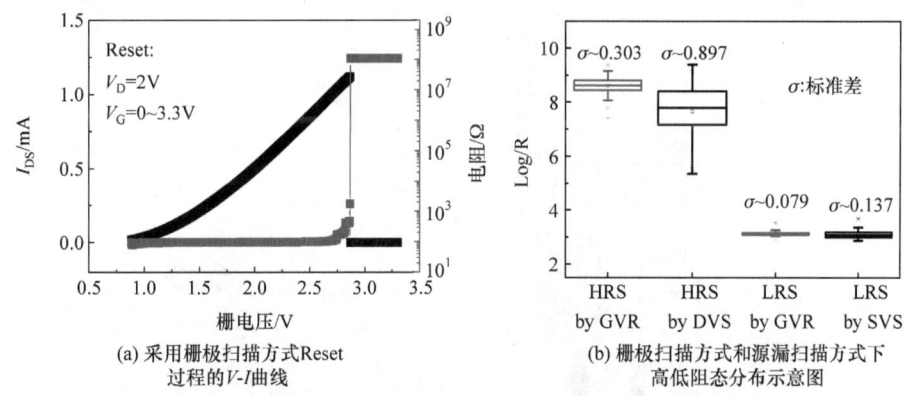

图 4.22 1T4R 结构器件栅极扫描方式与源漏扫描方式示意图[53]

Yeh 等[54]于 2015 年提出一种新型的 one-transistor-N-RRAM (1TNR)结构,1T4R 结构图和等效电路图如图 4.23 所示。该结构由 16 个存储单元和 4 个选通晶体管组成。每排四个存储单元的下电极并联在同一条与一个晶体管漏端串联的字线上,其上电极分别与四条不同的位线相连。连接相邻两排存储单元的两个相邻的晶体管共用一个全局字线。往水平和垂直方向重复该阵列就可以得到更大的忆阻器阵列,如图 4.24 所示。

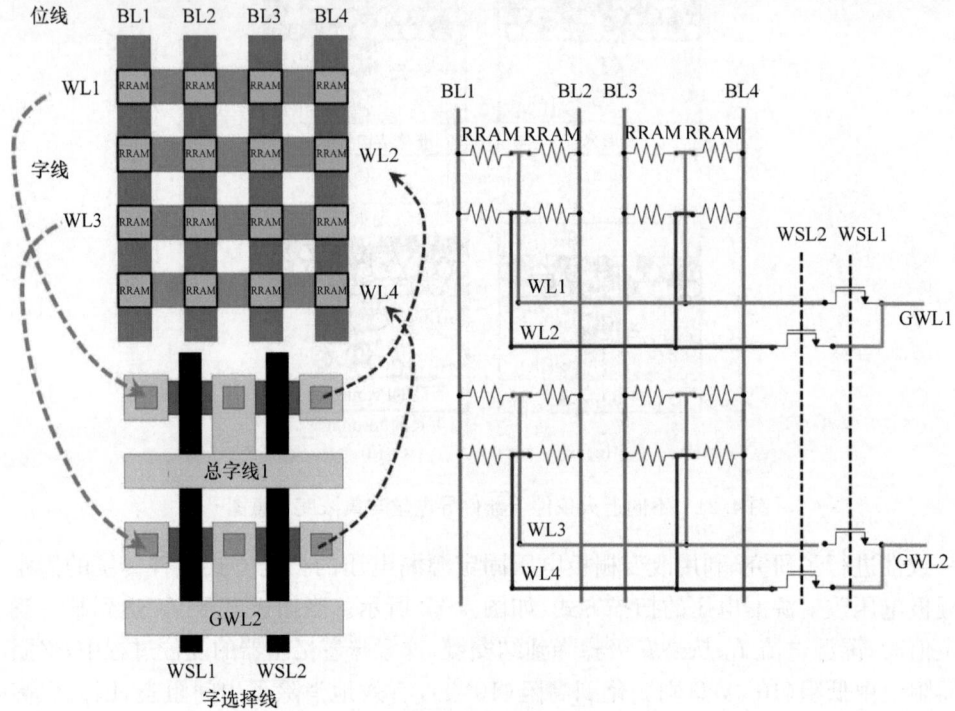

图 4.23　1T4R 结构图和等效电路图[54]

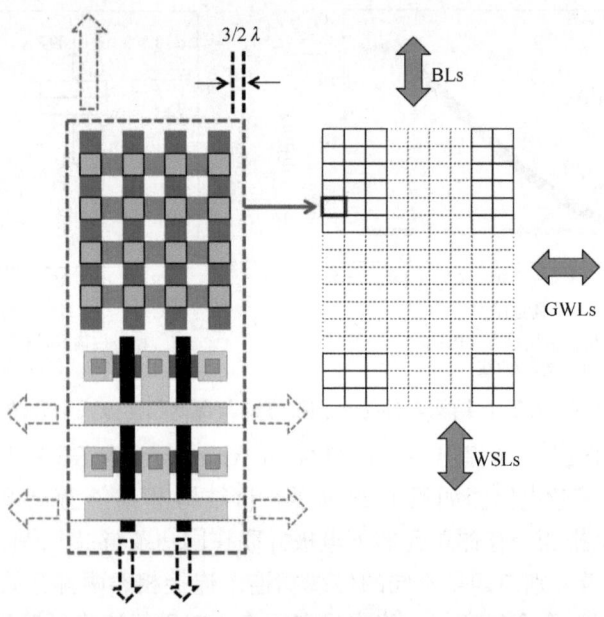

图 4.24　通过重复 4×4 子阵列构建更大的忆阻器阵列[54]

2014年,Wang 等[55]将基于 1T1R 结构的铁电隧道结忆阻器(ferroelectric tunnel memristor,FTM)进行集成,搭建了一个神经形态网络。该网络采用传统的交叉阵列拓扑结构,由一个忆阻器和一个 MOS 管组成的单元构成一个突触,如图 4.25 所示。

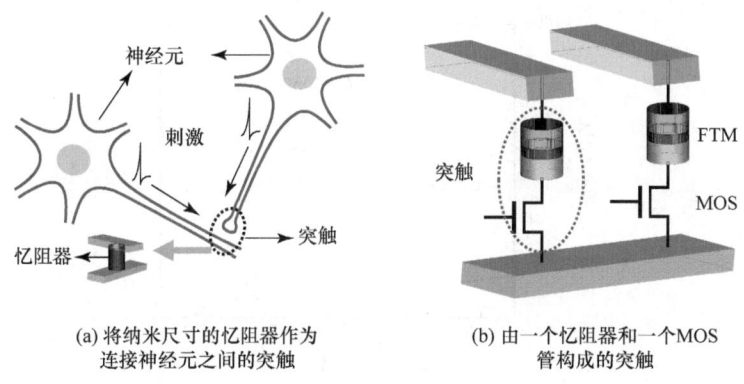

(a) 将纳米尺寸的忆阻器作为
连接神经元之间的突触

(b) 由一个忆阻器和一个MOS
管构成的突触

图 4.25　1T1R 结构构成突触示意图[55]

与此同时,基于该网络结构设计出一种基于脉冲时序依赖突触可塑性(spike-timing dependent plasticity,STDP)的测试方式和一个并行监督学习电路,并通过瞬态仿真展现出该网络低功耗和低延时的优点,证明其在低功耗和高速计算系统中具有很大的潜能。

2015 年,Sharma 等[56]将 1T1R 结构构建振荡器,应用于一个振荡神经网络。其结构和等效电路如图 4.26 所示。对该结构进行测试,发现其能够响应 500 MHz 的高频,且具有较低的功耗($<200\mu W$)。以上优点相比同级别振荡器具有明显的优势,这些特点都归功于其能在低功耗下提供最大的振幅,且采用 1T1R 的结构进行了集成。

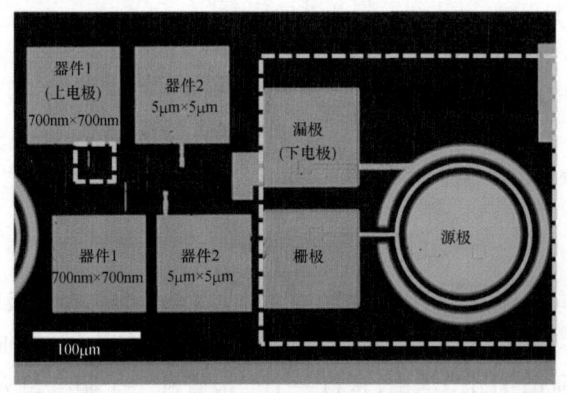
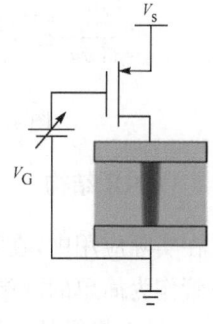

图 4.26　1T1R 振荡器结构和等效电路图[56]

与此同时,通过改变栅极电压可以控制 2 个数量级的频率变化范围(图 4.27)。改变栅极电压可以调节 PMOS 所形成的导电沟道参数,从而影响其电导率,进而改变振荡器的工作频率。最高频率限制在 500MHz 是由于 1T1R 结构的寄生效应,因此要继续提高振荡器的工作频率还需要在器件尺寸上进行优化。

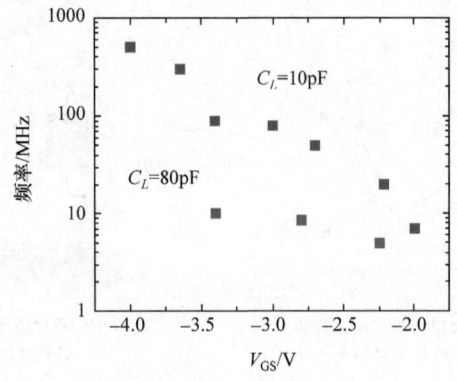

图 4.27　两种负载下频率随栅极电压变化曲线图[56]
(最高可达 500 MHz)

该结构在基于振荡神经网络的联想记忆体系中也表现出很好的适应性。利用该振荡器设计出一种基于阻值切换的 VerilogA 模型,用来模拟利用以上 1T1R 压控振荡器搭建的振荡神经网络的运行模式,设计电路如图 4.28 所示。由于该系统采用的振荡器具体很高的工作频率,因此神经网络相对于其他已提出的神经网络结构而言具有更小的建立时间。

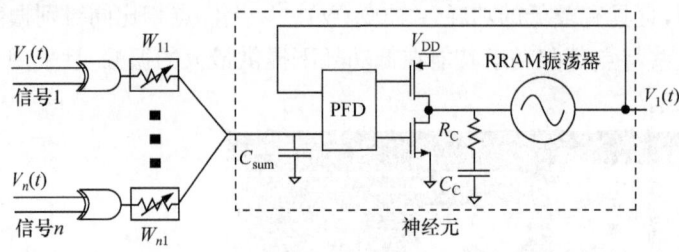

图 4.28　由突触控制相位和频率的神经元电路图[56]

4.2.4　1D1R 结构

在实际应用中,在抑制反向电流这方面,如果不用晶体管,自然会选择二极管。二极管作为简单的两端口器件,只允许施加正向电压时,电流从正向流过;施加反向电压时,二极管便会截止。所谓 1D1R 结构,是将一个二极管和一个阻变单元结合在一起组成一个存储单元。将二极管和阻变单元串联到一起后,整个存储单元在不同极性电压下工作时的电流-电压曲线就是不对称的(图4.29)。

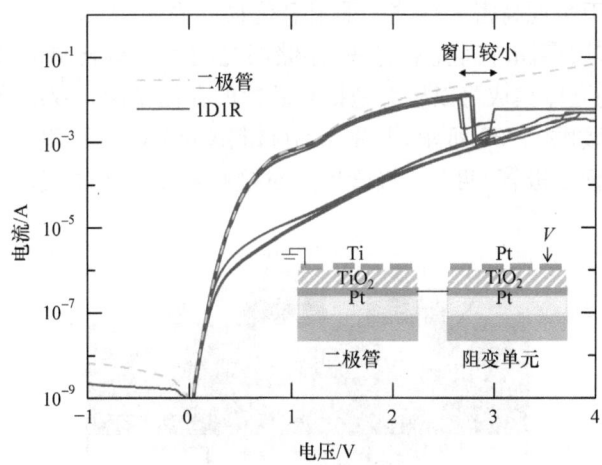

图4.29 单极性 TiO_2 1D1R 单元的 V-I 曲线[57]

早在2006年,Hosoi 等[58]提出一种单极性 1D1R 结构,其单元和交叉阵列原理如图4.30所示。因为串扰电流不论走哪条路径总要反向流过一个阻变单元,所以通过串联二极管来抑制反向电流就能很好地抑制串扰电流,避免非选中单元引起的干扰和泄漏路径,从而避免数据误读现象。由于单极性二极管限制了反向电流,那么就无法从负向对阻变存储器进行各种操作,因此单极性 1D1R 结构只适用于具有单极性电阻转变效应的器件。

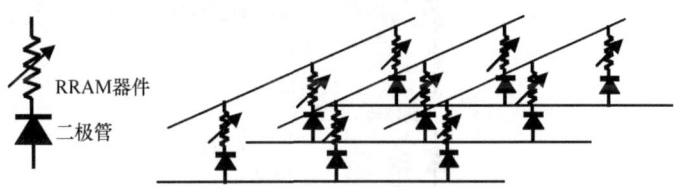

图4.30 单极性 1D1R 单元和交叉阵列原理图[58]

如今,双向二极管开始走进人们的视野。正如之前所提到的,Kawahara 等[51]就在其开发的 8MB 忆阻器存储芯片中采用忆阻器与双向二极管串联的 1D1R 结构。

在二极管的制作流程中,可以采用在硅衬底形成 pn 结开关二极管,如图4.31所示(忆阻器功能层为 $Pr_{0.7}Ca_{0.3}MnO_3$,忆阻器上下电极为 Pt 电极)。但是,这种结构占用面积大,需要高温工艺形成二极管,而且无法进行三维集成。相反,由 p 型和 n 型氧化物半导体组成的氧化物二极管,以及利用氧化物半导体与金属之间的肖特基势垒制备的二极管在工艺方面就具有很大的灵活性,可以在低至室温的多种衬底材料上进行制备。Lee 等[59]在2007年提出一种基于氧化物二极管的

1D1R 单元结构,氧化物二极管制作工艺简单,可以在室温制作,实现叠置的三维立体集成,有利于实现高密度存储。采用氧化物二极管的 1D1R 单元可以用多层互连的方式把多层存储阵列叠置起来,存储层之间用绝缘材料隔离[60],这种方式堆叠起来实现的立体集成可以极大地提高芯片的存储密度。双层叠置的氧化物二极管 1D1R 单元如图 4.32 所示,其中 p 型材料 CuO_x(CuO)和 n 型材料 $InZnO_x$(IZO)构成 p-n 型二极管,两个二极管反向对接并共用一个位线;NiO 部分为忆阻器功能层。

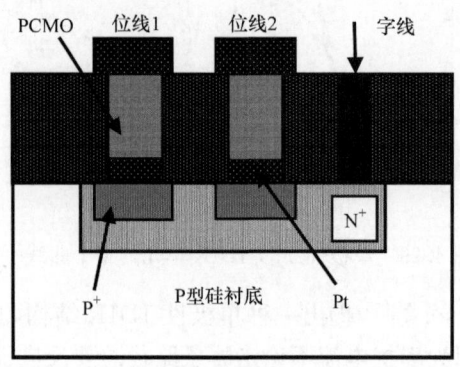

图 4.31 硅二极管的 1D1R 单元[42]

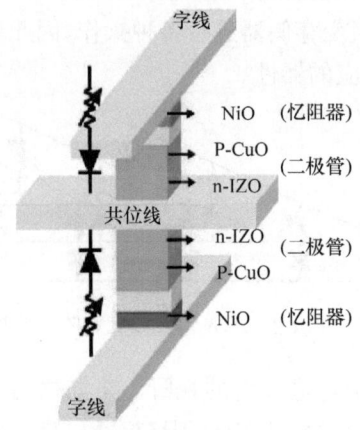

图 4.32 双层叠置的氧化物二极管 1D1R 单元[61]

由于肖特基型的二极管具有结构简单、制备方便、易于与阻变器件集成的特点,因此大多数的氧化物二极管都属于肖特基型,但也有部分性能优异的氧化物二极管是基于 p-n 型结构的。

2013 年,Lee 等[62]通过引入 ZrO_2 层到 Pt/HfO_2/TiN 忆阻器结构中得到了具有单极性阻变特性的忆阻器件(Pt/ZrO_2/HfO_2/TiN),并将该器件与一个 Pt/In-

ZrO(IZO)/CoO/Pt/TiN 氧化物二极管集成在一起构成 1D1R 结构,如图 4.33 所示。研究发现,Pt/InZrO(IZO)/CoO/Pt/TiN 二极管具有较大的正向电流(I_F)和较大的正负向电流比,在±2V 电压下正负向电流比可达 $7×10^3$。

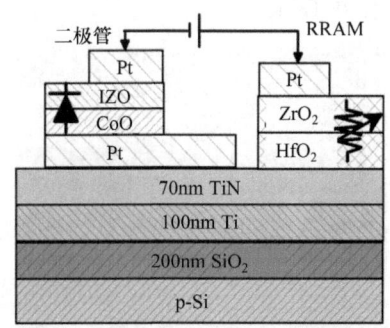

图 4.33 Pt/ZrO$_2$/HfO$_2$/TiN 忆阻器与
Pt/InZrO(IZO)/CoO/Pt/TiN 氧化物二极管构成的 1D1R 结构示意图[62]

Lee 等还对 Pt/ZrO$_2$/HfO$_2$/TiN 单极性忆阻器件的工作原理进行了讨论,如图 4.34 所示。由于 HfO$_2$ 层具有更高的氧原子结合能,因此该层的氧空位浓度低于上方的 ZrO$_2$ 层,如图 4.34(a)所示。初始化之后,HfO$_2$ 层与 ZrO$_2$ 层均开始形成氧空位导电丝,连接 Pt 上电极与 TiN 下电极,此时忆阻器为低阻态,如图 4.34(b)所示。由于上下两层中氧空位的浓度不同,因此形成的导电丝尺寸也存在差别,HfO$_2$ 层中的导电丝理论上比 ZrO$_2$ 层中的要细一些。忆阻器关断过程是由氧离子浓度梯度以及外加电场两种作用力之间的竞争控制的。由于焦耳热的作用,氧离子从 HfO$_2$ 层与 ZrO$_2$ 层之间的界面层迁移到 HfO$_2$ 层中,与其中的导电丝发生氧化还原反应,致使 HfO$_2$ 层中的导电丝断裂,使得忆阻器回到高阻态,而 ZrO$_2$ 层中的导电丝却依然存在。当忆阻器切换到开态时,HfO$_2$ 层中的氧空位再次形成导电丝使忆阻器切换成低阻态。由于这种机制使得导电丝的形成与断裂局限在 HfO$_2$ 层中,因此 Pt/ZrO$_2$/HfO$_2$/TiN 器件展现出稳定的单极性阻变特性。

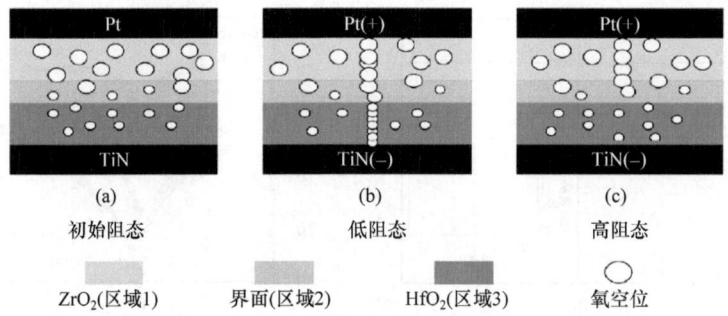

图 4.34 Pt/ZrO$_2$/HfO$_2$/TiN 单极性忆阻器件的工作原理图[59]

Zhang 等[63]于 2013 年提出一种从垂直方向上集成的基于 ZnO 的 1D1R 结构

存储器件,其中存储器(1R)部分为 FeZnO/MgO 忆阻器,二极管(1D)部分为 Ag/MgZnO 肖特基二极管。这种基于 ZnO 及其混合物的多功能层状结构是由辅以原位掺杂的金属有机化合物化学气相沉淀方法制作而成的,用扫描电子显微镜(SEM)观察其结构,如图 4.35 所示。

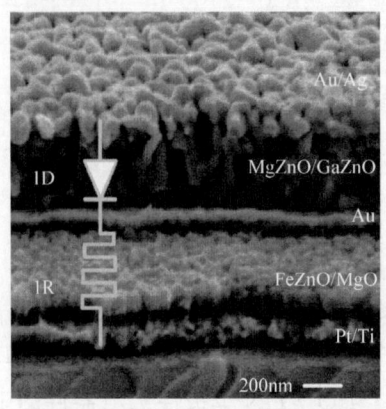

图 4.35 基于 ZnO 的 1D1R 结构 SEM 图像[63]

在该器件中,FeZnO/MgO 忆阻器在 1V 电压下高阻态和低阻态时的电流比值可达 $2.4×10^6$;Ag/MgZnO 肖特基二极管在 ±1V 电压下正负向电流比可达 $2.4×10^7$。总体而言,该 1D1R 结构具有较高的高低阻态比、良好的整流特性,以及稳定的保持特性。

2012 年,Huang 等[64]提出一种 ZnO_{1-x} 纳米柱阵列(nanorod arrays,NRs)和 ZnO 薄膜(thin film,TF)结合的双层结构,ZnO_{1-x} NRs 不但能在 Pt/ZnO_{1-x} NRs 和 ZnO TF/Pt 的界面处造成不对称的肖特基势垒,使该结构成为一种同质结二极管,也能为 ZnO TF 层提供氧空位,使得氧空位导电丝能够在 ZnO TF 层中形成和断裂,因此说该结构也可作为忆阻器。该器件作为同质结二极管和忆阻器的 V-I 曲线如图 4.36 所示。

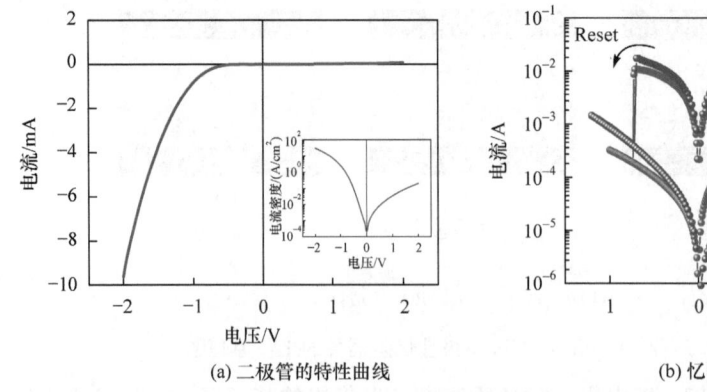

(a) 二极管的特性曲线 (b) 忆阻器的 V-I 曲线

图 4.36 ZnO_{1-x} NRs 和 ZnO TF 双层结构 V-I 曲线图[64]

综上所述，可以利用两个这种双层结构，分别采用其二极管整流特性和忆阻器阻变特性，构成一个1D1R结构存储器件。其V-I曲线如图4.37所示，其中插图部分展示了利用相同的两个ZnO_{1-x}NRs和ZnO TF双层结构反向串联后构成1D1R的器件电路图。

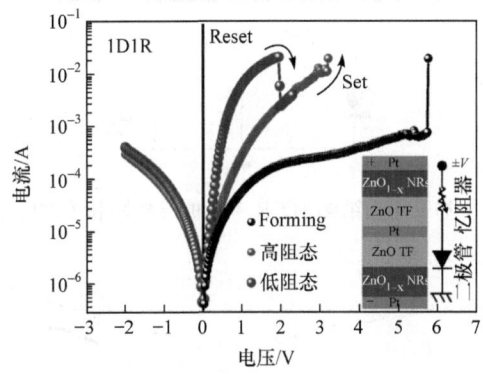

图4.37　两个ZnO_{1-x}NRs和ZnO TF双层结构反向串联构成的1D1R器件V-I曲线及电路图[64]

2015年，Poghosyan等[65]提出一种由基于Pt/ZnO∶Ga/ZnO/Pt异质结构的肖特基二极管和基于Pt/ZnO∶Ga/ZnO/ZnO∶Li/Pt异质结构的忆阻器组成的1D1R结构，该异质结构采用电子束真空沉积方法制成，等效电路如图4.38所示。由于Pt/ZnO之间存在肖特基势垒，阻挡了电子的注入，使得对该结构不论是施加正向偏压，还是负向偏压，都具有很小的漏电流。相反，在Pt/ZnO∶Ga/Pt结构中，由于Ga的引入，使得ZnO∶Ga薄膜的费米能级接近导带，Pt/ZnO∶Ga之间的肖特基势垒减小，Pt/ZnO∶Ga之间形成欧姆接触，进而由于隧道效应使得掺杂Ga之后的结构具有较大的漏电流，因此Pt/ZnO∶Ga/ZnO∶Li/Pt结构具有不对称的非线性电流曲线，如图4.39中曲线3所示。该结构在正向偏压和负向偏压作用下的电流比值约有10^3倍，正因如此，该结构可以用来作为1D1R中的肖特基二极管(1D)。在对该1D1R结构进行测试后，可以得出其更具有较高的稳定性，能够达到10^4的开关次数，以及10^{10}的重复读取次数。

由于材料自身的原因，氧化物二极管目前最大的问题在于，其正向电流密度较低。氧化物二极管的正向电流密度普遍只有$10^3 A/cm^2$左右，最大也只有$10^4 A/cm^2$的量级，而实际使用中期望的电流密度应达到$10^5 \sim 10^6 A/cm^2$的量级。如果正向电流密度不足，就有可能使阻变单元无法发生阻变，因此选择形成二极管更为合适的材料，改善制备工艺以提高正向电流密度是1D1R结构目前急需解决的问题。

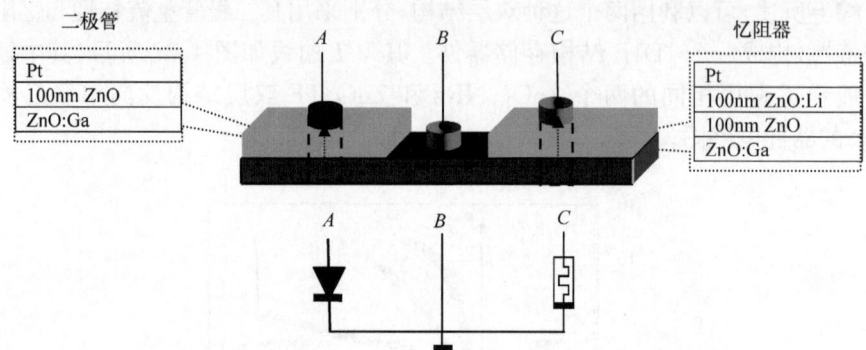

图 4.38　基于异质结构 1D1R 单元的结构图和等效电路图[65]

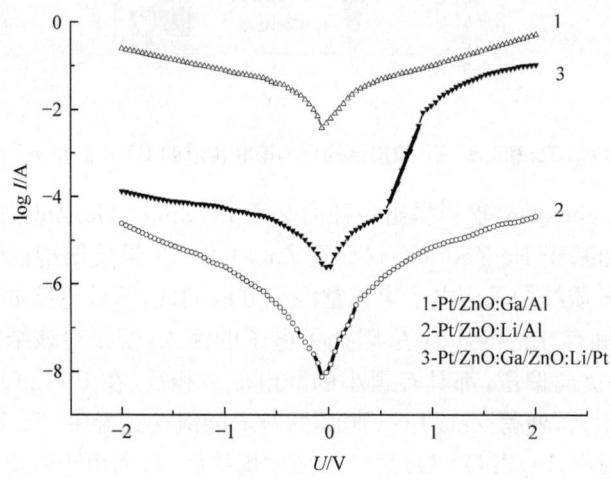

图 4.39　不同结构下 AC 之间的电流曲线[65]

4.2.5　1S1R 结构

近两年,由于 1D1R 和 1T1R 的局限性,1 个选通管和 1 个忆阻器(one selector one resistor,1S1R)的集成结构逐渐受到更多关注和研究。1T1R 结构需要增加额外的选通信号(晶体管为三端器件),而传统的 1D1R 结构仅适用于单极性器件(二极管为单向导通)。为了克服上述两种结构的不足,学术界又提出 1S1R 结构的存储阵列。1S1R 结构在每个存储单元上给忆阻器串联了一个双向二极管,可以达到较好的选通效果。目前,1S1R 结构的阻变存储器存储阵列在器件工艺和电路设计上都取得了很大进展。

Huang 等[66] 2011 年提出一种基于 Ni/TiO_2/Ni 结构的双向非线性选通管,并将其与 Ni/HfO_2/Pt 结构忆阻器串联,构成一种大规模 1S1R 器件,存储容量可达

10MB，是当时双极性交叉阵列中最大的之一。其中，Ni/TiO₂/Ni 结构选通管由于在 Ni/TiO₂ 界面层的肖特基势垒使其具有非线性 V-I 曲线，如图 4.40 细实线所示。通过调整 Set 过程中的限流大小，可以得到 Ni/HfO₂/Pt 忆阻器阻变曲线，如图 4.40 中菱形线和圈形线所示，其中 R1 和 R2 分别代表 Reset 电流为 100μA 和 1mA 时的阻变曲线。

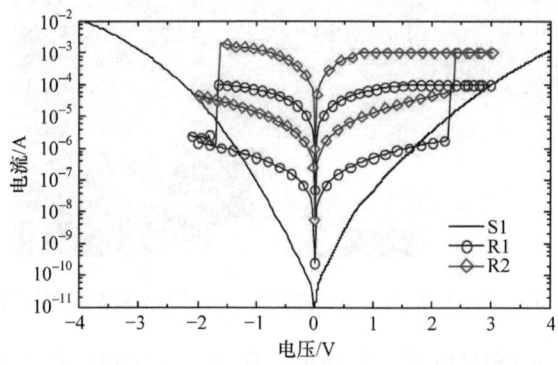

图 4.40 Ni/TiO₂/Ni 选通管和 Ni/HfO₂/Pt 忆阻器 V-I 曲线图[66]

对忆阻器与选通管串联而成的 1S1R 结构施加正负向扫描电压，可以得到超过 200 次的阻变特性曲线，如图 4.41 所示。同时，在插图中可以看到忆阻器高阻态时在+2V 电压下和低阻态时在-2V 电压下器件稳定的数据保持特性。

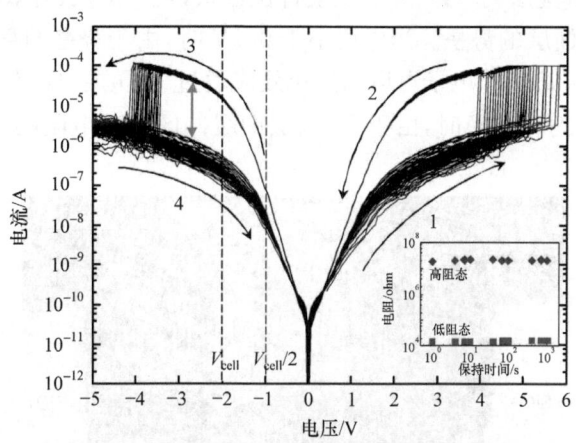

图 4.41 1S1R 结构下的阻变特性曲线图[66]
（插图部分为高、低阻态保持特性图）

2011 年，Huang 等[67]还制备了一种基于上述 1S1R 结构的柔性忆阻器。该器件采取将 Ni/TiO₂/Ni 双向选通管与 Ni/HfO₂/Pt 忆阻器纵向堆叠的方式，组成 Ni/TiO₂/Ni/HfO₂/Pt 结构的 1S1R 单元，利用此 1S1R 结构集成的 8×8 柔性忆阻器阵列如图 4.42 所示。

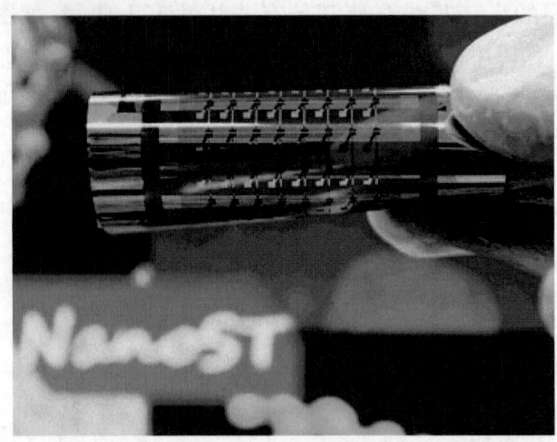

图 4.42　Ni/TiO$_2$/Ni/HfO$_2$/Pt 1S1R 结构集成的 8×8 柔性忆阻器阵列实物图[67]

不但如此,这种 1S1R 阵列结构还可以集成在一块塑料基底上,且在室温下就可以制作完成。这对于高密度、低成本、柔性、三维集成电路制作工业来说都具有相当大的吸引力。

2012 年,Lee 等[68]提出一种由 Pt/TaO$_x$/TiO$_2$/TaO$_x$/Pt 结构组成的压敏型双向选通管。其透射电子显微镜扫描图如图 4.43 所示。在 TaO$_x$/TiO$_2$ 界面处,Ta^{5+} 离子进入 TiO$_2$ 层与 Ti^{4+} 离子发生替位掺杂,使 TiO$_2$ 层有效厚度减小,TiO$_2$ 层也成为两侧界面层的势垒。当电压小于 0.7V 时,由于势垒的存在,电流受到抑制;当电压大于 0.7V 时,电子可以由隧道效应通过 TiO$_2$ 层,使得电流强度得到大幅提高;当电压大于 1.2V 时,由于 TaO$_x$ 层中缓冲区内部电阻的作用使得电流达到饱和。

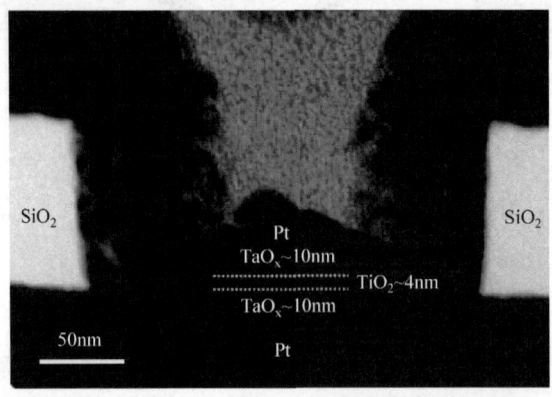

图 4.43　Pt/TaO$_x$/TiO$_2$/TaO$_x$/Pt 选通管扫描图像[68]

该选通管最大电流密度(J_{MAX})可达$3×10^7 A/cm^2$,且具有较大的选通比,在读取电压下(V_{read})和$1/2 V_{read}$下的电流比可达10^4,如图 4.44 所示。由此可知,非选中单元的漏电流可以有效抑制到选中单元的$1/10^4$以下。

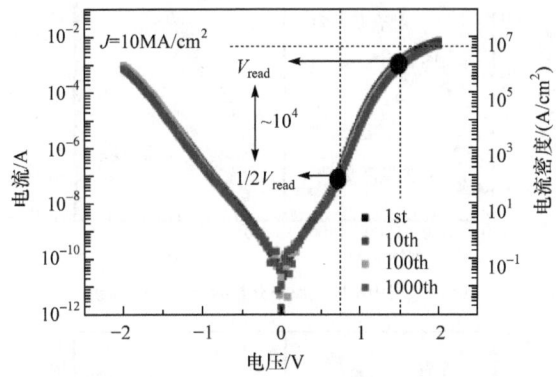

图 4.44 Pt/TaO$_x$/TiO$_2$/TaO$_x$/Pt 选通管 V-I 曲线和 J-V 曲线[68]

2013 年,Woo 等[69]提出一种具有优异双向选择特性的多层隧道结结构(Ta$_2$O$_5$/TaO$_x$/TiO$_2$)。为了使其双向选择特性最大化,该小组尝试了多种优化方法,通过调节氧化时间改变 Ta$_2$O$_5$ 层的厚度;改变氧原子在 TaO$_x$ 层的分布情况;选择不同的上电极;选择不同的金属氧化物作为该结构的底层等。不同方法的实验结果如图 4.45(a)~图 4.45(c)所示。可以看出,Pt 电极相比 Ni、W、Ti,氧原子梯度分布相对均匀分布,TiO$_2$ 相比 Al$_2$O$_3$ 和 HfO$_2$ 都具有更大的电流变化范围,工作电流和漏电流之比也就越大,更适合作为该结构的组成部分。将这些最优选择综合起来就可以得到 Pt/Ta$_2$O$_5$/TaO$_x$/TiO$_2$/Pt 选通管。其 V-I 曲线如图 4.45(d)所示,可以看到该结构选通管具有较高的选通比(工作电流漏电流之比可达10^4),极小的漏电流(<100nA),相当可观的电流密度(>$10^7 A/cm^2$),以及较大的读取电压范围(V_M>1.1V)。

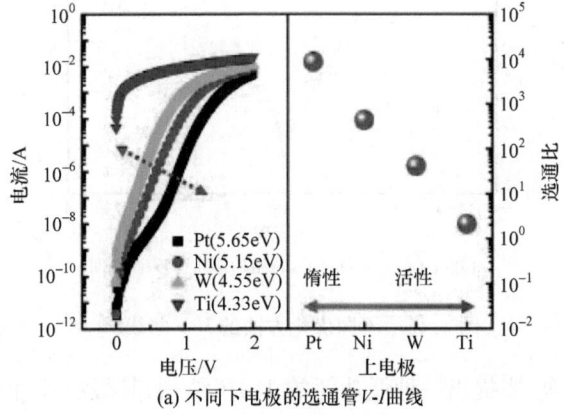

(a) 不同下电极的选通管 V-I 曲线

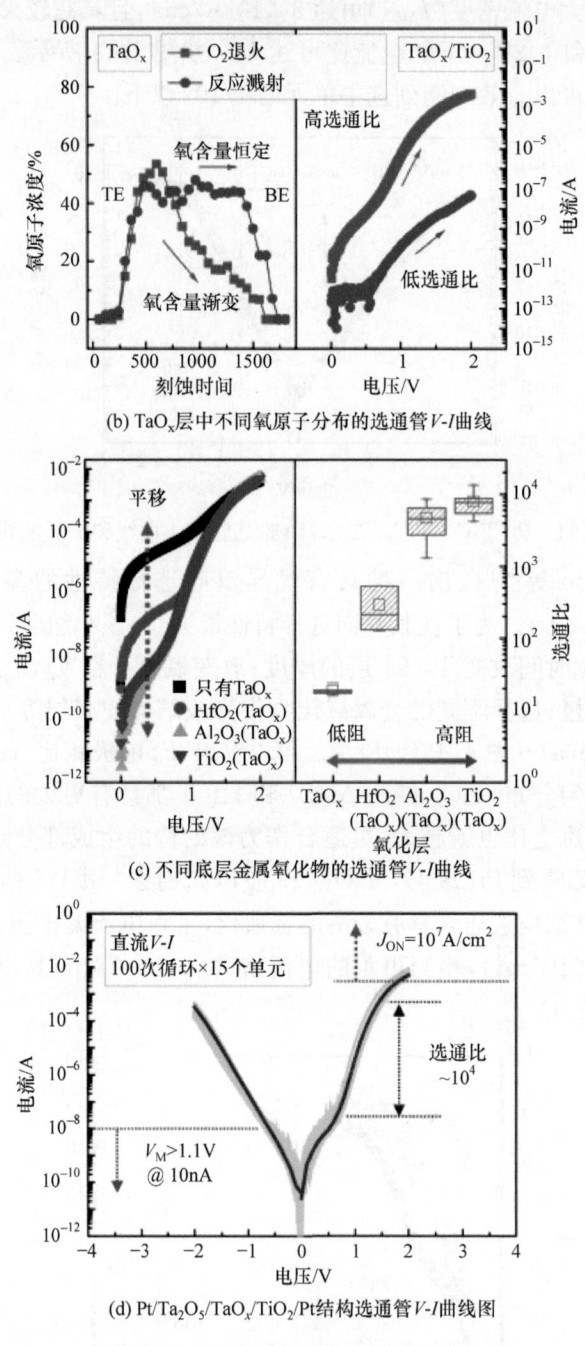

图 4.45 不同优化方法的 V-I 曲线[69]

2014年，Kim 等[70] 提出一种低功耗的 1S1R 结构，其最小尺寸可达 5Xnm（50～

59nm)。该团队对基于 TiO_x/TaO_x 材料的忆阻器(1R)和基于 NbO_2 材料,以及 TiN 电极的选通管(1S)进行了优化,得到了当时报道工作电流最小($20\sim50\mu A$)、漏电流最小($1\mu A$)的 1S1R 结构。

图 4.46(a)和图 4.46(b)分别展示了 1R 结构和 1S1R 结构下的阻变特性曲线。可以看出,1R 结构不但漏电流较大,而且电流还会存在梯度分布现象,而串联选通管之后的 1S1R 结构漏电流得到了有效的抑制。不但如此,该团队还对常用的惰性电极进行了优化,选用 TiN 替代 Pt 等贵重金属材料,大大削减了忆阻器件的制作成本。

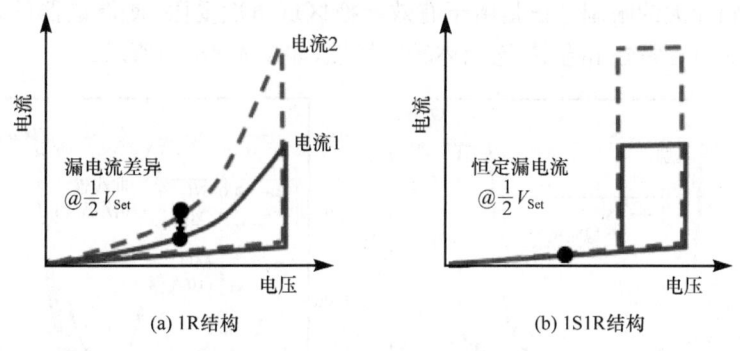

图 4.46 阻变特性曲线[70]

为了进一步减小 1S1R 结构的工作电流和漏电流,该团队发现 NbO_2 之所以可作为 1S 材料,是由于焦耳热诱导了其带阈值的双向开关特性。因此,为了增大 NbO_2 的有效能带宽度($<1eV$)来增强焦耳热对带阈值双向开关特性的作用,选用电阻更大的 TiAlN 电极材料,且在选通管的电极与功能层(NbO_2)之间加入了势垒层,使得该 1S1R 结构的工作电流和漏电流得到大幅的减小($30\mu A$ 和 $1.5\mu A$),如图 4.47 所示。

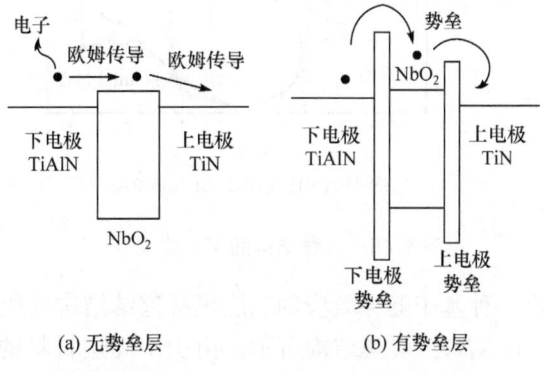

图 4.47 NbO_2 选通管能带结构示意图[70]

2015年,Lee等[71]提出一种利用低价金属氧化物金属-绝缘体转变机制实现器件通断的选通管。单层结构选通管中的转变区域的变化是不可逆的,这也造成了器件开关循环的不稳定性,如图4.48(a)所示。利用活性金属层(Ta层)吸收氧化层(TiO_2层)中的氧原子可以得到TaO_{2-x}层,并在TaO_{2-x}层形成过程中引入了氧空位,其中的氧空位会在该层中形成一条钟乳石状的导电通道。该通道可以有效地限制金属-绝缘体转变区域,转变区域受限使得其转变过程成为可逆过程,大大提高了切换的稳定性,如图4.48(b)所示。若再在Ti_xO_y层后加入一层绝缘层(TiO_2层),由于化学势的关系TiO_2层中的氧空位浓度很低,因此其形成的导电通道也会受到极大的限制。正是由于有效转换区域再次受限,使得该器件表现出更加稳定的非线性特性和金属-绝缘体转变特性,如图4.48(c)所示。

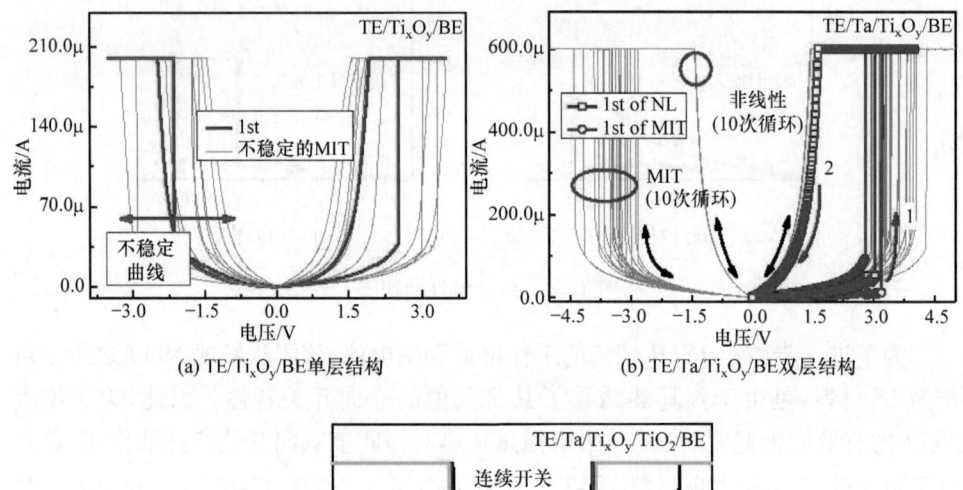

(a) TE/Ti_xO_y/BE单层结构　　　　(b) TE/Ta/Ti_xO_y/BE双层结构

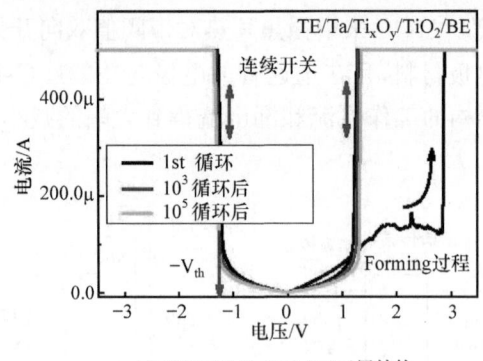

(c) TE/Ta/Ti_xO_y/TiO_2/BE三层结构

图4.48　各种结构的V-I曲线[71]

Choi等[72]提出一种基于隧穿效应的三层膜隧道结结构选通管,如图4.49(a)中TaN_{1+x}/Ta_2O_5/TaN_{1+x}三层膜结构所示。由于中间层材料的电子亲和能高于两侧的材料,因此该三层膜结构的能带结构与单层膜结构相比,会在中间势垒部分多出一个冠状势垒,使之具有更好的非线性特性。图4.49(b)将三层膜结构选通管与不同种类和厚度的单层膜结构选通管的非线性特性进行了对比。图4.49(c)将各层厚度不同的该种三层膜结构的非线性特性进行了对比。从以上两幅图可以看出,三层膜结构的非线性特性要明显优于单层膜结构,且TaN_{1+x}层越厚器件的阻值越大,非线性特性也越显著。

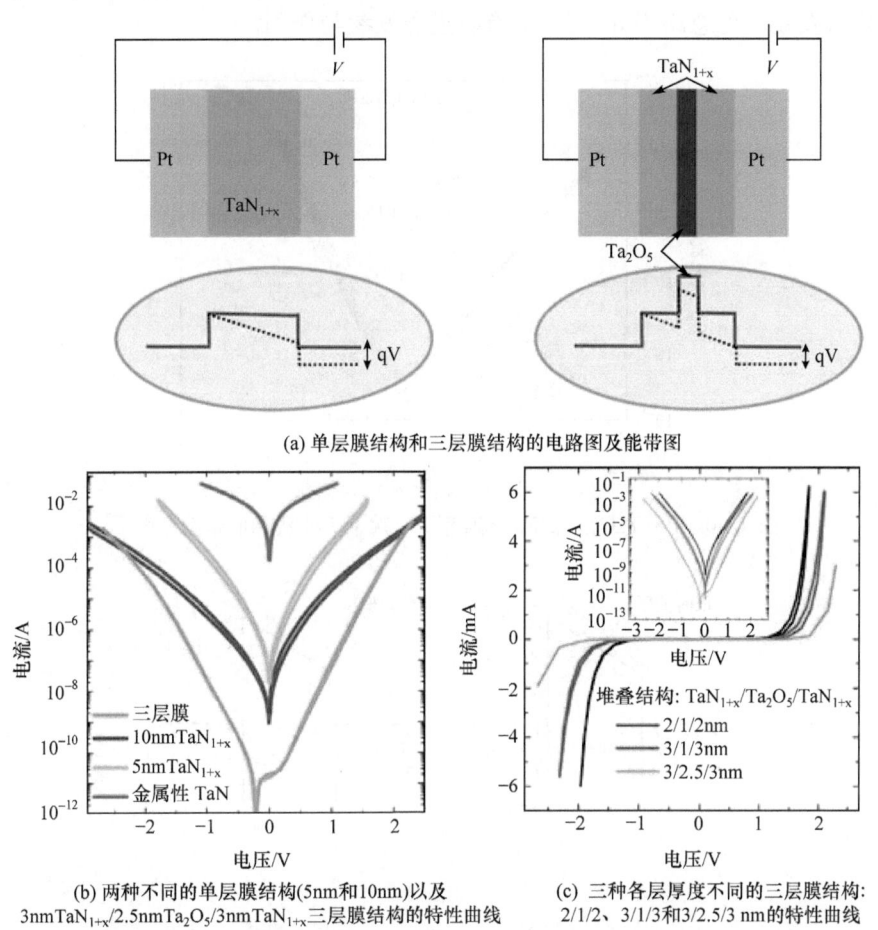

(a) 单层膜结构和三层膜结构的电路图及能带图

(b) 两种不同的单层膜结构(5nm和10nm)以及 $3nmTaN_{1+x}/2.5nmTa_2O_5/3nmTaN_{1+x}$ 三层膜结构的特性曲线

(c) 三种各层厚度不同的三层膜结构: 2/1/2、3/1/3和3/2.5/3 nm的特性曲线

图4.49 单层膜结构和三层膜隧道结结构的 V-I 曲线[72]

Wang 等[73]对 TaO_x 选通管的导电机制进行了探讨,提出一种梯形能带势垒模型,很好地解释了该选通管的电流、电压及温度特性,指出器件中热电子激发和隧道激发两种电流产生方式。$Pd/TaO_x/Ta/Pd$ 选通管100次 V-I 曲线和能带势叠图如图4.50所示。插图展示了电子流经 TaO_x 层过程中的梯形能带势垒模型,其中 $q\Phi_1$ 和 $q\Phi_2$ 分别代表下电极接触面(TaO_x/Ta)和上电极接触面(Pd/TaO_x)的能带势垒。可以看出,该选通管具有较好的非线性特性(约10^4)和一致性,且具有一

定的非对称特性,这与上下两个接触面的势垒大小不同有关。如图 4.51 所示,$J_{TE1}(J_{TE2})$、$J_{TN1}(J_{TN2})$ 和 $J_1(J_2)$ 分别代表从下(上)电极流经上(下)电极的热电子激发电流密度,隧道电流密度和总电流密度。由于下电极接触面势垒较低,因此在正向电压作用下,热电子激发和隧道激发都会作用于电子传输过程,且热激发决定了器件在高温和大电压下的电流。在负向电压下,由于上电极接触面势垒 $q\Phi_2$ 较高,热激发效应可忽略不计,因此只有隧道激发参与作用。

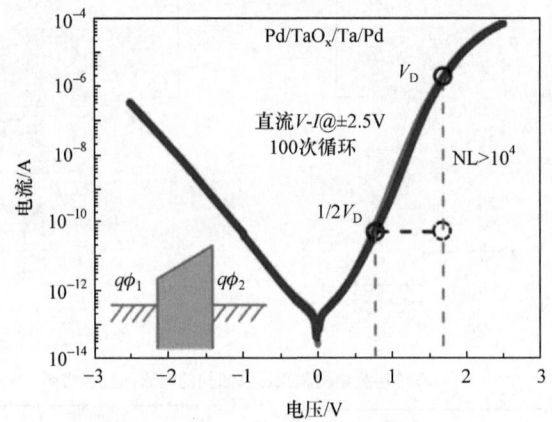

图 4.50　Pd/TaO$_x$/Ta/Pd 选通管 100 次 V-I 曲线和能带势垒图[73]

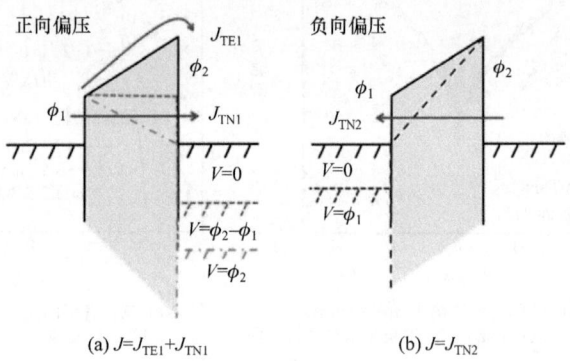

图 4.51　Pd/TaO$_x$/Ta/Pd 选通管在正负向电压下的能带结构图[73]

2014 年,Meshram 等[74]提出一种具有三角形势垒的穿通型二极管。该二极管具有垂直结构下 $4F^2$ 的工艺尺寸,在低于 520℃ 环境下,可在一块外延生长的硅上形成 n$^+$/i/δp$^+$/i/n$^+$ (NIPIN)多层结构,其中 i 表示本征半导体层,δp$^+$ 层表示掺杂浓度与一个 δ 函数相似,如图 4.52 所示。

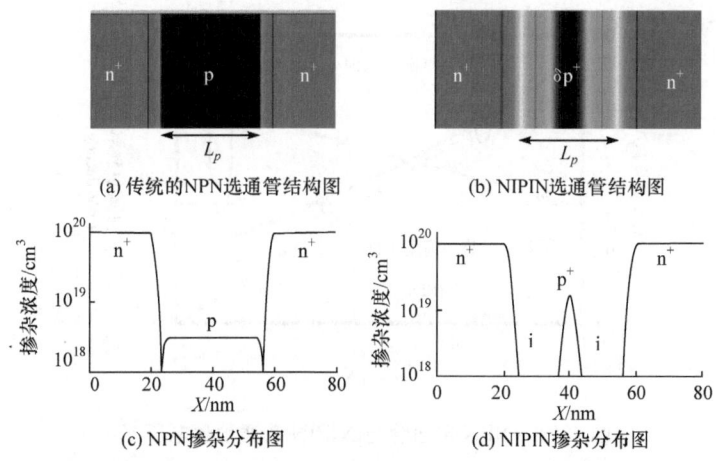

图 4.52　NPN 与 NIPIN 选通管结构图和掺杂分布图[74]

与 NPN 选通管的抛物线型导带势垒相比,NIPIN 选通管在不同电压下则表现出一种三角形导带势垒结构,如图 4.53 所示。可以看出,外加电压(V_a)为 0 时,两种选通管在平衡状态下的势垒高度相同,随着电压的增大,NIPIN 选通管的势垒高度与 NPN 型相比明显减小,NIPIN 选通管势垒最高点的位置基本没有移动,但 NPN 型则是朝着源端移动。势垒高度 V_b 与亚阈值斜率随电压 V_a 变化的曲线如图 4.54 所示。可以看出,NPN 选通管的势垒高度 V_b 与 V_a 成平方相关,NIPIN 选通管的势垒高度 V_b 与 V_a 成线性相关。由于亚阈值电流取决于通过势垒注入的电子,因此势垒减小幅度越大电流越大,仿真得到的 V-I 特性曲线如图 4.55 所示。当 $V_a=0$ 时,由于两种选通管在平衡状态下的势垒高度相同,因此关断状态下的电流密度相同,但当电压升高,NIPIN 选通管的电流密度表现出更大、更稳定的增长曲线。综上所述,与传统的 NPN 选通管相比,NIPIN 选通管在电压、非线性特性、电流密度,以及制作工艺上都具有明显的优势。

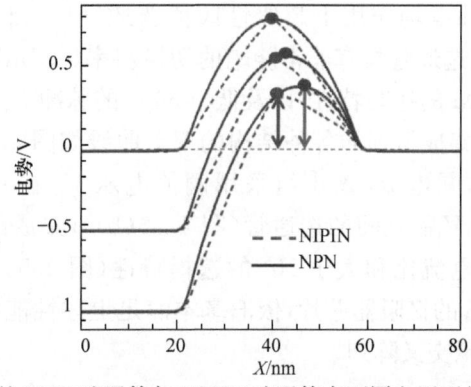

图 4.53　传统的 NPN 选通管与 NIPIN 选通管在不同电压下的导带势垒图[74]

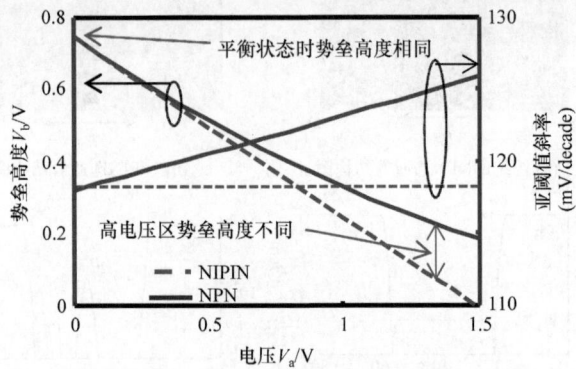

图 4.54 NPN 选通管与 NIPIN 选通管随电压 V_a 增大势垒高度 V_b 与亚阈值斜率变化曲线[74]

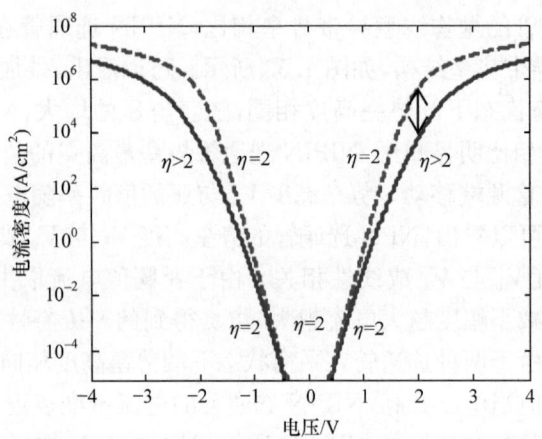

图 4.55 仿真得到的 V-I 特性曲线[74]

Jo 等[75]提出一种电场作用下超线性阈值选通管(field assisted superlinear threshold, FAST),该选通管具有非常陡峭的切换斜率(<5mV/dec),超高的选择特性(10^{10}),大于 100M 的擦写特性,以及低于 50ns 的脉冲下正常工作的能力。利用该选通管与忆阻器集成得到的各种结构的 V-I 曲线如图 4.56 所示。为了降低编程和读取过程中的漏电流,该小组采用阈值电压 V_{th} 在 $0.5V_{PRG}$ (编程电压,图 4.56(a)虚线处)到 V_{PRG} 之间的选通管(图 4.56(b)),集成的 1S1R 器件表现出大于 10^2 的通态断态电流比和大于 10^6 的选择特性(图 4.56(c))。利用该 1S1R 器件可集成得到 4MB 的忆阻器芯片,依旧基本满足上述性能指标,同时也是当时报道最大的 1S1R 无源交叉阵列。

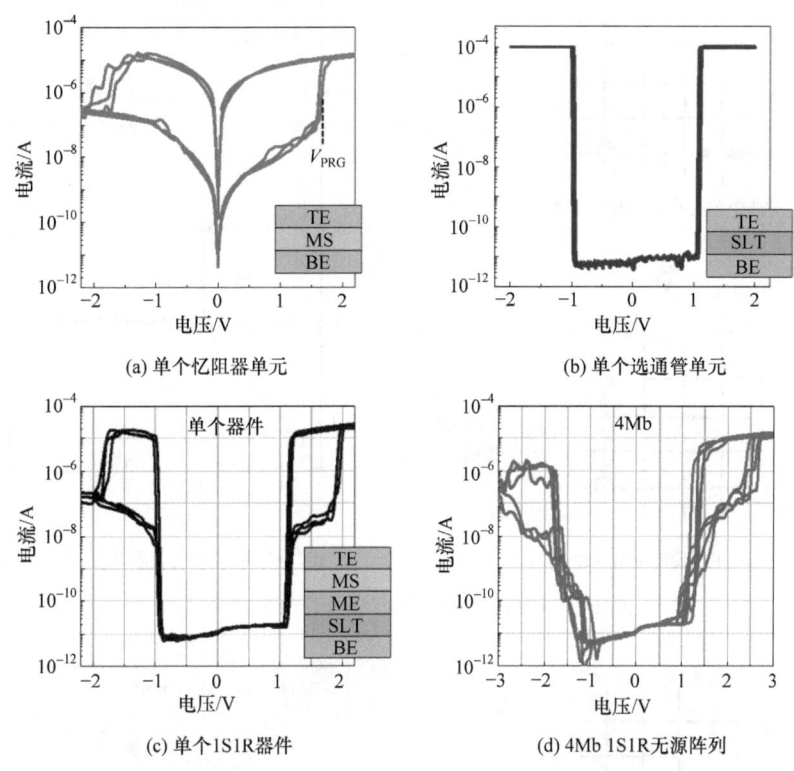

图 4.56　忆阻器与 FAST 选通管集成结构的各种 V-I 曲线[75]

Zhou 等[76]对 1S1R 交叉阵列中的电压传输、电流传输,以及功耗等方面进行了分析。对电压传输的分析方法如图 4.57(a)所示,由于传输过程中线性电阻存在分压,电压到达选中单元时的电压 $V_{selected}$ 会低于 Set 和 Reset 所需的电压,因此需要对字线电压 V_{ws} 进行补偿。这会增大对非选中单元的串扰,其中串扰最大的就是字线上离源端最近的单元,其电压记为 $V_{disturb}$。定义编程电压窗口为选中单元电压与最大串扰单元电压之间的差值,如图 4.57(b)所示。按照相似的分析方法可以得出编程电流窗口(图 4.58),由于电流超过一定值会发生电子迁移现象,因此需对字线电流 $I_{word-line}$ 采取限制,同时引入了最大电流窗口,其中 $I_{disturb-limit}$ 表示最大不引起误编程的电流,$R_h(R_{hr})$ 是由编程电压 $V_{write}(V_{write}/2)$ 下的电流值决定的。

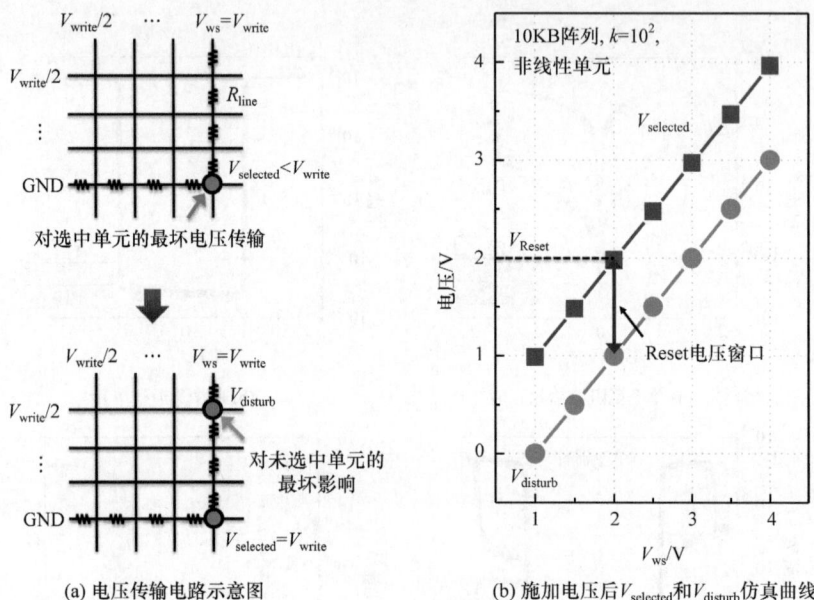

(a) 电压传输电路示意图　　(b) 施加电压后$V_{selected}$和$V_{disturb}$仿真曲线

图 4.57　电位传输分析方法及其仿真结果[76]

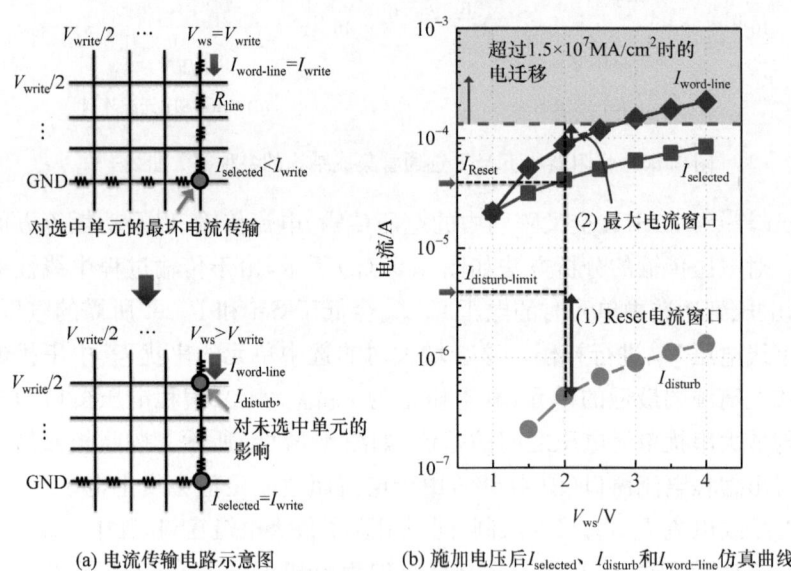

(a) 电流传输电路示意图　　(b) 施加电压后$I_{selected}$、$I_{disturb}$和$I_{word-line}$仿真曲线

图 4.58　编程电流窗口[76]

对$V_{write}/2$和$V_{write}/3$两种编程方案的功耗进行对比分析，如图 4.59 所示，$V_{write}/3$方案具有更低的串扰(最大$V_{write}/3$)，而$V_{write}/2$方案具有更低的功耗。

Zhang 等[77]也对$V_{write}/2$和$V_{write}/3$两种编程方案进行了对比，如图 4.60 所示。可以看出，随着芯片集成度的增大，读取裕度的削减比编程电压更为显著，当

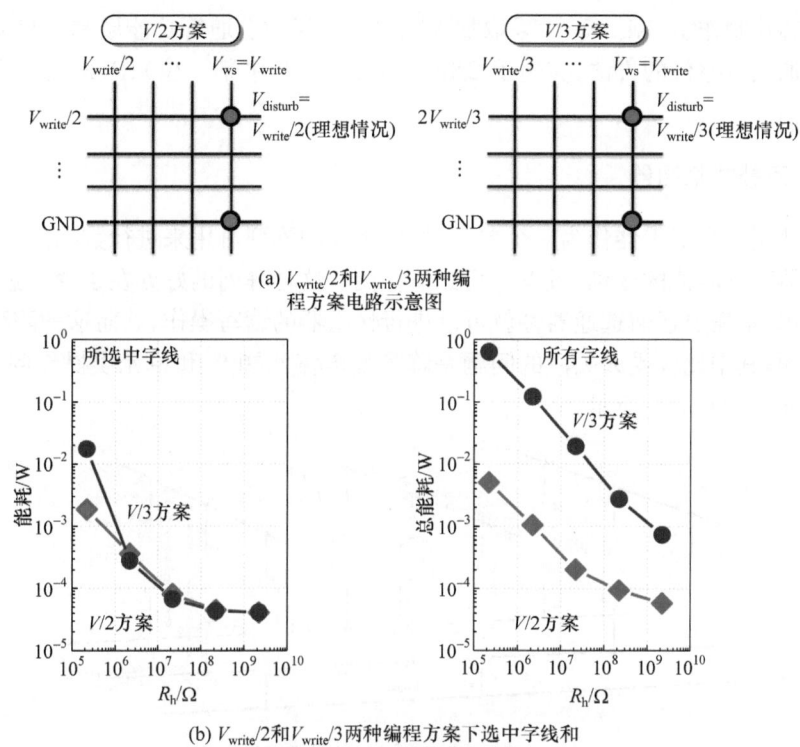

图 4.59 两种编程方案功耗对比[76]

采用 $V_{write}/2$ 编程方案时,读取裕度在 1MB 集成度下就减少到只剩 10% 左右,因此虽然 $V_{write}/3$ 编程方案在功耗上具有劣势,但比较 $V_{write}/2$ 在串扰和可靠性方面的问题,$V_{write}/3$ 编程方案还是更适合作为忆阻器芯片的编程和读取方案。

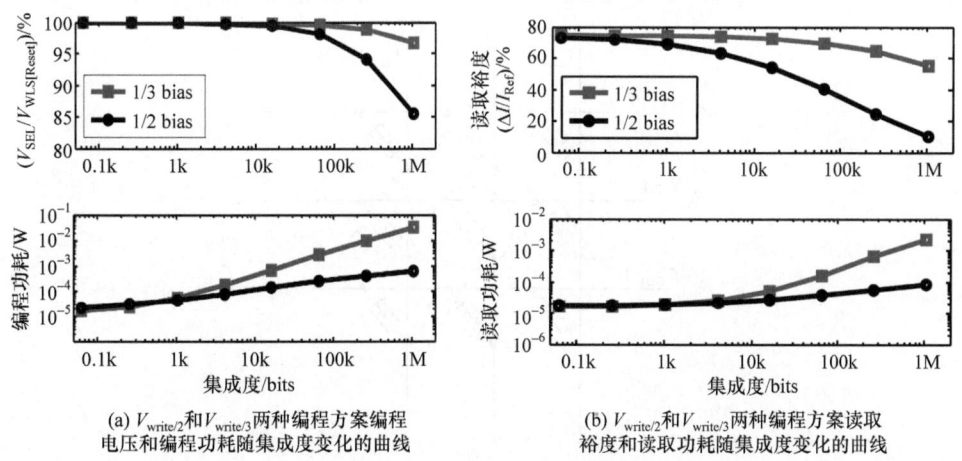

图 4.60 编程方案对比[77]

在芯片制作上,Kim 等[78]采取加入隔离层来保护选通管功能层和在忆阻器功能层中加入氧空位的方法,实现了 2Xnm(X 为 0~9 中某一位)1S1R 交叉点单元阵列结构。

4.2.6 互补式忆阻器

当使用一个忆阻器作为一个单元时,所组成的阵列可用来进行数据的存储,通过忆阻器高低阻值的区别,可以进行二值存储。这种阵列的好处在于读写速度快,结构简单,不需要任何选通器件就可以进行忆阻器的读写操作,然而这种阵列存在一些问题,其中比较受人关注的问题是阵列漏电流问题[79]和单元误操作问题[80],如图 4.61 和图 4.62 所示。

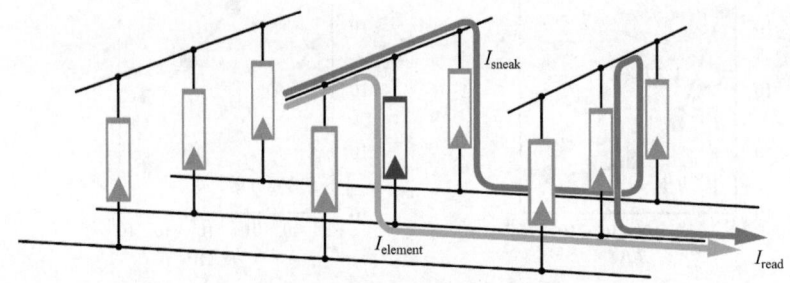

图 4.61 忆阻器阵列漏电流问题[79]

在读取阵列中某一单元的状态时,若被读取的单元为高阻态,而其四周的单元为低阻态,电流可能会流过一个电阻较小的支路,发生漏电流问题,导致不能正确读取指定单元的阻值,而误读了阻值较小的支路。单元的误操作问题则是指在读写某一单元时引发了其他单元的状态改变,如图 4.62 所示。

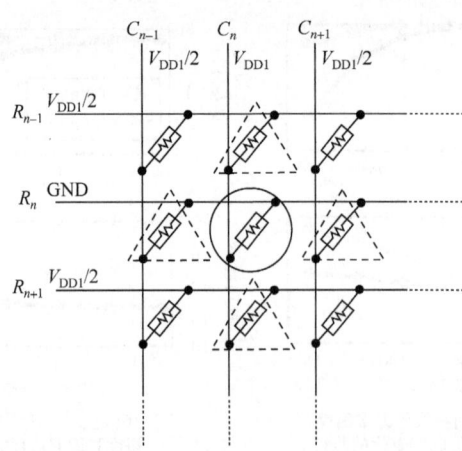

图 4.62 忆阻器单元误操作现象[80]

当我们对 C_n-R_n 单元进行操作时，在 C_n 线上加上 V_{DD1} 电压，而 C_{n-1} 和 C_{n+1} 线上加上 $V_{DD1}/2$ 电压，R_{n-1} 和 R_{n+1} 加上 $V_{DD1}/2$，而 R_n 线上为 GND，通过这种方式，被选通的单元两端电压为 V_{DD1}，即可选通 C_n 与 R_n 交叉处的单元进行操作。但是这种方式有一个问题，即被选通的单元周围的 4 个单元都会受到影响，变为半选通状态。如图 4.62 所示，被选通单元四周的 4 个单元的两端电压为 $V_{DD1}/2$，而不是 0，因此在这种情况下，半选通器件可能发生状态的转换（如从高阻态变为低阻态），这样会引发误操作，使其他单元发生状态的错误转换，导致存储信息出错，而使用互补式忆阻器（complementary resistive switches，CRS）则可以解决这个问题。

互补式忆阻器采用两个背靠背的忆阻器作为一个忆阻单元结构，背靠背的结构是指一个单元的下电极与另一个单元的上电极相连。Linn 等采用上电极为 Pt，中间层为固态电解质（如 GeSe），下电极为 Cu 的忆阻器来组成整个互补式忆阻器单元。互补式忆阻器中单一忆阻器 V-I 曲线如图 4.63 所示。

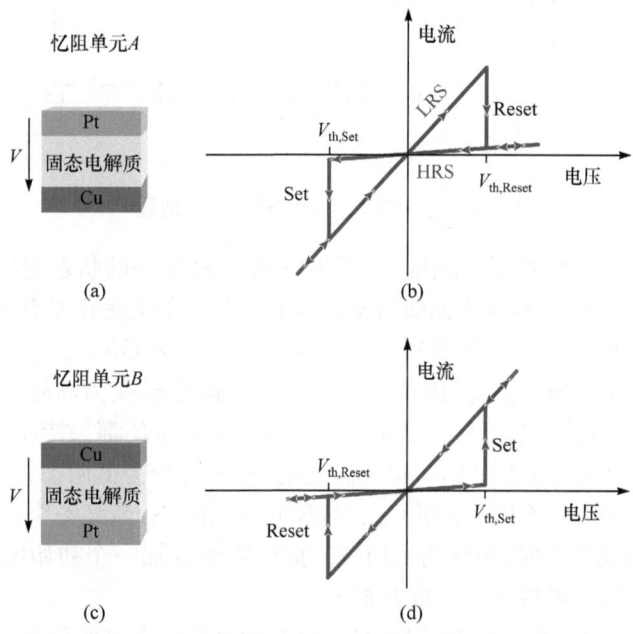

图 4.63　互补式忆阻器中单一忆阻器 V-I 曲线[79]

两个忆阻器背靠背连接，由于其上下电极相反，因此其忆阻曲线的 Set 和 Reset 过程也相反，两个忆阻器组成一个单元，由于其 V-I 曲线相反，Set 电压与 Reset 电压不一致，导致其整个单元的 V-I 曲线叠加之后具有如图 4.64 所示的特性。

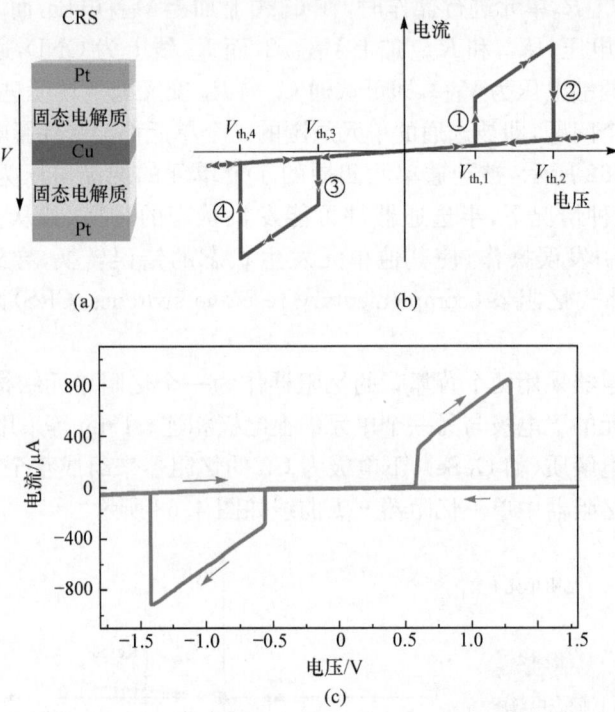

图 4.64 互补式忆阻器结构及 V-I 曲线[79]

由此可知,当电压小于 $V_{th,1}$ 时,忆阻器 A 和忆阻器 B 的状态均没有发生改变;当电压达到 $V_{th,1}$ 时,由其 V-I 曲线可知,忆阻器 A 没发生变化而 B 从高阻态转变为低阻态,此时整个互补式忆阻器单元的状态被设定为 ON;当电压达到 $V_{th,2}$ 时,电压达到忆阻器 A 的 $V_{th,Reset}$,因此忆阻器 A 从低阻态转变为高阻态,该状态被设定为 0,负向情况相同;当电压达到 $V_{th,3}$ 时,忆阻器 A 和 B 都保持在原来的阻态,A 为高阻,B 为低阻;当电压在 $V_{th,3}$ 和 $V_{th,4}$ 之间时,A 转变为低阻态,此时 A 和 B 均为低阻,即 ON 状态;当电压达到 $V_{th,4}$ 时,B 回到高阻态,最终整个单元为 1 状态。当 A 和 B 均为高阻态时,单元为 OFF 态,此时需要施加一个初始电压($V < 2V_{th,3}$ 或者 $V > 2V_{th,1}$),使得单元置 0 或者置 1。

通过上述忆阻器阻态转变过程可以看出,无论单元存储的是 0,还是 1,其总电阻 $R_{CRS} = R_{LRS} + R_{HRS} \approx R_{HRS}$,即整个单元的阻值独立于其存储的内容,不会受到存储内容的干扰,在读取操作中,各单元都为高阻,不会产生漏电流的问题,可以准确地读取预选单元的存储内容,因此可以较好的解决漏电流问题。

Yang 等[81]研究了基于 $Pd/Ta_2O_{5-x}/TaO_y/Pd$ 结构的互补式忆阻器。Ta_2O_{5-x} 层厚度为 5nm,具有较多的氧离子,TaO_y 层厚度为 60nm,缺少氧离子,器件的尺寸为 $0.5\mu m \times 0.5\mu m \sim 2\mu m \times 2\mu m$。器件在 $-2 \sim 2V$ 的电压扫描时,出现

了互补式忆阻切换行为,如图 4.65 所示。在低电压时($-1\sim1\mathrm{V}$),器件处于高阻态,在负向$-1\sim-1.8\mathrm{V}$ 或者正向 $1\sim1.8\mathrm{V}$ 时为低阻态。Yang 等认为,高电压下氧空位的耗尽是 $Pd/Ta_2O_{5-x}/TaO_y/Pd$ 器件的导电机制,在器件初始阻态时,Ta_2O_{5-x} 中的氧空位耗尽,器件处于高阻态,当扫描电压在$-1\mathrm{V}$ 以下时,氧空位迁移进入Ta_2O_{5-x}层,并形成通道使电阻降低。此时,器件处于中间阻态,负向电压进一步增大,使得 TaO_y 层中的氧空位耗尽,器件置 0。Yang 等发现破坏对称性是制备单个互补式忆阻器件的关键,即使用不对称的电极或者不对称的电阻转换层可以制备出具有互补式忆阻行为的忆阻器。

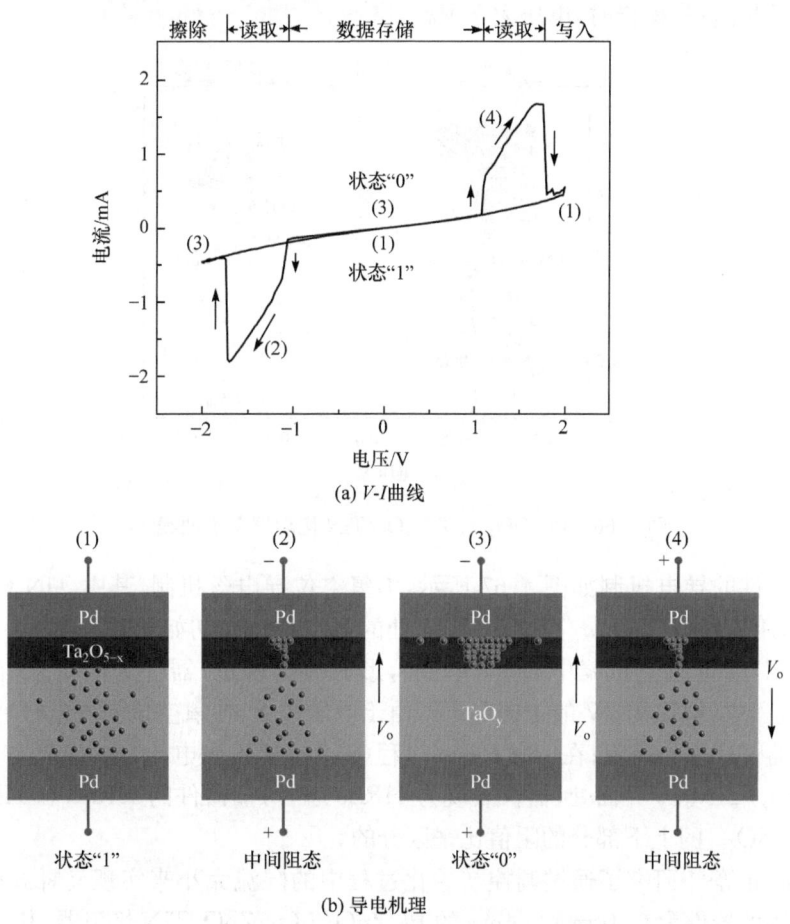

图 4.65 $Pd/Ta_2O_{5-x}/TaO_y/Pd$ 互补式忆阻器[81]

Tang 等[82]研究了基于 $Pt/TiO_{2-x}/TiN_xO_y/TiN$ 结构的互补式忆阻器件,器件在$-1\sim1\mathrm{V}$ 表现出互补式忆阻器的特性。V-I 曲线如图 4.66 所示。该器件的初始化电压为$-2\mathrm{V}$,由于 TiO_{2-x} 在制备过程中预先存在大量的氧空位,器件在

−2V 时初始化为低阻,随后在−1~1V 出现忆阻特性,且具有较好的一致性和可靠性,在超过 2500 次的循环之后整体阻态几乎没有变化,在室温下其数据保持时间超过 10^6 s。该器件的运作过程为,在−0.6V 时,器件达到 $V_{th,1}$,此时器件为低阻态,为 ON 状态,当电压达到−0.8V 时,器件达到 $V_{th,2}$。此时,器件处于第一个高阻态状态(HRS1),而正向偏压为 0.6V 时,器件达到 $V_{th,3}$,从第一个高阻态变为低阻态,为 ON 状态,当电压大于 0.8V 时,器件达到 $V_{th,4}$,从低阻态变为第二个高阻态(HRS0),这两个高阻态可分别记为 1 和 0。在读取过程中,电压处于 $V_{th,3}$ 和 $V_{th,4}$ 之间。此时,HRS0 保持为高阻,而 HRS1 变为低阻态(ON 状态),擦操作时,电压大于 $V_{th,4}$;写操作时,电压大于 $V_{th,2}$。

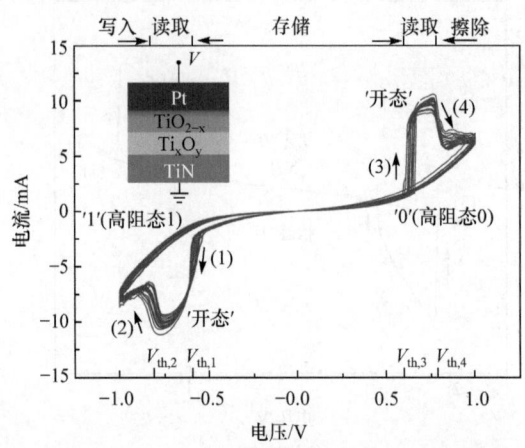

图 4.66　Pt/TiO$_{2-x}$/TiN$_x$O$_y$/TiN 忆阻器 V-I 曲线[82]

该器件的导电机制如图 4.67 所示,为氧空位导电丝机制,其中 TiN$_x$O$_y$ 始终为低阻,用来调节 TiO$_{2-x}$/TiN$_x$O$_y$ 界面处的氧空位。在初始化过程中,由于负电压的作用,使得氧空位集中到 TiO$_{2-x}$ 层,形成导电通道,器件为低阻态,在 hard Reset 过程中(施加 1.5V 的正向电压),由于电压过大,使氧空位向底电极移动,从而使得器件表现为高阻;在 soft Reset 过程(施加 1V 正向电压)中,使氧空位集中在 TiO$_{2-x}$/TiN$_x$O$_y$ 界面处,器件表现为 HRS0 态,可知器件的 HRS0 和 HRS1 态是通过 TiO$_{2-x}$ 的上下部分的阻值比来区分的。

Tseng 等[83]研究了通过调控初始化过程中的限流大小来实现互补式阻变特性。使用的器件为 0.4μm×0.4μm 的 Pt/ZnO/SiO$_x$/ZnO/TiN 忆阻器,其中 Pt 电极厚度为 200nm,ZnO 厚度为 10nm,SiO$_x$ 层厚度为 5nm,如图 4.68 所示。

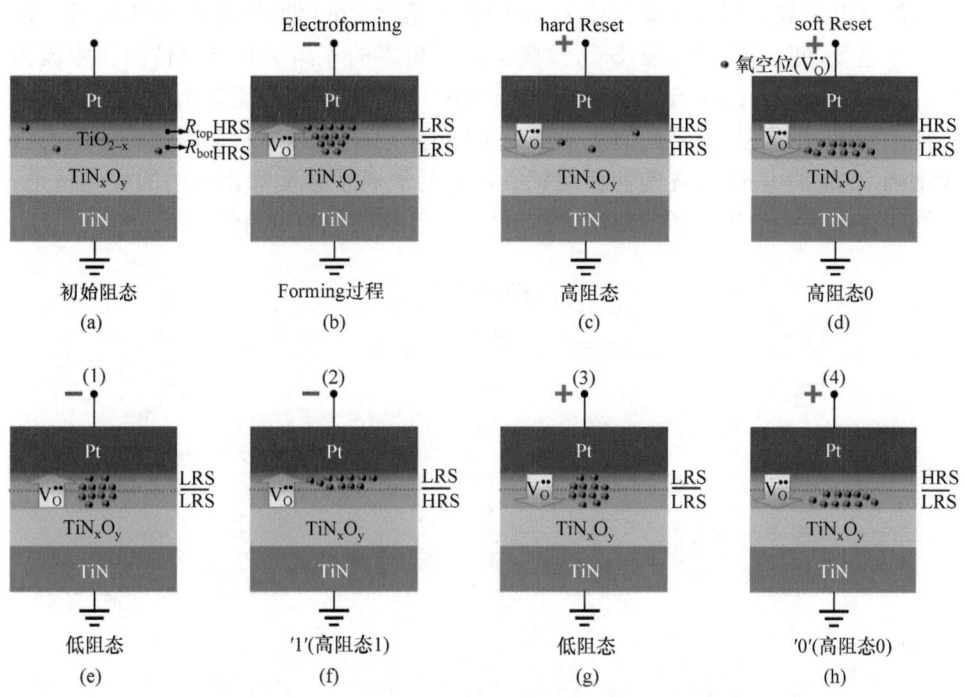

图 4.67 Pt/TiO$_{2-x}$/TiN$_x$O$_y$/TiN 忆阻器导电机制[82]

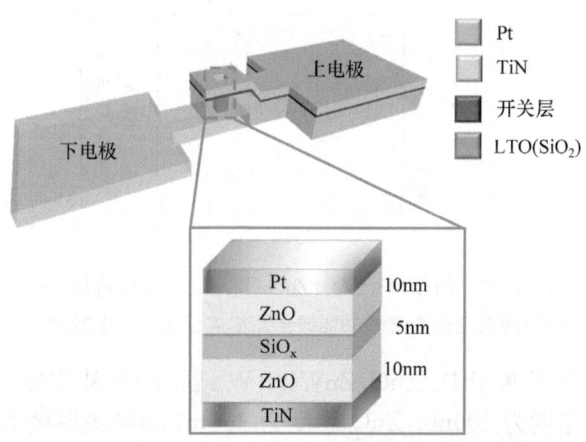

图 4.68 Pt/ZnO/SiO$_x$/ZnO/TiN 忆阻器单元结构[83]

在初始化时,当限流为 100μA 时,器件只表现出双极性的忆阻行为;当限流达到 1mA 时,器件表现出互补式忆阻行为,Tseng 等认为是器件中的 SiO$_x$ 层发挥了作用。在曲线拟合中,在低阻态时,电流符合普尔-法兰克发射效应,电子通过浅层陷阱传输;在高阻态时,ln$I$/ln$V$=1.867,符合空间电荷限制导电效应。ZnO 和

SiO$_2$ 的介电常数分别为 8.6 和 3.7，SiO$_2$ 的 K 值比 ZnO 低，因此在 SiO$_x$ 附近会形成一个电场，使 Si-O 键断裂，SiO$_x$ 薄膜会产生更多的氧离子和氧空位。当限流为 100μA 和 500μA 时，在 SiO$_x$ 层中形成氧空位导电通道；当限流为 1mA 时，则会彻底地改变 SiO$_x$ 薄膜，充足的能量便于氧空位的产生，使 SiO$_x$ 存储氧离子的能力极大增强，在施加电压时，先前捕获在氧空位中的氧离子移动氧化一边的导电通道，并同时减小另一边氧离子的浓度，使器件具有互补式忆阻的特性，如图 4.69 所示。

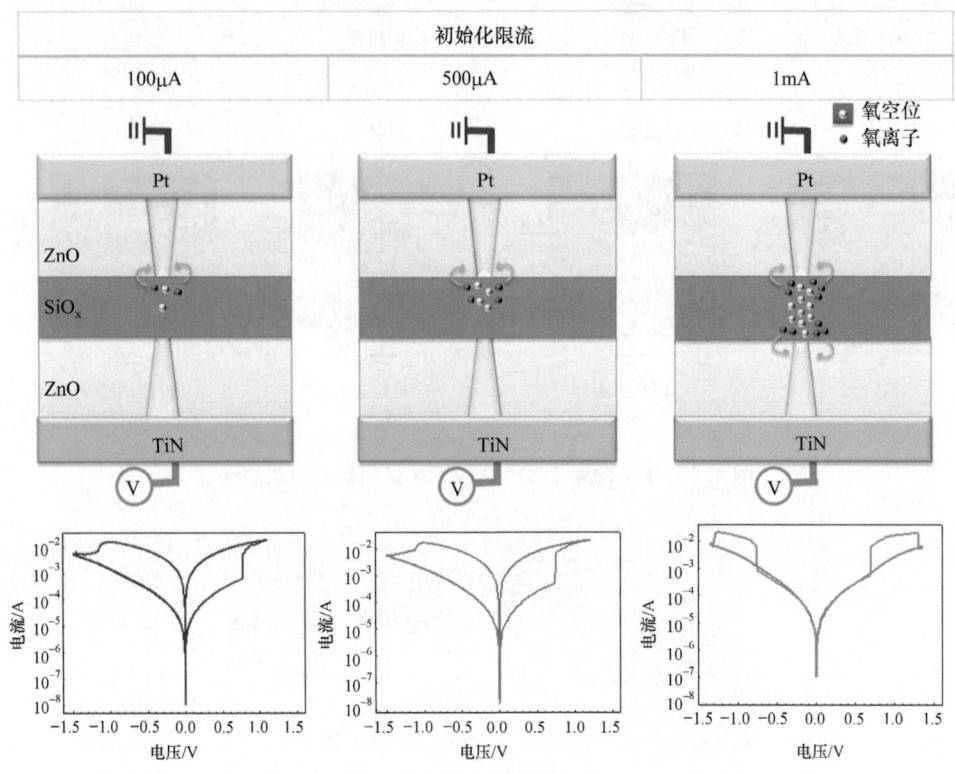

图 4.69　Pt/ZnO/SiO$_x$/ZnO/TiN 电流调控特性[83]
（增大初始化限流，改变功能键合状态，实现互补式阻变特性）

Lin 等[84]研究了基于 Pt/ZnO/ZnWO$_x$/W 结构的互补式忆阻特性的多值实现，其中 Pt 电极厚度为 100nm，ZnO 厚度为 25nm，ZnWO$_x$ 厚度为 15nm，W 电极厚度为 100nm。从图 4.70 可以看出，将两个 Pt/ZnO/ZnWO$_x$/W 忆阻器背靠背连接，可得到互补式忆阻行为，且器件在不同的电压下，电阻态具有多种稳定值。Lin 等认为该器件为电化学氧化还原反应的导电丝导电机理，不同的电场导致载流子的分散情况不同，决定了电子跳跃的距离，通过控制 Reset-stop 电压，导致不同程度的导电丝的断裂，从而使得器件具有多值效应。

Dai 等[85]研究了 Al/Ni/NiAlO$_x$/Al$_2$O$_{3-x}$/ITO 结构的互补式柔性忆阻器

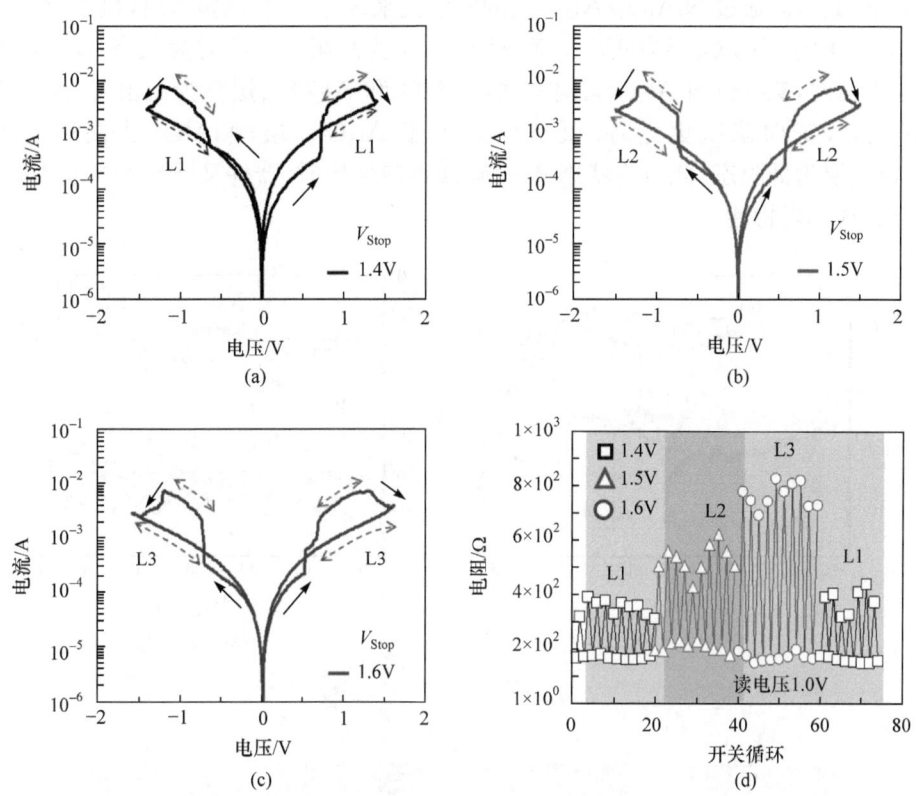

图 4.70 Pt/ZnO/ZnWO$_x$/W 忆阻器 V-I 曲线及多值特性[84]

(图 4.71)。其 V-I 曲线和导电机理如图 4.72 所示。器件初始为高阻,在 −5~5V 表现出互补式忆阻器的特性,电阻比为 10^3。Dai 等认为其导电机理为氧空位导电

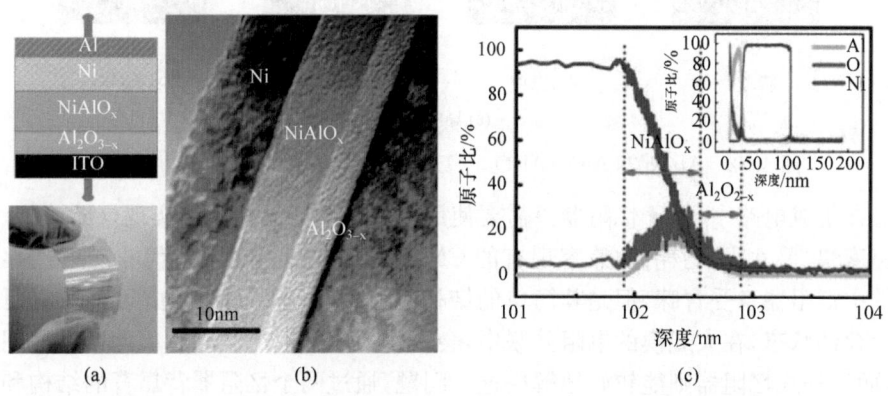

图 4.71 Al/Ni/NiAlO$_x$/Al$_2$O$_{3-x}$/ITO 结构的互补式柔性忆阻器[85]

丝导电,其状态通过 $NiAlO_x/Al_2O_{3-x}$ 的阻值比来区分,在初始阻态时,氧空位集中于 $NiAlO_x$ 层,$NiAlO_x$ 层为低阻态而 Al_2O_{3-x} 层为高阻态。此时为状态 1,当加上正向偏压时,氧空位向 Al_2O_{3-x} 层移动,$NiAlO_x$ 和 Al_2O_{3-x} 层均为低阻态,此时为 ON 状态,正向偏压更大时,氧空位集中于 Al_2O_{3-x} 层,$NiAlO_x$ 为高阻态而 Al_2O_{3-x} 层为低阻态,此时为状态 0,而施加负向偏压时,器件又回到 ON 状态,实现互补式忆阻特性。

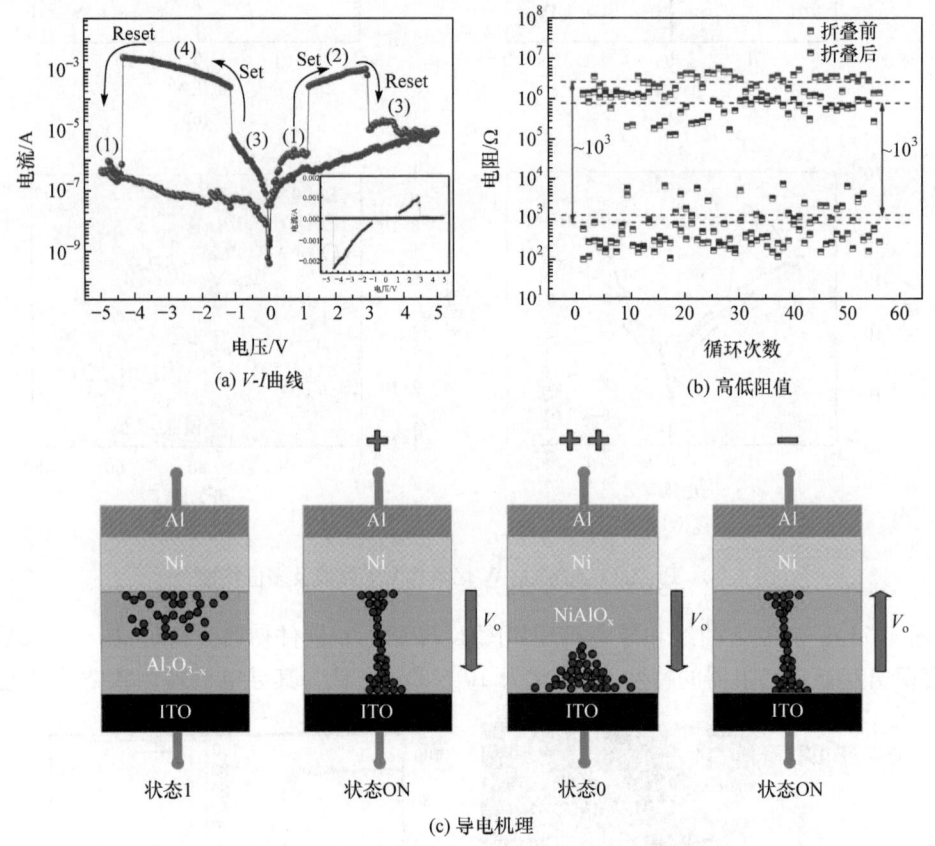

图 4.72　$Al/Ni/NiAlO_x/Al_2O_{3-x}/ITO$ 忆阻器 $V\text{-}I$ 曲线和导电机理[85]

在集成电路中,由于忆阻器只需要使用简单的器件结构就能实现存储功能,读写速度快、尺寸小、功耗低、兼容现有的 CMOS 工艺,使得在下一代非易失性存储器件中忆阻器备受青睐,但是其简单的结构也引发了一些问题。由于其是电阻态表示存储状态,在大规模的电阻并联中,会引发诸如漏电流问题和单元半选通问题等,而互补式忆阻器则能较好地解决这一问题,通过两个忆阻器背靠背的结构和两个忆阻器阻值比 R_U/R_D 定义存储状态的方式,可以使整个单元的电阻值独立于其存储内容,在整个忆阻器阵列中,所有存储单元均为高阻状态,在读写过程中可以准确的选中单元,同时可以改善某一单元在读写操作时对于其四周单元的影响,正是由于互补式忆阻器的这些特性,可以有效地解决这两个问题。但是,使用互补式忆阻器作为忆阻器阵列的一个单元也存在一些问题,互补式忆阻器由于使用两个忆阻器,使得其操作电压会变高,同时阻值比定义的方式也使得整个电路的结构变的复杂,因此选择这种结构也需要权衡大规模集成电路中的利与弊。

4.2.7 自整流忆阻器

在大规模的忆阻器集成阵列中,串扰现象是一个很普遍且需要解决的问题,自整流忆阻器的整流作用可以减轻这种串扰现象而不需要串联选通管,这样的自整流忆阻器可以显著降低制造的复杂性和读电压,并有效改善 crossbar 阵列的误读操作。

自整流忆阻器是指自身具有整流效应的忆阻器,即在器件的某一阻态(通常为低阻态)时,正负向的电流相差比较大,通常能达到 $10 \sim 10^2$ 倍,从而引起 V-I 曲线的不对称,这种现象被称为自整流效应。通常自整流忆阻器的自整流特性是由其功能层与电极产生的肖特基势垒导致的。由于是忆阻器本身具有整流作用,不需要额外的器件来实现这一功能,不会增加整个电路的复杂程度,也不会增大整个阵列的功耗,能极大地简化电路。

Tran 等[86]研究了 $Ni/AlO_y/n^+$-Si 双极型忆阻器,其 V-I 曲线如图 4.73 所示。可以发现,这种器件在低阻态存在一个整流效应,当器件变为低阻态时,在给定 0.2V 的电压下,正向电流比负向电流大得多,同时电流也符合肖特基电流发射模型,有效的肖特基势垒高度为 0.31eV,因此这种器件的整流效应是由 AlO_y 和 n^+-Si 接触产生的肖特基势垒所引起的,AlO_y 的电介质层引入了缺陷和陷阱,其能级与 n^+-Si 的导带形成了肖特基势垒,由此产生自整流效应。

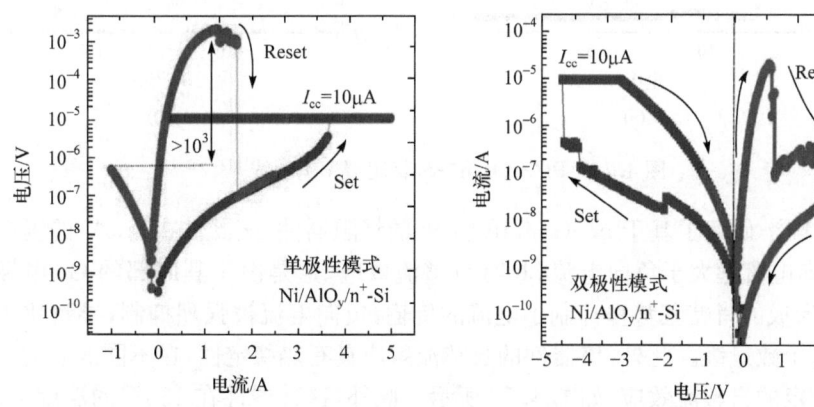

图 4.73 $Ni/AlO_y/n^+$-Si 双极型忆阻器 V-I 曲线[86]

表 4.3 列举了近年来几种自整流忆阻器的特征参数。

表 4.3 几种自整流忆阻器的特征参数[87]

Structure	R_{HRS}/R_{LRS}	F/R_{ratio}	Endurance	Retention
TiW/$Ge_2Sb_2Te_5$/W	—	—	>10^3	5000s
Au/ZrO_2:Au-nanocystal/n^+-Si	—	700@±0.5V	100	
Ag/$RbAg_4I_5$/n-Si	10^3@0.2V	—	10^3	
Si/a-Sicore/Ag nanowires	10^4	10^6@1V	10^4	>2 weeks
Ag/a-Si/p-Si	10^3	—	10^6	>3 months
Pt/ZrO_2/n^+-Si	10^6@1V	>10^4	—	10^5s
Ag nanowires/a-Si/poly-Si	>10^6@0.5V	>10^6@0.5V	>10^8	>4 years
a-Si/WO_3	—	100	—	—
Pt/TaO_x/n-Si	—	200	—	—
Pt/Ta_2O_5/HfO_{2-x}/Ti	>10^6	10^6	—	—

Zuo 等[87]使用基于 Pt/ZrO_2/n^+-Si 结构的具有自整流效应的忆阻器制成了一个 WORM 器件。该器件的 V-I 曲线如图 4.74 所示,具有 10^6 的开关比和室温下超过 10^5s 的数据保持时间。

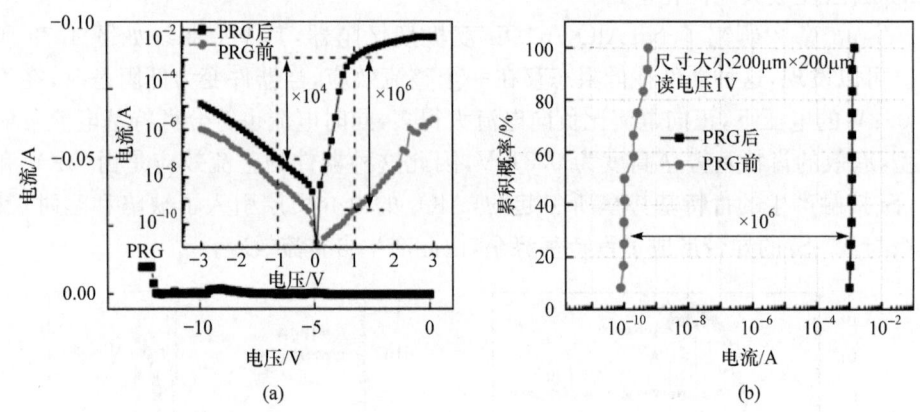

图 4.74 Pt/ZrO_2/n^+-Si 忆阻器 V-I 曲线[87]

Liu 等[88]研究了基于 n^+-Ge/HfO_x/Ni 的忆阻器件,该器件在 0.5V 的读电压下,其正向电流远大于负向电流,具有自整流效应,这是由于其底部的 Ge 电极与 HfO_x 层形成的肖特基势垒抑制了电流的传输,负向电流被强烈抑制,导致比正向电流小 2 个数量级。此外,该器件的自整流效应具有热稳定性,在不同的温度下仍然具有稳定的自整流效应,如图 4.75 所示。此外,这种器件在 150℃的温度下,采用 0.5V 电压,可测得其数据保持时间为 5×10^4s,可知室温下该器件的数据保持时间约在 10^9s 左右。

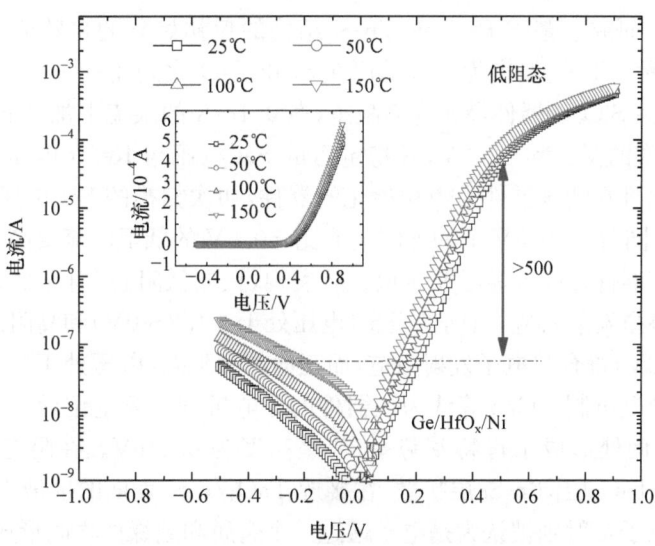

图 4.75　n^+-Ge/HfO$_x$/Ni 忆阻器整流特性[88]

Lv 等[89]研究了功能层为非晶硅/WO$_3$ 结构的自整流器件，如图 4.76 所示。其 Pt 电极厚度为 50nm，WO$_3$ 厚度为 70nm，非晶硅厚度为 50nm，器件的初始化电压为+6.5V，高阻为 $10^9\Omega$，Set 过程中阈值电压为 1.5V，器件由高阻变为低阻，负向 Reset 过程中阈值电压为-3V，器件回到高阻态，而在-0.75V 时的低阻态电阻比 0.75V 时的低阻态电阻大 100 倍，表现出整流特性。为了研究其阻变机理和自整流机理，Lv 等还制备了 W/WO$_3$/Pt 结构的忆阻器件。研究发现，WO$_3$ 层具有双极性的阻变效应，Lv 等认为其阻变发生在 WO$_3$ 层，W 价态转化（由 W^{6+} 变为 W^{4+} 或者 W^{2+}），氧空位再分布导致其阻变，在初始化过程中，氧空位导电丝在 WO$_3$ 层中形成，氧离子聚集在阳极，在 Reset 过程中，氧离子回到 WO$_3$ 层，在反向偏压的作用下与氧空位结合，其自整流效应则是由 WO$_3$ 中的导电丝和非晶硅层形成的肖特基势垒导致的。

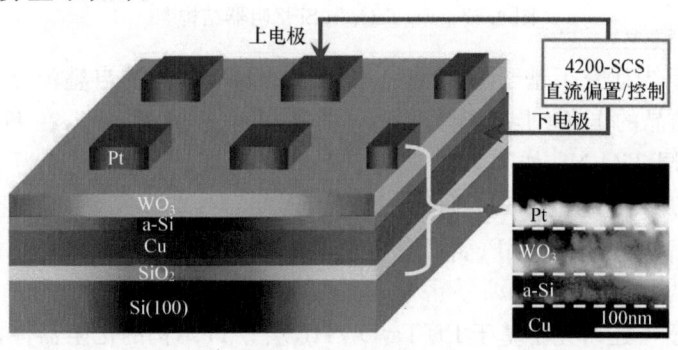

图 4.76　Pt/WO$_3$/a-Si/Cu 忆阻器结构[89]

Gao 等[90]研究了基于 Pt/TaO$_x$/n-Si 结构的免初始化的自整流器件,其结构如图 4.77 所示。TaO$_x$ 厚度为 10nm,而在 Si 和 TaO$_x$ 之间还有一层厚度为 2nm 的材料,推断其为 SiO$_y$。器件最初为高阻态,在 0.1mA 的限流下加负向电压扫描至低阻态,其初次的 V_{Set} 为 -2.5V,其稳定后的 Set 电压与 Reset 电压分别为 -4V 和 1.5V,因此可判断该器件为免初始化的器件,初次扫描的 Set 电压小于稳态时的 Set 电压。同时,$+0.5$V 下的低阻电流比 -0.5V 的低阻电流要高 200 倍,可判断其为自整流器件。Gao 等经曲线拟合后发现,正向低阻态(电压处于 0~0.5V)符合肖特基势垒发射效应,负向低阻态(电压处于 -1.3~0V)和高阻态(电压处于 -3.8~-1.3V)符合热电子发射效应,而正向的高阻态(电压处于 0.8~4V)则符合电子跃迁导电机制。Gao 等认为该器件的导电机理为氧空位导电丝机理,且在 Pt/TaO$_x$ 的界面处形成了肖特基势垒,势垒高度为 0.41eV。在阻态转换的过程中,氧离子从 TaO$_x$ 层向 n-Si 层扩散,在接近 TaO$_x$/n-Si 表面的区域产生了大量的氧空位。热电子发射则被认为是电子通过一个金属和绝缘体之间形成的反向肖特基势垒传输导致的,因此整个器件具有整流效应。在第一次 Set 过程中,TaO$_x$ 层最开始就存在一些氧空位的导电丝段,降低了第一次形成完整导电丝过程中氧空位需要迁移的距离,因此第一次 Set 过程的电压小于稳定态下的 Set 电压,器件表现出免初始化的特性。

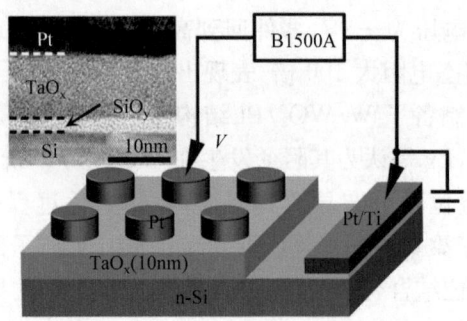

图 4.77 Pt/TaO$_x$/n-Si 忆阻器结构[90]

Yoon 等[91]研究了基于 Pt/Ta$_2$O$_5$/HfO$_{2-x}$/TiN 结构的自整流器件。在该器件中,单斜结晶的 HfO$_2$ 层厚度为 10nm,非晶 Ta$_2$O$_5$ 层为 5nm,在 HfO$_2$/TiN 界面出还有一层 TiO$_x$N$_y$,如图 4.78 所示。Yoon 等将限制电流设置为 10~100mA 避免双极性开关过程的出现。HfO$_2$ 层的引入使器件获得了免初始化的性质,结合 Ta$_2$O$_5$ 与高功函数金属 Pt 界面势垒作用,器件展现出良好的免初始化自整流效应。

Yoon 等[92]还研究了基于 Pt/Ta$_2$O$_5$/HfO$_{2-x}$/Ti 结构的忆阻器件,其中 Ta$_2$O$_5$ 层厚度为 10nm,HfO$_{2-x}$ 的厚度为 10nm。同时,在 Ti 电极与 HfO$_{2-x}$ 层之间形成

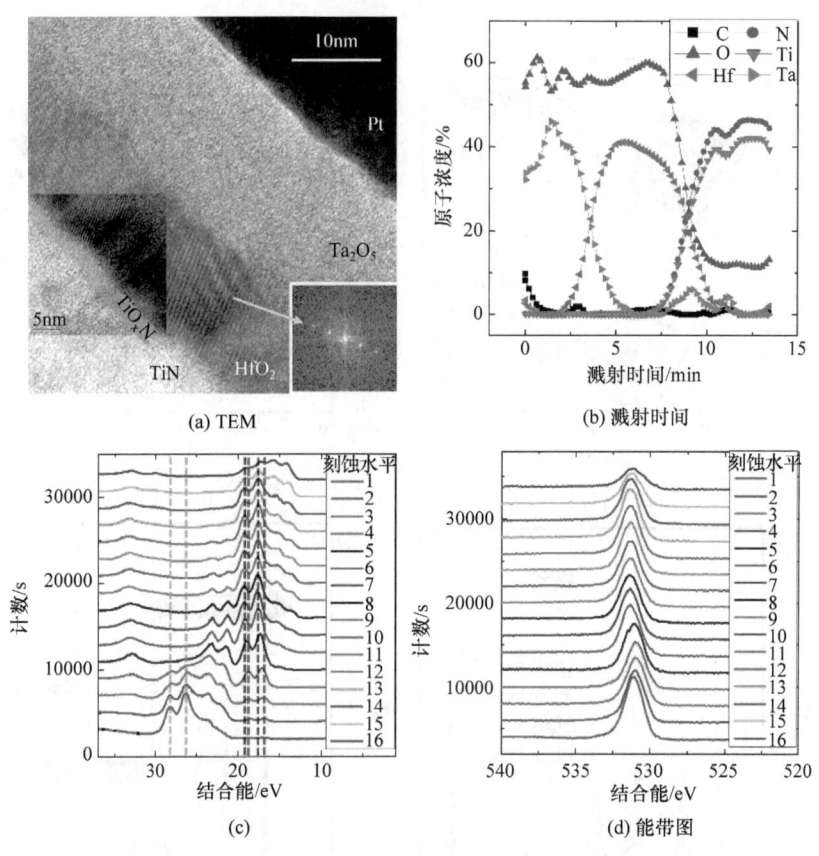

图 4.78 Pt/Ta_2O_5/HfO_{2-x}/TiN 忆阻器[91]

了一层 5nm 厚的 TiO_x，TiO_x 使 HfO_2 层缺少氧离子，提高了 HfO_{2-x}/TiO_x/Ti 界面处的离子注入，从而在底电极加负向偏压时形成准欧姆接触，而在上层 Ta_2O_5 层的沉积过程中，由于等离子体损害作用，使得 HfO_2 层中的缺陷进一步增强。Ta_2O_5 与高功函数金属 Pt 形成肖特基势垒，势垒高度为 0.7eV，使器件具有整流效应。当在上电极 Pt 上加正电压，下电极 Ti 接地时，器件具有电阻态转换的效应。器件 V-I 曲线如图 4.79 所示。电压小于 3.5V 时，器件处于 OFF 态，电流为 10^{-12} A，可能是由于 HfO_{2-x} 层中空的载流子陷阱导致的，当电压达到 4V 时，电流急剧增大，单元处于 ON 态，载流子陷阱被填充，最大电流为 1~2μA，在这种偏压下，Pt/Ta_2O_5 界面处的肖特基势垒对载流子传输影响最小，电子从 Ti 电极注入 HfO_{2-x} 的导带，因此 Ta_2O_5 中的载流子散射起到串联电阻的作用，使器件自身能限制其电流，避免电流过大。在负偏压下，Pt/Ta_2O_5 界面处的肖特基势垒抑制了漏电流，在 −4~0V 没有明显的电流流动，在 −4~4V 电流持续为低值(约为 10^{-12} A)，说明载流子在负电压的作用下脱阱，器件回到了 OFF 态。在 1~4V 时，整流

比为 10^6。

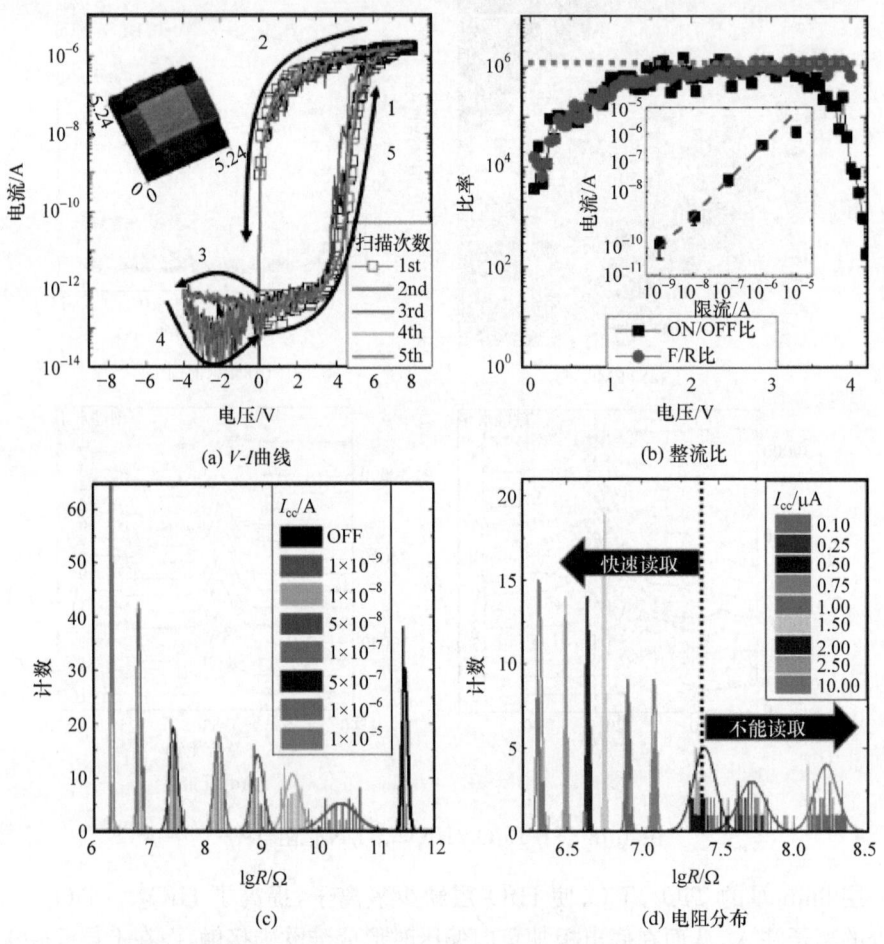

图 4.79 Pt/Ta$_2$O$_5$/HfO$_{2-x}$/Ti 忆阻器 V-I 曲线[92]

该器件 OFF 态的电阻约为 $10^{14} \sim 10^{15}\,\Omega$，而电阻太高会限制单元的读取时间。在室温下，至少需要 $0.1\,\mu A$ 的读取电流来保证读取时间小于 10ns，因此 Yoon 等在器件上并联一个 $10M\Omega$ 的电阻，使得 OFF 态的电阻为 $10^7\,\Omega$，且器件的 8 个阻态处于同一数量级，并能很好的区分。在 200℃时进行测试，10^4 s 内器件的阻态没有发生变化，经计算可知，在室温下该器件的数据保持时间为 1 年。Yoon 等认为，嵌入额外的电荷捕获中心，如低带隙的氧化物、电荷陷阱层等可以有效地提高器件的数据保持时间。

Chen 等[93]研究了基于 Al/ZnO/Si 的自整流忆阻器。该忆阻器在曲线拟合时明显符合普尔-弗兰克尔发射效应和空间电荷限制导电效应，在 Al 和 ZnO 的表面，由于氧离子注入和释放，导致形成和溶解一层 AlO$_x$ 的势垒层，这是该器件具有忆阻特性的主要原因。同时，该器件在-8~6V 的 V-I 扫描显示出其具有自整流效应，其 V-I 曲线如图 4.80 所示。在低阻态时，正向电流明显高于负向电流（电压为±0.5V 时，正向比负向高 10^2 倍），并且在反复扫描，以及 120℃ 的变温环境下，仍然具有较好的自整流特性。

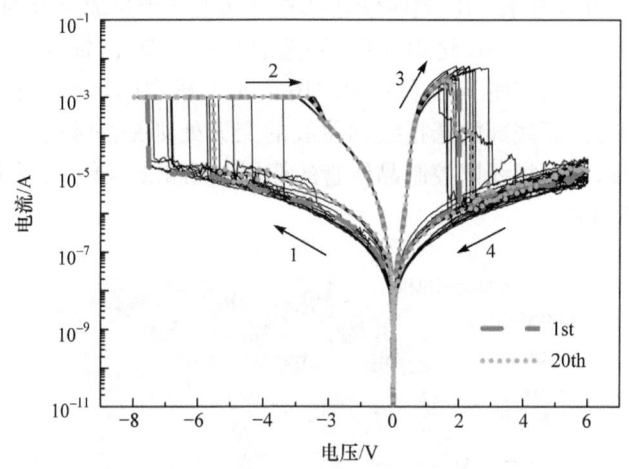

图 4.80　Al/ZnO/Si 忆阻器 V-I 曲线[93]

在忆阻器的集成电路中，由于其独特的使用电阻值作为存储单元状态的特性，对单元进行读写操作时产生的串扰问题阻碍了忆阻器阵列的进一步发展，在提出的几个解决方案中，1S1R 会给整个阵列引入更多的器件，使得整个电路的结构变得更加复杂，功耗更高，而自整流器件在解决这个问题上则有独特的优势。自整流器件由于其自身具有自整流的特性，能在低阻态时避免漏电流问题的产生，同时自整流器件也不需要引入选通管，不会给整个电路带来额外的器件，能较好的优化整个忆阻器阵列，而且自整流器件具有简单的结构，较好的稳定性，完全兼容现有的 CMOS 工艺。同时，自整流器件能克服引入 1D1R 所带来的问题，如 1D1R 会提高操作电压，降低器件的数据保持时间等，因此具有自整流效应的忆阻器能较好地适应大规模的忆阻器集成电路。

4.2.8　三维集成

传统的器件只是在 x 与 y 方向上扩展，存储量、计算量与器件的面积有关，当器件单元的尺寸减小遇到困难时，其密度的提高也将面临瓶颈，三维堆叠集成应运而生。3D 集成就是将器件扩展到 z 方向，在纵向上多出一个维度，则密度将提高 N 倍（N 为在 z 方向上的扩展度）。与现有的 2D 忆阻器相比，3D 忆阻器由于多了一个维度，因此在集成密度上有巨大的提高。3D 忆阻器也对器件的阻变特性、可靠性、选通管集成提出更高的要求;在 3D 忆阻器中,单元的热积累会变得更严重,整个器件的散热是一个较大的考验;3D 忆阻器在结构上变得更加复杂,这就要求对于 3D 忆阻器操作方案的设计必须更加可靠,避免在加电压操作选通单元时影响到其他的未选通单元。

Gao 等[94]提出忆阻器和场效应管在垂直方向上三维集成形成的 3D 集成电路结构如图 4.81 所示。在 3D 忆阻器中,要选通某一个单元,需要三个方向的选通来实现,即选择线 SL、字线 WL、位线 BL(图 4.81),横向的字线和垂直向的支柱交叉处是忆阻器单元,而底部的选择线和位线的交叉处则是晶体管。这个晶体管作为位线的选通管,而选择线则控制晶体管的栅极。图 4.82 展示了采用该种集成结构的忆阻器 TEM 图。

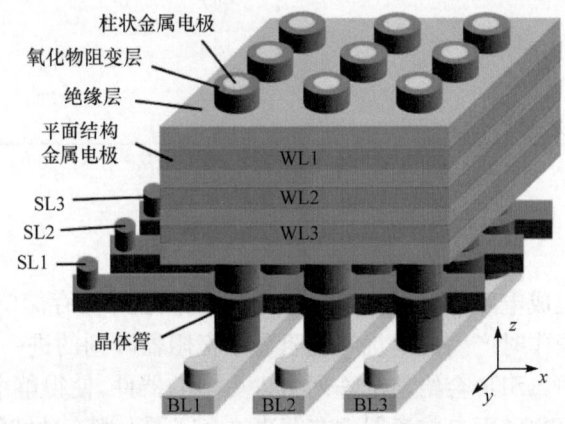

图 4.81　忆阻器 3D 集成电路结构[94]

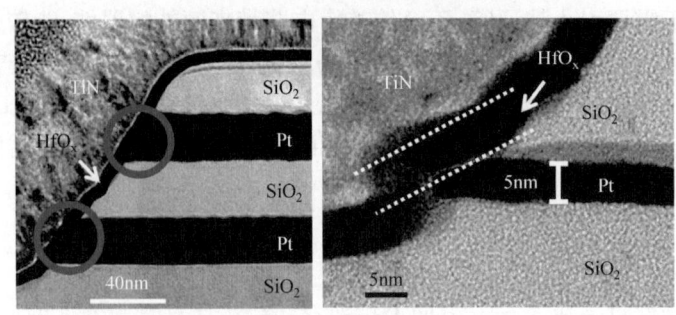

图 4.82　两层堆叠的 3D HfO_x 结构忆阻器 TEM 图[95]

3D 忆阻器需要三个坐标来定位一个忆阻单元,从图 4.83 中可以更直观地看到 3D 忆阻器的工作方式。要选择某一单元,首先对应的位线接地而其他的位线悬空,同时对应的选择线要处于打开状态,这样 x 和 y 方向都已正常工作,要决定

z 方向,则要在对应的字线上加上读电压 V_r 或者写电压 V_w。对于写操作,要在所有未选择的字线上加上 $V_w/2$ 的电压以避免对其他单元进行误写操作,而对于读操作,所有的未选择的字线则要接地以消除漏电流问题。

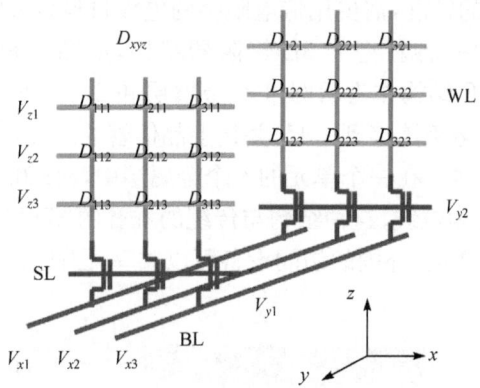

图 4.83　3D 忆阻器整理工作逻辑图[94]

为了提高 3D 忆阻器的单元一致性,Gao 等继续提出一种双层 AlO_y/HfO_x 的垂直堆叠结构。其制作工艺流程如图 4.84 所示。

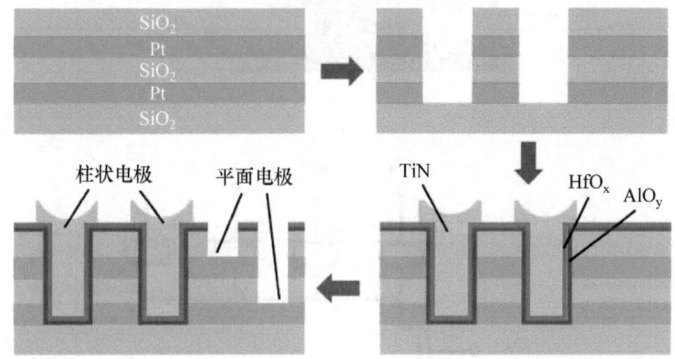

图 4.84　双层 AlO_y/HfO_x 忆阻器制作工艺流程图[94]

首先,通过电子束蒸发和增强等离子体化学气相沉积法沉积多层层叠的 Pt(22nm)和 SiO_2(33nm),然后通过干法刻蚀出一道到达底部 SiO_2 层,大小为 1～100um 的沟来形成活性的忆阻区,之后通过原子层沉积的方式沉积 3nm 的 AlO_y 和 HfO_x 并覆盖沟的侧壁,然后通过反应溅射沉积 150nm 的 TiN 作为柱状电极,最后通过干法刻蚀形成 Pt 平面电极。

Gao 等研究了关于 3D 忆阻器尺寸缩小的一些问题。对于 3D 忆阻器阵列的集成,有如下重要参数:支柱电极直径的最小尺寸(d),平面电极的厚度(t_m),隔离层的厚度(t_i)。使用两层 HfO_x 的结构时,Gao 等将平面电极的厚度由 25nm 降到

5nm,相较 25nm 的样品,5nm 的样品在开关电压和电阻分布特性上没有明显的劣化,因此 t_m 可以降到 5nm 尺寸。对于光刻半节距 $F(F=d+2t_{ox}$,t_{ox} 为 HfO_x 厚度),相同的位数,3D 阵列需要更大的 F,而且平面电极越薄,需要的 F 越大。要想进一步提高 3D 阵列的密度,需要用低电阻率的电极材料替换常用的 TiN。

Zhang 等[96]提出一种新型的 3D 忆阻器结构,如图 4.85 所示,即可堆叠的 1TXR 结构。以 1T4R 结构作为示例,4 个金属层和 2 个忆阻阻变层堆叠在一起,其中 4 个忆阻器的底电极连接到一起,并接上晶体管的漏极,而 4 个忆阻器的顶电极则分别接到 4 个位线。在一个单元的 4 个金属层中,M1 和 M3 作为单元内部的连接,M2 和 M4 则作为位线,这种结构与传统的堆叠的 3D 忆阻器不同之处在于,1TXR 只需要堆叠阻变层,外围的访问设备可以共享,因此整个制备的过程会更加简单。

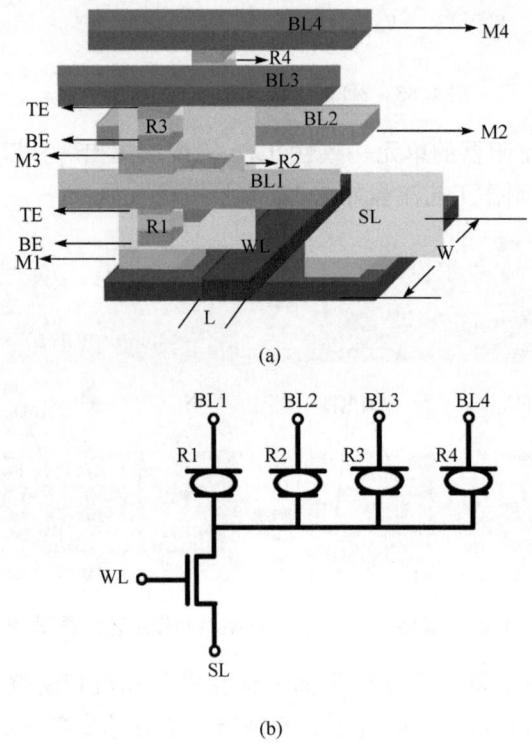

图 4.85 1T4R 3D 忆阻器结构[96]

这种新结构在单元尺寸上有巨大的优势,如图 4.86 所示,对于 1T4R 单元,平均每一位的硅片面积比传统的 1T1R 结构要缩小 30%,每一层每一单元的忆阻器数量越多,则尺寸上的优势越大。例如,对于 8 层的 1T64R(16R/每单元/每层)阵列,相比传统的 1T1R 阵列,其密度可以提高 260%。

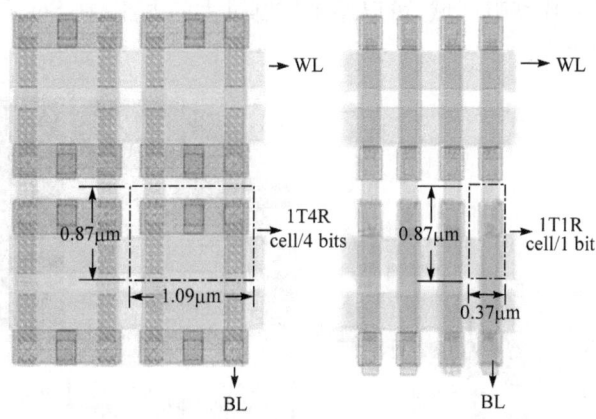

图 4.86 1T4R 3D 忆阻器结构平面尺寸图[96]

Hsu 等[97]研究了基于 TaO_x/TiO_2 材料的具有超过 10^{12} 次循环的自整流双极型忆阻器。该忆阻器可用作 3D 忆阻器的存储单元,其 3D 结构如图 4.87 所示。器件下电极为 Ti,功能层为 70nm 的 TiO_x 和 20nm 的 TaO_x 材料,上电极则为 100nm 的 Ta 电极。由于不需要限制电流与初始化操作,该忆阻器可极大地简化外围电路设计的复杂度。

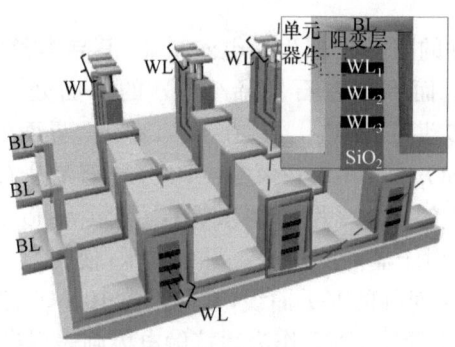

图 4.87 TaO_x/TiO_2 忆阻器 3D 结构图[97]

Bai 等[98]在 3D 忆阻器中引入石墨烯/碳纳米管作为边接触电极,实现了器件微缩至纳米尺度,如图 4.88 所示。其柱状电极为 Pt,选择的功能层为 Ta_2O_{5-x}/TaO_y 两层结构,而边接触电极为单层石墨烯,Pd 则用来连接金属和石墨烯作为信号输出。器件的 Forming 电压为 -6V,Set 和 Reset 电压分别为 -4.5V 和 4.5V,器件的高阻和低阻分别为 100MΩ 和 10MΩ,且在 85℃时保持时间超过 10^4s。在实测中,使用石墨烯作为边接触电极时的操作电流为 μA 量级,比使用 Pt 作为边接触电极时(mA 量级)小得多,Bai 等认为可能是由于沉积过程中,石墨烯的边缘被氧化,一定浓度的环氧基被转移到石墨烯的基面,增加了接触电阻。在 TaO_y 和石墨烯之间出现一片高阻区域,可以用来控制过大的电流,在 Set 和 Forming 操作中起到自限制的效应。

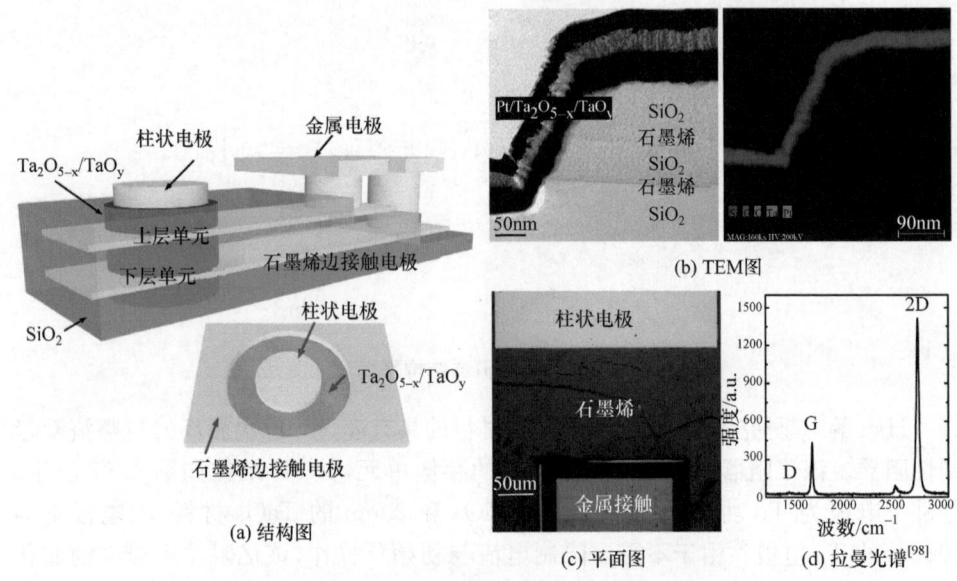

图 4.88 石墨烯边接触电极忆阻器

Bai 等认为该器件的阻变机理为导电丝机制,其导电丝的产生和断裂发生在 Pt/Ta_2O_{5-x} 的界面处,而不是在石墨烯$/TaO_y$ 的界面处。在 Forming 过程中,TaO_y 层中的氧空位移动到 Ta_2O_{5-x} 层,在 Pt/Ta_2O_{5-x} 界面处形成导电丝,而在石墨烯$/TaO_y$ 这一边,TaO_y 中存在大量氧空位,电子能轻易从石墨烯传到 TaO_y。

同时,Bai 等还研究了金属性碳纳米管(carbon nano tube,CNT)和半导体 CNT 作为边接触电极对于器件的影响。研究显示,使用金属性 CNT 作为边接触电极的忆阻器表现出了对称的 V-I 曲线,其高阻为 100MΩ,低阻为 10MΩ,在 85℃ 时能保持超过 10^4 s。半导体 CNT 作为边接触电极则表现出非对称的 V-I 曲线特性,Bai 等认为可能是由于金属接触钪(Sc)和半导体 CNT 之间产生了肖特基势垒,Sc 的费米能级与 CNT 的导带对齐,CNT 的价带与 TaO_y 的费米能级对齐,当在边接触电极上加上正电压,在柱状电极上加上负电压时,肖特基势垒阻止空穴在 Sc/半导体 CNT 端的传输和电子在 TaO_y/半导体 CNT 端的传输,由此产生了电流整流效应,其整流比为 10^3。使用半导体 CNT 作为边接触电极的器件高阻态为 10GΩ,低阻为 100MΩ,在 85℃ 时能保持超过 10^4 s,其开关电压是金属 CNT 的器件 10 倍,可能的原因是半导体 CNT 和 TMO 层之间引入了一个巨大的串联电阻,使忆阻器两端的有效电压降低。

Sun 等[99]研究了 3D 忆阻器阵列中的热串扰问题。Sun 等将单极性的 cross-point 阵列中的热行为描述为 $\nabla k_{th} \nabla T + \sigma |\nabla V|^2 - c\rho \frac{\partial T}{\partial t} = 0$,其中 k_{th} 为热导率,T 为温度,c 为热容量,ρ 为阵列中的材料的密度,σ 为电导率。Sun 等使用基于 Ni/HfO$_2$/Pt 结构的忆阻器和 Ti/TiO$_2$/Pt 结构的二极管作为一个单元,每个单元中间的绝缘材料为 HfO$_2$。Sun 等认为阻变行为是由 Ni 导电丝的形成和断裂引起的,其 $I_{Reset} = 1.7 \times 10^{-4}$ A,t_s(阵列达到热稳态所需的时间)随着阵列的增大而增大,单个忆阻器的 t_s 不超过 5ns,1D1R 则为 50ns,而 3×3×3 阵列则超过 500ns,且其温度的峰值也随器件的增多而变大。当 $F = 30$nm 时,随着 I_{Reset} 的降低,在多次循环后,受到影响的忆阻器单元的温度会显著降低,但是金属导电丝的热分解可能会导致忆阻器电阻态的丢失,继而引发数据保持可靠性的问题。要继续小型化器件,Sun 等提出一种循环修复技术,即在操作循环多次后,擦除并重新编写器件中的低阻态单元,这一技术可帮助进一步缩小器件的尺寸,但会使存储方法变得更复杂。

3D 集成成为了高密度信息器件集成的一个重要解决方案,与 2D 集成相比,3D 集成由于多了一个维度,其器件密度远大于 2D 集成。忆阻器由于其二端结构简单,兼容 CMOS 工艺,使得在平面微缩提高器件密度的方法遭遇瓶颈的情况下,3D 堆叠集成成为了必然选择。3D 集成对于忆阻器件、选通管及外围电路的设计提出更高的要求。对于器件本身而言,一致性、热稳定性,以及为了避免漏电流问题的自整流特性都是需要考虑的;对于选通管而言,高导通电流密度、高非线性度、高可靠性是不可避免的性能需求;对于整个阵列而言,如何合理地进行忆阻器的堆叠,如何减小单元的尺寸来达到更高密度的要求则是需要解决的问题;对于外围电路的设计,针对忆阻器的特点(如器件的线性度、器件初始化、器件电阻状态的界定等),如何合理高效的对忆阻器单元进行读写操作,仍是我们面临的一大挑战。

参 考 文 献

[1] Hutchby J, Garner M. Assessment of the potential & maturity of selected emerging research//International Technology Roadmap for Semiconductors, 2010, 17(12):1269-1273.

[2] Kamarozaman N S, Aznilinda Z, HermanSH, et al. Effect of annealing duration on the memristive behavior of Pt/TiO$_2$/ITO memristive device//IEEE International Conference on Semiconductor Electronics (ICSE), 2012.

[3] Lee S B, Yoo H K, Kim K, et al. Forming mechanism of the bipolar resistance switching in double-layer memristive nanodevices. Nanotechnology, 2012, 23(31):315202.

[4] LaiJ C, Wang X C, Mi W B, et al. Structure and optical properties of polycrystalline NiO films and its resistive switching behavior in Au/NiO/Pt structures. Physica B:Condensed Matter,

2015,478:89-94.

[5] Huang C H, Huang J S, Lin S M, et al. ZnO_{1-x} nanorod arrays/ZnO thin film bilayer structure: from homojunction diode and high-performance memristor to complementary 1D1R application. ACS Nano,2012,6(9):8407-8414.

[6] Liang K D, Huang C H, Lai C C, et al. Single CuO_x nanowire memristor: forming-free resistive switching behavior. ACS Applied Materials & Interfaces,2014,6(19):16537-16544.

[7] Li Y, Zhong Y P, Zhang J J, et al. Intrinsic memristance mechanism of crystalline stoichiometric $Ge_2Sb_2Te_5$. Applied Physics Letters,2013,103(4):43501.

[8] Zhang J, Sun H J, Li Y, et al. AgInSbTe memristor with gradual resistance tuning. Applied Physics Letters,2013,102(18):183513.

[9] Li Y, Xu L, Zhong Y P, et al. Associative learning with temporal contiguity in a memristive circuit for large-scale neuromorphic networks. Advanced Electronic Materials, 2015, 1(8):1500125.

[10] Yan P, Li Y, Hui, Y J, et al. Conducting mechanisms of forming-free $TiW/Cu_2O/Cu$ memristive devices. Applied Physics Letters,2015,107(8):083501.

[11] 邓联文,江建军. 脉冲激光沉积技术在磁性薄膜制备中的应用. 材料导报,2003,17(2):66-68.

[12] You T, Du N, Slesazeck S, et al. Bipolar electric-field enhanced trapping and detrapping of mobile donors in $BiFeO_3$ memristors. ACS Applied Materials & Interfaces, 2014, 6(22): 19758-19765.

[13] Messerschmitt F, Kubicek M, SchweigerS, et al. Memristor kinetics and diffusion characteristics for mixed anionic-electronic $SrTiO_{3-\delta}$ bits: the memristor-based cottrell analysis connecting material to device performance. Advanced Functional Materials,2014,24(47):7448-7460.

[14] Shang D S, Wang Q, Chen L D, et al. Effect of carrier trapping on the hysteretic current-voltage characteristics in $Ag/La_{0.7}Ca_{0.3}MnO_3/Pt$ heterostructures. Physical Review B, 2006,73(24):245427.

[15] Suntola T, Antson J. Method for producing compound thin films. U. S. Patent 4,058,430, 1977-11-15.

[16] Yu S, Chen H Y, GaoB, et al. HfO_x-based vertical resistive switching random access memory suitable for bit-cost-effective three-dimensional cross-point architecture. ACS Nano, 2013, 7(3):2320-2325.

[17] Kim W G, Sung M G, Kim S J, et al. Dependence of the switching characteristics of resistance random access memory on the type of transition metal oxide: TiO_2, ZrO_2, and HfO_2. Journal of The Electrochemical Society,2011,158(4):H417-H422.

[18] Yang J J, Pickett M D, Li X, et al. Memristive switching mechanism for metal/oxide/metal nanodevices. Nature Nanotechnology,2008,3(7):429-433.

[19] Biju K P, Liu X J, Bourim E M, et al. Asymmetric bipolar resistive switching in solution-

processed Pt/TiO$_2$/W devices. Journal of Physics D: Applied Physics, 2010, 43 (49): 495104.

[20] Greenlee J D, Petersburg C F, Calley W L, et al. In-situ oxygen X-ray absorption spectroscopy investigation of the resistance modulation mechanism in LiNbO$_2$ memristors. Applied Physics Letters, 2012, 100(18): 182106.

[21] Prodromakis T, Michelakis K, Toumazou C. Practical micro/nano fabrication implementations of memristive devices//International Workshop on Cellular Nanoscale Networks and Their Applications, 2010.

[22] Prezioso M, Merrikh-Bayat F, Hoskins B, et al. Self-adaptive spike-time-dependent plasticity of metal-oxide memristors. arXiv Preprint, arXiv, 2015: 1505. 05549.

[23] Xia Q, Yang J J, Wu W, et al. Self-aligned memristor cross-point arrays fabricated with one nanoimprint lithography step. Nano Letters, 2010, 10(8): 2909-2914.

[24] Vieu C, Carcenac F, Pepin A, et al. Electron beam lithography: resolution limits and applications. Applied Surface Science, 2000, 164(1): 111-117.

[25] Strukov D B, Snider G S, Stewart D R, Williams R S. The missing memristor found. Nature, 2008, 453: 80-83.

[26] Lee J, Park J, Jung S, Hwang H. Scaling effect of device area and film thickness on electrical and reliability characteristics of RRAM//Interconnect Technology Conference and 2011 Materials for Advanced Metallization, 2011.

[27] Kim S, Biju K P, Jo M, et al. Effect of scaling-based RRAMs on their resistive switching characteristics. IEEE Electron Device Letters, 2011, 32(5): 671-673.

[28] Gilmer D C, et al. Effects of RRAM stack configuration on forming voltage and current overshoot//IEEE International Memory Workshop, 2011.

[29] Lee J, et al. Diode-less nano-scale ZrO$_x$/HfO$_x$ RRAM device with excellent switching uniformity and reliability for high-density cross-point memory applications//IEEE International Electron Devices Meeting, 2010.

[30] Zhao L, et al. Ultrathin (2nm) HfO$_x$ as the fundamental resistive switching element: Thickness scaling limit, stack engineering and 3D integration//IEEE International Electron Devices Meeting, 2014.

[31] Park T H, Song S J, Kim H J, et al. Thickness effect of ultra-thin Ta$_2$O$_5$ resistance switching layer in 28 nm-diameter memory cell. Scientific Reports, 2015, 5: 15965.

[32] Wang M, et al. Investigation of one-dimensional thickness scaling on Cu/HfO$_x$/Pt resistive switching device performance. IEEE Electron Device Letters, 2012, 33: 1556-1558.

[33] Chen A, Haddad S, Wu Y C, et al. Non-volatile resistive switching for advanced memory applications//IEEE International Electron Devices Meeting, 2005.

[34] Wang C H, Tsai Y H, Lin K C. 3-Dimensional 4F^2 ReRAM cell with CMOS compatible logic process//IEEE International Electron Devices Meeting, 2010.

[35] 张康伟,龙世兵,刘琦,等. 基于整流特性的 RRAM 无源交叉整列研究进展. 中国科学:技

术科学,2011,41:403-411.
[36] Scott J C. Is there an immortal memory. Science,2004,304(5667):62-63.
[37] Lee M J,Park Y,Suh D S,et al. Two series oxide resistors applicable to high speed and high density nonvolatile memory. Advanced Materials,2007,19(22):3919-3923.
[38] Baek I G,Kim D C,Lee M J,et al. Multi-layer cross-point binary oxideresistive memory (OxRRAM) for post-NAND storage application//IEEE International Electron Devices Meeting,2005.
[39] Rose G S,Yao Y,Tour J M,et al. Designing CMOS/molecular memories while considering device parameter variations. ACM Journal on Emerging Technologies in Computing Systems,2007,3(1):3.
[40] Lee M J,Park Y,Kang B S,et al. 2-stack ID-IR cross-point structure with oxide diodes as switch elements for high density resistance RAM applications//IEEE International Electron Devices Meeting,2007.
[41] Sheu S S,hiang P C,Lin W P,et al. A 5 ns fast write multi-level non-volatile 1 kbits RRAM memory with advance write scheme//IEEE Symposium on VLSI Circuits,2009.
[42] Zhuang W W,Pan W,Ulrich B D,et al. Novel colossal magnetoresistive thin film nonvolatile resistance random access memory (RRAM)//IEEE International Electron Devices Meeting,2002.
[43] 王源,贾嵩,甘学温. 新一代存储技术:阻变存储器. 北京大学学报(自然科学版),2011,47:565-571.
[44] Lin C Y,Wu C Y,Wu C Y,et al. Modified resistive switching behavior of ZrO_2 memory films based on the interface layer formed by using Ti top electrode. Journal of Applied Physics,2007,102:9.
[45] Song S J,Kim K M,Kim G H,et al. Identification of the controlling parameter for the set-state resistance of a TiO_2 resistive switching cell. Applied Physics Letters,2010,96(11):112904.
[46] Kinoshita K,Tsunoda K,Sato Y,et al. Reduction in the reset current in a resistive random access memory consisting of NiO_x brought about by reducing a parasitic capacitance. Applied Physics Letters,2008,93(3):3506.
[47] Wan H J,Zhou P,Ye L,et al. In situ observation of compliance-current overshoot and its effect on resistive switching. IEEE Electron Device Letters,2010,31(3):246-248.
[48] Nardi F,Ielmini D,Cagli C,et al. Control of filament size and reduction of reset current below 10 μA in NiO resistance switching memories. Solid-State Electronics,2011,58(1):42-47.
[49] Wang X P,Fang Z,Li X,et al. Highly compact 1T-1R architecture ($4F^2$ footprint) involving fully CMOS compatible vertical GAA nano-pillar transistors and oxide-based RRAM cells exhibiting excellent NVM properties and ultra-low power operation//IEEE International Electron Devices Meeting,2012.

[50] Wei Z, Takagi T, Kanzawa Y, et al. Demonstration of high-density ReRAM ensuring 10-year retention at 85°C based on a newly developed reliability model//2011 IEEE International Electron Devices Meeting, 2011.

[51] Kawahara A, Azuma R, Ikeda Y, et al. An 8 Mb multi-layered cross-point ReRAM macro with 443 MB/s write throughput. IEEE Journal of Solid-State Circuits, 2013, 48(1): 178-185.

[52] Chen Y Y, Komura M, Degraeve R, et al. Improvement of data retention in HfO_2/Hf 1T1R RRAM cell under low operating current//IEEE International Electron Devices Meeting, 2013.

[53] Liu H, Lv H, Yang B, et al. Uniformity improvement in 1T1R RRAM with gate voltage ramp programming. IEEE Electron Device Letters, 2014, 35(12): 1224-1226.

[54] Yeh C W S, Wong S S. Compact one-transistor-N-RRAM array architecture for advanced CMOS technology. IEEE Journal of Solid-State Circuits, 2015, 50(5): 1299-1309.

[55] Wang Z, Zhao W, Kang W, et al. Ferroelectric tunnel memristor-based neuromorphic network with 1T1R crossbar architecture//IEEE International Joint Conference on Neural Networks, 2014.

[56] Sharma A A, Jackson T C, Schulaker M, et al. High performance, integrated 1T1R oxide-based oscillator: stack engineering for low-power operation in neural network applications//IEEE Symposium on VLSI Technology, 2015.

[57] Huang J J, Hou T H, Hsu C W, et al. Flexible one diode-one resistor crossbar resistive-switching memory. Japanese Journal of Applied Physics, 2012, 51(4S): 4DD09.

[58] Hosoi Y, Tamai Y, Ohnishi T, et al. High speed unipolar switching resistance RAM (RRAM) technology//IEEE International Electron Devices Meeting, 2006: 1-4.

[59] Lee M J, Park Y, Kang B S, et al. 2-stack 1D-1R cross-point structure with oxide diodes as switch elements for high density resistance RAM applications//IEEE International Electron Devices Meeting, 2007.

[60] Lewis D L, Lee H H S. Architectural evaluation of 3D stacked RRAM caches//IEEE International Conference on 3D System Integration, 2009.

[61] Kang B S, Ahn S E, Lee M J, et al. High-current-density CuO_x/$InZnO_x$ thin-film diodes for cross-point memory applications. Advanced Materials, 2008, 20(16): 3066-3069.

[62] Lee D Y, Tsai T L, Tseng T Y. Unipolar resistive switching behavior in Pt/HfO_2/TiN device with inserting ZrO_2 layer and its 1 diode-1 resistor characteristics. Applied Physics Letters, 2013, 103(3): 032905.

[63] Zhang Y, Duan Z, Li R, et al. Vertically integrated ZnO-Based 1D1R structure for resistive switching. Journal of Physics D: Applied Physics, 2013, 46(14): 145101.

[64] Huang C H, Huang J S, Lin S M, et al. ZnO_{1-x} nanorod arrays/ZnO thin film bilayer structure: from homojunction diode and high-performance memristor to complementary 1D1R application. ACS Nano, 2012, 6(9): 8407-8414.

[65] Poghosyan A R, Elbakyan E Y, Guo R, et al. Memristor memory element based on ZnO thin

film structures. Proceedings of SPIE 2015,9586 95861C-1.

[66] Huang J J. Bipolar nonlinear Ni/TiO₂/Ni selector for 1S1R crossbar arrary applications. IEEE Electron Device Letters,2011,32(10):1427-1429.

[67] Huang J J,Tseng Y M,Luo W C,et al. One selector-one resistor (1S1R) crossbar array for high-density flexible memory applications//IEEE International Electron Devices Meeting,2011.

[68] Lee W,Park J,Shin J,et al. Varistor-type bidirectional switch ($J_{MAX}>10^7$ A/cm², selectivity~10⁴) for 3D bipolar resistive memory arrays//IEEE Symposium on VLSI Technology,2012.

[69] Woo J,Lee W,Park S,et al. Multi-layer tunnel barrier ($Ta_2O_5/TaO_x/TiO_2$) engineering for bipolar RRAM selector applications//IEEE Symposium on VLSI Technology,2013.

[70] Kim W G,Lee H M,Kim B Y,et al. NbO₂-based low power and cost effective 1S1R switching for high density cross point ReRAM Application//IEEE Symposium on VLSI Technology,2014.

[71] Lee D,Park J,Park J,et al. Structurally engineered stackable and scalable 3D titanium-oxide switching devices for high-density nanoscale memory. Advanced Materials, 2015, 27(1): 59-64.

[72] Choi B J,Zhang J,NorrisK,et al. Trilayer tunnel selectors for memristor memory cells. Advanced Materials,2016,28(2):356-362.

[73] Wang M,Zhou J,Yang Y,et al. Conduction mechanism of a TaO$_x$-based selector and its application in crossbar memory arrays. Nanoscale,2015,7(11):4964-4970.

[74] Meshram R, Das B, Mandapati R, et al. High performance triangular barrier engineered NIPIN selector for bipolar RRAM//IEEE International Memory Workshop,2014.

[75] JoS H,Kumar T,Narayanan S,et al. 3D-stackable crossbar resistive memory based on field assisted superlinear threshold (FAST) selector//IEEE International Electron Devices Meeting,2014.

[76] Zhou J,Kim K H,Lu W. Crossbar RRAM arrays:selector device requirements during read operation. IEEE Transactions on Electron Devices,2014,61(5):1369-1376.

[77] Zhang L,Govoreanu B,Redolfi A,et al. High-drive current ($>1MA/cm^2$) and highly nonlinear ($>10^3$) TiN/amorphous-Silicon/TiN scalable bidirectional selector with excellent reliability and its variability impact on the 1S1R array performance//IEEE International Electron Devices Meeting,2014.

[78] Kim B Y,Kim H S. Advanced process technologies of 1S1R for high density cross point ReRAM//Silicon Nanoelectronics Workshop,2015.

[79] Linn E, Rosezin R, Kügeler C, et al. Complementary resistive switches for passive nanocrossbar memories. Nature Materials,2010,9(5):403-406.

[80] Jung C M,Choi J M,Min K S. Two-step write scheme for reducing sneak-path leakage in complementary memristor array. IEEE Transactions on Nanotechnology, 2012, 11(3): 611-618.

[81] Yang Y, Sheridan P, Lu W. Complementary resistive switching in tantalum oxide-based resistive memory devices. Applied Physics Letters, 2012, 100(20): 203112.

[82] Tang G, Zeng F, Chen C, et al. Programmable complementary resistive switching behaviours of a plasma-oxidised titanium oxide nanolayer. Nanoscale, 2013, 5(1): 422-428.

[83] Tseng Y T, Tsai T M, ChangT C, et al. Complementary resistive switching behavior induced by varying forming current compliance in resistance random access memory. Applied Physics Letters, 2015, 106(21): 213505.

[84] Lin S M, Tseng J Y, Su T Y, et al. Tunable multilevel storage of complementary resistive switching on single-step formation of ZnO/ZnWO$_x$ bilayer structure via interfacial engineering. ACS Applied Materials & Interfaces, 2014, 6(20): 17686-17693.

[85] Dai Y W, Chen L, Yang W, et al. Complementary resistive switching in flexible RRAM devices. IEEE Electron Device Letters, 2014, 35(9): 915-917.

[86] Tran X A, Zhu W, Liu W J, et al. A self-rectifying bipolar RRAM with Sub-50-Set/Reset current for cross-bar architecture. Electron Device Letters, IEEE, 2012, 33(10): 1402-1404.

[87] Zhang K W, Long S B, Liu Q, et al. Progress in rectifying-based RRAM passive crossbar array. Science China Technological Sciences, 2011, 54(4): 811-818.

[88] Liu W J, Tran X A, Yu H Y, et al. A self-rectifying unipolar HfO$_x$ based RRAM using doped germanium bottom electrode. ECS Solid State Letters, 2013, 2(5): Q35-Q38.

[89] Lv H, Li Y, Liu Q, et al. Self-rectifying resistive-switching device with bilayer. IEEE Electron Device Letters, 2013, 34(2): 229-231.

[90] Gao S, Zeng F, Li F, et al. Forming-free and self-rectifying resistive switching of the simple Pt/TaO$_x$/n-Si structure for access device-free high-density memory application. Nanoscale, 2015, 7(14): 6031-6038.

[91] Yoon J H, Song S J, Yoo I H, et al. Highly uniform, electroforming-free, and self-rectifying resistive memory in the Pt/Ta$_2$O$_5$/HfO$_{2-x}$/TiN Structure. Advanced Functional Materials, 2014, 24(32): 5086-5095.

[92] Yoon J H, Kim K M, Song S J, et al. Pt/Ta$_2$O$_5$/HfO$_{2-x}$/Ti resistive switching memory competing with multilevel NAND flash. Advanced Materials, 2015, 27(25): 3811-3816.

[93] Chen C, Pan F, Wang Z S, et al. Bipolar resistive switching with self-rectifying effects in Al/ZnO/Si structure. Journal of Applied Physics, 2012, 111(1): 13702.

[94] Gao B, Chen B, Liu R, et al. 3-D cross-point array operation on-based vertical resistive switching memory. IEEE Transactions on Electron Devices, 2014, 61(5): 1377-1381.

[95] Yu S, Chen H Y, Deng Y, et al. 3D vertical RRAM-scaling limit analysis and demonstration of 3D array operation//IEEE Symposium on VLSI Technology, 2013.

[96] Zhang J, Ding Y, Xue X, et al. A 3D RRAM using stackable 1TXR memory cell for high density application//IEEE International Conference on Communications, Circuits and Systems (ICCCAS), 2009.

[97] Hsu C W, Wang I T, Lo C L, et al. Self-rectifying bipolar TaO$_x$/TiO$_2$ RRAM with superior

endurance over 10 12 cycles for 3D high-density storage-class memory//IEEE Symposium on VLSI Technology,2013.

[98] Bai Y,Wu H,Wang K,et al. Stacked 3D RRAM array with graphene/CNT as edge electrodes. Scientific Reports,2015,5:13785.

[99] Sun P,Lu N,Li L,et al. Thermal crosstalk in 3-dimensional RRAM crossbar array. Scientific Reports,2015,5:13504.

第 5 章 忆阻器在模拟电路中的应用

模拟电路是能处理模拟信号的电子电路。传统的模拟电路主要由一些无源器件,如电阻、电容、电感,以及有源器件,如二极管、三极管等组成。随着移动互联网时代的来到,人们对于数字产品,如手机和平板电脑的需求越来越高,产品数字化的同时也推动了模拟电路的快速发展。模拟电路在数字产品中扮演着重要的角色,如电源管理、通信等功能都离不开模拟电路,然而传统无源器件的集成度问题限制了模拟集成电路(integrated circuit,IC)芯片性能的提升。忆阻器作为第四种基本电路元件,其独特的对模拟信号的响应能力、与 CMOS 工艺的良好兼容性,以及存储与计算融合的潜力对于推动新型模拟电路的发展具有重要意义。

在模拟电路设计、分析与实现中,电路仿真对于优化电路功能、提高分析精度、提高设计效率、降低设计成本、缩短研发周期发挥着不可或缺的作用,其中元件模型是电路仿真的基础。为实现基于忆阻器的新型模拟电路研发,首先需要建立合适的忆阻器模型,创建元件的网格表,添加到仿真软件的模型库,在仿真电路时可以随时调用文件,从而进行多样化的电路设计。本章将首先阐述现阶段常用的几种忆阻器 SPICE 模型,如理想模型、双极性阈值模型、适用于神经网络的突触活动依赖可塑性模型,以及物理紧凑模型等,然后以基于忆阻器的可编程模块为例,介绍忆阻器模拟电路的设计及 SPICE 模型在设计中发挥的作用;最后简要介绍忆感与忆容元件的 SPICE 模型,以供未来引入记忆元件系统的模拟电路设计者参考。

5.1 理想 SPICE 模型

自从 1971 年蔡少棠教授在理论上提出忆阻器[1]的概念后,就有研究人员相应地提出多种忆阻器的电路模型,然而这些电路模型都是由现有的电路元件,如电阻、电容、电感和放大器等构成的,模拟出的具有忆阻特性的电路规模较大且复杂。2008 年,惠普实验室物理实现二氧化钛(TiO_2)忆阻器的同时,提出一种边界迁移模型[2],随后此电路模型被广大研究人员认可采用,并在此模型的基础上改进设计了多种忆阻器 SPICE 模型,以适用于不同的 SPICE 仿真软件,如 HSPICE、PSPICE 和 NGSPICE 等。

5.1.1 边界迁移模型

1. 边界迁移模型理论[2]

惠普实验室设计的忆阻器模型是一种三明治结构,即在两个铂电极间夹杂一个厚度为 D 的 TiO_2 功能层,如图 5.1 所示。功能层包含两块氧掺杂程度不一样的区域,两块区域具有不一样的电阻值,中间是一个在外界激励变化下氧离子迁移且可以移动的边界。在有外界激励的情况下,如果 $W=0$,忆阻器的阻值变为 R_{OFF};如果 $W=D$,忆阻器的阻值变为 R_{ON}。

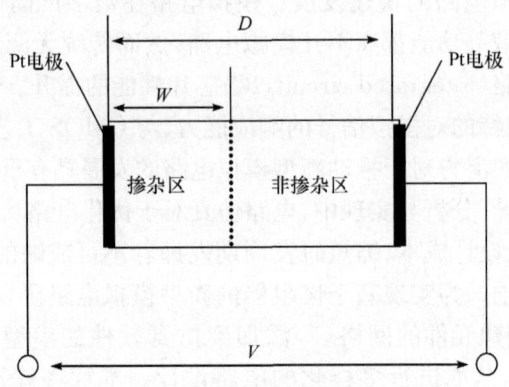

图 5.1 惠普实验室的忆阻器模型

由图 5.1 所示的电路模型可以得到忆阻器的总电阻,即

$$R_{MEM}(x) = R_{ON}x + R_{OFF}(1-x) = R_{OFF} - (R_{OFF} - R_{ON})x \tag{5-1}$$

$$X = \frac{W}{D} \tag{5-2}$$

其中,W 是掺杂区宽度;D 是总的 TiO_2 薄膜宽度。

实验发现,忆阻器内部状态变量的变化与通过器件的电流存在密切关系,掺杂区与非掺杂区边界的移动速度可以表示为

$$\frac{dw}{dt} = \frac{\mu_v R_{ON}}{D} i(t) \tag{5-3}$$

其中,μ_v 是带电离子的平均漂移速率。

对式(5-3)两边同时对时间 t 积分,可得下式,即

$$w(t) = \mu_v \frac{R_{ON}}{D} q(t) \tag{5-4}$$

将式(5-4)代入式(5-1),并假设 $R_{ON} \ll R_{OFF}$,可得到边界迁移模型的忆阻器总阻值,即

$$R_{\mathrm{MEM}} = R_{\mathrm{OFF}}\left(1 - \frac{\mu_{\mathrm{v}} R_{\mathrm{ON}}}{D^2} q(t)\right) \tag{5-5}$$

从式(5-3)可以看出,忆阻器的电阻值与流经忆阻器的电流是一种线性关系,并且功能层中的边界迁移速率是恒定不变的。然而,实际的忆阻器是一种非线性器件,并且在氧化物与金属电极的接触面处,边界迁移的速率并不是恒定不变的,因此边界迁移模型只是一种理想线性器件的模型。

2. 理想忆阻器的 HSPICE 文件

Biolek 等[3]从上述边界迁移模型出发,加入 Joglekan 窗函数,并编写了一个适用于 HSPICE 的理想忆阻器模型。

Joglekan 窗函数为

$$f(x) = 1 - (2x-1)^{2p} \tag{5-6}$$

其中,p 为正整数。

为了方便,令

$$k = \frac{\mu_{\mathrm{v}} R_{\mathrm{ON}}}{D^2} \tag{5-7}$$

其中,k 表示边界的迁移速率与流经忆阻器电流之间的比例因子。

将式(5-3)两边同除以功能层厚度 D,并加入 Joglekan 窗函数,可以得到新的边界迁移方程,即

$$\frac{\mathrm{d}x}{\mathrm{d}t} = k f(x) i(t) \tag{5-8}$$

结合式(5-6)~式(5-8),取 $p=1$,并且两边同时对时间 t 积分可以得到下式,即

$$\frac{1}{4}\ln\frac{x}{1-x} = k(q(t) + q_0) \tag{5-9}$$

其中,q_0 是一个积分常数,表示忆阻器的初始电荷值。

通过求解式(5-9)可以得出 x 的函数方程,代入式(5-1)可以得到新的忆阻器总阻值方程,即

$$R(q(t)) = R_{\mathrm{OFF}} + \frac{R_{\mathrm{ON}} - R_{\mathrm{OFF}}}{\mathrm{e}^{-4k(q(t)+q_0)} + 1} \tag{5-10}$$

令 $q=0$ 时的电阻 $R = R_{\mathrm{INI}}$,并记

$$a = \mathrm{e}^{-4kq_0} = \frac{R_{\mathrm{INI}} - R_{\mathrm{OFF}}}{R_{\mathrm{ON}} - R_{\mathrm{INI}}} \tag{5-11}$$

则式(5-10)变为

$$R(q(t)) = R_{\mathrm{OFF}} + \frac{R_{\mathrm{ON}} - R_{\mathrm{OFF}}}{a\mathrm{e}^{-4kq(t)} + 1} \tag{5-12}$$

至此,式(5-12)为 SPICE 仿真提供了一个可靠的模型,可以看出忆阻器的总阻值是由一个阻值为 R_{OFF} 的固定电阻和一个可控电压源串联而成的,因此在 SPICE 软件中,理想忆阻器的模型如图 5.2 所示。

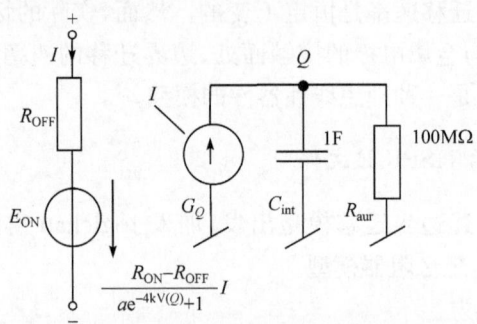

图 5.2 理想忆阻器的 SPICE 实现结构图[3]

在此 SPICE 模型中,通过对流经忆阻器的电流进行积分,可以得到电容两端的电压值,而此电压值与流经忆阻器的电荷值成比例关系。在如图 5.2 所示的结构图中,右边是一个应用于 SPICE 的典型积分器电路,加入一个大阻值的分流电阻是为了在不影响积分过程的情况下提供一条必要的接地直流通道。

下面给出理想忆阻器的 HSPICE 代码以方便读者参考。

```
* * * * Ideal memristor model R1 * * * *
* Reliable SPICE Simulations of Memristors, Memcapacitors and Meminductors *
* Code forHSPICE; tested with HSPICE Version 2009 *
. subckt memristorR1 plus minus Ron=100 Roff=10k Rini=5k
. param uv=10f D=10n k='uv*Ron/D**2 a=(Rini-Ron)/(Roff-Rini)'
* model of memristive port
Roff plus aux 'Roff'
Eres aux minus vol='(Ron-Roff)/(1+a*exp(-4*k*V(q)))*I(Eres)'
* end of the model of memristive port
* integrator model
Gx 0 Q cur='i(Eres)'
Cint Q 0 1
Raux Q 0 100meg
* end of integrator model
. ends memristorR1
```

```
.options post runlvl=0 lvltim=1 method=gear
Vin in 0 sin(0,1,1)
Xmem in 0 memristorR1
.tran 0.1m 10
.probe v(x*.*) i(x*.*)
.end
```

采用上述代码在 HSPICE 软件中进行仿真验证,获得的结果如图 5.3 和图 5.4 所示。图 5.3 展示了理想忆阻器的 V-I 特性曲线,是理想的捏滞回线。图 5.4 展示了对应的正弦电压激励和电流响应波形。

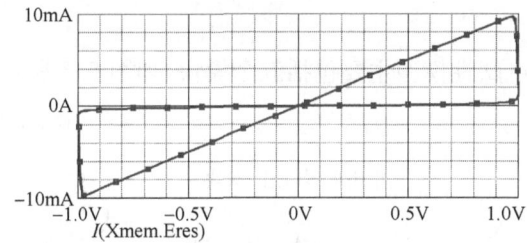

图 5.3 HSPICE 仿真获得的理想忆阻器 V-I 特性曲线

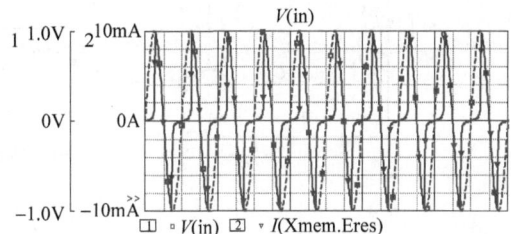

图 5.4 HSPICE 仿真中正弦电压激励与电流响应波形

需要指出的是,为实现精确的忆阻器模型仿真,并没有在 SPICE 代码里直接使用忆阻器总阻值状态方程来描述忆阻器的阻值变化,即没有使用下面的语句。

```
Rmem plus minus R='Roff+(Ron-Roff)/(1+a*exp(-4*k*V(q)))'
```

5.1.2 突触活动依赖可塑性模型

某些特定的忆阻器因其在外界电脉冲刺激下,能够实现较为连续的电阻调节特性,从而模拟神经突触的权重调节,实现脉冲活动依赖可塑性功能,如脉冲频率依赖突触可塑性(spike-rate-dependent plasticity, SRDP)和脉冲时序依赖突触可塑性(spike-timing-dependent plasticity, STDP)等。这一类脑神经突触功能的实现为忆阻器用于构架大规模神经形态系统奠定了重要基础。然而,目前大部分忆阻器模型并不能完美地适用于突触可塑性功能的仿真设计,存在无法表征突触权重的短时程调节特性、需要设计较为复杂的叠加脉冲实现权重调节等问题。对此,Li 等[4]提出一个适用于突触可塑性功能仿真的 SPICE 忆阻模型,在其中设计增加了一个单独的突触活动依赖模块。由于此模型的主要模块是以数学的角度建立一些积分方程,因此也算作是理想模型。这一突触活动依赖模型不但能仿真实现忆阻器特有的 $V\text{-}I$ 特性,也具有实现符合生物学特征的活动依赖的响应结果,为忆阻器应用于神经形态设计提供了一个新的模型选择。

1. 模型描述

突触活动依赖可塑性模型主要包括五个模块,如图 5.5 所示。

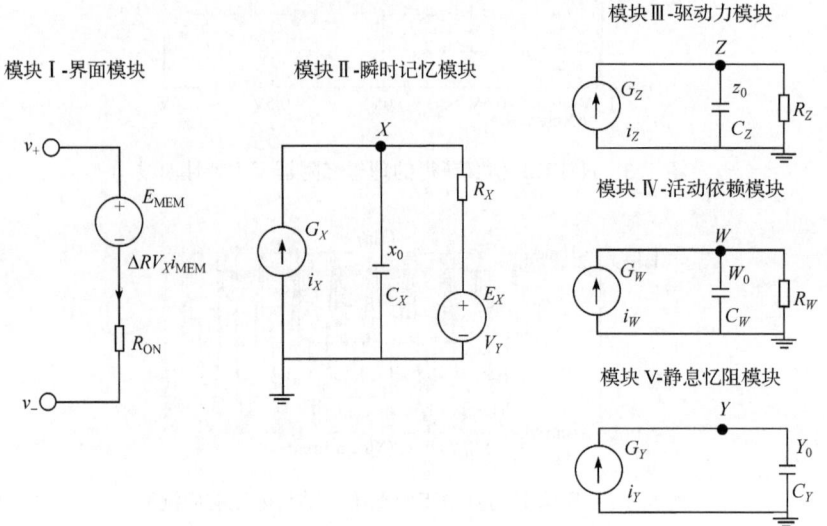

图 5.5 突触活动依赖可塑性模型的五个模块[4]

(1) 界面模块

该模块由一个阻值为 R_{ON} 的固定电阻和一个压控电压源 E_{MEM} 组成,其中 E_{MEM} 的电压值由模块二中的节点电势 V_X 控制,V_X 的取值在 $0\sim1$,具体方程为

$$R_{MEM}(V_X)=R_{ON}+\Delta R V_X, \quad \Delta R=R_{OFF}-R_{ON} \tag{5-13}$$

(2) 瞬时忆阻模块

实际忆阻器件在弱激励下会到达一个临时态,但是经过一定时间后会衰退到原来的状态,该模块的特点在于考虑了忆阻器的这个易失行为,通过为 RC 网络创

建一个泄露通道来实现忆阻器的易失特性,并由 R_X 和 C_X 的大小确定瞬时忆阻衰退到模块五中 V_Y 定义的静息忆阻所需要的时间,具体行为方程为

$$C_X \frac{\mathrm{d}V_X}{\mathrm{d}t} = -\frac{V_X - V_Y}{R_X} + i_X, \quad i_X = \varepsilon i_{\mathrm{MEM}} f(V_X) \tag{5-14}$$

其中,$f(V_X)$ 是一个矩形窗函数,用来限制瞬时忆阻 R_{MEM} 不会超出最低/高电阻,即 $[R_{\mathrm{ON}}, R_{\mathrm{OFF}}]$。

具体地,当 $V_X \in (0,1)$ 时,则 $f(V_X) = 1$;当 V_X 等于 0 或者 1 时,则 R_{MEM} 在规定区间内变化。ε 的大小为 $\mu_V/(2D^2)$,是一个跟器件几何大小及制备相关的有效集总常数。

(3) 驱动力模块

在该模块中,V_Z 代表所有的外在驱动力,并和 C_Z、R_Z 一起形成一个泄露积分器,忆阻器上的所有驱动力 V_{MEM} 由下式得出,即

$$C_Z \frac{\mathrm{d}V_Z}{\mathrm{d}t} = i_Z - \frac{V_Z}{R_Z} = \frac{V_{\mathrm{MEM}}}{0.5(R_{\mathrm{ON}} + R_{\mathrm{OFF}})} - \frac{V_Z}{R_Z} \tag{5-15}$$

(4) 活动依赖模块

在实际的忆阻器件中,焦耳热被认为对于器件内部导电通道的湮灭有着重要影响,因此在此模型中添加活动依赖模块来解释热积累对于忆阻器行为变化的影响,通过引入状态变量 V_W,这一状态变量描述了由 R_W 和 C_W 定义的泄露过程引起的绝对功率耗散。对 R_W 和 C_W 作积分运算可以求得 V_W 的大小,具体的积分方程为

$$C_W \frac{\mathrm{d}V_W}{\mathrm{d}t} = i_W - \frac{V_W}{R_W} = |i_{\mathrm{MEM}} \cdot V_{\mathrm{MEM}}| - \frac{V_W}{R_W} \tag{5-16}$$

(5) 静息忆阻模块

该模块的建立是为了解释驱动力变量 V_Z 和活动依赖变量 V_W 在模型中对于静息忆阻的影响,具体方程为

$$C_Y \frac{\mathrm{d}V_Y}{\mathrm{d}t} = i_Y = f(V_Y) \varphi(V_Z, B_+, B_-) h(V_W) \tag{5-17}$$

其中,方程 $f(V_Y)$ 是模块二中用到的矩形窗函数;方程 ϕ 具体为

$$\phi(V_Z, B_+, B_-) = \begin{cases} k(V_Z - B_\pm)^m, & V_Z \in \{[-\infty, B_-), (B_+, +\infty]\} \\ 0, & V_Z \in [B_-, B_+] \end{cases}$$

$$\tag{5-18}$$

其中,k 是比例常数;m 是一个让曲线具有特定形状的因子;方程 ϕ 决定了施加在忆阻器上的驱动力对于静息忆阻的影响,当状态变量 V_Z 的值在正阈值 B_+ 和负阈值 B_- 区间时,忆阻器处于亚阈值模式,器件的阻值不会发生改变;当状态变量 V_Z 的值大于正阈值 B_+ 或者小于负阈值 B_- 时,器件工作在双极性开关模式。

方程 h 具体为

$$h(V_W) = \begin{cases} \alpha((\beta V_W)^p + 1), & V_Z > 0 \\ 1 - \gamma(\beta V_W)^j, & V_Z \leq 0 \end{cases} \quad (5\text{-}19)$$

其中,α、β 和 γ 是比例常数;p 和 j 是让曲线具有特定形状的因子;方程 h 决定了活动依赖对于静息忆阻的影响。

2. 模型仿真结果

将突触活动依赖可塑性模型中五个模块的方程用 SPICE 进行描述,并设置每个参数的具体值,如表 5.1 所示。

表 5.1 活性依赖模型具体参数值[4]

参数	数值	参数	数值	参数	数值	参数	数值
R_{ON}	1Ω	R_{OFF}	$100k\Omega$	R_{INI}	$5k\Omega$	ε	10^6
C_X	$5mF$	R_X	1Ω	C_Y	$0.15F$	C_Z	$1F$
R_Z	$3m\Omega$	C_W	$1F$	R_W	0.35Ω	k	$0.33e^{10}$
B_+	$0.35nV$	B_-	$0.35nV$	α	0.706	β	$1e^8$
γ	2	p	0.5	0.706	2	m	0.62
z_0	0	w_0	0	$x_0 = y_0(R_{OFF} - R_{INI})/(R_{OFF} - R_{ON})$			

① 对活动依赖模型进行忆阻特性验证。模型施加两种不同频率的正弦激励,活动依赖模型忆阻特性如图 5.6 所示。由图 5.6(a)可见,模型得到了典型的 V-I 捏滞曲线,由图 5.6(b)可见模型在高频激励下阻值开关特性显著下降,综上说明活动依赖模型符合最基本的忆阻器特性。

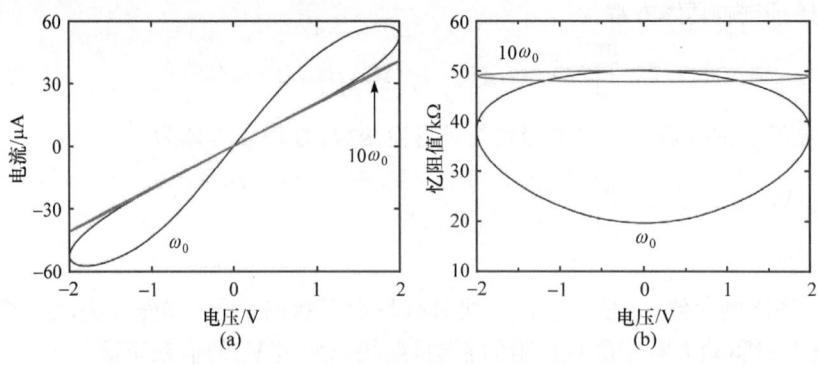

图 5.6 活动依赖模型忆阻特性图[4]

② 对模型分别施加弱激励和强激励来验证活动依赖模型易失和非易失特性,

结果如图 5.7 所示。

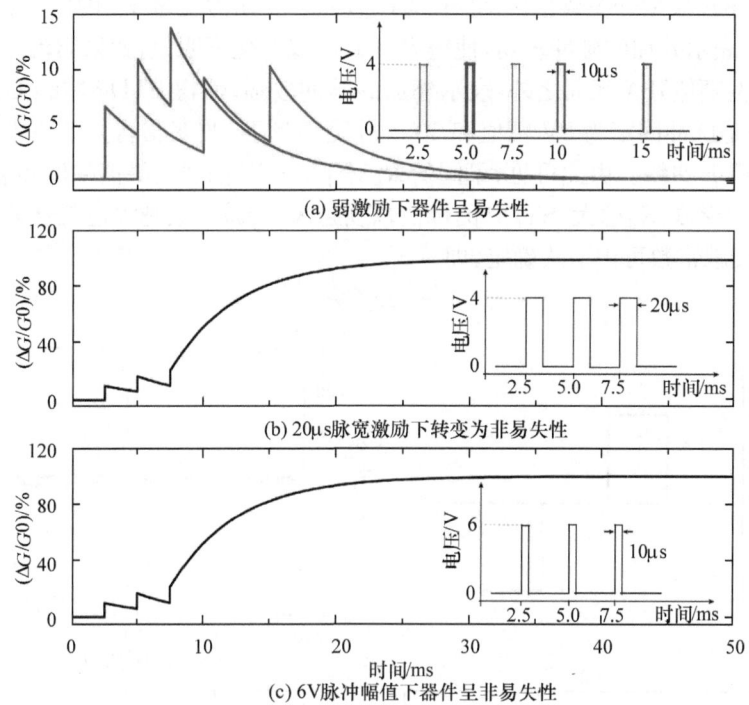

图 5.7 活动依赖模型易失和非易失特性图[4]

在模型中,首先对器件模型施加两个 4V 的弱激励脉冲,脉冲宽度都为 $10\mu s$,脉冲 X 的激励间隔较短为 2.5ms,脉冲 Y 的激励间隔较长为 5ms。从图 5.7(a)可见,两个弱激励脉冲都使得器件的电导先增加然后又衰减到原来的值,体现了器件的易失性,并且脉冲间隔较短的情况下模型的电导增加更多。

分别对器件施加了一个幅值为 4V,脉冲宽度为 $20\mu s$ 的激励和一个幅值为 6V,脉冲宽度为 $10\mu s$ 的激励。从图 5.7(b)和图 5.7(c)可见,模型在强激励下都体现出了非易失特性。因此,活动依赖模型不但能够实现大多数忆阻器模型的非易失特性,而且能仿真出实际忆阻物理器件在弱激励下的易失特性。

③ 基于活动依赖模型进行 STDP 功能验证。首先,对器件模型施加一个双极性电子脉冲对表示一对由神经元发出传递到忆阻突触处的尖峰信号,用两个幅值为 A、脉宽为 t_{width} 的正脉冲和负脉冲分别表示突触前和突触后尖峰脉冲信号,t_{gap} 表示脉冲间间隔(inter-pulse interval, IPI),如图 5.8(a)所示。在扫描时,IPI 从 $-50ms$ 以 0.5ms 的步长逐渐变化到 50ms。图 5.8(b)是当脉冲的幅值固定为 2V,但脉宽分别为 $8\mu s$、$9\mu s$ 和 $10\mu s$ 情形下的 STDP 曲线。图 5.8(c)是当脉冲的脉宽固定为 $10\mu s$,但幅值分别为 1.5V、2.0V 和 2.5V 情形下的 STDP 曲线。可以

看出,脉冲的脉宽和幅值对于 STDP 曲线都有明显的影响,关键在于驱动力变量 V_Z 是否能超过模型开关阈值区间 $[B_-,B_+]$,如果驱动力变量 V_Z 的值在模型阈值开关区间,表示外加的脉冲较弱,使得 STDP 曲线变化不明显;如果驱动力变量 V_Z 的值在模型阈值开关区间之外,表示外加的脉冲较强,使得 STDP 曲线变化明显。图 5.8(d) 是脉冲固定为 2V 幅值和 10μs 脉宽情形下,改变驱动力模块中变量 R_Z 所得的 STDP 曲线。由此可见,不同的 R_Z 对于 STDP 曲线的峰值幅度和衰减常数有着显著的影响,R_Z 越大,STDP 的峰值幅度越大,衰减常数越大也就衰减得越慢。STDP 的衰减常数可由下式确定,即

$$\tau = R_Z C_Z \tag{5-20}$$

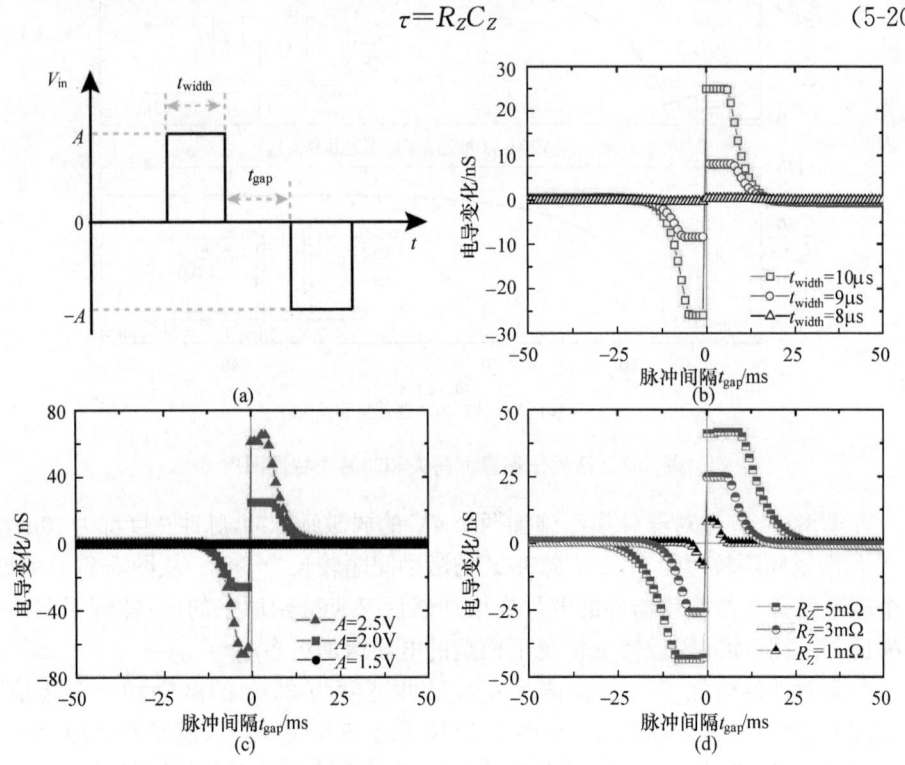

图 5.8　基于活动依赖模型的忆阻突触 STDP 功能特性图[4]

实际生物学实验中的大量测试表明,神经元突触的 STDP 特性多数是时间不对称的,要对上述活动依赖模型做进一步的优化,以使忆阻模型仿真结果更符合生物学现象。为此,将驱动力模块分成两个独立的子模块代表相反的脉冲极性,如图 5.9(a) 所示,总的驱动力变量 V_Z 可以表示为

$$V_Z = V_{Z+} + V_{Z-} \tag{5-21}$$

这样,通过在两个子模块中使用不同的 R_Z 值可以实现 STDP 的不对称性。R_Z 值的改变又会引起 STDP 曲线的漂移,例如减小 R_{Z+} 会引起 STDP 曲线的下降,减小

R_{Z-} 会引起 STDP 曲线的上升，如图 5.9(b) 所示。更进一步，在模型中通过调整阈值来补偿 STDP 曲线的漂移，使其平衡到零点。

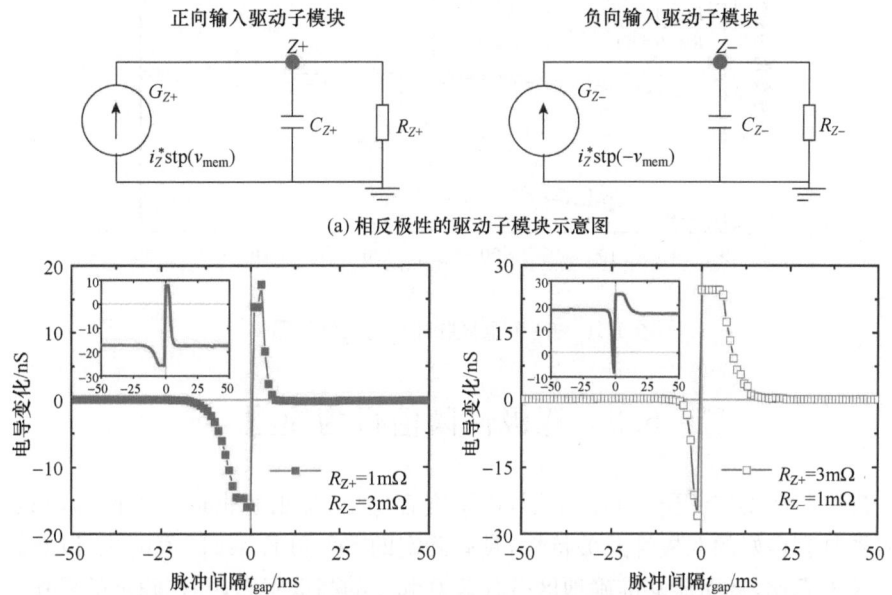

图 5.9 两个独立驱动力子电路[4]

④ 最后验证在一定频率的尖峰脉冲对的重复激励下，活动依赖模型对于突触权重调节的准确描述，以模拟生物突触的另一种重要特性，即脉冲频率依赖可塑性 (SRDP)。如图 5.10(a) 所示，60 个周期为 $T=1/f$ 的双相脉冲对施加在忆阻器件模型上，每个脉冲对包含两个突触前-突触后和突触后-突触前模式的激励，幅值都是 2V，脉宽都是 $10\mu s$，IPI 固定 3ms，将脉冲频率从 0.5Hz 以 0.5Hz 的步长逐渐增加到 50Hz，仿真得到如图 5.10(b) 所示的结果。由此可见，在突触前-突触后模式下随着频率的增加电导也在逐渐增加，然而突触后-突触前模式下电导基本保持不变，而在低频下略有减少。

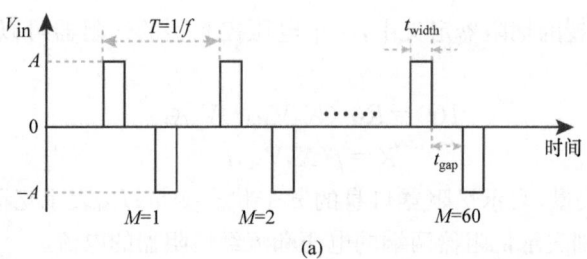

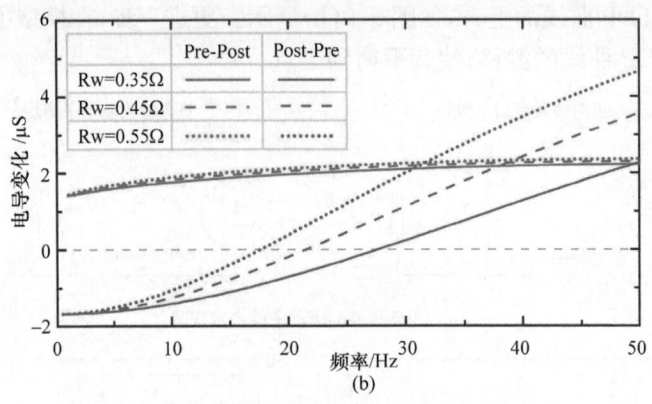

图 5.10 60 个重复脉冲对仿真结果图[4]

5.2 双极性阈值行为模型

现阶段获得广泛研究的忆阻器,如阻变存储器、忆阻逻辑运算器件等,都要求忆阻器具有良好的双极性开关特性,具有确定的 Set 和 Reset 阈值电压,以及较大的开关电阻比,从而能够准确地区分代表 0 和 1 的高低阻态,并在确定的操作电压下实现两态的可逆转变。另外,对于一些应用于模拟电路设计、神经形态计算的忆阻器,一般也要求器件具有一定的阈值,以保证忆阻器在超过一定的阈值电压时转换电阻状态,而在阈值电压内保持原有的阻态。

5.1 节描述的理想忆阻 SPICE 模型,无法描述实际忆阻器件的阈值特性。构建能够准确描述忆阻器的双极性阈值行为的模型,对于推动基于忆阻器的功能与电路设计具有重要的意义。研究人员已经提出几种带阈值的双极性忆阻器模型,可分为电流阈值型和电压阈值型,著名的 TEAM 模型就是一个典型的电流阈值型忆阻器模型[5]。本节将具体介绍两个具有代表性的电压阈值双极性忆阻器模型,一个是由 Pershin[6] 提出的模型,另一个是由 Biolek[3] 提出的模型。

5.2.1 Pershin 模型

在蔡少棠教授的忆阻器定义中,一个电压控制型的忆阻器可以由下列两个方程表示,即

$$I(t) = R_M^{-1}(X, V_M, t) V_M(t) \tag{5-22}$$

$$\dot{X} = f(X, V_M, t) \tag{5-23}$$

其中,X 是一个矢量,表示忆阻器自身的 n 个状态变量;R_M 表示忆阻器的忆阻值;$V_M(t)$ 和 $I(t)$ 分别表示忆阻器两端的电压和流经忆阻器的电流。

对于一个带阈值的电压控制忆阻器模型,可以用如下三个方程表示,即

$$I = X^{-1} V_M \tag{5-24}$$

$$\frac{dX}{dt} = f(V_M)[\theta(V_M)\theta(R_{OFF} - X) + \theta(-V_M)\theta(X - R_{ON})] \tag{5-25}$$

$$f(V_M) = \beta V_M + 0.5(\alpha - \beta)[|V_M + V_t| - |V_M - V_t|] \tag{5-26}$$

其中,V_t 是忆阻器的阈值电压;X 是忆阻器阻值;R_{ON} 和 R_{OFF} 分别表示忆阻器的最低阻值和最高阻值;$\theta(\cdot)$ 函数是一个阶跃函数用来限制忆阻器的阻值在 R_{ON} 和 R_{OFF} 之间变化;α 和 β 是两个重要系数,分别表示当 $|V_M| < V_t$ 和 $|V_M| > V_t$ 时忆阻器阻值变化的速率。

如图 5.11 所示,图 5.11(a)表示当 $\alpha > 0$ 且 $\beta > 0$ 时 $f(V_M)$ 的函数图,图 5.11(b)表示当 $\alpha = 0$ 且 $\beta > 0$ 时 $f(V_M)$ 的函数图。从图 5.11(a)可以看出,忆阻器的阻值一直在改变,只是当 $|V_M| > V_t$ 时阻值变化的速度更快,这种情形称为软阈值行为。从图 5.11(b)可以看出,忆阻器只有在 $|V_M| > V_t$ 时才会改变,这种情形称为硬阈值行为。如果想得到一个双极性阈值行为的忆阻器模型,则需要把 α 设置为 0,且 β 大于 0。

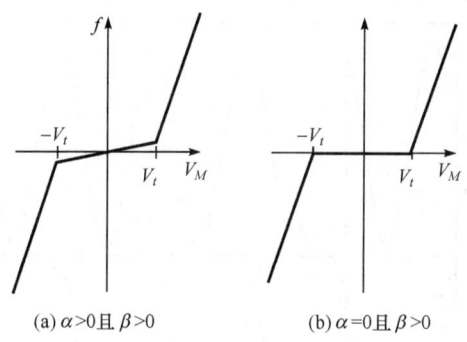

(a) $\alpha > 0$ 且 $\beta > 0$ (b) $\alpha = 0$ 且 $\beta > 0$

图 5.11 $f(V_M)$ 的函数示意图[6]

1. 适用于 NGSPICE 软件的模型

类似于理想忆阻器在 HSPICE 中的建模过程,先对式(5-26)积分,可以得到忆阻器总阻值的方程,通过建立积分电路与固定电阻的串联电路完成忆阻器的建模,并且通过在 NGSPICE 仿真软件中直接使用 IF…THEN…语句描述阶跃函数,可以有效地避免忆阻器模型的收敛问题。适用于 NGSPICE 仿真软件的忆阻器模型代码如下。

```
.subckt memristor pl mn PARAMS:Ron=1k Roff=10k Rinit=5k
+alpha=0 beta=1E13 Vt=4.6
Bx 0 x I=(f1(V(pl,mn))>0)&&(V(x)<Roff) ? {f1(
V(pl,mn))}:(f1(V(pl,mn))<0)&&(V(x)>Ron)
```

```
? {f1(V(pl,mn))}:{0}
Cx x 0 1 IC={Rinit}
R0 pl mn 1E12
Rmem pl mn r={V(x)}
.func f1(y)={beta*y+0.5*(alpha-beta)*(abs(y+Vt)-abs(y-Vt))}
.ends
```

如果不使用 IF…THEN…语句,而是直接描述阶跃函数也是可行的,只需把代码中的第二行进行如下修改即可。

```
Bx 0 x I={f1(V(pl,mn))*(u(V(pl,mn))*u(Roff-V(x))+u(V(mn,pl))
    *u(V(x)-Ron))}
```

选择硬阈值行为的忆阻器模型并施加一个正弦脉冲激励进行瞬态分析,可以得到如图 5.12 所示的结果。观察忆阻器的阻值变化,可以明显看出当激励源的电

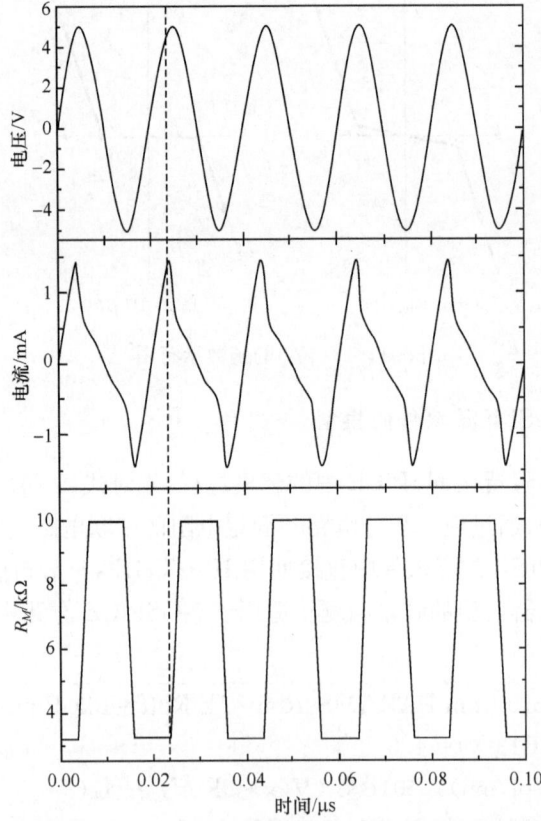

图 5.12　硬阈值行为的忆阻器模型电压、电流与电阻值随时间变化的结果[6]

压绝对值大于预先设定的阈值 4.6V 时,忆阻器的阻值开始发生变化,且它的最大阻值并不会超过预先设定的 R_{OFF} 值。由此可以确定,该模型是正确的,并且具有典型的双极性阈值行为,但在仿真分析时要注意一点,即为考虑电路的初始情况,要在瞬态分析中加入 uic 操作语句。

2. 适用于 PSPICE 软件的模型

在 PSPICE 中建立忆阻器的模型稍有不同。首先,用一个新的电流源替代原有电流积分电路表征的行为电阻。其次,为了避免模型的收敛问题将 $f(\cdot)$ 函数平滑化。具体的 PSPICE 的忆阻器电路代码如下。

```
. subckt memristor pl mn PARAMS:Ron=1K Roff=10K Rinit=5K
beta=1E13 Vtp=4.6Vtm=4.6 nu1=0.0001 nu2=0.1
Gx 0 x value={f1(V(pl)−V(mn)) * (f2(f1(V(pl)−
V(mn))) * f3(Roff−V(x))+f2(−f1(V(pl)−V(mn)))
* f3(V(x)−Ron))}
Raux x 0 1E12
Cx x 0 1 IC={Rinit}
Gpm pl mn value={(V(pl)−V(mn))/V(x)}
. func f1(y)={beta * (y−Vtp)/(exp(−(y−Vtp)/nu1)+1)+
beta * (y+Vtm)/(exp(−(−y−Vtm)/nu1)+1)}
. func f2(y1)={1/(exp(−y1/nu1)+1)}
. func f3(y)={1/(exp(−y/nu2)+1)}
. ends
```

其中,V_{tp} 代表正数阈值 4.6V;V_{tm} 代表负数阈值 −4.6V,两个参数值可以单独改变;nu1 和 nu2 是分别用在平滑函数 f2($\cdot$) 和 f3($\cdot$) 中的平滑参数,beta 参数是一个为了让忆阻器模型的开关转换时间与实际忆阻器相匹配的值,并且瞬态分析的步长要根据 beta 值的不同而确定。例如,在上述代码中瞬态分析的步长最高不超过 0.01ns。

5.2.2 Biolek 模型

Biolek 提出的建模过程类似于 Pershin 模型 PSPICE 版本的建模过程,区别之处在于针对式(5-25)和式(5-26)使用了不同的平滑函数,最大化地减弱了由绝对值函数和阶跃函数带来的忆阻器模型数学上的收敛性问题[3]。

首先,记

$$W(x,V_M)=\theta(V_M)\theta(R_{OFF}−x)+\theta(−V_M)\theta(x−R_{ON}) \tag{5-27}$$

其中，$W(x, V_M)$ 是一个由阶跃函数构成的窗函数。

由于要建一个双极性阈值模型，因此要令式(5-26)中的 α 为 0，则变成为

$$f(V_M) = \beta(V_M - 0.5[|V_M + V_t| - |V_M - V_t|]) \tag{5-28}$$

然后，将阶跃函数平滑化为

$$\theta_s(x) = \frac{1}{1 + e^{-x/b}} \tag{5-29}$$

其中，b 是一个平滑参数。

再将绝对值函数平滑化为

$$\text{abs}_s(x) = x[\theta_s(x) - \theta_s(-x)] \tag{5-30}$$

如果收敛性问题仍然出现，可以通过调整 b 的值来权衡模型的精确度和可靠性。下面给出 Biolek 模型的 PSPICE 代码，在 LTSPICE 中仍然可以使用此模型代码。

```
* * * * Bipolar memristive system with threshold * * * *
.subckt  memR_TH plus minus PARAMS:
+Ron=1k Roff=10k Rinit=5k beta=1E13 Vt=4.6
* model of memristive port
Gpm plus minus value={V(plus,minus)/V(x)}
* end of the model of memristive port
* integrator model
Gx 0 x value={fs(V(plus,minus),b1) * ws(v(x),V(plus,minus),b1,b2) * 1p}
Raux x 0 1T
Cx x 0 1p IC={Rinit}
* end of integrator model
* smoothed functions
.param b1=10u b2=10u
.func stps(x,b)={1/(1+exp(-x/b))}
.func abss(x,b)={x * (stps(x,b)-stps(-x,b))}
.func fs(v,b)={beta * (v-0.5 * (abss(v+Vt,b)-abss(v-Vt,b)))}
.func ws(x,v,b1,b2)={stps(v,b1) * stps(1-x/Roff,b2)+stps(-v,b1)
* stps(x/Ron-1,b2)}
* end of smoothed functions
.ends memR_TH
```

在 PSPICE 中对忆阻器模型施加一个正弦电压激励，可以得到如图 5.13 所示的结果。

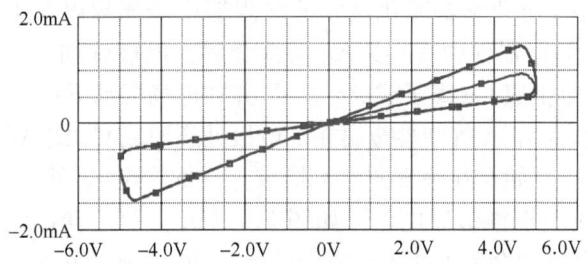

图 5.13　PSPICE 仿真得到的忆阻器 V-I 图[3]

可以看出,该模型仿真的忆阻器只具有高阻态和低阻态两种行为,并且当电压激励源超过电压阈值时,忆阻器就会发生电阻状态的转变,因此该模型能够正确地描述实际忆阻器件的双极性阈值行为,可以通过如下两点进一步检验模型的正确性和精确度。

① 忆阻器的最高阻值一定是 R_{OFF},仿真结果中波形在最大值处的任意偏差都是一个数值错误。

② 忆阻器的最小阻值一定是由如下式子确定(即使没有达到预设的 R_{ON}),即

$$R_{ON} = R_{OFF} - \frac{\beta}{2\pi f} V_t \left[2\sqrt{\left(\frac{V_{max}}{V_t}\right)^2 - 1} - \pi + 2\sin^{-1}\frac{V_t}{V_{max}} \right] \tag{5-31}$$

其中,f 是激励源的频率。

5.3　紧凑模型

5.1 节和 5.2 节提到的忆阻器模型的共同点在于都是从边界迁移模型演变而来。虽然它们的 V-I 曲线都能体现出忆阻器特有的捏滞回线特征,然而边界迁移模型只是一种理想的模型,并不能真实准确地反映忆阻器电阻转变行为背后的物理机制。如今,研究人员也开始从忆阻器的忆阻物理机制出发,建立基于物理模型,符合实验所测数据的忆阻器模型,称作紧凑模型(compact model)[7]。Yu 等[8-10]建立了一种基于导电丝形成与熔解机理的忆阻器紧凑模型,该模型的仿真结果与基于 $Ag/Ge_{0.3}Se_{0.7}$ 材料的器件的实验数据相吻合。下面介绍基于导电丝机制的紧凑模型。

5.3.1　导电丝紧凑模型

首先需要明确的一点是,导电丝机理只是物理忆阻器件中一类重要的电阻转变行为机制,并不是忆阻器发生阻变的唯一机理,但是对导电丝机理微观演化过程的揭示并对其进行建模,对于推动其他机理的研究及建模有很大的参考价值。

图 5.14 是基于电化学金属化机制的忆阻器中金属导电丝生长及熔解过程。如图 5.14(a)所示,向器件中 Cu 或 Ag 活性金属上电极施加一个正电压,在界面处发生电化学反应生成 Cu 离子或 Ag 离子,并在电场驱动下在固体电解质层中向下电极方向运动,且由 Pt 等惰性金属在下电极处还原成 Cu 或 Ag 粒子,聚集形成金属导电通道。一开始会在垂直方向上形成一根细导电丝,然后会在水平方向继续生长,最终形成一根锥形导电丝。如图 5.14(b)所示,当给上电极施加负电压时,功能层中的导电丝会首先在水平方向开始熔解,慢慢地在垂直方向开始熔解,导电丝的高度不断减小,最终整根导电丝熔解。

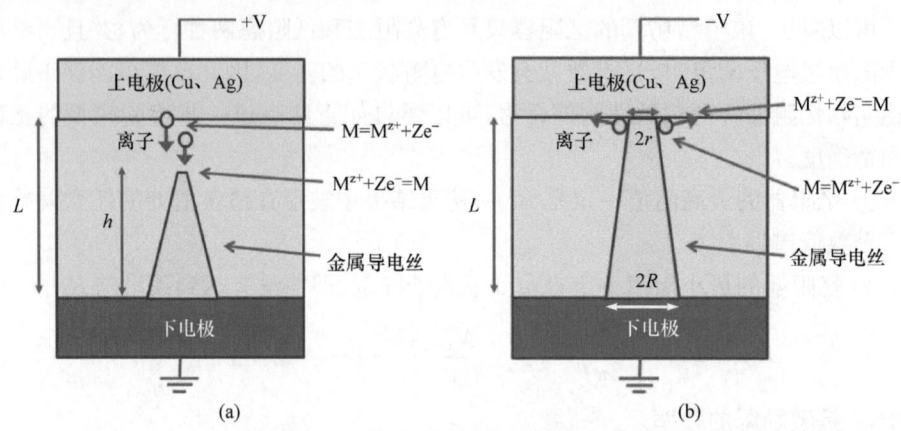

图 5.14　金属导电丝生长及熔解过程[7]

根据以上动力学过程,对导电丝机理进行建模主要分为两部分,一部分是导电丝的形成,另一部分是导电丝的熔解。

在垂直方向上,一定时间 dt 内金属导电丝的高度 dh 可以用从金属中脱离的原子计算得出,即

$$N_m dh = J/(Zq) dt \tag{5-32}$$

其中,N_m 是金属的密度;q 是电荷量;Z 是带电离子数;J 是电流密度。

电流密度 J 又可以用固态电解质层中的 Mott-Gurney 离子跃迁电流表示,即

$$J = 2ZqN_i a f \exp(-E_a/kT) \cdot \sinh(ZqEa/2kT) \tag{5-33}$$

其中,N_i 是固态电解质层中金属离子的密度;f 是金属离子企图逃脱的频率;E_a 是活化能;E 是电场;kT 是热能;a 是金属离子有效跃迁距离(金属离子有效跃迁距离作为一个拟合参数用来解释离子迁移对电场的依赖关系)。

结合式(5-32)和式(5-33),可以得出导电丝的生长速率关系式,即

$$\frac{dh}{dt} = v_h \exp(-E_a/kT) \cdot \sinh(ZqEa/2kT) \tag{5-34}$$

其中，拟合参数 $v_h = 2N_i/N_m a f$ 表示导电丝的垂直生长速度。

固态电解质中的电场为

$$E = V/(L + (\rho_{ON}/\rho_{OFF} - 1)h) \tag{5-35}$$

其中，L 是固态电解质层的厚度；ρ_{ON} 是导电丝的电阻率；ρ_{OFF} 是导电性差的固态电解质部分的电阻率。

结合式(5-34)和式(5-35)就可以用来描述导电丝在垂直方向上的行为过程，对于导电丝的生长和熔解都是适用的。一旦导电丝的高度 h 确定了，就可以得到导电丝的关态电阻 R_{OFF}，即

$$R_{OFF} = (\rho_{ON} h + \rho_{OFF}(L-h))/A \tag{5-36}$$

其中，A 是导电丝的底部表面积。

在水平方向上对导电丝行为过程建模与垂直方向类似，只是不同于垂直方向上可以精确表达导电丝的生长和熔解，水平方向上的导电丝行为主要是用经验模型表示。

导电丝顶部截面圆的半径演变速率为

$$\frac{dr}{dt} = v_r \exp(-E_a/kT) \cdot \sinh(\beta qV/kT) \tag{5-37}$$

其中，r 是导电丝顶部截面圆的半径；v_r 和 β 是导电丝对演化速度和电场依赖度的拟合参数。

于是，忆阻器的开态电阻 R_{ON} 可以表示为

$$R_{ON} = \rho_{ON} L/(\pi r R) \tag{5-38}$$

其中，R 是导电丝底部截面圆的半径。

需要注意的是，在导电丝形成后，会有电流流经整根导电丝，因此电流产生的焦耳热对于导电丝和离子迁移所产生的影响不可忽视，焦耳热效应为

$$T = T_0 + V^2 R_{TH}/R_{ON} \tag{5-39}$$

其中，$T_0 = 300K$ 是初始温度；R_{TH} 是等效热电阻。

考虑置位限制电流效应的影响，很多研究中都指出置位限制电流和忆阻器阻值之间存在一种普遍的反比关系，对于该紧凑模型，这种反比关系可以从实际 Ag/Ge$_{0.3}$Se$_{0.7}$/Pt 器件中测试得出(图 5.15)，即

$$R_{Set} = C/I_{COMP} \tag{5-40}$$

其中，C 是一个拟合参数。

紧凑模型具体参数值如表 5.2 所示。

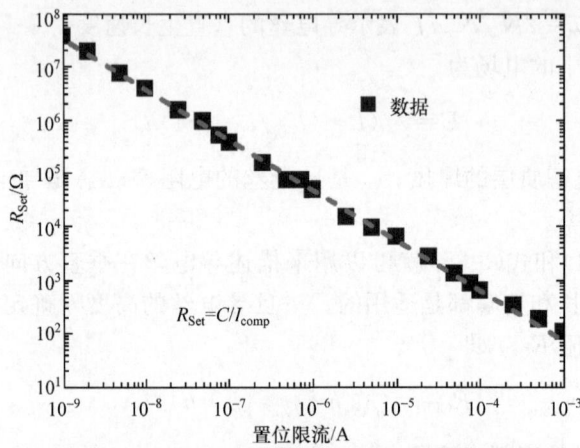

图 5.15　置位限流效应对开态电阻的影响[7]

表 5.2　紧凑模型具体参数值[7]

参数	数值	参数	数值	参数	数值	参数	数值
Z	1	V_h	0.35cm/s	ρ_{ON}	$4\Omega\cdot cm$	ρ_{OFF}	$1.33\times10^4\Omega\cdot cm$
V_r	700cm/s	E_a	0.5eV	A	$1330nm^2$	L	50nm
a	75nm	B	0.3	R_{th}	$10^5 K/W$	C	0.08V

5.3.2　导电丝紧凑模型验证

在许多实验中都已经发现忆阻器电阻转变的快慢主要取决于所施加的脉冲幅值的大小。通过该紧凑模型仿真计算得到的置位和复位所需的时间与外加脉冲幅值的关系跟在 $Ag/Ge_{0.3}Se_{0.7}/W$ 器件中实验测得的数据吻合，如图 5.16 所示。外加脉冲幅值的微小增加就能使得忆阻器转变时间发生指数级的减小。

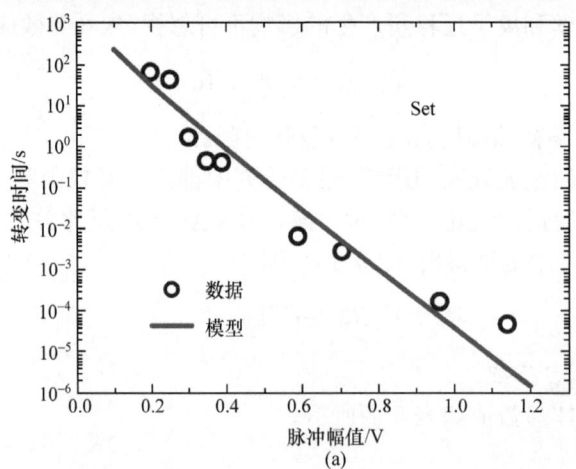

(a)

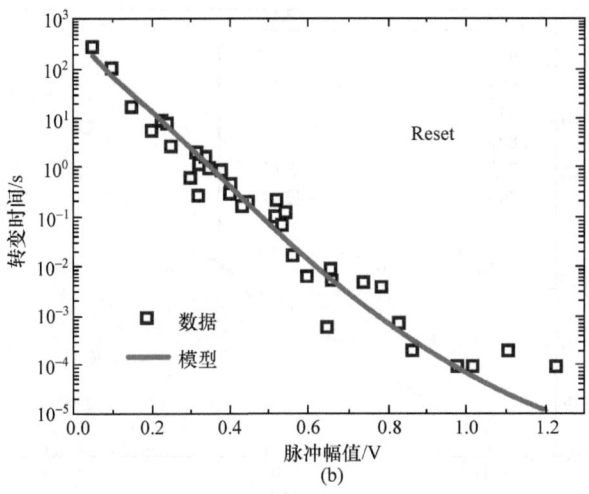

图 5.16 脉冲幅值对于模型开关行为的影响[7]

一般而言,在实际忆阻器件的 Set 过程中,进行不同电压扫描斜率的双直流扫描,可以看出电压扫描斜率越低会导致 Set 电压降低,同时器件开态电阻 R_{ON} 也会降低,如图 5.17 所示。

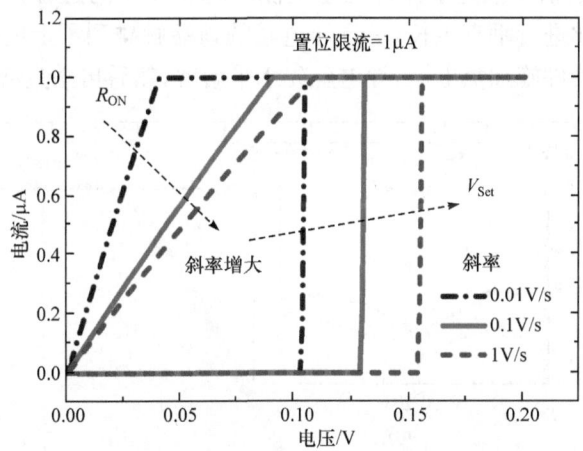

图 5.17 不同电压扫描斜率的双直流扫描对模型 V-I 特性的影响[7]

对此模型进行不同电压扫描斜率的双直流扫描仿真(图 5.18),可以看到模型的置位电压和开态电阻都会发生变化,其中置位电压和电压扫描斜率呈现线性关系,且模型仿真结果与实际的 $Ag/Ge_{0.3}Se_{0.7}/Pt$ 器件测得的数据较符。

再对模型进行双直流扫描 V-I 特性测试,如图 5.19(a)所示是模型的 V-I 特性的线性和对数关系图,其中插图为对数关系图,得到的结果与实际的 $Ag/Ge_{0.3}$

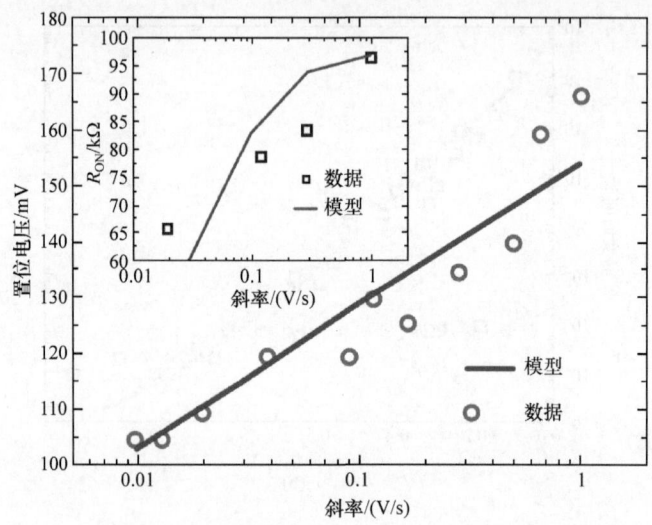

图 5.18 不同电压扫描斜率对模型置位电压和开态电阻的影响[7]

Se$_{0.7}$/Pt 器件测得的数据类似,在进行 V-I 仿真时一般会加入一个实际样品测试时也会有的置位限制电流,以防大电流击穿测试器件。如图 5.19(b)所示是模型的 R-V 特性曲线,清楚描述了器件的阻值随着电压变化的过程,一开始对器件施加正电压,导电丝进行垂直生长,一旦导电丝的顶端触碰到了上电极,导电丝就开始水平生长;对器件施加负电压,导电丝先水平熔解,然后再垂直熔解。

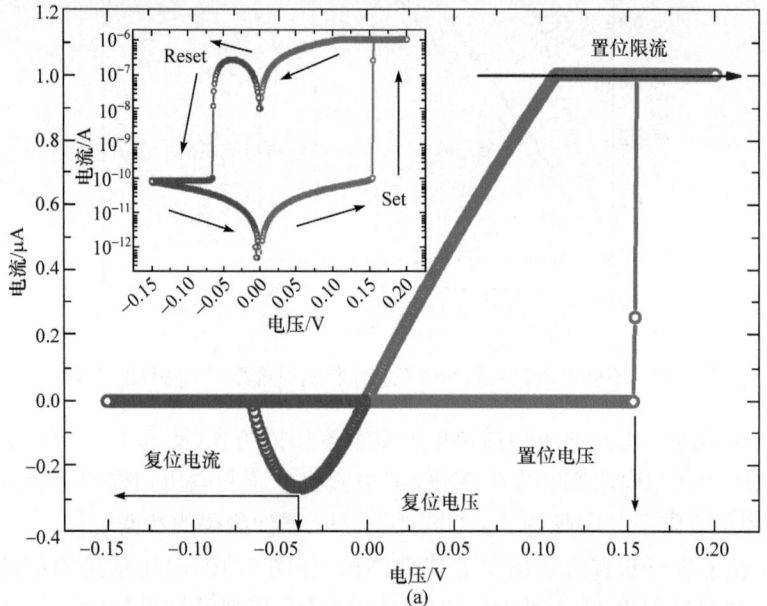

(a)

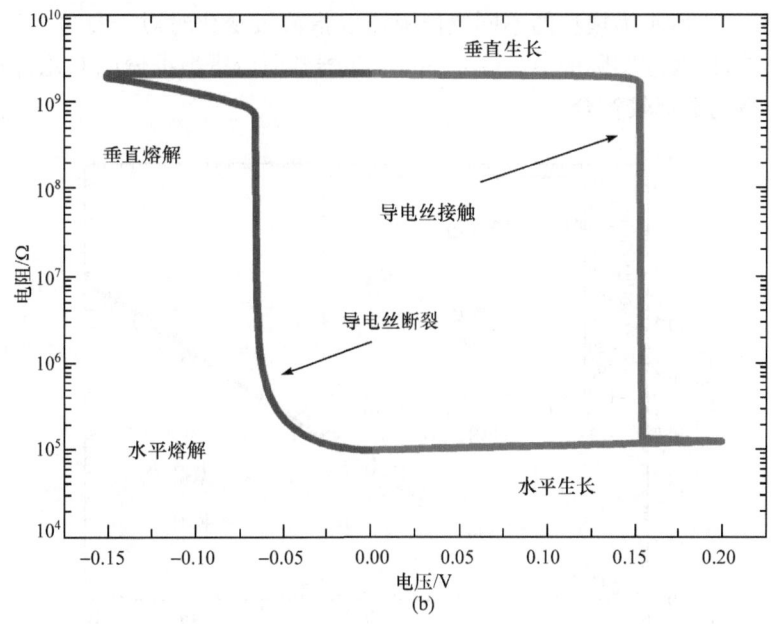

图 5.19 双直流扫描模型 V-I 特性及 R-V 特性图[7]

最后对模型的置位限流效应进行相关仿真分析,置位限流会对模型的复位电流和复位电压产生较大的影响。复位电流是指对模型进行直流复位扫描时的最小电流,流经模型的电流达到复位电流时的电压值称为复位电压,如图 5.19(a)所示。如图 5.20 所示为模型的不同置位限流变化时的 V-I 曲线图,可见置位限流设置的越大,开态电阻越小,因此复位电流和复位电压的值也越大。

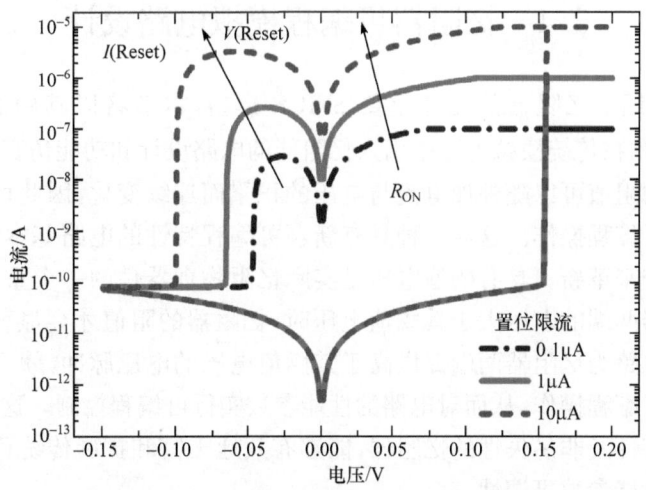

图 5.20 不同置位限流对模型 V-I 特性的影响[7]

如图 5.21 所示为模型的不同置位限流以指数级变化时对于复位电流和复位电压的影响,以及与实际的 $Ag/Ge_{0.3}Se_{0.7}/Pt$ 器件所测得数据做的对比,仿真所得数据与测得的数据较符合。

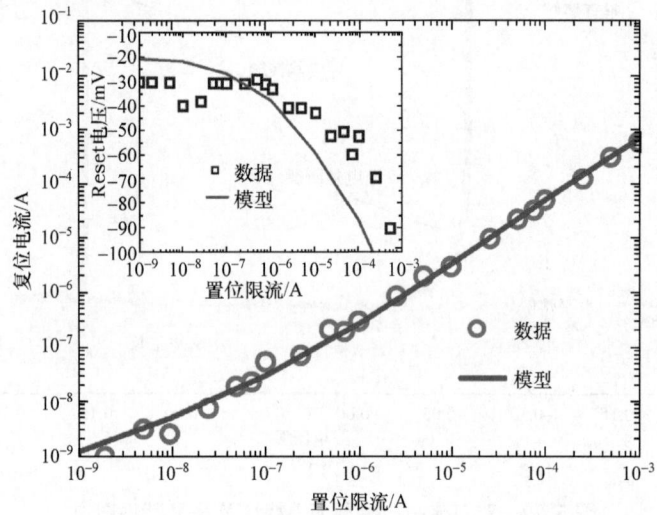

图 5.21　不同置位限流对模型复位电流及复位电压的影响[7]

由于这一紧凑模型能够有效地仿真电化学金属化忆阻器的置位和复位特性,自提出之后,陆续在基于 HfO_x 材料的器件[11,12]、$Cu/GeO_x/W$[13] 器件、$Cu/TaO_x/TiN$[14] 器件研究中采用。

5.4　忆阻器可编程模拟电路设计

5.3 节介绍了忆阻器的几种重要 SPICE 模型,本节将以其中的 Pershin 模型[6]为例,介绍在传统模拟电路中引入忆阻器的电路设计和功能仿真过程。

忆阻器的阻值可以随外加电流与电压的积累而连续变化,因此可以对忆阻器的阻值进行可编程操作。这样一种具有新颖可编程特性的电路基本元件,将对传统模拟电路带来革新。具有阈值电压是实际忆阻物理器件的一个重要的性质,只有加在忆阻器两端的电压大于其阈值电压时,忆阻器的阻值才会显著改变。通过忆阻器编程电路为忆阻器两端提供高于其阈值电压的电压脉冲,就可以对忆阻器的阻值进行可编程操作,从而对电路的性能参数实行可编程控制。这样,引入具有阻值可编程特性及非易失性的忆阻器,能够有效地丰富和扩展传统可编程模拟电路的功能和性能参数可调性。

基于忆阻器的可编程模拟电路的研究大致分为两类:一种是直接利用忆阻器

替代现有模拟电路中的电阻,主要研究忆阻器的不同阻值对电路参数的影响,而对于控制忆阻器阻值变化的编程电路结构则研究不多[15,16];另外一种是既给出对忆阻器阻值进行操作的电路,又给出将这个电路应用在传统模拟电路中的例子[17,18]。这种改变忆阻器阻值的可编程电路工作在编程状态时,可以对忆阻器两端施加正负向脉冲,从而改变忆阻器的阻值;当工作在非编程状态时,这些电路将不会对模拟电路的性能产生影响。有了上述可编程电路,就可以对忆阻器的阻值实现可编程操作,通过忆阻器代替传统模拟电路中的电阻使现有模拟电路具有可编程性。下面介绍几种基于忆阻器的可编程电路。

5.4.1 忆阻器一端接地的可编程电路

2010 年,Pershin 与 Ventra[17]共同提出一种可以对忆阻器进行可编程操作的电路。该电路中忆阻器一端接地,另一端与 MOS 管的漏极相连。P 型 MOS 管 Q_1 与 N 型 MOS 管 Q_2 被当做压控开关来使用。如图 5.22 所示,$+V_{pr}$接直流正电压,$-V_{pr}$接直流负电压,通过控制电压 V_{pp} 与 V_{pn} 来控制 MOS 管 Q_1 与 Q_2 的通断。其中,$+V_{pr}$ 与 $-V_{pr}$ 的大小必须超过忆阻器 M_1 的阈值电压。当电路工作在模拟电路模式时,控制 V_{pp} 与 V_{pn} 使 Q_1 与 Q_2 关断,忆阻器 M_1 两端的电压小于其阈值电压。当需要对忆阻器 M_1 的阻值进行可编程操作时,控制 V_{pp} 与 V_{pn} 使正电压$+V_{pr}$或负电压$-V_{pr}$加在忆阻器 M_1 上,从而使其阻值增大(减小)或减小(增大)。其中,忆阻器的阻值增大或减小与否与其接入电路时的极性有关。

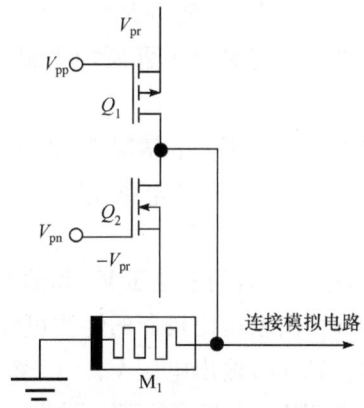

图 5.22 忆阻器一端接地可编程电路的电路图[17]

在许多经典模拟电路中,都会存在电阻一端接地的结构,则该电阻可被图 5.22 所示的可编程电路替代。Pershin 与 Ventra[17]将提出的可编程忆阻器电路应用到门限电压可编程电压比较电路、可编程同相放大电路、门限电压可编程施密特触发器、频率可编程自激松弛震荡电路之中。上述四个电路的共同点是,都具有一端接地的电阻。下面以门限电压可编程电压比较电路和门限电压可编程施密特触发器为例进行介绍。

如图 5.23(a)所示为门限电压可编程的电压比较电路。当模拟电路部分工作时,两个 MOS 管均关断,此时忆阻器两端的电压小于其阈值电压。在此,忆阻器的阈值电压设为 1.75V。当然,工作在模拟电路模式时,忆阻器两端的电压越低越好。

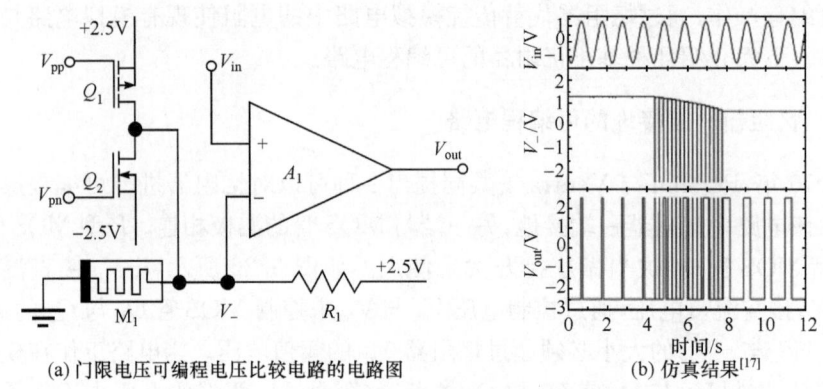

(a) 门限电压可编程电压比较电路的电路图　　(b) 仿真结果[17]

图 5.23　门限电压可编程的电压比较电路

门限电压可编程的电压比较电路的门限电压 V_- 通过下式给出,即

$$V_- = \frac{V_{cc} R_M}{R_M + R_1} \tag{5-41}$$

其中,V_{cc} 为电源电压,设为 2.5V,运算放大器所加电源电压为 ±2.5V;忆阻器的阻值为 R_M。

由于 R_1 与 R_M 的分压作用,V_{cc} 不变的情况下,改变 R_M 就可以改变门限电压 V_-。对忆阻器阻值 R_M 进行可编程操作的电路在图 5.22 的描述中已经进行了介绍,不再赘述。

图 5.23(b)显示了输入电压 V_{in}、门限电压 V_- 和输出电压 V_{out} 的波形,输入电压 V_{in} 为幅值 1.3V 的正弦波。由电压比较器的性质可知,当 V_{in} 大于 V_- 时,输出电压 $V_{out}=2.5V$;当 V_{in} 小于 V_- 时,输出电压 $V_{out}=-2.5V$。通过对忆阻器的阻值 R_M 进行可编程操作,导致门限电压 V_- 的下降,因此输出电压 V_{out} 的波形中在一周期内处于 2.5V 的时间相应延长。

如图 5.24(a)所示为门限电压可编程施密特触发器的电路图。同其他可编程模拟电路一样,这个电路也是通过使用忆阻器可编程电路代替已有电路中的电阻得来。因此,我们可以得到门限电压可编程施密特触发器的上门限电压 V_{T+} 与下门限电压 V_{T-} 的计算公式为

$$V_{T+} = \frac{R_M}{R_1+R_M}V_{OH} \qquad (5\text{-}42)$$

$$V_{T-} = \frac{R_M}{R_1+R_M}V_{OL} \qquad (5\text{-}43)$$

其中，R_M 为忆阻器的阻值；V_{OH} 和 V_{OL} 为施密特触发器输出的两种电压。

图 5.24(b)中实线为输入电压 V_{in} 的波形，为频率 1Hz,幅值 1.3V 的正弦波；虚线为输出电压 V_{out}。在 2.5~4s 的时段内向忆阻器施加电压脉冲,使其阻值增大,表现为图 5.24(b)中节点电压 V_+ 的增大。忆阻器 M_1 的阻值 R_M 增大使上门限电压 V_{T+} 增大,下门限电压 V_{T-} 减小,因此使输出电压发生跳变的输入电压的绝对值增大,表现为图 5.24(b)中输入电压 V_{in} 与输出电压 V_{out} 波形上相位差的变化。

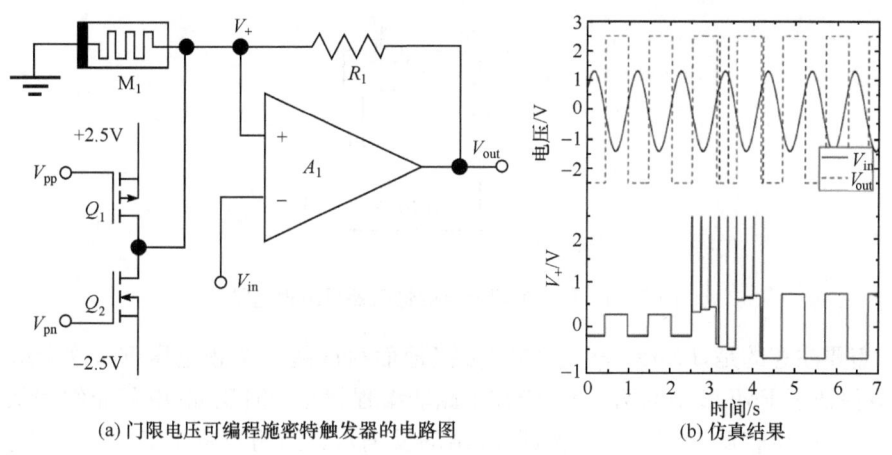

(a) 门限电压可编程施密特触发器的电路图　　(b) 仿真结果

图 5.24　门限电压可编程施密特触发器[17]

5.4.2　利用电阻分压的忆阻器可编程电路

5.4.1 节介绍了一种忆阻器一端接地的可编程电路,但这种电路具有一定的局限性,即该电路的忆阻器只能用于替代已有模拟电路中一端接地的电阻,而对于电路中两端均不接地的电阻则无法替代。

针对此问题,华中科技大学缪向水团队[19]提出一种忆阻器可编程电路,可以扩大忆阻器在模拟电路中的应用范围,而不是只能替换现有模拟电路中一端接地的电阻。

图 5.25 给出了利用电阻分压的忆阻器可编程电路。在电路中,利用 N 型 MOS 管 Q_1 和 P 型 MOS 管 Q_2 作为开关。在电路正常工作时,脉冲输入端 pulse 接零电压,N 型 MOS 管 Q_1 和 P 型 MOS 管 Q_2 均关断。当脉冲输入端 pulse 被施

加正向脉冲时,N 型 MOS 管 Q_1 导通,P 型 MOS 管 Q_2 关断,可编程电路中忆阻器 M 中的电流方向是由脉冲输入端 pulse 经电阻 R_2 流经忆阻器 M,最后流经 N 型 MOS 管 Q_1 到地。在此过程中,忆阻器 M 两端的电压在阈值电压 V_{t2} 至阈值电压 V_{t1} 范围之外,因此在这个过程中,忆阻器 M 的阻值发生改变。若电流由忆阻器 M 的正极流向负极,则忆阻器 M 的阻值逐渐降低;若电流由忆阻器 M 的负极流向正极,则忆阻器 M 的阻值逐渐升高。当脉冲输入端 pulse 被施加负向脉冲时,N 型 MOS 管 Q_1 关断,P 型 MOS 管 Q_2 导通,可编程电路中忆阻器 M 中的电流方向是由地流经 P 型 MOS 管 Q_2,到忆阻器 M,流经电阻 R_2 到脉冲输入端 pulse。在此过程中,忆阻器 M 两端的电压在正负阈值电压范围之外,因此忆阻器 M 的阻值发生改变。若电流由忆阻器 M 的正极流向负极,则忆阻器 M 的阻值逐渐降低;若电流由忆阻器 M 的负极流向正极,则忆阻器 M 的阻值逐渐升高。

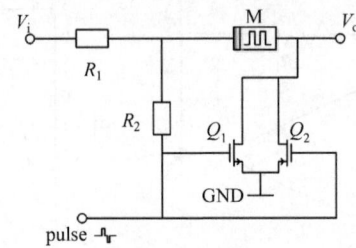

图 5.25 利用电阻分压的忆阻器可编程电路

需要注意的是,PMOS 管 Q_2 的源极接地而衬底接一个正电压 V_B,这个电压 V_B 既保证了 PMOS 中的两个 pn 结在电路非编程状态下时反偏(电路非编程状态下运行时电压较低,有 $V_o<V_B$ 保证 pn 结的反偏),且当栅极电压 $V_g=0$ 时,V_g-V_B 大于 PMOS 的导通阈值电压 V_T(V_T 小于零),无法形成导电沟道。因此,只有对脉冲输入端施加负向脉冲时,有 $V_g-V_B<V_T$,PMOS 管 Q_2 才能导通。同理,NMOS 管衬底接负电压 $-V_B$,使 NMOS 管中的两个 pn 结在电路非编程状态下时反偏(电路非编程状态下运行时电压较低,有 $V_o>-V_B$ 保证 pn 结的反偏),同样通过利用 NMOS 管的阈值电压 V_T 使 $V_g-(-V_B)<V_T$,从而只有当正脉冲施加到栅极时有 $V_g-(-V_B)>V_T$,NMOS 管才能形成导电沟道而导通。

相比之前 Pershin 与 Ventra 提出的可编程电路[17],图 5.25 所示的电路应用更加广泛,而不仅只用于代替现有模拟电路中一端接地的电阻。此外,当可编程电路不工作时,pulse 端接零电压。这样与原有技术相比,该电路还具有操作简便、功耗低等优点。

当图 5.25 所示的电路正常工作时,由于脉冲输入端 pulse 接零电压,电阻 R_1 与 R_2 起到了对电路进行分压的作用,使忆阻器 M 两端的电压降不超过其阈值电压,同时输出电压不足以超过 MOS 管的开启电压而使 MOS 管反向错误导通。但是，当电路的运行电压满足忆阻器 M 的要求时却仍可能出现使 MOS 管导通的情况。这样需要在电路中加入两个二极管 D_1 和 D_2，如图 5.26 所示。两个二极管的作用是防止 MOS 管在电路正常工作时可能出现的错误导通。此时，图 5.26 中的两个 MOS 管的衬底就可以与各自的源极相连，而不需要加特别的电压。

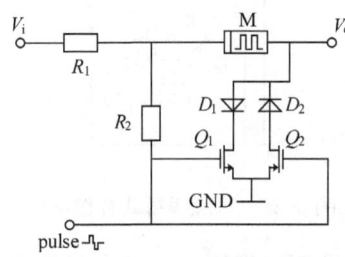

图 5.26　高运行电压情况下忆阻器可编程电路

如图 5.27 所示为忆阻器一端接地时特殊情况的电路，其中电路工作步骤与图 5.25 的电路工作步骤相似，不再赘述。这样，该电路在可编程模拟电路就可以完全替代 Pershin 与 Ventra 提出的电路。

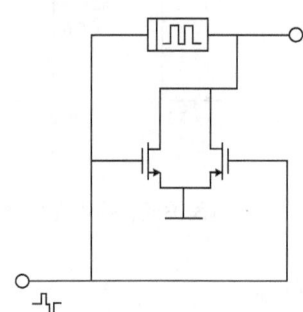

图 5.27　忆阻器一端接地时可编程电路

在传感器的应用中会使用到电桥电路，将传感器上电阻的变化转变为输出电压的变化。当传感器接入电桥电路的一个桥臂时，需要对电路的其他桥臂电阻进行调整，从而使电桥电路达到平衡状态。如图 5.28 中电阻 R_6、R_7、R_3 和忆阻器 M 组成电桥的四个桥臂，设电阻 R_3 为传感器，则只需对忆阻器 M 进行可编程操作即可使电桥电路达到平衡，使输出电压 V_o 为零。电桥平衡条件为

$$\frac{R_6}{R_7}=\frac{M}{R_3} \tag{5-44}$$

对电路施加正反向脉冲后忆阻器的阻值变化如图 5.29(a)所示，输出电压的变化如图 5.29(b)所示。可以知道，通过正负脉冲可以对忆阻器的阻值进行可编

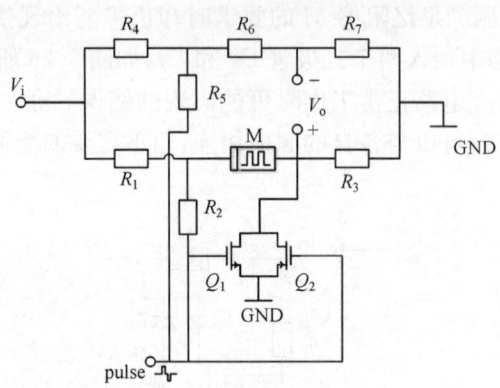

图 5.28 可编程桥式补偿电路

程操作,从而达到调节电桥平衡的作用。对于一些需要偏置的输出电压 V_o,同样也可以对忆阻器进行可编程操作,得到所需要的输出电压数值。

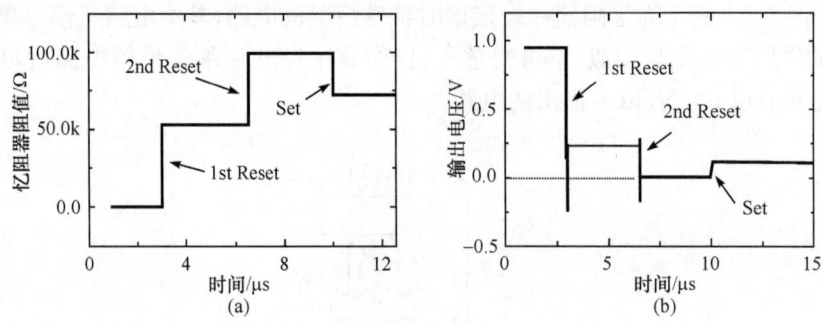

图 5.29 可编程桥式补偿电路的仿真结果

5.4.3 忆阻器的通用编程模块

5.4.2 节介绍了利用电阻分压的忆阻器可编程电路,然而在应用中我们发现,由于电阻分压的原因,该可编程电路只能应用在一些电路的边缘位置,如电路的输入端与输出端。在电路的中间位置,有时同样需要可编程电路的存在。

对此,华中科技大学缪向水团队[20]继续提出另一种忆阻器可编程电路。这种可编程电路可以使忆阻器替代现有模拟电路中各个位置的电阻,使之具有可编程性,而在非编程状态时,又不会影响模拟电路的功能。

如图 5.30 所示为忆阻器的通用编程模块电路。该电路利用二极管与 MOSFET 作为开关,在电路正常工作的时候可以完全视作一个阻值恒定的电阻。因此,该电路在理论上可以替代电路中任何一个位置的电阻,使其具有可编程性。可编程电路的操作与 5.4.2 节所述电路相同,不再赘述。

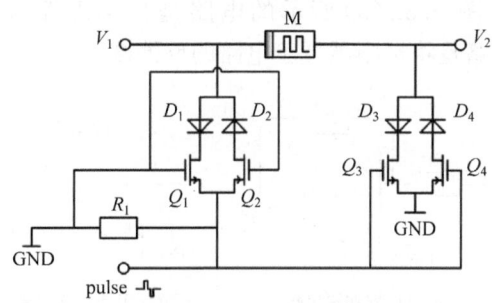

图 5.30 忆阻器通用编程模块电路

在电路正常工作时,电路中可能出现 V_1 与 V_2 之间的电压降大于忆阻器阈值电压的情况。因此,可以采用如图 5.31 所示的电路,将多个忆阻器串联起来,串联时各个忆阻器的极性方向相同,通过多个忆阻器的分压,使每个忆阻器两端的电压均不超过其阈值电压。等效阈值电压 V_{Tall} 由下式给出,即

$$V_{Tall} = \min\left\{V_{T1}\frac{M_1+\cdots+M_n}{M_1},\cdots,V_{Tn}\frac{M_1+\cdots+M_n}{M_n}\right\} \quad (5\text{-}45)$$

其中,M_n 为第 n 个忆阻器 M_n 的电阻值;V_{Tn} 为第 n 个忆阻器 M_n 的阈值电压值。

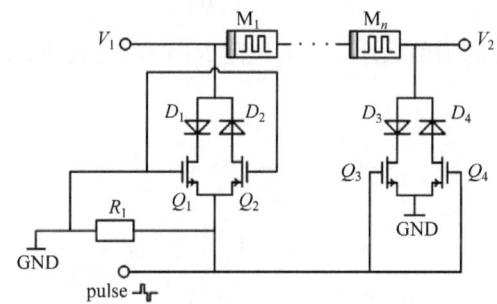

图 5.31 多忆阻器分压情况的忆阻器通用编程模块电路

5.4.4 基于运算放大器的忆阻器编程模块[21]

5.4.2 节和 5.4.3 节介绍了两种忆阻器编程模块,其中通用的编程模块可以用来替代现有模拟电路中几乎所有的电阻,使之具有可编程性。但是,在一些特定电路中,存在着对可编程电路优化的可能。

忆阻器的编程模块电路都具有一个共同点,即在忆阻器进行编程操作时需要使其一端接地,这样编程脉冲中的大部分将作用于忆阻器。

如图 5.32 所示为两种基于运算放大器的忆阻器编程模块电路。图中所示的电路均是利用运算放大器深度负反馈时的虚地性质,为忆阻器提供一端接地的条

件。不同之处在于,图 5.32(a)所示的电路是将忆阻器置于电路的输入端,图 5.32(b)所示的电路是将忆阻器置于电路的反馈端。

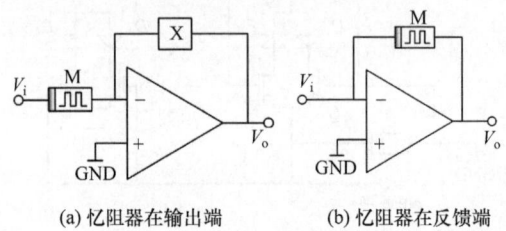

图 5.32　两种基于运算放大器的忆阻器编程模块电路

图 5.33 是将忆阻器置于反馈端的应用,即可编程反相放大电路。电路的操作方法与工作原理与前文所述的可编程电路大致相同,不同之处在于忆阻器一端接地的状态是由运算放大器在深度负反馈时实现的。R_3 的作用是防止脉冲输入端与运算放大器输出端直接相连。

可编程反相放大电路的输入电压 V_i 与输出电压 V_o 的关系为

$$V_o = -V_i \frac{R_3 + M}{R_1} \tag{5-46}$$

其中,M 为忆阻器 M 的阻值大小;R_1 为电阻 R1 的阻值大小;R_3 为电阻 R3 的阻值大小。

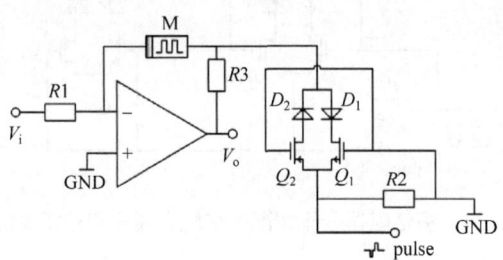

图 5.33　可编程反向放大电路

R_1 取 50kΩ、R_3 取 100kΩ、输入电压取 0.5V 直流为例,图 5.34(a)所示为可编程反相放大电路中忆阻器阻值的变化示意图。图 5.34(b)所示为可编程反相放大电路中输出电压的变化示意图。在输入电压为 0.5V 直流的条件下,图 5.34 的波形满足式(5-46)。

如图 5.35 所示是将忆阻器置于电路输入端的应用电路,即可编程积分电路。电路的操作方法和工作原理与可编程电路大致相同,不同之处在于忆阻器一端接地的状态是由运算放大器在深度负反馈时实现的。其中,R1 的作用是防止脉冲输入端与运算放大器输出端直接相连。

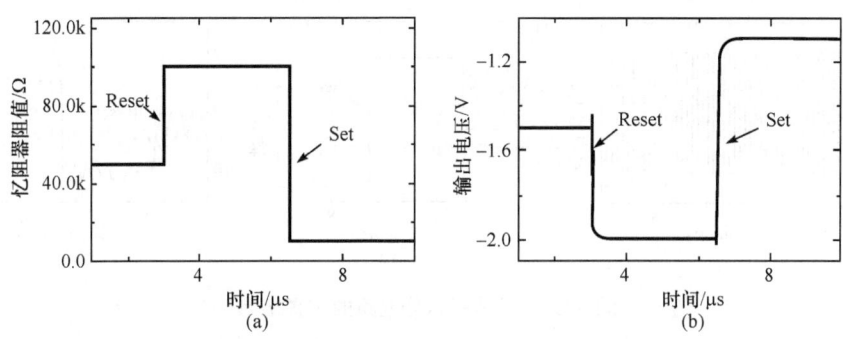

图 5.34 可编程反向放大电路的仿真结果

可编程反相放大电路的输入电压 V_i 与输出电压 V_o 的关系满足下式,即

$$V_o = -\frac{1}{(R_1+M)C_1}\int V_i dt \tag{5-47}$$

其中,M 为忆阻器 M 的阻值大小;R_1 为电阻 R1 的阻值大小;C_1 为电容 C1 的电容值大小。

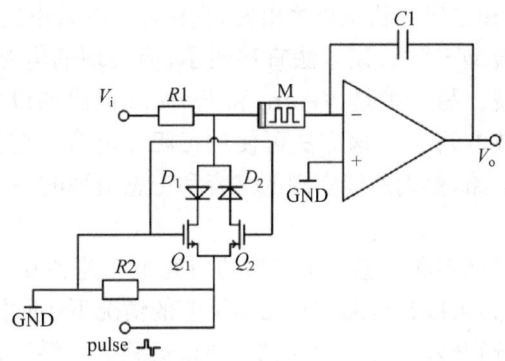

图 5.35 可编程积分电路

采用带阈值电压的忆阻器 SPICE 模型[6]对上述电路进行功能仿真,R_1 取 50kΩ、C_1 取 200nF。如图 5.36 所示为可编程积分电路的仿真波形图,输入为方波,输出为锯齿波。锯齿波的振幅随忆阻器阻值的改变而改变,在输入不变的条件下二者关系满足式(5-47)。其中,图 5.36(c)中输出电压波形出现两次偏置变化,是因为可编程积分电路将对忆阻器进行可编程操作的脉冲也进行了积分。在实际应用中,可以先使输入电压 V_i 为零,用脉冲对忆阻器阻值进行可编程操作。待电容 C1 放电完毕后,再输入电压 V_i 使电路工作在模拟电路状态,达到输出电压无偏置的目的。

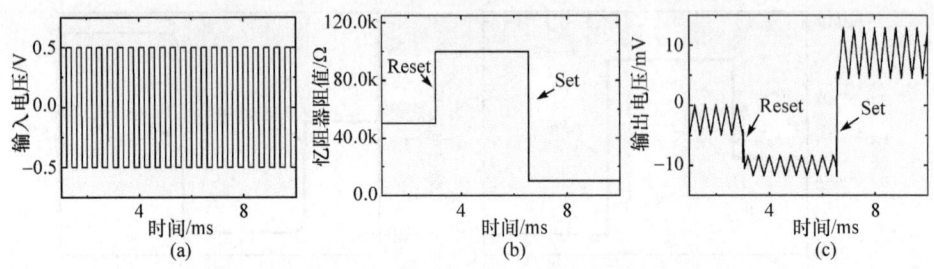

图 5.36 可编程积分电路的仿真结果

5.5 忆容与忆感的电路模型

第 2 章我们介绍了由忆阻概念扩展而来的记忆元件系统中的另外两种：忆容和忆感。虽然现阶段忆容和忆感的实际物理实现进展不多，然而已经有一些研究工作逐步在电路设计中引入由等效电路实现的忆容和忆感[22-25]，以丰富电路的功能和特性[26]。忆容和忆感的等效电路主要有如下两种方法实现：一种是以 Biolek 团队为代表，从忆容和忆感的状态描述出发，直接通过等效电路描述状态方程得到忆容和忆感的电路模型[22,23]。该方法直接明了，但实现的电路结构复杂，难以通过基本电路元件实现。另一种是 Ventra 和 Pershin 提出的以忆阻器为基础实现的忆容和忆感的等效电路[27]。该方法可使用忆阻器配合一些基本电路元件实现忆容和忆感的等效电路，然而所能实现的忆容和忆感模型的一端必须接地，限制了其应用范围。

国内科研机构对忆容和忆感电路模型的研究也在蓬勃发展中，湘潭大学提出一种通用器件模拟器，可以在电路拓扑结构不变的情况下，通过改变接入元件的性质能将接地忆阻器分别转化为浮地忆阻器、浮地忆感器和浮地忆容器[24]。杭州电子科技大学提出一种忆感模型，并分析了其振荡器的动力学特性[25]。

下面我们简单介绍一种忆容和忆感的基本电路模型，以供读者参考。

Ventra 和 Pershin 以忆阻器模型[6]为基础，设计了等效忆容电路和等效忆感电路[27]，具体如图 5.37 所示。

在图 5.37(a)中，由电阻 R、忆阻器 M、电容 C_1 和运算放大器 A_1 组成的电路可等效为电阻 R 与忆容器 $C(t)$ 串联电路。在电阻值 R 的大小远小于忆阻器 M 的阻值 R_M ($R \ll R_M$) 的情况下，忆容器 $C(t)$ 的电容值为

$$C(t) = R_M(t)C_1/R \tag{5-48}$$

图 5.37(b) 中结构的电路则可等效为电阻 R 与忆感器 $L(t)$ 串联的忆感电路。在电阻值 R 远小于忆阻器 M 阻值大小 R_M ($R \ll R_M$) 的情况下，忆感器 $L(t)$ 的电感值为

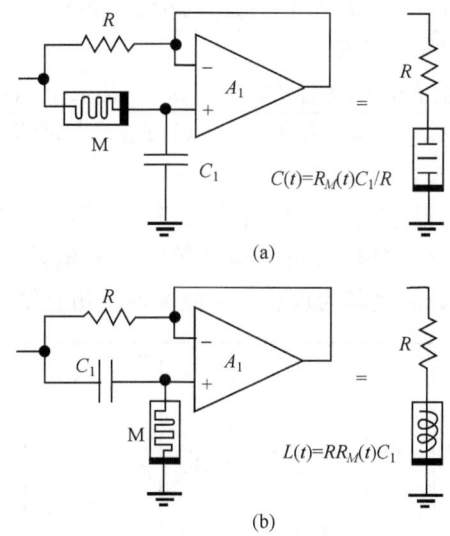

图 5.37 基于忆阻器的等效忆容电路和等效忆感电路[27]

$$L(t)=RR_M(t)C_1 \tag{5-49}$$

Ventra 和 Pershin[27] 通过运算放大器虚短的特性直接给出了等效忆容器的电容值和等效忆感器的电感值,但没有详细计算推导过程。下面给出式(5-48)和式(5-49)的数学证明。

证明 假设在图 5.37 等效忆容电路中,流经忆阻器 M 的电流为 i,则在 $R \ll R_M$,即 $R/R_M \to 0$ 时,电路两端的等效阻抗为

$$\begin{aligned}
Z_{in}^C &= \lim_{R/R_M \to 0} \left(\frac{\dot{I}(R_M+1/j\omega C_1)}{\dot{I}+\dot{I}R_M/R} \right) \\
&= \lim_{R/R_M \to 0} \left(\frac{R_M R}{R+R_M} + \frac{1}{j\omega C_1(R_M/R+1)} \right) \\
&= \lim_{R/R_M \to 0} \left(\frac{R}{R/R_M+1} + \frac{1}{j\omega C_1(R_M/R+1)} \right) \\
&= R + \frac{1}{j\omega R_M C_1/R} \tag{5-50}
\end{aligned}$$

由式(5-50)可以证明式(5-48)和图 5.37(a)所示的等效忆容电路的串联形式。

假设在图 5.37 等效忆感电路中,流经忆阻器 M 的电流为 i,则在 $R \ll R_M$,即 $R/R_M \to 0$ 时,电路两端的等效阻抗为

$$\begin{aligned}
Z_{in}^L &= \lim_{R/R_M \to 0} \left(\frac{\dot{I}(R_M+1/j\omega C_1)}{\dot{I}+\dot{I}/j\omega C_1 R} \right) \\
&= \lim_{R/R_M \to 0} \left(\frac{R+j\omega C_1 RR_M}{1+j\omega C_1 R} \right)
\end{aligned}$$

$$\begin{aligned}
&= \lim_{R/R_M \to 0} \left(\frac{R(1+\omega^2 C_1^2 RR_M)}{1+\omega^2 C_1^2 R^2} + \frac{j\omega C_1(RR_M - R^2)}{1+\omega^2 C_1^2 R^2} \right) \\
&= \lim_{R/R_M \to 0} \left(\frac{R(1/R_M^2 + \omega^2 C_1^2 R/R_M)}{1/R_M^2 + \omega^2 C_1^2 (R/R_M)^2} + \frac{j\omega C_1(R/R_M - (R/R_M)^2)}{(1/R_M)^2 + \omega^2 C_1^2 (R/R_M)^2} \right) \\
&= R + j\omega C_1 RR_M
\end{aligned} \tag{5-51}$$

由式(5-51)可以证明电感式(5-49)和图 5.37(b)等效忆感电路的串联形式。

采用阈值电压型忆阻器模型,可以建立等效忆容电路和等效忆感电路,使用 HSPICE 仿真,其中运算放大器为理想运算放大器。仿真结果如图 5.38 所示。

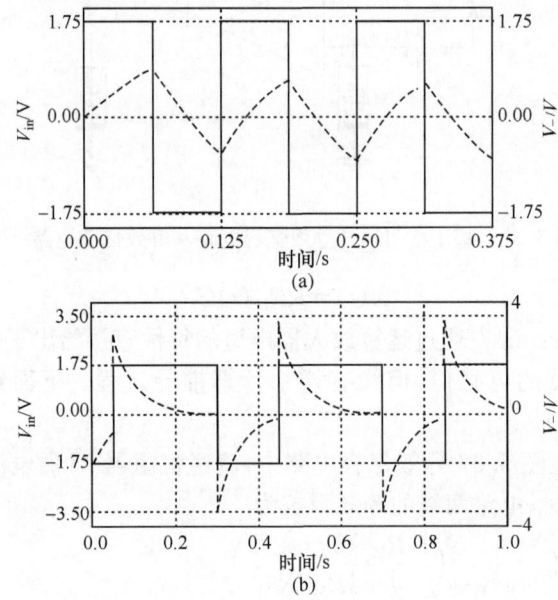

图 5.38　基于忆阻器的等效忆容和等效忆感电路仿真结果

在图 5.38(a)中,忆阻器初始阻值 $R_{in}=8\text{k}\Omega$,开关阻值 $R_{ON}=5\text{k}\Omega$ 和 $R_{OFF}=10\text{k}\Omega,\alpha=0,\beta=62\text{k}\Omega/\text{V}\cdot\text{s}$,阈值电压 $V_T=1\text{V}$,电阻 $R=480\Omega$,电容 $C_1=10\mu\text{F}$。由此可知,图 5.37(a)中的忆容等效电路的等效电容表现为积分性质。在图 5.38(b)中,忆阻器初始阻值 $R_{in}=8\text{k}\Omega$,开关阻值 $R_{ON}=5\text{k}\Omega$ 和 $R_{OFF}=10\text{k}\Omega,\alpha=0,\beta=10^6\Omega/\text{V}\cdot\text{s}$,阈值电压 $V_T=1\text{V}$,电阻 $R=480\Omega$,电容 $C_1=10\mu\text{F}$。由此可知,图 5.37(b)中的忆感等效电路的等效电感表现为微分性质。

参 考 文 献

[1] Chua L O. Memristor-the missing circuit element. IEEE Transactions on Circuit Theory,1971,18(5):507-519.

[2] Strukov D B,Snider G S,Stewart D R,et al. The missing memristor found. Nature,2008,

453:80-83.
[3] Biolek D, Di Ventra M, Pershin Y V. Reliable SPICE simulations of memristors, memcapacitors and meminductors. arXiv Preprint arXiv, 2013:1307. 2717.
[4] Li Q, Serb A, Prodromakis T, et al. A memristor SPICE model accounting for synaptic activity dependence. PloS One, 2015, 10(3):e0120506.
[5] Kvatinsky S, Friedman E G, Kolodny A, et al. TEAM: threshold adaptive memristor model. IEEE Transactions on Circuits and Systems I: Regular Papers, 2013, 60(1):211-221.
[6] Pershin Y V, Di Ventra M. SPICE model of memristive devices with threshold. arXiv Preprint arXiv, 2012, 1204. 2600.
[7] Yu S, Wong H S P. Compact modeling of conducting-bridge random-access memory (CBRAM). IEEE Transactions on Electron Devices, 2011, 58(5):1352-1360.
[8] Russo U, Kamalanathan D, Ielmini D, et al. Study of multilevel programming in programmable metallization cell (PMC) memory. IEEE Transactions on Electron Devices, 2009, 56(5): 1040-1047.
[9] Kamalanathan D, Russo U, Ielmini D, et al. Voltage-driven on-off transition and tradeoff with program and erase current in programmable metallization cell (PMC) memory. IEEE Electron Device Letters, 2009, 30(5):553-555.
[10] Schindler C. Resistive switching in electrochemical metallization memory cells. Diss: AachenTechn Hochsch, 2009.
[11] Ielmini D. Modeling the universal set/reset characteristics of bipolar RRAM by field-and temperature-driven filament growth. IEEE Transactions on Electron Devices, 2011, 58(12): 4309-4317.
[12] Ambrogio S, Balatti S, Cubeta A, et al. Statistical fluctuations in HfO_x resistive-switching memory: part I-set/reset variability. IEEE Transactions on Electron Devices, 2014, 61(8): 2912-2919.
[13] Rahaman S Z, Maikap S, Chen W S, et al. Repeatable unipolar/bipolar resistive memory characteristics and switching mechanism using a Cu nanofilament in a GeO_x film. Applied Physics Letters, 2012, 101(7):73106.
[14] Jeon H, Park J, Jang W, et al. Resistive switching behaviors of Cu/TaO_x/TiN device with combined oxygen vacancy/copper conductive filaments. Current Applied Physics, 2015, 15(9):1005-1009.
[15] WeyTA, Jemison W D. Variable gain amplifier circuit using titanium dioxide memristors. IET Circuits, Devices and Systems, 2011, 5:59-65.
[16] Berdan R, Prodomakis T, Slaoru I, et al. Memristive devices as parameter setting elements in programmable gain amplifiers. Applied Physics Letters, 2012, 101:243502.
[17] Pershin Y V, Di Ventra M. Practical approach to programmable analog circuits with memristors. IEEE Transactions on Circuits and System I: Regular Papers, 2010, 57 (8): 1857-1864.

[18] 俞周芳. 基于忆阻器的可编程模拟电路设计. 杭州:浙江师范大学博士学位论文,2013.
[19] 缪向水,孙康,李祎,等. 一种基于忆阻器的可编程模拟电路及其操作方法. 中国, 201510127484.0. 2015-03-23.
[20] 缪向水,孙康,李祎,等. 一种基于忆阻器的通用编程模块及其操作方法. 中国, 201510197740 3. 3. 2015-04-24.
[21] 缪向水,孙康,李祎,等. 一种基于运算放大器的忆阻器编程电路及其操作方法. 中国, 201510297341.4. 2015-06-03.
[22] Biolek D,Biolek Z,Biolková V. Behavioral modeling of memcapacitor. Radio Engineering, 2011,20(1):228-233.
[23] Biolek D,Biolek Z,Biolková V. PSPICE modeling of meminductor. Analog Integrated Circuits and Signal Processing,2011,66(1):129-137.
[24] 李志军,曾以成,谭志平. 一个通用的记忆器件模拟器. 物理学报,2014,63(9):98501.
[25] 袁方,王光义,靳培培. 一种忆感器模型及其振荡器的动力学特性研究. 物理学报,2015, 64(21):210501,210504.
[26] Madian A H,Moustafa S H,El-Kolaly H E. Memcapacitor based CMOS neural amplifier// IEEE 57th International Midwest Symposium on Circuits and Systems,2014:418-421.
[27] Pershin Y V,Di Ventra M. Memristive circuits simulate memcapacitors and meminductors. Electronics Letters,2010,4:517,518.

第6章 忆阻器在类脑神经形态计算中的应用

在绪论中曾提到，忆阻器最为诱人的应用前景在于其为突破传统冯·诺依曼计算架构，实现信息存储与计算的融合提供了前所未有的可能性。这主要包括两条主要的实现路径，即模拟式的类脑神经计算和数字式的状态逻辑运算。本章介绍基于忆阻器的、以连续的模拟信号为特征的类脑神经计算或称神经形态计算（neuromorphic computing），结合神经生物学领域中信息传递、加工与处理机制相关思想和方法，设计忆阻人工神经元和突触，探索神经元阈值激发、突触可塑性、神经环路联合学习、脉冲神经网络等各层次认知功能及系统的实现原理和方法，以构建具有一定认知能力的，甚至能够进行一定程度的思考、判别和推理的智能神经形态计算系统。

本章将在简要介绍生物神经元与神经突触的基本概念和功能的基础上，着重介绍基于忆阻的神经元器件与突触器件的设计、实现原理及方案。在细胞级认知功能实现的基础上，进一步探讨神经环路级与神经网络级高阶认知功能，如联想学习功能的实现。此外，介绍生物高效信息存储的模型——长短期记忆在忆阻器件中的模拟实现。最后，探讨忆阻器对于脉冲神经网络中能够发挥的重要作用。

6.1 神经形态计算研究背景

随着信息技术的飞速发展，人类社会已经进入了大数据时代，数据信息呈现出爆炸式的增长。2011 年，*Science* 刊文指出，人类社会截至 2007 年的数据总量达到 295 EB（1 exabyte＝10^{18} bytes）。国际数据公司（International Data Corporation，IDC）2012 年度报告称，2010 年人类社会数据总量为 1227EB，并预计在未来将以每两年翻一番的速度增长，在 2020 年将达 40 000EB，比 2005 年的 130EB 增长 300 倍[1]。

随着数据的爆炸式增长，信息系统也在追求越来越高的数据处理效率来解决规模越来越大的数据运算问题。然而，在基于冯·诺依曼架构的传统计算机中，处理器与存储器是分立的，以总线连接。这样的架构存在所谓的冯·诺依曼瓶颈，即指令和待处理的数据从存储器中通过总线传输到处理器，处理完的数据又通过总线传输到存储器存储起来，指令传输、数据存取的串行性，以及有限的总线传输速度限制了数据的存取和运算速度[2]。虽然可以通过提高时钟速度、增加缓存、多核架构和分支预测等技术手段来减弱冯·诺依曼瓶颈的影响，但是面对复杂实时环境中的海量数据,传统计算机的运算能力依然是束手无策,更毋论利用传统计算机来实现人脑神经网络的强大运算能力与学习能力。

相比冯·诺依曼计算机,人脑神经信息活动具有大规模并行、分布式存储与处理、自组织、自适应和自学习的特征。在神经系统中,信息的存储与处理是融合的,存储模块与计算模块没有明显的界线,因此向人脑学习,构建如人脑神经系统一般的信息存储与处理融合的新型计算机体系架构,也被认为是突破冯·诺依曼瓶颈的有效途径。

然而,传统的人工神经网络(artificial neural network,ANN)、神经形态工程学(neuromorphic engneering)等领域的研究人员一直致力于利用非线性电路、FPGA 和 VLSI 等手段来模拟神经元放电、突触可塑性等神经元突触的基本生物电特性及更高级的模式识别、智能控制等认知功能。在这些方法中,仅模拟一个神经元、一个突触、一个学习模块就需要数十个晶体管、电容、加法器[3]。然而,人脑中有多达 10^{11} 个神经元和 10^{15} 个突触,而且神经元之间具有混沌的、无比复杂的网络连接,这些因素都决定了传统的神经形态工程办法对于模拟人类大脑是无能为力的。IBM 在包含 147 456 个 CPU 和 144TB 存储容量的蓝色基因(Blue Gene/P)超级计算机中架构神经元网络来模拟猫的大脑皮层认知功能,其体积和功耗都无比巨大[4]。但是,可以设想,如果能在纳米器件中实现神经元和突触的电特性模拟,那么模拟整个大脑所需器件集成起来的芯片尺寸和功耗就可能在接受范围之内。这样一种新型的纳米类脑人工神经形态器件,能如同人脑神经元突触一般同时存储并处理数据信息,并模拟实现大脑的一些基本认知功能,如神经元阈值放电特性、突触可塑性、记忆巩固和遗忘等,便可能从根本上解决冯·诺依曼瓶颈的难题,迅速提升数据存储与处理的效率,为未来新型信息器件、下一代计算机架构及仿脑工程学的发展开辟一条新的路线[5-7]。

近年来,纳米神经形态器件研究逐渐成为各国的重要研究发展方向。2009 年年初,美国国防部高级研究计划署(DARPA)正式启动所谓的突触计划(SyNAPSE Project),计划全称为神经形态可扩展的自适应可塑性电子系统(systems of neuromorphic adaptive plastic scalable electronics),旨在开发包含 100 亿个电子神经元、数百兆亿个突触的,能够模仿大脑皮层神经元功能、大小和功耗的微电子芯片,预算每年投入 3000 万美元,直至 2019 年。整个 SyNAPSE 研究计划从硬件、架构、模拟和环境交互等方面来实施。硬件部分包括研发具有突触功能的新型微纳电子器件,以及如何将突触功能器件与 CMOS 电路连接组成阵列等。在 SyNAPSE 计划的资助下,HP、IBM、HRL 的实验室联合密歇根大学、波士顿大学、南加州大学和斯坦福大学等研究机构迄今已经获得超过 6300 万美元的研究经费。

欧盟 2011 年 1 月起开始实施的欧洲 BrainScaleS(brain-inspired multiscale

computation in neuromorphic hybrid systems)计划和之前已实施的 FACETS(fast analog computing with emergent transient states)计划项目也在致力于如何利用实验中发现的生物体大脑运行机制来为下一代计算模式奠定理论和实验基础。这项计划聚集了来自法国、德国、瑞典、瑞士和英国等 10 个国家在生物神经学、神经计算学、计算机和微电子等学科领域的 18 个研究团队,计划至 2024 年的预算总计 16 亿美元。如何制备单元级和网络级的类神经元突触功能器件是重点子项目之一。新加坡国家科技研究局(A* STAR)也启动了名为 artificial cognitive memory,旨在研制出可模拟神经元突触及更高阶认知功能的微纳电子器件的项目,以推动信息存储器件的发展方式从密度驱动向功能驱动转变[8]。

6.2 基于忆阻器的神经元

神经元主要由细胞体和细胞突起构成,是构成神经系统结构和功能的基本单位。细胞突起可以分为轴突(axon)和树突(dendrite),每个神经元可以由一个或者多个树突,用来接收刺激并将兴奋传入细胞体,每个神经只有一个轴突,可以把兴奋从胞体传送到另一个神经元或者其他组织[9]。

按照功能,可以将神经元分为感觉神经元(sensory neuron)、运动神经元(motor neuron)和中间神经元(interneuron),来分别执行不同功能,进而形成复杂的神经网络,执行诸如联合学习(associative learning)等认知学习行为[10,11]。按照对后继神经元的影响来分类,可以将神经元分为兴奋性神经元和抑制性神经元。

总之,神经元是生物体信息传递的基本元件,其构成的神经系统更是执行诸如感觉、信息整合,以及信息存储等众多复杂多样的认知功能。神经元的工作机制涉及两个重要的概念,即静息电位(resting potential, RP)和动作电位(action potential, AP)。

当神经元细胞未受到刺激时,细胞膜内外两侧存在外正内负的电压差,称为静息电位。静息电位是一切生物电产生和变化的基础,大多数细胞的静息电位在 $-10\sim-100\mathrm{mV}$。其形成原因来自细胞膜两侧各种钠、钾离子浓度分布不均匀,以及不同条件下细胞膜对于各种离子的通透性不同。上述差异最终导致膜内的钾离子高于膜外,膜内的钠离子和氯离子低于膜外。在静息状态下,细胞膜对钾离子通透性大,对钠离子通透性很小,对氯离子则几乎没有通透性。在细胞静息期,钾离子外流是静息电位形成的基础,钾离子外流使细胞内的正电荷减少而细胞外正电荷增多,从而形成细胞膜外高内低的电位差,推动钾离子外流的动力是膜内外离子浓度差。随着钾离子的外流,细胞膜内外两侧的电场阻止钾离子外流,从而形成动态平衡。这种稳定的电位差称为钾离子的电位。

动作电位是指可兴奋细胞受到刺激时在静息电位基础上产生的可传播的电位

变化过程。动作电位由峰电位和后电位组成。动作电位的幅度约为 90~130mV,超过零电位约 35mV。动作电位可以沿细胞膜传播,因此又称作神经冲动(nerve impulse)。

当细胞受到刺激时,部分钠离子通道开放,使细胞膜两侧电位差减少,产生一定程度的去极化(depolarization),当膜电位减小到一定程度时,所有钠离子通道开放,使电位急剧上升,形成动作电位上升部分,即去极化。之后,钠离子通道逐渐失活关闭,而钾离子通道被激活开放,钾离子外流,使得膜电位迅速下降,形成动作电位下降支,即复极化(repolarization)。最后,通过钠离子和钾离子泵的调节,电位恢复到静息电位,为下一次兴奋做准备。

动作电位的产生与传播,又称为阈值激发(firing),是神经元的重要生理功能,任何神经元模型或者电路都要能够产生出尽量接近动作电位的波形,其中最基本的包括去极化和复极化两个部分。此外,在这种模拟中,还要尽量遵从动作电位的一些基本原则,如全或无(all-or-nothing)[12]、不能叠加、无衰减性传播等。

6.2.1 Hodgkin-Huxley 神经元的忆阻模型

针对神经元基本功能的模拟一直以来都是人工神经网络或神经形态工程中最核心的工作之一。霍奇金-赫克斯利模型(Hodgkin-Huxley model)[13],或者称为电导模型,是一个重要的用来描述神经冲动产生和消退的数学模型。与其他模型不同,霍奇金-赫克斯利模型是一个连续时间模型,利用一系列差分方程来近似地表达神经元或者心肌细胞的特点。该模型由 Hodgkin 和 Huxley 在 1952 年提出,用来解释巨型乌贼神经冲动产生和消退的离子机理,并因此获得 1963 年的诺贝尔生理学奖。

这一模型将整个神经元细胞视作一个电子电路,如图 6.1 所示。电容(C_m)用来模拟磷脂双分子层,受到电压和时间控制电导(g_n)模拟电压门控离子通道,线性电导(g_l)用来模拟漏电流通道,电压源(E_n)模拟驱动离子运动的离子浓度梯度,电流源(I_p)模拟离子泵,薄膜电势计为 V_m。

在数学上,通过磷脂双分子层的电流可以描述为

$$I_c = C_m \frac{dV_m}{dt} \tag{6-1}$$

通过相应离子通道的电流为

$$I_i = g_i(V_m - V_i) \tag{6-2}$$

其中,V_i 是第 i 个离子通道的阈值。

由于一个细胞分别包含钠离子通道和钾离子通道两种离子通道,因此通过细胞膜的总电流可以写为

$$I = C_m \frac{dV_m}{dt} + g_K(V_m - V_K) + g_{Na}(V_m - V_{Na}) + g_l(V_m - V_l) \quad (6\text{-}3)$$

其中，I 是单位面积细胞膜总电流大小；C_m 是单位面积细胞膜电容；g_K 和 g_{Na} 分别表示单位面积钾离子和钠离子通道的电导；V_K 和 V_{Na} 是钠离子通道和钾离子通道阈值；g_l 和 V_l 是单位面积的漏电导和漏反向电势。

在以上各变量中，V_m、g_{Na}、g_K 与时间相关，而其中两个电导则同时受到电压的控制。

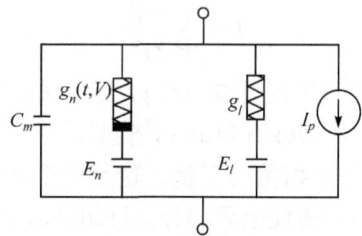

图 6.1　Hodgkin-Huxley 模型[14]
(C_m 表示磷脂双分子层；非线性电导 g_n 和线性电导 g_l 分别表示电压门控离子
通道和漏电流离子通道；电池 E 表示使离子运动的化学梯度；I_p 是离子泵)

进一步，引入 n、m 和 h 三个无量纲变量，分别表示氯离子通道的活化能、钠离子通道的活化能和非活化能。式(6-3)可以进一步写为

$$I = C_m \frac{dV_m}{dt} + \bar{g}_K n^4 (V_m - V_k) + \bar{g}_{Na} m^3 h (V_m - V_{Na}) + \bar{g}_l (V_m - V_l) \quad (6\text{-}4)$$

$$\frac{dn}{dt} = \alpha_n(V_m)(1-n) - \beta_n(V_m)n \quad (6\text{-}5)$$

$$\frac{dm}{dt} = \alpha_m(V_m)(1-m) - \beta_m(V_m)m \quad (6\text{-}6)$$

$$\frac{dh}{dt} = \alpha_h(V_m)(1-h) - \beta_h(V_m)h \quad (6\text{-}7)$$

其中，I 是单位面积电流；α_i 和 β_i 是 i 个离子通道基于电压而非时间的定值；g_n 是电导最大值。

$$\alpha_p(V_m) = \frac{p_\infty(V_m)}{\tau_p} \quad (6\text{-}8)$$

$$\beta_p(V_m) = \frac{(1-p_\infty)(V_m)}{\tau_p} \quad (6\text{-}9)$$

式中，p_∞ 和 $1-p_\infty$ 分别代表状态的活跃和不活跃，通常可以用 V_m 的 Blotzman 方程来表示。

为了量化电压门控性离子通道，每个膜电势都可以用非线性等式来表示，即

$$m(t) = m_0 - [(m_0 - m_\infty)(1 - e^{-t/\tau_m})] \tag{6-10}$$

$$h(t) = h_0 - [(h_0 - h_\infty)(1 - e^{-t/\tau_h})] \tag{6-11}$$

$$n(t) = n_0 - [(n_0 - n_\infty)(1 - e^{-t/\tau_n})] \tag{6-12}$$

钠离子和钾离子电流可以描述为

$$I_{Na}(t) = \bar{g}_{Na} m(V_m)^3 h(V_m)(V_m - E_{Na}) \tag{6-13}$$

$$I_K(t) = \bar{g}_K m(V_m)^3 h(V_m)(V_m - E_K) \tag{6-14}$$

当神经冲动在神经纤维传导时,有

$$I = \frac{a}{2R} \frac{\partial^2 V}{\partial x^2} \tag{6-15}$$

其中,a 是神经纤维半径;R 是神经纤维电阻;I 是不同位置上的电流大小。

从以上方程可以看出,Hodgkin-Huxley 模型是一个四变量的差分方程,其中 $v(t)$、$m(t)$、$n(t)$ 和 $h(t)$ 是与 t 相关的变量。这是一个非线性系统,因此通常难以被准确模拟,特别是其中的非线性电导部分。Hodgkin 和 Cole 通过大量测试巨型乌贼神经纤维 V-I 关系,发现其和真空二极管直流 V-I 关系很相似。然而,在通过传统电学元件精确模拟这种 V-I 关系时,存在一定的困难,即 Hodgkin-Huxley 模型中使用了与时间相关的钠离子通道和钾离子通道,但实际上这种模拟应该用和时间无关的器件来模拟。

忆阻器作为一种非易失性非线性电导器件,其电导变化受到流经电流的影响,这一特性恰恰符合神经元中电压门控离子通道中基于电压的电导变化性质。因此,从原理上利用忆阻器来建立 Hodgkin-Huxley 模型能够更好地模拟神经元的基本功能。如图 6.2 所示,在蔡少棠教授[14]建立的 Hodgkin-Huxley 神经元的忆阻模型中,采用两个忆阻器来分别代替传统 Hodgkin-Huxley 模型中的两个定值电阻,充当钾离子、钠离子通道。通过分别分析钠离子、钾离子通道的 V-I 关系,进而获得整个 Hodgkin-Huxley 忆阻器模型的 V-I 关系。

1. 钾离子忆阻器通道 DC V-I 关系曲线

为了得到钾离子忆阻器通道的 V-I 关系,定义方程 $f(n, V_K)$,$n = \hat{n}(V_K)$,$f_n(n, V_K) = 0$,将其代入方程 $i_K = G_K(n)V_K$,可以得到相应的 V_K-I_K 关系曲线,即

$$I_K = G_K(\hat{n}(V_K))V_K \tag{6-16}$$

2. 钠离子忆阻器通道 DC V-I 关系曲线

为了得到钠离子忆阻器通道的 V-I 关系,定义方程 $f(m, V_{Na})$,$m = \hat{m}(V_{Na})$,$f_m(m, V_{Na}) = 0$ 和 $f(h, V_K)$,$h = \hat{h}(V_{Na})$,$f_h(h, V_{Na}) = 0$,将其代入方程,可以得到相应得 V_{Na}-I_{Na} 关系曲线,即

$$I_{Na} = G_{Na}(\hat{m}(V_{Na}), \hat{h}(V_{Na}))V_{Na} \tag{6-17}$$

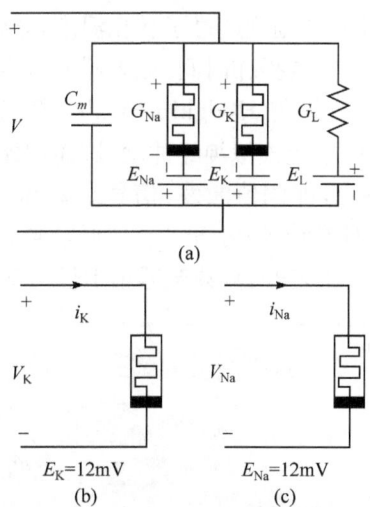

图 6.2 Hodgkin-Huxley 忆阻器模型[14]

((a) 由电容 C_m 构成的磷脂双分子层,由忆阻器和电源构成的钠离子、钾离子通道,
以及由定值电阻和电源构成的漏电流通道;(b) 钾离子通道;(c) 钠离子通道)

3. Hodgkin-Huxley 忆阻器模型的直流 V-I 曲线

为了得到 Hodgkin-Huxley 忆阻器模型的直流 V-I 关系曲线,省略磷脂双分子层电容,并且增加三个电流,即 I_{Na}、I_K、I_L。$V=V_{Na}-E_{Na}$,$V=V_K-E_K$,$V=V_L-E_L$,其中 $E_{Na}=115\mathrm{mV}$,$E_K=12\mathrm{mV}$,$E_L=-10.613\mathrm{mV}$。

6.2.2 基于忆阻器件的神经元电路

无论是 Huxley 等建立的 Hodgkin-Huxley 模型,还是蔡少棠教授建立的 Hodgkin-Huxley 忆阻器模型,都是通过数学方程的形式,理论上对神经元建模,距离物理实现神经元电路还有一定距离。2012 年,惠普实验室利用 Mott 忆阻器率先设计并制造出神经元电路,这个神经元电路被称为 Neuristor,能够模拟神经元 all-or-noting 阈值激发和多种周期性激发的功能,并且该电路不含任何晶体管,对于提高神经元电路的速度和集成度,降低其能耗都有重要作用[15]。

神经元通过利用其钠离子和钾离子通道开闭产生兴奋和传递兴奋,当一个神经元细胞受到树突信号的激发,一旦超过某阈值,其导电通道电导将会改变,并驱使神经冲动不断传导。通过将 Hodgkin-Huxley 模型抽象成两个开关通道,人工神经元电路可以近似地模拟这种阈值激发行为。如图 6.3(a)所示,Neuristor 利用两个 NbO_2 Mott 忆阻器,以及分别和它们相并联的电容来模拟神经元的钠离子和钾离子通道。Mott 忆阻器展现出带阈值的电流控制的负微分电阻,如图 6.3(b)所示,这种负阻现象来源于可逆的绝缘体-金属相转变。在施加在器件上的有效电流驱动下,局部的热积累使材料温度超过了转化温度,导致两个电极间导电通道的形成。由于这种能量的输入需要操作时间,忆阻器的电阻变化依赖于其过去状态。Mott 忆阻器动态电阻转变行为与 Hodgkin-Huxley 模型中离子通道功能上的相似性暗示前者非常合适在电学上模拟神经冲动,进而构建人工神经元器件,并具有生物神经元的几乎所有特点,即阈值激发、信号衰减和不应期等。而且,由 Mott 忆阻器构成的神经元器件具有快速(小于 1ns)、低功耗(小于 100fJ)、尺寸缩小至十几个纳米、便于与 CMOS 工艺兼容,甚至适用于任何基底的优点。

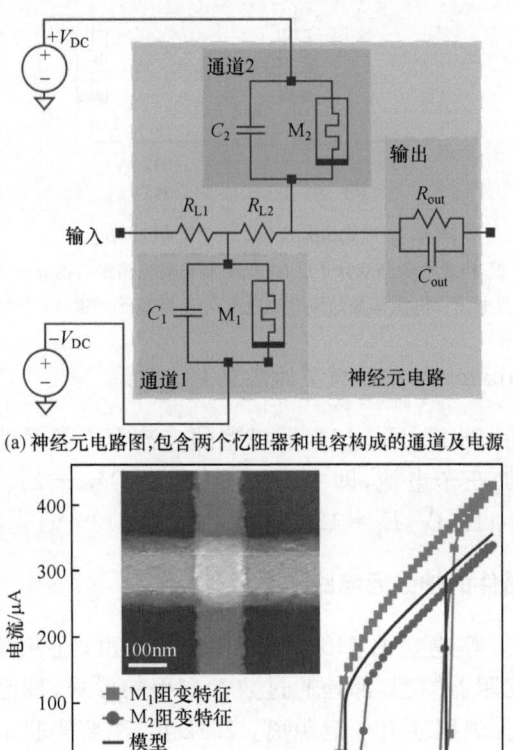

(a) 神经元电路图,包含两个忆阻器和电容构成的通道及电源

(b) Mott忆阻器的电压-电流关系

图 6.3 神经元电路和 Mott 忆阻器[15]

在 Neuristor 神经元电路中,利用四个状态变量来描述电路的状态,包括离子通道导通能力 u_1 和 u_2,以及电容贮存电荷 q_1 和 q_2。两个相反极性的电压源通过负载电阻 R_{L2} 和电离子通道相连接实现供能。电路通过输入电阻 R_{L1} 和输出电抗 (R_{out}, C_{out}) 实现信号的传输。如图 6.4(a)~图 6.4(d)所示,通过输入两个幅值不同的激励,来模拟 all-or-nothing 神经冲动响应。通过检测四个变量的变化和每

个节点的电压和电流,对于超过阈值和未超过阈值两个脉冲信号有不同的输出电压响应。超过阈值的响应为 0.33V,未超过阈值响应仅为 0.028V(可以忽略)。这说明,神经元电路已经具有了两个重要的生物学性质,即信号增益和阈值激发。

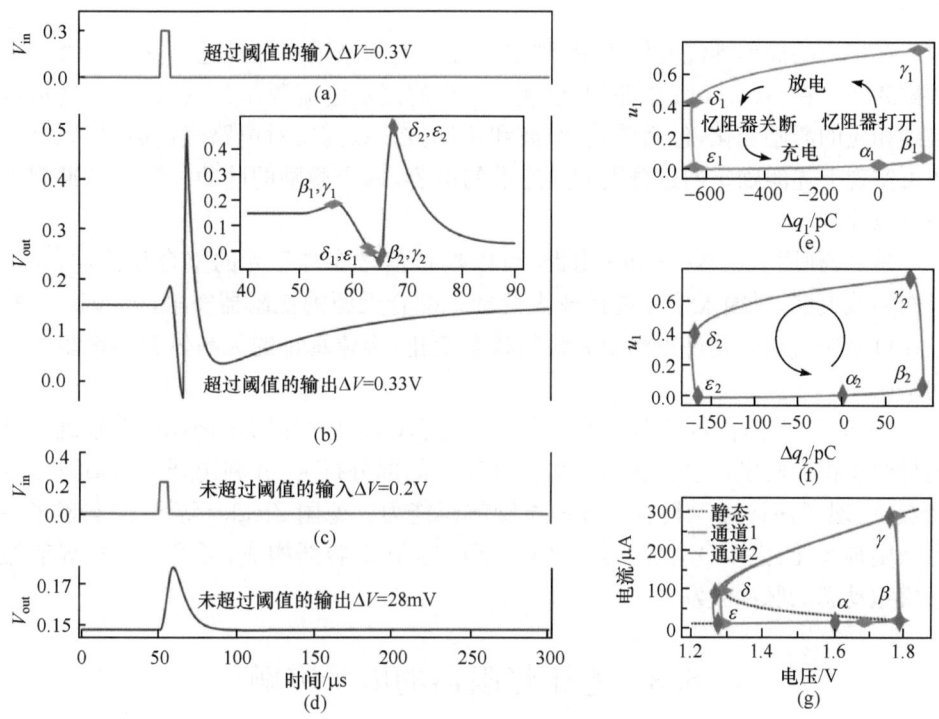

图 6.4 all-or-nothing 相应过程及其相应的电路状态变化[15]

((a),(b)当刺激高于阈值,神经元激发产生兴奋信号;(c),(d)当刺激低于阈值,神经元不能产生相应兴奋响应;(e),(f)通道 1 和通道 2 中变量 u 和 q 的相位图;(g)在 all-or-nothing 过程中,两个通道的相位图)

如图 6.4(e)和图 6.4(f)所示,两个神经元通路 u 和 q 的相位图展示了神经冲动产生连续过程,记 Δq 为当前电荷和初始电荷的差值。两个通路均在逆时针方向存在五个状态。在初始态,$\Delta q=0$。在 α 状态,两个通道分别由两个直流源充电,当通道被激发而偏离初始态,通道电容充电,直到电压在 β 状态超过阈值。此时,金属通路半径突然增加,Mott 忆阻器阻值突然减小,这一过程模拟了 Hodgkin-Huxley 模型中离子通道的打开,状态同时转变为 γ。从 γ 到 δ 状态,电容不断通过忆阻器放电,且在 δ 处通路半径突然减少,电阻跳变回高阻,模拟了离子通道的闭合过程。当 M_1 变成高阻,电容 C_1 继续充电回到初始态。神经元电路工作时,$(\beta-\gamma)$ 和 $(\delta-\varepsilon)$ 过程的时间为 1ns,而 $(\gamma-\delta)$ 放电过程持续 5μs,$(\varepsilon-\alpha)$ 充电过程持续 100μs。

类比生物神经元兴奋过程中钠离子和钾离子通道的作用,将两个在时间上有补偿的忆阻器通道状态变化叠加,如图 6.4(g)所示。输入脉冲先给通道 1(钠离子通道)充电,使 α_1 到 β_1,当其状态转化为 ε_1 时,其输出信号为极化效应。此时,通道 2(钾离子通道)开始充电,当其到达 ε_2 状态时,输出端产生去极化效应。

在早期的简单神经元模型中,固定电流源下的激励多样性这个重要的性质经常被忽略。在 Neuristor 电路中,使用 $20\mu A$ 的固定电流源作为输入,输出端可以得到相应的激励变化,包括单波、双波和定期波。只需要对电路经过简单的调整,便可实现上述激励。通过分别调整通道的电容,每个激励的脉冲间隔和脉冲宽度都可以控制。

总之,利用上述 Neuristor 电路,可以模拟信号在神经元的整合与传输,还可以作为放大器,对输入信号进行放大处理。配合无源的忆阻器突触,Neuristor 神经元可以作为动力元件来驱动突触的状态变化,构建真正的无晶体管的忆阻神经网络。

2015 年,韩国首尔科学技术研究中心的 Jeong 等[16]以 Neuristor 为基础设计的带泄露积分触发神经元成功模拟了神经元的部分行为,并利用开关阈值可变的特点,展现了该神经元具有很好地抗噪解码能力。德国 Ziegler 等[17]也实现了一种激励神经元,由 VO_x 忆阻器和 $Ag/TiO_{2-x}/Al$ 忆容器构成,可以响应外界刺激来模拟动态的脉冲激发。

6.3 基于忆阻器的电子突触

突触是一个神经元和另一个神经元相接触的部位,通常是一个神经元的轴突和另一个神经元的树突通过突触发生机能上的联系,由此信息从一个神经元传导另一个神经元。突触可以分成两种类型,即化学突触(chemical synapse)和电突触(electrical synapse)。两种类型的突触都有特殊的信号输入和输出结构,即突触前神经元(pre-neuron)和突触后神经元(post-neuron)。神经元之间的信息传递主要通过化学突触来实现,书中探讨研究的突触功能也是基于化学突触,后文如无特别注明皆指化学突触。突触由突触前膜、突触间隙和突触后膜组成(图 6.5)。突触前膜一般是神经元轴突膨大的末梢,膜内存在突触小泡(syanptic vesicle)、小泡中包裹着神经递质(neurotransmitters),膜上存在大量允许 Na^+、K^+ 和 Ca^{2+} 等通透的电压门控离子通道。突触间隙宽度一般为 20～30nm,充满糖基物质。突触后膜一般是树突末梢,上面存在大量与神经递质结合的受体(receptors)。

神经元的动作电位会引起突触前膜中离子通道通透性的变化,突触间隙中 Na^+ 和 Ca^{2+} 离子内流,激活第二信使,触发突触前膜内突触小泡与突触前膜接触

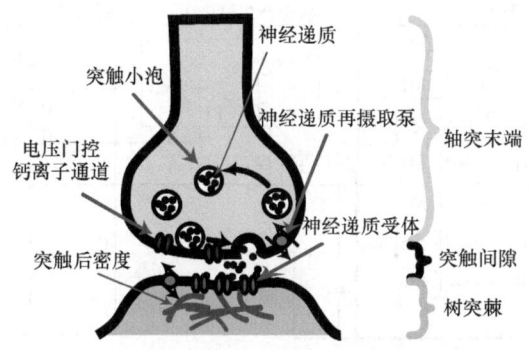

图 6.5 突触结构示意图[10]

并融合释放神经递质到突触间隙中,神经递质传递到突触后膜并与突触后膜上的受体作用,最终使突触后膜的膜电位也发生变化,称为突触后电位(postsynaptic potential,PSP)。这个过程可以实现电信号从一个神经元向下一个神经元的传递。PSP 可能引起细胞膜电位发生去极化,也可能引起超极化,前者是兴奋性突触后电位(excitatory PSP,EPSP),后者是抑制性突触后电位(inhibitory PSP,IPSP)。兴奋性和抑制性的突触后电位从树突传入神经元,共同作用并发生整合,当整合后的突触后电位超过动作电位阈值时,神经元将产生动作电位将电信号继续向后传递。图 6.6 的抽象模型表示单个神经元细胞接收和处理信息的基本流程。

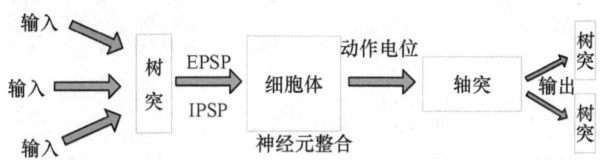

图 6.6 人脑神经元信息处理的基本流程模型[10]

大脑中突触的数量约 10^{15} 个,电子突触器件也是构建大规模神经网络不可或缺的重要基本元件。图 6.7 是两种传统的基于 CMOS 器件的突触电路设计,采用了晶体管、电容和比较器等元件,其面积和功耗都不利于突触数量的大幅增加[18,19]。由于大脑中突触数量超过神经元大概 4~5 个数量级,神经形态芯片中突触器件的面积也占了整个芯片面积的极大部分,这个特点可以从 IBM、欧洲 FACETS 和 BrainScaleS 计划研制的神经形态芯片照片中看到(图 6.8)。因此,为使未来的新型神经形态芯片在体积、能耗,以及智能上能够在一定程度上接近,甚至超越人脑,亟须减少模拟生物神经突触所需的电子元件的数量、能耗,并提高其突触传输效率。

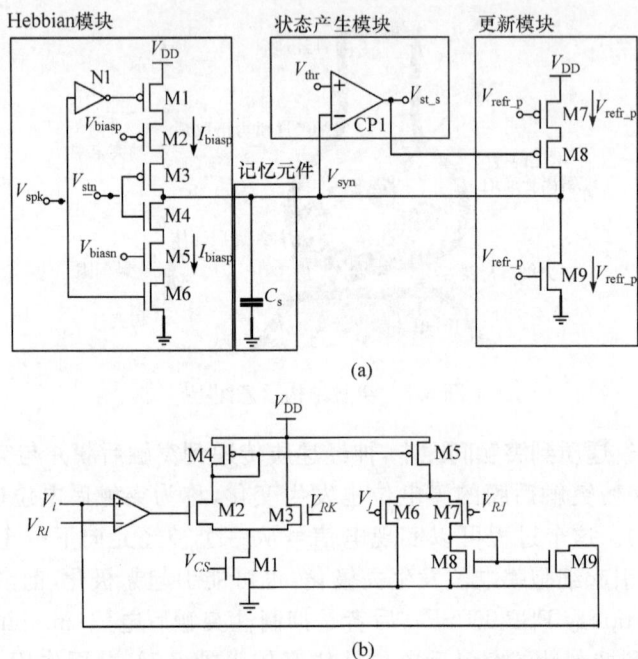

图 6.7 两种传统的基于 CMOS 器件的突触电路[18,19]

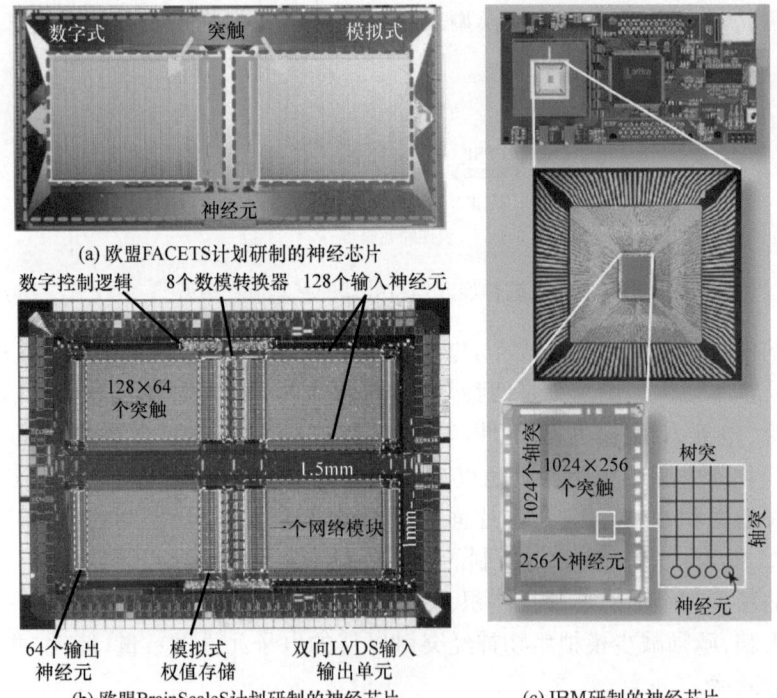

图 6.8 CMOS 神经形态芯片

忆阻器能根据流经的电荷量改变自身阻值,并非易失性地记住阻值的变化状态,这一点极为类似于突触随前后神经元活动刺激而改变自身的突触权重。单个忆阻器可用于模拟神经突触,取代之前复杂 CMOS 突触电路,在器件数量、能耗和效率方面能够实现大幅优化,在构建未来神经网络或神经功能芯片中定能起到举足轻重的作用。

6.3.1 单忆阻器电子突触

模拟神经突触的可塑性的首要条件是器件电导(或电阻)可模拟式的连续调节,而忆阻器这样一种具有记忆功能的非线性电阻,其阻值能够随流经的电荷量而发生变化,并在断电后保持这种变化的状态,可以认为是模拟神经突触的完美器件。自 2008 年 HP 实验室首次在 TiO_2 材料中物理实现忆阻器,并声称忆阻交叉开关矩阵是唯一具备模拟人类神经足够密集度的技术之后,基于忆阻器的神经形态器件就迅速得到学术界和工业界的高度重视。考虑到忆阻器已经在信息存储应用方面已获得的巨大进展,可以展望基于忆阻器的信息存储与处理融合技术的美好前景。

根据惠普提出的 TiO_2 忆阻器的氧空位边界迁移理论,器件电阻由富氧层(doped)电阻和缺氧层(undoped)电阻共同决定,即

$$R = R_{ON} \frac{w(t)}{D} + R_{OFF}\left(1 - \frac{w(t)}{D}\right) \tag{6-18}$$

如图 6.9(a)所示[20],在外加电压作用下,氧空位迁移导致两层的边界发生迁移,$w(t)$ 随时间在 $[0,D]$ 变化,从而导致器件电阻可以在 $[R_{ON}, R_{OFF}]$ 连续变化。当然,氧化物忆阻器的阻变过程中氧空位的作用无法用此模型严格精确描述,譬如氧空位迁移引起导电通道的形成/断裂及导电通道的数量变化,或功能层/电极间界面势垒高度变化都可以使器件发生电阻渐变现象,但基于氧空位迁移的忆阻器确实能够展现出良好的电阻渐变特性,从而用于突触可塑性的功能实现。WO_x[21]、AlO_x[22]、HfO_x[23]、Ta_2O_5[24]、WO_{3-x}[25]、$InGaZnO$[26]、$PCMO$[27] 和 Cu_2O[28] 基等电子突触器件都是基于氧空位迁移原理来实现突触可塑性功能[29],如图 6.9(b)和图 6.9(c)所示。

除了基于氧离子边界迁移忆阻器模型,另一类主要的忆阻器通过电化学反应产生 Ag^+ 或 Cu^{2+} 在介质层迁移引起器件阻变。基于这一原理的忆阻器件同样可以表现出突触行为。日本国立材料科学研究所 Hasegawa 研究组系统研究了 Ag_2S、Cu_2S 和 $Pt/Ta_2O_5/Ag$ 原子开关中 Ag 或 Cu 导电丝的形成与断开过程中的电导量子化现象,每一步施加电脉冲使器件的电导变化为一个原子接触电导 $G_0 = 2e^2/h = 77.5\mu S$,如此精确的电导调控自然对于突触权重调节极为有利[30]。更重要的是,他们还发现连续脉冲的间隔时间对于器件电导的保持时间有一定的影响关系,脉

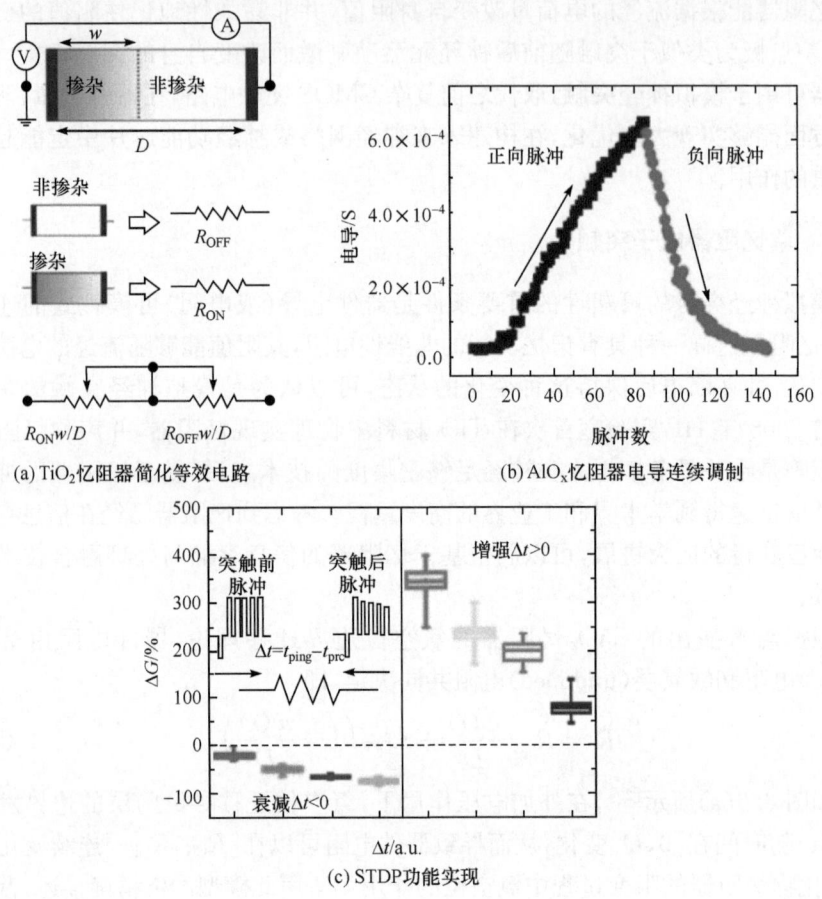

图 6.9　忆阻器件的突触特性[20]

冲间隔时间越短,即频率越高,器件电导保持时间越长,这一特性与人脑中感觉记忆、短期记忆和长期记忆之间的关系类似[31-34],如图 6.10 所示。密歇根大学 Lu 团队在基于 Ag-Si 混合功能层的忆阻器件中,通过驱动 Ag 粒子的迁移得到了良好的电导渐变特性,器件可以在 100 个连续正负电脉冲作用下实现突触效能的增强和抑制,在 1.5×10^8 次操作之后还能保持良好的特性[35]。同时,该团队也在 WO_x 忆阻器中实现了类似的长短期记忆现象,高频率的脉冲刺激可以使保持时间短的短期记忆转变为长期记忆[21]。在短期记忆状态时,由于氧空位扩散作用使得电导下降,可以用于模拟记忆的自然遗忘,遗忘曲线与生物的遗忘曲线很相似[36]。

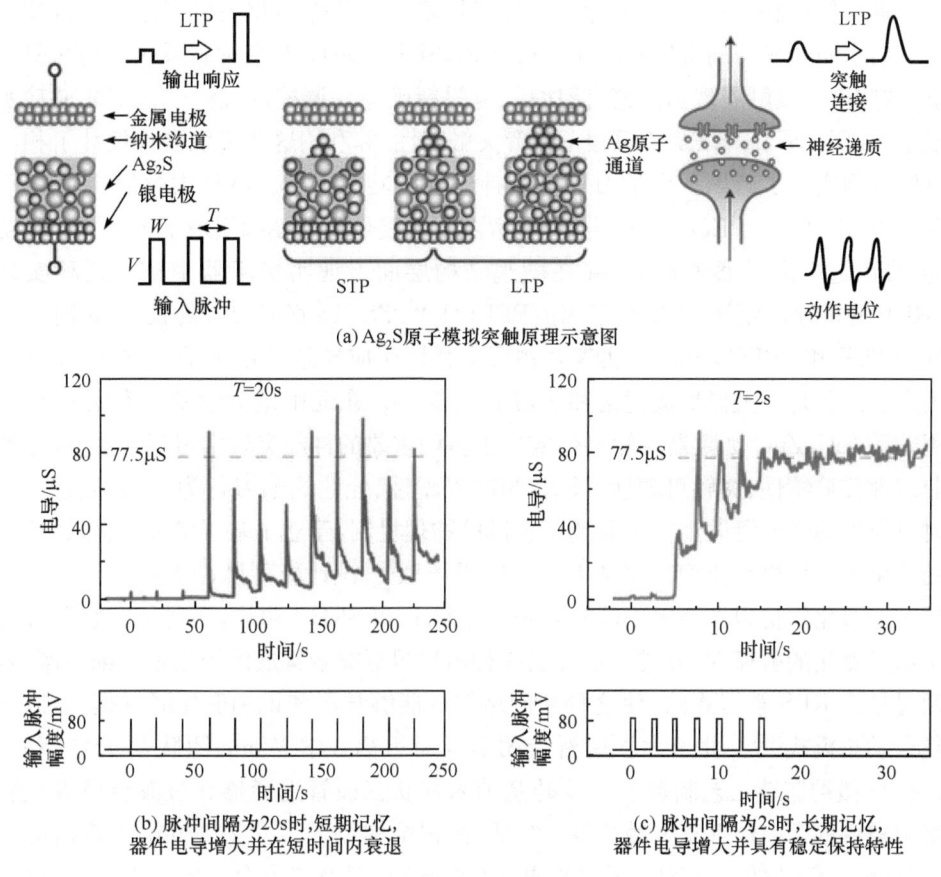

图 6.10 Ag$_2$S 器件的长短期记忆[31]

近期,他们发表论文[37,38]引入二阶忆阻器概念,利用忆阻器的中间变量来模拟生物突触中钙离子变化。相比一阶忆阻器模拟生物突触的性质,二阶忆阻器利用简单、非叠加的方波来实现脉冲时序依赖突触可塑性、频率依赖突触可塑性等突触功能,不再依赖于复杂的输入波形编码,而更加贴近于生物学性质。他们利用 Ta$_2$O$_{5-x}$/TaO$_y$ 忆阻器的温度作为中间变量,器件中温度的变化会影响导电通路的形成过程。该工作采用一个幅值小、脉宽长的脉冲来控制温度的累积与耗散间的关系,以及一个幅值大、脉宽小的脉冲控制导电通路的形成,脉冲对的共同作用在二阶忆阻器中实现了功能窗口可控的 STDP 和 SRDP 突触功能[37]。他们还通过在 WO$_x$ 忆阻器中引入中间变量,包括导电通路面积(w_c)和氧空位迁移率(w_m),来模拟生物突触钙离子变化,从而用两个相同的方波脉冲在二阶忆阻器中实现突触双脉冲易化(paired-pulse facilitation, PPF)、滑动阈值效应(sliding threshold effect)、STDP 和 SRDP[38]。

近几年,国内一些单位也深入开展了忆阻突触器件的相关研究。华中科技大学缪向水团队成功制备出 $Ge_2Sb_2Te_5$、AgInSbTe、GeTe 等多种硫系化合物忆阻突触,这些电子突触展现出高速、低功耗、电阻精确渐变调控的优点。该团队成功实现了 STDP、SRDP,以及长短程记忆等突触特性,并利用这些突触器件设计了相应突触阵列实现了诸如联合学习等复杂神经网络功能[39-41]。清华大学潘峰团队[42]利用 MEH-PPV/PEO-Li$^+$ 聚合物/电解液双层膜忆阻器模拟实现了突触 SRDP 功能,提出随机离子通道模型,并在微观结构层面上证明忆阻器中离子迁移实现SRDP 的机理。此外,还实现了 Ag/PEDOT:PSS/Ta 忆阻突触的长时/短时可塑性、STDP 和 SRDP 功能,证实聚合物层中弹性效应导致了银离子的移动,而这种银离子迁移是忆阻器形成记忆和学习的关键[43]。东北师范大学刘益春团队[26]利用非晶 InGaZnO 忆阻器突触器件实现了多种重要的神经突触学习记忆功能,包括非线性传输特性、突触可塑性、长时/短时可塑性、经验式学习行为等,并通过对短时可塑性的变温测试证实了氧离子扩散的物理机制,建立了基于氧离子扩散/迁移的忆阻器工作机制模型。清华大学施路平团队[44]设计新型脉冲编程操作方法在同一个氧化铁忆阻器突触中同时实现了 STDP 和 SRDP 功能,探讨了突触器件对于信号变化的鲁棒性,并进一步提出一种由忆阻器突触构成的类生物周期性网络,通过植入 RLS 学习算法,使这种新网络架构能够学习和识别变化时域模式,以及复杂动态模式[45]。北京大学康晋峰团队与斯坦福大学 Wong 团队[46]合作,利用 CMOS 微纳制造工艺制备了集成硅基纳米柱状三极管选通器和过渡金属氧化物忆阻器件的 1T1R 垂直突触器件,该 $4F^2$ 面积结构特征尺寸为 37nm,展现出高速(<10ns)、低功耗(<10fJ)、低操作电流(<2nA),以及多值存储的特征,并且可以增强突触调节的稳定性实现大规模突触阵列集成。在此基础上,该团队制备了一种高速、低操作电流、渐变特性好、鲁棒性好的 3D 垂直多层忆阻突触器件。相比传统的单层器件,该器件可以有效地减小电阻值波动带来的负面影响,在图像分类的模拟测试中成功地提高了识别准确率[47]。华中科技大学郭新团队[48]利用 WO_x 忆阻器模拟实现了高级突触可塑性,即可塑性(meta-plasticity)能力,在 STDP 的实验中发现施加电刺激的历史过程,以及间隔时间会极大影响突触对信号处理的结果。

6.3.2 桥式忆阻突触电路

如图 6.11 所示为类似于惠特斯通电桥的桥式忆阻器突触电路。当在输入端施加正向或者负向脉冲时,电路中的每个忆阻器将根据自身的极性改变阻值。例如,当施加正向脉冲时,M_1 和 M_4 的阻值将减少,M_2 和 M_3 的阻值将增加,此时节点 A 的电压将大于节点 B 的电压,电路将输出正电压,表示正向突触权重。当施加负向脉冲时,节点 B 电压大于节点 A 电压,电路将输出负电压,表示负向突触权重[49,50]。

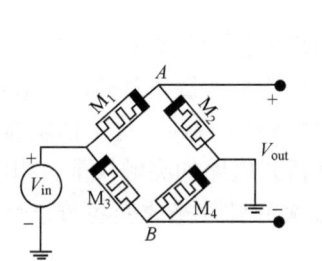 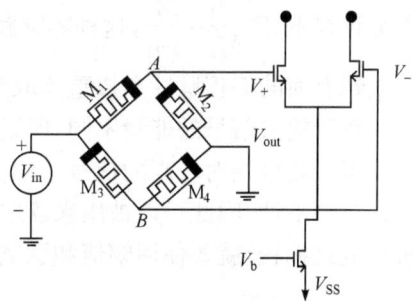

(a) 忆阻器桥式电路,用来进行权重的控制　　(b) 差分放大器用来进行电压和电流转化

图 6.11　桥式忆阻器突触电路[49]

假设在时间 t 时刻,在电路输入端输入信号 V_{in},电压将被分压,即

$$V_{M_1}=\frac{M_1}{M_1+M_2}V_{in} \tag{6-19}$$

$$V_{M_2}=\frac{M_2}{M_1+M_2}V_{in}=V_A \tag{6-20}$$

$$V_{M_3}=\frac{M_3}{M_3+M_4}V_{in} \tag{6-21}$$

$$V_{M_4}=\frac{M_4}{M_3+M_4}V_{in}=V_B \tag{6-22}$$

桥式电路输出电压 V_{out} 等于 A、B 两端的电压差,即

$$V_{out}=V_A-V_B=\left(\frac{M_2}{M_1+M_2}-\frac{M_4}{M_3+M_4}\right)V_{in} \tag{6-23}$$

上式可以简写为 $V_{out}=\Psi V_{in}$,其中 Ψ 代表这一电路的突触权重,即

$$\Psi=\frac{M_2}{M_1+M_2}-\frac{M_4}{M_3+M_4} \tag{6-24}$$

当一个正向的编程脉冲被施加在忆阻器桥式电路上,忆阻器 M_2 和 M_3 的阻值增加,而 M_1 和 M_4 的阻值减少。相反,当施加一个负向的编程脉冲,M_2 和 M_3 的阻值减少,而 M_1 和 M_4 的阻值增加。

如果突触权重 Ψ 大于 0,即 $\Psi=\frac{M_2}{M_1+M_2}-\frac{M_4}{M_3+M_4}>0$。忆阻器桥式电路代表正突触权重,或者可以将上式整理为 $\frac{M_2}{M_1}>\frac{M_4}{M_3}$。同时,如果对于负突触权重,则

$\dfrac{M_2}{M_1} < \dfrac{M_4}{M_3}$。

零突触权重，则$\dfrac{M_2}{M_1} = \dfrac{M_4}{M_3}$，这种零突触权重的状态，也可以成为平衡状态。

注意到上面的编程脉冲和权重读取脉冲都使用相同的输入信号端口，它们之间的区别在于输入信号的能量不同，即读取信号使用了能量相对较低的信号，而编程信号使用了能量相对较高的信号。幅值和脉宽很小的脉冲，对于忆阻器阻值的影响可以忽略不计，因此可以被用来读取忆阻器桥式电路的突触权重。相反，如果想对桥式电路编程，就要使用幅值和脉宽相对较大的脉冲来改变各节点忆阻器的阻值。

利用忆阻器桥式电路，可以构建细胞神经网络，进而应用于二维图像识别。相比传统的 CMOS 电路，忆阻器桥式电路构成的神经网络可以极大地减少电子元器件的使用数目，降低电路功耗。换言之，就是在单位面积中增大神经网络的突触数目，增加其计算能力。此外，这种桥式电路可以被进一步扩展成为多层次神经网络，并且结合一些简单的算法，如随机权重更新和误差反向传播算法等，来展现强大的复杂图像识别能力。

6.3.3 时序依赖突触可塑性

突触是神经元之间的连结部位，突触权重或突触效能指突触前后神经元之间的连结强度，连结强度不是固定的，能够根据前后神经元活动的情况发生变化，这一特性称为突触可塑性。突触可塑性是大脑记忆和学习的神经生物学基础，是人工神经电路的基本的特性，也是人工电子突触器件需要实现的首要功能。生物神经元如图 6.12 所示。

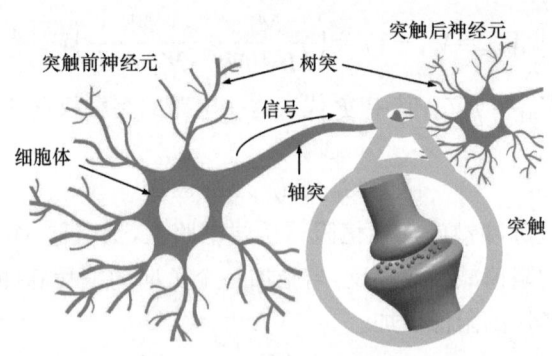

图 6.12 生物神经元示意图[51]

早在 1949 年，Hebb 就提出"Neurons that fire together, wire together"，神经元细胞 A 的轴突重复或持续地兴奋神经元细胞 B，在这两个神经元细胞或其中一个细胞上必然有某种生长或代谢过程的变化,使细胞 A 对 B 激活的效率有所增加[51]。也就是说,反复的突触前神经元兴奋能够导致突触后神经元的活动增加,即突触权重或效能的增加。随着神经科学的发展,实验结果不断地完善这一 Hebbian 理论,其中时序依赖突触可塑性已在昆虫到人脑的不同神经环路中都有发现,被认为是 Hebbian 学习理论的第一法则[52,53]。STDP 指突触前神经元活动(pre-spike)和突触后神经元活动(post-spike)在时间上的先后顺序能够影响长时程突触调节的形式和幅度[54-57]。较为常见的四种 STDP 形式如图 6.13 所示。具体而言,活动时序和长时程突触调节(又称突触修饰)具有如下关系。

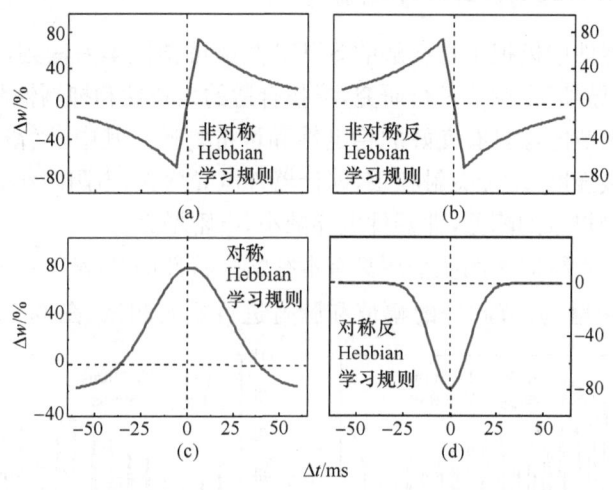

图 6.13　四种活动时序依赖突触可塑性 Hebbian 学习法则示意图[51]

① 非对称型 Hebbian 学习法则。对于兴奋性神经元之间的突触连结,当突触前神经元活动先于突触后神经元活动时($\Delta t > 0$,Δt 为突触前后脉冲刺激的时间间隔),发生长时程突触增强(long-term potentiation,LTP),突触连结强度增强,即突触权重增加;当突触前神经元活动晚于突触后神经元活动时,发生长时程突触抑制(long-term depression,LTD),突触权重降低,如图 6.13(a)所示。约 80% 的突触间连结变化都是基于此类学习法则。

② 非对称型反 Hebbian 学习法则。对于兴奋性神经元与抑制性神经元之间的突触连结,突触前神经元活动先于突触后神经元活动将导致 LTD,而突触前神经元活动晚于突触后神经元活动将导致 LTP,如图 6.13(b)所示。

③ 对称型 Hebbian 学习法则。当 Δt 接近 0,即突触前后神经元活动接近同步时,LTP 发生;当 Δt 远离 0,即突触前后神经元活动不同步时,LTD 发生,如图 6.13(c)所示。这种学习法则在神经肌肉接点处常见。

④ 对称型反 Hebbian 学习法则。对于新皮质层中多刺星状神经元间的突触，任何 Δt 都将导致 LTD，如图 6.13(d)所示。

以上非对称型学习法则 LTP 和 LTD 的发生与前后神经元活动的时序，以及时间差大小有关，而对称型学习法则和时序无关，只与时间差有关。生物实验结果证实，不同的 STDP 窗口形式源于复杂的神经皮层活动机制导致的不同神经元电位刺激，在大脑信息处理机制中也各有其功能作用，并在神经计算学和人工神经网络中得到应用。

1. 突触器件的突触权重调节

为在突触器件中模拟生物突触的 STDP 突触可塑性学习法则，首先需对突触器件的电阻(电导)渐变调节进行研究，寻找合适的兴奋性和抑制性脉冲刺激，使突触器件的权重调节能够具有良好的稳定性和可重复性。其中，兴奋性脉冲刺激能够加强突触连接强度，增加突触权重，即让器件电导增大，电阻减小；抑制性脉冲刺激则会导致突触权重的降低，即器件电导减小，电阻增大。

华中科技大学缪向水团队采用具有本征忆阻特性的 $TiW/Ge_2Sb_2Te_5(GST)/TiW$ 器件作为突触，调节脉冲的幅值和脉宽进行重复测试(图 6.14)[39]。可以看

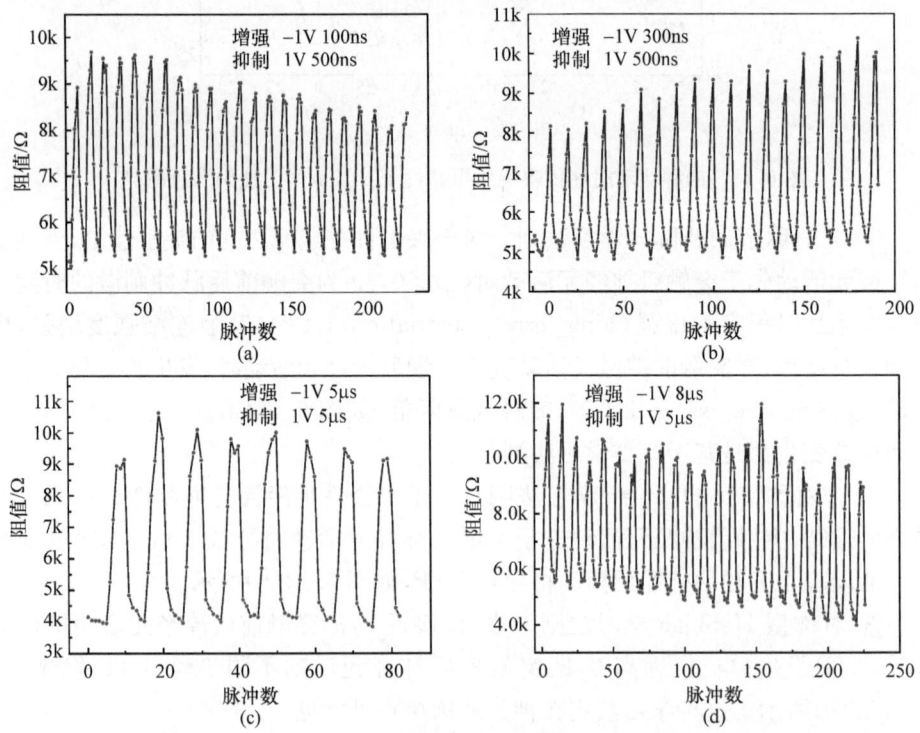

图 6.14 器件电阻(突触权重)随不同参数的正负脉冲下的增强和抑制重复性测试[39]

到,正脉冲使器件电阻增大,可以作为抑制性脉冲;负脉冲使器件电阻减小,可以作为兴奋性脉冲,多种脉冲参数都能够使突触权重发生预期的调节。在同样的电阻变化范围(约 5~10kΩ),当脉冲宽度从 ns 级增大到 μs 时,突触权重调节的精度变差,这也是由于较宽的脉宽意味着较大的脉冲能量,GST 材料中存在的电荷陷阱被填满所需的脉冲数就越少。因此,为获得更稳定更精确的突触权重调节,我们对兴奋性脉冲和抑制性脉冲参数进行了设计。

如图 6.15 所示,兴奋型脉冲为连续的 20 个负脉冲,其幅值为 -0.6~-0.8V,幅值步进为 -10mV,抑制性脉冲为连续的 20 个正脉冲,其幅值为 1~1.8V,幅值步进为 40mV,所有脉冲宽度/上升沿/下降沿都为 30/10/10ns,脉冲间隔为 1s。可以看到,在以上参数的脉冲刺激作用下,器件电阻能够在 2.2~3kΩ 之间获得较均匀的精度较高的调节,平均单个脉冲能够使器件电阻发生约 40Ω 的变化,相对精度为 1.8%。如图 6.16 所示是器件突触权重调节的重复性测试,可以看到,在超过 500 个脉冲刺激作用下,器件能保持稳定的渐变调节特性。

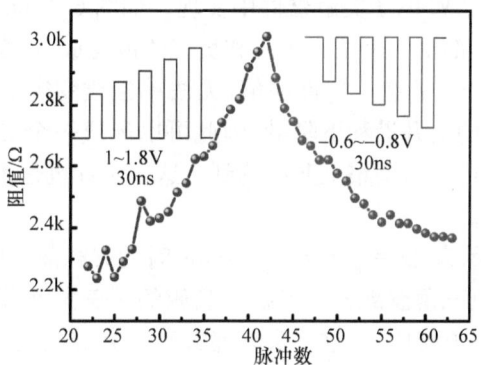

图 6.15 器件突触权重在抑制性和兴奋性脉冲下刺激下的响应

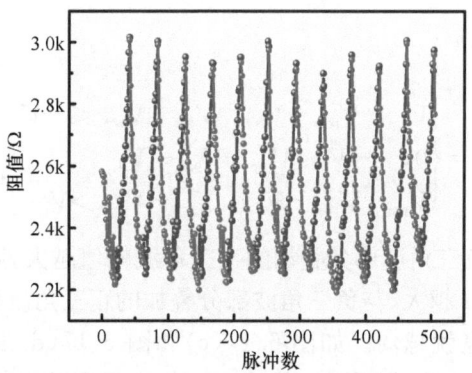

图 6.16 器件突触权重调节的重复性测试

2. 突触器件的超快 STDP 实现

采用与生物现象一致的脉冲对叠加方法,忆阻器的两端分别为突触前端和突触后端,两个脉冲通道分别向突触前段和突触后端输入脉冲刺激,每一对脉冲在突触器件叠加共同调节突触权重,突触权重 w 即器件电导 C。在突触前后脉冲设计中,有如下两个原则。

① 阈值原则。器件突触权重调节对脉冲幅值存在阈值,这一阈值源于器件电极与功能层的接触势垒,以及缺陷陷阱捕获电荷的势垒。设计单个突触前、突触后脉冲的能量小于该阈值,无法单独对突触权重实现调节,而叠加后的脉冲则可以超过阈值,实现突触增强或抑制。器件阈值约为 0.6V。

② 时间原则。突触前后脉冲的时间间隔 Δt 的正负和大小能够影响突触调节,即增强或抑制突触调节的程度。

以非对称型 Hebbian 学习法则的脉冲设计与功能实现为例,具体阐述超快 STDP 在 TiW/GST/TiW 电子突触器件中实现。如图 6.17(a)所示为突触前和突触后刺激的脉冲组合,都由一个正三角波和负三角波构成,仅在幅值上有差异。单个脉冲的幅值不超过 0.6V 这一器件阈值,无法单独改变突触权重。三角波的设计使其具有一个连续的上升沿和下降沿,因此可以形成一个 Δt 连续时间变化,在变化的时间内窗口可以由调整上升沿达到。这一设计也是不同于现有文献中的多脉冲和单脉冲方案。

如图 6.17(b)所示为 $\Delta t = t_{\text{pre}} - t_{\text{post}} = 100\text{ns}$ 时的突触前后刺激叠加情况,可以看到,突触前刺激的负三角波部分与突触后刺激的正三角波部分叠加得到一个超过阈值的电脉冲尖峰(方框内)。这一尖峰能够改变突触权重 $\Delta w = (w - w_0)/w_0$,引起 LTP 的有效磁通 $\varphi(t)$,即

$$\varphi(t) = \int V_E \mathrm{d}t \qquad (6\text{-}25)$$

其中

$$V_E = \begin{cases} V_{\text{pre}} - V_{\text{post}} + V_\theta, & V_{\text{pre}} - V_{\text{post}} < -V_\theta \\ 0, & -V_\theta \leqslant V_{\text{pre}} - V_{\text{post}} \leqslant V_\theta \\ V_{\text{pre}} - V_{\text{post}} - V_\theta, & V_{\text{pre}} - V_{\text{post}} > V_\theta \end{cases} \qquad (6\text{-}26)$$

Δt 越接近 0,与负三角波部分叠加的正三角波幅值越大,则 $\varphi(t)$ 越大,突触调节的程度也就越强;Δt 越大,与负三角波部分叠加的正三角波幅值越小,则 $\varphi(t)$ 越小,突触调节的程度也就越弱。如图 6.17(c)和图 6.17(d)所示,当 Δt 为 200ns 时,负有效磁通比 100ns 时小;当 Δt 为 400ns 时,由于突触刺激上升沿为 400ns,因此已无法叠加产生有效磁通。当突触前刺激落后于突触后刺激时,则会产生与上

述过程相反的正有效磁通,导致 LTD。

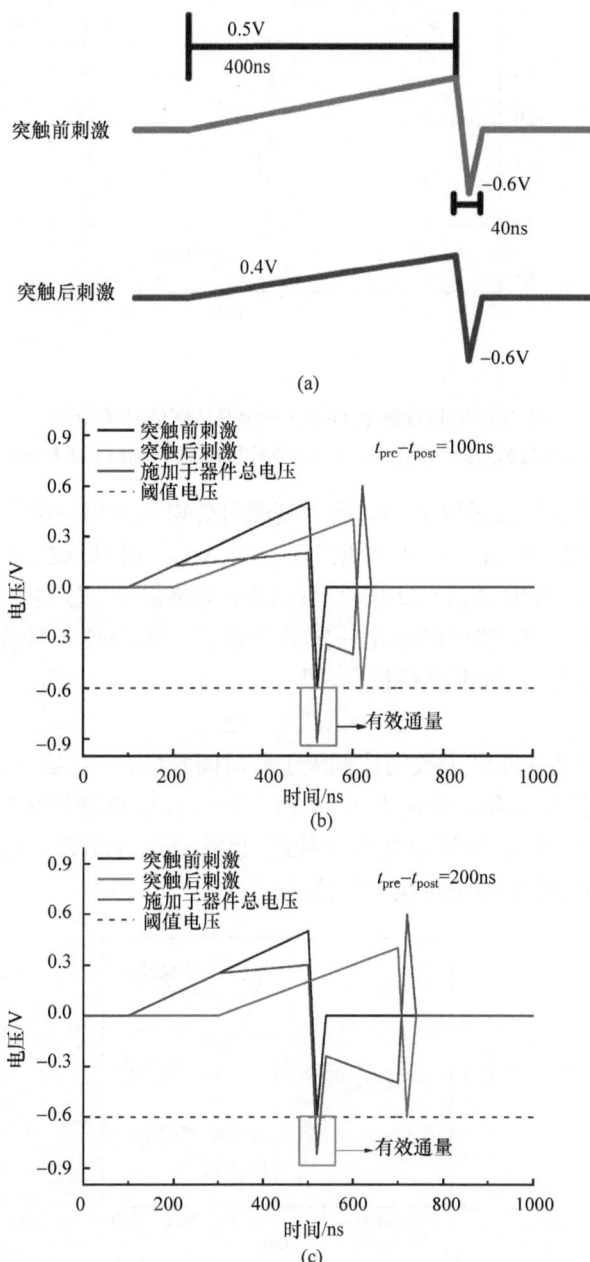

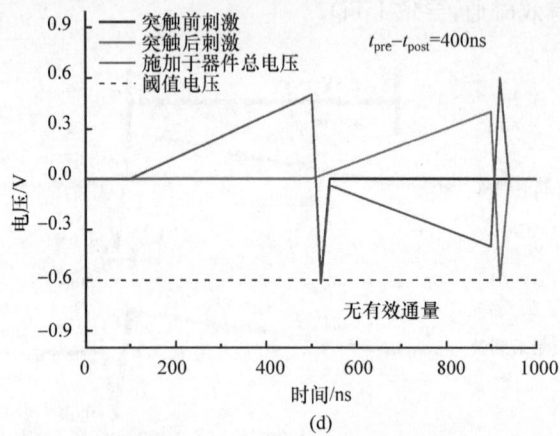

图 6.17 非对称型 Hebbian 学习法则的脉冲设计

((a)突触前、后刺激脉冲组合;(b)(c)(d)分别为不同时间差时刺激叠加原理图)

如图 6.18 所示是通过以上突触前后刺激组合得到的第一类 STDP,即非对称 Hebbian 学习法则。当 $\Delta t > 0$ 时,导致 LTP;当 $\Delta t > 0$ 时,导致 LTD,Δt 接近 0 时突触权重变化 Δw 最大,随着 Δt 增大 Δw 减小至接近 0。总共测试了 75 组数据点,与生物 STDP 一样,结果展示出一定的离散性。采用神经计算学中 STDP 的指数型拟合函数对实验数据进行拟合,即

$$\Delta w = A e^{-\Delta t/\tau} + \Delta w_0 \tag{6-27}$$

其中,A 和 τ 分别是 STDP 函数的比例因子和时间常数;Δw_0 是一个代表非联合型突触调节的常数[58];A 和 τ 分别为 4.56 和 114ns,而生物神经环路中 STDP 功能的完成需要数十毫秒,其时间常数为毫秒级,也就是说 TiW/GST/TiW 电子突触器件的 STDP 功能比生物突触快十万倍。

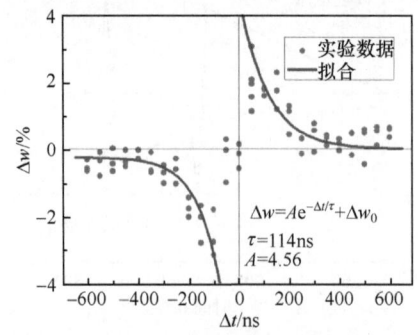

图 6.18 非对称 Hebbian STDP 学习法则[58]

此外,需要指出的是,图 6.18 中的突触权重的变化最大值为 3.26%,这只是施加一对突触前后刺激得到的,如果如生物神经环路中神经元持续放电一般,连续

施加一系列的突触前后刺激组合,那么 Δw 也将随刺激对数增加而增大,如图 6.19 所示。以 LTD 为例,当刺激脉冲达到 220 对时,Δw 也达到 45%,已堪比生物现象。

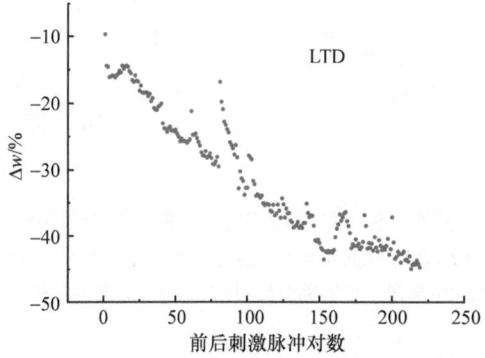

图 6.19　突触调节程度与突触前后刺激脉冲对数间的关系

如图 6.20 所示为另外三种 STDP 功能实现的脉冲组合及拟合参数等。其中,非对称型反 Hebbian 学习法则只需要将非对称型 Hebbian 学习法则所采用脉冲的三角波极性反向即可实现,对称型的 STDP 则可以采用高斯型功能函数进行拟合,即

$$\Delta w = A\exp(-\Delta t^2/\tau^2) + \Delta w_0 \tag{6-28}$$

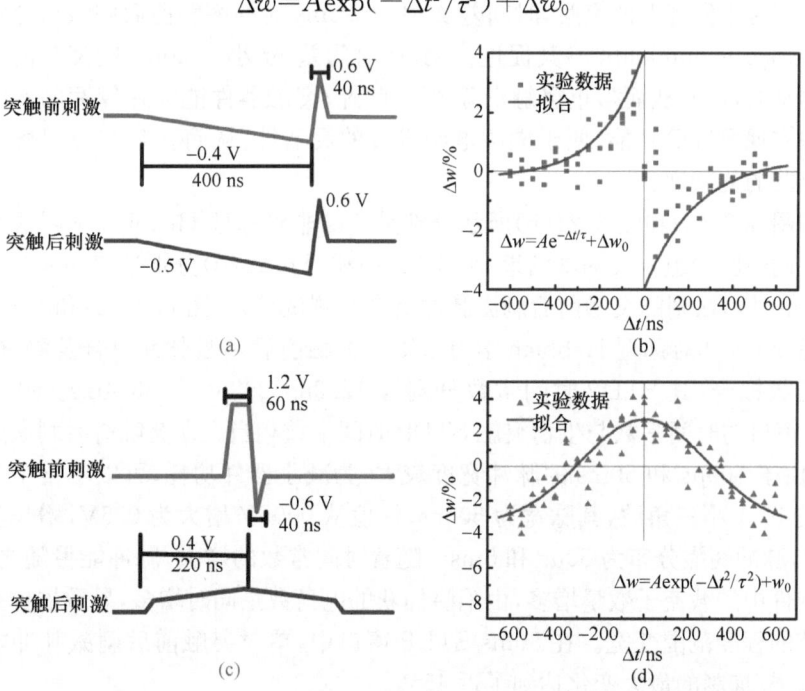

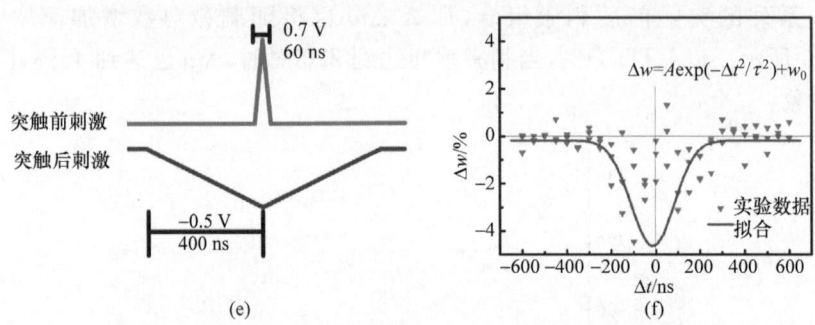

图 6.20 另外三种 STDP 功能实现的脉冲组合及拟合参数[39]

((a)(b)非对称型反 Hebbian STDP 的突触前后刺激脉冲组合及测试结果；(c)(d)对称型 Hebbian STDP 的突触前后刺激脉冲组合及测试结果；(e)(f)对称型反 Hebbian STDP 的突触前后刺激脉冲组合及测试结果)

3. STDP 时间窗口调制

前面简述了 TiW/GST/TiW 电子突触器件中实现纳秒级时间窗口的四种 STDP。通过调节脉冲宽度和间隔,可以调控 STDP 的时间常数 τ,这对于神经形态芯片设计也是极为有利的。首先,在生物不同皮质层神经环路及不同神经发育阶段时,存在不同 τ 的突触在执行信息处理任务中扮演重要角色[59,60]。例如,近期研究发现对于发育期的突触,时间差 Δt 大于 25ms 时的突触前后刺激对会对突触消除(synaptic elimination)其促进作用,而时间差 Δt 小于 20ms 的突触前后刺激对基本是同步的,从而阻止突触消除[61]。此外,突触器件能够在较宽的不同时间窗口中实现 STDP 功能,便于提高电路设计的灵活性,从而在某些应用场合减小外围电路的复杂度。

如图 6.21(a)和 6.21(b)所示分别是 $5\mu s$ 非对称型 Hebbian 学习法则的突触前后刺激脉冲组合及测试结果；图 6.21(c)和 6.21(d)分别是 $500\mu s$ 非对称型 Hebbian 学习法则的突触前后刺激脉冲组合及测试结果；图 6.21(e)和 6.21(f)分别是 50ms 非对称型 Hebbian 学习法则的突触前后刺激脉冲组合及测试结果。经过函数拟合,其 STDP 时间常数分别为 1292ns、$298\mu s$ 和 35.4ms。最后一个 STDP 窗口的时间常数与生物突触 STDP 时间常数相当。在突触前后刺激脉冲设计中,由于 $500\mu s$ 和 50ms 的脉冲宽度较大,为减小器件功耗,可以将整个三角波分解成 10 个小三角波,其脉宽为 500ns,幅值从 0.05V 增大为 0.5V,增长步进为 0.05V,脉冲间隔分布为 $50\mu s$ 和 5ms。随着时间常数的增大,脉冲能量随之增大,注入器件中的载流子数量增多,由陷阱捕获的电荷数量同时增多,导致器件突触权重调节的程度范围变宽。在 50ms STDP 窗口中,单对突触前后刺激脉冲能引起突触增强/抑制的最大变化达到了近 45%。

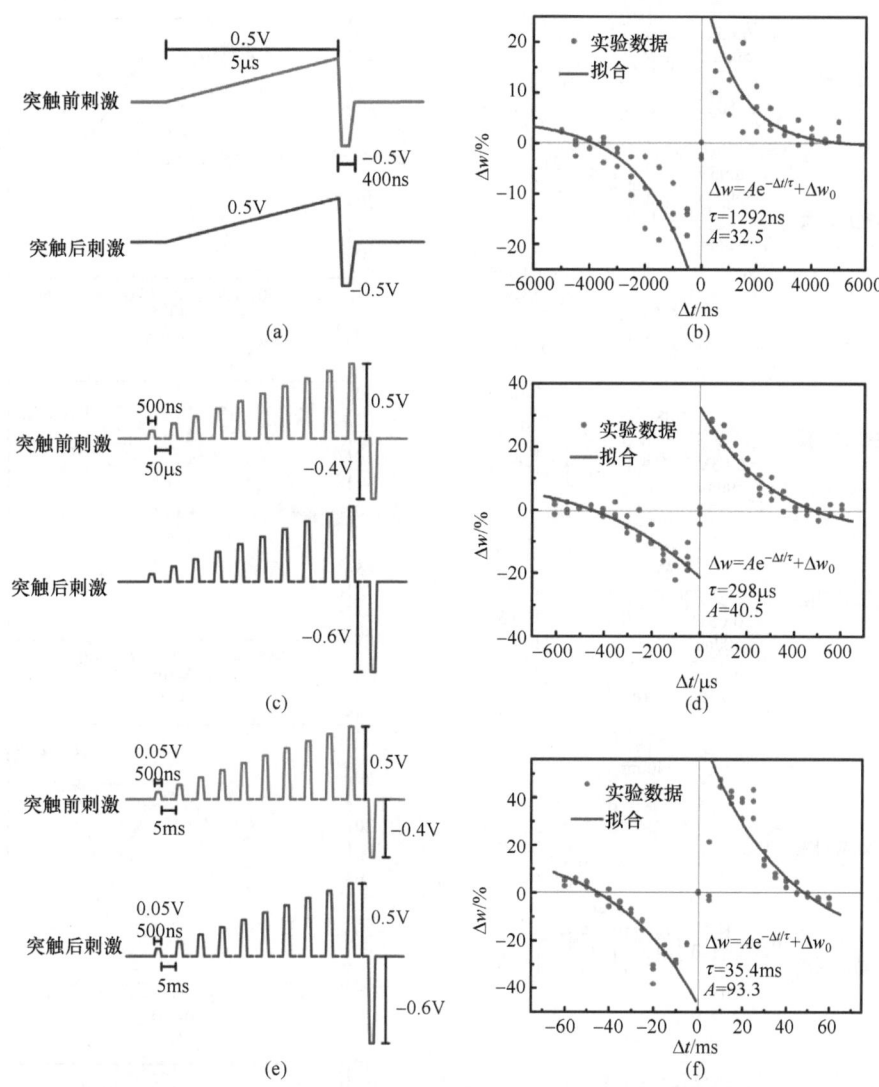

图 6.21 非对称型 Hebbian 学习法则的突触前后刺激脉冲组合及测试结果

如图 6.22 所示是 50ms 窗口四种 STDP 的突触前后刺激脉冲组合及测试结果。将上述结果与图 6.13 对比,可以认为,GST 材料的本征忆阻特性使得在 TiW/GST/TiW 电子突触器件中实现突触可塑性成为现实。通过设计突触前后脉冲,可以使器件在不同时间窗口下具有 STDP 学习功能,最快速度达到百纳秒级,比人脑中同等功能完成速度快十万倍。

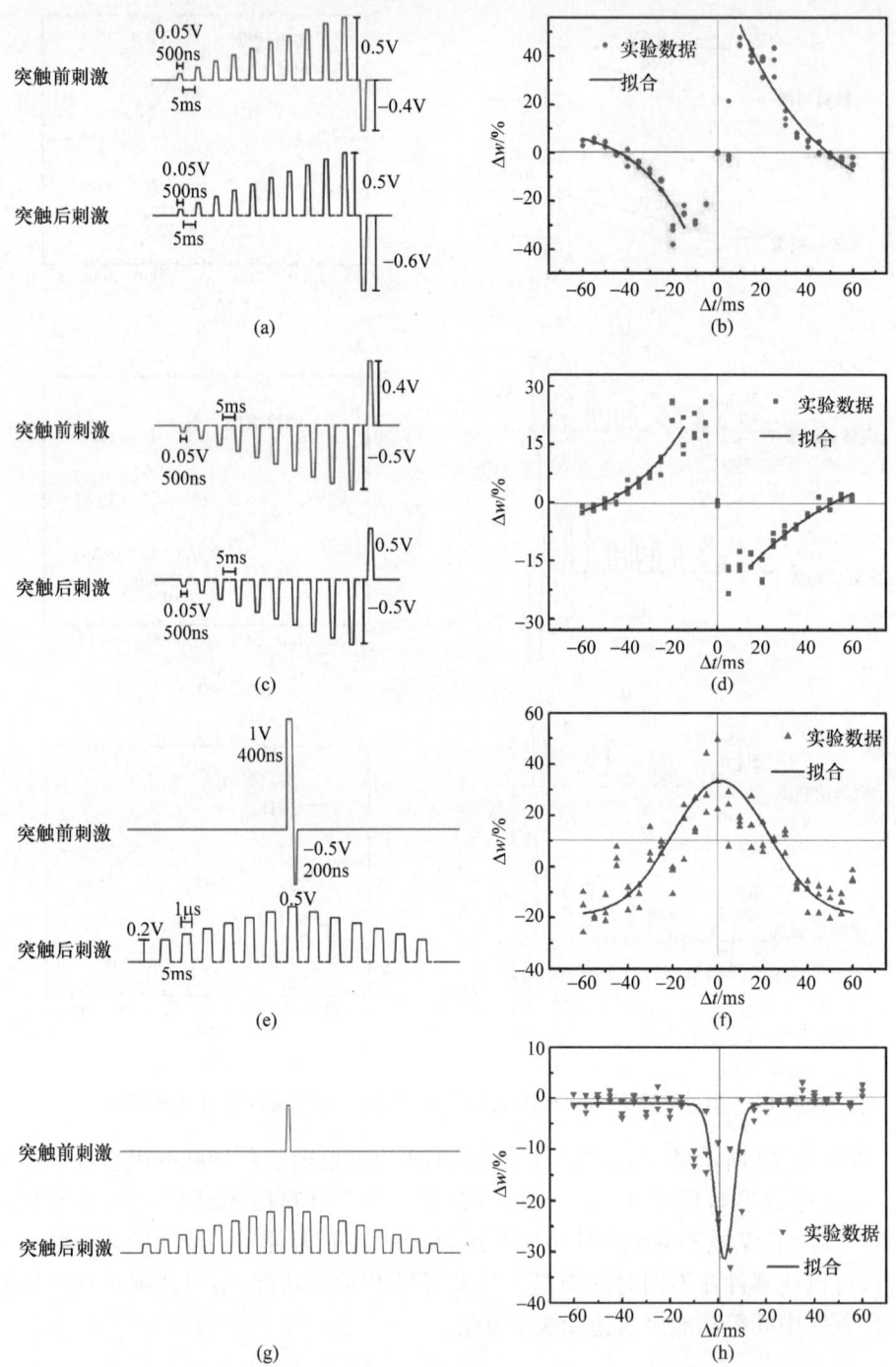

图 6.22 与生物突触时间常数相当的 50ms 窗口四种 STDP 的突触前后刺激脉冲组合及测试结果[39]

6.3.4 频率依赖突触可塑性

在生物神经网络中,突触前神经元刺激和突触后神经元刺激的时序关系在突触可塑性调节中扮演着非常重要的角色,然而 STDP 并不是唯一的突触调节法则。在某些神经环路中,突触前后刺激的频率和幅值强度都能够诱发长时程突触增强或抑制。

活动频率依赖的突触可塑性是 STDP 以外另一种极为重要的信息处理方式。与 STDP 不同,神经元信息传递被编码在放电频率中,而不是时间关系中[62]。BCM 理论认为[63],当突触后神经元活动保持在某个频率时,不会引起突触调节,这一频率极低,可以认为神经元一致处于静息状态,在某个中等频率活动时,会诱导长时程抑制,而在高频率下活动时,则会诱导长时程突触增强。生物突触的活动频率和幅值决定的突触可塑性如图 6.23 所示,20 Hz 的高频刺激会引起 LTP,而 5Hz 的低频刺激会引起 LTD。

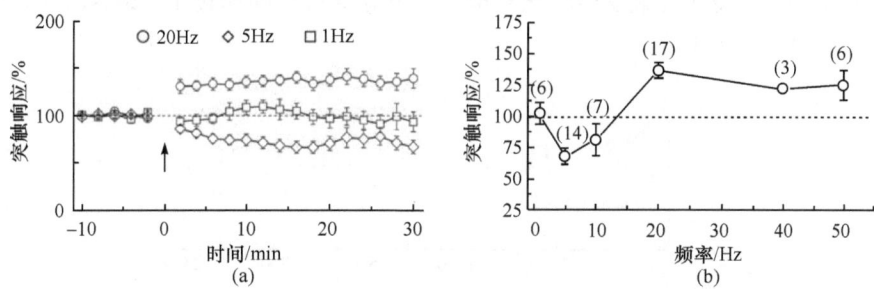

图 6.23 生物突触的活动频率和幅值决定的突触可塑性[64]

在实现 SRDP 的研究中,华中科技大学缪向水团队采用三角波刺激,上升沿和下降沿都为 $5\mu s$,突触前刺激幅值为 1.2V,突触后刺激幅值为 0.8V,幅值的不一致是由于 AgInSbTe 忆阻器件 Set 和 Reset 阈值脉冲的不对称。在测试中,突触后刺激频率范围为 10~83kHz,突触前刺激频率则固定为 50kHz。SRDP 功能实现如图 6.24 所示,当突触后刺激低于某个临界频率(f_θ=50kHz)时,突触抑制发生,当突触后刺激超过临界频率时,突触增强发生。具体的,当突触后刺激频率为 10、50、70kHz 时,对应的突触权重变化百分比分别为 -20%、0 和 20%。流经器件的总磁通决定器件电导变化的大小,在低突触后刺激频率时,总磁通从下电极流向上电极,器件电导减小,发生突触抑制;相反,高突触后刺激频率则会引起突触增强[40]。图中每个数据点是总共 50 对突触前后刺激引起的稳定的突触权重变化,重复测试 5 次进行误差统计。

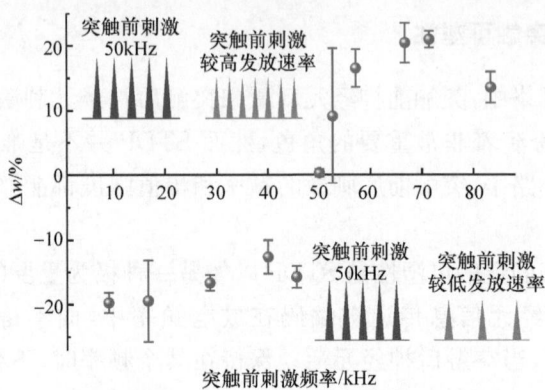

图 6.24 SRDP 功能实现[40]

为了确定突触增强或抑制是否长时程,对改变后的突触权重的非易失性进行了测试。如图 6.25 所示,在 70kHz 和 30kHz 的突触后刺激后,器件电导变化为 15mS 和 10mS,表征突触发生易化和抑制。电导保持时间超过了 2200s,表明这一突触可塑性是长时程的。

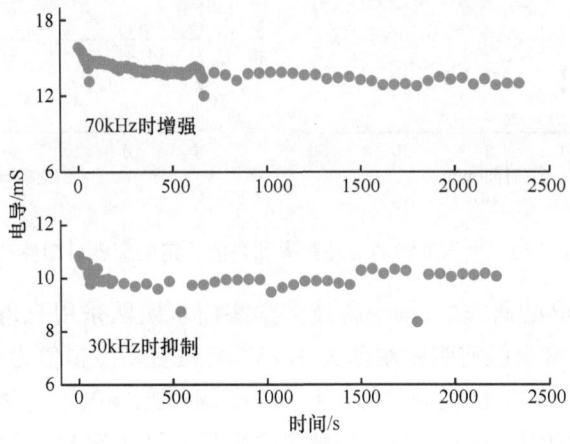

图 6.25 突触易化和抑制的保持特性

此外,该团队利用相同的忆阻器实现突触刺激强度对突触调节影响,采用同样的三角波刺激,上升沿和下降沿都为 $5\mu s$,突触前刺激幅值为固定为 1.2V,突触后刺激幅值范围为 0.2~0.8V,前后刺激频率都固定为 50kHz。突触刺激强度对突触调节的影响规律如图 6.26 所示,可以看出,刺激强度对突触调节的影响规律类似于 SRDP,存在一个电压阈值(V_θ=0.52V)将突触调节的电压响应分为两部分,强度小于 V_θ 的突触后刺激引起 LTD,而强度强于 V_θ 的突触后刺激引起 LTP[63,65,66]。同样的,图中每个数据点是总共 50 对突触前后刺激引起的稳定的突触权重变化,重复测试 5 次进行误差统计。如图 6.27 所示是持续的突触前后脉冲对对突触权重变化 Δw 的影响,在大约 40 对脉冲后,突触变化达到一个较稳定的状态。

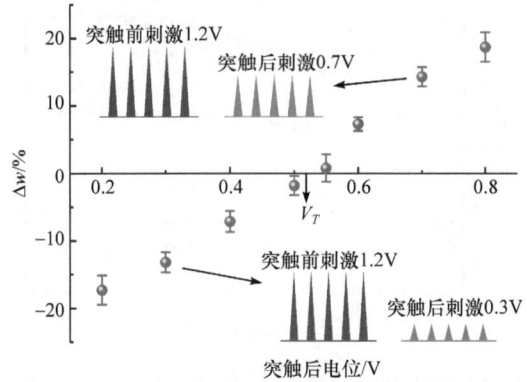

图 6.26　突触刺激强度对突触调节的影响规律

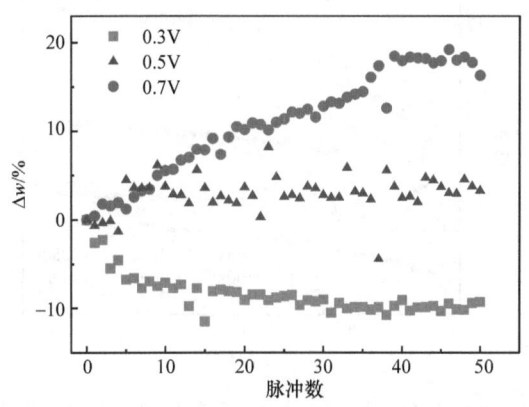

图 6.27　突触调节与脉冲数目间关系

电子突触器件的突触权重能够根据神经元的活动关系实现长时程的增强或抑制,这些关系包括时序、频率和强度,而且增强或抑制的程度由脉冲的幅值、宽度、间隔时间和数量共同决定。然而,对于任何突触活动,突触都存在饱和的现象。采用方波脉冲进一步研究了器件突触权重的饱和现象。以 LTP 为例,图 6.28 展示了器件电导与脉冲幅值和数量间的饱和关系。脉冲宽度和间隔固定为 5μs 和 1s,脉冲幅值范围为 0.5～1.5V。如图 6.29 所示是器件电导与脉冲宽度和数量间的饱和关系。脉冲幅值和间隔固定为 1V 和 1s,脉冲宽度范围为 50ns～9μs。可以看到,当连续的脉冲施加到突触器件,电导增大的速率在减小,并且最终都达到一个饱和值。脉冲幅值或宽度越大,则饱和值也越大。换而言之,突触的学习是一种指数型学习过程,在施加脉冲的前期学习最为明显,之后随着持续的刺激,学习仅仅被加强并最终达到饱和状态,这样一种突触饱和与生物现象也是一致的[67]。

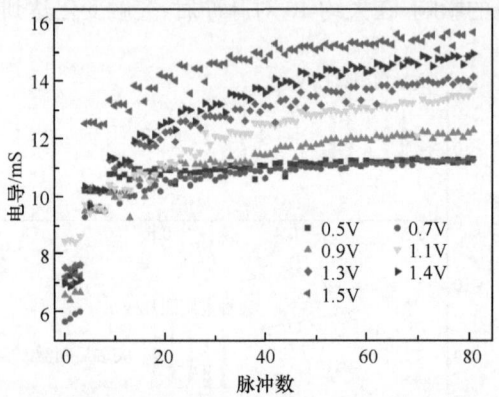

图6.28 器件电导与脉冲幅值和数量间的饱和关系[67]

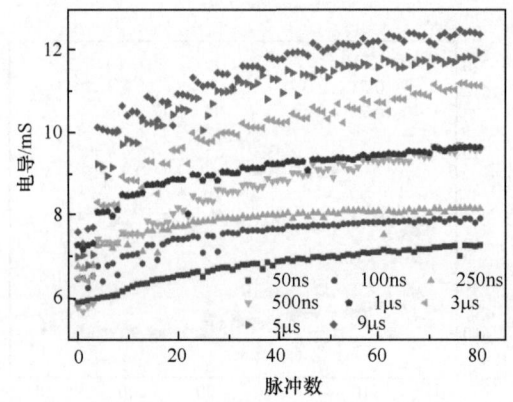

图6.29 器件电导与脉冲宽度和数量间的饱和关系[67]

根据 Hebbian 理论,对于突触长时程增强,持续神经元活动能够增强突触间的连结强度,而连结强度的增强又将导致更活跃的神经元活动。神经环路中的正反馈将导致不可控的突触增强和过度的神经元放电。因此,突触饱和意味着突起权重存在上限,是对 Hebbian 理论的内在约束。当达到饱和值时,即使 Hebbian 学习法则的条件已经达到,后续的神经元刺激也将无法引起更强的 LTP 或 LTD,阻止了新的学习过程,对于保持神经环路的稳定具有重要作用[68]。在物理机制上,这样一种电导饱和可以是源自于电荷陷阱的填满或者多条金属导电通道的稳定形成。

尽管生物神经环路中不同位置及种类的突触的可塑性由不同的影响因素决定,具有不同的学习法则,而且时序依赖法则和频率依赖法则之间的交互作用依然不甚明了,也相信频率编码和时间编码的共同作用在复杂的神经元信息处理过程中发挥着重要角色。然而,单独的 STDP 法则或 SRDP 法则已经被应用于计算和实验人工神经网络研究中,以实现复杂的认知功能,如联想学习和模式识别等[69-71]。

6.4 联合学习的功能和实现

联合学习(associative learning)包括巴甫洛夫经典条件反射、工具性(操作性)条件反射、铭记和洞察等。巴甫洛夫经典条件反射最为典型和著名,被认为是生物重要的神经行为,被广泛的研究和模拟。

经典条件反射是在 19 世纪末、20 世纪初由俄国著名生理学家巴甫洛夫研究狗时发现并表征的[72]。在经典条件反射中,生物受到的外界刺激分为非条件刺激和条件刺激。非条件刺激 UCS,如巴甫洛夫狗实验中的食物,能够引起非条件反应(unconditioned response,UCR),如巴甫洛夫狗分泌唾液,并且生物发生非条件反应不需要经过学习。非条件刺激和非条件反应的关系,称作非条件反射(unconditioned reflex)。条件刺激 CS 则是能够引起条件反应(conditioned response,CR)的初始中性刺激(neutral stimulus,NS),如巴甫洛夫狗实验中的铃声刺激,这是需要学习的,条件刺激和条件反应的关系,称作条件反射。

在正常情况下,生物对中性刺激不会产生条件反射。然而,当非条件刺激重复性地或是猛烈地伴随某个中性刺激,这个中性刺激会成为一个条件刺激,并产生条件反应,如铃声与食物共同作用时,狗会在听到铃声与产生唾液两者间产生联系。当生物产生条件反射,将非条件刺激和条件刺激联合起来,就具有了初步的联想学习行为。同时,非条件刺激和条件刺激相互作用引发联合学习是受到两个刺激间的时间顺序影响,即当非条件刺激先与条件刺激,生物不会产生联合学习;非条件刺激落后于条件刺激很短时间或者两者同时发生,生物产生联合学习;非条件刺激落后条件刺激很长时间,生物产生联合学习也大大衰弱。此外,条件刺激和非条件刺激间的联系记忆形成后,若条件刺激单独多次出现,记忆将衰退。

目前,国内外对于具有联合学习功能的类脑器件和电路的研究仍处在初级阶段。对于忆阻器联合学习的功能实现,研究工作还非常简单。然而,联合学习是一种简单的神经网络认知功能,对于忆阻器类脑计算研究从细胞级的突触和神经元的研究向大规模神经网络的研究过渡极为关键。在模拟联合学习的工作中,南加州大学 Ventra 等[73]通过使用传统电子元件(电阻、运算放大器)构建了具有联合学习功能的电路;法国原子能委员会研究机构的 Bicher 等[69,70]采用 NOMFET 忆阻器构建了具有联合学习功能的巴甫洛夫狗神经电路。Hu 等[74]设计了一种基于忆阻器的 Hopfield 神经网络电路,并展示了其联合学习的功能。

华中科技大学缪向水团队[41]根据先前联合学习电路存在的一些问题,如没有严格的时序条件、没有引入记忆遗忘等,设计出一种符合生物时序规律的联合学习电路。该电路由一个忆阻器突触和两个定值电阻构成,联合学习行为严格基于 STDP 学习法则。此外,该团队针对该联合学习电路做了进一步的实用化探讨,即讨论了改变 UCS 和 CS 信号对于学习速度和学习窗口的影响,并设计了与电阻元件集成的联合学习电路阵列。所采用的 Ag/AgInSbTe/Ta 忆阻器是一种性能稳定、具有良好的多值和渐变特性的模拟器件。在图 6.30 中,XPS 结果证实了 AgInSbTe 功能层的成分,SEM 和 TEM 分析了器件的表面形貌、横截面堆栈薄膜结构,以及元素分布。如图 6.31 所示为器件在直流和脉冲作用下的循环阻变特性、阻态保持特性,以及导电原子力显微镜下的薄膜导电状态转变过程(电学特性)。

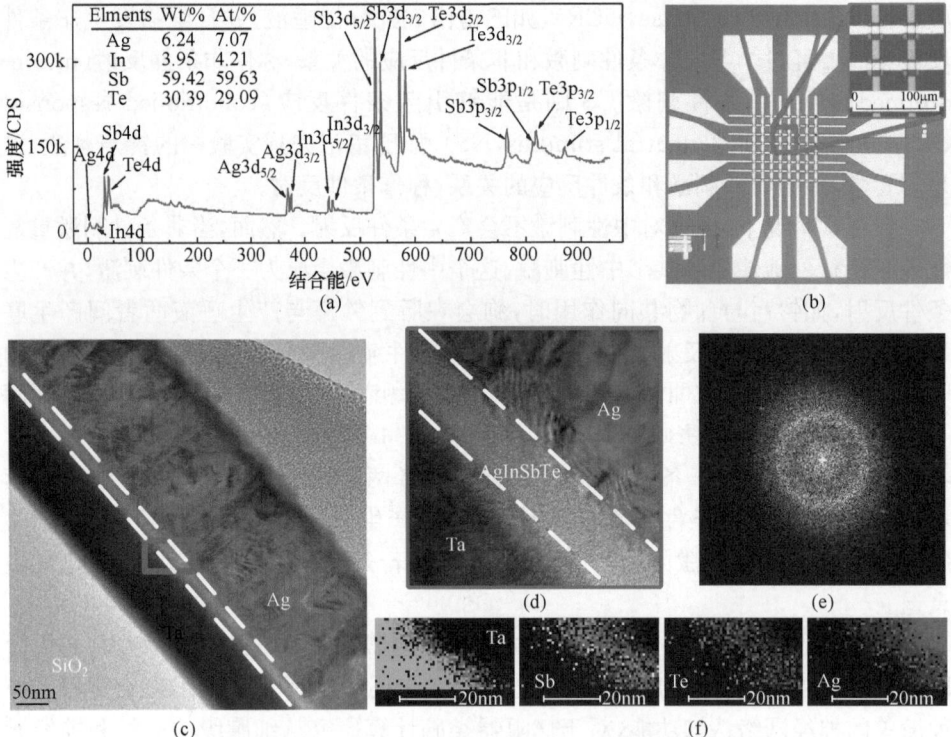

图 6.30　Ag/AIST/Ta 忆阻器单元表征[41]

((a) XPS 图谱证实 AgInSbTe 成分;(b) 忆阻器单元 crossbar 阵列;
(c)~(e) TEM 表征截面结构及元素分布)

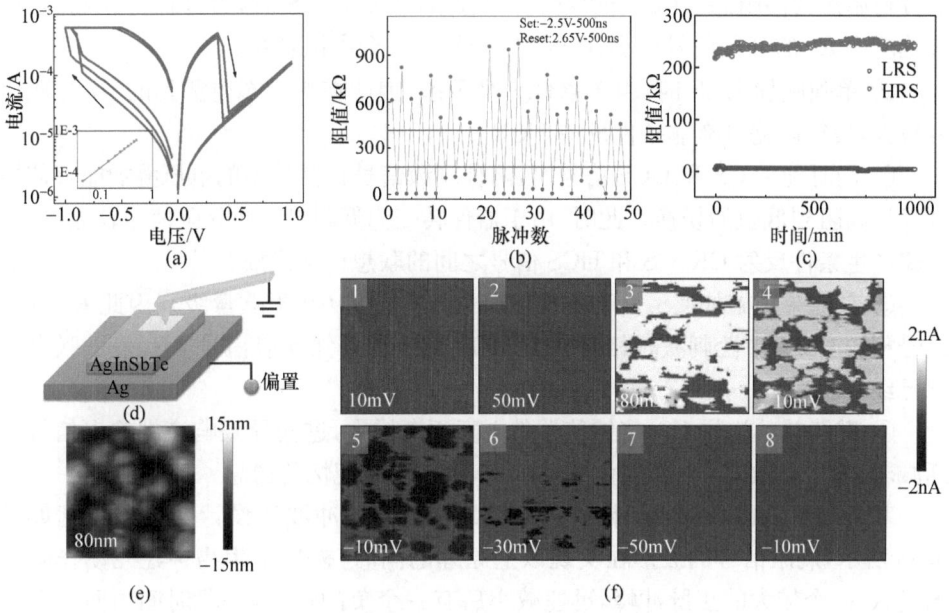

图 6.31 Ag/AIST/Pt 忆阻器电学特性示意图[41]

联合学习巴甫洛夫狗电路如图 6.32 所示，由一个 Ag/AgInSbTe/Ta 忆阻器、两个定值电阻（510Ω 和 2400Ω）构成，所需电路元件极为简单。忆阻器突触器件的两端分别为 CS 和 UCS 两个信号输入端，连接测试系统中 Keithley 4200 的两个信号通道。定值电阻之间的节点为信号输出端，输出端对地电压作为联合学习电路对 CS 和 UCS 刺激信号的响应输出，连接 Agilent DSO7104B 示波器捕捉电路响应波形。

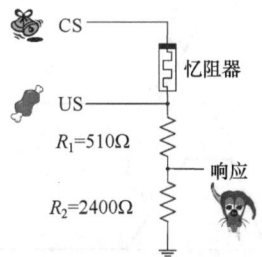

图 6.32 联合学习巴甫洛夫狗电路示意图

电路设计原理如下。

① 根据忆阻突触器件的忆阻极性，CS 端输入的正电压脉冲会使器件电阻升高，UCS 端输入的正电压脉冲会使器件电阻下降。

② 定值电阻联合学习电路的响应由响应端监测得到，即电路中 R_2 的分压。

器件初始态为高阻态(几百千欧量级),因此单独输入 CS 时,器件保持在高阻态。在响应端 R_2 的分压信号极小,此时 CS 依然是一个中性刺激。

③ 单独施加 UCS 时,由于器件为高阻态,因此在响应端监测到的 R_2 分压信号较大,表征电路具有非条件反应 UCR。

④ 同时施加 CS 和 UCS 信号时,两种刺激信号在器件出的电压叠加能够使器件发生高阻到低阻的切换。此时,由于器件转变为低阻,R_2 处分压信号较大,表征电路产生条件反射 CR、CS 和 UCS 信号之间的联想记忆形成。

⑤ 其后单独施加 CS,由于器件已经处于低阻态(几千欧量级),因此 R_2 分压信号相较 CS 为中性刺激时相对较大,响应端输出条件反应信号 CR,表征联合学习已经实现。

⑥ 继续单独施加 CS,能够使器件电阻逐渐增大,进而导致响应端输出信号不断减弱,最终导致 CS 重新成为中性刺激,表征联想记忆的遗忘。

基于以上电路原理,设计的 CS 和 UCS 信号脉冲波形设计及叠加原理如图 6.33 所示,刺激信号的波形在实现以上原理的同时,模拟了生物神经元动作电位的形状,一个较大的正脉冲峰,迅速减小后有一个负的过冲,一段时间内回到静息电位(电路中静息电位为 0)。这样一种设计,为联合学习电路用于神经网络与神经元器件配合奠定了良好基础。图中展示的是 CS 和 UCS 同步(即 $\Delta t=0$,定义为 CS 脉冲下降沿 CE 段的中点 D 与 UCS 的 C 点重合)的波形叠加原理。CS 和 UCS 的幅值、脉宽存在差异,具体参数设置为 CS 铃声信号上升沿 AB 段为 100ns,BC 段为 0.6V-100ns,下降沿 CE 段为 200ns,EF 段为 -0.2V-800ns,FG 段为 100ns;UCS 食物信号上升沿 AB 段为 100ns,BC 段为 1.4V-150ns,下降沿 CE 段为 200ns,EF 段为 -0.2V-800ns,FG 段为 100ns。

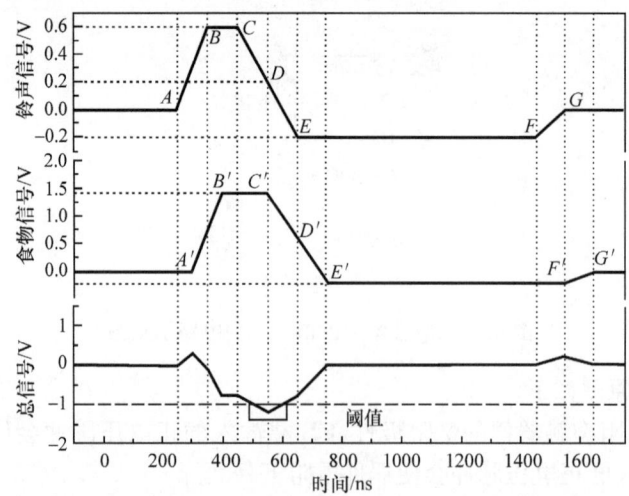

图 6.33 条件刺激(铃声)和非条件刺激(食物)信号脉冲波形设计及叠加原理

当 $\Delta t = 0$ 时，CS 的负脉冲部分和 UCS 的正脉冲部分叠加形成的脉冲负向电压超过一个阈值，能够使器件发生从高阻到低阻的阻变。当 Δt 继续增大，且不超过 1000ns 时，叠加形成的脉冲负向电压都保持在阈值以上，从而实现食物信号在一定时间范围内(1000ns)落后于铃声信号出现时，巴甫洛夫狗能够将铃声和食物形成联系。当 Δt 超过 1000ns 时，CS 的负向电压与 UCS 的正向电压降不产生叠加，器件保持在高阻态。当 $\Delta t < 0$ 时，也无法使器件发生阻变，同样保持在高阻态。这种脉冲参数与叠加设计能够满足上述联合学习电路设计的原理。

图 6.34 为完整的联合学习形成和联想记忆遗忘过程。首先，单独施加 UCS 信号，巴甫洛夫狗电路具有非条件反射，而 CS 信号起初为中性刺激，单独施加时无法产生调节反射。随后，同时施加 CS 和 UCS 信号，电路此时产生一个强烈的响应，之后再单独施加 CS 信号时，电路响应继续发生，表明联合学习的完成，电路成功的将 CS 信号和 UCS 信号联系在一起。然而，在连续单独施加 CS 信号的过程中，电路的响应是逐渐减弱的，没有 UCS 信号的刺激，最终 CS 信号将无法诱导电路的响应，表明形成的联想记忆被遗忘。

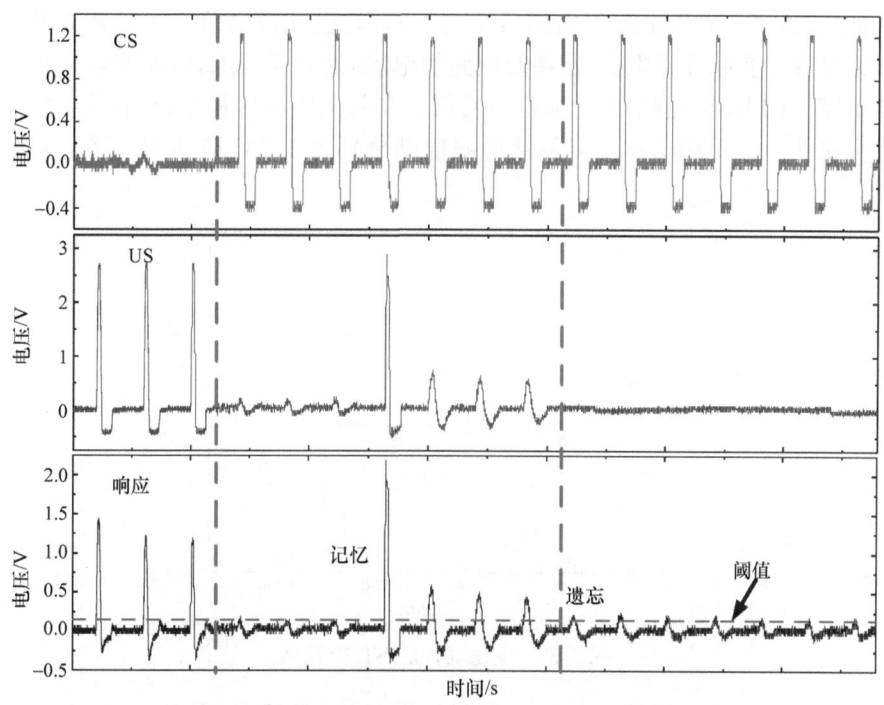

图 6.34 联合学习形成与联想记忆遗忘过程

在这个过程中，器件初始时处于约 300kΩ 的高阻状态，因此当单独施加 UCS

信号(以 2.8V 计)时,CS 端视为断开,2.4kΩ 定值电阻的分压,即电路的响应为 (2.8V×2.4kΩ)/(0.51kΩ×2.4kΩ),约为 2.309V,电路响应为较大信号。单独施加 CS 信号(以 1.2V 计)时,CS 信号脉冲电压降主要由高阻器件承担,2.4kΩ 定值电阻的分压,即电路的响应为(1.2V×2.4kΩ)/(300kΩ+0.5kΩ+2.4kΩ),约 0.0095V,基本可以忽略。CS 和 UCS 的同时作用,叠加信号成功将器件切换到低阻态,之后再单独施加 CS 信号,响应变为(1.2V×2.4kΩ)/(3kΩ+0.51kΩ+2.4kΩ),约为 0.487V,可以作为条件反射。随后在不断的 CS 信号刺激下,器件电阻不断增大,导致响应信号的逐渐变弱,终至遗忘。如图 6.34 所示的波形图验证了这一学习和遗忘的过程。需要说明的是,在单独施加 CS 时,由于认知器件的分压,都会在 UCS 端产生一个扰动信号为两个定值电阻的分压,这在图 6.35 中也可以看到,当器件未进行联合学习时,仍处于高阻态,因此这一扰动信号较弱,例如 UCS一格中 CS 和 UCS 同时施加前三个波形;当器件完成学习变成低阻态时,这一扰动信号也变强了,例如 UCS 一格中 CS 和 UCS 同时施加后三个波形;如果单独施加 CS 时,关闭 UCS 端的示波器监测端口,则没有扰动波形的出现,例如 UCS 一格中最后的平坦波形。

此外,由于信号发生源的内部阻抗为 50Ω,其设计输出信号时以外部阻抗为 50Ω 来设计。实际外部阻抗(器件及电路的电阻)远大于 50Ω,因此实际作用在器件或电路上的电压幅值是设计幅值的两倍。在测试中,CS 和 UCS 信号正向部分设计分别为 0.6V 和 1.4V,实际脉冲幅值则分别为 1.2V 和 2.8V,这是需要说明的。

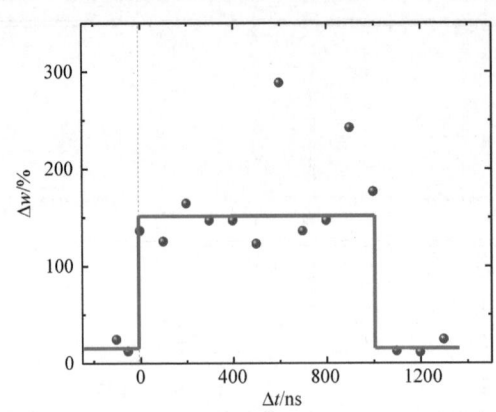

图 6.35 突触器件的 STDP 功能

根据生物联合学习的时序规律,设计这样一种 STDP,如图 6.36 所示。当 CS 落后于 UCS 刺激信号($\Delta t < 0$)时,突触权重基本不会改变,这意味着器件阻态保持在高阻态;当 CS 同步于 UCS 或者先于 UCS 一段时间内时,突触发生 LTP,意味

着其阻态变为低阻态；当 CS 超出 UCS 很长一段时间时，突触权重也基本不会改变。图中线条为设计的 STDP 形式，圆点为器件的测试数据。可以看到，当 $0 \leqslant \Delta t \leqslant 1000 \text{ns}$ 时，Δw 超过 100%，突触增强，在其他时间区域，突触权重基本不变。在联想记忆能够有效形成的 1000ns，也就是 UCS 信号的 C 点与 CS 的 D 点至 G 点之间区域的叠加。

图 6.36 是 CS 和 UCS 间不同 Δt 情况下联合学习形成的实验验证。每组 Δt 实验包括三部分，即单独施加 CS；CS 和 UCS 共同作用；单独施加 CS。可以看到，在 Δt 为负值或超过 1000ns 时，巴甫洛夫狗电路没有条件反射；在 CS 和 UCS 刺激同步或邻近时，产生条件反射。结果表明，巴甫洛夫狗电路能够在实现联想记忆的形成和遗忘之外，能够符合生物联合学习的时序规律，成功地将基本的突触可塑性功能与高阶的联合学习功能联系起来。此外，在第 4 章重点实现的非对称型 Hebbian STDP 形式同样可以用来实现联合学习的时序关系。如图 6.37 所示，只有在 Δt_2 时间区域，突触权重才能发生较大的 LTP，形成联想记忆，而在 Δt_1 和 Δt_3 区域，都无法形成联想记忆。

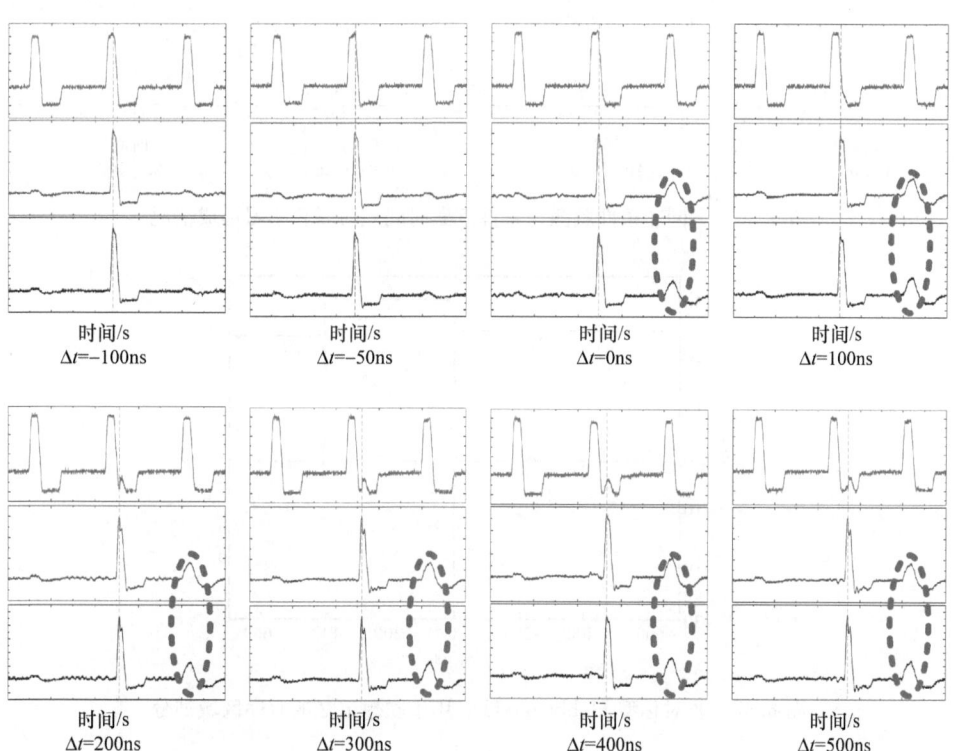

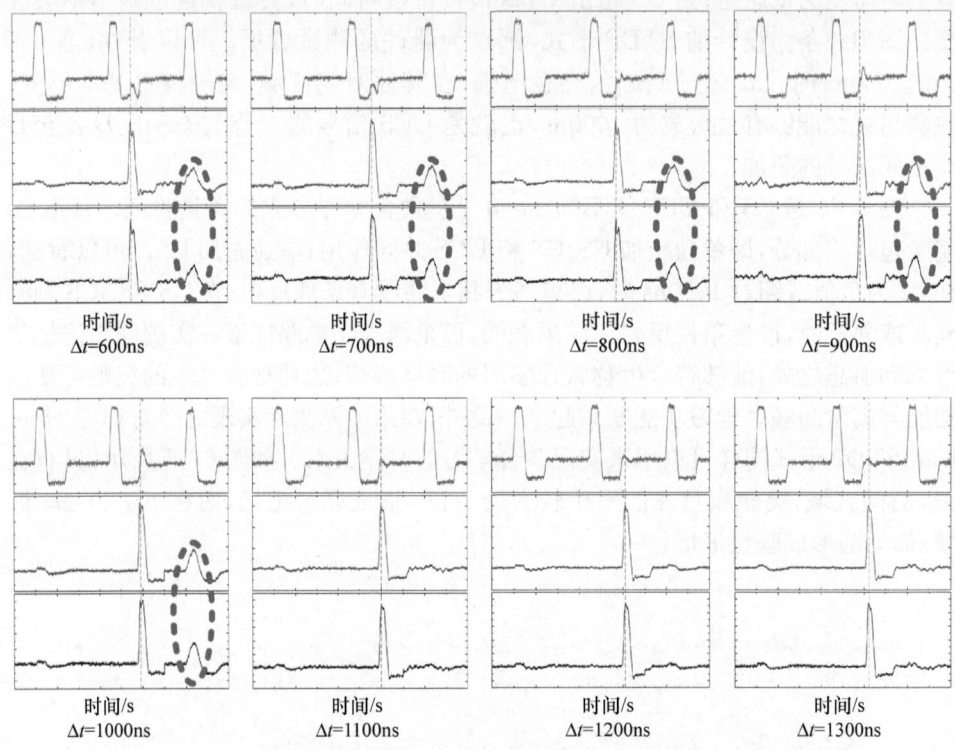

图 6.36　不同非条件刺激与条件刺激时间差时联合学习形成情况

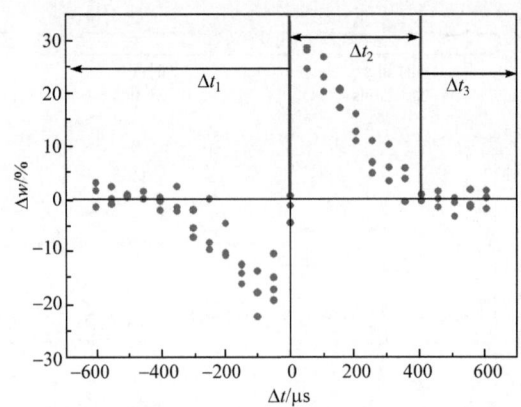

图 6.37　非对称型 Hebbian STDP 用于联想记忆的时序区域划分

此外,利用 HSPICE 仿真,通过改变 UCS 和 CS 信号波形,华中科技大学缪向水教授团队发现联合学习的时间窗口和学习速度是可控的。如图 6.38（a）所示为时间窗口随着 CS 或者 UCS 信号的脉宽减小而不断减少。如图 6.38（b）所示为学习速度随着CS的下降沿或者脉宽减少而减少。这样,通过调节信号的形状,提出一种可以控制联合学习速度,以及时间窗口的方式,这种操作方式使联合学习电路适用于更广泛的领域。

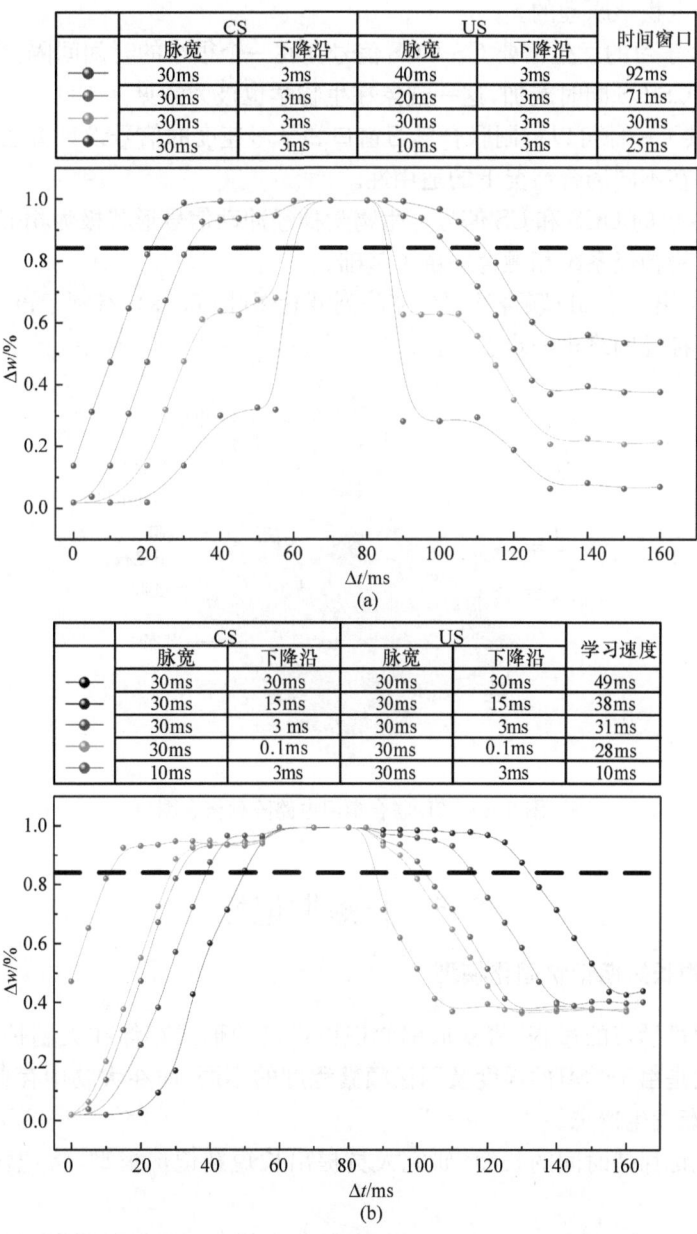

图 6.38 输入波形对于联合学习速度和时间窗口的影响

总之,上述联合学习电路在吸取先前类似电路的优点的基础上,又表现出自身的四个重要特点。

① 这个电路实现联合学习的原理严格遵守了忆阻器 STDP 突触学习法则,这是极为符合生物学原理的。

② 联合学习的发生需要 CS-UCS 信号存在一个很小的时间间隔,而不是像先前工作中 UCS-CS 同时施加,这一现象在生物学也极为常见。

③ 提供了一种可以控制联合学习窗口和学习速度的信号设计方法,增强了联合学习电路在不同场合情况下的适用性。

④ 所提供的 UCS 和 CS 信号与生物学神经冲动信号形状极为相似,为联合学习电路和生物神经系统相融合提供了基础。

此外,给出一个 3D 联合学习电路阵列概念图(图 6.39),有利于该电路向大规模集成人工神经网络进一步发展。

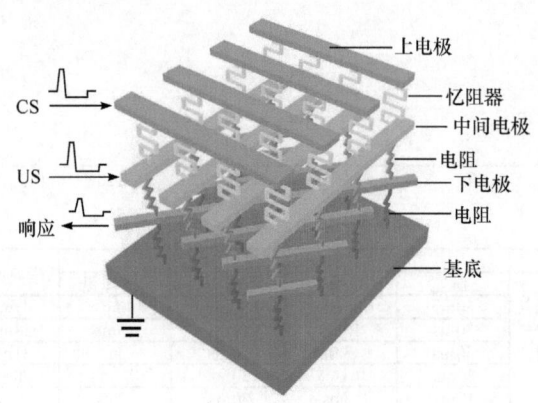

图 6.39　3D 联合学习电路阵列概念图

6.5　长短期记忆

6.5.1　生物长短期记忆固化模型

生物通过学习的过程,将获取的知识以记忆的形式存储在大脑神经系统中。这些记忆又是由于学习的强度及回忆频繁程度的不同,而在大脑中存储的时间长度不同,逐渐发生遗忘。

根据记忆保持时间的长短,研究人员提出长短期记忆模型,将记忆大致分为三类[75-77]。

① 感觉记忆(sensory memory,SM),又称为瞬时记忆。外界刺激被生物感受到后,一定量的信息从感官进入神经系统内存储起来。记忆保持时间极短,如人的

视觉记忆约为 0.25～1s，听觉记忆不超过 4s，极易自行遗忘。只有受到特别注意的信息可转变为短期记忆。

② 短期记忆(short-term memory，STM)。一般可以持续数秒至几分钟时间，例如看到一个新电话号码，背诵几遍形成短期记忆，几分钟后就无法记起了。

③ 长期记忆(long-term memory，LTM)。这类记忆可以保持几天、几周、几年，甚至终身，例如新电话号码长期拨打使用，就成为长期记忆，不会遗忘。

一般认为感觉记忆和短期记忆的形成可能是神经冲动在神经环路中循回传递维持短暂的时间，而长期记忆则涉及突触可塑性变化，如递质合成、释放增加、受体数量增多、受体和递质的亲和力改变，甚至突触结构的变化，如新棘形成和新蛋白质合成，长期记忆的遗忘则是由突触连接的恢复和突触消除导致。

信息的存储首先经过感觉记忆 SM 和短期记忆 STM，再转变为长期记忆 LTM，这一过程称为记忆固化(memory consolidation)，如图 6.40 所示[23-25]。记忆会产生自然的遗忘，STM 的保持时间短，自行遗忘较快，且容易受到外界刺激的干扰而发生遗忘。LTM 则相对稳定，保持时间长，不容易发生自行遗忘，但在遭遇一些重大刺激时(如脑震荡导致失忆，药物作用等)也会发生记忆的遗忘。

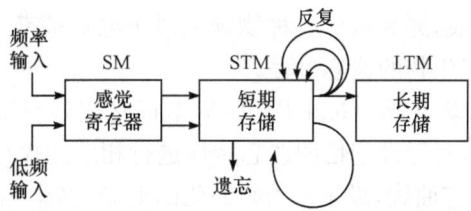

图 6.40 生物的记忆固化过程示意图[23]

6.5.2 忆阻器的记忆遗忘曲线

针对记忆的遗忘，艾宾浩斯从实验心理学角度进行了研究，其结论也极为经典，适用于大部分学习情境，并已成功应用于各类认知模型中[78]。如图 6.41 所示为著名的艾宾浩斯遗忘曲线，纵坐标表示记忆的保持量，横坐标为时间。

艾宾浩斯遗忘曲线表明，记忆的遗忘过程并不是均衡的，不是固定的每段时间遗忘或丢失同等的记忆，而是在记忆形成后的最初阶段遗忘的速度最快，之后遗忘的速度逐渐减慢。这一指数型的遗忘过程可以描述[70]为

$$R = e^{-t/s} \tag{6-29}$$

其中，R 为记忆衰退；s 为记忆的相对强度；t 为时间。

Rubin 等[79]后来对记忆遗忘做了更定量的描述，即

$$P = \exp[-(t/\tau)^{\beta}] \tag{6-30}$$

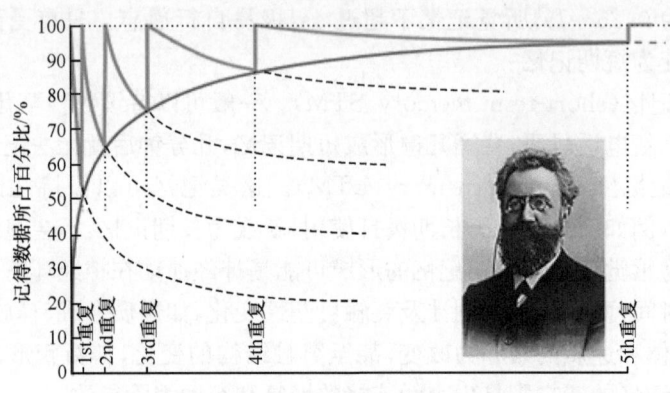

图 6.41 艾宾浩斯遗忘曲线[78]

其中,P 为记忆可回忆起的概率;t 为时间;τ 是弛豫因子;β 是范围为 0~1 的缩放因子。

Chang 和 Hu 等[80]分别对基于氧空位迁移的 WOx 和 NiO 基忆阻器的记忆衰退过程进行了研究。同样,对于硫系化合物忆阻器而言,把器件从高阻态转变为低阻态定义为记忆的形成,那么这样一种物理上源于电荷捕获或者 Ag 导电通道形成的记忆,同样有类似生物的遗忘过程。

本书以缪向水团队 TiW/GeSbTe/TiW 本征忆阻器件和 Ag/AgInSbTe/Ta 非本征忆阻器件为例,对器件记忆的遗忘特性进行相应的探讨。图 6.42 是 TiW/GeSbTe/TiW 记忆遗忘曲线,纵坐标为归一化的电导,横坐标为时间。首先,施加 -1.5V 电压扫描将器件操作至 1.4 kΩ 的低阻态,表征记忆的存储。随后,每间隔 5s 施加一个小的读脉冲监测器件电阻变化。从图中可以看到,随着时间的推

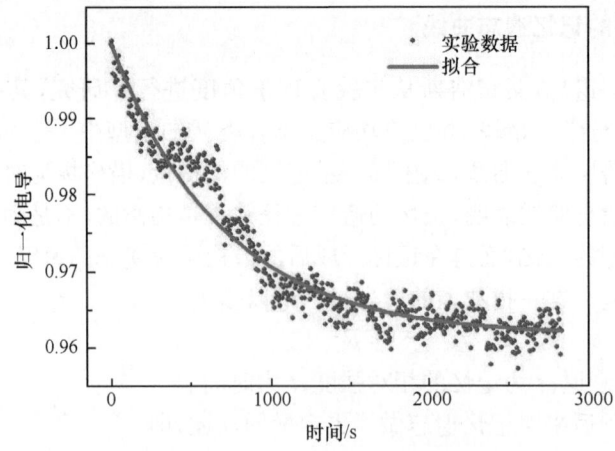

图 6.42 TiW/GeSbTe/TiW 记忆遗忘曲线

移,器件的电导呈现出指数型减小的趋势,记忆在逐渐地衰退遗忘。这样一种记忆的遗忘可能源自于被陷阱捕获的电荷的脱离。对器件电导归一化曲线进行拟合,即

$$C = C_0 + A\exp[-(t-t_0)/\tau] \tag{6-31}$$

其中,C_0、A 和 t_0 为相关因子;τ 为遗忘过程的弛豫时间因子。

拟合后得到 GeSbTe 器件记忆遗忘的 C_0、A、t_0 和 τ 分别为 0.9615、0.0384、0 和 696.28s,极为符合指数型遗忘曲线。

图 6.43 是 Ag/AgInSbTe/Ta 器件电阻随时间变化的曲线。施加 −1.75V-500ns 脉冲使器件处于低阻态 5kΩ(A 点),表征在器件中形成记忆。之后,每间隔一段时间施加一个小读脉冲监测器件的电阻变化,前 454 个脉冲间隔为 15s,后 400 个读脉冲间隔为 60s,总共监测时间为 26 085s。实验发现,随着时间的推移,器件电阻自动向高阻态漂移(B 点),记忆发生衰退,在 20 025s 时,器件发生一个电阻的突变,突然转变为高阻态 150kΩ(C 点),记忆完全遗忘。在物理机理层面,可能是这样一个过程,即器件中形成 Ag 导电通道后,Ag 导电通道处于一种亚稳态的状态,随着材料晶格震动对 Ag 通道的扰动和弛豫过程的进行,Ag 通道不断的在自行消融,器件电阻相应的增大,当 Ag 通道断开时,器件整体电阻转变至高阻态。

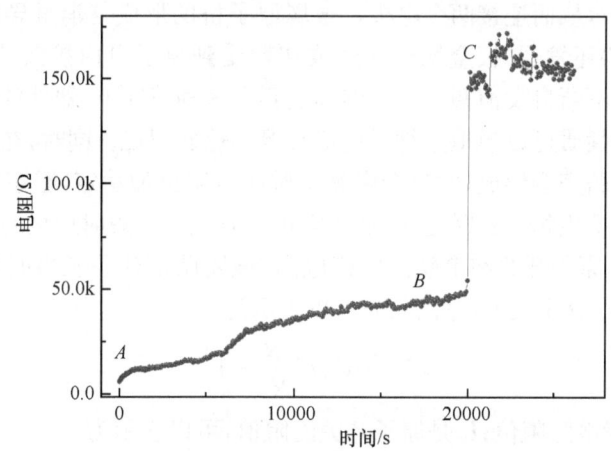

图 6.43 Ag/AgInSbTe/Ta 电阻随时间变化曲线

对 AB 段进行放大,归一化电导并进行拟合,结果如图 6.44 所示。记忆的衰退遗忘过程也基本呈现出指数型规律。AgInSbTe 器件记忆遗忘弛豫时间因子为 3317.27s,与 GeSbTe 器件的弛豫因子存在差异,可能源自于忆阻机理之间的差异。

以上结果表明,忆阻器中存储的信息与生物记忆类似,同样具有记忆衰退遗忘的现象。基于不同物理机制的记忆,其遗忘过程具有不同的弛豫时间因子,也就是说,记忆遗忘的速度是不同的。

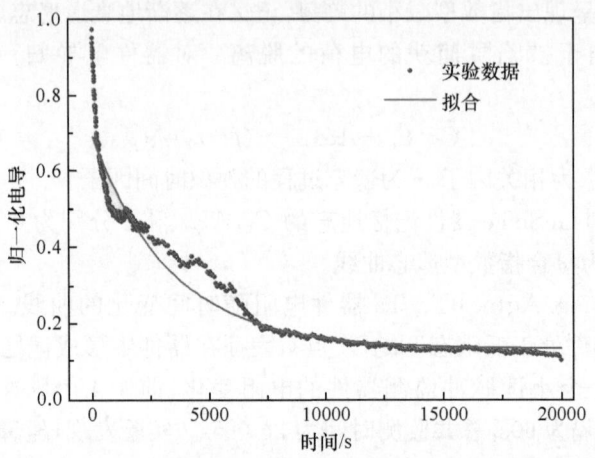

图 6.44 Ag/AgInSbTe/Ta 记忆遗忘曲线

日本 NIMS 的 Aono 团队系统研究了基于 Ag_2S 材料的忆阻原子开关,这种纳米结构器件由上下两个铂电极、Ag_2S 材料功能层,以及功能层与上电极之间的真空层构成[30-34]。利用电激励,材料层中的银离子析出,在真空层中不断成长,最后形成金属原子桥,从而连接两个电极。金属原子桥的形成与消融导致器件高低阻态的转换。实验还发现,银金属桥在形成初期受到离子自由扩散的影响,并不稳定,会随着时间不断自发消融。在不继续受到电激励情况下,器件的电导将不断升高,器件的这一性质可以模拟生物的记忆衰退和短期记忆。同时,在持续的电激励下,一旦金属通路完全形成,此时金属离子桥便显得更加稳定,阻态能保持很长时间,可以用来模拟生物的长时记忆,从而实现长时记忆与短时记忆的相互转换。

利用 Ag_2S 原子开关和串联的定值电阻,该团队搭建了长短时记忆测试电路(图 6.45)。根据分压关系,输出信号可以表示为

$$V_{out}=V_{in}\bigg/\left(\frac{R}{R_0}+1\right) \tag{6-32}$$

其中,R_0 是参考电阻阻值;R 是原子开关的阻值,可以表示为

$$R=A\exp[B(1-w/d)] \tag{6-33}$$

式中,w 和 d 分别表示金属桥宽度和金属桥与电极间隔长度;A 和 B 是固定参数。

如图 6.46 所示为 Ag_2S 原子开关对于短时记忆、长时记忆和记忆衰退现象的模拟。图 6.46(a)展现了器件的 V-I 特性,采用 $0\sim-0.27V$ 的扫描电压,器件电导在最初的 5 次扫描中随着扫描次数增加而逐渐增大。电导的变化稳定增大,并没有明显的跳变。该现象说明,在最初的几次电压扫描下,金属原子桥在稳定的生长,这种生长主要表现在金属桥宽度和高度的变化。当施加第六次电压扫描时,发现回线有一个明显的跳变,电导显著增大,说明在此刻金属桥完全形成使器件导

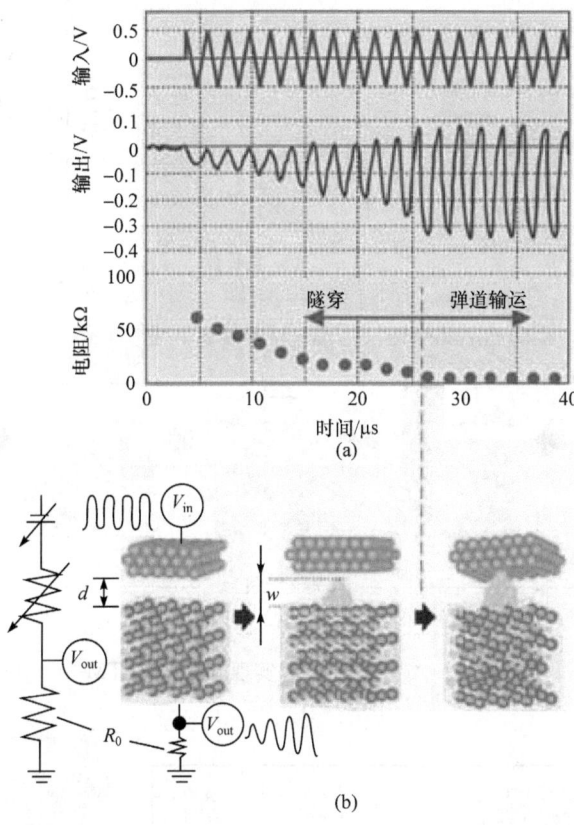

图 6.45 Ag₂S 原子开关及其测试电路[34]

通。图 6.46(b) 和图 6.46(c) 是器件电阻和正向和反向激励次数的关系。图 6.46(d) 示意描述了器件实现短时记忆和长时记忆的原理,即将金属原子桥完全稳固形成后的高电导状态视为 LTM,金属原子桥受电激励在不断生长的不稳定状态视为 STM。STM 可以利用较弱电信号控制真空层中的间距来调控,而 LTM 需要更强的电信号激励。因此,利用脉冲幅值、数目的调控就可以控制器件的电导状态来模拟 STM 和 LTM,并实现 STM 向 LTM 的记忆固化。此外,在施加反向激励时,金属原子发生消融,这类似于记忆的消退。

密歇根大学 Lu 团队在 WO_x 忆阻器中实现了类似的 STM 和 LTM 功能[21]。利用 WO_x 中氧空位的迁移,调控忆阻器两个电极间导电通路的形成与消融。此外,在不施加电刺激的条件下,氧空位会自发扩散,导致导电通路的自发消融,记忆发生遗忘。图 6.47 展示了 WO_x 忆阻器件的 V-I 特性、导电丝形成模型及记忆随时间的衰退情况,可以用 stretched-exponential 方程来描述忆阻器模拟记忆衰退,即

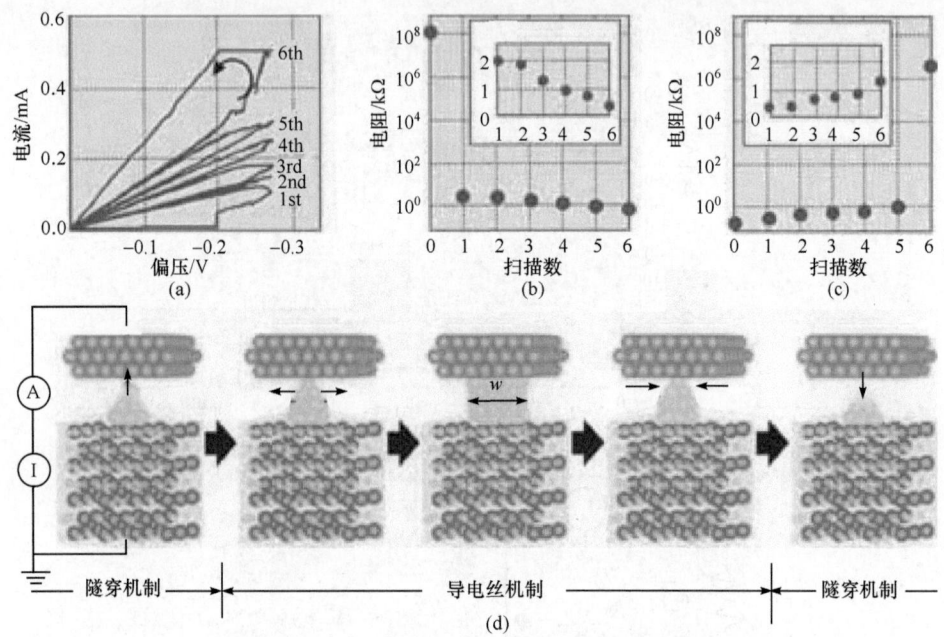

图 6.46 Ag$_2$S 原子开关实现 STM 和 LTM[34]

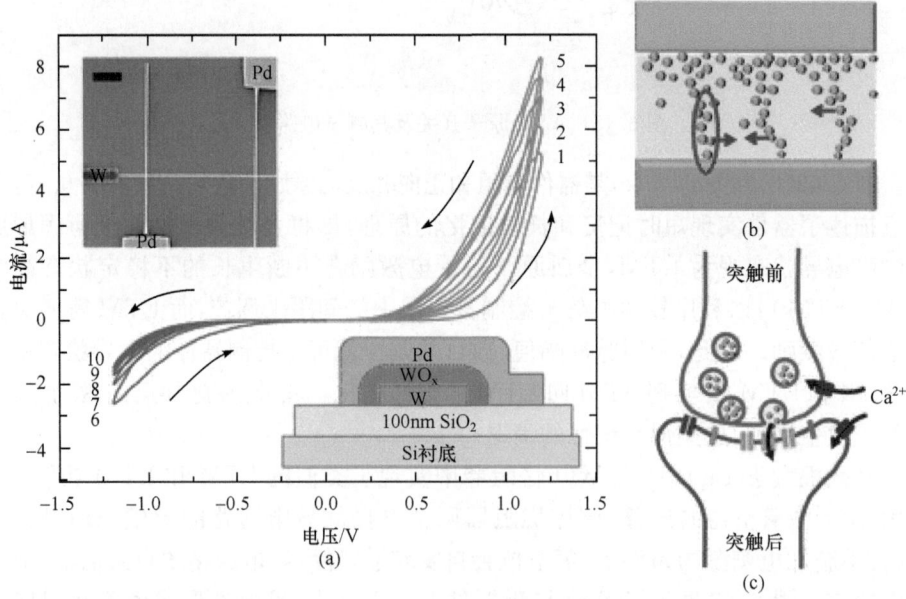

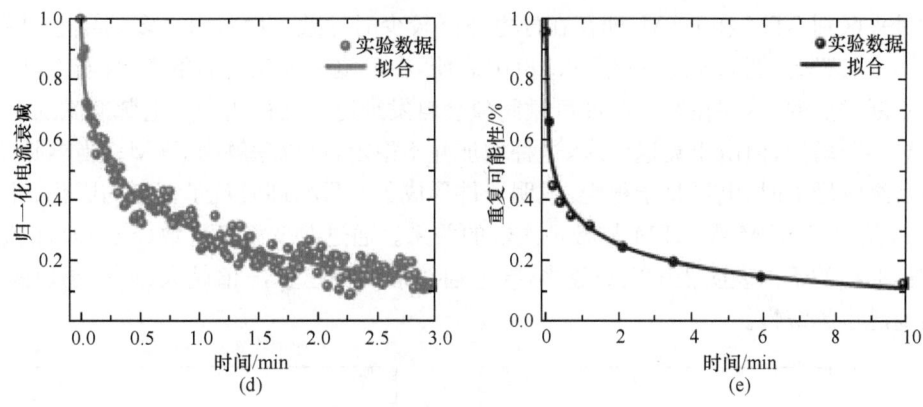

图 6.47 忆阻器模拟记忆衰退[21]

$$\Phi(t) = I_0 \exp[-(t/\tau)^\beta] \tag{6-34}$$

其中,τ 是特征衰退时间;I_0 和 β 是因子。

在初始值相当条件下,τ 越大,记忆衰退越慢。此外,利用衰退曲线,还可以得到记忆恢复难易度关系,当衰退程度越小,记忆越容易恢复。

如图 6.48 所示为利用 WO_x 忆阻器模拟重复刺激对于记忆增强的控制。如图 6.48(a)所示,STM 是一种短暂的、容易获得也容易遗忘的记忆,而 LTM 是比较稳定的记忆,在适当条件下 STM 可以固化为 LTM。该团队利用导电通路形成的

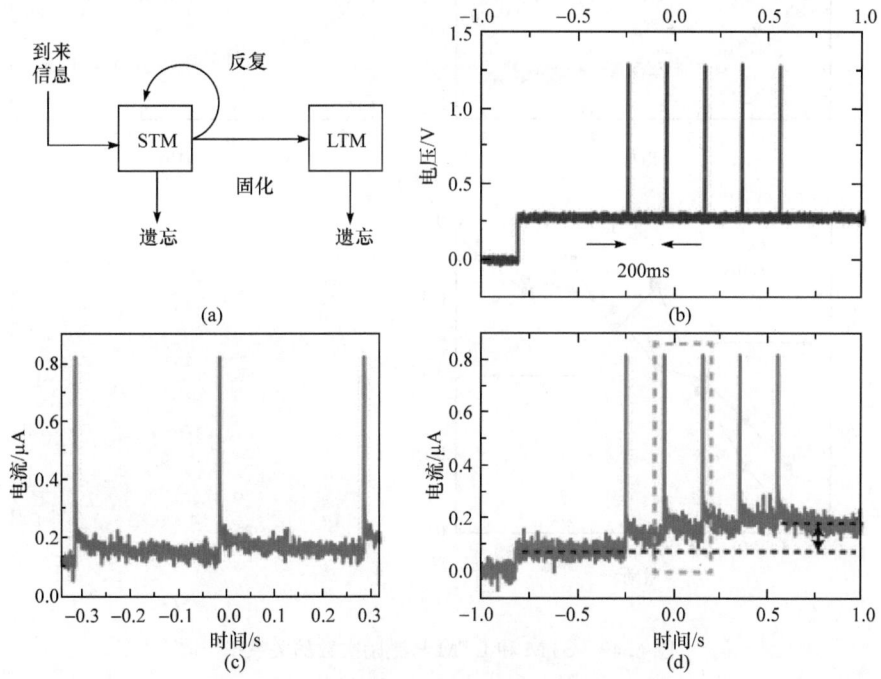

图 6.48 重复刺激对于记忆增强的控制[21]

数量来区别 STM 和 LTM,即存在导电通路较少时导致 STM,而更多的导电通路会形成 LTM。图 6.48(b)和图 6.48(d)表明,在反复施加激励的条件下,器件电导是不断增加的,器件在两个脉冲刺激间隙会自发衰退。在初始少量电脉冲激励下,电导不断增加,但由于衰退效应,这种增加并不稳定,可以理解为 STM。当电脉冲数目继续增加时,电导趋于稳定,说明器件形成了 LTM,即实现了记忆的固化。图 6.49 给出了 STM 和 LTM 与激励次数的关系。通过改变激励次数(5~40),记忆衰退曲线的不同表明激励次数越多,导电通路形成得越多,τ 值越大,记忆越稳固,衰退越小越缓慢。

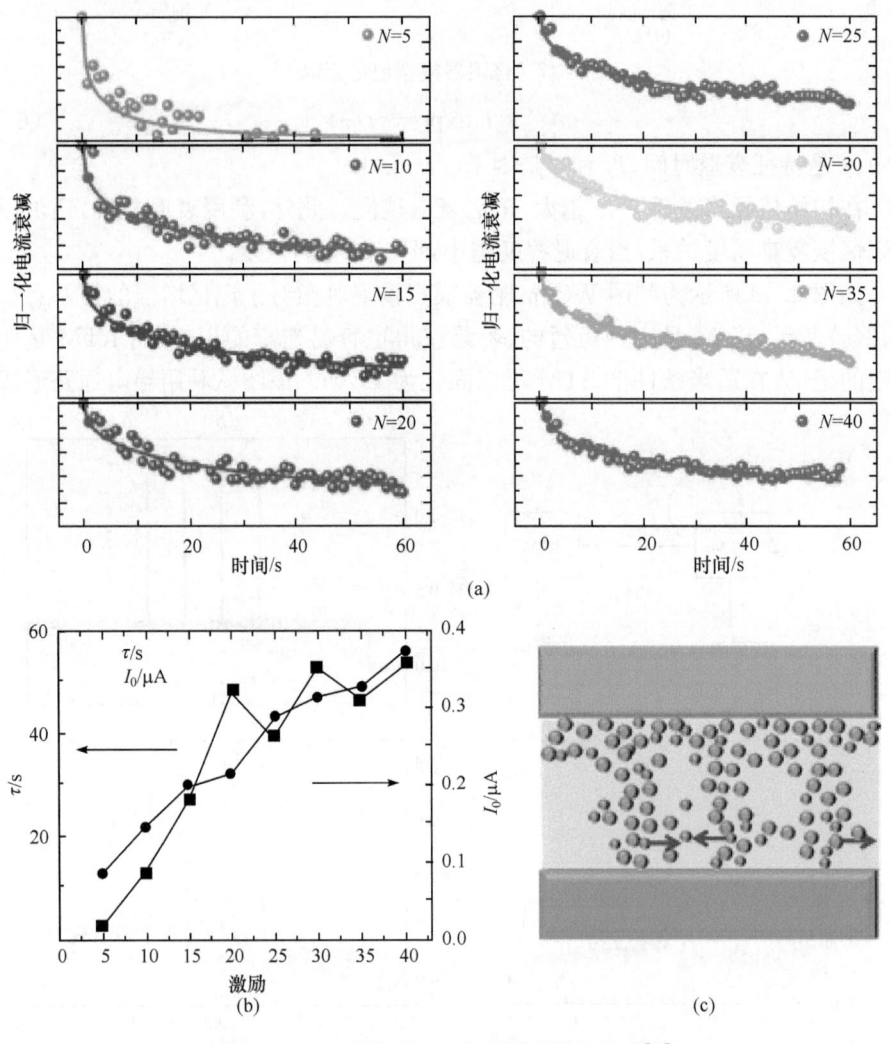

图 6.49 STM 和 LTM 与激励次数的关系[21]

6.6 基于忆阻的人工神经网络

人工神经网络[81]是一种模拟生物神经网络的行为特征进行信息处理的方法。依靠网络本身的复杂程度,通过调整内部各个节点之间的相互联系,达到信息处理的目的。由 ANN 构成的应用系统可以实现诸如信号处理、模式识别、机器人等复杂功能。

现今主流的 ANN 包括基于软件实现的 ANN 和以 CMOS 为主体的硬件神经网络(hardware neural network,HNN)。其中,利用软件实现的 ANN 已得到充分发展并实现了商业化应用,然而受到操作速度的限制,这种方式很难适应网络进一步扩大[82-84]。数模混合的 HNN 相比软件人工神经网络在速度上有明显的优势[85-92]。然而,当前 HNN 中采用大量晶体管的功能缺陷将限制其在更多的应用场合代替软件神经网络。此外,过高能耗和集成度问题,也限制了 HNN 的进一步发展。

合适的模拟神经网络中信息处理单元——人工神经元和突触是推动 HNN 发展的新动力。早期 Mead 设计了一种基于浮栅结构的晶体管神经突触[93,94],然而器件单位面积过大,并且是三端结构,很难进一步缩减尺寸。本章大篇幅介绍了忆阻器作为神经元器件和突触器件的相关研究进展,忆阻器的性能也有了很大的突破,器件尺寸缩小到 10nm 如下、循环擦写达到 10^{12} 次[95],开关速度下降到几个纳秒,甚至是几百皮秒[96],单元功耗下降到皮焦级别[97],实现了多值存储和三维集成等[98]。这些研究成果为实现忆阻器硬件神经网络提供了可靠的技术支持。相比基于软件实现的 ANN 和基于 CMOS 的 HNN,基于忆阻器的神经网络在运算速度、能耗和集成度等方面都展现出优势,已成为人工智能领域的一个研究热点。

6.6.1 基于忆阻器的模式识别

模式识别是人工神经网络的重要应用之一,能够对表征事物或现象各种形式的(数值、文字和逻辑关系)信息进行处理和分析,并对事物或现象进行描述、辨认、分类和解释。在工程应用领域中,主要针对语音、脑电波、图片、文字、符号等对象的具体模式进行辨识、匹配和分类。

目前国际上在基于忆阻器的模式识别研究领域,以加州大学圣芭芭拉分校的 Strukov 团队[71,99]和韩国浦项科学技术研究院 Lee 团队[100,101]最具代表性。Strukov 团队能够制备出一致性好、开关可控性高的大规模忆阻器神经突触阵列,实现阵列中的反复训练和学习,其神经网络可以尽可能地减少对 CMOS 器件的依赖。Lee 团队将忆阻器突触阵列与 CMOS 图像/脑电波采集模块,以及 CMOS 神经元电路相结合,构建了图像/脑电波信号识别系统。

Strukov 等于 2013 年报道了由 Pt/TiO$_{2-x}$/Pt 忆阻器阵列构成的可以实现模式分类的单层人工神经网络。该网络含有 20 个忆阻器神经突触、10 个输入端和 2 个输出端,可以有两种工作模式,即利用外部训练方式,通过前端软件对突触权重复调节,然后将最终权重导入到电路中;利用内部训练方式,即直接在忆阻器网络上进行突触权重的更新。由于规模有限,该人工神经网络可以实现两类模式分类。选取 X 和 Y 两个字母,以及其各自的噪点图案作为输入样本,即

$$\Delta w_i = \alpha x_i^{(p)} (d^{(p)} - y^{(p)}) \tag{6-35}$$

不断地更新阵列中突触的权重,直到网络可以正确的区分不同样本。在训练结束后,再将相应的字母图案输入到网络,网络可以做出相应的判断。

如图 6.50 所示为外部训练方法的过程和结果。训练过程在前端计算机软件中完成,通过建立和实际忆阻器阵列相似的模型,根据所需要的精度,通过仿真模拟不断对阵列进行训练,最后将所得的阵列突触权重导入实际的忆阻器阵列中,其中编程的精确度 β 被定义为

$$\beta = |G_{desired} - G_{actual}| / G_{actual} \tag{6-36}$$

这种外部训练方法会由于实际忆阻器阵列和模型之间的差异出现一些偏差。

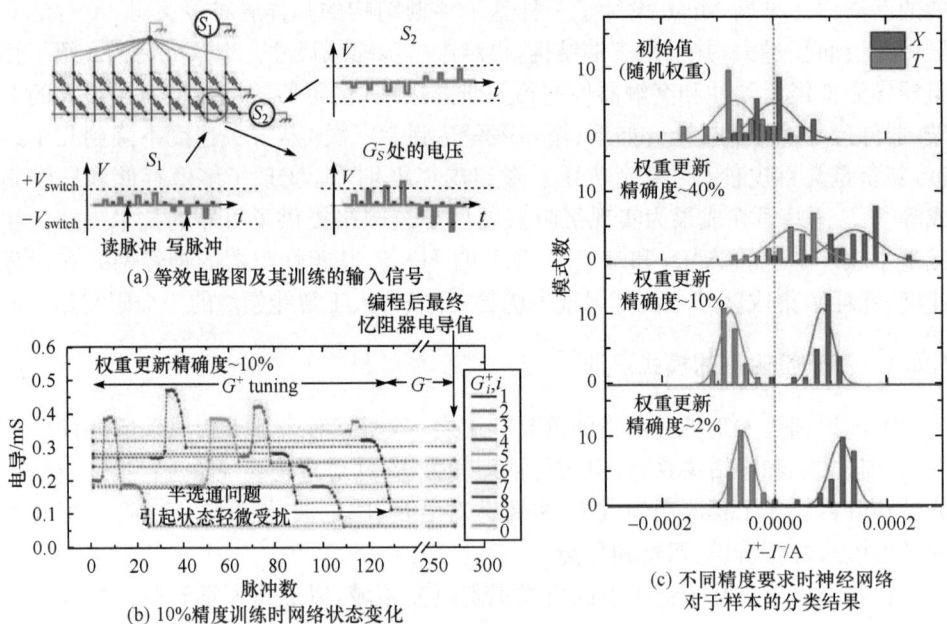

图 6.50 外部训练方法的过程和结果[71]

如图 6.51 所示为内部训练方法的过程和结果。对于内部学习,训练过程直接在硬件中进行,所有忆阻器的电导或者说突触权重同样根据式(6-35)不断并行地进行调整。当指定模式输入到网络中,输出 y 可以由式(6-35)计算,然后和期望值

d 进行比较,每个权重都必须进行一定程度的增加或者减弱。通常,内部训练也不可能完全精确,主要有如下原因。

① 忆阻器开关行为的离散现象,将会影响学习率 α 的确定,对于忆阻器的权重更新,如果阈值较低,需要较大的 α,如果阈值较高,需要较小的 α。

② 电导的改变不但由电压决定,还受当前电导状态影响,当电压 V 使忆阻器阻值变化饱和时,幅值-电导改变关系将偏离线性关系。但通过选取合适的训练电压,通过 17 个训练节点,内部训练精确度可以达到 100%。

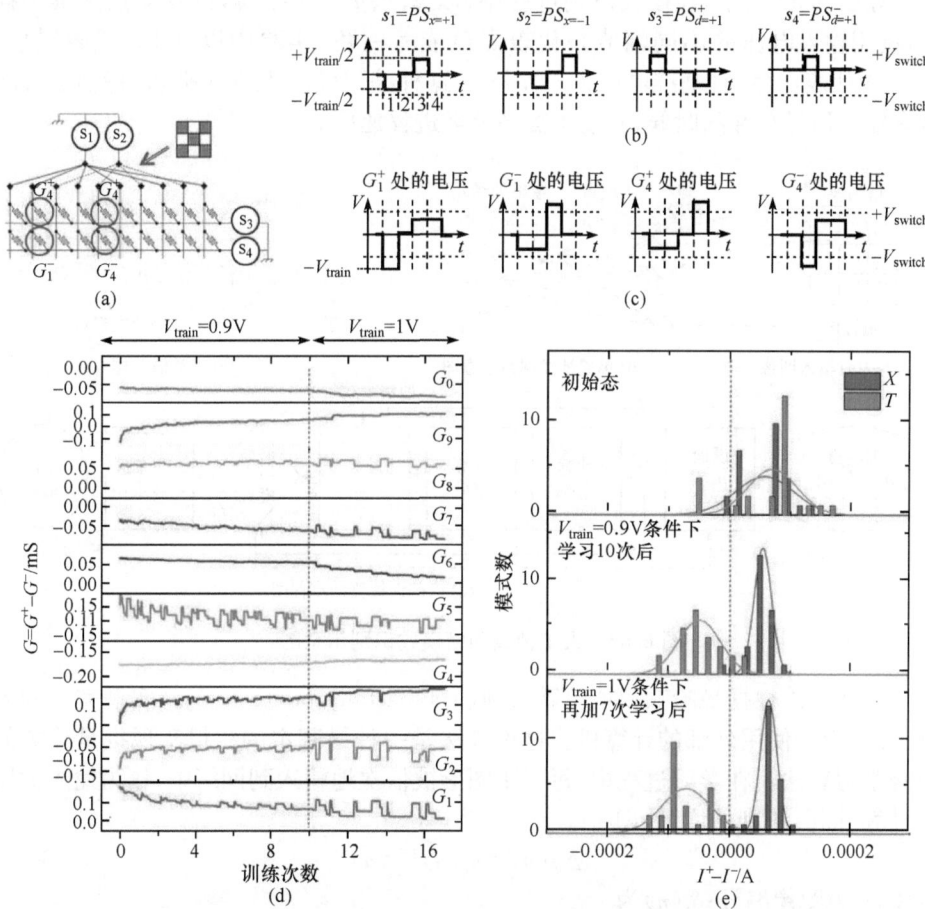

图 6.51 内部训练方法的过程和结果[71]

((a) 内部分类电路示意图;(b)(c)训练信号示意图;(d) 经过不同训练节点后,
忆阻器网络状态的变化;(e) 经过不同节点或者不同训练信号的网络状态统计)

总之,Strukov 等实验构建了一个由忆阻器阵列电路构成的感知分类器。无论是外部训练或内部训练模式,都要求阵列中忆阻器的开关行为具有良好的一致稳定性。外部训练方法需要消耗更长时间以及更多的有效突触,内部训练方法展现出更好的对于的器件性能波动的容忍,能支持更精确复杂的分类要求。

在上述研究的基础上,Strukov 等[99]于 2015 年在 Nature 报道了包含 60 个 Pt/Al$_2$O$_3$/TiO$_{2-x}$/Pt 忆阻器的人工神经网络,实现了 3 类模式的识别。Al$_2$O$_3$ 的引入使忆阻器获得了更好的器件一致性,展现出超过 5000 次的循环开关和稳定的电压-电流特性。该网络中每个突触由两个忆阻器构成,具有更大范围的突触权重变化,权重表示为

$$w_{ij} = G_{ij}^+ - G_{ij}^- \tag{6-37}$$

如图 6.52 所示,在模式识别过程中,以 z、v、n 三个字母,以及噪点图案为样本,利用输入电压的不同幅值来代表黑色或者白色,实验中以 0.1V 代表黑色,−0.1V 代表白色,且基准电压为 −0.1V。这种编码使基准输入平衡,特别是擦除所有输入信号总和的时候,有助于提高分类进程速度。

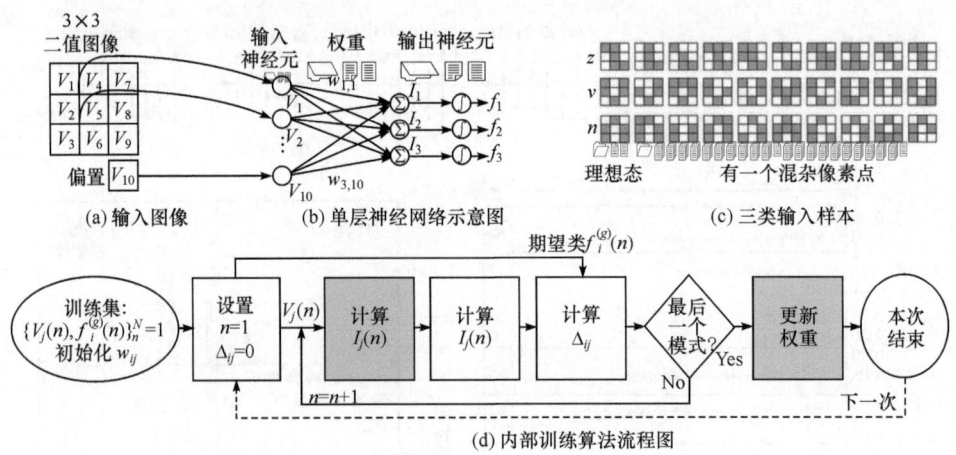

图 6.52 人工神经网络模式识别示意图[99]

网络可以根据曼哈顿权值更新法则(Manhattan update rule)来实现完全的内部训练,无需使用外部的计算机。这种算法是一种最基本的粗糙实现批量分类的监督学习算法。在学习过程中,每一步图形被依次地输入到网络中,作为输入被用来计算 delta 法则的增量,即

$$\Delta_{ij}(n) = \delta_i(n) V_j(n) \tag{6-38}$$

其中,n 为图像编号;$\delta_i(n)$ 为

$$\delta_i(n) = \left[f_i^g(n) - f_i(n) \right] \frac{df}{dI} \bigg|_{I=I_i(n)} \tag{6-39}$$

式中,$f_i^g(n)$ 是第 i 个输出针对第 n 个输入的目标值(对于正确的分类,输出 +0.85,错误的为 −0.85)。

当所有 N 个训练模式都被输入,所有 $\Delta_{ij}(n)$ 都被计算完成,此时突触权重将按照曼哈顿权值更新法则来修正,即

$$\Delta w_{ij} = \eta \operatorname{sgn} \sum_{n=1}^{N} \Delta_{ij}(n) \tag{6-40}$$

其中，η 是一个定值，代表训练的规模。

在实验中，同一列突触的权重可以通过两个连续电压脉冲的共同作用实现更新，忆阻神经网络的训练率取决于初始电导 G。基于忆阻突触可塑性的精确稳定调控及上述识别算法，忆阻器神经网络通过 23 个训练节点实现了对 z、v、n 三个字母模式的完美分类，如图 6.53 所示。Strukov 等的工作展示了基于忆阻器的硬件神经网络的可行性和先进性。随着忆阻器集成度、速度、功耗和可靠性等性能方面的继续优化，忆阻神经网络的大规模工程应用为时不远。

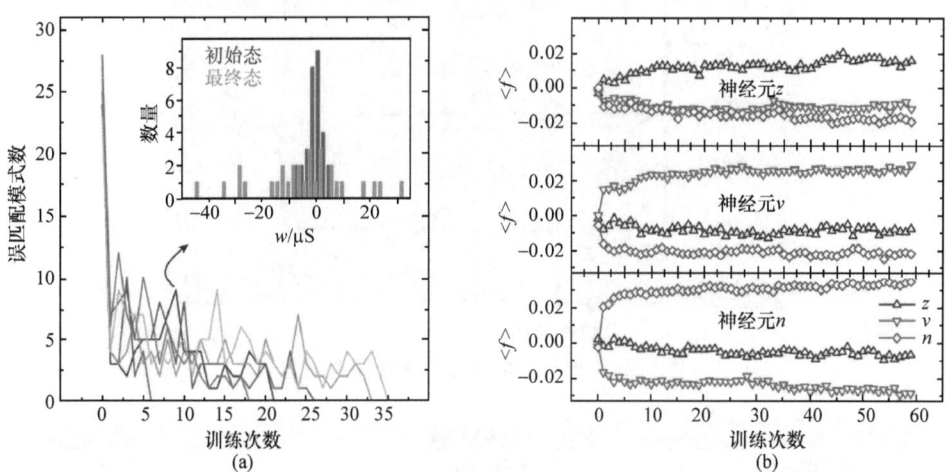

图 6.53 忆阻器神经网络对字母模式的分类[99]

((a)经过不同训练节点后，忆阻器网络状态的变化；(b)经过不同训练节点后，忆阻器网络的输出变化)

韩国 Lee 团队则搭建了可以进行视觉图像和脑电波信号识别的忆阻器 HNN 系统。如图 6.54 所示，神经网络图像识别硬件系统由 CMOS 图片传感器(CIS)、信号处理单元(SPU)、忆阻器神经网络阵列和 CMOS 输出神经神经元组成[100]。通过 CIS 来捕获图像信号并进行相应信号编码，利用 FPGA 构成的 SPU 转换成神经信号，根据神经网络学习法则调整网络阵列中突触连接的权重，最后利用 CMOS 输出神经元来输出学习和训练信号，可以实现数字图像 $0 \sim 9$ 的识别。EEG 模式识别忆阻器 HNN 系统如图 6.55 所示，主要包含两个功能模块：一个模块是基于软件的 EEG 信号捕获模块，可以用来捕获脑电波信号并处理抽象出这些信号的主要特征，产生一系列 32 位的输出信号；另一个模块是单层神经网络，包含 32 个 CMOS 输入神经元、192 个忆阻器突触，以及 6 个输出神经元，其中控制部分由 FPGA 实现[101]。利用该系统实现了 a、i、u 三个语音脑电波信号的特征捕获和分类识别。以上两个工作是将忆阻器 HNN 工程实用化的尝试，探索了忆阻器突触网络如何和现有 CMOS 电路系统交互。

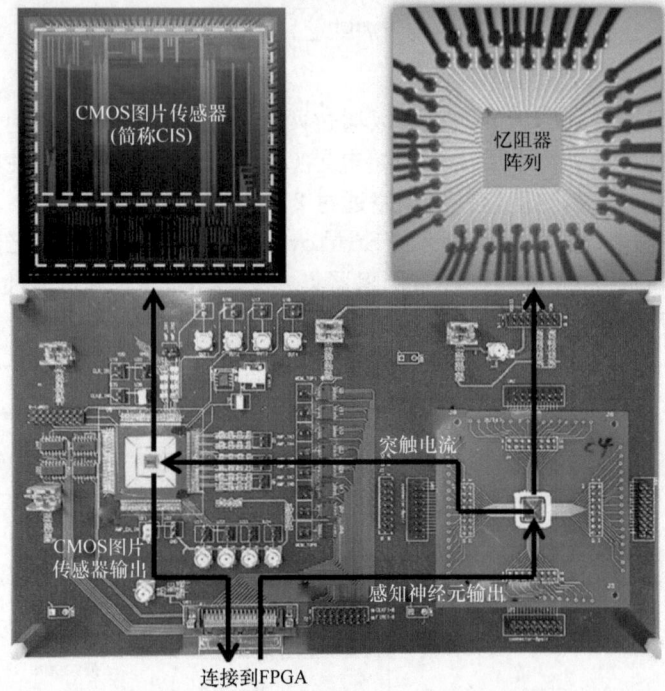

图 6.54　神经网络图像识别硬件系统[100]

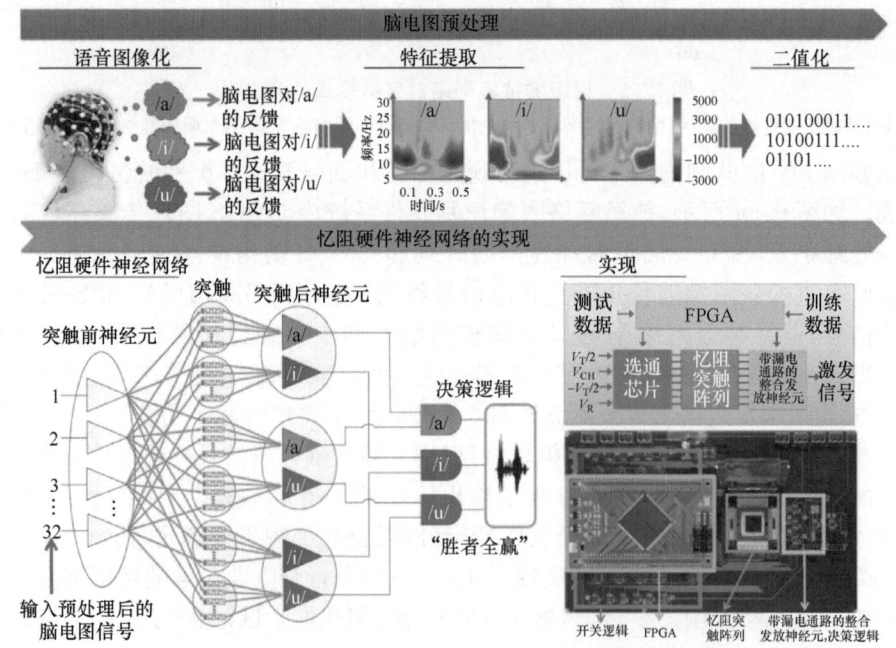

图 6.55　EEG 模式识别忆阻器 HNN 系统[101]

相信在未来，基于忆阻的硬件人工神经网络的模式识别技术和系统，发展超大海量图像等数据对象的高效自动化模式发现、自主学习、自动匹配等关键技术和方法，实现大规模图像等目标的自动分析与判别将在大数据时代的人工智能中发挥举足轻重的作用。

6.6.2 基于忆阻器的脉冲神经网络

人工神经形态系统的发展也经历了一定的历程。首先，为什么我们要构建能模拟生物认知功能的人工神经系统。Mead 为此作出了解释[102]，对于很多现实中的问题，尤其是那些输入数据很不规整的，或者用比较的方法进行计算的，生物式的解决方式比用基于数字计算的方法，效率高出几个数量级。大规模适应性模拟系统相比传统的计算系统，对系统中部件的退化和失效有更高的容忍性，功耗也更低。当我们把大脑或者神经中枢与计算机作功耗比较，可以得出神经系统功耗明显更低的结论。有些任务对人而言很困难，而对于机器来说却很简单，譬如多位数的乘法、大整数的因式分解等。然而，有些问题人可以轻松解决，电脑却不能解决，如人脸或语音的识别等。

本章已经介绍了利用忆阻器来模拟生物神经系统的某些认知功能，如 STDP。Snider 等[103]利用忆阻纳米器件作为突触和传统 CMOS 技术作为神经元实现了基于脉冲时间的学习系统。Snider 还指出，只有 STDP 是不足以完成稳定的学习，还需要更复杂的突触动力学和更多的状态变量。关于这些观点的描述可以参考 Carpenter[104]和 Fusi[105]的著作。

虽然 Snider 提出一个大规模适应型模拟系统，但是该系统还是用了一个全局时钟信号。在 2010 年，Pershin 和 Ventra[73,106]用三个神经元和两个神经突触构建了一个异步系统，通过利用控制器和其他一些常用电子器件模拟了忆阻器的行为，展现了如何利用基本的电路来模拟巴甫洛夫狗条件反射的著名实验。这个实验展示了可以用电路模拟大脑的一个重要功能——联合学习。这样的异步学习系统就是一个最简单的脉冲神经网络。

在众多的神经网络模型中，被誉为第三代神经网络的脉冲神经网络(spiking neural networks)是一类特殊的人工神经网络[107]。它的特点是，神经元模型之间通过脉冲序列进行信息交流，它能把大量的信息编码在数目相对较小的脉冲序列中[108]。由于其功能与生物神经元相似，因此脉冲神经网络为分析大脑中的基本过程，包括神经信号处理、突触可塑性和学习，可以提供一种强有力的工具。与此同时，脉冲神经网络为许多特殊的应用工程问题提供解决方法，这些问题包括快速信号处理、事件检测、分类、语言认知、空间导航或者运动控制。通过验证，脉冲神经网络不但可以应用于所有非脉冲神经网络能解决的问题，其计算能力也比之前的神经网络更加强大[107]。以上理由使得有关脉冲神经网络的研究与日俱增。

本节简要介绍和讨论脉冲神经网络模型的一些基本概念,重点是基于脉冲序列信号的信息处理、适应和学习。

首先介绍在经典脉冲神经网络中所应用的神经突触可塑性法则。经典脉冲神经网络模型包括非监督式学习、监督式学习和强化学习。

1949 年,Hebb[51]第一次提出为了存储信息,神经突触应该如何改变它们权重的问题。用数学术语,他的思想通常表达为 $\Delta w_{ji} \propto v_i v_j$,其中 Δw_{ji} 是连接突触前神经元 i 和突触后神经元 j 的突触权重 w_{ji} 的强度变化;v_i 和 v_j 代表这些神经元的活动。根据 Hebb 的方程,当神经元 i 和 j 同时活动时,权重 w_{ji} 得到增大。这个方程没有对突触强度弱化进行描述。后来的实验和理论工作详细阐述了强化(易化)和弱化(抑制)可以在同一个神经突触相互影响[109]。

Hebbian 过程通过调整突触权重,可以重构神经网络的连接。在某些情况下,可以产生新的功能,如输入成簇、样式认知、信号分解、降低维度、形成联合记忆或者自组织映射(推荐阅读 Hinton 的著作[110])。这些以 Hebbian 过程发展为特点的神经网络,因为没有一个直接的目标,通常被认为是非监督式学习的。

在 Hebb 公式中的符号 v_i 和 v_j,传统上被认为是神经元发射频率。近些年的神经生理学研究发现,Hebbian 可塑性可能也受到单个脉冲时间的影响[111]。从海马体和新皮层椎体细胞获得的实验证据表明,突触前和突触后脉冲的先后顺序可能导致不同的 Hebbian 过程。在相关实验中,系统地研究了突触前脉冲和突触后动作电位的相对时间差对 Hebbian 可塑性的影响[111,52]。观察得到的结果是,突触效率的改变是关于突触前后脉冲时间差的函数。一般来说突触前脉冲先于突触后脉冲,会导致突触增强,相反的突触前后脉冲顺序则会导致突触减弱。这种现象就是前文中所述的 STDP。在一些突触中,互补的 STDP 也被观察到,即突触前脉冲先于突触后脉冲导致突触减弱,而相反的顺序导致增强。这个过程叫做 anti-STDP(或者 anti-Hebbian plasticity)。

这种由脉冲时间决定的突触可塑性在先前已经被理论上预言了其存在[112]。后来,Gerstner 和 Kistler[63]对于这种基于脉冲时序依赖的突触可塑性提出一个概括性的模型,即

$$\frac{\mathrm{d}}{\mathrm{d}t}w_{ji}(t) = a_0 + a_1 S_i(t) + a_2 S_j(t) + a_3 S_i(t)\overline{S}_j(t) + a_4 \overline{S}_i(t) S_j(t) \quad (6-41)$$

其中,$w_{ji}(t)$是神经元 i 到 j 的突触权重;$S_i(t)$ 和 $S_j(t)$ 是突触前和突触后脉冲序列;每个脉冲序列是一系列在时刻 t^f 发射的狄拉克函数之和,即

$$S(t) = \sum_f \delta(t - t^f) \quad (6-42)$$

式中，$\overline{S}_i(t)$ 和 $\overline{S}_j(t)$ 是 $S_i(t)$ 和 $S_j(t)$ 经过低通滤波产生的信号；$a_0,a_1,\cdots,a_4$ 是控制突触效率改变量的常数。

在式(6-41)中，除了与神经元无关的弱化项(a_0)和 Hebbian 项($a_3 S_i(t)\overline{S}_j(t)$，$a_4 \overline{S}_i(t)S_j(t)$)，还假设了突触前后脉冲单独作用项。通过参数的选择，式(6-41)可以描述 STDP、anti-STDP 或者其他突触可塑性。STDP 模型如图 6.56 所示。

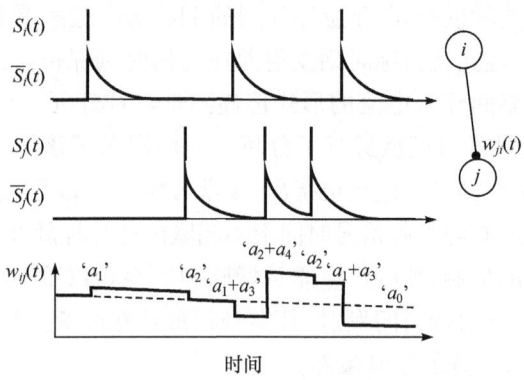

图 6.56　STDP 模型[63]

在脉冲神经网络中，STDP 扮演着重要的角色。它们在一些特定的非监督式学习神经网络中发挥了核心作用，这些神经网络包括簇分析(cluster analysis[113])、模式识别(pattern recognition[113])、独立组分分析(independent component analysis[114])、自组织映射之形成(formation of self-organizing maps[115])或者联合记忆之形成(formation of associative memories[116])。

在早年的神经计算理论中，监督式学习就被认为是人工神经网络信息处理中的一个成功的概念[117,118]。后来，大脑中存在着的通过指导进行学习的机制也被实验所证实[119]。这类学习最直接的证据来自于中央神经系统、小脑和小脑皮层的研究，因此最多的是关于运动控制和运动学习[120]。特别地，监督式学习被认为是神经运动中枢用来形成自身和环境的内在神经编码表达[121]，或者用以学习行为和技巧。监督式学习在传感网络中也被认为可以控制信息的表达。虽然没有很有说服力的证据，但是监督式学习被认为可能用于建立支持特定认知技巧的网络，如模式识别和语言识别[119]。

监督式学习的指导信号一般分为两种，一种是要被学习的脉冲序列模板[122,123]，或者是要被最小化的误差信号[121,124]。证据表明，在神经系统中，这些提供到学习模块的信号由感觉系统产生反馈[125]，或者是其他大脑中的监督神经结构产生[126]。但是，这些指导信号是如何被学习神经电路利用的呢；这些指导信号准确的神经表达是什么呢；生物神经网络是怎么学习来产生所需的输出信号的呢。在生物学上，这些监督式学习的机理仍然未完全揭示清楚。

基于脉冲频率的监督式学习模型已经有大量的研究[127,128]，然而基于脉冲序列编码的研究还是很有限。直到最近，一些用来解释生物神经模型中操纵动作电位准确发射时间的概念才被提出[129]。

监督式 Hebbian 学习(supervised Hebbian learning, SHL)提供了一种最直接的学习模型。根据这种模型，基于脉冲序列的 Hebbian 过程受到一个教师信号的监督，巩固突触后神经元在目标时刻发射而在其他时刻保持沉默。教师信号通常以突触电流或者细胞间注入电流的形式传递到学习神经元。Legenstein 等[130]在 2005 年全面地对这种学习模型进行了分析。他们展示了该学习模型可以有效地进行学习，达到一定的精度。但是也指出，该学习模型有如下缺点：在训练阶段，教师电流抑制了其他所有与教师信号时间上不相联的非目标脉冲，但是在测试阶段，由于没有教师信号的抑制，那些产生非目标脉冲的突触权重不能被减弱。另一个问题是，即使神经元在目标时间发射，其突触权重还在改变。因此，要得到稳定的 SHL 解，还需要一些额外的限制条件。

为了解决这些问题，Ponulak[131]提出一种名为 ReSuMe 的学习方法。与 SHL 相似，ReSuMe 也利用 Hebbian 过程的优点，调整突触权重的监督信号对突触后神经元膜电位不产生或者间接产生影响[132]。在 ReSuMe 中，突触权重的改变由如下方程描述，即

$$\frac{\mathrm{d}}{\mathrm{d}t}w_{ji}(t) = a[S_d(t)\overline{S_i}(t) - S_j(t)\overline{S_i}(t)] = a[S_d(t) - S_j(t)]\overline{S_i}(t) \quad (6\text{-}43)$$

其中，a 是学习率；$S_d(t)$ 是目标(参考)脉冲序列；$S_j(t)$ 是输出脉冲序列；$\overline{S_i}(t)$ 是低通滤波后的输入脉冲信号。

式(6-43)描述的 ReSuMe 方法包含两个 Hebbian 过程：第一个是目标和输入之间的 Hebbian 过程，第二个是输出和输入之间的反 Hebbian 过程。式(6-43)的右边和 Widrow-Hoff 法则很相似[133]，只不过 Widrow-Hoff 法则是基于非脉冲神经网络的监督式学习的。事实上，ReSuMe 可以看做是 Widrow-Hoff 法则在脉冲神经网络的延伸。对这个话题，更深入的讨论可以参考文献[130]。

ReSuMe 能够对复杂的时间和空间样式进行有效的学习，准确度也很高(图 6.57)。该算法也被证明能够高效地完成各种计算任务，包括脉冲序列预计、预测、分类、样式生成和运动控制[132,134,135]。

虽然监督式 Hebbian 学习和 ReSuMe 适合于单层网络的，但是对于更多任务，多层的向前馈网络或者递归神经网络更加适合。原因是多层网络和递归网络比单层网络能应付更加复杂的计算[81]。非脉冲的多层反馈型神经网络算法能有效解决债权转让问题[136,137]。由于过于复杂，且在很多模型中脉冲神经元的动态

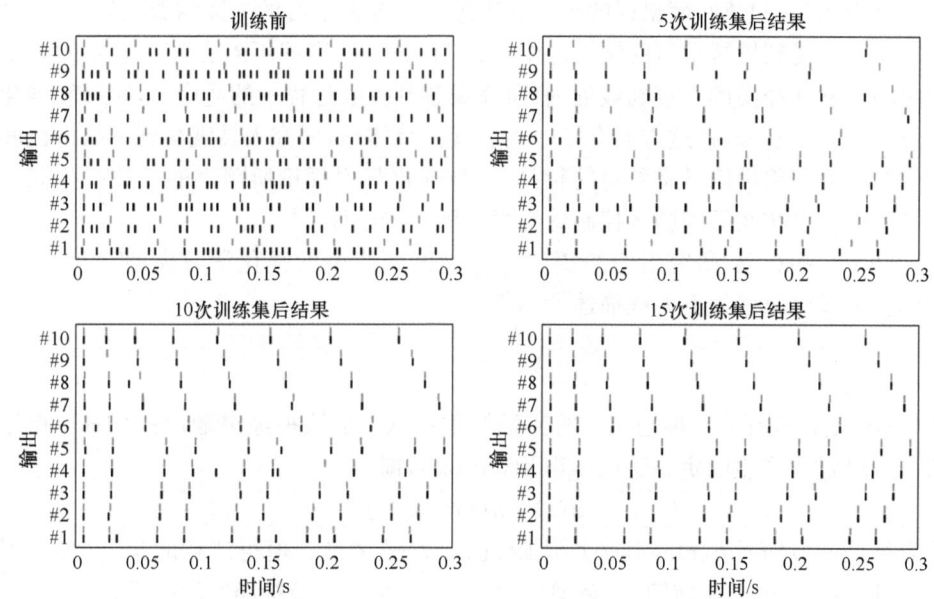

图 6.57 基于 ReSuMe 算法的监督式学习[131]

(由 10 个 LIF 神经元和 500 个输入组成的单层前馈型网络学习一个 5Hz 泊松分布的时间-空间脉冲样式。任务是每个 LIF 神经元分别学习对应的脉冲序列。其中灰色栅格表示要被学习的脉冲序列,黑色栅格表示系统的输出。不同的面板对应经历不同学习次数之后的效果。经过 15 次学习之后,输出和目标序列几乎完全一致)

不连续性,误差反馈的脉冲网络很难实现。在这种情况下,要采取间接的方式或者特殊的简化来建立有梯度的误差。

Bohte[138]提出一种算法来解决这个问题。在 SpikeProp 算法中,作者提出一种基于误差梯度下降的反馈型多层脉冲神经网络。这种方法的最大问题在于,假设每个神经元在一次循环中只发射一次,并且发射之后,其神经元膜电位不再被考虑。这种原始的 SpikeProp 算法经过充分的分析和调整[139,140],但是在几年之后 Booij[141]和 Ghosh-Dastidar[142]分别提出来源于 SpikeProp 的能学习多个脉冲样式的多层脉冲神经网络。

有趣的是,很多关于脉冲神经网络的监督式学习所提出来的问题,也被很多以小脑为背景的研究所提出来,而小脑被认为是大脑中进行监督式学习最主要的部分[143]。相应地,各个研究小组提出几种小脑监督式学习的脉冲模型[144,145],一起的还有一些对小脑进行运动适应的解释[146,147]。

直到现在,有很多关于脉冲网络监督式学习的算法被提出来[148,149],详细可以参考 Bohte 等[138]的工作。

动物不通过指导,而通过奖励反馈来探索,也可以学习新的行为。其过程是正确的行为能获得奖励,而错误的行为获得惩罚。这种学习的方案叫做强化学习,已经成功地运用到机械学习的领域之中。长期以来,一直找不到和强化学习的理论对应的生物神经实例。直到最近,有研究观察到神经过程中的适应力,能够和强化学习理论联系起来,在这方面有了一些进展。具体地,研究人员观察到中脑多巴胺细胞的活动和奖励信号有稳定的相关性,与强化学习理论所预言的一致[150],同时也展示了多巴胺在不同脑区控制着突触可塑性的改变[151,152]。

基于这些观察,研究者纷纷提出脉冲神经网络中的强化学习模型[153-155]。这些模型大多可以用如下方程描述[156],即

$$\frac{\mathrm{d}}{\mathrm{d}t}w_{ji}(t) = c_{ji}(t)d(t) \tag{6-44}$$

其中,w_{ji}是神经元i到神经元j的突触权重;$c_{ji}(t)$是该神经突触由式(6-43)控制的 STDP 过程产生的资格迹(eligibility trace),即

$$d(t) = h(t) - h_0(t) \tag{6-45}$$

代表神经调节信号$h(t)$在其平均值附近$h_0(t)$的浓度。值得注意的是,这种学习法则(图 6.58)可以在前馈[157]和递归[153]脉冲网络中调节神经突触权重。

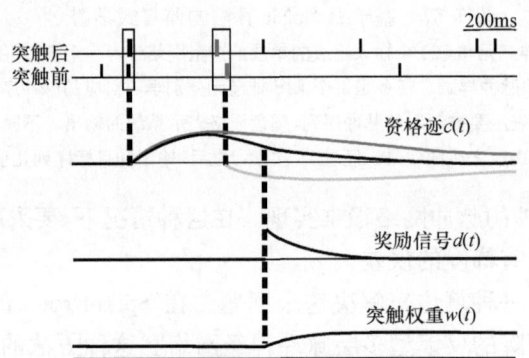

图 6.58 基于脉冲的强化学习法则[157]
(突触权重与 STDP 产生的资格迹和奖励信号的乘积成正比)

这些模型将强化学习理论和基于脉冲的突触可塑性联系在一起,用以解释一些列实验所观察到的现象,例如在经典条件反射实验中,从非条件反射转变成受奖预测条件反射过程中多巴胺释放量的改变[150,158];通过指导性条件反射,学习把一个刺激和一个正确的反应联系在一起的联合性学习[159,160];通过生物反馈直接控制神经活动[161]。

基于强化型学习的脉冲神经网络也能解决很多工程问题,详细可以参考 Ponulak[162]的综述。

我们概括了一些脉冲神经网络学习中的概念。这些概念,不管是在理论模型还是作为实际应用的工具,都能够进行有效的计算。脉冲神经网络理论的继续发

展,既可以得益于给予机械学习的新型算法,也可以得益于生物神经研究的新发现。更多脉冲网络的有效学习方法可以应用于更多新的领域,也可能促进脉冲神经网络在未来人机接口上的应用,发展生物体和外部器件的接触界面。

忆阻器件应用到脉冲神经网络中,还有巨大的开发空间。神经网络模型大部分还处于算法模型的研究上,很少有直接基于特定硬件的脉冲神经系统。忆阻器由于其具有集成密度大、能进行多值存储、与CMOS工艺兼容等特点,具有成为神经网络中神经突触的潜在可能性。目前,忆阻器已经能实现,如STDP等单个神经突触的功能,而越来越多基于STDP学习法则的脉冲神经网络模型也被提出。构建基于忆阻器件的脉冲神经网络的材料已经准备好了,接下来就只差把它们有机结合起来,实现软件难以仿真的大规模并行人工神经网络。

参 考 文 献

[1] Gantz J, Reinse l D. The digital universe in 2020: big data, bigger digital shadows, and biggest growth in the far east. IDC iView: IDC Analyze the Future, 2012.

[2] Muthuswamy B, Chua L O. Simplest chaotic circuit. International Journal of Bifurcation and Chaos, 2010, 20: 1567-1580.

[3] Rachmuth G, Poon C S. Transistor analogs of emergentiono-neuronal dynamics. HFSP J, 2008, 2: 156-166.

[4] Ananthanarayanan R, Esser S K, Simon H D, et al. The cat is out of the bag: cortical simulations with 10^9 neurons, 10^{13} synapses//Proceedings of the Conference on High Performance Computing Networking, Storage and Analysis, 2009.

[5] Strukov D B. Smart connections. Nature, 2011, 476: 403-405.

[6] Kuzum D, Yu S, Wong H P. Synaptic electronics: materials, devices and applications. Nanotechnology, 2013, 24: 382001.

[7] Jeong D S, Kim I, Ziegler M, et al. Towards artificial neurons and synapses: a materials point of view. RSC Advances, 2013, 3: 3169-3183.

[8] Shi L, Yi K, Ramanathan K, et al. Artificial cognitive memory: changing from density driven to functionality driven. Applied Physics A, 2011, 102: 865-875.

[9] Martini F H. Fundamentals of anatomy and physiology. Am. J. Sports Med., 1995, 23: 418.

[10] Chudler E H. Milestones in neuroscience research//Neuroscience for Kids, 2009.

[11] Patlak J, Gibbons R. Electrical Activity of Nerves. Aps in Nerve Cells, 2000.

[12] Eckert R, Randall D. Animal Physiology: Mechanisms and Adaptations. San Francisco: W. H. Freeman, 1983.

[13] Hodgkin A L, Huxley A F. A quantitative description of membrane current and its application to conduction and excitation in nerve. The Journal of physiology, 1952, 117: 500-544.

[14] Chua L. Memristor, Hodgkin-Huxley, and edge of chaos. Nanotechnology, 2013, 24: 1-14.

[15] Pickett M D, Medeiros-Ribeiro G, Williams R S. A scalable neuristor built with Mott memristors. Nature Materials, 2013, 12: 114-117.

[16] Lim H, Kornijcuk V, Seok J, et al. Reliability of neuronal information conveyed by unreliableneuristor-based leaky integrate-and-fire neurons: a model study. Scientific Reports, 2015, 5:9776.

[17] Ignatov M, Ziegler M, Hansen M, et al. A memristive spiking neuron with firing rate coding. Front. Neuroscience, 2015, 9:376.

[18] Chicca E, Badoni D, Dante V, et al. A VLSI recurrent network of integrate-and-fire neurons connected by plastic synapses with long-term memory. IEEE Transactions on Neural Networks, 2003, 14:1297-1307.

[19] Jung R, Brauer E J, Abbas J J. Real-time interaction between a neuromorphic electronic circuit and the spinal cord. IEEE Transactions on Neural Systems and Rehabilitation Engineering, 2001, 9:319-326.

[20] Strukov D B, Snider G S, Stewart D R, et al. The missing memristor found. Nature, 2008, 453:80-83.

[21] Chang T, Jo S H, Lu W. Short-term memory to long-term memory transition in a nanoscale memristor. ACS Nano, 2011, 5:7669-7676.

[22] Wu Y, Yu S, Wong H S, et al. AlO_x-based resistive switching device with gradual resistance modulation for neuromorphic device application//The 4th IEEE International Memory Workshop (IMW), 2012.

[23] Yu S, Gao B, Fang Z, et al. A low energy oxide-based electronic synaptic device for neuromorphic visual systems with tolerance to device variation. Advanced Materials, 2013, 25:1774-1779.

[24] Tsuruoka T, Hasegawa T, Terabe K, et al. Conductance quantization and synaptic behavior in a Ta_2O_5-based atomic switch. Nanotechnology, 2012, 23:435705.

[25] Yang R, Terabe K, Liu G, et al. On-demand nanodevice with electrical and neuromorphic multifunction realized by local ion gigration. ACS Nano, 2012, 6:9515-9521.

[26] Wang Z Q, Xu H Y, Li X H, et al. Synaptic learning and memory functions achieved using oxygen ion migration/diffusion in an amorphous InGaZnO memristor. Advanced Functional Materials, 2012, 22:2759-2765.

[27] Park S, Kim H, Choo M, et al. RRAM-based synapse for neuromorphic system with pattern recognition function//IEEE International Electron Devices Meeting, 2012.

[28] Choi S J, Kim G B, Lee K, et al. Synaptic behaviors of a single metal-oxide-metal resistive device. Applied Physics A, 2011, 102:1019-1025.

[29] Ha S D, Ramanathan S. Adaptive oxide electronics: a review. Journal of Applied Physics, 2011, 110:71101.

[30] Terabe K, Hasegawa T, Nakayama T, et al. Quantized conductance atomic switch. Nature, 2005, 433:47-50.

[31] Ohno T, Hasegawa T, Tsuruoka T, et al. Short-term plasticity and long-term potentiation mimicked in single inorganic synapses. Nature Materials, 2011, 10:591-595.

[32] Ohno T, Hasegawa T, Nayak A, et al. Sensory and short-term memory formations observed

in a Ag_2S gap-type atomic switch. Applied Physics Letters,2011,99:203108.

[33] Nayak A,Ohno T,Tsuruoka T,et al. Controlling the synaptic plasticity of a Cu_2S gap-type atomic switch. Advanced Functional Materials,2012,22:3606-3613.

[34] Hasegawa T,Ohno T,Terabe K,et al. Learning abilities achieved by a single solid-state atomic switch. Advanced Materials,2010,22(16):1831-1834.

[35] Jo S H,Chang T,Ebong I,et al. Nanoscale memristor device as synapse in neuromorphic systems. Nano Letters,2010,10:1297-1301.

[36] Hu S,Liu Y,Chen T,et al. Emulating the ebbinghaus forgetting curve of the human brain with a NiO-based memristor. Applied Physics Letters,2013,103:133701.

[37] Kim S,Du C,Sheridan P,et al. Experimental demonstration of a second-order memristor and its ablitily to biorealistically implement synaptic plasticity. Nano Letters,2015,3:2203-2211.

[38] Du C,Ma W,Chang T,et al. Biorealistic implementation of synaptic functions with oxide memristors through internal ionic dynamics. Advanced Functional Materials,2015,25:4290-4299.

[39] Li Y,Zhong Y P,Xu L,et al. Ultrafast synaptic events in a chalcogenide memristor. Scientific Reports,2013,3:1619.

[40] Li Y,Zhong Y P,Zhang J J,et al. Activity-dependent synaptic plasticity of a chalcogenide electronic synapse for neuromorphic systems. Scientific Reports,2014,4:4906.

[41] Li Y,Xu L,Zhong Y P,et al. Associative Learning with temporal contiguity in a memristive circuit for large-scale neuromorphic networks. Advanced Electronic Materials, 2015, 1:1500125.

[42] Dong W S,Zeng F,Lu S H,et al. Frequency-dependent learning achieved using semiconducting polymer/electrolyte compositie cells. Nanoscale,2015,7:16880-16889.

[43] Li S,Zeng F,Chen C,et al. Synaptic plasticity and learning behavious mimicked through Ag interface movement in an Ag/conducting polymer/Ta memristive system. Journal of Materials Chemistry C,2013,1:5292-5298.

[44] Deng L,Li G Q,Deng N,et al. Complex learning in bio-plausible memristive networks. Scientific Reports,2015,5:10684.

[45] He W,Huang K J,Ning N,et al. Enabling an integrated rate-temporal learning scheme on memristor. Scientific Reports,2014,4:4755.

[46] Cheng B,Wang X P,Gao B,et al. Highly Compact ($4F^2$) and well behaved nano-pillar transistor controlled resistive cell for neuromorphic system application. Scientific Reports,2014, 4:1038.

[47] Gao B,Bi Y J,Chen H Y,et al. Ultra-low-energy three-dimensional oxide-based electronic synapses for implementation of robust high-accuracy neuromorphic computation systems. ACS Nano,2014,8:6998-7004.

[48] Tan Z H,Yang R,Terabe K,et al. Synaptic metaplasticity realized in oxide memristive devices. Advanced Materials,2016,28(2):377-384.

[49] Kim H,San M,Yang C,et al. Memristor bridge synapses. Proceedings of the IEEE,2012,

100:2061-2070.

[50] Adhikari S, Kim H, Budhathoki R, et al. A circuit-based learning architecture for multilayer neural networks with memristor bridege synapses. IEEE Transactions on Circuits and System I: Regular Papers, 2015, 62(1): 215-223.

[51] Hebb D O. The Organization of Behavior: A Neuropsychological Theory. New York: Wiley, 1949.

[52] Bi G Q, Poo M M. Synaptic modifications in cultured hippocampal neurons: dependence on spike timing, synaptic strength, and postsynaptic cell type. Journal of Neuroscience, 1998, 18:10464-10472.

[53] Cassenaer S, Laurent G. Hebbian STDP in mushroom bodies facilitates the synchronous flow of olfactory information in locusts. Nature, 2007, 448: 709-713.

[54] Caporale N, Dan Y. Spike timing-dependent plasticity: a Hebbian learning rule. Annual Review of Neuroscience, 2008, 31: 25-46.

[55] Abbott L F, Nelson S B. Synaptic plasticity: taming the beast. Nature Neuroscience, 2000, 3: 1178-1183.

[56] Roberts P D, Bell C C. Spike timing dependent synaptic plasticity in biological systems. Biological Cybernetics, 2002, 87: 392-403.

[57] Bear M F, Malenka R C. Synaptic plasticity: LTP and LTD. Current Opinion in Neurobiology, 1994, 4: 389-399.

[58] Froemke R C, Dan Y. Spike-timing-dependent synaptic modification induced by natural spike trains. Nature, 2002, 416: 433-438.

[59] Clopath C, Gerstner W. Voltage and spike timing interact in STDP-a unified model. Frontiers in Synaptic Neuroscience, 2010, 2:25.

[60] Berninger B, Bi G Q. Synaptic modification in neural circuits: a timely action. BioEssays, 2002, 24: 212-222.

[61] Favero M, Busetto G, Cangiano A. Spike timing plays a key role in synapse elimination at the neuromuscular junction. Proceedings of the National Academy Sciences of the United States of America, 2012, 109: E1667-E1675.

[62] Kumar A, Mehta M R. Frequency-dependent changes in NMDAR-dependent synaptic plasticity. Frontiers in Computational Neuroscience, 2011, 5: 38.

[63] Gerstner W, Kistler W M. Spiking Neuron Models: Single Neurons, Populations, Plasticity. Cambridge: Cambridge University Press, 2002.

[64] Xu C, Zhao M, Poo M, et al. GABAB receptor activation mediates frequency-dependent plasticity of developing GABAergic synapses. Nature Neuroscience, 2008, 11: 1410-1418.

[65] Ngezahayo A, Schachner M, Artola A. Synaptic activity modulates the induction of bidirectional synaptic changes in adult mouse hippocampus. Journal of Neuroscience, 2000, 20: 2451-2458.

[66] Clopath C, Büsing L, Vasilaki E, et al. Connectivity reflects coding: a model of voltage-based STDP with homeostasis. Nature Neuroscience, 2000, 13: 344-352.

[67] Dayan P, AbbottL F. Theoretical Neuroscience: Computational and Mathematical Modeling of Neural Systems. New York: Talor & Fransis, 2001.

[68] Martin S, Grimwood P, Morris R. Synaptic plasticity and memory: an evaluation of the hypothesis. Annual Review of Neuroscience, 2000, 23: 649-711.

[69] Ziegler M, Soni R, Patelczyk T, et al. An electronic version of Pavlov's dog. Advanced Functional Materials, 2012, 22: 2744-2749.

[70] Bichler O, Zhao W, Alibart F, et al. Pavlov's dog associative learning demonstrated on synaptic-like organic transistors. Neural Computers, 2013, 25: 549-566.

[71] Alibart F, Zamanidoost E, Strukov D B. Pattern classification by memristive crossbar circuits using ex situ and in situ training. Nature Communications, 2013, 4: 2072.

[72] 巴甫洛夫. 条件反射: 动物高级神经活动. 北京: 北京大学出版社, 2010.

[73] Pershin Y V, Di Ventra M. Experimental demonstration of associative memory with memristive neural networks. Neural Networks, 2010, 23: 881-886.

[74] Hu S G, Liu Y, Liu Z, et al. Associative memory realized by a reconfigurable memristive Hopfield neural network. Nature Communications, 2015, 6: 7522.

[75] Irwin B, Levitan L K K. The Neuron: Cell and Nolecular Biology. Oxford: Oxford University Press, 2001.

[76] 许绍芬. 神经生物学(第二版). 上海: 上海医科大学出版社, 1999.

[77] 左明雪. 细胞和分子神经生物学. 北京: 高等教育出版社, 2000.

[78] Ebbinghaus H. Translation of Memory: A Contribution to Experimental Psychology. New York: Dover Publication, 1987.

[79] Rubin D C, Wenzel A E. One hundred years of forgetting: a quantitative description of retention. Psychological Review, 1996, 103: 734-760.

[80] Hu S, Liu Y, Chen T, et al. Emulating the Ebbinghaus forgetting curve of the human brain with a NiO-based memristor. Applied Physics Letters, 2013, 103: 133701.

[81] Hertz J, Krogh A, Palmer R G. Introduction to the Theory of Neural Computation. Perseus: Cambridge, 1991.

[82] Hopfield J J. Artificial neural networks. IEEE Transactions on Circuits and Devices Magazine, 1988, 4(5): 3-10.

[83] Graupe D. Principles of Artificial Neural Networks. Sigapore: World Scientific, 2013.

[84] Misra J, Saha I. Artificial neural networks in hardware: a survey of two decades of progress. Neurocomputing, 2010, 74: 239-255.

[85] Benjamin B V, et al. Neurogrid: a mixed-analog-digital multichip system for large-scale neural simulations. Proceeding of the IEEE, 2014, 102: 699-716.

[86] Sheri A, Raflque A, Pedrycz W, et al. Contrastive divergence for memristor-based restricted Boltzmann machines. Engineering Applications of Artificial Intelligence, 2015, 37: 336-342.

[87] Bofill-i-Petit A, Murray A F. Synchrony detection and amplification by silicon neurons with STDP synapses. IEEE Transactions on Neural Networks, 2004, 15: 1296-1304.

[88] Zhuang H, Low K S, Yau W Y. A pulsed neural network with on-chip learning and its prac-

tical applications. IEEE Transactions on Electronics,2007,54:34-42.
[89] Koickal T J,et al. Analog VLSI circuit implementation of an adaptive neuromorphic olfaction chip. IEEE Transactions on Circuits System I:Regular Papers,2007,54:60-73.
[90] Cosp J, Madrenas J. Scene segmentation using neuromorphic oscillatory networks. IEEE Transactions on Neural Networks,2003,14:1278-1296.
[91] Moradi S, Indiveri G. An event-based neural network architecture with an asynchronous programmable synaptic memory. IEEE Transactions on Biomedical Circuits and Systems, 2014,8:98-107.
[92] MerollaP A,et al. A million spiking-neuron integrated circuit with a scalable communication network and interface. Science,2014,345:668-673.
[93] Diorio C, Hasler P, Minch A, et al. A single-transistor silicon synapse. IEEE Transactions on Electron Devices,1996,43:1972-1980.
[94] Indiveri G,et al. Neuromorphic silicon neuron circuits. Frontiers in Neuroscience,2011,5:1-23.
[95] Govoreanu B,et al. 10×10 nm^2 Hf/HfO$_x$ crossbar resistive RAM with excellent performance, reliability and low-energy operation//IEEE International Electron Devices Meeting,2012.
[96] Lee M J, et al. A fast, high-endurance and scalable non-volatile memory device made from asymmetric Ta_2O_{5-x}/TaO_{2-x} bilayer structures. Nature Materials,2011,10:625-630.
[97] Torrezan A C, Strachan J P, Medeiros-Ribeiro G, et al. Sub-nanosecond switching of a tantalum oxide memristor. Nanotechnology,2011,22:485203.
[98] Strachan J P, Torrezan A C, Medeiros-Ribeiro G, et al. Measuring the switching dynamics and energy effciency of tantalum oxide memristors. Nanotechnology,2011,22:505402.
[99] Prezioso M, Merrikh-Bayat F, Hoskins B D, et al. Training and operation of an integrated neuromorphic network based on metal-oxide memristors. Nature,2015,7:61-64.
[100] Chu M, et al. Neuromorphic hardware system for visual pattern recognition with memristorarray and CMOS neuron. IEEE Transactions on Industrial Electronics, 2015, 4: 2410-2419.
[101] Park S, et al. Electronic system with memristive synapses for pattern recognition. Scientific Reports,2015,5:10123.
[102] Mead C. Neuromorphic electronic systems. Proceeding of the IEEE,1990,78:1629-1636.
[103] Snider G S. Spike-timing-dependent learning in memristive nanodevices//IEEE International Symposium on Nano Architectures,2008:85-92.
[104] Carpenter G A, MilenovaB. L, Noeske BW. Distributed ARTMAP: a neural network for fast distributed supervised learning. Neural Networks,1998,11:793-813.
[105] Fusi S, Abbott L F. Limits on the memory storage capacity of bounded synapses. Nature Neuroscience,2007,10:485-493.
[106] Pershin Y V, Di Ventra M. Neuromorphic, digital and quantum computation withmemory circuit elements. Proceeding of the IEEE,2012,100:2071-2080.
[107] Maass W. Networks of spiking neurons: the third generation of neural network models. Neural Networks,1997,10:1659-1671.

[108] VanRullen R, Guyonneau R, Thorpe S J. Spike times make sense. Trends in Neuroscience, 2005,28:1-4.

[109] Stent G S. A physiological mechanism for Hebb's postulate of learning. Proceeding of National Academy of Science,1973,70:997-1001.

[110] Hinton G, Sejnowski T. Unsupervised learning: foundations of neural computation. New York: MIT press,1999.

[111] Markram H, Lübke J, Frotscher M, et al. Regulation of synaptic efficacy by coincidence of-postsynaptic APs and EPSPs. Science,1997,275:213-215.

[112] Gerstner W, Kempter R, van Hemmen J L, et al. A neuronal learning rule for sub-millisecond temporal coding. Nature,1996,383:76-78.

[113] Natschlaeger T, Ruf B. Online clustering with spiking neurons using temporal coding// Neuromorphic Systems: Engineering Silicon from Neurobiology,1998.

[114] Clopath C, Longtin A, Gerstner W. An online hebbian learning rule that performs independent component analysis. BMC Neuroscience,2008,9 (Suppl 1):O13.

[115] Ruf B, Schmitt M. Self-organization of spiking neurons using action potential timing. IEEE Transactions on Neural Networks,1998,9:575-578.

[116] Gerstner W, van Hemmen J L. Associative memory in a network of 'spiking' neurons. Network,1992,3:139-164.

[117] Rosenblatt F. The perceptron: a robabilistic model for information storage and organization in the brain. Psychology Review,1958,65:386-408.

[118] Widrow B, Hoff M E. Adaptive switching circuits. IRE WESCON Convention Record, 1960,4:96-104.

[119] Knudsen E I. Supervised learning in the brain. Journal of Neuroscience, 1994, 14: 3985-3997.

[120] Thach W T. On the specific role of the cerebellum in motor learning and cognition: clues from PET activation and lesion studies in man. Behavioral and Brain Science,1996,19:411-431.

[121] Kawato M, GomiH. A computational model of four regions of the cerebellum based on feedback-error-learning. Biological Cybernetics,1992,68:95-103.

[122] Udin S B, Keating M. Plasticity in a central nervous pathway in Xenopus: anatomical changes in the isthmotectal projection after larval eye rotation. Journal of Comparative Neurology, 1981,203:575-594.

[123] Miall C R, olpert D M. Forward models for physiological motor control. Neural Networks, 1996,9:1265-1279.

[124] Georgopoulos A P. On reaching. Annual Review of Neuroscience,1986,9:147-170.

[125] Carey M R, Medina J F, Lisberger S G. Instructive signals for motor learning from visual cortical area MT. Nature Neuroscience,2005,8:813-819.

[126] Doya K. What are the computations of the cerebellum, the basal ganglia and the cerebral cortex. Neural Networks,1999,12:961-974.

[127] Kroese B, van der Smagt P. An introduction to neural networks (8th ed.). University of Amsterdam, Amsterdam, NL, 1996.

[128] Rojas R. Neural Networks-A Systematic Introduction. Berlin: Springer-Verlag, 1996.

[129] Kasinski A, Ponulak F. Comparison of supervised learning methods for spike time coding in spiking neural networks. International Journal of Applied Mathematics and Computer Science, 2006, 16: 101-113.

[130] Legenstein R, Naeger C, Maass W. What can a neuron learn with spike-timing-dependent plasticity. Neural Computers, 2005, 17: 2337-2382.

[131] Ponulak F. ReSuMe-new supervised learning method for spiking neural networks. http://d1.cie.put.poznan.pl/~fp/research.html[2005-9-10].

[132] Ponulak F, Kasinski A. Supervised learning in spiking neural networks with ReSuMe: sequence learning, classification and spike-shifting. Neural Computers, 2010, 22: 467-510.

[133] Widrow B, Hoff M E. Adaptive switching circuits. IRE WESCON Convention Record, 1960, 4: 96-104.

[134] Ponulak F, Belter D, Kasinski A. Adaptive central pattern generator based on spiking neural networks//Proceedings of EPFL LATSIS Symposium 2006, Dynamical Principles for Neuroscience and Intelligent Biomimetic Devices, 2006.

[135] Ponulak F, Rotter S. Biologically inspired spiking neural model for motor control and motor learning//Proceedings of NIN Conference on Perceptual Learning, Motor Learning and Automaticity, 2008.

[136] Werbos P. Beyond regression: new tools for prediction and analysis. Harvard University, Cambridge, 1974.

[137] Rumelhart D, Hinton G, Williams R. Learning representations by back-propagating errors. Nature, 1986, 323: 533-536.

[138] Bohte S, Kok J, La Poutré H. Spike-prop: errorbackprogation in multi-layer networks of spiking neurons//Proceedings of the 8th European Symposium on Artificial Neural Networks, 2000.

[139] Xin J, Embrechts M J. Supervised learning with spiking neuron networks//Proceedings of IEEE International Joint Conference on Neural Networks, 2001.

[140] Tino P, Mills A J. Learning beyond finite memory in recurrent networks of spiking neurons//Advances in Natural Computation, ICNC'2005, Lecture Notes in Computer Science, 2005.

[141] Booij O, Nguyen H T. A gradient descent rule for spiking neurons emitting multiple spikes. Information Processing Letters, 2005, 95: 552-558.

[142] Ghosh-Dastidar S, AdeLi H. A new supervised learning algorithm for multiple spiking neural networks with application in epilepsy and seizure detection. Neural Networks, 2009, 22: 1419-1431.

[143] Marr D. Theory of cerebellar cortex. Journal of Physiology, 1969, 202: 437-455.

[144] Yamazaki T, Tanaka S. A spiking network model for passage-of-time representation in the cerebellum. European Journal of Neuroscience, 2007, 26: 2279-2292.

[145] Achard P, De Schutter E. Calcium, synaptic plasticity and intrinsic homeostasis in purkinje neuron models. Frontiers in Computational Neuroscience, 2008, 2: 8.

[146] Medina J F, Mauk M D. Simulations of cerebellar motor learning: computational analysis of plasticity at the mossy fiber to deep nucleus synapse. Journal of Neuroscience, 1999, 19: 7140-7151.

[147] Hofstötter C, Mintz M, Verschure P. The cerebellum in action: a simulation and robotics study. European Journal of Neuroscience, 2002, 16: 1361-1376.

[148] Sougne J P. A learning algorithm for synfire chains//Connectionist Models of Learning, Development and Evolution, 2001.

[149] Pfister J P, Toyoizumi T, Barber D, et al. Optimal spike-timing dependent plasticity for precise action potential firing. Neural Computers, 2006, 18: 1318-1348.

[150] Schultz W. Getting formal with dopamine and reward. Neuron, 2002, 36: 241-263.

[151] Otmakhova N A, Lisman J E. D1/D5 dopamine receptor activation increases the magnitude of early long-term potentiation at CA1 hippocampal synapses. Journal of Neuroscience, 1996, 16: 7478-7486.

[152] Otani S, Blond O, Desce J M, et al. Dopamine facilitates long-term depression of glutamatergic transmission in rat prefrontal cortex. Neuroscience, 1998, 85: 669-676.

[153] Florian R. A reinforcement learning algorithm for spiking neural networks//Proceedings of the Seventh International Symposium on Symbolic and Numeric Algorithms for Scientific Computing, Timisoara, Romania. IEEE Computer Society, 2005.

[154] Baras D, Meir R. Reinforcement learning, spike-timedependent plasticity, and the BCM rule. Neural Computers, 2007, 19: 2245-2279.

[155] Farries M, Fairhall A. Reinforcement learning with modulated spike timing-dependent synaptic plasticity. Journal of Neurophysiology, 2007, 98: 3648-3665.

[156] Florian R. Reinforcement learning through modulation of spike-timing-dependent synaptic plasticity. Neural Computers, 2007, 19: 1468-1502.

[157] Legenstein R, Pecevski D, Maass W. A learning theory for reward-modulated spike-timing-dependent plasticity with application to biofeedback. PLoS Computational Biology, 2008, 4: 1-27.

[158] Ljungberg T, Apicella P, Schultz W. Responses of monkey dopamine neurons during learning of behavioral reactions. Journal of Neurophysiology, 1992, 67: 145-163.

[159] Thorndike E L. Animal intelligence: an experimental study of the associative processes in animals. Psychological Review Monograph Supplements, 1901, 2: 100-109.

[160] Skinner B F. Science and Human Behavior. Macmillan: Oxford, 1953.

[161] Fetz E E, Baker M A. Operantly conditioned patterns of precentral unit activity and correlated responses in adjacent cells and contralateral muscles. Journal of Neurophysiology, 1973, 36: 179-204.

[162] Ponulak F, Kasinski A. Introduction to spiking neural networks: information processing, learning and applications. ACTA Neurobiologiae Experimentalis, 2011, 71: 409-433.

第 7 章　忆阻器在逻辑运算中的应用

上一章,我们重点介绍了基于忆阻器实现信息存储与计算融合的重要路径之一——模拟式的类脑神经计算。本章介绍的数字式状态逻辑运算则是另外一种重要的信息存储与处理融合的实现方法。在考虑数字式的逻辑运算理论与实现方案时,我们的思维需要进行一个从传统电平逻辑到状态逻辑的转换。传统的 CMOS 逻辑运算,往往是基于互补式晶体管设计,逻辑电路的输入和输出都是高低电平。然而,电平逻辑往往伴随着易失性,即掉电以后逻辑状态无法保存。若要将计算结果非易失地原位存储,就需要引入一种非易失性的物理状态。这样的物理状态可以是器件的电阻状态、磁或光等物理状态。在忆阻器的状态逻辑中,现阶段以器件电阻状态作为逻辑参量:忆阻器的高阻态和低阻态分别表征 0 和 1。在设计新型非易失性逻辑门电路时,可以基于忆阻器的高阻态和低阻态的转变来实现逻辑运算,并将计算结果直接存储在忆阻器件之中。忆阻阵列或芯片中的每个忆阻器都能够进行分布式的并行计算。这样一种信息存储与计算原位地融合的模式,省去了传统计算机架构中将计算结果通过总线传输到内存或外存之中进行存储的步骤,可以有效地减小数据频繁传输的负荷,降低信息处理的功耗,提高信息处理的速度和效率。

本章从数字电路布尔逻辑出发,首先回顾布尔逻辑运算的完备性概念,介绍几种重要的实现非易失性完备逻辑运算的方法,包括惠普实验室提出的忆阻实质蕴涵逻辑操作方法和亚琛工业大学 Waser 团队设计的忆阻器时序逻辑方法,以及在此基础上的几种衍生方案和忆阻器应用于逻辑运算的参数选择。在传统的数字时序逻辑应用方面,则以基础而重要的触发器为例,探讨几种基于忆阻的非易失性触发器电路设计。最后,简要介绍几种存储与计算融合的并行计算架构的研究进展。

7.1　布尔逻辑运算

在数字技术中,布尔逻辑运算是二进制计算机中逻辑判断、电子学、计算机软硬件的基础。在该系统中,布尔逻辑的变量为真(TRUE)或假(FALSE),通常分别用 1 或 0 表示。不同于一般的代数运算,布尔逻辑运算主要由与、或、非等逻辑运算组成。布尔逻辑的完备集是指可以通过组合完备集中的逻辑操作来表达拥有任意真值表的布尔表达式。常用的完备集有{AND,OR,NOT},也就是与,或,非。把完备集具有能够通过组合实现任意布尔逻辑的性质称为完备性,这一节内容就从具有完备性功能的逻辑操作展开。

7.1.1 忆阻器实质蕴涵逻辑

1936 年,在晶体管被发明的十年前,香农在他的硕士论文中发明了数字电路[1]。他提出基本布尔逻辑操作中的与和或可以由两个开关串联(AND)或并联(OR)实现,并证明与一个继电器实现的非操作配合,任何布尔逻辑都可以组合实现,这意味着与、或、非逻辑操作是完备集。这一重要完备集对数字逻辑和电路的后续发展产生了巨大影响。需要指出的是,逻辑运算的完备集并非是唯一的。在 Whitehead 和 Russell(罗素)于 1910 年合著的 *Principia Mathematica*(数学原理)中,他们描述了四种基本逻辑运算,即与、或、非、实质蕴涵逻辑[2]。其中,前三者被香农选择构成布尔逻辑的一个完备集,最后一个则被罗素视为另一种非常重要而强大的逻辑操作,并将其命名为实质蕴涵。实质蕴涵逻辑(material implication logic,IMP)的二值逻辑表达式为 p IMP q(p 蕴涵 q),指的是如果 p 为 0、q 为 1 时逻辑不成立,计算机中的逻辑判断语句为 if p then q(如果 p,那么 q)。事实上,IMP 和 FALSE 操作(FALSE 操作运算结果始终为逻辑值 0)也构成一个逻辑完备集,任意布尔逻辑都可由这两个基本元素组合而成(表 7.1)。

在 CMOS 数字逻辑中,一般采用反相器 NOT 和与非门 NAND 作为基本的逻辑门。对于 IMP 逻辑,由于一直没有在电路中简单直接地实际实现,因此并没有在电路设计中获得广泛的应用。直到忆阻器出现之后,给 IMP 逻辑的高效实现提供了一种可供选择的方案。

2010 年,惠普实验室在 *Nature* 提出采用非易失性的状态逻辑运算来替代现存的 CMOS 电平逻辑运算[3]。文中采用两个 $Pt/Ti/TiO_2/Pt$ 忆阻器件首次物理实现了 IMP,逻辑状态都以电阻状态形式非易失性地存储在忆阻器中。这一工作展示了计算与存储在忆阻器中融合的可行性,提供了一种高效的 Logic-in-memory 方案。

下面具体阐述忆阻器 IMP 逻辑的实现原理。图 7.1(a)展示了最基本逻辑运算电路单元,由阵列中并联的两个忆阻器(P 和 Q)与一接地电阻(R_G)串联构成。$R(CLOSE)$ 和 $R(OPEN)$ 分别是忆阻器的低阻态和高阻态,则负载电阻 R_G 的阻值选择为 $R(CLOSE) \ll R_G \ll R(OPEN)$。$V_{Set}$ 是一个能将器件置位(置为逻辑 1)的负电压,为了补偿 R_G 可能产生的分压,V_{Set} 要大于 V_{CLOSE}(V_{CLOSE} 是使器件由高阻态转变为低阻态的阈值电压)。V_{CLEAR} 是将器件清除(cleared)(置为逻辑 0)的正电压。此外,定义一个负电压 V_{COND},其幅值小于 V_{Set},不会使器件发生阻态转变。IMP 逻辑实现的关键,在于对 V_{COND} 和 V_{Set} 的理解,具体的运算原理如下。

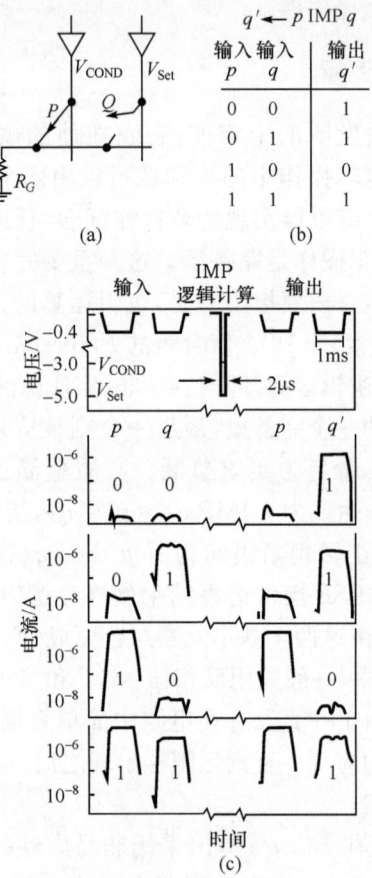

图 7.1 实质蕴涵操作原理[3]

首先,将两个待操作的逻辑变量写入忆阻器 P 和 Q 中,分别用逻辑变量 p 和 q 代表忆阻器 P 和忆阻器 Q 的电阻状态。然后,同时施加控制脉冲 V_{COND} 和 V_{Set} 给忆阻器 P 和 Q,实现实质蕴涵操作 $q' \leftarrow p$ IMP q。此处器件处于高阻状态时相当于状态 0,而处于低阻态时相当于状态 1。当忆阻器 P 处于高阻态($p=0$),忆阻器 Q 处于高阻态($q=0$)时,由于 $R(\text{OPEN}) \gg R_G$,忆阻器 Q 上的分压约为 V_{Set},忆阻器 Q 被置为低阻;当忆阻器 P 处于高阻态($p=0$),忆阻器 Q 处于低阻态($q=1$)时,由于 $R(\text{CLOSE}) \ll R_G$,忆阻器 Q 上的分压约为 0,忆阻器 Q 保持低阻态不变;当忆阻器 P 处于低阻态($p=1$),忆阻器 Q 处于高阻态($q=0$)时,由于 $R(\text{OPEN}) \gg R_G$,忆阻器 Q 上的分压约为 $V_{Set} - V_{COND}$,忆阻器 Q 保持高阻态不变;当忆阻器 P 处于低阻态($p=1$),忆阻器 Q 处于低阻态($q=1$)时,由于 $R(\text{CLOSE}) \ll R_G$,忆阻器 Q 上的分压约为 0,忆阻器 Q 保持低阻态不变。综合上述两种情况,可以得到如图 7.1(b)所示的逻辑操作结果,相应的读写脉冲信号也在图 7.1(c)中给出,可以看到实验结果符合 IMP 逻辑运算中输入与输出的真值关系。以上逻辑操作可以用 $q'\leftarrow p$ IMP q 的形式来表示,也就是说 p IMP q 逻辑操作的结果存储为 q'。IMP 逻辑操作与器件 Q 的 Reset 过程(使器件 Q 转变到高阻态)相配合,构成一套完整的逻辑计算基础,能够进行任意布尔函数的完备逻辑运算[4]。

前面提到,任意的逻辑运算可以通过一个完备集之中的基本运算来表达。与非是一个为人所熟知的通用操作,也就是说,任意的布尔逻辑可以转换为 NAND 逻辑的表达式。用 IMP 和 FALSE 逻辑实验实现 NAND 操作,可以提供基于 IMP 和 FALSE 逻辑实现复杂逻辑的例证[3]。如图 7.2(a)所示,操作 $s\leftarrow p$ NAND q 可以用基于三个忆阻开关(P,Q 和 S)的电路实现,将输入 p 和 q 写入忆阻器 P 和 Q 中,计算结果 s'' 存储在忆阻器 S 中。整个计算可以由如下三步实现。

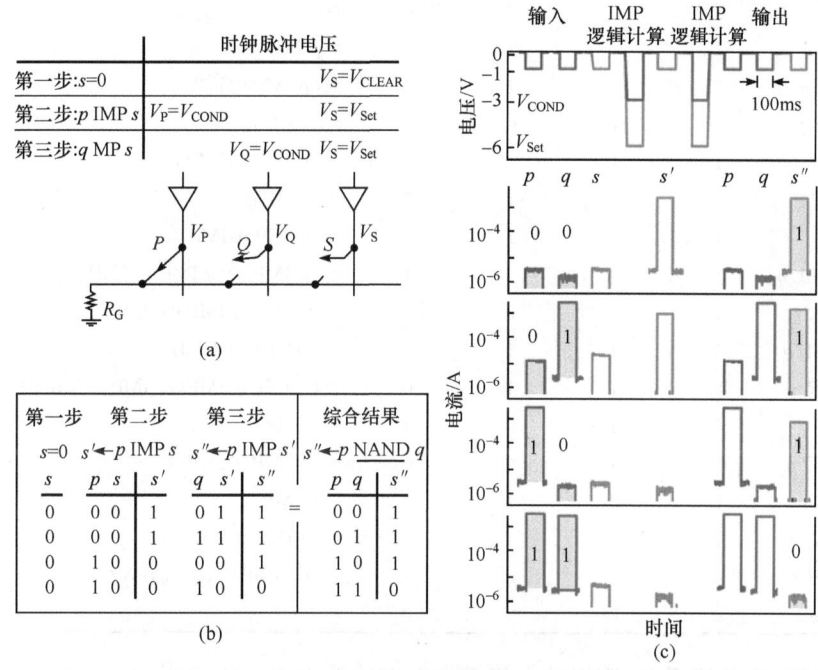

图 7.2 基于三个忆阻器实现 NAND 操作的逻辑时序图[3]

① $s\leftarrow 0$。一个清除重置脉冲 V_{CLEAR} 施加于忆阻器 S 上,完成 FALSE 操作,即 $s\leftarrow 0$。

② $s'\leftarrow p$ IMP s。V_{COND} 施加给忆阻器 P 的同时 V_{Set} 施加给忆阻器 S,完成操作 $s'\leftarrow p$ IMP s。

③ $s''\leftarrow q$ IMP s。V_{COND} 施加给忆阻器 Q 的同时 V_{Set} 施加给忆阻器 S,完成操作 $s''\leftarrow q$ IMP s。

由于 IMP 逻辑与 FALSE(假)逻辑一起构成了布尔逻辑运算的完备集,因此任意布尔逻辑可以用 IMP 逻辑表达式等效写出。在惠普提出的 IMP 逻辑实现方案中,脉冲的控制方法是相同的,中间没有新的变量需要输入,因此可以在相同计算单元中通过多步循环的 IMP 逻辑操作来实现任意的布尔逻辑,如表 7.1 所示。需要指出的是,IMP 电路中的忆阻器单元实现的是一种状态逻辑操作,因为忆阻器单元同时承担了计算功能和存储功能,并且在这些逻辑操作中物理状态变量既不是电压也不是电荷而是电阻状态。IMP 逻辑门在分布并行计算方面的特点,配合忆阻器的高密度状态逻辑运算优势,为大数据高性能并行计算提供了可行方案[5,6,7]。

表 7.1 16 种完备二值布尔逻辑的 IMP 和 FALSE 操作表达式[3]

逻辑操作	真值表				表达式
p	1	1	0	0	$=p$
q	1	0	1	0	$=q$
TRUE	1	1	1	1	$=p$ IMP p
p OR q	1	1	1	0	$=(p$ IMP $0)$IMP q
q IMP p	1	1	0	1	$=q$ IMP p
p	1	1	0	0	$=(p$ IMP $0)$IMP 0
p IMP q	1	0	1	1	$=p$ IMP q
q	1	0	1	0	$=(q$ IMP $0)$IMP 0
p EQUAL q	1	0	0	1	$=(p$ IMP $q)(q$ IMP $p)($MP $0)$IMP 0
p AND q	1	0	0	0	$=(p$ IMP$(q$ IMP $0))$IMP 0
p NAND q	0	1	1	1	$=p$ IMP$(q$ IMP $0)$
p XOR q	0	1	1	0	$=(p$ IMP $q)$IMP$((q$ IMP $p)$IMP $0)$
NOT q	0	1	0	1	$=q$ IMP 0
p NIMP q	0	1	0	0	$=(p$ IMP $q)$IMP 0
NOT p	0	0	1	1	$=p$ IMP 0
q NIMP p	0	0	1	0	$=(q$ IMP $p)$IMP 0
p NOR q	0	0	0	1	$=((p$ IMP $0)$IMP $q)$IMP 0
FALSE	0	0	0	0	$=0$

然而,现阶段 IMP 逻辑的大规模应用依然面临着一些重要挑战。在计算机系统中,信息处理过程中逻辑运算所需的器件开关次数远超过存储功能所需的开关次数,因此对忆阻器单元的开关速度、功耗、参数一致性和擦写耐受性提出比信息存储应用中更高的要求。同时,忆阻器件的大规模集成也是必须克服的瓶颈,包括集成中的器件良率、忆阻器与 CMOS 读写控制电路的兼容工艺等。此外,能够有效发挥基于忆阻状态逻辑的计算与存储融合功能优势的新型计算架构也是必不可少、亟待开发的。

在惠普实验室基于忆阻器物理展示 IMP 逻辑功能之后,Kvatinsky 等[8,9]于

2012 年进一步对 IMP 逻辑的设计原则和方法进行讨论。通过用边界迁移模型仿真对 IMP 逻辑运算进行了详细的参数选择和流程设计,发现分压电阻 R_G 越大,电路的逻辑运算速度越慢,但逻辑运算的状态漂移也越小,理论上最折中的电阻选择为 $R_G = \sqrt{R_{OFF} \cdot R_{ON}}$,并提出以 IMP 逻辑为基础实现忆阻全加器的并行和串行设计方法[10]。依照传统数字电路中全加器的实现方案,忆阻全加器由两个异或(XOR)门、两个与门,以及一个或门组成,其中异或门的实现被认为是最为关键的一步,而此例中的异或可以通过 IMP 逻辑来实现。表 7.2 和图 7.3 为 8 位全加器串并行的对比,其中每位全加器的操作步骤还是遵循上述 IMP 逻辑操作方法。XOR 逻辑的实现需要如下 13 步逻辑操作,即

$$\begin{aligned}&\text{A XOR B:FALSE(M1),FALSE(S),A} \rightarrow \text{S,S} \rightarrow \text{M1}\\&\text{FALSE(M2),FALSE(S),B} \rightarrow \text{S,S} \rightarrow \text{M2}\\&\text{B} \rightarrow \text{M1,FALSE(S),M1} \rightarrow \text{S}\\&\text{A} \rightarrow \text{M2,M2} \rightarrow \text{S}\end{aligned} \quad (7\text{-}1)$$

进位位的 IMP 逻辑实现的变形式为

$$\begin{aligned}\text{Cout,i} &= (\text{Ai} \rightarrow (\text{Bi} \rightarrow 0))\\&\rightarrow ((\text{Ci} \rightarrow (\text{Ai} \oplus \text{Bi}) \rightarrow 0)) \rightarrow 0)\end{aligned} \quad (7\text{-}2)$$

表 7.2　N 位全加器的比较(括号中为 8 位全加器的数值)[8]

项目		基本方法[6]	优化方法	
			串行	并行
操作步骤数		89N(712)	29N(232)	5N+18(58)
忆阻器	输入器件数	2N	2N	2N
	输出器件数	N+1	N+1	N+1
	功能器件数	4	2	6N−1
	总计	3N+5(29)	3N+3(27)	9N(72)
包含的特殊功能	并行 FALSE 操作	—	—	V
	不同线之间的 IMP 操作	—	—	V
	TRUE 操作	V		

加州大学圣塔芭芭拉分校 Strukov 团队[11]进一步设计了一种 3D 状态实质蕴涵逻辑。四种连接方式的实质蕴涵逻辑结果如图 7.4 所示,此结构可看成是四个忆阻器集成电路,$T1$ 和 $T2$ 为两个反向串联的忆阻器,连接端为负极;$B1$ 和 $B2$ 为两个反向串联的忆阻器,连接端为正极;$T1$ 和 $B1$、$T2$ 和 $B2$ 则可视为同向串联。这种 3D 集成方式提供了不同的忆阻器连接方式,分别对应四种逻辑功能实现方

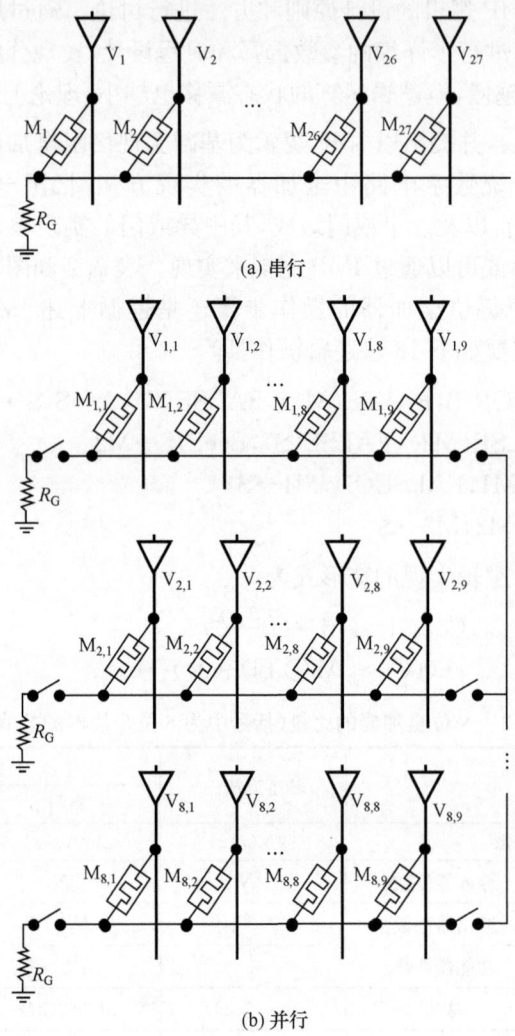

图 7.3 8 位全加器[8]

(串行方案需要在同一行中使用 27 个标准交叉点阵结构的忆阻器。并行方案需要一个更加复杂的交叉点阵结构,其中每列间都存在一个互联开关。每一位的执行都需要一行中的 9 个忆阻器)

式。在各种忆阻器性能参数中,Set 阈值电压的漂移对 IMP 逻辑功能实现影响最大,研究发现当负载电导减少,甚至到 $G_L=0$ 时,采用电流源代替电压源,使得允许 Set 电压的裕度提升 20%。利用 IMP 逻辑的重复扩展,可以在 6 个忆阻器中 14 步内实现全加器,因此利用 3D 忆阻器集成结构可以轻松解决费曼挑战[12],在 50nm×50nm×50nm 的立方中实现 8 位全加器(图 7.5)。

第 7 章 忆阻器在逻辑运算中的应用

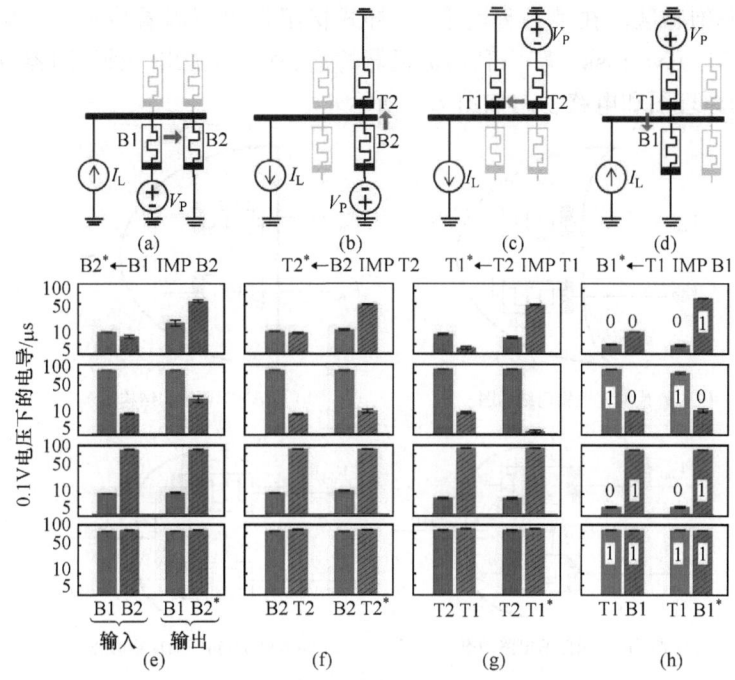

图 7.4 四种连接方式的实质蕴涵逻辑结果[11]

((a)～(d) 电路结构；(e)～(h) 的实验结果表明不同初始态和忆阻器对进行 IMP 逻辑操作前后的器件电导)

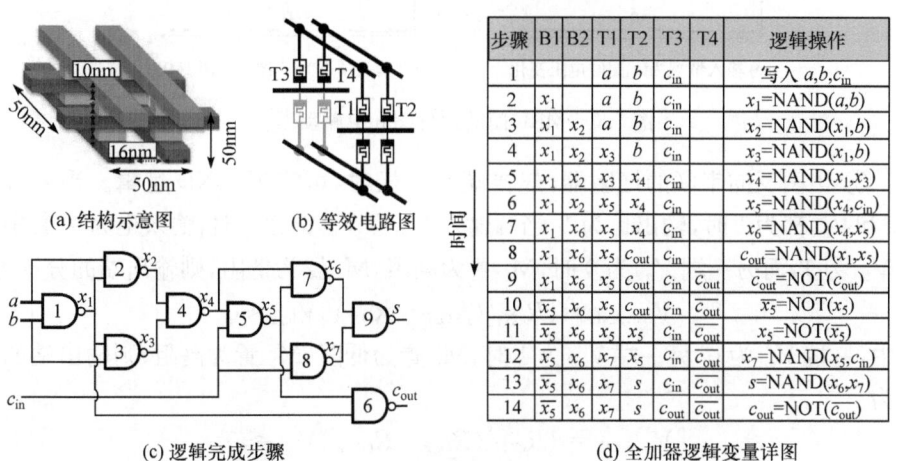

图 7.5 3D IMP 逻辑实现全加器

忆阻器最初被蔡少棠教授提出时[13]，主要是基于其非线性特性应用于非线性电路中，例如获得更为精简的振荡电路。忆阻器的非线性特性，类似于 CMOS 器件工作在非饱和区。在某种程度上,互补式忆阻器也可以看成一个 CMOS 反相器。2012 年,Kvatinsky 等[14]利用忆阻器的这一特性,提出一种忆阻器分压逻辑。MRL 门的原理图和电路动态如图 7.6 所示。

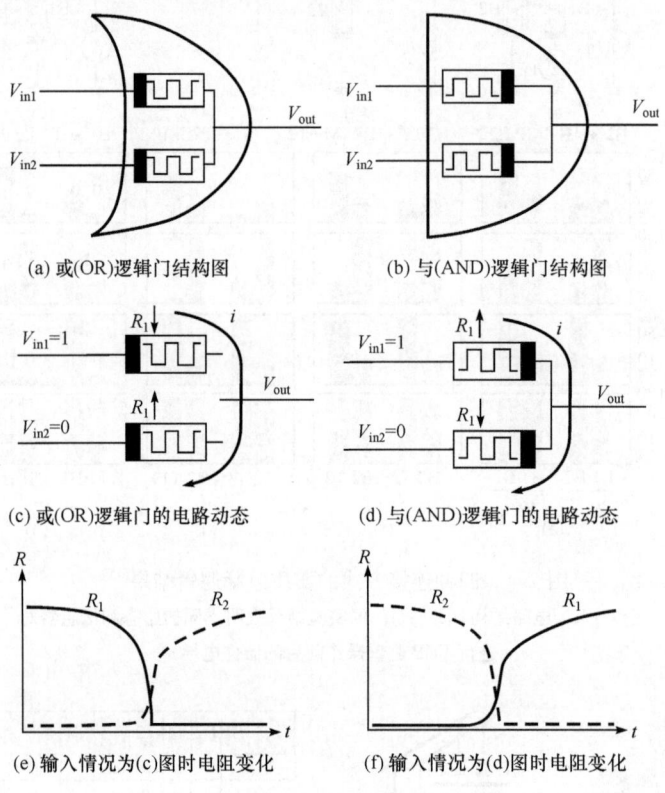

图 7.6 MRL 门的原理图和电路动态[14]

① 当两反向串联的忆阻器,连接端为正极时,可实现 AND 逻辑。当两输入 V_{in1} 和 V_{in2} 都为 1 时,输出也为 1;当两输入 V_{in1} 和 V_{in2} 都为 0 时,输入也为 0,其中一端 V_{in1} 为 1,而另一端 V_{in2} 为 0 时,M_1 置为高阻,M_2 置为低阻,则输出端的分压为

$$V_{out,AND} = (R_{ON}/(R_{OFF}+R_{ON}))V_{high} \approx 0 \tag{7-3}$$

其中,一端 V_{in1} 为 0,另一端 V_{in2} 为 1 时,M_1 置为低阻,M_2 置为高阻,则输出端的分压为

$$V_{out,AND} = (R_{ON}/(R_{OFF}+R_{ON}))V_{high} \approx 0 \tag{7-4}$$

② 当两反向串联的忆阻器,连接端为负极时,实现 OR 逻辑。当两输入 V_{in1} 和 V_{in2} 都为 1 时,输出也为 1;当两输入 V_{in1} 和 V_{in2} 都为 0 时,输入也为 0,其中一端 V_{in1} 为 1,另一端 V_{in2} 为 0 时,M_1 置为低阻,M_2 置为高阻,则输出端的分压为

$$V_{out,OR} = (R_{OFF}/(R_{OFF}+R_{ON}))V_{high} \approx V_{high} \tag{7-5}$$

其中一端 V_{in1} 为 0，另一端 V_{in2} 为 1 时，M_1 置为低阻，M_2 置为高阻，则输出端的分压为

$$V_{\text{out,OR}} = (R_{\text{OFF}}/(R_{\text{OFF}}+R_{\text{ON}}))V_{\text{high}} \approx V_{\text{high}} \tag{7-6}$$

忆阻器分压逻辑（MRL）运算方法及电路的输入和输出皆为电压，便于与 CMOS 逻辑电路进行混合设计。由于电路真正接负载时，后端的电路会参与到前端电路中进行分压，使得忆阻器电阻变化不充分，电路的扇出能力下降，或几乎可以看成没有扇出能力。为解决这一问题，Kvatinsky 等通过加入一个反相器来提高输出电压的稳定性和电路的扇出能力，但又会导致 MRL 电路的器件数目与 CMOS 电路中所对应的逻辑电路相同。这也意味着 MRL 电路并没有电路结构上的优势，同样也没有利用忆阻器的非易失性存储特性。

在此基础上，为发挥忆阻器的电阻状态非易失性，华中科技大学沈轶团队[15]在 MRL 逻辑门的输出端添加了一个忆阻器来专门存储计算结果，也可以将结果即时输出。当要读取忆阻器中状态时，可以通过由运算放大器组成的电流-电压转换器读出计算结果。为提高电路的集成性，文中还提出将与门和或门并联在一起以在一个单元实现更多逻辑功能。

该团队提出一种基于忆阻器的开关（MS）单元，利用这个开关可以扩展出一个读出时间、功耗和连续正确读出数等性能显著提升的 4M1M 结构的存储单元。4M1M 逻辑结构如图 7.7 所示。忆阻器开关由 4 个忆阻器构成，其中 M_P 和 M_Q 组成与门，M_S 和 M_T 组成或门，通过同时选中 M_P 和 M_Q，或 M_S 和 M_T 单元来决定将进行的逻辑操作。如图 7.8 所示，电路的整个操作包括写入模式和读出模式。写入时，开关 S_5 置到 1，输入信号通过 MS 得到输出电压 V_O，然后将结果存在忆阻器 M_R 中；读出时，开关 S_5 置到 2，通过比较器结构将结果读出（如果忆阻器阻态为低阻，读出 1；如果忆阻器阻态为高阻，读出 0）。此外，他们还对 IMP 逻辑进行扩展，实现了基于忆阻器的或门[16]。

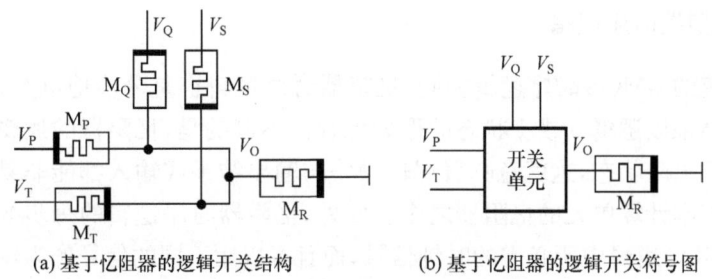

(a) 基于忆阻器的逻辑开关结构　　(b) 基于忆阻器的逻辑开关符号图

图 7.7　4M1M 逻辑结构[15]

在文献[14]，[15]所述的逻辑电路中，忆阻器仅作为一个非线性电阻，简化了 CMOS 逻辑电路设计，然而并没有充分利用忆阻器的非易失电阻转变特性。总

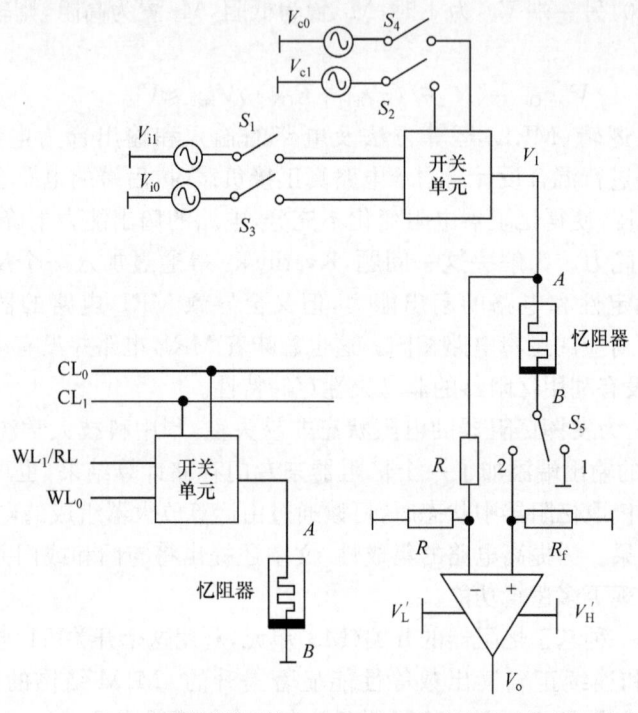

(a) 4M1M结构的阵列扩展   (b) 4M1M结构阵列中的读写电路

图7.8 4M1M结构的扩展与读写[15]

之,上述忆阻器组合逻辑的实现仍然是以直接电平信号作为输入输出,信息的存储需要利用额外的存储单元。接下来,具体阐述几种基于忆阻器的时序逻辑实现方法,器件的非易失性电阻状态在其中发挥了重要作用,可以有效地实现计算与存储的融合。

7.1.2 忆阻器时序逻辑

与传统的CMOS时序逻辑相同,忆阻器时序逻辑也是分步地进行逻辑操作,并将运算结果以逻辑0或1状态的形式保存。不同的是,忆阻器的逻辑状态保存于忆阻器的电阻状态,这就意味着逻辑操作的输出结果或输入都能非易失地保存在作为最基本计算单元的忆阻器之中。此外,忆阻器时序逻辑的每步操作不但没有传统CMOS逻辑中所必需的时钟信号,而且可以用不同的信号作为输入变量。

2012年,德国亚琛工业大学的Waser团队[17-19]提出一种通用逻辑操作方法,可在单个双极性或互补式忆阻器件中实现14种布尔逻辑运算。原理简述如下。

① 对忆阻器进行初始化操作,初始化后的器件阻态作为一个逻辑输入变量Z。

② 将两个直流或脉冲电压信号施加在忆阻器两端,作为另外的两个逻辑输入变量 T_1 和 T_2。

③ 进行两步操作后,存储在忆阻器中的逻辑状态可以表达为

$$Z = (T_1 \text{ RIMP } T_2) \cdot Z' + (T_1 \text{ NIMP } T_2) \cdot (\text{NOT } Z') \quad (7\text{-}7)$$

通过赋予式(7-7)中 3 个输入变量不同的值,可以实现 16 种完备布尔逻辑中的 14 种,并读取其逻辑运算结果。

2015 年,Waser 团队又参考了 You 等的方法,改进了上述方案,补全了剩下的两种布尔逻辑操作[20]。下面具体介绍 Waser 团队的原始方法,然后介绍 You 等的方法,最后阐述 Waser 后来的改进方案,以及由此提出的全加器电路方案[21-23]。

Waser 团队[18,19]利用单个双极性或互补式忆阻器来实现 IMP 逻辑功能时,首先对忆阻器进行初始化操作,将其置到状态 Z。然后,对忆阻器的两端施加两个直流或脉冲电压信号作为另外两个输入变量。如图 7.9 所示,对于由双极性忆阻单元构成的逻辑电路,$Z=0$(灰色)表示低阻态,$Z=1$(黑色)表示高阻态,而输出结果则是用电流的大小来表示。对于由互补式忆阻单元构成的逻辑电路而言,$Z=0$ 代

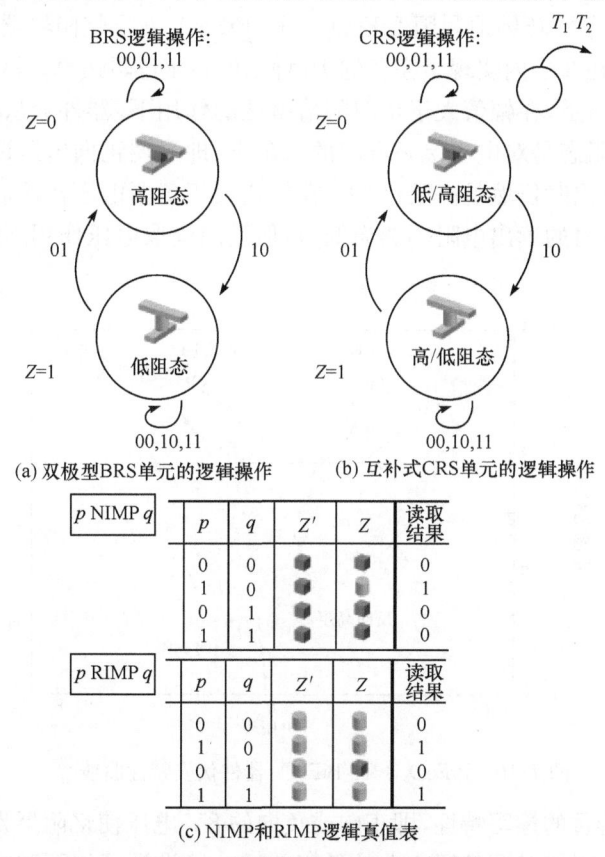

图 7.9 单器件实现 IMP 逻辑[18]

表 HRS/LRS 的存储状态,$Z=1$ 代表 LRS/HRS 的存储状态,而输出结果则由电流脉冲信号表示。由双极性忆阻器件构成的逻辑电路状态 Z 是可以保留的,其改变是由施加在忆阻器两端的电压 T_1 和 T_2 共同决定,因此双极性忆阻元件可以看做是一种摩尔机。当 $Z=0$ 时,只能检测到很小的输出电流;$Z=1$ 时,可以检测到较大的输出电流。当存储的状态为 $Z=1$,仅当满足 $T_1=1$ 并且 $T_2=0$ 时,在忆阻器件的两端才会出现正的电压降并且使状态转变到 $Z=0$。当存储的状态为 $Z=0$,仅当满足 $T_1=0$ 并且 $T_2=1$ 时,在忆阻器件的两端才会出现正的电压降,并且使状态转变到 $Z=1$。事实上,互补式忆阻单元构成的逻辑操作与双极性器件的操作是完全一样的,只是结果的输出方式不同。互补式忆阻器件构成的逻辑单元使用电流脉冲作为输出,输出的结果不但与存储的状态有关,而且与输入参量有关。存储的电阻状态转变时伴随着信号的输出,当检测到电流脉冲时代表 0,而没有检测到电流脉冲时代表 1。此外,互补式忆阻器的另一个优点是能够抑制十字交叉阵列中的串扰电流,在构建同时具有存储与逻辑功能的高密度十字交叉阵列中具有其优势。

继而,You 等[20]巧妙地利用 $BiFeO_3$:Ti/$BiFeO_3$ 双层忆阻器器件中的不对称伏安读写特性,在 3 步内实现了完备的 16 种二值布尔逻辑运算。器件的伏安特性曲线如图 7.10 所示,在幅值大于正向阈值电压的作用下,器件会从高阻态变为低阻态,但这一低阻态是对电压单一方向的低阻态,即采用正向电压读出时是低阻,采用负向电压读出时仍然是高阻;反之,在幅值大于负向电压作用后,器件在负向的读取电压作用时的读出电阻仍然为低阻,但正向读取电压作用下的读出阻态表现为高阻。

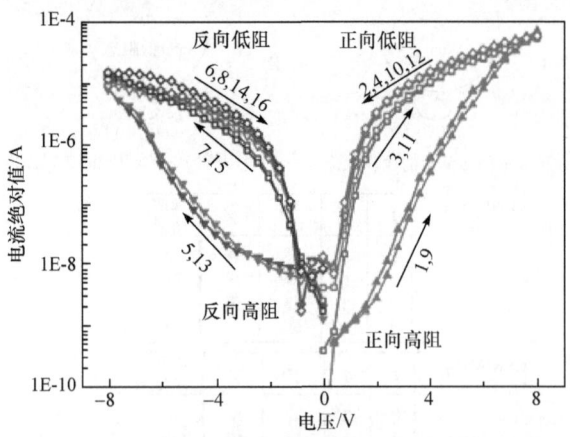

图 7.10　$BiFeO_3$:Ti/$BiFeO_3$ 器件伏安特性曲线[20]

基于这种特殊的擦写特性,即正向或负向的 8V 电压使忆阻器发生电阻变化,但其低阻态都是对应于写偏置方向的低阻。You 等设计了如下逻辑操作:首先将器件进行初始化操作,将初始状态写入忆阻器,记为 S';然后将两不同的直流或脉冲信号置于忆阻器两端,记为 T_1 和 T_2。注意,以上第一步和第二步操作,与 Waser 组的逻辑操作方法类似。在前两步操作结束之后,即可进行第三步:读取忆阻器的电阻状态。由于 $BiFeO_3$ 忆阻器阻态的读取与方向相关,如把读取电压方向记为 r,可得最后的计算输入结果,即

$$Out=(T_1+\overline{T_2})\cdot S'\cdot r+(\overline{T_1}\cdot T_2)\cdot S'\cdot \bar{r}+(T_1\cdot \overline{T_2})\cdot S'\cdot r+(\overline{T_1}+T_2)\cdot S'\cdot \bar{r} \tag{7-8}$$

通过控制变量,赋予四个变量 S'、T_1、T_2 和 r 不同的值,可以实现完备的 16 种布尔逻辑。需要指出的是,虽然上述方法中逻辑输入与输出的关系式简洁合理,但对忆阻器特性具有特殊要求。满足类似于 $BiFeO_3$ 器件非对称电阻读取特性的器件较为少见,制备工艺的控制也较为困难。

此后,Waser 团队[21]借鉴 You 等的方法对前述方法进行修正,在双极性价态转变忆阻器(BRS-VCM)、阈值型忆阻器(TS-ReRAM)、互补式价态转变忆阻器(CRS-VCM)、互补式电化学金属化忆阻器(CRS-ECM),以及具有互补式伏安特性的价态转变忆阻器(CS-VCM)等忆阻器件中实现了 16 种布尔逻辑,并进一步探讨了布尔逻辑实现对器件特性的具体要求。他们认为器件的擦写次数需要着重考虑和优化,而高低阻比、器件的保持特性对逻辑功能的实现影响较小[24-26]。

在完备布尔逻辑实现的基础上,Waser 团队[22,23]通过迭代时序逻辑关系式设计实现了忆阻全加器。如图 7.11 所示,在器件阵列中,对 $Z=(T_1\,\text{RIMP}\,T_2)\cdot Z'+(T_1\,\text{NIMP}\,T_2)\cdot (\text{NOT}\,Z')$ 中的 3 个变量进行赋值,得到全加器所需结果的赋值。由于进位位的表达式为

$$c_{i+1}=(a_i+b_i)\cdot c_i+(a_i\cdot b_i)\cdot \overline{c_i} \tag{7-9}$$

可将其按式(7-7)的形式变形为

$$c_{i+1}=(a_i\,\text{RIMP}\,\overline{b_i})\cdot c_i+(a_i\,\text{NIMP}\,\overline{b_i})\cdot \overline{c_i} \tag{7-10}$$

和位则可由两步迭代得出结果,即第一步运算为

$$s'_i=(a_i\,\text{RIMP}\,b_i)\cdot c_i+(a_i\,\text{NIMP}\,b_i)\cdot \overline{c_i} \tag{7-11}$$

第二步运算为

$$s_i=(b_i\,\text{RIMP}\,c_{i+1})s'_i+(b_i\,\text{NIMP}\,c_{i+1})\overline{s'_i} \tag{7-12}$$

其中,诸如进位位以及和位的第一步运算在操作上都无法一步完成。

具体地,可参考如下两种方法。

(1) 预计算加法器

进位以及和位分开于不同的两列器件中。每列包括 1 个字线和 3 个位线共 3 个单元,操作步骤如下。

① 初始化。类似于文献[19]中的逻辑操作,因为操作前单元电阻状态未知,所以要初始化所有将参与运算的单元。此步操作可通过置两个字线 1,置所有位

线 0 完成.

② 写入 c_0。将 c_0 置于字线,而将 1 置于位线.

③ c_1 和 s_0 的计算。选取写入 c_0 的单元,将信号 a_0 置于字线而信号 $\overline{b_0}$ 置于相应的位线得到 c_1;s_0 的计算可以通过式(7-11)和式(7-12)获得,操作方法与 c_1 的计算相似.

④ c_2 和 s_1 的计算.

⑤ c_3 和 s_2 的计算.

⑥ c_1 的读出和 s_0 的计算.

⑦ c_1 和 c_2 的读出,s_1 和 s_2 的计算.

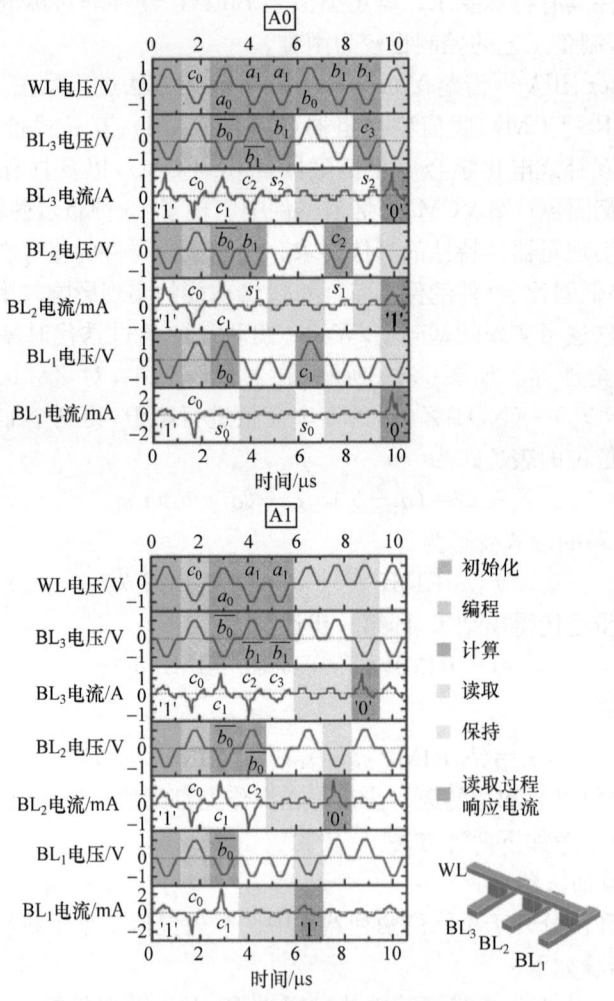

图 7.11 预计算加法器的概念验证[22]

(在 1×3 阵列中以 $a=(01)_{c_2}$ 和 $b=(01)_{c_2}$ 为例)

(2) 触发型 TC 全加器

只需要一列,所有的辅助计算都在 Toggle-Cell(A0-wl-bl1)中进行,操作步骤则更多。整个计算需要由 1 条字线,3 条位线组成的 3 个单元(图 7.12)[22]。

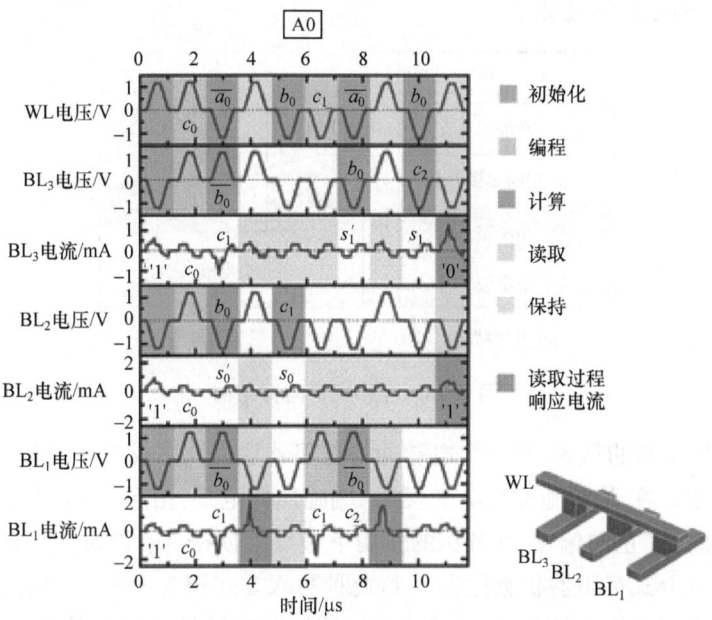

图 7.12 触发型 TC 全加器的概念验证(1×3 阵列)

基于 Waser 团队提出的忆阻时序逻辑运算方法,研究人员还提出并验证了各类衍生方案。下面简单介绍基于互补式忆阻器,华中科技大学缪向水团队[27]、清华大学潘峰团队[28]和意大利米兰理工大学的 Ielmini 团队[29,30]提出的三种不同方法。

如图 7.13 所示的互补式忆阻器可以看成是两种结构:一种是五层的两个忆阻器反向串联结构,另一种是在同一个阵列中,两个被选通单元的反向串联[31,32]。互补式器件最初的提出是为了减小器件读出时的漏电流,因此对中间电极的利用较少。早在 1960 年,Widrow 为研究神经网络就提出把中间极作为控制端来选择两个跨导中的一个。这个三端器件也称为 Widrows memistor[33,34]。华中科技大学缪向水团队[27]设计了一种基于三端结构忆阻器的逻辑操作方法,将其应用从神经网络扩展到逻辑运算。团队研究测试了 Ta/GeTe/Ag 器件的稳定二值开关特性,认为其源于 Ag 粒子导电通道的形成和断裂。将两个忆阻器极性相反地串联,基于这样一种器件背靠背的电路结构,团队提出一种完备布尔逻辑的运算方法,可以在初始化、运算和读取 3 步内实现所有 16 种基本布尔逻辑运算中的任意一种,运算的结果非易失性地存储在电路的电阻状态之中。以 NAND 逻辑为例,从

SPICE仿真和实验两方面验证了电路和逻辑运算方法的可行性,并对相应的功耗进行了讨论。由于非易失性器件的引入,运算的静态功耗接近于零,动态功耗可以通过降低器件开关电压、提高器件开关速度、增大器件高低阻态的电阻值等来进一步减小。具体原理描述如下。

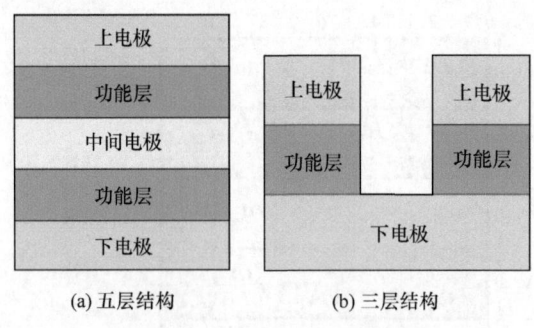

图 7.13　互补式忆阻器结构

① 初始状态的写入,即一个电脉冲将忆阻器置为 0/1 或 1/0 状态,记为 W,如图 7.14 所示。在 X 端施加高电平,在 Y 端施加低电平,由于对 M_1 施加了反向偏置,对 M_2 施加了正向偏置,在分压的作用下最终会使得 M_1 置为高阻态,而 M_2 置为低阻态,互补式忆阻器状态记为 0/1,此种写入方式记为 $W=1$。我们在 X 端施加低电平,在 Y 端施加高电平,由于对 M_1 施加反向偏置,对 M_2 施加正向偏置,在分压的作用下最终会使得 M_1 置为低阻态,而 M_2 置为高阻态,互补式忆阻器状态记为 1/0,此种写入方式记为 $W=0$。

② 逻辑操作步,将两个脉冲或是电压分别置于忆阻器的两端。两个信号 A 和 B 分别施加于 X 和 Y 两端,不同的初始状态和不同的输入 A、B 可使结构最终处于不同的状态。如果初始状态是 $W=1$,此结构只在 A 为低电平,B 为高电平的时候才会使得结构的状态变为 1/0。如果初始状态是 $W=0$,此结构只在 A 为低电平,B 为高电平的时候才会使得结构的状态变为 0/1。

③ 通过对不同端口读电压,实现计算结果的读出,记为 R。在 V_R 端施加一个较小的偏置作为读电压,通过 Z 端探测的电流来判断逻辑操作的结果。选择电压 V_S 可以选择读忆阻器 M_1 或是 M_2,当 V_S 为高电平的时候,S_1 打开,读出的是 M_1 存储的状态;当 V_S 为低电平的时候,S_2 打开,读出的是 M_2 存储的状态,则逻辑计算的结果可由下式表达,即

$$L = AB\overline{W}R + (\overline{A}+B)\overline{W}\overline{R} + \overline{A}BWR + (A+\overline{B})W\overline{R} \tag{7-13}$$

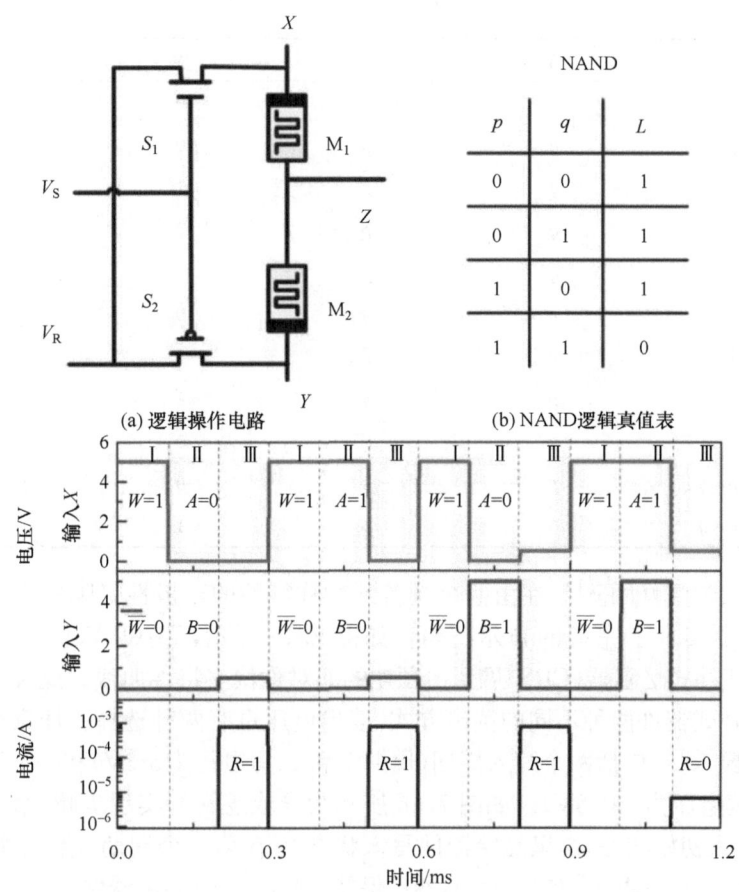

(a) 逻辑操作电路　　　　　(b) NAND 逻辑真值表

(c) 端口 X 和 Y 的输入电压及端口 Z 的输出电流

图 7.14　初始状态写入[29]

(在 HSPICE 仿真 HRS 高阻阻值为 $16\mathrm{k}\Omega$，LRS 低阻阻值为 100Ω，读出电压 $0.5\mathrm{V}$。W、A、B 和 R 都是 1ms 的电压脉冲。结果表明电路和操作方法可以在 3 步内实现 NAND 逻辑操作)

通过控制四个变量可以实现完备的布尔逻辑，完整的真值表如表 7.3 所示。

表 7.3　布尔逻辑真值表

逻辑	A	B	W	R
0	0	0	0	0
1	0	0	0	0
p	p	0	0	0
q	0	q	1	1
$\bar{p}$	p	1	1	1

逻辑	A	B	W	R
$\bar{q}$	1	q	0	0
$p+q$	q	p	0	p
$\bar{p}+\bar{q}$	q	p	1	p
$p \cdot q$	q	p	0	q
$\bar{p} \cdot \bar{q}$	q	p	1	q
$\bar{p}+q$	p	q	0	1
$p+\bar{q}$	p	q	1	0
$\bar{p} \cdot q$	p	q	1	1
$p \cdot \bar{q}$	p	q	0	0
$\bar{p} \cdot q + p \cdot \bar{q}$	p	0	0	q
$p \cdot q + \bar{p} \cdot \bar{q}$	0	p	1	q

清华大学潘峰团队[28]在由两个具备不对称特性的双极性忆阻器构成的互补式忆阻器中实现了完备的布尔逻辑。如图 7.15 所示，Ta_2O_5 双极性忆阻器件(BRS)和互补式忆阻器(CRS)展示出预期的非对称伏安特性曲线。此种非对称特性赋予互补式器件两种不同的读出方式，读出电压也有两种选择。任意逻辑的实现都只需要三步，包括两个写入周期（周期 1 和 2，写电压为±3V）和一个读出周期（周期 3，读电压为±0.5V）。如图 7.16 所示为异或逻辑的实现步骤，第一个周期给 CRS 写入初始状态，这里是给器件写入状态 0；在第二个周期，给 T_1 端一个低电平 0，给 T_2 端逻辑 q。如果 q=0，器件保持高阻状态 0；如果器件 q=1，器件写入低阻状态 1。在第三个周期，给读出状态赋予值 p，当 p=0 时，可以通过 0-R 读出 0（这就像 output=pXORq=0XOR0=0）；当 p=1 时，可以通过 0-F 读出 1（这就像 output=pXORq=1XOR0=1）；当 p=0 时，可以通过 1-R 读出 1（这就像 output=pXORq=0XOR1=1）；当 p=1 时，可以通过 1-F 读出 0（这就像 output=pXORq=1XOR1=0）。这些结果也间接说明，利用一个特殊的 CRS 就能实现完备的布尔逻辑功能。

Ielmini 团队则对同向串联的两个忆阻器进行操作，对串联忆阻器施加足够的正向电压 $V(2V_C<V<V_{Set})$，可实现 AND 和 Bit Transfer 操作；对串联忆阻器施加一足够的负向电压 $V(|V|<2V_{Reset})$，可实现 IMP、NOT 和 Regeneration 操作。然而，实现 IMP、NOT 和 Regeneration 等操作时，需要引入一个 0* 的中间态，用一个限制电流将器件置入一个比低阻态阻值要大而远不及高阻态的状态。利用这种方法，可对逻辑操作进行扩展，多步实现异或、加法等操作[29,30]。

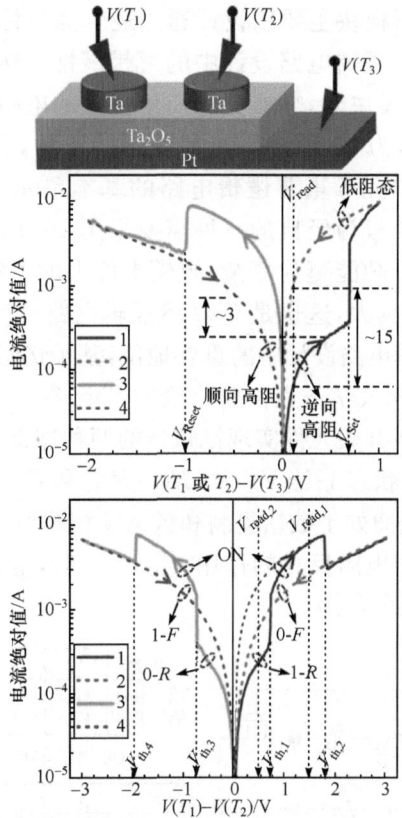

图 7.15 特殊的 BRS 和对应的 CRS 的伏安特性[28]

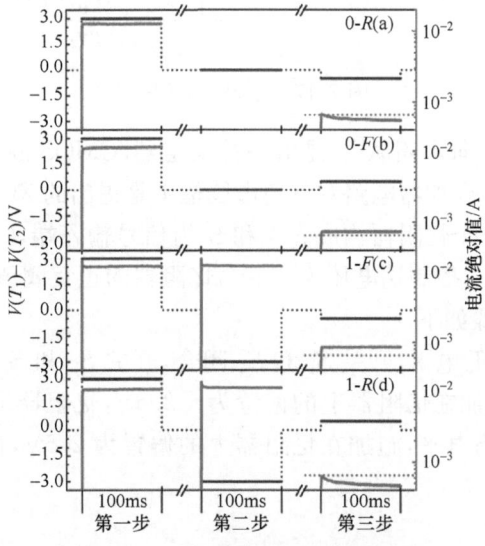

图 7.16 异或逻辑的实现步骤[28]

目前,设计布尔逻辑模块主要以设计通用逻辑为目标,重点考虑逻辑功能的完备性,以及应用在复杂逻辑电路设计中的可扩展性。然而,在设计针对某些应用场合的特定集成电路模块时,需要更为简洁高效的电路结构,因此需要设计专用功能模块。XOR 门作为 16 种基本布尔逻辑的一种,是全加器、减法器、乘法器、计数器和算术逻辑单元等重要逻辑电路的基本单元。CMOS 异或门具有多种不同的实现方案,其中较为经典的一种需要采用 10 个晶体管,元件数目较多。在此基础上,进一步设计功能更为复杂、规模更庞大的逻辑电路时,电路复杂度、面积和能量消耗都较为巨大,这也是 CMOS 逻辑电路设计中的共性问题。

鉴于 XOR 门在逻辑电路设计中的重要地位,基于忆阻器的 XOR 门也受到一些研究人员的关注。加州大学圣克鲁兹分校的 Shin 等[35,36]提出忆阻异或门设计方案(图 7.17),通过引入开关元件实现忆阻器的两种连接方式。当 $V_X = V_{EVL}$、$R_Y = R_{ON}$ 和 $R_P = R_{ON}$ 时代表状态 1;当 $V_X = 0$,$R_Y = R_{OFF}$ 和 $R_P = R_{OFF}$ 代表状态 0。电路可以由于 V_X 取值的不同而处于数据复制和数据反相两种状态,即当 $x = 0$ 时,两忆阻器反向串联,起到一个电阻反相的作用;当 $x = 1$ 时,电路结构类似于实质蕴涵模式,起到一个电阻复制的作用。

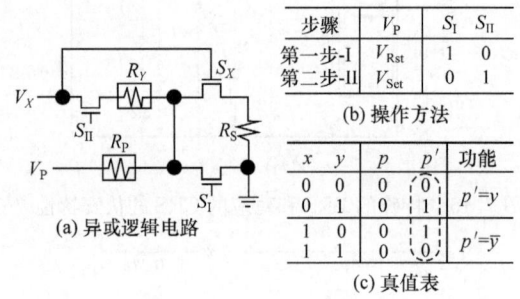

图 7.17　忆阻异或门[35]

华中科技大学缪向水团队[37]提出一种忆阻器/CMOS 混合的非易失性 XOR 门。如图 7.18 所示,全加器电路左下角虚线框中是提出的 XOR 门模块,由 4 个晶体管(压控开关)和 1 个忆阻器构成。A 和 B 为信号输入端,C 为控制端。设高电平为 5V,低电平为 0,控制端电压为 2.5V,忆阻器的正负阈值电压的绝对值小于 2.5V。具体操作步骤如下。

① 当信号 A 为低电平,开关 S_1 和 S_4 闭合,开关 S_2 和 S_3 断开。如果此时信号 B 也为低电平,施加在忆阻器上的偏置为 $-2.5V$,忆阻器被写为高阻,记为 0。如果此时信号 B 为高电平,施加在忆阻器上的偏置为 2.5V,忆阻器被写为低阻,记为 1。

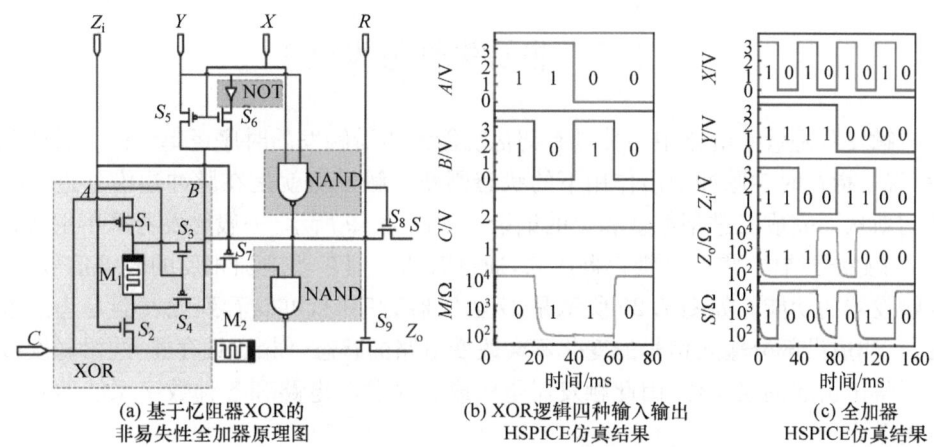

图 7.18 基于忆阻器异或门的非易失性全加器[37]

② 当信号 A 为高电平,开关 S_2 和 S_3 闭合,开关 S_1 和 S_4 断开。如果此时信号 B 为低电平,施加在忆阻器上的偏置为 2.5V,忆阻器被写为低阻,记为 1。如果此时信号 B 为高电平,施加在忆阻器上的偏置为 -2.5V,忆阻器被写为高阻,记为 0。

电路可以一步实现异或逻辑操作,且逻辑操作的结果以电阻状态的形式存于忆阻器中,因此电路可以集成在其他 CMOS 设计的末端作为输出级电路。同时,可以在需要读出运算结果时,将信号 A 置为低电平,而把一个读电压偏置 V_{read} 施加在 C 端。流经忆阻器的电流可以通过 B 端读出。

以全加器为例简单介绍此 XOR 电路的扩展。全加器的表达式为

$$S = X \oplus Y \oplus Z_i \tag{7-14}$$

$$Z_o = XY + (X \oplus Y)Z_i = \overline{XY \cdot \overline{(X \oplus Y)Z_i}} \tag{7-15}$$

其中, X 和 Y 是两个加数; Z_i 和 Z_o 是低位进位和高位进位; S 是和。

典型 CMOS 全加器需要 28 个晶体管,而基于上述忆阻 XOR 门的电路采用 21 个器件可以一步实现全加器功能,通过 HSPICE 仿真验证。

异或以及同或在逻辑上不是线性可分的,可以将它们视为某种匹配。基于这种匹配,异或操作的逻辑功能可以在模式识别和先进加密标准安全系统中发挥重要作用[38-40]。在这些应用中,器件的稳定性、擦写次数和阻态渐变调控等特性都应该被考虑,这就和器件在存储应用中的性能要求有所不同。另外,由于在计算中需要进行频繁的操作,对器件的擦写次数和速度性能的考虑将被提到更前的位置。器件的高低阻态稳定性和可控的渐变特性则在神经网络应用中更多地被探讨[41,42]。

7.2 非易失性触发器

触发器是数字电路中一种具有记忆功能的边沿触发的时序逻辑组件。所谓触发,就是指在时钟脉冲边沿作用下的状态刷新。触发器就是在脉冲边沿处进行状态刷新从而完成二进制数 0 和 1 的记录。如图 7.19 所示,一般触发器采用主从式的 D 触发器结构,将两个锁存器级联,通过对两个锁存器施加相反的时钟信号,实现触发器的功能。如图 7.20 所示是 D 触发器时序图,可以看到触发器是边沿触发,在非边沿部分输入信号的变化不会改变电路的状态。相比锁存器,边沿触发减少了噪声引起的误操作,因此触发器是构成时序逻辑电路和各种数字系统的基本逻辑单元。

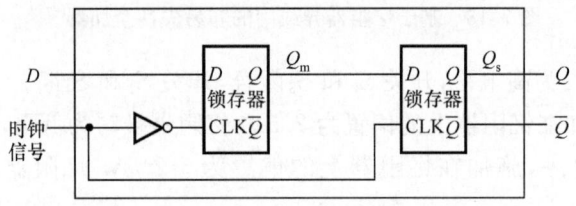

图 7.19 D 触发器电路

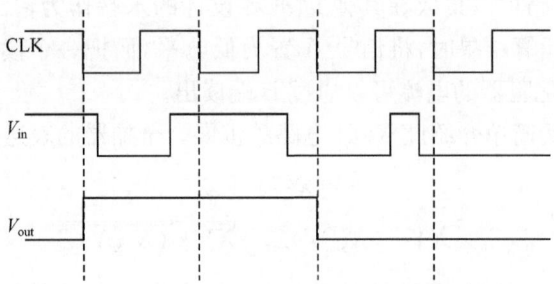

图 7.20 D 触发器时序图

如图 7.21 所示的锁存器是一种对脉冲电平敏感的存储单元电路,可以在特定输入脉冲电平作用下改变状态。锁存就是把信号暂存以维持某种电平状态。锁存器的最主要作用是缓存,利用它的状态保持特性可以控制其与慢速的外设之不同步问题,从而解决驱动的问题,同时由于输入输出隔离也可以解决一个 I/O 口既能输出,也能输入的问题。

如图 7.22 所示,CMOS 工艺 D 触发器是由 16 个 MOS 管构成,电路结构较为复杂、元件数较多。随着单元尺寸的减小,CMOS 工艺将面临物理极限,这就要求寻求一种新方案来驱动其发展。另一方面,用 CMOS 工艺实现的电路为易失性

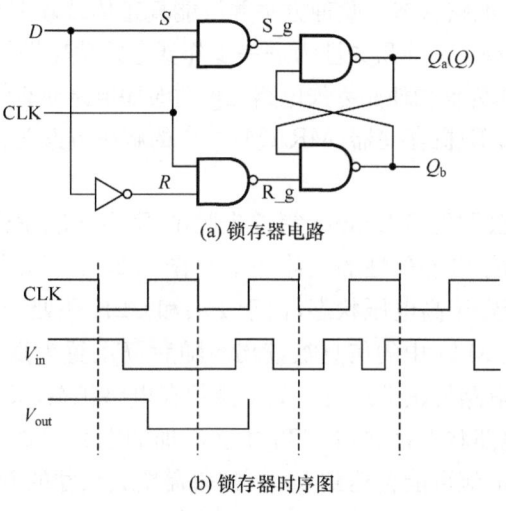

(a) 锁存器电路

(b) 锁存器时序图

图 7.21 锁存器

的,即电路掉电后,电路原来的工作状态将无法保存,而锁存器和触发器本来就是一种电路状态的保存。这就为开发基于忆阻器的非易失时序逻辑电路来代替现有电路提供了原理上的可行性和必然性。

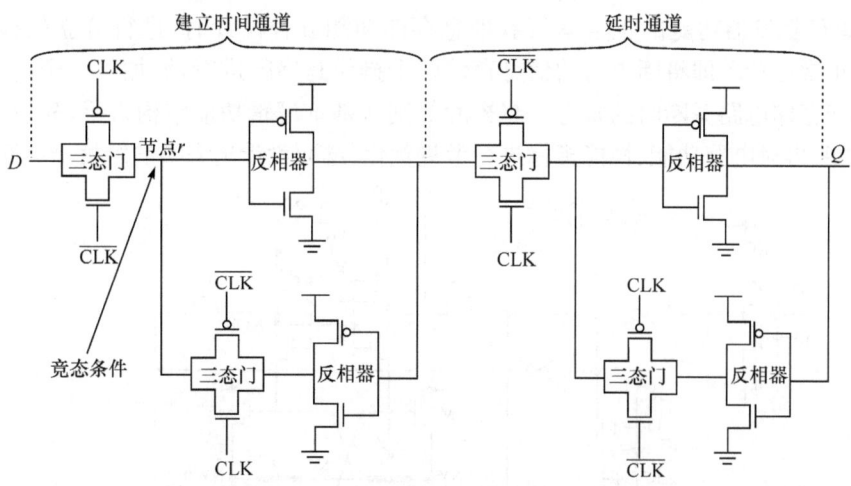

图 7.22 CMOS 工艺 D 触发器的电路图

对于如锁存器、触发器一类的时序电路,非易失性的实现方法主要有两种思路。一种思路是设计一个附加非易失性的存储电路,用来存储掉电前原有时序电路中的信息。这种方法是目前业界主流公司、企业采取的解决方案,即在不改变原有电路结构的基础上,只需要添加一个存储模块,在需要对电路状态进行记忆时,打开这个模块,记录电路状态。此种方法并没能真正体现新型存储单元高速、低功耗等优势,尤其是忽视了其非易失性为进一步降低电路功耗提供的可能性。第二种思路是引入忆阻器作为低功耗非易失电路元件对时序电路原有结构进行重新设计。

下面我们先以磁随机存储器(MRAM)[43-45]的解决方案为例,逐渐引出忆阻器的解决方案。

2009年,NEC公司的Sakimura等首先瞄准D主从触发器,保持主锁存器不变,对从锁存器进行了非易失性的设计[43]。如图7.23所示,对电路状态进行置回时,首先将V_{DD}重新置于高电压状态,由于P_{ON}和CLK还处于低电平,P_{ON}所控制的开关闭合,存储在MTJ中的信息被读出。随后,P_{ON}置为高,开关断开,MTJ中的状态将不再影响电路的正常运行。如果想保存电路状态,只需要将W_{CK}置高,将存储通路打开,将电路状态存储在MTJ中。添加的电路需要对MTJ进行读写操作,而MTJ的读写电流可能会达到1mA,这就需要大尺寸的NOR门,从而使得节点寄生电容增大,而影响整个电路性能。为解决这一问题,该方案设计了单独的电路,对MTJ擦写状态时进行供电(即添加M5,M6,M5′,M6′,MOS管如图7.23所示等),从而减少MTJ擦写电路对原有电路扇出能力的影响(图7.24)。此后,还有普渡大学的Kwon等[44]和巴黎南大学的赵巍胜等[45]也开展了相关研究。Kwon等沿袭了NEC公司的思路,区别在于由于MTJ的擦写可能需要的功耗较大,将D触发器功能的正常运行和信息存储功能混合设计时,进行分立的操作。电路正常运行和即将断电时的信息存储两个操作是串行进行,添加了一个备份模式用来存储电路关断时的状态。赵巍胜等则从基本逻辑功能结构入手,先设计实现功能,再对电路功能、性能指标进行考量优化,继而设计出完整的触发器电路。

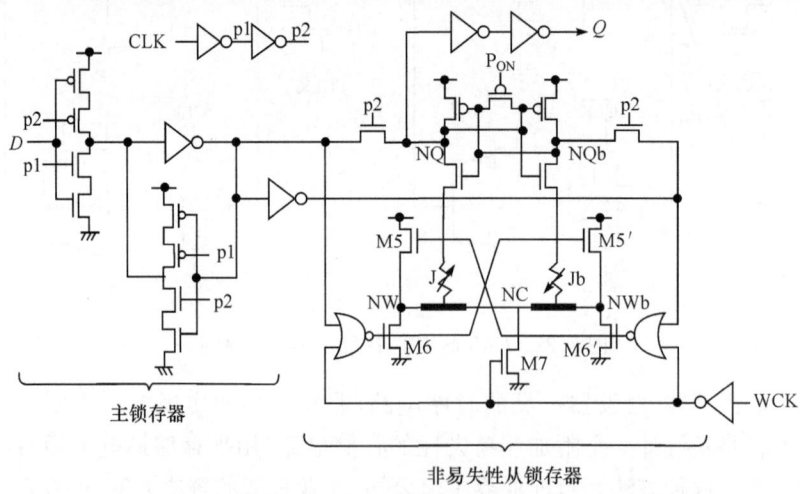

图7.23 基于MRAM从锁存器的非易失性磁触发器电路[43]
(MTJ被用作可变电阻)

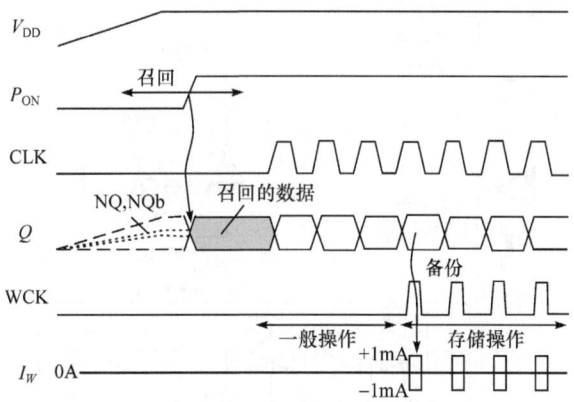

图 7.24 非易失性磁触发器电路时序图[43]

2010年,惠普实验室也提出一种不改变原有电路结构只添加忆阻器存储模块的非易失性触发器[45]。如图 7.25 所示,在原有的主从触发器结构基础上,在主从触发器之间添加一个二路选择。当电路正常运行时,选通管选择直接将主锁存器中的信号传递给从触发器。当电路需要关断时,开关闭合,将主锁存器中的信号存入忆阻器之中;当电路再启动时,通过分压电路和选通管,将断电前的电路状态读出,使得整个电路继续正常运行。

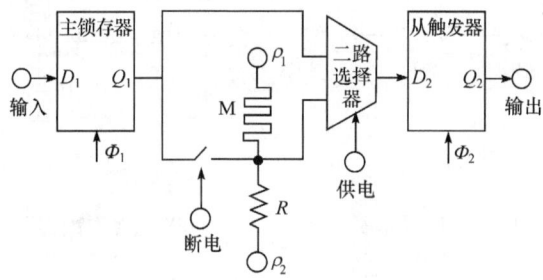

图 7.25 触发器的非易失性设计[45]

(通过一个忆阻器 M 来存储触发器断电时的状态,来实现电路的断电存储和上电恢复)

Portal 等[46,47]对经典的气球型锁存器进行改进,将从触发器的气球改为基于忆阻器的非易失性模块(图 7.26)。当要断电或是需要对电路状态进行存储的时候,将电路存储通路(气球)打开,对此时的电路状态进行备份。这一设计也遵循了 MRAM 逻辑电路的设计思路。

我国台湾清华大学的 Shen 等[48]提出一种基于互补式忆阻器的非易失性锁存器,将非易失性的忆阻器看成某种意义上的锁存器。电路的操作方法如图 7.27 所示。虽然与标准意义上的锁存器工作原理还存在差异,即所需的操作过程多了一个清零步骤,输入输出的电平不一致等。但是,此设计也为忆阻器应用于时序电路提出新的思路。

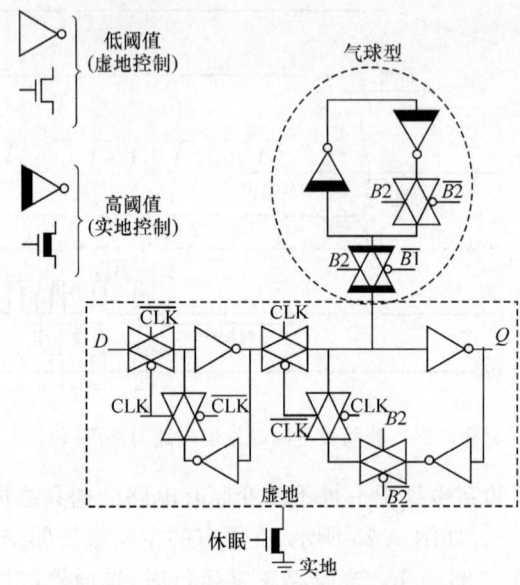

图 7.26　基于气球锁存器结构的数据保持触发器架构[46]

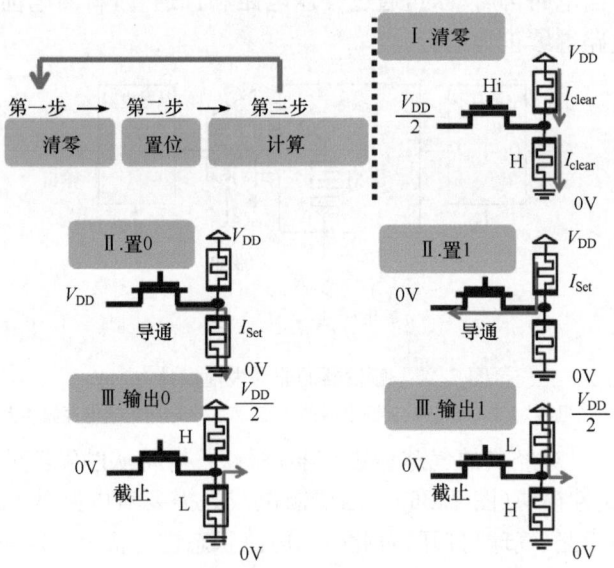

图 7.27　电路的操作方法[48]
（清零、置位和输出）

综上所述，现阶段基于忆阻器的时序逻辑电路的发展还较为初步，大多数的设计还停留在对现有电路的非易失性功能改进。随着对忆阻器更深层次的了解和更大限度地利用，未来忆阻器将更好地融于电路设计中。需要指出的是，由于绝大部分忆阻器是无源器件,无法在唯一的激励下单独完成放大作用。换句话说,没有额外电源提供能量,是无法获得比输入激励更高,甚至一样的电压和能量,因此也就无从谈起自运行细胞自动机等复杂时序逻辑电路的实现。但是,不能实现无外界能量的自发运行,并不意味着无法完成从状态机到图灵机原型的设计。在CMOS的辅助设计下,基于忆阻器的电路设计同样能实现类似功能的时序逻辑电路。触发器是状态机的基本元件,可类比细胞自动机,拥有着一些相似的功能。在纳米发电机、忆容等储能元件的辅助下,纳米尺度下的细胞自动机微系统结构是有可能被制备出来的。

7.3 存储与计算融合的忆阻架构

随着信息社会的飞速发展,信息交流产生的数据和需要处理的数据越来越多,尤其是存储访问密集型应用,当数据规模大,而处理算法非常简单时,大部分信息处理的时间都花在存储器访问上。这对于存取速度和存储器系统的带宽产生了严峻挑战。

7.3.1 冯·诺依曼架构的现状与挑战

几十年来,现代计算机在人类社会中一直发挥着重要作用。人们使用的计算机大多都是冯·诺依曼计算机体系架构[49]。在这个架构中,计算和存储单元是分离的,它们经由总线连接,指令和数据通过总线在处理器和存储器之间被连续传输。但是,用于存储器和处理器之间移动数据的功耗远多于用于计算机实际计算的功耗。这种频繁的高能耗的数据移动被认为是冯·诺依曼瓶颈[50]。在如今大数据的背景下,由于要处理的数据越来越多,对低能耗的信息系统的需求也就越来越大,因此对当前的计算机体系结构从底层就要有一个根本的改变是必要的,以支持不同的社会应用[51]。某些创新,如内存计算(logic-in-memory)[52-54]可能减缓冯·诺依曼瓶颈,但在整个系统中计算与存储部分之间的分离仍会限制它的潜力[55]。

冯·诺依曼结构有如下几个特点:必须有一个存储器;必须有一个控制器;必须有一个运算器,用于完成算术运算和逻辑运算;必须有输入设备和输出设备,用于进行人机通信。程序和数据统一存储并在程序控制下自动工作。指令都是按照规定的顺序来逐条执行的,一条指令执行完后,在程序计数器中读取下一跳指令继续执行,当控制流出现分支时,需要通过转移指令来实现。运算器是处理器的中心,数据在输入输出设备和存储器之间传输时,都必须经过运算器,并且由控制器来统一控制。

在冯·诺依曼体系结构中,其存储模型和计算模型从本质上来说都是一维的。

计算机中的程序由数据和代码组成,数据存储和组织的方式是数据结构,数据由程序进行处理,程序由代码进行控制,最终建立某种输入和输出之间的映射关系。在一个高级语言要执行时,不管数据结构在高级语言中是怎么样的,在存储器中都会被转换为一种线性存储模型进行存储。这种存储模型是一维的存储模型,当存储器被访问时,需要按地址顺序查找。如果需要同时对多个存储单元进行读写操作,必须按先后顺序逐个单元进行读写,无法同时进行。尽管后来提出多端口、多通道技术,但是从逻辑上,存储单元依然是串行工作,因此计算模型是一维的。

在实际应用中,存在大量逻辑上可以并行的指令,但是却很难使用冯·诺依曼结构去支持完成这些指令去并发执行。因为冯·诺依曼结构的一维存储和计算模型的本质限制了其开发指令集并行的能力。

随着半导体工艺技术的飞速进步和体系结构的不断发展,半导体工艺技术的每一次进步都为微处理器体系结构的研究提出新的问题,开辟了新的领域;体系结构的进展又在半导体工艺技术发展的基础上进一步提高了处理器的性能。这两个因素是相互影响、相互促进的。一般说来,工艺和电路技术的发展使得处理器性能提高约 20 倍,体系结构的发展使得处理器性能提高约 4 倍,编译技术的发展使得处理器性能提高约 1.4 倍,但是这种规律性的东西却很难维持。多核的出现是技术发展和应用需求的必然产物。本质上,冯·诺依曼结构的程序执行是一维串行的,而多核处理器在程序执行时则是并行结构,这两者并不匹配,如何解决这一问题是多核发展的一个关键问题,需要研究合适的机制去匹配并行的多核处理器和串行的编程模型。

在冯·诺依曼结构中,地址空间是一维的,而多核处理器的访存层次是多维的,一个数据在整个内存可能有多份拷贝,这就引发了 cache 一致性问题。假如多核处理器中两个核心和共享内存构成一个系统,初始时核心 C_1 和 C_2 都将变量 X 存在共享内存装入到私有 cache 中,这时两个 cache 和共享内存中的 X 的值相同。在程序运行的某一时刻,核心 C_1 将 X 的值改为 X_1,并更新了私有 cache 中的值。此时,无论 C_1 将数据写到 cache 中还是写到共享内存中,都不会修改 C_2 私有 cache 中 X 的值。此时,如果 C_2 需要读取 X,则只能得到 X 过时的值。

未来在面对更多应用的不同特点时,处理器的优劣不只局限于性能,应该有不同层次的并行性来应对不同的应用,如指令级并行、数据级并行和进程级并行等,但是冯·诺依曼结构不适合并行模型的开发。

7.3.2 基于忆阻器的非冯·诺依曼并行架构

目前信息处理器对低功耗、高密度、快速的需求日益增加,需要对当前基于晶体管的计算结构进行改变[56,57]。为了解决 CMOS 逻辑尺寸缩小和漏电流问题,非易失性存储器件向高效计算的非易失性逻辑器件的方向发展[58,59]。这个方向出现了一些令人兴奋的技术成果,如基于自旋的磁随机存储器[60,61]、相变存储器[62]和忆阻器[63-65]。在这些新的逻辑方案中,基于忆阻器的计算方案最受关注,因为它具有开关速度快、操作功耗低,以及与 CMOS 制备工艺兼容等特点[66-69]。更重要的是忆阻器的结构简单,能实现非常紧凑的横梁阵列结构,其最小单元面积可达 $4F^2$[70-72],这是实现大规模数据存储目标的关键[66]。此外,在存储器中直接进行通信已经可以在磁随机存储器中实现[73]。

忆阻器的蕴涵逻辑是一种状态逻辑,用忆阻器的高阻态和低阻态来表示逻辑 0 和 1。在设计电路时,考虑到忆阻器的阻变特性参与完成逻辑计算,并将计算结果用忆阻器的阻态来保存,且直接在存储状态上进行逻辑操作,可以省略读取数据和存储数据的步骤,节省大量计算开支。可以说,忆阻器带来了计算机技术的发展新机遇,尤其是未来对于存储墙问题的解决。

Li 等[74]实验证明,在单元面积为 $4F^2$ 的阻变存储器单元交叉阵列中能够实现非易失性逻辑、存储和直接通信。从架构的角度看,存储、逻辑和通信在非易失性系统中的一体化提供了用于非冯·诺依曼计算架构无限可能性。如本章前文所述,先前的工作主要是解决如何基于单个或多个非易失性器件实现基本逻辑操作方面的问题[60-65,74,75],更宏观的基于忆阻器的存储与处理融合的计算架构研究方面的进展还不多。

为打破器件和架构层面的瓶颈,Li 等[76]提出一个命名为 iMemComp 基于忆阻器的非冯·诺依曼计算架构,如图 7.28 所示。相比计算与存储模块分离的冯·诺依曼架构,iMemComp 使用一个包括存储与计算的统一核心模块来执行任务。这一模块具备并行计算、学习和记忆(智能)以及用户自定义逻辑功能的能力。

(1) 并行计算

在 iMemComp 中采用了交叉阵列忆阻器件作为基本单元(图 7.28(b))。阵列进行操作时,数据以非易失性的阻态形式存储在器件单元内,逻辑功能是通过在位线施加脉冲操作执行,计算原理如图 7.29 所示。阵列结构的并行性,可以使这种高密度电路结构拥有并行计算的能力。之前的计算操作,不同的输入组合被独立地储存在阵列字线的多行。在位线施加脉冲执行计算,计算可以在不同行中并行进行,得到多个结果。因此,相当于在一个阵列中,具有多个处理器,并且又全部可以作为存储器(图 7.29(b))。

(2) 逻辑学习

用户使用在阵列中定义的逻辑功能进行计算时,结果连同输入组合将被非易失性地储存在原位。将基本的布尔逻辑以及其他的用户自定义的函数作为训练集,阵列能够学习这些逻辑运算。此外,已经被阵列存储的结果可以被读出,并被后续的多比特计算或大规模重复任务作为输入使用。

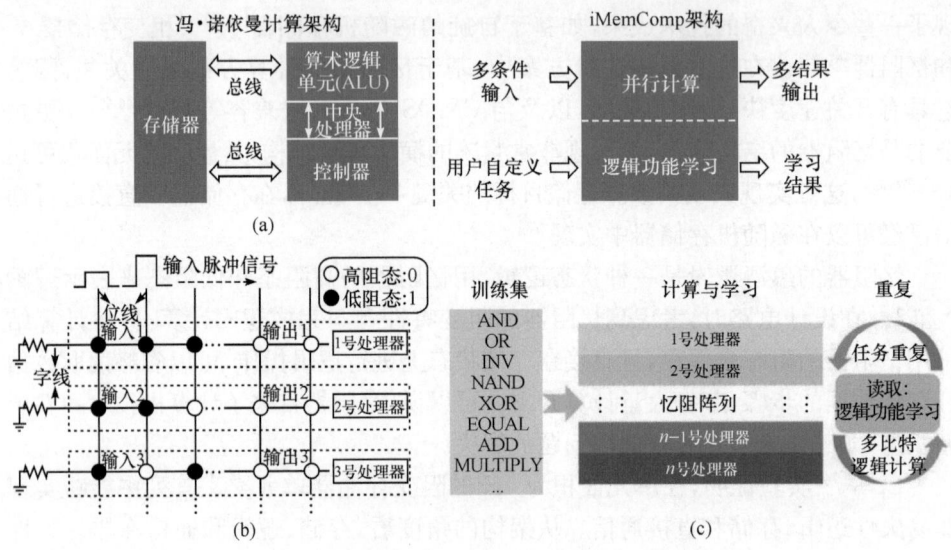

图 7.28 iMemComp 架构[76]

((a)在冯·诺依曼架构中,中央处理器和内存被总线分离,与之相比,iMemComp 通过忆阻器,实现了逻辑运算与存储的融合,并提供并行计算、逻辑学习等新的功能;(b)iMemComp 的构建基于交叉阵列,其并行计算利用了阵列的结构并行性。存储在多个不同行的输入组合在相同的脉冲序列下同时参与计算,各个计算结果被存储在原位,因此每一行代表一个独立的处理器,所有的处理器一起作为原位存储器;(c)iMemComp 拥有逻辑学习的能力。布尔逻辑和其他的用户自定义的功能可以在计算时训练阵列,由忆阻单元记住答案。学习过的逻辑功能,可以从阵列中通过解码读出,可重复使用在多比特逻辑和大规模重复的任务中)

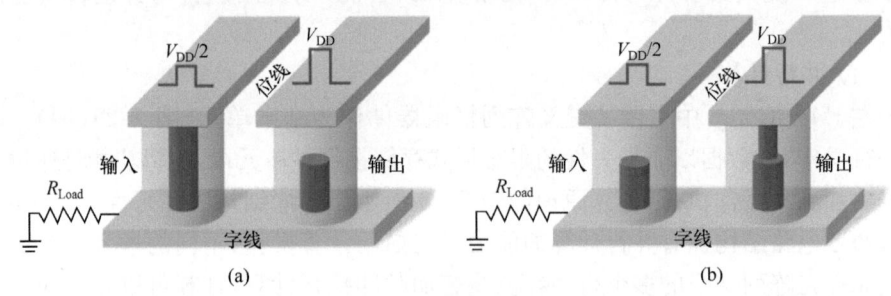

图 7.29 忆阻器的计算原理[76]

((a)如果输入单元(IN)是在低电阻状态(LRS),字线(Word line)上的电压将提高,这将降低整个 OUT 单元上的电压,导致其两端电压小于设定电压阈值,因此输出单元仍然为高阻状态;(b)如果输入单元是在高阻状态,则字线的电势会保持接近零,因此输出单元的电压近似于 V_{DD},高于 Set 阈值,输出单元变为低阻态)

如图 7.30(a)所示为基于多行阵列的全加器电路,其中每行为一个全加器,由 14 个忆阻单元组成。除了用于输入和输出的单元(输入 A、B,进位输入 C_i,总和 S

以及进位输出 C_o。），还设计有重复的输入和输出单元，以确保计算时输入/输出的非易失性状态单元不会被干扰。在电脉冲序列进行操作时，$A \oplus B$(XOR)和 AB(AND)可以计算实现多种功能电路，并在多个行之间并行地输出逻辑运算结果，以非易失性阻态的形式保存(图 7.30(b))。之后，被编程的单元沿着 8 行所有输入组合形成知识地图(knowledge map)存储加法(ADD)、与(AND)、异或(XOR)的逻辑功能的信息(图 7.30(c))。这种非易失性知识地图可以重复使用基于这三种常见的逻辑功能进行的计算任务，因此可以实现对 iMemComp 中的逻辑学习与再利用的反复使用。此外，标记为 R 的重复单元都可通过清除它们的状态实现重新配置，用于其他用户自定义的任务。对于多比特全加器，通过解码每个比特的输入组合，在知识地图中选择目标行，在 1 位的加法器完成计算后将结果数据保存到目标行。目标行计算完成后的结果又被下一个比特读出(图 7.30(d))，减少了多比特计算过程中计算资源的消耗。

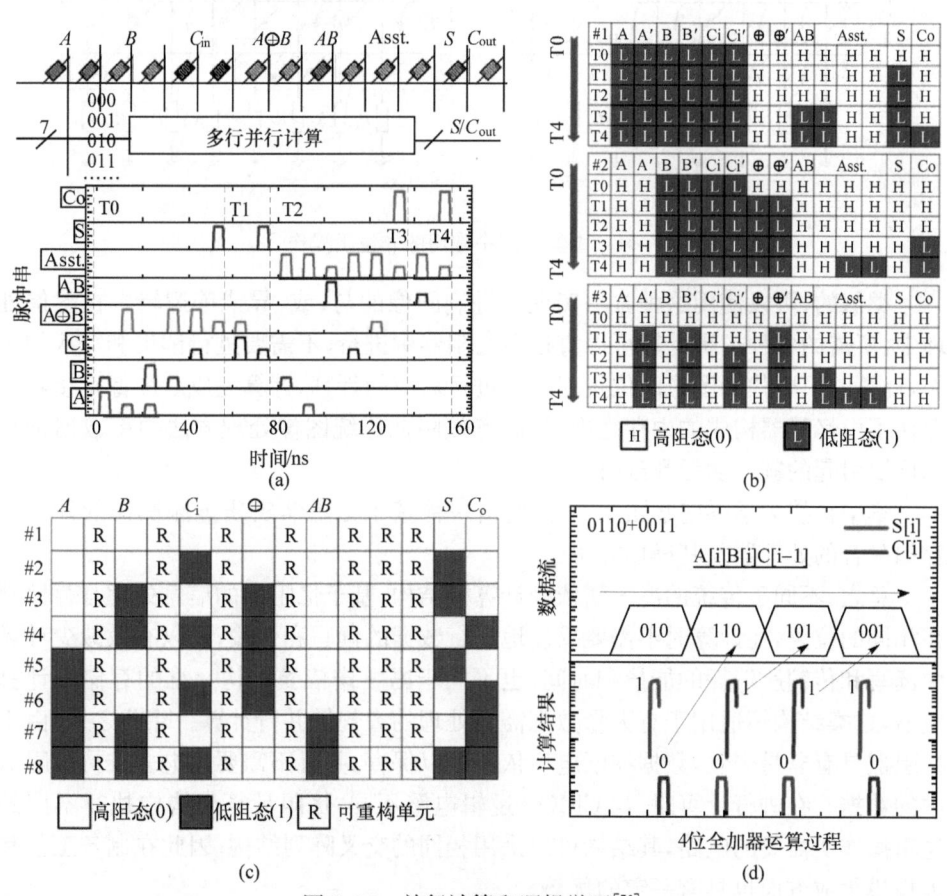

图 7.30 并行计算和逻辑学习[76]

Zhou 等[77]提出一种利用忆阻器的交叉阵列结构来进行二进制图像处理的方法。如图 7.31 所示为图像处理中常用的非逻辑操作。用忆阻器的高阻状态表示逻辑 0,低阻状态表示逻辑 1。首先,在 r_1 和 P 行上分别施加电压 V_{COND} 和 V_{Set},此时 P 行的数据被写为 $\neg r_1$。之后在 r_1 上施加电压 V_{CLEAR},将 r_1 行的数据重置为 0;然后,在 r_2 和 r_1 行上分别施加电压 V_{COND} 和 V_{Set},此时 r_1 行的数据被写为 $\neg r_2$;在 r_2 上施加电压 V_{CLEAR},将 r_2 行的数据重置为 0;重复上述步骤直至 r_{n-1} 行被写为 $\neg r_n$。

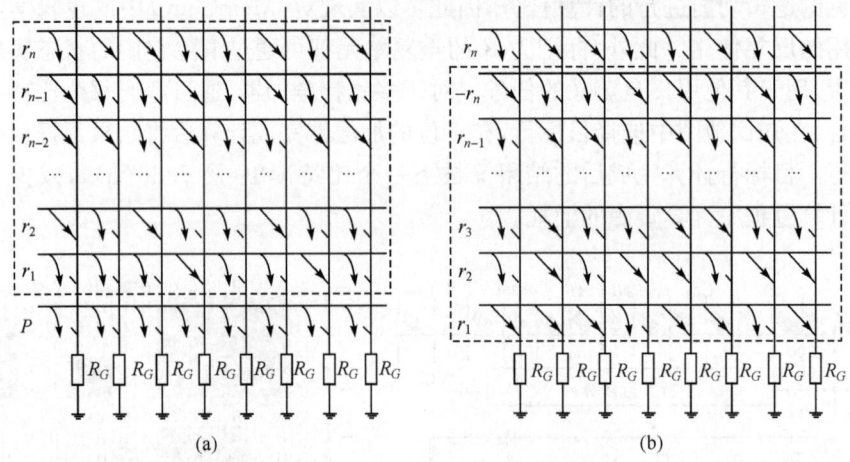

图 7.31 图像处理中常用的非逻辑操作[77]

类似的,可以使用这种方法实现二进制图像的与、或、异或等逻辑。在图像处理中,所需的各种逻辑计算可以直接在忆阻器中进行,不需要进行读出和写入的操作,计算时只要找到图像的位置就可以进行对应的计算,计算完成后图像直接就保存在了由忆阻器构成的内存之中,从而有效降低传统图像处理方法中由数据读写和传输引起的额外功耗和延时。

华中科技大学缪向水团队[78]也提出一种基于忆阻器实质蕴涵操作的计算与存储融合的处理器及其操作方法。

总之,不同于传统的冯·诺依曼计算机结构,基于忆阻器的信息处理与存储都在相同的位置,在计算时不需要反复地进行数据的读写和传输,可以有效减少计算中读写和传输所消耗的能量和时间;也不同于冯·诺依曼结构一维的存储和计算模型,这类结构还适用于有大量数据需要处理的大规模并行计算。除此之外,由于忆阻器具有非易失性,数据在断电后依然可以保存,并且不需要耗电去维持忆阻器中的数据。在进行计算时,与 CMOS 逻辑电路不同,忆阻计算架构中执行不同的逻辑操作所需要的电路,其结构可以采用相同的交叉阵列结构,因此在制备工艺和大规模集成方面也具有一定的优势。

参 考 文 献

[1] Shannon C E. A symbolic analysis of relay and switching circuits. MIT Master's Thesis,1940.
[2] Whitehead A N,Russell B. Principia Mathematica. Cambridge:Cambridge University Press, 1910,1,7.
[3] Borghetti J,Snider G S,Kuekes P J,et al. 'Memristive' switches enable 'stateful' logic operations via material implication. Nature,2010,464:873.
[4] 潘峰,陈超. 阻变存储器材料与器件. 北京:科学出版社,2014.
[5] Strokov D,Kohlstedt H. Resistive switching phenomena in thin films:materials,devices,and applications. MRS Bulletin,2012,37:108-114.
[6] Lehtonen E,Laiho M. Stateful implication logic with memristors//Proceedings of the 2009 IEEE/ACM International Symposium on Nanoscale Architectures,2009.
[7] Pershin Y V,Di Ventra M. Memory effects in complex materials and nanoscale systems. Advances in Physics,2011,60:145-227.
[8] Kvatinsky S,Kolodny A,Weiser U C,et al. Memristor-based IMPLY logic design procedure//Proceeding IEEE 29th International Conference on Computer Design,2011.
[9] Kvatinsky S,Satat G,Wald N,et al. Memristor-based material implication (IMPLY) logic: design principles and methodologies//2011 IEEE 29th International Conference on Computer Design,2011.
[10] Strukov D B,Snider G S,Stewart D R,et al. The missing memristorfound. Nature,2008, 453:80.
[11] Adam G C,Hoskins B D,Prezioso M,et al. Three-dimensional stateful material implication logic. arXiv Preprint arXiv:1509.02986,2015.
[12] Feynman grand prize, full description. https://www.foresight.org/GrandPrize.1.html [2016-6-7].
[13] Chua L O. Memristor-the missing circuit element. IEEE Transactions on Circuit Theory, 1971,18:507.
[14] Kvatinsky S,Wald N,Satat G,et al. MRL-memristor ratioed logic//2012 13th International Workshop on Cellular Nanoscale Networks and Their Application,2012.
[15] Zhang Y,Shen Y,Wang X,et al. A novel design for memristor-based logic switch and crossbar circuits. IEEE Transactions on Circuits Systems I:Regular Papers,2015,62:1402-1411.
[16] Zhang Y,Shen Y,Wang X,et al. A novel design for memristor-based OR gate. IEEE Transactions on Circuits and Systems II:Express Briefs,2014,62:781-785.
[17] Linn E,Rosezin R,Kügeler C,et al. Complementary resistive switches for passive nanocrossbar memories. Nature Materials,2010,9:403-406.
[18] Linn E,Rosezin R,Tappertzhonfen S,et al. Beyond von Neumann-logic operations in passive crossbar arrays alongside memory operations. Nanotechnology,2012,23:305205.
[19] Rosezin R,Linn E,Kügeler C,et al. Crossbar logic using bipolar and complementary resis-

tive switches. IEEE Electron Device Letters,2011,32:710-712.
[20] You T G,Shuai Y,Luo W,et al. Exploiting memristive BiFeO$_3$ bilayer structures for compact sequential logics. Advanced Functional Materials,2014,24:3357.
[21] Siemon A,Breuer T,Aslam N,et al. Realization of Boolean logic functionality using redox-based memristive devices. Advanced Functional Materials,2015,25:6414-6423.
[22] Siemon A,Menzel S,Chattopadhyay A,et al. Integrated complementary resistives witches for passive high-density nanocrossbar arrays//IEEE International Symposium on Circuits and Systems,2015.
[23] Breuer T,Siemon A,Linn E,et al. A HfO$_2$-based complementary switching crossbar adder. Advanced Electron Materials,2015,1:1500138.
[24] Lee M J,Lee C B,Lee D S,et al. A fast,high-endurance and scalable non-volatile memory device made from asymmetric Ta$_2$O$_{5-x}$/TaO$_{2-x}$ bilayer structures. Nature Materials,2011,10:625.
[25] Flocke A,Noll T G,Kugeler C,et al. Nano-crossbar arrays for nonvolatile resistive RAM (RRAM) applications//The 8th IEEE Conference on Nanotechnology,2008.
[26] Balatti S,Ambrogio S,Gilmer D C,et al. Analytical modeling of oxide-based bipolar resistive memories and complementary resistive switches. IEEE Electron Device Letters,2013,34:861.
[27] Zhou Y,Li Y,Xu L,et al. 16 Boolean logics in three steps with two anti-serially connected memristors. Applied Physics Letters,2015,106:233502.
[28] Gao S,Zeng F,Wang M,et al. Implementation of complete Boolean logic functions in single complementary resistive switch. Scientific Reports,2015,5:15467.
[29] Balatti S,Ambrogio S,Ielmini D. Normally-off logic based on resistive switches-part I:logic gates. IEEE Transactions on Electron Device,2015,62:1831-1838.
[30] Balatti S,Ambrogio S,Ielmini D. Normally-off logic based on resistive switches-part art II:logic circuits. IEEE Transactions on Electron Device,2015,62:1839-1847.
[31] Rosezin R,Linn E,Nielen L,et al. Integrated complementary resistive switches for passive high-density nanocrossbar arrays. IEEE Electron Device Letters,2011,32:191-193.
[32] Yang Y,Sheridan P,Lu W,et al. Complementary resistive switching in tantalum oxide-based resistive memory devices. Applied Physics Letters,2012,100:203112.
[33] Widrow B. Stanford electronics laboratories technical report. Technical Reports,1960,23:TR-1553-2.
[34] Adhikari S P,Kim H. Memristor Networks. New York:Springer,2014.
[35] Shin S,Kim K,Kang S M. Memristive XOR for resistive multiplier. Electronics Letters,2012,2:78-80.
[36] Shin S,Kim K,Kang S M. Reconfigurable stateful NOR gate for large-scale logic array integrations. IEEE Transactions on Circuits Systems II,Express Briefs,2011,58:442-446.
[37] Zhou Y,Li Y,Xu L,et al. A hybrid memristor-CMOS XOR gate for nonvolatile logic com-

putation. Physical Status Solidi (a), doi:10.1002/pssa,201:532872.

[38] Soltiz M, Kudithipudi D, Merkel C, et al. Memristor-based neural logic blocks for nonlinearly separable functions. IEEE Transactions on Computers, 2013, 62:1597-1606.

[39] Pershin Y V, Di Ventra M. Neuromorphic, digital, and quantum computation with memory circuit elements. Proceedings of the IEEE, 2012, 100:2071.

[40] Choi S J, Park G S, Kim K H, et al. In situ observation of voltage-induced multilevel resistive switching in solid electrolyte memory. Advanced Materials, 2011, 23:3272.

[41] Li Y, Xu L, Zhong Y P, et al. Associative learning with temporal contiguity in a memristive circuit for large-scale neuromorphic networks. Advanced Electronic Materials, 2015, 1:1500125.

[42] Sakimura N, Sugibayashi T, Nebashi R, et al. Nonvolatile magnetic flip-flop for standby-power-free SoCs. IEEE Journal of Solid-State Circuits, 2009, 44:2244-2250.

[43] Kwon K W, Choday S H, Kim Y, et al. SHE-NVFF: spin hall effect-based nonvolatile flip-flop for power gating architecture. IEEE Electron Device Letters, 2014, 35:488-490.

[44] Wang Z, Zhao W, Deng E, et al. Magnetic non-volatile flip-flop with spin-hall assistance. Physical Status Solidi-Rapid Research Letters, 2015, 9:375-378.

[45] Robinett W, Pickett M, Borghetti J, et al. A memristor-based nonvolatile latch circuit. Nanotechnology, 2010, 21:235203.

[46] Portal J M, Bocquet M, DeleruyelleD, et al. Non-volatile flip-flop based on unipolar ReRAM for power-down applications. Journal of Low Power Electronics, 2012, 8:1-10.

[47] Onkaraiah S, Reyboz M, Clermidy F, et al. Bipolar ReRAM based non-volatile flip-flops for low-power architectures//IEEE 10th International New Circuits and Systems Conference, 2012.

[48] Shen W C, Tseng Y H, Chih Y D, et al. Memristor logic operation gate with share contact RRAM cell. IEEE Electron Device Letters, 2011, 32:1650-1652.

[49] von Neumann J. First draft of a deport on the EDVAC. IEEE Annals of the History of Computing, 1993, 15:27-75.

[50] Backus J. Can programming be liberated from the von Neumann style? a functional style and its algebra of programs. Communications of the ACM, 1978, 21:613-641.

[51] Merolla P A, Arthur J V, Alvarez-Icaza R, et al. A million spiking-neuron integrated circuit with a scalable communication network and interface. Science, 2014, 345:668-673.

[52] Borkar S, Chien A. The future of microprocessors. Communications of the ACM, 2011, 54:67-77.

[53] Matsunaga S, Hayakawa J, Ikeda S, et al. Fabrication of a nonvolatile full adder based on logic-in-memory architecture using magnetic tunnel junctions. Applied Physics Express, 2008, 1:91301.

[54] Noguchi H, Takeda S, Nomura K, et al. Variable nonvolatile memory arrays for adaptive computing systems//IEEE International Electron Devices Meeting, 2013.

[55] Burr G W, Kurdi B N, Scott J C, et al. Overview of candidate device technologies for storage-

class memory. IBM Journal of Research and Development,2008,52:449-464.

[56] Borkar S,Chien A. The future of microprocessors. Communications of the ACM,2011,54: 67-77.

[57] Li H,Gao B,Chen Z,et al. A learnable parallel processing architecture towards unity of memory and computing. Scientific Reports,2015,5:13330.

[58] Wong H S P,Salahuddin S. Memory leads the way to better computing. Nature Nanotechnology,2015,10:191-194.

[59] Yang J,Strukov D,Stewart D. Memristive devices for computing. Nature Nanotechnology, 2013,8:13-24.

[60] Suh D I,Kil J P,Kim K W,et al. A single magnetic tunnel junction representing the basic logic functions-NAND,NOR,and IMP. IEEE Electron Device Letters,2015,36:402-404.

[61] Nikonov D E,Bourianoff G I,Ghani T. Proposal of a spin torque majority gate logic. IEEE Electron Device Letters,2011,32:1128-1130.

[62] Cassinerio M,Ciocchini N,Ielmini D. Logic computation in phase change materials by threshold and memory switching. Advanced Materials,2013,25:5975-5980.

[63] Salama K N. Memristor:the illusive device//Proceedings of the Great Lakes Symposium on VLSI,2012.

[64] Hamdioui S,Xie L,Nguyen H A D,et al. Memristor based computation-in-memory architecture for data-intensive applications//Proceedings of the 2015 Design,Automation and Test in Europe Conference and Exhibition,2015.

[65] Yang J J,Williams R S. Memristive devices in computing system:promises and challenges. ACM Journal on Emerging Technologies in Computing Systems,2013,9:11.

[66] Waser R,Dittmann R,Staikov G,et al. Redox-based resistive switching memories-nanoionic mechanisms,prospects,and challenges. Advanced Materials,2009,21:2632-2663.

[67] Lee M,Lee C,Lee D,et al. A fast,high-endurance and scalable non-volatile memory device made from asymmetric Ta_2O_{5-x}/TaO_{2-x} bilayer structures. Nature Materials, 2011, 10: 625-630.

[68] Baek I G,Park C J,Ju H,et al. Realization of vertical resistive memory (VRRAM) using cost effective 3D process//IEEE International Electron Devices Meeting,2011.

[69] Prakash A,Park J,Song J,et al. Demonstration of low power 3-bit multilevel cell characteristics in a TaO_x-based RRAM by stack engineering. IEEE Electron Device Letters,2015, 36:32-34.

[70] Govoreanu B,Kar G S,Chen Y Y,et al. 10×10 nm^2 Hf/HfO$_x$ crossbar resistive RAM with excellent performance, reliability and low-energy operation//IEEE International Electron Devices Meeting,2011.

[71] Cheng K T T,Strukov D B. 3D CMOS-memristor hybrid circuits:devices,integration,architecture,and applications//Proceedings of the 2012 ACM International Symposium on International Symposium on Physical Design,2012.

[72] Chen A. Comprehensive methodology for the design and assessment of crossbar memory array with nonlinear and asymmetric selector devices//IEEE International Electron Devices Meeting, 2013.

[73] Lyle A, Harms J, Patil S, et al. Direct communication between magnetic tunnel junctions for nonvolatile logic fan-out architecture. Applied Physics Letters, 2010, 97:152504.

[74] Li H, Chen Z, Ma W, et al. Nonvolatile logic and in situ data transfer demonstrated in crossbar resistive RAM array. IEEE Electron Device Letters, 2015, 36:1142-1145.

[75] Terabe K, Hasegawa T, Nakayama T, et al. Quantized conductance atomic switch. Nature, 2005, 433:47-50.

[76] Li H, Gao B, Chen Z, et al. A learnable parallel processing architecture towards unity of memory and computing. Scientific Reports, 2015, 5:13330.

[77] Zhou J, Yang X J, Wu J J, et al. A memristor-based architecture combining memory and image processing. Science China Information Sciences, 2014, 57:1-12.

[78] 刘群,张涛,缪向水,等. 基于忆阻器实现计算与存储融合的处理器及其操作方法. 中国, 201410803340.8. 2014-12-22.

第8章 基于忆阻器的多功能耦合器件

随着信息技术的飞速发展,信息器件逐渐逼近摩尔定律的极限,人们对信息器件的高密度集成和小型化设计提出更高的要求。多功能耦合器件的出现为开发高性能信息器件提供了另一种极具潜力的解决方案。利用电、磁、光、声、超导等物理特性的耦合作用,有望在单个器件中实现更多的功能,利用更少的器件实现更复杂的功能,从另一维度极大地提高集成电路的集成度和工作性能。

本书前面章节中已经全面展示了忆阻器在信息存储、模拟电路、逻辑运算和神经形态计算领域中的重要应用,这就为研究人员将信息处理与存储功能进行融合提供了可行性。另一方面,忆阻材料种类极为丰富,在展现出忆阻特性的同时,材料本身也具有多样的磁、光、铁电、超导、机械延展性等物理特性。基于忆阻器开发多功能耦合器件,成为新型信息器件的重要发展路径。本章将重点介绍各类基于忆阻器的多功能耦合器件,包括磁耦合器件、光耦合器件、超导耦合器件、柔性忆阻器件、铁电耦合器件及其物理机制。

8.1 磁耦合忆阻器件

忆阻材料包含固体电解质、金属氧化物、无机高分子等,其中也包含一些具有磁性的功能材料,如 Co:ZnO、Fe:ZnO、FeO_x 等氧化物稀磁半导体。在对磁性忆阻材料物理机理进行探讨时,研究人员大部分时候关注的是材料中电子、离子等电荷输运过程对忆阻特性的影响,而往往忽视了材料本身由电子自旋带来的磁性的变化及其对开发多功能忆阻器可能带来的贡献[1-5]。值得一提的是,磁性材料在电荷输运过程中,可以通过交换耦合作用,形成束缚极化子等使材料磁性发生变化。因此,电子电荷与自旋之间的相互作用引起了大家的广泛研究。

在忆阻器以电荷输运为研究对象的基础上,进一步探讨其对材料中自旋的影响规律,就可能开发出磁电耦合的忆阻器件,为提高信息的处理效率、增加器件的集成度提供新的思路。人们已经在很多材料,如金属材料[4]、多铁材料[5,6]、稀磁半导体[3,7-9]中实现了电荷与自旋的相互耦合作用。忆阻器利用这些磁性忆阻器材料实现电阻转变的同时完成磁性的调控,这样我们就可以在施加单一电场后,材料阻值与磁性同时变化,从而同时获得 4 个不同的逻辑态。阻变特性与磁特性的耦合作用将对未来的多功能耦合器件的研究提供重要思路。

在过去很长一段时间内,由于居里温度的限制,人们针对稀磁半导体的研究往往是在很低的温度下进行(低于 200K)。直到 2011 年日本 Yamada 等[10]报道了在室温下利用电场调控 Co 掺杂 TiO₂ 的磁性,才为未来在室温下通过电场调控半导体电子自旋奠定了基础,也为新型的多功能磁性耦合器件设计与应用提供了可行性。

8.1.1 ZnO 基稀磁半导体材料阻变控磁研究

(1) Pt/Co:ZnO/Pt 忆阻器件

Co 掺杂 ZnO 具有很高的居里温度,是一种重要的自旋电子材料。将 ZnO 体系材料作为忆阻器功能介质层时,ZnO 也能表现出良好的电阻转变特性,并且随着电阻转变过程中氧空位的变化使材料磁性发生很大的转变[11]。Chen 等[11]以稀磁半导体 Co 掺杂 ZnO 薄膜材料为研究对象,研究了电场作用下氧离子迁移导致的电阻转变过程中 Pt/Co:ZnO/Pt 薄膜器件磁性的变化,并揭示了氧空位导电通道对材料磁性的影响。器件的结构、忆阻特性与磁滞回线如图 8.1 所示。

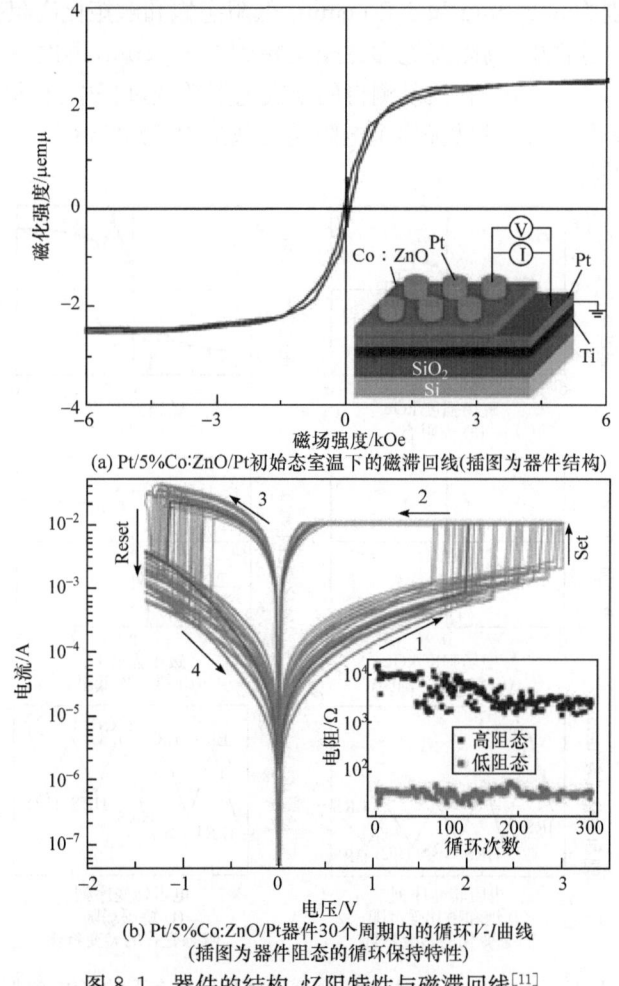

(a) Pt/5%Co:ZnO/Pt初始态室温下的磁滞回线(插图为器件结构)

(b) Pt/5%Co:ZnO/Pt器件30个周期内的循环 V-I 曲线
(插图为器件阻态的循环保持特性)

图 8.1 器件的结构、忆阻特性与磁滞回线[11]

该忆阻器件上下电极均为 Pt 电极,功能层材料为 5% Co 掺杂浓度的 Co:ZnO 薄膜。初始态电阻约为 8 kΩ,表现出双极性阻变循环特性。器件在 2V 左右发生跳变,电阻急剧减小至 $10\sim30\Omega$[72]。当施加反向电压时,器件从低阻态迅速转变为高阻态。图 8.1(b) 中插图显示器件在低阻态相对稳定,而在高阻态比较分散,这是由于在 Reset 过程中导电细丝不完全断开,导致高阻态在循环过程中波动性较大。在整个 300 次循环过程中,器件开关比一直保存在 10^2,可以清晰地分辨出两种状态。这种良好的循环特性为探讨磁性在电阻转变过程中的变化打下了基础[11]。

图 8.2 展示了 Pt/5%Co:ZnO/Pt 器件在发生电阻转变的同时磁性的变化情况。在测试过程中,将忆阻器件上每个存储单元转变到同一个电阻态,再测试其室温磁滞回线[72]。通过图 8.2(a) 和图 8.2(b) 中数据的对比可以发现,高低阻态时的饱和磁矩分别为 3.2μemu 和 5.8 μemu。低阻态饱和磁矩比高阻态提高了 50% 左右。在 Reset 过程中,高阻态饱和磁矩又降到 2.3 μemu,再次 Set,低阻态饱和磁矩又上升到 4.4 μemu。在反复测得的 5 次电阻转变过程中,材料的饱和磁矩都会随之发生显著的变化,这就证实了电阻转变效应对 5%Co:ZnO 稀磁薄膜材料磁特性的有效调控[11]。

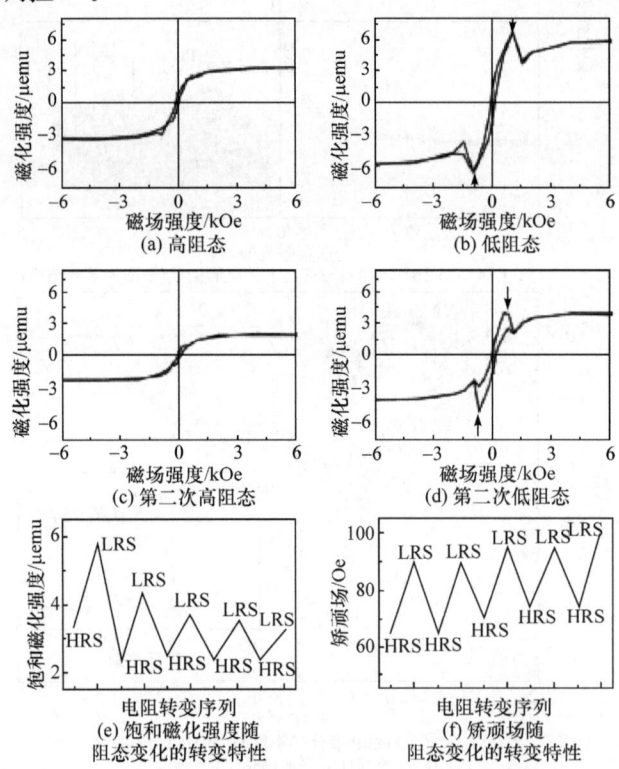

图 8.2 Pt/5%Co:ZnO/Pt 器件阻变循环时高低阻态下的室温磁滞回线[11]

Pt/5%Co：ZnO/Pt 器件经过 Set 过程后在低阻态时的 HR-TEM 晶格相可以排除金属导电细丝的存在。其 TEM 如图 8.3 所示。因为并没有观察到任何金属 Co 或者富 Co 的第二相存在,表明 Co 主要以 Co^{2+} 的方式替代 Zn^{2+},证实了 Co 掺杂 ZnO 薄膜磁性是本征磁性,并不是由第二相引起的[72]。从图 8.3(c)中器件的高角环形暗场像(HAADF)及元素分布图可以看出,除了氧元素出现差异,其他元素分布都相对均匀,O^{2-} 在顶电极处出现富集,氧离子在电压作用下向顶电极移动,这说明氧迁移是引起电阻转变过程的直接原因。以上实验从器件微观结构分析的角度解释了忆阻性能与磁性调控的内在联系[11]。

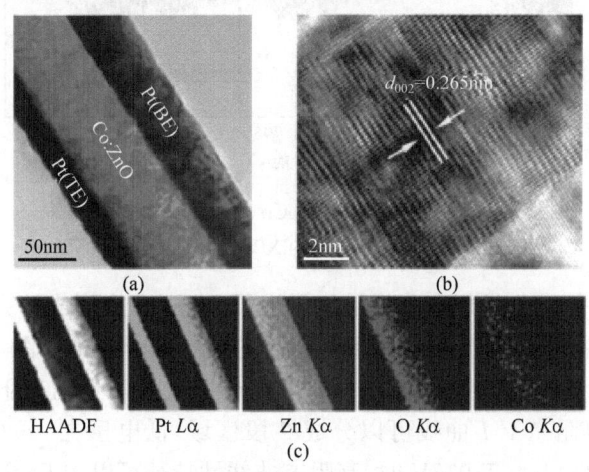

图 8.3　Pt/5%Co：ZnO/Pt 器件的 TEM[11]

((a) Pt/5%Co：ZnO/Pt 器件经过 Set 过程后在低阻态时的低倍截面图;
(b) Pt/5%Co：ZnO/Pt 器件经过 Set 过程后在低阻态时的 HRTEM 像;
(c)Pt/5%Co：ZnO/Pt 器件的 HAADF,以及通过 EDS 得到的 Pt,Zn,O,Co 元素的图谱)

为了进一步证实 O^{2-} 迁移引起的氧空位变化,Chen 等[11]分别对高低阻态下的 Co：ZnO 薄膜作 XPS 图谱分析。从图 8.4 可以看到,高阻态时,Co 的 $2p^{3/2}$ 和 $2p^{1/2}$ 峰位分别位于 781.0 eV 和 796.8 eV,并伴随出现相应的卫星峰,证实了 Co 是以 2 价离子形式存在[72]。在低阻态时,Co 的 $2p^{3/2}$ 和 $2p^{1/2}$ 峰位都向低能级方向移动,说明低阻态时,与 Co^{2+} 结合的 O^{2-} 减少,使 Co 的 $2p$ 结合能降低。插图表明,Zn 的 $2p$ 图谱也发生了类似的变化,这反映 Set 过程中引入了更多的氧空位,O^{2-} 同 Co^{2+}、Zn^{2+} 结合数量减少,而氧空位的变化直接引起该器件磁性能的变化[11]。

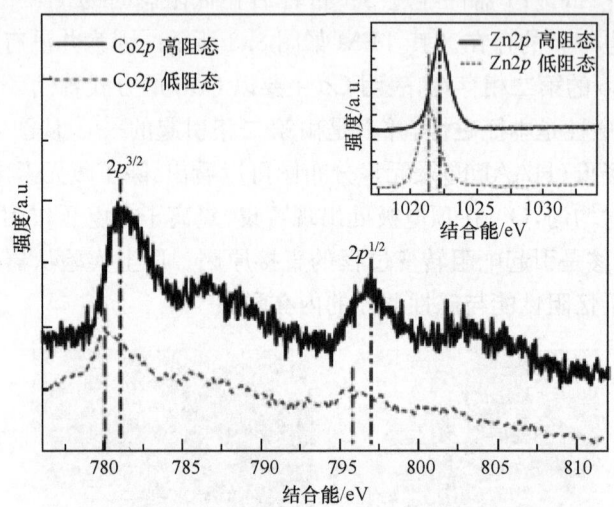

图 8.4　高低阻态时 Co 的 XPS 图谱[11]
(插图是 Zn 的 XPS 图谱)

微观结构表征及化学形态分析已经揭示了 Set 过程中形成的大量氧空位直接形成了 Pt/5%Co：ZnO/Pt 器件中低阻态时的导电细丝通道。图 8.5 给出了 Pt/5%Co：ZnO/Pt 器件双对数坐标下的 V-I 拟合曲线及高低阻态下电阻随温度的变化规律[72]。高阻态 V-I 曲线可以分成 2 段区域，低电压在 0～0.2V 曲线呈线性，类似欧姆特性；当大于 0.2V 时，高阻态非线性特征可以用 Poole-Frenkel(P-F) 发射机制解释，表明高阻态导电机制可以用缺陷(如氧空位)来解释。低阻态下 I 与 V 成正比关系，呈现完全欧姆导电特征，构成低阻态的导电丝由氧空位构成。由高低阻态的电阻随温度变化曲线可以看出，高低阻态都表现出半导体性导电行为，说明阻变过程中没有出现金属态的导电细丝，而是由氧空位构成的导电细丝引起[11]。

根据束缚极化子模型(BMP)，被氧空位束缚的磁极子和磁性离子的耦合作用是引起 Co：ZnO 中本征磁性的重要原因。如图 8.6(a)所示，初始态时，原沉积态 Co：ZnO 由于非平衡沉积过程存在较多缺陷，因此其初始制备的本征室温铁磁性可以用 BMP 模型来解释，但由于缺少足够多的氧空位实现有效的耦合作用，其初始磁性相对较弱[72]。施加电压后，O^{2-} 迁移在薄膜内部引入了大量的氧空位，并且形成了氧空位导电通道，氧空位增多使其与磁性 Co^{2+} 的交换耦合作用的体积范围增大，使 Co：ZnO 薄膜磁性增强，如图 8.6(b)所示。当发生 Reset 过程后，器件低阻态变成高阻态，氧空位浓度减小，降低了与磁性 Co^{2+} 的交换耦合作用的体积范围，使 Co：ZnO 薄膜磁性降低[11]。

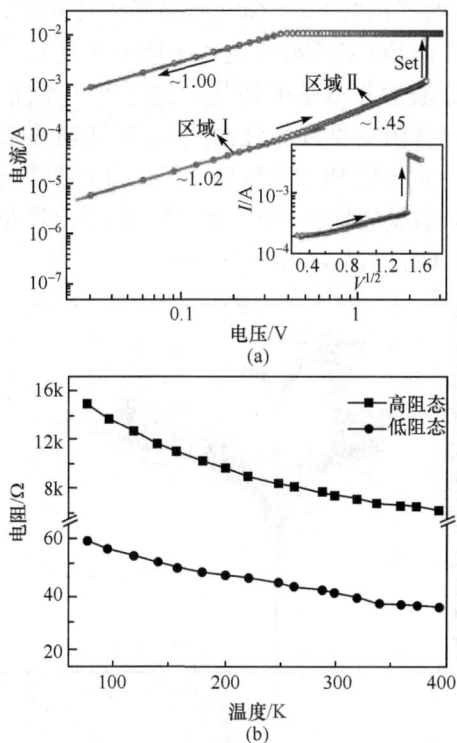

图 8.5　Pt/5%Co∶ZnO/Pt 器件双对数坐标下的 V-I 拟合曲线
及高低阻态下电阻随温度的变化规律[11]

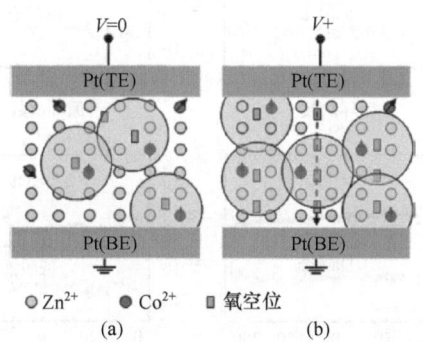

图 8.6　基于 BMP 机制的 Pt/5%Co∶ZnO/Pt 器件在高阻态时的
铁磁有序性和在 Set 过程中电阻转变效应与磁性调控的机制[11]

(2) Pt/Fe∶ZnO/Pt 忆阻器件

调控 Fe 离子价态对于 Fe∶ZnO 薄膜的电阻转变和磁性转变会产生重要影响。如图 8.7(a)所示为 Pt/5.4%Fe∶ZnO/Pt 器件 100 次连续扫描过程中的电阻转变特性曲线,由于原始沉积的 Fe：ZnO 薄膜存在大量的氧空位,因此该器件没有电初始化过程。器件在 Set 和 Reset 电压下能发生稳定的高低阻转变,但是其阻变循环次数及电阻分散性并不是很好[12]。通过给出不同 Fe 掺杂浓度的 Fe：ZnO 薄膜构成的忆阻器件阻变循环特性曲线,发现适当掺杂 Fe 元素可以明显改善器件阻变循环次数。尤其是 Pt/2.3%Fe：ZnO/Pt 器件,至少可以持续 500 次阻变,但是随着 Fe 掺杂含量的提高,Fe^{3+} 含量降低,并且降低了 Fe：ZnO 薄膜质量,这将导致较差的循环特性,如图 8.7(b)所示。

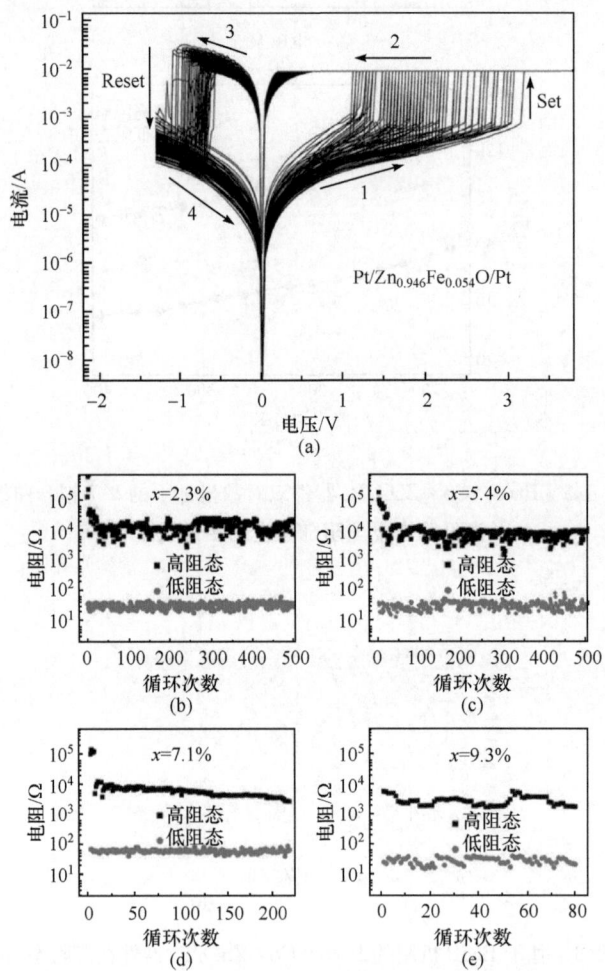

图 8.7　Pt/5.4%Fe：ZnO/Pt 器件的电阻转变特性和不同掺杂浓度 x% Fe 含量(x=2.3,5.4,7.1,9.3)器件的电阻转变循环特性曲线[12]

同 Pt/Co：ZnO/Pt 忆阻器件导电机制类似,Pt/Fe：ZnO/Pt 忆阻器件导电同样可以用氧空位构成的导电细丝机制来解释。图 8.8 中双对数坐标下阻变存储器的 V-I 曲线拟合可以证实这一机理。

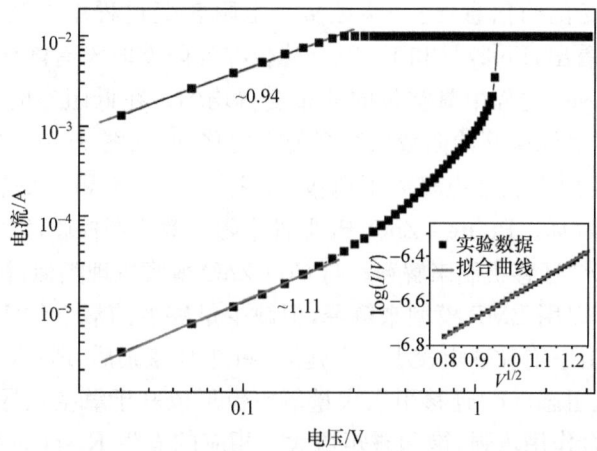

图 8.8 双对数坐标下 Pt/Fe：ZnO/Pt 阻变存储器的 V-I 曲线拟合[12]

原始沉积的 Fe：ZnO 薄膜初始态均为高阻态，并且样品表现出本征室温铁磁性。图 8.9(a)～图 8.9(d)展示了不同掺杂浓度的器件高低阻态下的室温磁滞回线，Pt/5.4%Fe：ZnO/Pt 器件在高阻态和低阻态时饱和磁矩变化在 50% 以上，这说明电阻转变效应对其室温铁磁性有巨大的影响。

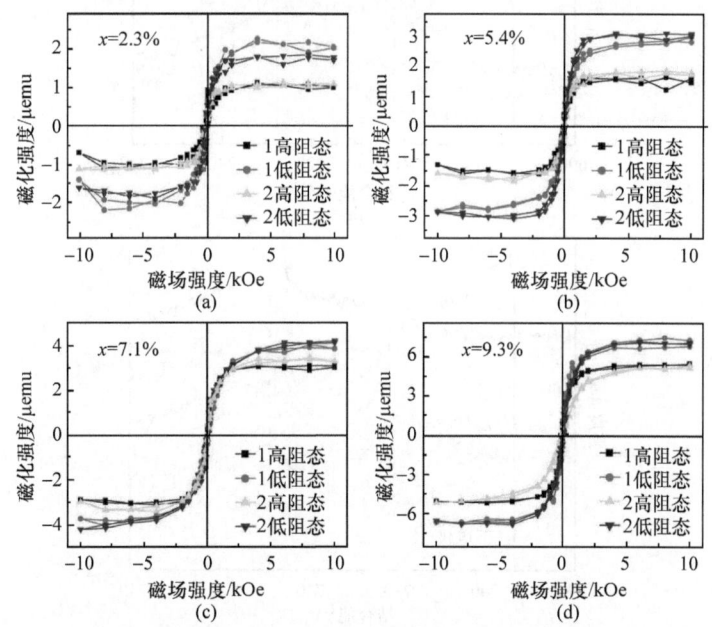

图 8.9 不同掺杂浓度器件高低阻态室温磁滞回线[12]
((a)～(d)分别是 Pt/x%Fe：ZnO($x=2.3,5.4,7.1,9.3$)/Pt 器件连续两次阻变循环时的室温铁磁性)

此外,他们还通过 XPS 测试分析了 Pt/Fe：ZnO/Pt 器件分别在高低阻态时 Fe 元素化学态变化的信息,进一步证实了电阻转变过程中的物理机制[72]。从图 8.10(a)可以看出,Fe $2p^{3/2}$ 和 Fe $2p^{1/2}$ 峰位在高阻态时没有随样品深度变化移动,这可能是 Reset 过程中氧空位的分布变得均匀。在低阻态时,Fe $2p^{3/2}$ 和 Fe $2p^{1/2}$ 峰位随着样品深度开始向较低结合能方向移动,如图 8.10(b)所示。这预示着随着样品深度剖析从上电极到下电极,发生了 Fe^{3+} 和 Fe^{2+} 的转变,这可以用 O^{2-} 迁移机制来解释。Pt/Fe：ZnO/Pt 器件中阻变效应调控磁性的现象也可以用电场激励下的 O^{2-} 迁移机制来解释。与 Co：ZnO 薄膜机理类似,初始阻态薄膜本征室温铁磁性可以用 BMP 模型来解释,但缺少足够多的氧空位实现有效的耦合作用,所以初始阻态饱和磁矩较小。当施加 Set 电压激励后,Pt/Fe：ZnO/Pt 器件从高阻态变为低阻态,O^{2-} 迁移引入大量氧空位形成基于氧空位导电丝形成的导电通道,交换耦合作用增强,饱和磁矩增大。相应的发生 Reset 过程后,Fe：ZnO 薄膜内部氧空位浓度降低、交换耦合作用减弱,就造成了饱和磁矩的减小[12]。

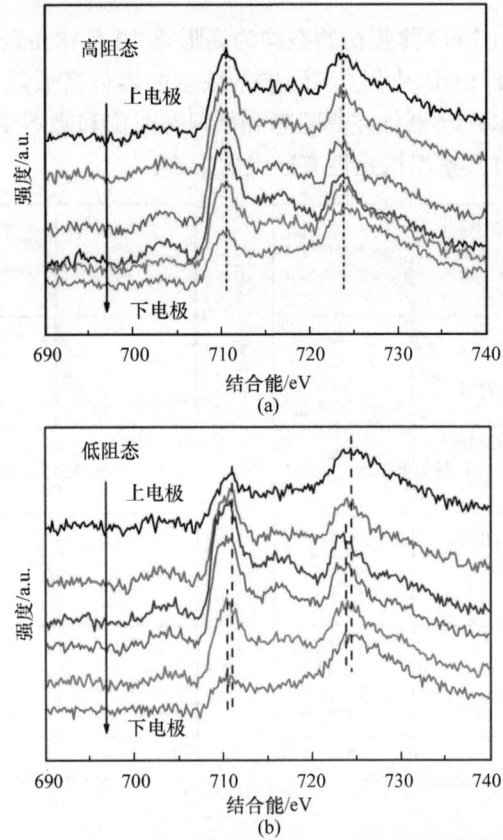

图 8.10　Pt/5.4%Fe：ZnO/Pt 器件在高阻态和低阻态时 Fe $2p$ 的 XPS 谱随 Ar^+ 刻蚀时间(样品剖析深度)的变化[12]

(3) Ti/Mn：ZnO/Pt 忆阻器件

Ren 等[13]利用 Mn：ZnO 材料制备出了忆阻器件，并且在其电阻转变过程中实现了对磁性的可逆调控。如图 8.11 所示为器件结构和 10 次阻变循环特性及低阻态阻值随温度变化情况。上下电极分别使用 Ti 和 Pt 电极，在 10 次阻变循环中，Ti/Mn：ZnO/Pt 器件能够在 Set 和 Reset 电压下发生稳定的高低阻转变，其中低阻态的阻值随温度变化情况展现出半导体导电特性。

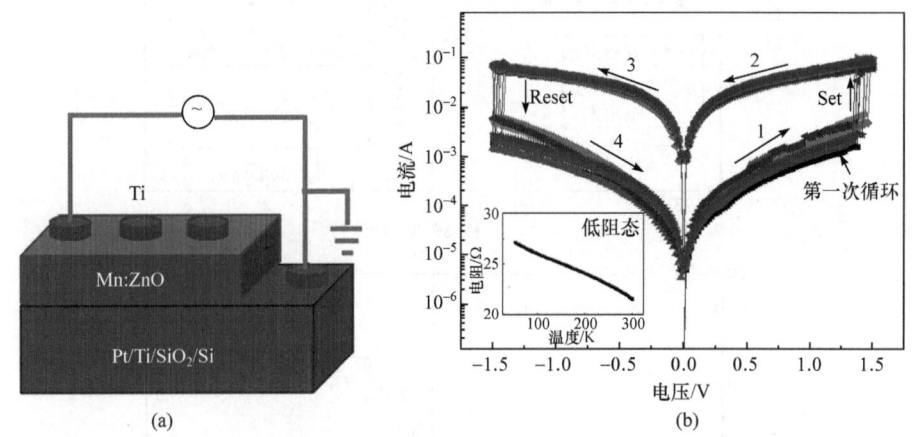

图 8.11 Ti/Mn：ZnO/Pt 器件结构和 10 次阻变循环特性及低阻态阻值随温度变化情况[13]

在不同阻态下，Ti/Mn：ZnO/Pt 器件展现出不同的磁特性，低阻态磁性能在外界保持两天以上，并且低阻态的饱和磁化强度几乎是 Pt/Co：ZnO/Pt 器件最大饱和磁化强度的 4 倍以上，这与材料中有大量的氧空位有关，其中 Ti 电极起到吸收氧的作用(图 8.12)。为了进一步证实材料中分布的大量氧空位，可以对 Mn：ZnO 薄膜作 XPS 图谱分析，如图 8.13 所示。从图 8.13(b)可以看出，O 1s 经过高斯拟合后可以分为三个峰：530.0eV 左右的峰主要聚集的是与 Zn 成键的氧离子，532.0 eV 主要是吸附在材料中的氧气，而初始沉积态就存在大量的氧空位，主要是 530.6 eV 所代表的峰。在图 8.13(c)中，Zn $2p^{3/2}$ 峰位较标准峰位有稍微偏移，证明有少量氧空位没参与成键，图 8.13(d)证明薄膜内 Mn 离子主要以二价形式存在[13]。

如前所述，在 Co：ZnO 和 Fe：ZnO 器件中，采用束缚极化子理论对阻变控磁现象进行解释。Ren 等采用 F 中心模型解释磁性的变化。在阻变过程中，发生了氧空位迁移以及氧空位导电通道的通断。磁极子通过氧空位发生磁交换作用实现了磁性的转变，低阻态交换作用增强，因此饱和磁矩增大。另外，通过光谱分析，也能发现低阻态下 F 中心比初始态增多，便于形成磁极子[13]。

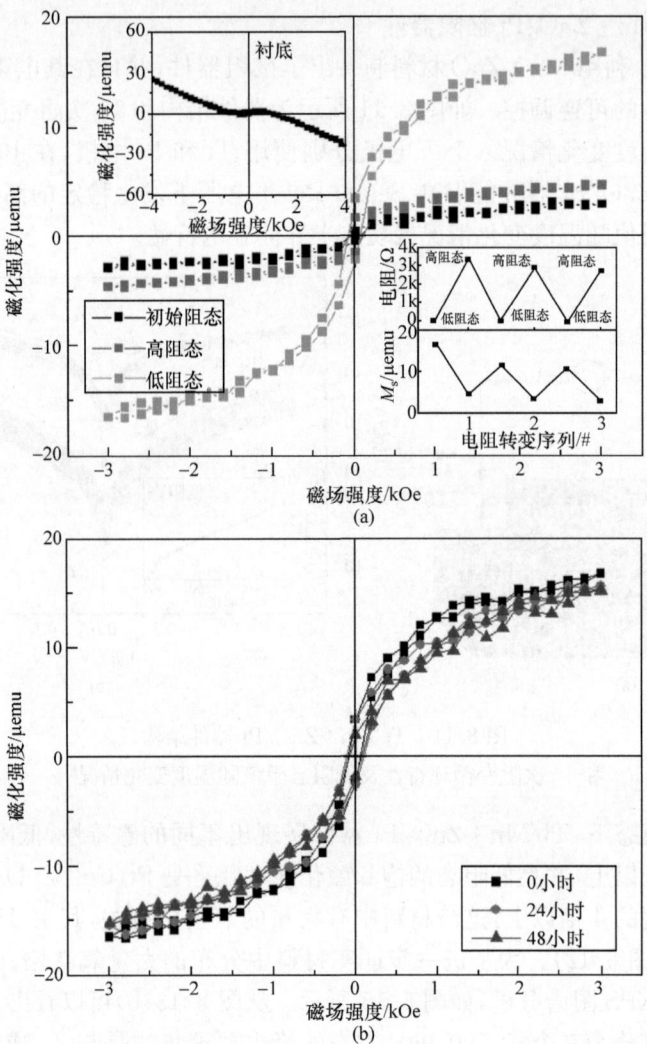

图 8.12 不同阻态以及基底的磁滞回线和低阻态暴露在空气中不同时间后的磁滞回线[13]

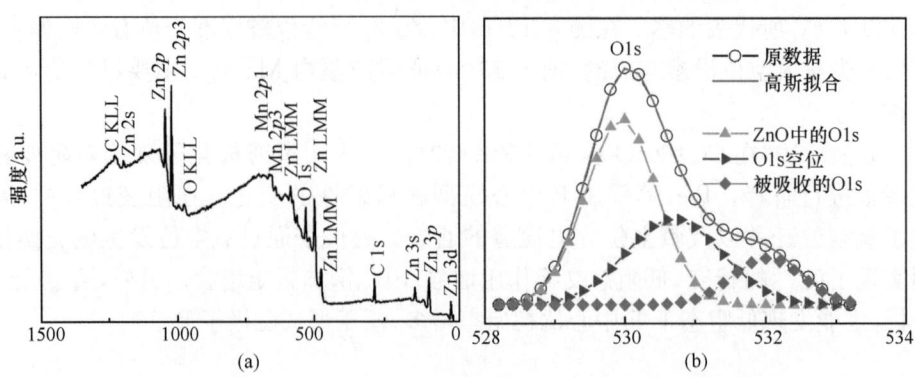

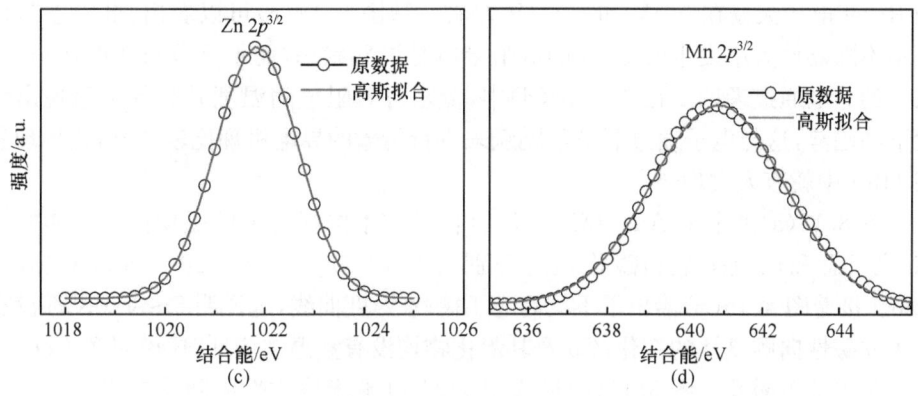

图 8.13 Mn：ZnO 薄膜 XPS 图谱分析[13]

(4) Au/ZnCuO/ITO 忆阻器件

Shao 等[14]利用 ZnO 基的纳米结构制备了 Au/ZnCuO/ITO 器件，如图 8.14(a)所示。虽然 Cu 及其氧化物均不展现出室温铁磁性，但 Cu 掺杂 ZnO 结构能表现出室温铁磁性，并且表现出良好的双极性阻变特性。如图 8.14(b)所示，Set 电压

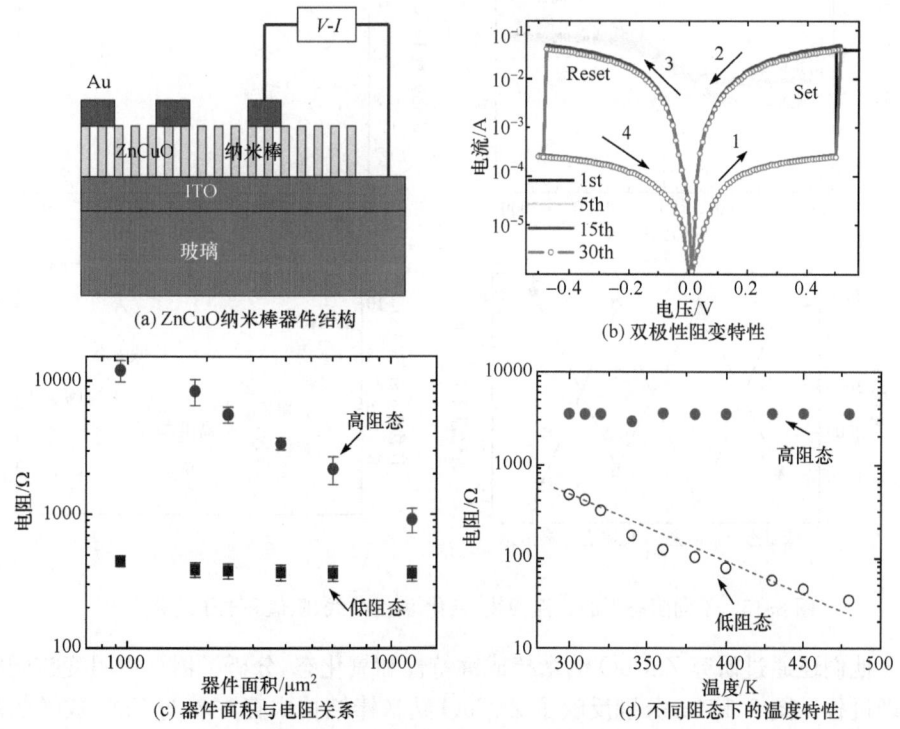

图 8.14 Au/ZnCuO/ITO 忆阻器件[14]

和 Reset 电压大概在 0.5V 和 −0.5V 左右。从图 8.14(c)可以看出,低阻态阻值基本不随器件大小发生改变,说明低阻导电是局部状态,而不是分布式的,符合局域化的导电通道理论。在图 8.14(d)中,低阻态时阻值随温度升高基本呈现出线性下降趋势,这与电子通过氧空位跳跃来进行传输的导电机理比较吻合,这种现象在 HfO_2 中就有人发现过[15]。

图 8.15(a)展示了 Au/ZnCuO/ITO 器件在不同阻态下的磁化曲线。初始阻态、高阻态和低阻态饱和磁化强度分别为 2.4×10^{-5}、1.5×10^{-5} 和 9.6×10^{-5} emu。接着图 8.15(b)给出了不同阻态下磁化-温度曲线,这说明 5~300 K 都没有发生铁磁性向顺磁性的变化;Cu 及其氧化物均没有室温铁磁性,这说明 ZnCuO 纳米棒是本征铁磁性。图 8.15(c)还表明 ZnCuO 纳米棒磁性能随着电阻切换发生可逆性转变,低阻态饱和磁化强度大概是高阻态的 6.4 倍之多。如图 8.15(d)所示为电子迁移率随阻态的可逆性变化,初始态、高阻态和低阻态分别为 4.8、10.1 和 3.9 $cm^2/V \cdot s$。

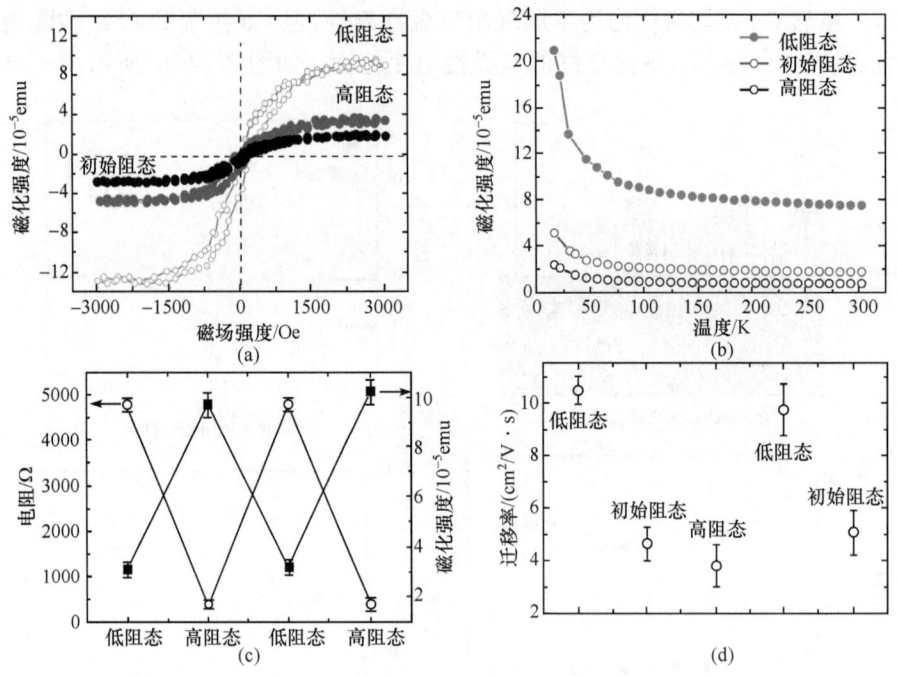

图 8.15　不同阻态下的磁滞回线、磁化-温度曲线、阻值和电子迁移率[14]

他们还通过研究 ZnCuO 纳米棒成键特性和氧化态,分析了器件中阻变控磁的机理过程。图 8.16(a)分别反映了 ZnCuO 纳米棒结构中存在着与 ZnO 成键的晶格氧(O^{2-})、氧空位、Cu^+ 和 Cu^{2+}。结合阻变控磁如图 8.16(b)所示,在 ITO 电极施加正向电压时,Zn-O 键断裂产生大量的氧空位富集在纳米棒表面,形成氧传输通道，O^{2-} 也向着 ITO 电极移动，使器件转变为低阻态。当施加负向电压时，氧离子远离 ITO 电极，与氧空位结合，使得传输通道断开，器件回到高阻态。这样就在 Au/ZnCuO/ITO 器件中产生了可逆的双极性阻变现象。

材料的饱和磁化强度与氧空位的变化呈现正相关，双交换作用的模型被用来解释 ZnCuO 材料中磁性随阻值的变化，如图 8.16(c) 所示。氧空位能提供一个局部轨道和两个掺杂电子，电子能通过氧空位在不同的 Cu 杂质之间跳跃，使得通过氧空位联系起来的 Cu 杂质整齐排列，逐渐形成一个铁磁有序的结构。ZnCuO 中的铁磁性可以归因于氧空位及 Cu^{2+} 之间的电子陷阱，因此在阻变过程中引起的氧空位分布变化是 ZnCuO 中的铁磁性变化的主要原因[14]。

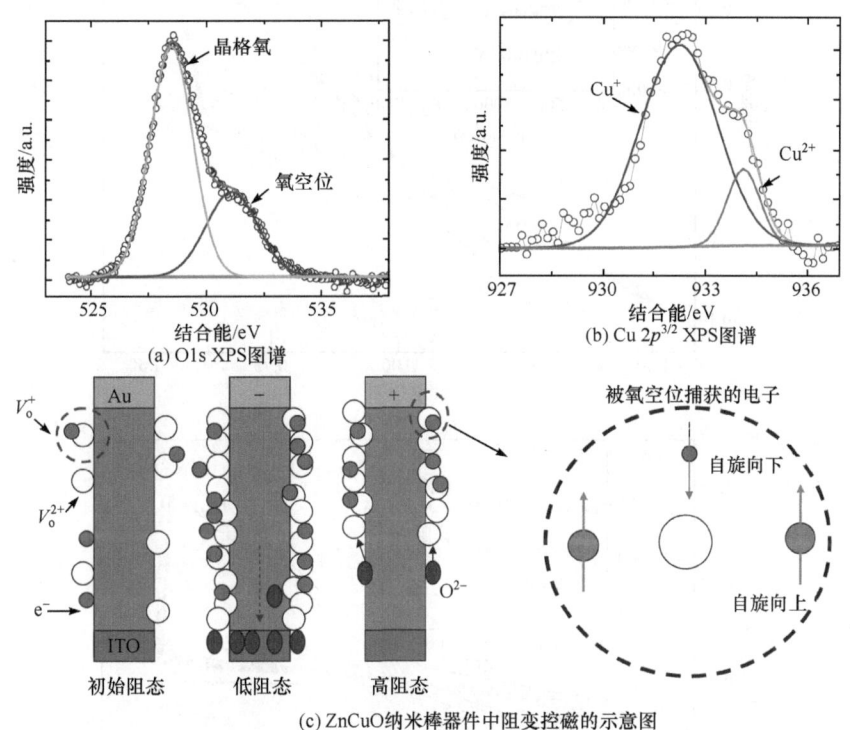

图 8.16　ZnCuO 纳米棒成键特性和氧化态[14]

8.1.2　其他材料阻变控磁研究

(1) Au/α-Fe_2O_3/Pt 忆阻器件

氧化铁存在三种结晶相，分别为 Fe_3O_4、γ-Fe_2O_3 和 α-Fe_2O_3，其中 Fe_3O_4 具备最大的初始电导和室温铁磁性，α-Fe_2O_3 几乎没有室温铁磁性，并且初始电阻很大[16]。图 8.17 分别展示了 Au/α-Fe_2O_3/Pt 器件在室温下和 80 K 低温下的 V-I 曲线及循环保持特性。在室温下，当施加正向 1.1V 左右的 Set 电压时，器件阻值变为低阻,直到施加负向-0.6V左右的Reset电压,器件才重新转变为高阻态,这证明Au/α-Fe$_2$O$_3$/Pt器件在室温下能发生一定的阻值转变,但是阻变循环特性并不理想,如图8.17(a)所示。在低温下,如80 K时,可以看到Au/α-Fe$_2$O$_3$/Pt器件能发生稳定的阻值变化,开关比在10^{3}以上,并且阻变循环特性非常好。区别在于与室温相比,低温下器件初始态由高阻转变为低阻。这与FeO$_x$中存在的Verwey转变有关[17]。

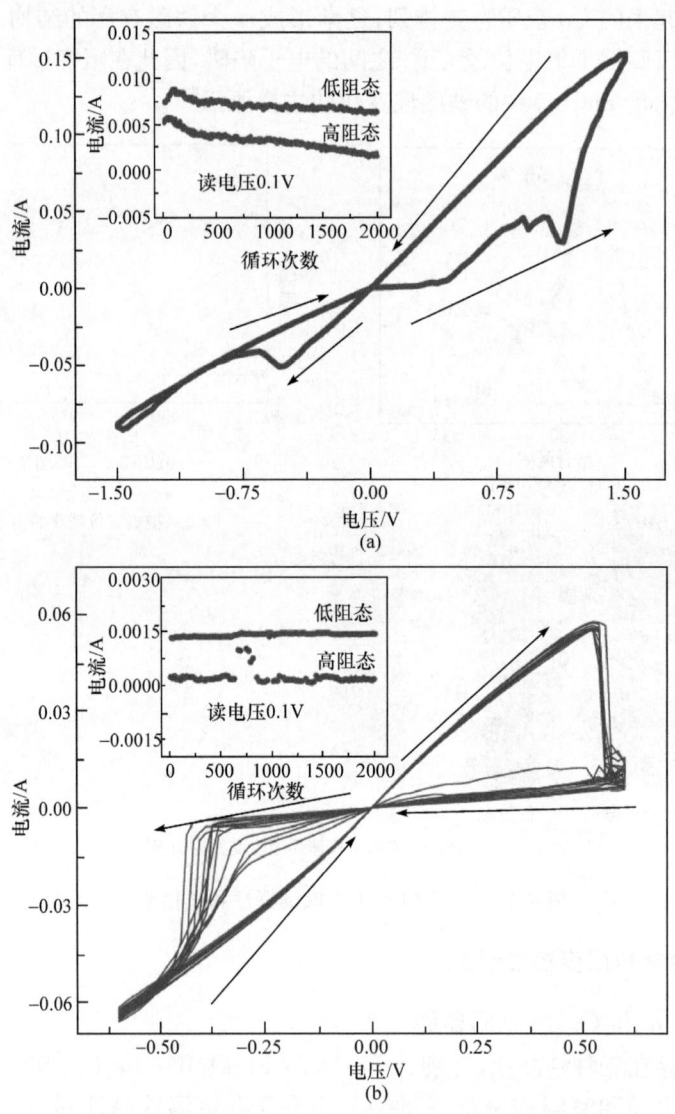

图8.17 室温及80K器件V-I曲线及循环保持特性

图 8.18 分别展示了 Au/α-Fe$_2$O$_3$/Pt 器件在 80K 条件下 R-T 曲线和室温铁磁性。图 8.18(a)表明,Au/α-Fe$_2$O$_3$/Pt 器件在 80K 条件下,高阻态呈现半导体导电特性,而低阻态呈现金属导电特性,而这与室温下的 R-T 曲线结果刚好相反,这是因为器件在 105K 左右发生了 Verwey 转变。图 8.18(b)表明,器件在高阻态时饱和磁矩小于 0.2menu,而低阻态时是 0.32menu。虽然已经有很多理论被提出解释过渡金属氧化物磁性转变,大部分基于氧空位交换作用,Au/α-Fe$_2$O$_3$/Pt 器件中磁性随阻态的转变主要是随着氧离子迁移,导致铁离子从 Fe^{3+} 转变为 Fe^{3+} 和 Fe^{2+} 的混合,而 Fe^{2+} 的引入会造成较大的磁性[16]。

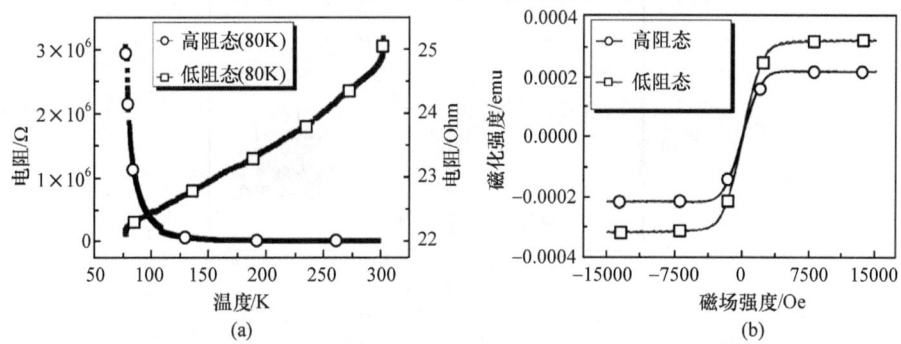

图 8.18　80 K 条件下 Au/α-Fe$_2$O$_3$/Pt 器件的 R-T 曲线和室温铁磁性[16]

(2) CeO$_2$/LSCMO/STO 忆阻器件

电场控磁的研究已经在很多材料中得到了实现,其中锰氧化物由于具备良好的金属-绝缘性转变、相位分离和庞磁电阻等多种磁电效应,受到广泛关注。杨金波等[18]在 SrTiO$_3$(STO)基底上制备了 CeO$_2$/La$_{0.7}$(Sr$_{0.1}$Ca$_{0.9}$)$_{0.3}$MnO$_3$ 器件。样品 A 先在 200℃沉积 10nm La$_{0.7}$(Sr$_{0.1}$Ca$_{0.9}$)$_{0.3}$MnO$_3$(LSCMO)薄膜作为缓冲层,接着在 600℃下沉积 100nm LSCMO 薄膜,然后再沉积 10nm CeO$_2$。样品 B 是直接在 600℃下沉积 100nm LSCMO 薄膜,然后沉积 20nm CeO$_2$,最后再沉积 Ag 电极做成双端器件。两种样品的器件结构和阻变特性曲线如图 8.19 所示。器件的阻变特性与 CeO$_2$ 和 LSCMO 薄膜的界面势垒有关。样品 A 的 Set 电压和 Reset 电压分别为 3.0V 和 -2.4V,样品 B 的 Set 电压和 Reset 电压分别为 +2.2V 和 -2.3V。

不同阻态下样品 A 和样品 B 的 M-H 曲线如图 8.20 所示,其中在 1T 外磁场下初始态磁矩最强,施加 -3V 电压将器件变为高阻,磁矩下降到 5.29×10^{-4} emu,而施加 +3V 电压将器件变为低阻,磁矩继续下降到 5.02×10^{-4} emu,当器件回到高阻后,磁矩也随之回到 5.29×10^{-4} emu。这说明材料磁性与电阻状态有关,并且可以通过控制阻值变化来调控磁性。在低电压下,无法发生 Set 和 Reset 过程,材料的磁性几乎不发生改变。

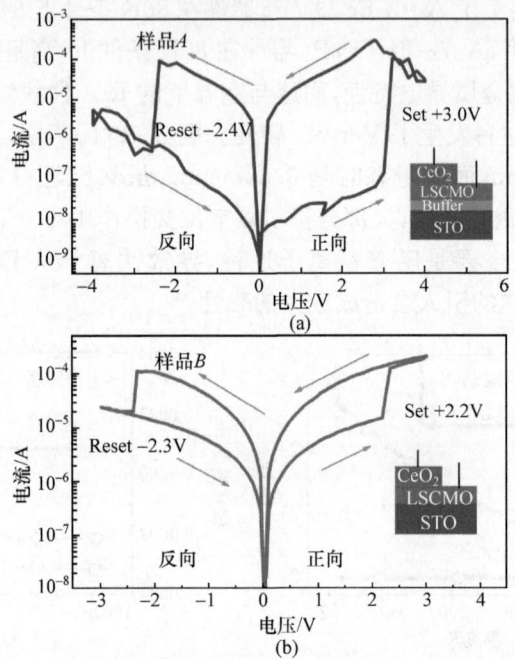

图 8.19 样品 A 和样品 B 的器件结构和阻变特性曲线[18]

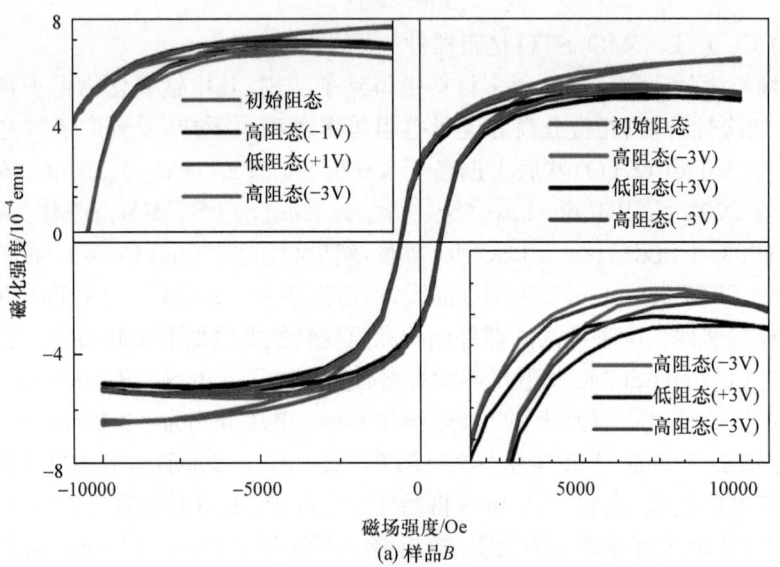

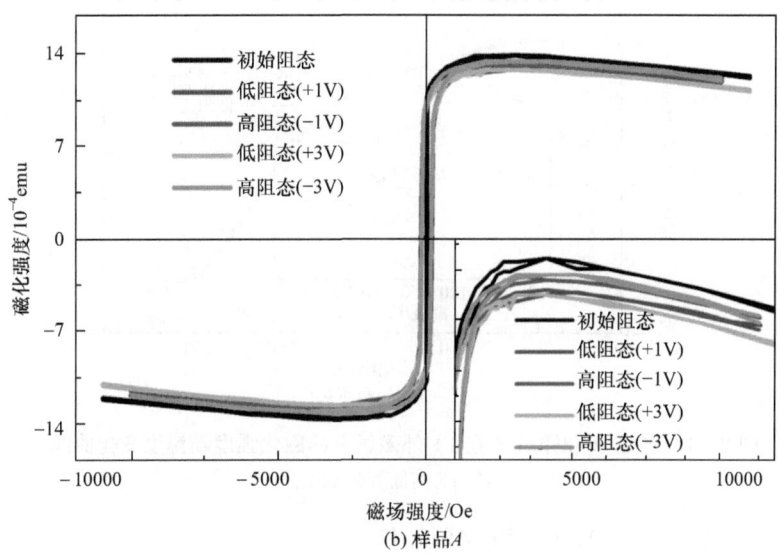

图 8.20　样品 B 和样品 A 不同阻态的 M-H 曲线[18]

(插图为放大后的区域)

如图 8.21 所示为样品 A 和样品 B 在 1T 外磁场下的磁化强度随温度变化曲线,可以看出高低阻态的区别。同样,锰氧化物材料阻变控磁的原理也可以用氧空位迁移来解释,氧空位的迁移可以增强或者减弱 CeO_2 和 LSCMO 薄膜材料界面处的势垒。当施加反向电压时,氧空位被吸引到界面处,增大界面势垒并形成高阻态,电子在界面陷阱被俘获,有利于双交换作用,与低阻态相比,磁性有所增强。相反施加正向电压,减小界面势垒,形成低阻态,双交换作用减弱,磁性相对下降。这样就可以通过电场控制器件阻值来实现磁性的调节[18]。

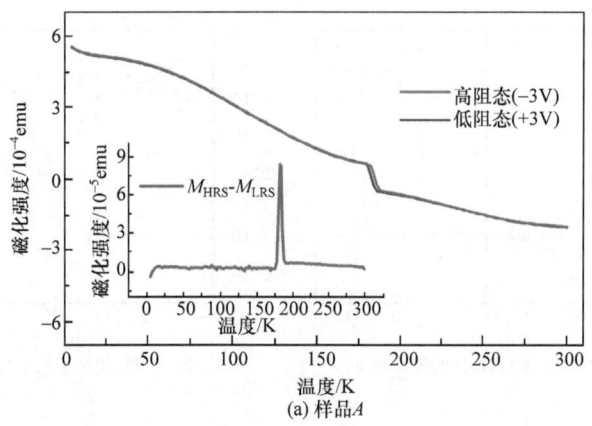

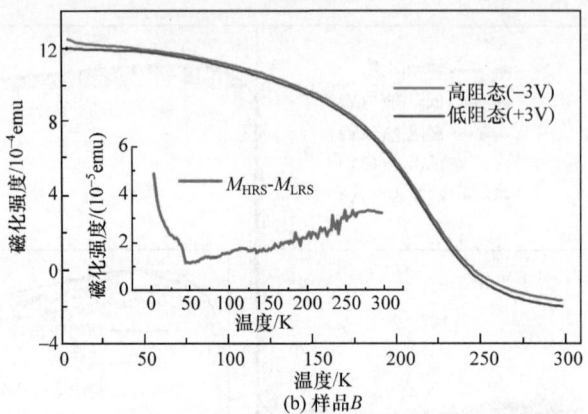

图 8.21 样品 A 和样品 B 在 1T 外磁场下的磁化强度随温度变化曲线[18]
（插图为高低阻态的区别）

(3) $Au/La_{2/3}Ba_{1/3}MnO_3/Pt$ 忆阻器件

$La_{2/3}Ba_{1/3}MnO_3$(LBMO)体系结构在电荷、自旋、轨道和晶格自由度等多个方面都展现出了丰富的特性,特别是近几年来 $La_{2/3}Ba_{1/3}MnO_3$ 体系材料作为忆阻材料也有一些相关研究。虽然阻变机理没有定论,但是大部分解释都是基于氧空位迁移,同时材料中氧空位的浓度又可以直接影响到材料的磁性状态,这将为通过改变电场阻值来实现非易失的磁性变化提供可行性[19]。

图 8.22 展示了 Au/LBMO/Pt 器件的忆阻捏滞回线。器件功能层 LBMO 薄膜在 10 Pa 的氧压下制备而成,因为在这个条件下 LBMO 薄膜才能展现出较好的阻变效应并同时有较大的磁性。图 8.22 说明 Au/LBMO/Pt 器件在外加电压下能发生稳定的高低阻转变,器件开关比在 30 左右,随着脉冲的施加器件的循环特性也十分优良,高低阻态都有较长的保持时间。

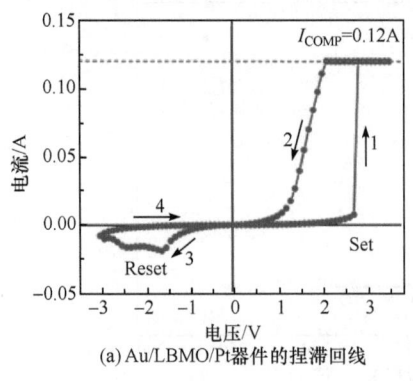
(a) Au/LBMO/Pt器件的捏滞回线

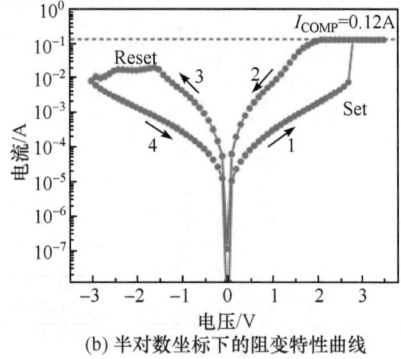
(b) 半对数坐标下的阻变特性曲线

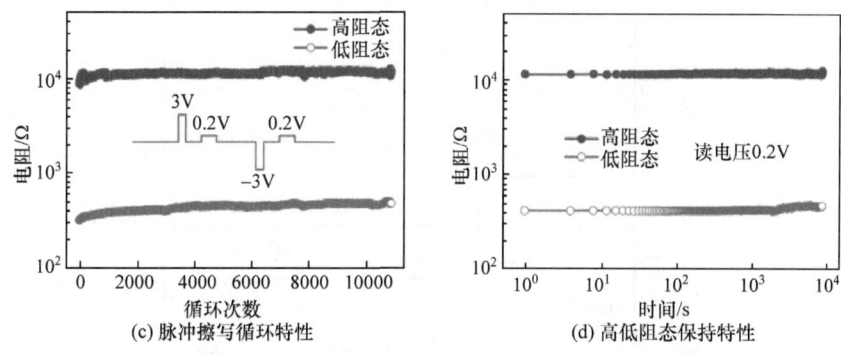

图 8.22 Au/LBMO/Pt 器件的忆阻捏滞回线[19]

图 8.23 展示了 Au/LBMO/Pt 器件的器件结构与不同阻态下的室温铁磁性变化。其中,初始态饱和磁化强度为 10.82emu/cc,低阻态饱和磁化强度上升到 18.83emu/cc,而高阻态饱和磁化强度又下降到 2.64emu/cc。材料在不同阻态下的磁化状态刚好可以印证 Au/LBMO/Pt 器件中存在磁电耦合现象。

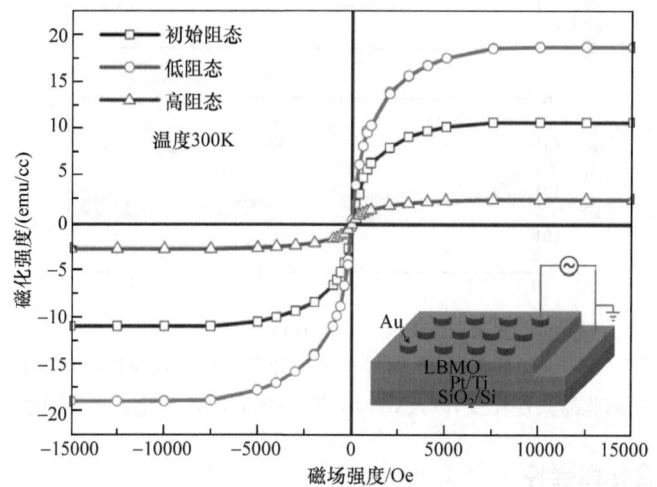

图 8.23 Au/LBMO/Pt 器件结构与不同阻态下的室温磁滞回线[19]
(插图为器件结构)

为了进一步验证电阻转变过程对材料磁性的影响,通过施加不同脉冲多次测量不同阻态下的磁性变化。从图 8.24 可以看出,随着施加外加电压、器件阻值和磁性状态可以同步发生非易失性可逆转变。证据表明,氧离子或者氧空位的迁移在其中起到了很大的作用。随着外加电场的施加,材料中氧离子或者氧空位发生迁移,使得 Mn^{3+}-O^{2-}-Mn^{4+} 链断开或修复,材料中的双交换作用也随之增强或者减弱,引起材料磁性的非易失性转变[19]。

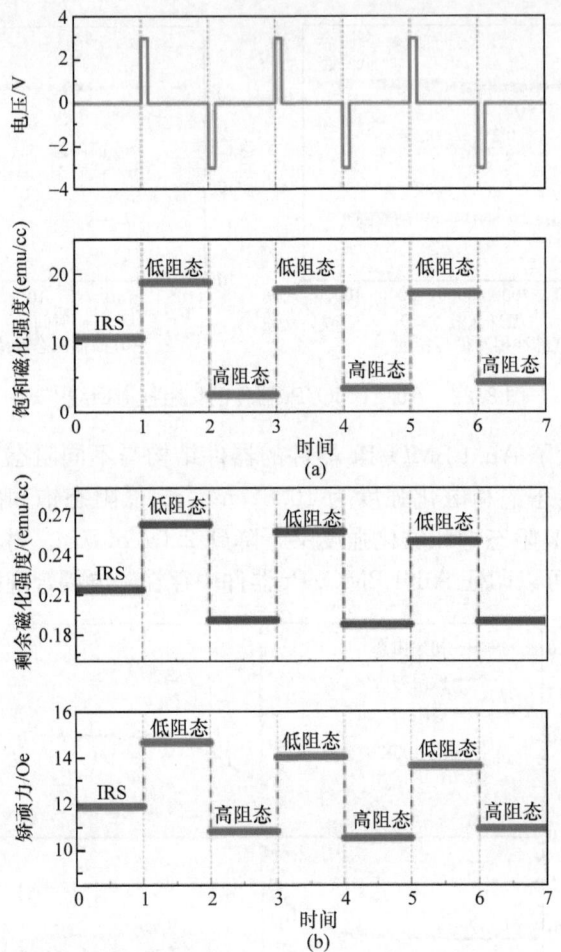

图 8.24 Au/LBMO/Pt 器件饱和磁化强度随外加脉冲电压展现
出可逆性和非易失性转变,以及 M_r 和 H_c 伴随着阻值变化发生可逆性转变[19]

8.1.3 磁耦合忆阻器件

忆阻特性与其他特性的耦合器件将比纯电致阻变器件实现更多的信息存储和处理功能。特别是,忆阻特性与磁特性的耦合器件已经取得了一些较好的研究进展,研究人员采用此类器件实现了逻辑运算和神经形态计算等重要功能验证。

(1) 利用巨磁阻效应的忆阻逻辑器件

Prezioso 等[20]利用 Alq₃ 有机材料和自旋极化的电极材料制备出双端器件(图 8.25),底电极是 20nm $La_{0.7}Sr_{0.3}MnO_3$ 材料,然后在下电极上做一层 50~250nm 的 Alq₃ 材料,上电极是 20nm 的 Co 电极,Co 电极与 Alq₃ 材料之间有 2nm 厚的 AlO_x 隧道结。Alq₃ 材料是应用比较广泛的有机半导体材料,在有机自旋电子材料研究中也占用很大的比重,这种材料组成的器件能展现出优良的巨磁阻(giant magneto resistance,GMR)效应。巨磁阻效应只在低电压偏置下存在(<1V),在更高的电压下则会展现出优良的电阻转变特性。

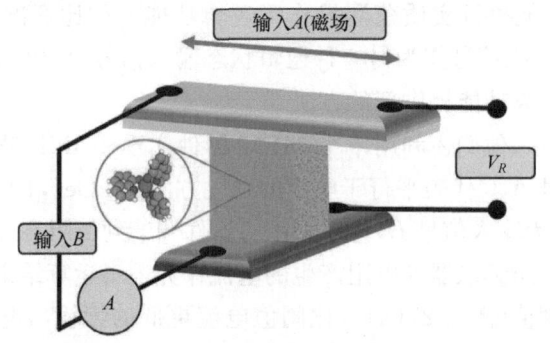

图 8.25　器件结构示意图[20]

(上电极为 Co 电极,中间功能层为 Alq_3,功能层与上电极之间隔一层 AlO_x,下电极为 $La_{0.7}Sr_{0.3}MnO_3$)

从图 8.26 可以看出,$Co/AlO_x/Alq_3/La_{0.7}Sr_{0.3}MnO_3$ 器件展现出良好的忆阻

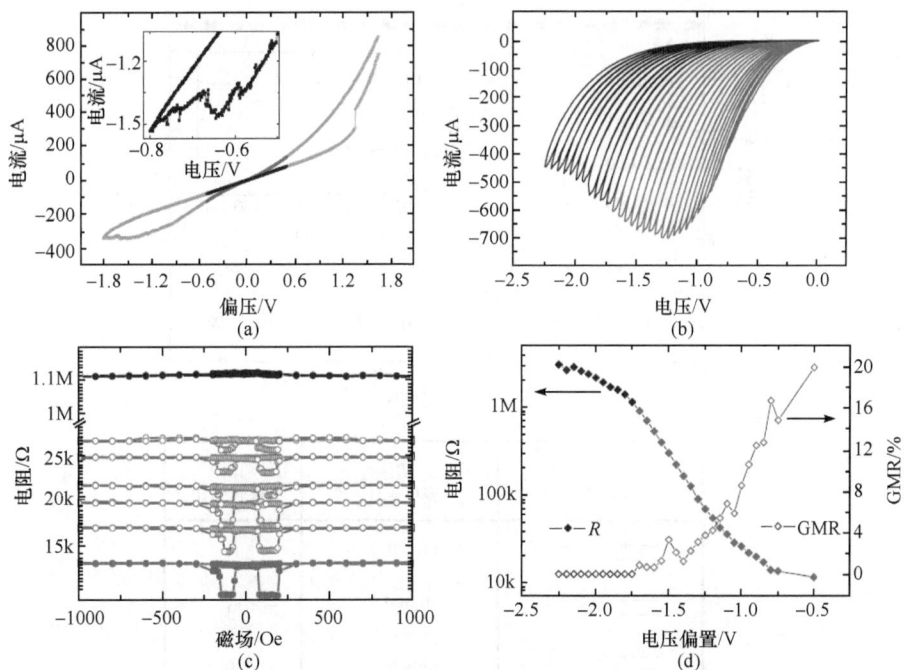

图 8.26　200nm 厚的 Alq_3 样品在 100K 条件下的测试结果[20]

((a)典型的忆阻特性曲线,插图为负微分电阻区域放大图像;(b)逐渐增大的负偏压 V-I 特性曲线,步长 50mV;(c)−100mV 下测得的最低阻态,中间阻态,最高阻态的巨磁阻效应;(d)−100mV 测量的电阻状态(实心点)和 GMR 量级(空心点)随电压偏置的变化)

特性。在负偏压下呈现出明显的渐变性能,并且在低电压偏置下器件还会表现出 GMR 效应。电阻状态越低,GMR 效应越强烈。电阻值和 GMR 量级都能随着外加偏置电压呈现步进式变化,这样一种磁增强忆阻器(magnetically enhanced memristor,MEM)能执行实质蕴涵操作等逻辑功能。相比标准电学忆阻器件而言,MEM 器件引入磁信号作为另一种逻辑状态输入信号,可以为在单个器件中实现非易失性逻辑运算功能提供新的方法[20]。

如图 8.27 所示,他们还利用单个 MEM 器件实现了 IMP 逻辑运算。将磁场信号作为输入信号 A,0 代表平行于电极的磁化方向(3 kOe),1 代表反平行磁化方向;电脉冲信号作为输入信号 B,可以采用将器件调节到低阻态(0)和高阻态(1)的脉冲电压。用小电压读取器件电阻产生的电流作为逻辑运算结果输出信号。设定一个输出电流的阈值(图 8.27(a)),比阈值电流更低的读输出电流作为逻辑输出 0,高于阈值电流的读输出电流作为逻辑输出 1。单次循环过程中的四种不同逻辑输入和输出组合均展示在图中。

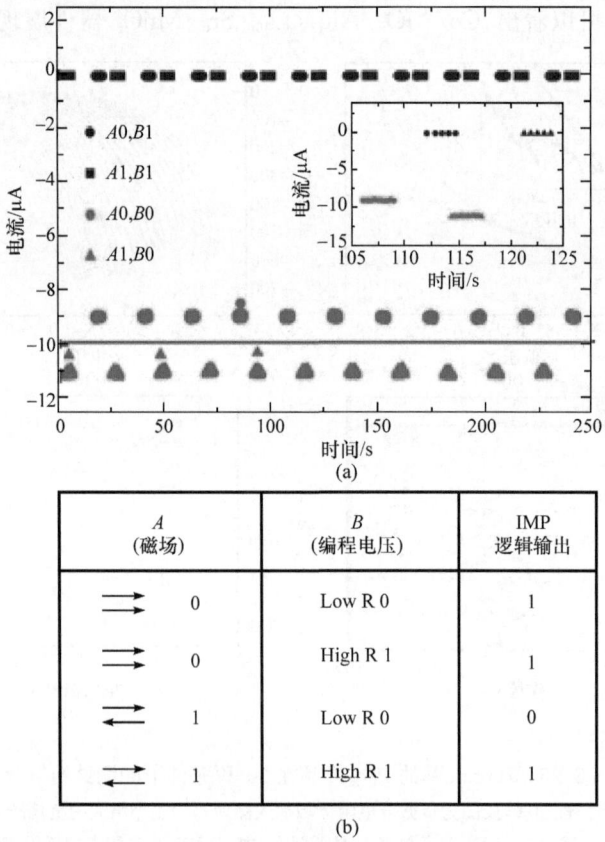

图 8.27 磁增强忆阻器实现实质蕴涵逻辑

(2) 忆阻磁隧道结

通常情况下,忆阻特性指器件电阻对外加电压或电流产生响应,磁隧道结(magnetic tunnel junctions,MTJs)也是一个比较常见的例子。在 MTJs 中,非磁性绝缘层材料(如 MgO)被两层铁磁层材料上下夹住,形成三明治结构。如果上下两层铁磁层材料的磁矩平行,那么电子隧穿过绝缘层的可能性会更大,其宏观表现是电阻小;如果磁矩反平行,那么电子隧穿过绝缘层的可能性较小,其宏观表现是电阻大。因此,磁隧道结可以在两种电阻状态中切换,即高阻态和低阻态。当外加电场使两铁磁层材料的磁矩由平行态向反平行态翻转时,隧穿电阻会发生低电阻态向高电阻态的转变。Krzysteczko 等[21]把这种 MTJs 归类为电流驱动的忆阻器件。

如图 8.28 所示,他们在忆阻 MTJ 磁隧道结中同时观测到了电阻转变和隧道磁阻效应,并将这种结构器件用来进行突触和神经元仿生。随着外界刺激的重复施加,电阻会呈现非易失性变化,由此神经突触的 LTP、LTD 和 STDP 等可以通过该器件实现。生物和人工突触的 STDP 功能如图 8.29 所示,展示了利用该忆阻 MTJs 模拟的神经突触 STDP 功能。当突触前后脉冲时间差 $\Delta t>0$ 时,器件电阻在 $173.77\pm0.73\Omega$ 变化;当 $\Delta t<0$ 时,器件电阻在 $180.26\pm0.21\Omega$ 变化,ΔR 取决于时间差 Δt。这一利用 MTJs 实现的 STDP 功能与生物 STDP 功能极为相似。

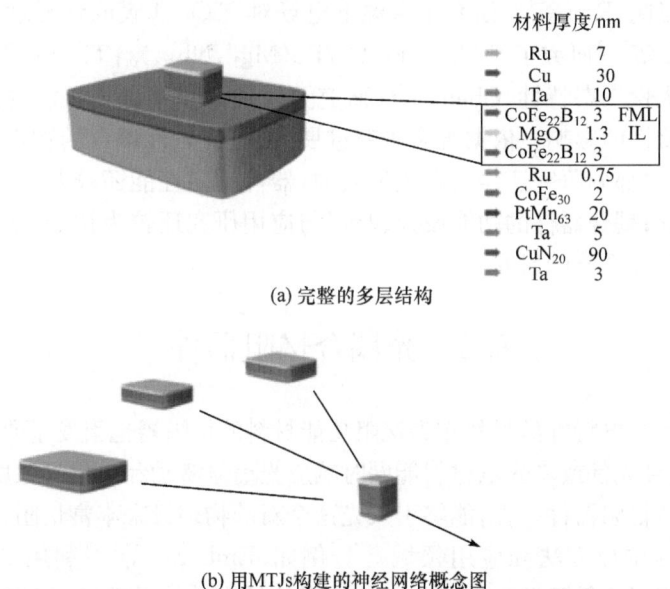

(a) 完整的多层结构

(b) 用MTJs构建的神经网络概念图

图 8.28 利用电子束光刻制备的忆阻 MTJ 示意图[21]

近年来,国内外研究人员在忆阻器与磁性耦合领域方面已经做了不少开创性的工作。例如,Chen 等[22]研究了关于氧空位迁移对 Pt/Co/MgO/Pt 忆阻器件磁

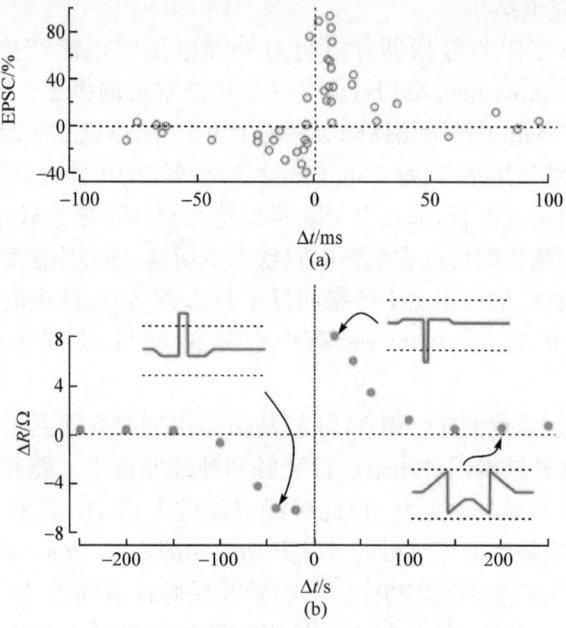

图 8.29 生物和人工突触的 STDP 功能

各向异性的影响,Ren 等[23]研究了室温下电场对 TiO_2 薄膜的铁磁性和阻变性能的控制,Jiang 等[24]研究了 $FeCo-NiFe_2O_4/Pb(Mg_{1/3}Nb_{2/3})_{0.7}Ti_{0.3}O_3$ 异质结中电场调制的非易失性三态特性,Chen 等[25]研究了钴铁薄膜中电场控制的离子迁移和重构对材料磁性的影响。依据现有研究进展,忆阻与磁性耦合的物理机制还没有统一的定论;大部分研究还停留在机理层面,器件的磁性能还较弱,距离实际应用还有一段距离;耦合器件的功能设计、验证与应用研究还较为初步,还需要研究者们进行更细致和系统的研究。

8.2 光耦合忆阻器件

使用具有光电特性的材料作为忆阻功能材料的忆阻器也引发了研究者的广泛关注,因为这种光伏或者光电材料能同时响应光信号激励和电信号激励,与 8.1 节所述的磁耦合忆阻器件一样,能够引入光这个新的物理量来丰富忆阻器的特性,从而拓宽器件的调控方法和应用领域[26]。例如,Emboras 等[27]利用 Ag/a-Si/p-Si 忆阻器件实现了高低阻转变过程中光信号在波导中传输的改变,读取光信号的差异可以反映电激励的不同。Ghosh 等[28]在 ITO/P3HT:TiO_2/Al 器件中验证了器件电阻转变过程中开路电压,以及短路电流等光伏特性会在光照条件和黑暗条件下发生明显的变化,这为实现光耦合器件提供了实验支持。下面介绍光耦合忆阻器件的一些特殊性质及其在逻辑运算、多级存储方面的最新研究进展。

8.2.1 阻变过程对光学性能的调节

(1) Cu/P3HT：PCBM/ITO 忆阻器件中的光伏特性

P3HT：PCBM 是一种典型的异质结复合材料，在光照作用下会产生自由电子和空穴，表现出光伏特性。同时，P3HT：PCBM 也是一种半导体材料，夹在两层电极之间会展现出电阻转变效应。如图 8.30 所示，上电极为 Cu 电极，下电极为 ITO 电极，形成 Cu/P3HT：PCBM/ITO 三明治结构，在 4.5V 电压时发生 Set 过程，在 −2V 时发生 Reset 过程，高阻态在 $10^6\Omega$ 左右，低阻态在 $10^3\Omega$ 左右。通过对器件在高低阻态下进行双对数曲线拟合，可以初步判断其导电机制。低阻态符合 Cu 金属导电丝理论，高阻态表明存在较大的肖特基势垒。实验表明，器件电阻转变特性是由 Cu 原子在电场作用下的氧化还原反应导致的。施加正电压使 Cu 电极界面上的 Cu 原子氧化成 Cu 离子并向 ITO 电极迁移，在迁移过程中 Cu 离子被还原成 Cu 原子形成 Cu 导电细丝，使器件变为低阻态，施加负向电压使 Cu 导电丝断裂，器件回到高阻态[29]。

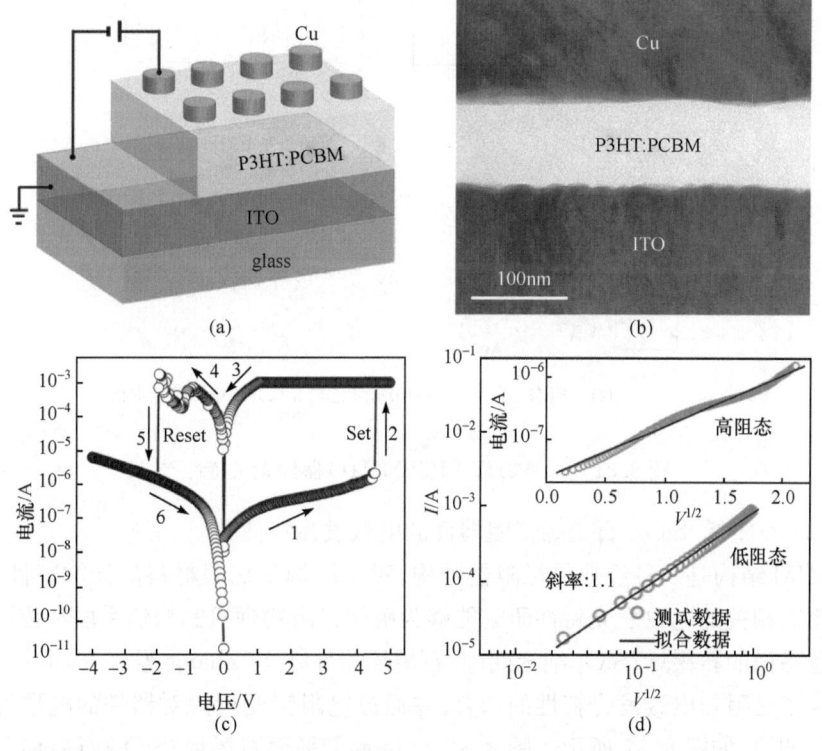

图 8.30 Cu/P3HT：PCBM/ITO 器件

值得注意的是，在发生电阻转变的同时，器件的光伏特性也会随之发生变化。如图 8.31(a) 和图 8.31(b) 所示，当器件处于高阻态时，该器件会产生 -0.15V 的开路电压，器件在光照和黑暗条件下的 V-I 曲线会发生偏离。这是因为光照下 P3HT：PCBM 中产生的自由电子和空穴分别在电极一侧聚集，光生载流子产生的电压会在光照和黑暗条件下使 V-I 曲线发生偏移。在低阻态时，光照和黑暗条件下，V-I 曲线不会偏移，这是因为光生载流子会通过 Cu 导电丝迅速中和，不会在光照下产生开路电压，具体示意图如图 8.31(c) 和图 8.31(d) 所示。这一研究将阻变效应与光伏特性结合，提出新的光耦合忆阻器件，也为利用光伏特性来分析电阻转变机制提供了原理验证[72]。

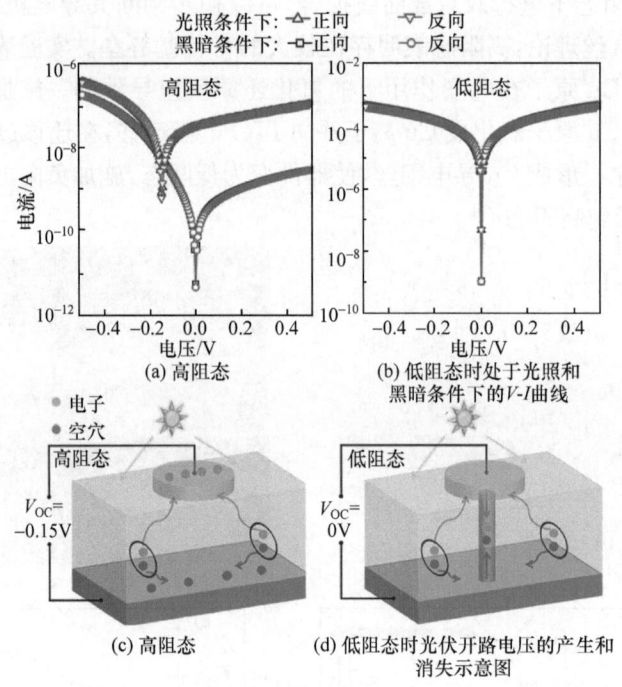

图 8.31　Cu/P3HT：PCBM/ITO 器件光伏特性[29]

(2) 石墨烯/SiO_2/石墨烯忆阻器件的电致发光特性

MIM 结构是一种经典的忆阻器结构，对于结构中忆阻材料的光学特性，特别是与阻态相关的电致发光特性研究能够为解释忆阻物理机制提供手段和佐证。通过制备平面的石墨烯/SiO_2 纳米间隙/石墨烯器件结构，Zhang 等[30]在同一个器件中实现了忆阻与电致发光特性的耦合，并通过电阻转变行为对器件的电致发光性能进行调控，如图 8.32 所示。图 8.32(a) 展示了平面石墨烯/SiO_2/石墨烯器件结构，图 8.32(b) 展示了石墨烯/SiO_2/石墨烯器件的单极性电阻转变行为，在 3V 左右发生 Set 过程,而在 7V 左右发生 Reset 过程,虚线框显示 5~8V 为强烈发光区间,这在图 8.32(c)也有清楚的展现。

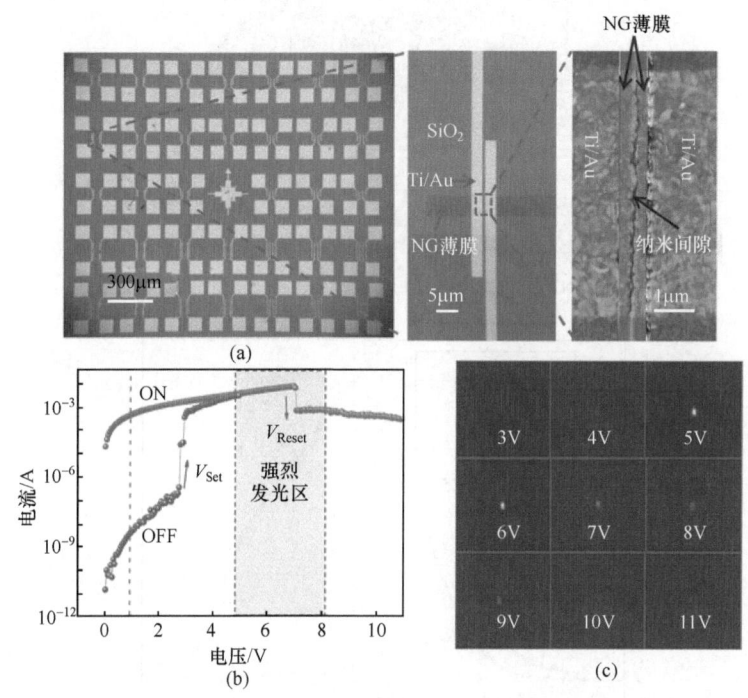

图 8.32 石墨烯/SiO_2/石墨烯忆阻器件电致发光特性[30]
((a) 左边是整个器件阵列光学显微镜下的图像,中间是单个器件放大后结构示意图,右边是通过 AFM 显示出的平面石墨烯/SiO_2 纳米间隙/石墨烯器件结构图;
(b) 石墨烯/SiO_2/石墨烯器件典型的电阻转变 V-I 曲线;(c) 施加不同的驱动电压后忆阻器件的电致发光 CCD 图像)

从图 8.33 可以看出,器件在高低阻态下对应的电致发光谱线的强度和峰位有着明显的差异。在高阻态时,器件的电致发光谱线的峰值在 550nm 处,而低阻态时发光峰值在 770nm 处,低阻态的发光强度也比高阻态发光强度高一个数量级。石墨烯/SiO_2/石墨烯器件电阻转变过程中电致发光特性的变化源自 SiO_2 中成分的变化。器件在向低阻态转变时,SiO_2 薄膜内部生成了 Si 纳米晶,Si 纳米晶中的电子和空穴复合特性与 SiO_2 不同,使得器件在不同阻态时的发光性能出现差异。石墨烯/SiO_2/石墨烯器件中阻变过程对材料电致发光特性的调控不但实现了忆阻器光学性能与电学性能的结合,也为光信号探测器件电阻机制转变提供了范例[30]。

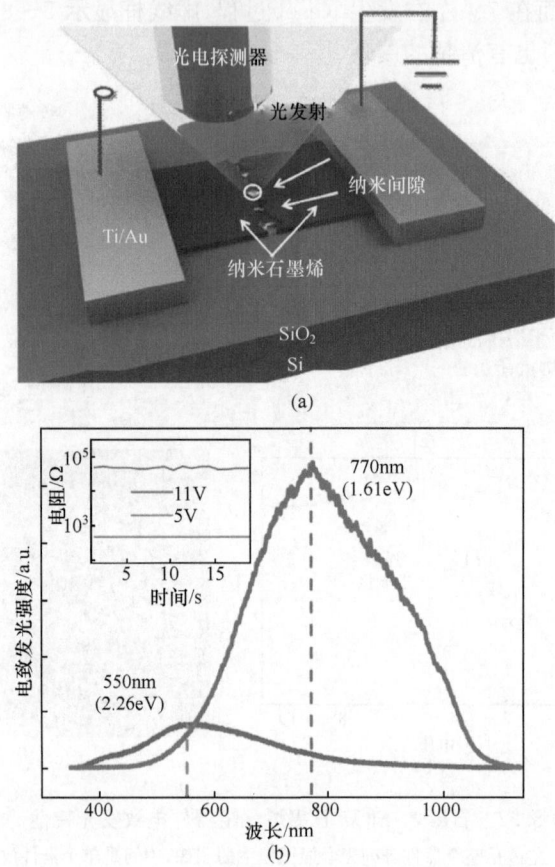

图 8.33 发光器件的电致发光谱线[30]

((a) 石墨烯/SiO₂/石墨烯器件电学测量与光学测量示意图；(b) 器件分别处于高阻态和低阻态时的电致发光谱线，插图为高阻态(11V)和低阻态(5V)时电阻随时间的变化)

8.2.2 光照对器件阻值的调节

(1) 基于 ITO/CeO$_{2-x}$/AlO$_y$/Al 器件的光写入电擦除阻变过程

光耦合忆阻器件的一个可能应用目标是通过光信号来写入和存储信息，以实现光写电读或电写光读，丰富器件的操作方法。虽然不少半导体材料都被用来制备这种光电耦合器件，如纳米硅、有机高分子、碳纳米管和石墨烯等，但在单个光电耦合器件中实现有效的信息存储和处理过程还是非常困难。李润伟团队[31]制备出一种 ITO/CeO$_{2-x}$/AlO$_y$/Al 器件结构，可通过光信号来对器件阻值进行调节，利用器件阻值来存储信息进而在单个器件中实现编码与计算。如图 8.34 所示，ITO/CeO$_{2-x}$/AlO$_y$/Al 器件在不同光照强度和光照时间下能发生不同的光电响应,并且可以利用电脉冲进行擦除,使器件能够发生非易失性可逆转变,这样就可以通过光照进行准确的信息写入[31]。

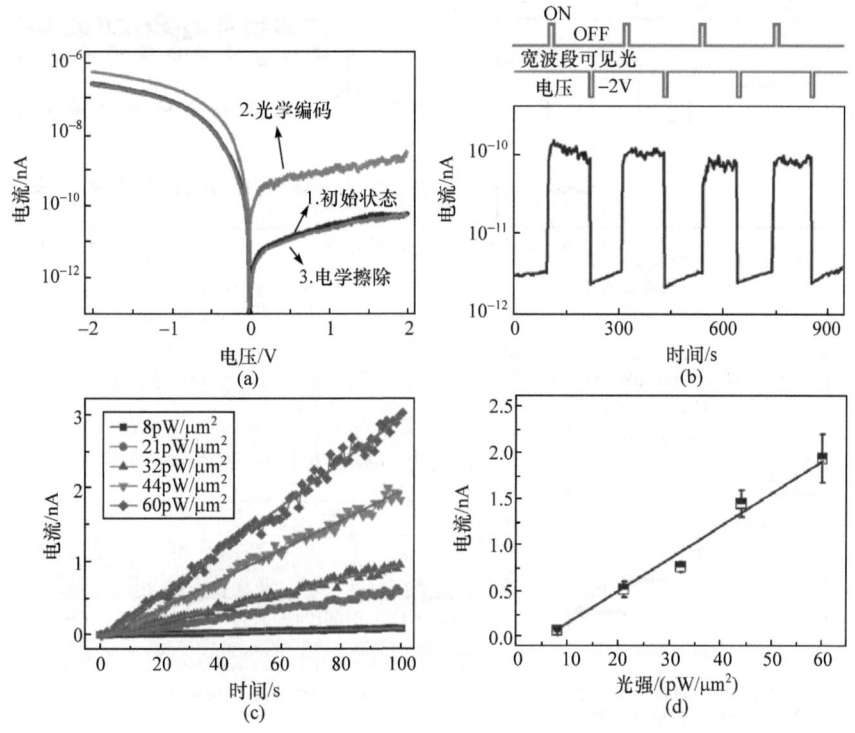

图 8.34 ITO/CeO$_{2-x}$/AlO$_y$/Al 器件结构的光电响应[31]

((a) 器件 V-I 曲线 1. 黑暗条件,2. 暴露在功率为 60 pwμm^{-2} 的 400-800nm 宽频波段光照下 20s,3. 施加 0.1s 的 -2V 脉冲电压;(b) 施加 20s 的 60pwμm^{-2} 光脉冲和 0.1s 的 -2V 电脉冲后器件电流的可逆变化;(c) 施加不同强度和时间的光照后器件电流的变化;
(d) 光电流与光照强度的关系,光照时间 100s,读取电压 0.1V)

如图 8.35 所示,通过不同波长和强度的光(如红光、绿光和蓝光)照射后,ITO/CeO$_{2-x}$/AlO$_y$/Al 器件可以达到不同的阻值。如果利用 566nm 的绿光和 499nm 的蓝光分别编码 0 和 1,再利用 4 和 6pw/μm^2 功率的光来编码 0 和 1,这样就可以通过四种不同组合的光来实现两位信息的解调和存储。图 8.35(d)利用这四组光照实现了 NIMTE 字符的解调。另外,随着光脉冲的施加,器件的响应电流与脉冲个数呈现线性变化关系,这可以用来实现加法器等逻辑功能[31]。

器件的特殊光电响应源自于靠近 AlO$_y$ 界面的 CeO$_{2-x}$ 层中电子的捕获与释放,此过程可以影响到 CeO$_{2-x}$/AlO$_y$/Al 区域内频带偏移。光照脉冲和电脉冲都能极大地改变器件的本征导电特性,从而实现器件光响应的可控调节。通过不同

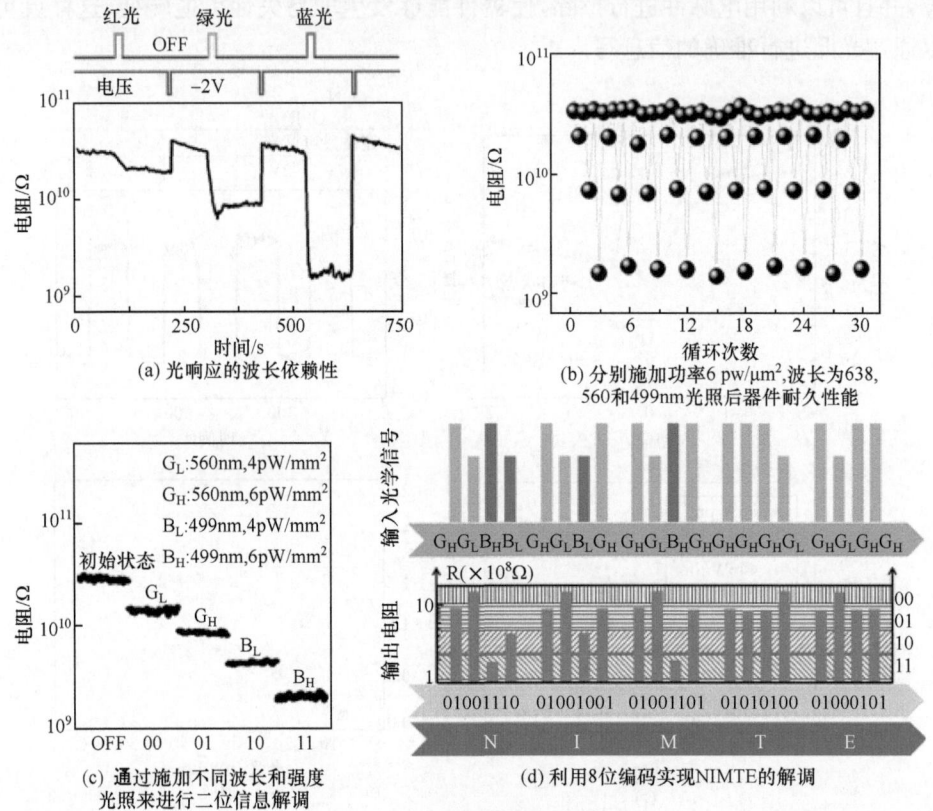

图 8.35 光电解调和阻变特性[31]

光照的施加进行信息的写入与存储,通过电脉冲进行擦除,由此可以进行一系列算法调制和逻辑运算[31]。

(2) 基于 DBA 有机材料光电效应的多级阻变存储器件

Ye 等[32]利用 ITO/DBA/Al 器件的光电效应实现了多级存储。DBA 光电有机分子能同时对光激励信号和电激励信号作出响应,器件在黑暗条件下能展现出良好的双极性阻变特性,开关比在 10^6 以上。在紫外光照射下,器件可以在三个状态之间切换:0(关态),1(低电导态,LC-ON)和 2(高电导态,HC-ON)。基于 CV 测量、载流子输运模型、量子化学计算和吸收光谱分析,DBA 分子的电阻转变机制可以通过分步电荷转移过程来解释[32](图 8.36)。这种新型的光电器件是对多级存储的新探索。

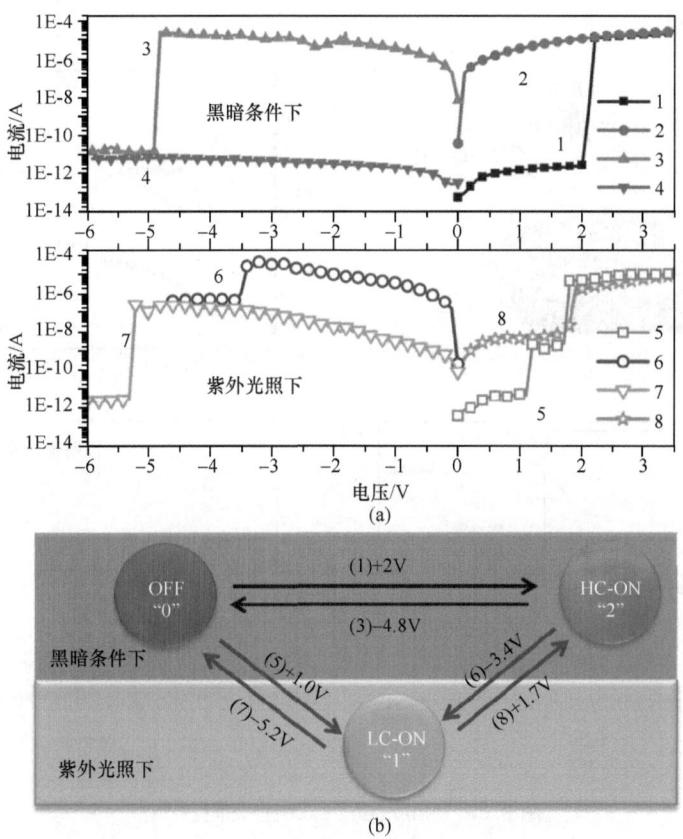

图 8.36 多级阻变存储器件[32]

((a) 器件的 V-I 特性曲线,1~4 是黑暗条件下的扫描特性曲线,5~8 是在 1.01mW/cm² 紫外光照射下的扫描特性曲线;(b) 三个状态:0(关态),1(低电导态,LC-ON),2(高电导态,HC-ON)之间可能的相互转变和阈值电压)

8.3 超导耦合忆阻器件

纳米尺度导电丝的形成和熔解是一类重要的忆阻器电阻转变机制。基于器件中纳米导电输运结构实现阻变,不但有利于降低器件尺寸、提高器件密度,而且会为器件引入一些量子尺寸效应,其中就包括低温下器件中的超导转变现象。

(1) Nb/ZnO/Pt 器件的超导转变现象

李润伟团队[33]制备了 Nb/ZnO/Pt 双极性忆阻器,如图 8.37 所示,Set 电压为 0.9V 左右时发生 Set 过程,Reset 电压为 −0.7V 左右。可以注意到,在 Forming 和 Set 过程中器件电导呈现出量子化效应,在 0.75~1.60V 电压扫描过程中,器件电导发生了多次跳跃性变化,且都是 $G_0=2e^2/h$ 的整数倍,这源自器件中导电丝的量子化效应[33]。

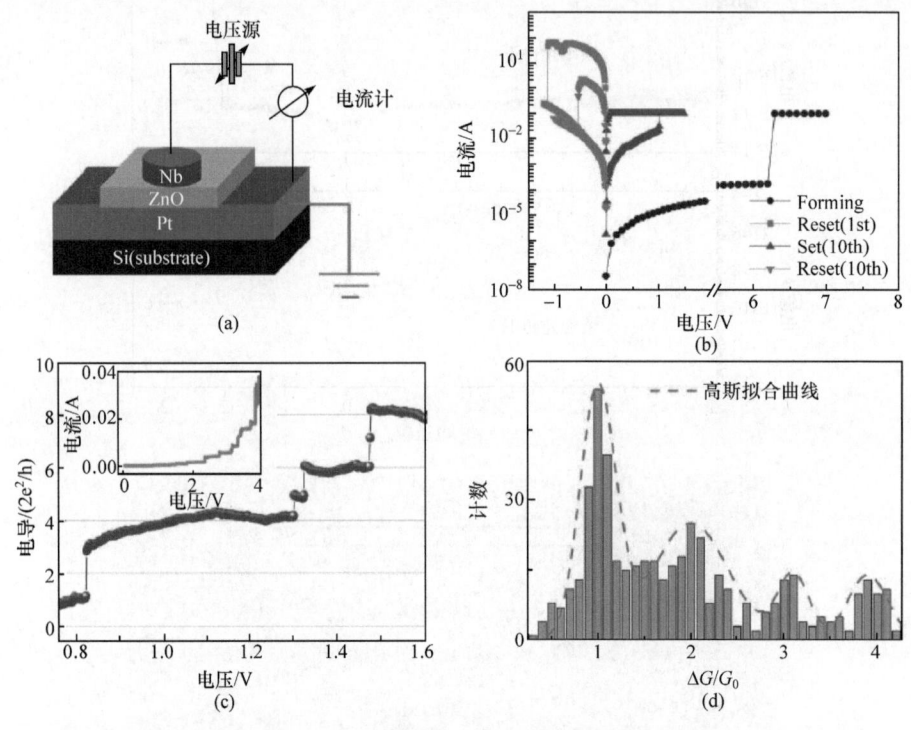

图 8.37 Nb/ZnO/Pt 双极性忆阻器[33]

((a) Nb/ZnO/Pt 器件结构示意图 Nb 电极直径为 100μm；(b) V-I 特性曲线；
(c) Set 过程中器件电导展现出量子化；(d) Forming 和 Set 过程中器件电导统计)

进一步采用导电原子力显微镜(C-AFM)测试 Nb/ZnO/Pt 器件的局域化导电行为(图 8.38)。扫描电压小于 1V 时，器件薄膜表面都处于低电导状态。当电压超过 6V 后，薄膜表面出现了代表高电导的白色亮斑，其尺寸约 10nm，表明在高电压激励下，Nb/ZnO/Pt 器件中形成了大量的纳米尺度导电区域。图 8.38(d)为器件在低阻状态下的电阻-温度曲线，电阻值随温度降低而降低，表明纳米导电丝具有金属性导电特性。此外，器件阻值在 9.3K 时突然降低，发生超导现象，而 Nb 的超导转变温度刚好为 9.3K，同样证实 Nb 纳米导电丝的形成。

(2) In/δ-Bi$_2$O$_3$/Au 器件的超导转变现象

δ-Bi$_2$O$_3$ 拥有较大的阳离子迁移率，利于金属离子在材料中的迁移输运。Koza 等[34]制备了 In/δ-Bi$_2$O$_3$/Au 阻变器件，展现出良好的高低阻转变特性。如图 8.39(a)所示，器件在低阻态下展现出金属性导电行为，并且在 5.8K 时发生超导转变效应，而 5.8K 正是金属 Bi 的超导转变温度，说明器件在转变为低阻态时在 δ-Bi$_2$O$_3$ 中形成了 Bi 纳米导电丝。Bi 导电丝的形成源于 δ-Bi$_2$O$_3$ 自身的氧化还

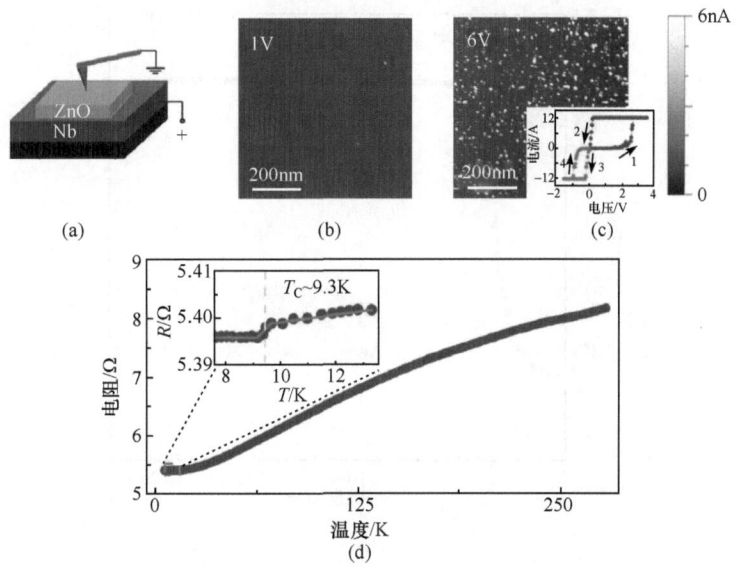

图 8.38 Nb/ZnO/Pt 器件中导电丝形成的 CAFM 测量示意图[33]

(施加 1V 和 6V 电压后器件电流分布图,以及 Cu (75nm)/Nb(25nm)/ZnO(80nm)/Pt 器件低阻态的温度曲线,插图为 7.5~13.5K 区间的放大图)

原反应形成而非金属电极的氧化还原反应。如图 8.39(b)所示,当外加磁场升高到 5kOe 时器件在低阻态时的超导转变现象消失,这个临界磁场强度远大于 In 的临界磁场,这进一步证明 δ-Bi_2O_3 中形成了 Bi 金属纳米导电丝的形成。器件中的超导转变效应也为阐明忆阻器件的导电机制提供了新的思路。

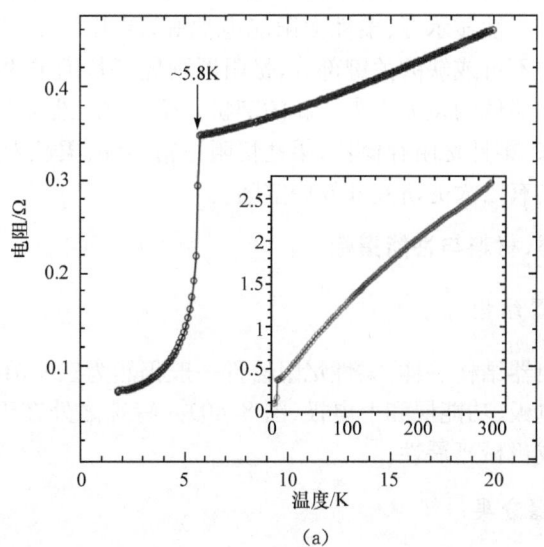

(a)

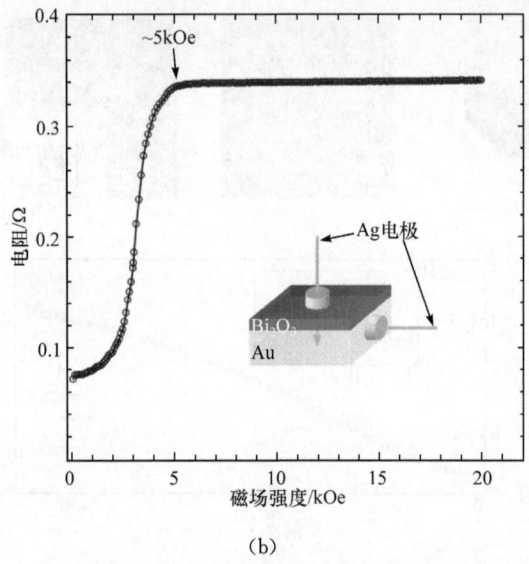

(b)

图 8.39 In/δ-Bi$_2$O$_3$/Au 器件的超导转变[34]

((a) 零磁场下 In/δ-Bi$_2$O$_3$/Au 阻变器件在低阻态时的温度曲线,插图为 0~300K 的电阻随温度变化曲线;(b) 1.8K 下电阻与磁场强度的关系,插图为器件测量结构示意图)

8.4 柔性忆阻器件

近年来,柔性电子器件由于具有可贴附、可穿戴、重量轻、便携、可折叠等新特性和优势,受到学术界和工业界的广泛关注。各式各样的柔性电子器件,如柔性晶体管、柔性传感器、柔性显示器、柔性太阳能电池等,层出不穷。其中,柔性存储器是柔性电子系统中不可或缺的关键部分,忆阻器则凭借其优越的存储性能,以及丰富的新功能给柔性器件的发展带来了新的契机。柔性忆阻器是忆阻器与机械延展特性的耦合。未来,柔性忆阻存储器、柔性忆阻逻辑器件、柔性人工神经电路,甚至类脑计算芯片都具有巨大的研究和发展空间。

8.4.1 结构、分类、材料与性能指标

1. 柔性忆阻器结构

与非柔性忆阻器结构一样,柔性忆阻器件一般仍然为三明治结构,即在柔性衬底上依次淀积下电极、功能层和上电极(图 8.40)。特殊之处在于要求各层材料都具有较好的柔性或机械延展性。

2. 柔性忆阻器分类

根据柔性忆阻器中所采用的材料类型,可以将其大致分为两大体系。第一种

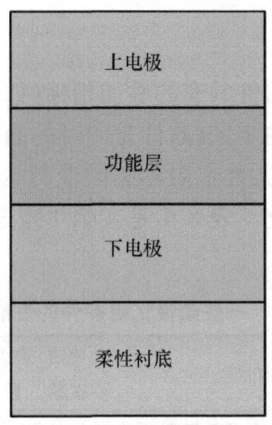

图 8.40　柔性忆阻器件的结构

为有机物体系,该类器件的功能层与衬底都是有机物。事实上,有机忆阻器件作为忆阻器领域的一个重要分支在柔性忆阻的应用上有着得天独厚的优势,这是因为有机材料种类繁多,具有重量轻、易合成、成本低等优点,同时大多数有机物具有良好的柔韧性。第二种为混合体系,该类器件的功能层为无机化合物,衬底则是有机物。该体系的器件大多是将具有一定柔性的普通忆阻器直接移植在有机柔性衬底上。当然也有例外,在下面将提到有研究人员利用有机物作为功能层,无机金属作为衬底,制备出了性能良好的柔性忆阻器件。

3. 材料

衬底:一般的玻璃衬底不易形变,材质松脆。目前主要是以柔性有机聚合物作为衬底,并在其上淀积多层薄膜。例如,聚对苯二甲酸乙二醇脂(PET)、聚醚砜树脂(PES)等有机衬底材料的制备技术现今已经非常成熟。但是,有机柔性衬底往往不耐高温,且与之后淀积的功能薄膜层间的附着力差,所以一般会在柔性衬底上淀积一层无机缓冲层来改善其性能。

电极:柔性电极的实质是柔性较好的导电薄膜材料,包括传统的金属电极、应用较广的氧化物薄膜电极,以及一些新电极材料。目前,Al 电极因其良好的延展性在柔性忆阻器件上的应用较为广泛。对于特定机理的忆阻器件,相应的活性电极或惰性电极也需考虑在内。倘若要制作透明的柔性忆阻器,工艺技术比较成熟的铟锡氧化物(ITO)薄膜和氧化锌掺铝(AZO)薄膜等都是较好的选择。此外,还有一些特殊的电极材料。

功能层:有机物因其本身具有柔性且种类繁多,成为柔性忆阻功能层的优先选择对象。此外,由于一些金属氧化物本身具有良好的柔性,因此相当一部分柔性忆阻器件都是采用氧化物作为功能层来搭配有机物衬底的。

4. 性能指标

除了一些与非柔性忆阻器件共有的性能指标（如开关速度、功耗、高低电阻比、保持时间等），弯曲次数和弯曲半径（器件弯曲时的曲率半径）是衡量柔性忆阻器件的特有标准，一个性能优异的柔性忆阻器的阻变行为不会因为弯曲次数和半径的改变而有大范围的改变或退化。表 8.1 是文献中报道的一些柔性忆阻器件的性能对比。

表 8.1 一些柔性忆阻器件的性能对比

器件结构	阻变机理	弯曲次数	高低电阻比	保持时间/s	V_{reset}/V	V_{set}/V	参考文献
Cu/pEGDMA/ITO	有机物热分解形成 C 导电丝	1000	$>10^2$	10^6	1	−1	[35]
Al/PS+BCNT/Al	CNT 中陷阱控制的 SCLC	500	4×10^2	$>10^5$	2	−2	[36]
Au/HKUST-1/Au	有机物热分解使其中的苯环耦合形成 sp^2 杂化富 C 导电丝	160	>10	$>10^4$	−0.5	0.8	[37]
Ag/Ag-CNP/Al	—	1000	10^6	10^5	−0.22	0.28	[38]
Al/TiO$_2$/Al	—	4×10^3	10^4	1.2×10^6	−2	3	[39]
Al/TiO$_2$/Al/TiO$_2$/Al	—	10^2	>10	10^4	2.5	−2.5	[42]
Au/ZnO/SS	低阻态及高阻态低压时欧姆传输机制主导，高阻态高压时 P-F 机制主导	—	$>10^2$	—	0.6	1.2	[46]
ITO/ZnO/ITO/Ag/ITO	低阻态及高阻态低压时欧姆传输机制主导，高阻态高压时 SCLC 机制主导	10^4	>20	10^5	0.6	1.5	[47]
Al/ZnO/Al	氧空位作为电子陷阱的 PF 机制	10^5	10^4	10^5	0.5	2	[41]
Pd/SiO$_x$/Pt	氧离子迁移形成氧空位导电丝	100	$>10^4$	10^4	—	5	[43]
Cu/Gd$_2$O$_3$/Pt	Cu 导电丝	10^4	10^5	$>10^6$	−0.5	1.7	[44]
Ni/Sm$_2$O$_3$/ITO	界面控制的 Schottky 发射	5×10^3	10^3	10^5	0.4	−0.3	[45]
Cu/WO$_3$·H$_2$O/ITO	Cu^{2+} 与空位联合体形成新的空位缺陷 $V''_{[CuOWOH2]}$ 导电丝	2×10^3	$>10^5$	$>10^5$	−1.14	1	[48]
Al/G-OZNs/ITO	氧离子迁移形成氧空位导电丝	10^3	10^2	10^4	−2	2.1	[50]
Ag/HfO$_x$/LSG	Ag 导电丝	—	10	10^4	—	0.5	[51]
Al/G-O/Al	上界面层因氧向 G-O 薄膜扩散而形成导电丝	10^3	$>10^2$	10^5	2.5	−2.5	[49]
Bi$_2$Se$_3$/Pt	Se 和 Se 空位的电扩散导致局部导电丝的形成和断裂	—	10^6	4.5×10^3	0.7	−1.2	[52]

8.4.2 柔性忆阻器件研究进展

(1) 有机体系柔性忆阻器件

近年来,不少性能良好的有机柔性忆阻器件被成功研制出来。Lee 等[35]制备出一种 Cu/pEGDMA(聚乙二醇二甲基丙烯酸酯)/ITO/PET 结构的柔性忆阻器件(图 8.41)。该器件能在一定的弯曲程度及次数后保持稳定的高低阻态(图 8.42),即使是放入水中超过一天都不会对器件的阻变特性产生影响(图 8.43)。图 8.44 所示的 TEM 和 EDS 测试结果表明,焦耳热能够促使有机聚合物在一些局部脆弱点发生热分解,施加偏压产生的焦耳热会加速热分解过程。在有机聚合物热分解程度较大的区域会形成导电性好的富 C 局部区,当偏压到达 V_{Set} 后,富 C 局部区就会形成连接上下电极的 C 导电丝,直至有足够的焦耳热将其熔断,导致器件在高低阻态之间切换。

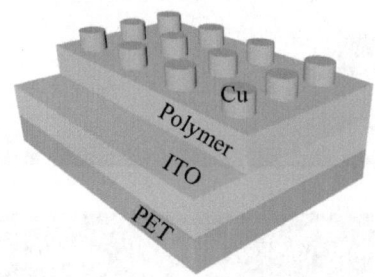

图 8.41 Cu/pEGDMA/ITO/PET 器件的结构图[35]

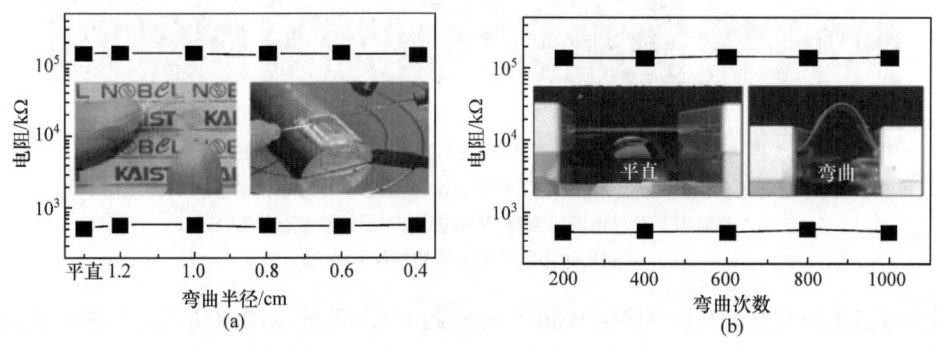

图 8.42 器件高低阻态保持特性[35]

许多有机物并不能在单独作为功能层时体现出良好的忆阻特性,需要通过掺杂以优化其性能。Hwang 等[36]通过在 PS(聚苯乙烯)中掺杂 CNT(多壁碳纳米管),制备出了性能良好的 Al/PS+CNT/Al/聚酰亚胺柔性忆阻器件。在此基础

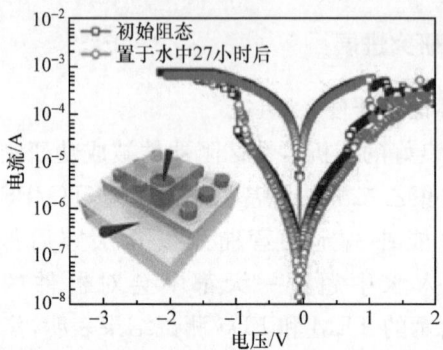

图 8.43 Cu/pEGDMA/ITO/PET 器件放入水中前后的 V-I 特性曲线[35]

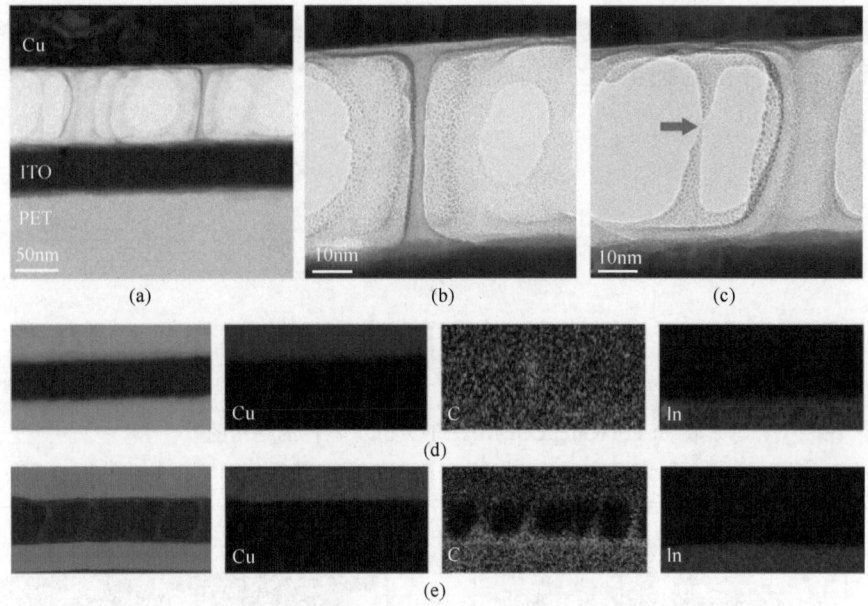

图 8.44 Cu/pEGDMA/ITO/PET 器件的 TEM 与 EDS[35]
((a) 进行过多次开关操作的器件 TEM 图;(b) 低阻态下 C 导电丝的形成 TEM 图;
(c) 高阻态下 C 导电丝的断裂 TEM 图;(d) 器件原始态的 EDS 图;
(e) 进行过多次开关操作的器件 EDS 图)

上,他们还研究在 CNT 中掺杂 B 和 N 元素调节 CNT 的功函数及其对器件特性的影响。最后获得了性能优化后的 Al/PS+BCNT/PS+NCNT/Al/聚酰亚胺器件。该器件具有三种阻态,这对于柔性忆阻器件在多值存储上的应用有一定的参考意义,如图 8.45 所示。

大量研究表明,尽管有机材料具有均一的阻变性能和柔韧性,但热稳定性则比无机材料差,反观大部分无机材料虽然具有较好的热稳定性,但其柔韧性往往却不

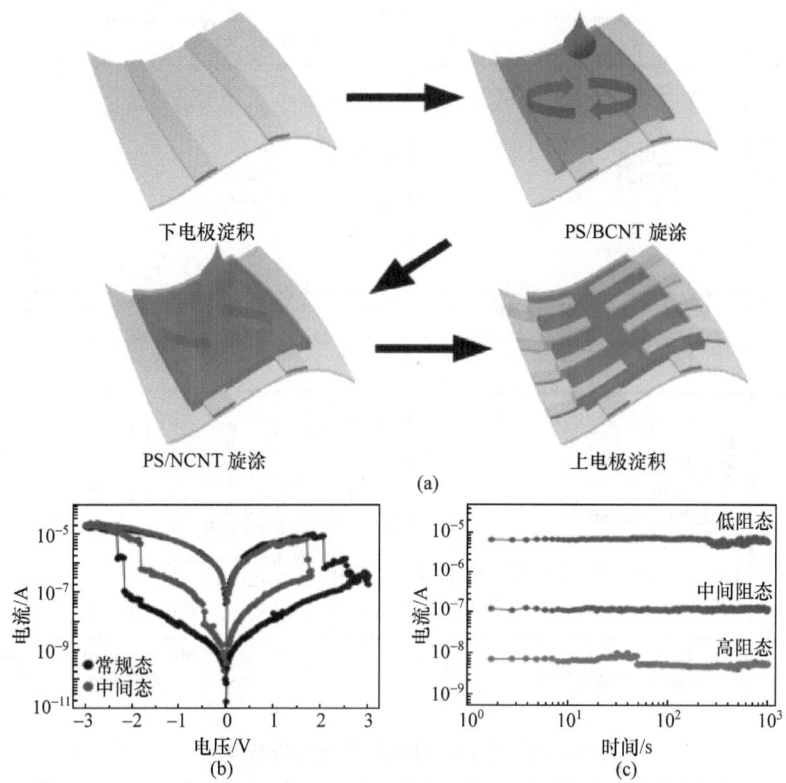

图 8.45 Al/PS+BCNT/PS+NCNT/Al/聚酰亚胺器件及其特性[36]
((a) Al/PS+BCNT/PS+NCNT/Al 器件的结构制作流程；
(b) Al/PS+BCNT/PS+NCNT/Al 器件的 V-I 特性曲线；(c) Al/PS+BCNT/PS+
NCNT/Al 器件的三种阻态随时间的保持特性)

如有机材料。为了将两种材料的优点相结合，金属有机框架材料成为一个有潜力的研究方向。所谓金属有机框架材料，就是有机配体与金属离子或团簇通过配位键构建的有机-无机杂化的晶体框架材料，具有结构三维高度有序、物理性质稳定可调、化学结构易于设计等优点。李润伟团队[37]利用液相外延法在柔性 Au/PET 衬底上制备纳米级高质量有机金属框架 HKUST-1（$Cu_3(BTC)_2$）薄膜。研究发现，Au/HKUST-1/Au/PET 器件在动态的弯曲测试过程中可以保持相当稳定的存储性能（图 8.46）。值得一提的是，该薄膜材料可以在±70℃的大范围温度内保持均一的阻变特性（图 8.47），由此可以体现金属有机框架材料能够在一定程度上克服单纯有机物热稳定性差的弱点。

8.4.1 节提到有个别柔性忆阻器件的衬底不是有机物。Nagashima 等[38]别出心裁地研制了以铝箔纸为衬底（同时作为下电极）的 Ag/Ag-CNP（纤维素纳米纤维纸）/Al 柔性忆阻器件。该器件的最大特点在于其可以在极小的弯曲半径下

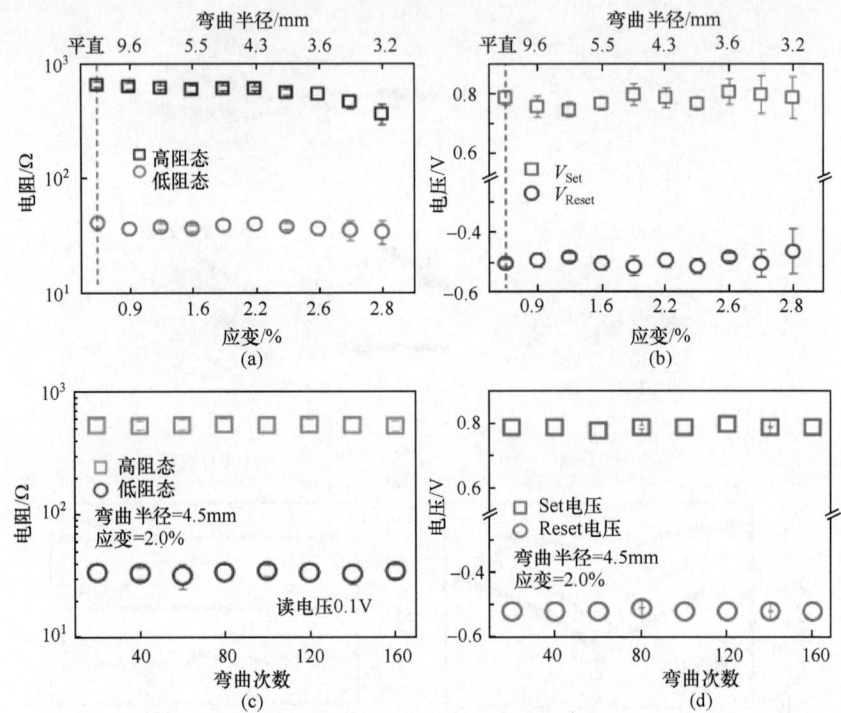

图 8.46 金属有机框架薄膜保持特性[37]

((a) 金属有机框架薄膜的高低阻态随弯曲半径的变化;(b) Set 和 Reset 电压随弯曲半径的变化;(c) 高低阻态随弯曲次数的变化;(d) Set 和 Reset 电压随弯曲次数的变化)

(0.35mm)保持阻变性能,如图 8.48 所示。换言之,该器件几乎可以任由使用者弯曲而依旧正常工作。图 8.49 是该器件与一些柔性 Flash、FeRAM,以及 RRAM 的开关比和弯曲半径两方面的比较,结果表明该类柔性器件在这两方面综合性能超越了其他柔性存储器件。

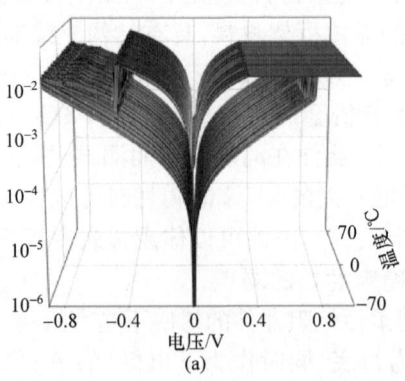

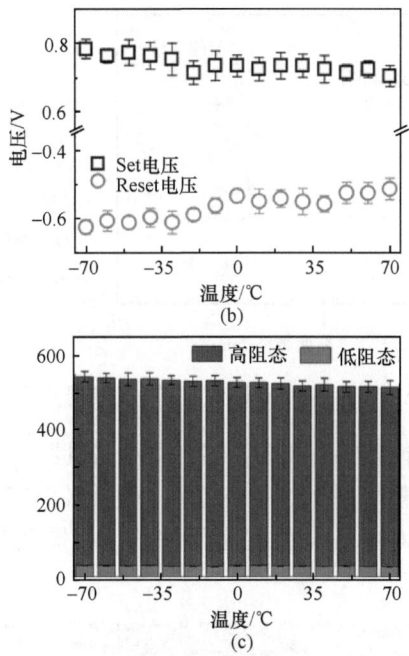

图 8.47 金属有机框架薄膜温度特性[37]

((a) 金属有机框架薄膜的 V-I 特性曲线与温度的三维示意图;
(b) Set 和 Reset 电压在 ±70℃ 内的分布图;(c) 高低阻态在 ±70℃ 内的分布图)

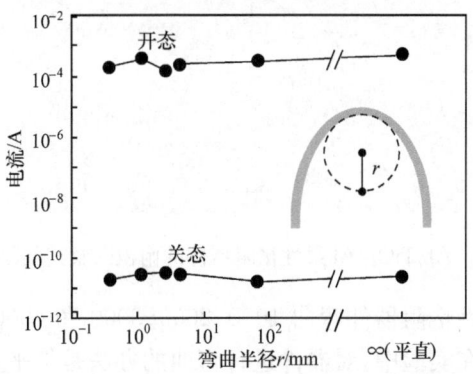

图 8.48 Ag/Ag-CNP/Al 器件的高低阻态随弯曲半径的变化[38]

(2) 混合体系柔性忆阻器件

事实上,不少非柔性忆阻器可以通过将其直接移植至有机柔性衬底从而实现柔性化。由于金属氧化物在之前的忆阻器研究中已有良好基础,且能与 CMOS 工艺相兼容,因此成为混合体系柔性忆阻器功能层的首选。Gergel-Hackett 等[39] 通

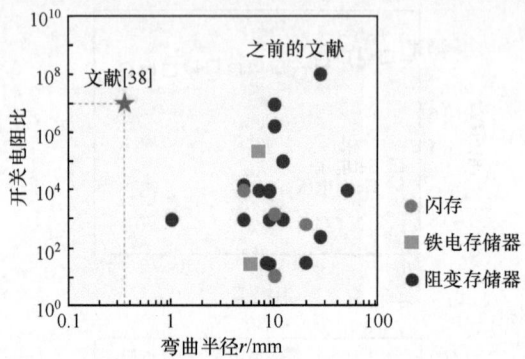

图 8.49 Ag/Ag-CNP/Al 器件与其他柔性器件的比较[38]

过溶胶-凝胶法在室温下制备出 Al/TiO$_2$/Al 柔性忆阻器。该方法制备的器件良品率高达 84%,同时由于整个制作过程在室温下进行,生产成本也相对较低。四个 crossbar 结构的 Al/TiO$_2$/Al 柔性忆阻器件的俯视图及其剖面结构如图 8.50 所示。

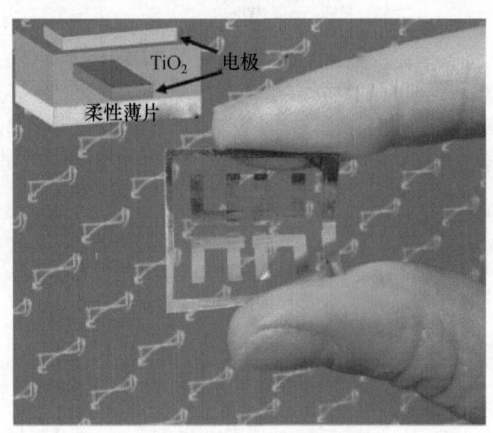

图 8.50 Al/TiO$_2$/Al 柔性忆阻器件的俯视图及其剖面结构[39]

Al/TiO$_2$/Al 柔性忆阻器件弯曲 1000、2000、3000 和 4000 次后的 V-I 特性曲线如图 8.51 所示。在实验中,对器件进行弯曲的办法是将平整的器件弯曲成半椭圆,该半椭圆的短半轴为 2.5mm,半轴为 8.5mm。可以看出,器件即使弯曲了数千次后,其高低电阻比仍然可以达到 10000 以上,开关行为依旧稳定。

在上述工作的基础上,为阐明溶胶-凝胶法制备出的器件导电机理,Tedesco 等[40]使用相同的方法分别制备了两种特征尺寸(2mm×2mm、100μm×100μm),且功能层厚度不同(8nm、17nm、33nm 和 45nm)的 Al/TiO$_2$/Al 器件,如图 8.52 所示。通过 X 射线光电子能谱分析、透射电子显微镜和电子能量损失谱等实验发

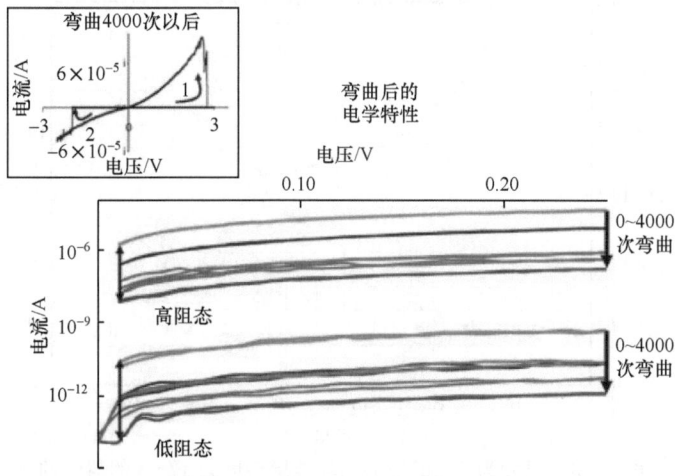

图 8.51　Al/TiO$_2$/Al 柔性忆阻器件弯曲 1000、2000、3000 和 4000 次后器件的 V-I 特性曲线[39]

现,中间功能层的成分并非是有序的晶态 TiO$_2$,薄膜的一部分其实是非晶材料。对于其中薄膜较厚的器件而言,非晶材料会使忆阻器件表面出现异质形貌,这也表明该工艺下的柔性忆阻器件与普通忆阻器的机理可能是不同的。尽管如此,该器件的电学特性与传统的忆阻器却十分相似。如图 8.53 所示,器件的电容-频率测试和电导-频率测试结果表明,器件的高低阻态之间存在过渡,这也意味着该结构的功能层具有与普通 TiO$_2$ 功能层不同的机制,可能由作为溶胶-凝胶法副产品的有机成分中的偶极子所导致的。同样,使用溶胶-凝胶法制备功能层薄膜,Kim 等[41]制备了以 PES 为衬底的 Al/ZnO/Al 结构柔性忆阻器件,并重点研究了制备器件过程中退火温度对关态阻值的影响。

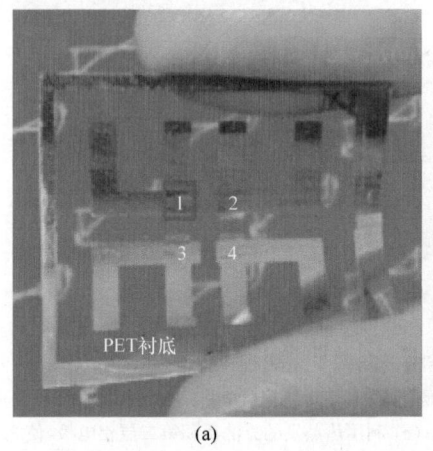
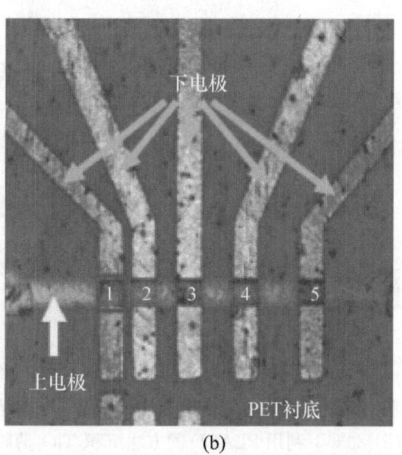

(a)　　　　　　　　　　　　　　　(b)

图 8.52　2mm×2mm 和 100μm×100μm 尺度的器件[40]

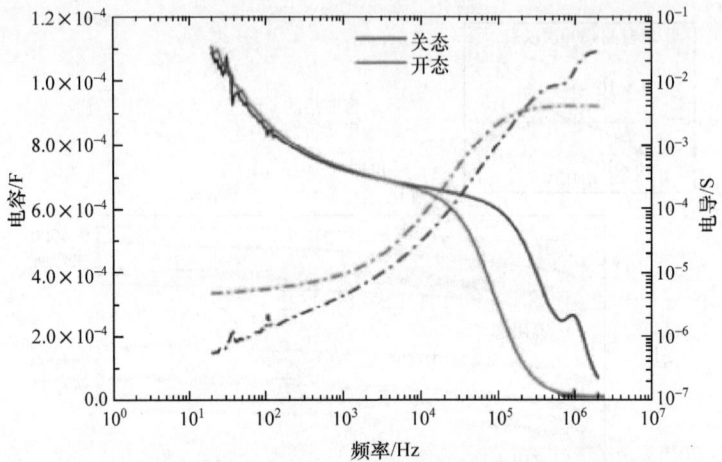

图 8.53　尺寸为 2mm×2mm,功能层厚度为 17nm 的器件的
电容-频率(实线)和电导-频率(虚线)测试图[40]

对于相同的 Al/TiO$_2$/Al 结构,Jeong 等[42]利用等离子体增强原子层沉积(PEALD)的方法淀积了 TiO$_2$ 中间层,并将器件做成 Al/TiO$_2$/Al/TiO$_2$/Al 双层堆栈结构。如图 8.54 所示,具体展示了双层堆栈结构的制备工艺流程,器件成品率超过 90%。

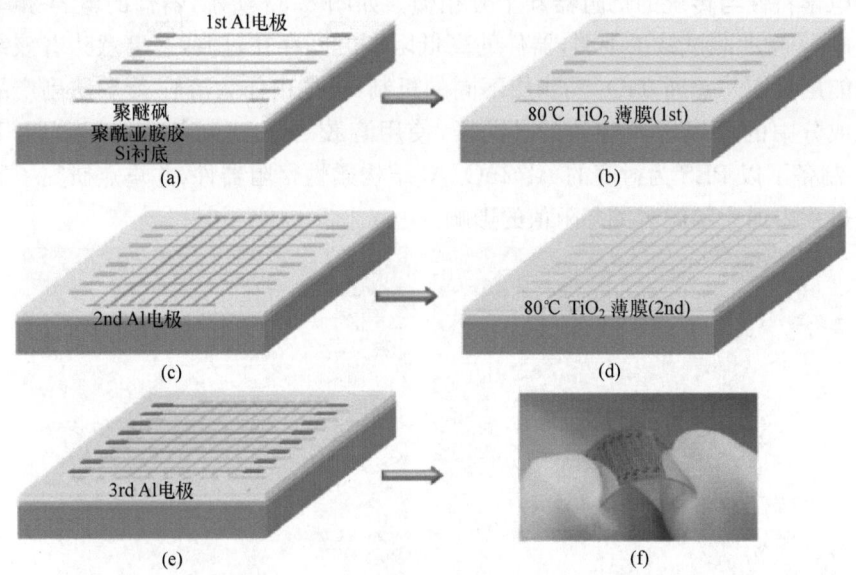

图 8.54　双层堆栈结构的制备工艺流程[42]
((a) 利用聚酰亚胺胶将聚醚砜衬底(PES)粘在硅晶圆上,并利用金属掩模板将第一层铝电极沉积在其上;
(b) 80℃下利用 PEALD 的方法沉积 TiO$_2$ 薄膜;(c) 利用热蒸发的方法沉积第二层铝电极,使之
形成 crossbar 结构;(d) 将用同样的 PEALD 方法沉积 TiO$_2$ 薄膜;(e) 将第三层铝电极以平行于
第一层电极并穿插在第一层每 2 条电极之间的形式沉积出来;(f) 柔性忆阻器件成品)

他们认为衬底的不同会引起相应的衬底效应,也就是说,衬底会对界面的粗糙程度造成影响从而改变器件的某些性能。为了验证这一设想,对 SiO_2 和 PES 两种衬底器件分别进行了原子力显微镜(AFM)和透射电子显微镜(TEM)测试,如图 8.55 所示。如图 8.55(a)所示,Al/SiO_2 样品的粗糙度均方根值为 2.84nm。相比之下,图 8.55(b)中 Al/PES 样品粗糙度均方根值为 5.08nm,而粗糙的界面会导致内电场的增强,Reset 过程中氧离子的反向漂移会加强,并阻止关态电流的增加。如图 8.55(c)和图 8.55(d)所示,可以更加切实地看到两种样品在粗糙程度上的巨大差异。如图 8.55(e)和图 8.55(f)所示,沉积在 Al/PES 衬底上的 TiO_2 更薄一些,但它们都是在相同的 PEALD 方法下制备出来的,这也说明 PES 衬底本身对 PEALD 过程中的 TiO_2 沉积是有影响的。

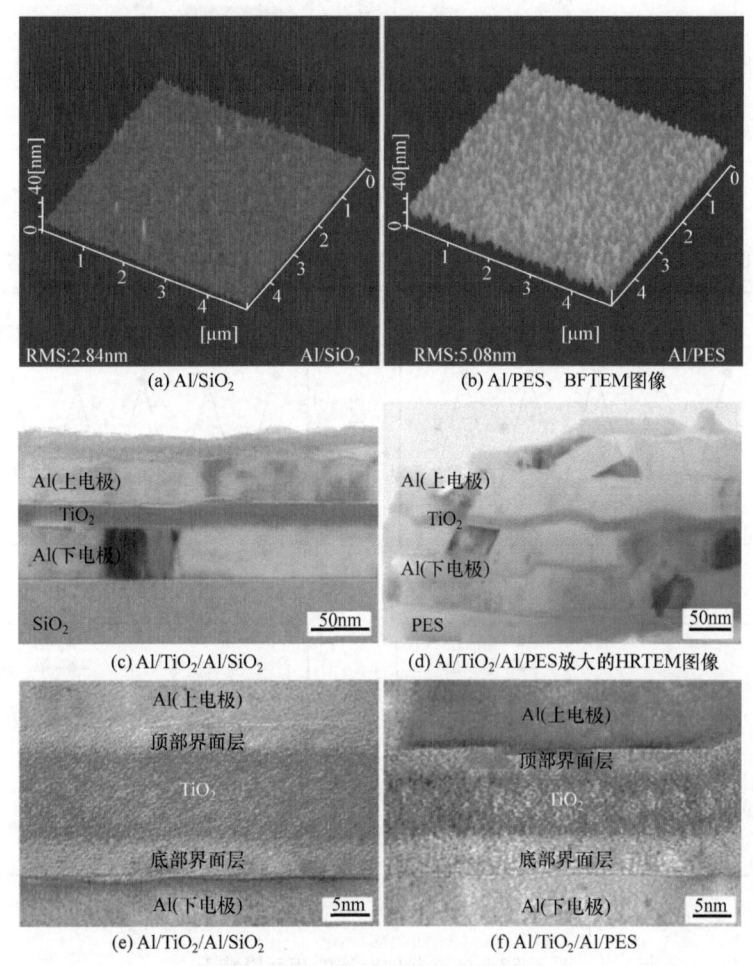

图 8.55 AFM 和 TEM 图像[42]

如图 8.56 所示,展示了弯曲次数对该两层堆栈结构器件 V-I 特性的影响,在器件弯曲前后,电阻转变特性变化不大,开关阈值、阻态比等参数都保持稳定。在图 8.54 中,该堆栈器件第三层的 Al 电极是以平行于第一层电极并穿插在第一层每 2 条电极之间的形式沉积出来,这步工艺的目的就是排除相互各层之间的干扰。为验证其有效性,在对其中一层进行 Set 或 Reset 操作后,再对另一层器件进行了开关循环测试,如图 8.57 所示。测试结果表明,该结构各层间的器件并不会造成互扰,这对于研发大规模柔性 3D 堆栈忆阻器件提供了参考。

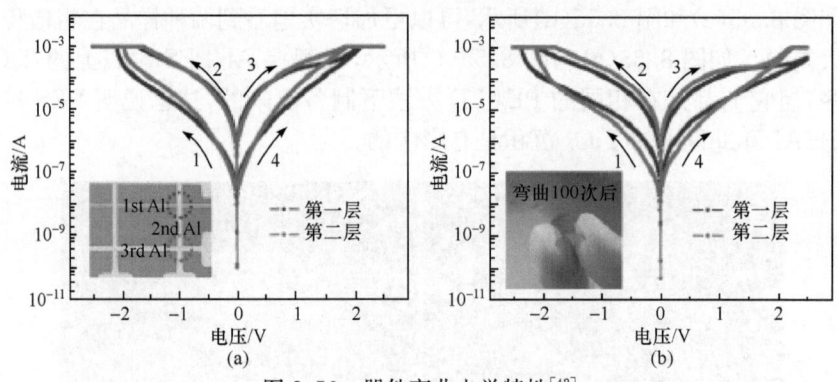

图 8.56 器件弯曲电学特性[42]
((a) 器件弯曲前两层 Al/TiO$_2$/Al 的开关行为曲线;(b) 器件弯曲 100 次后两层 Al/TiO$_2$/Al 的开关行为曲线)

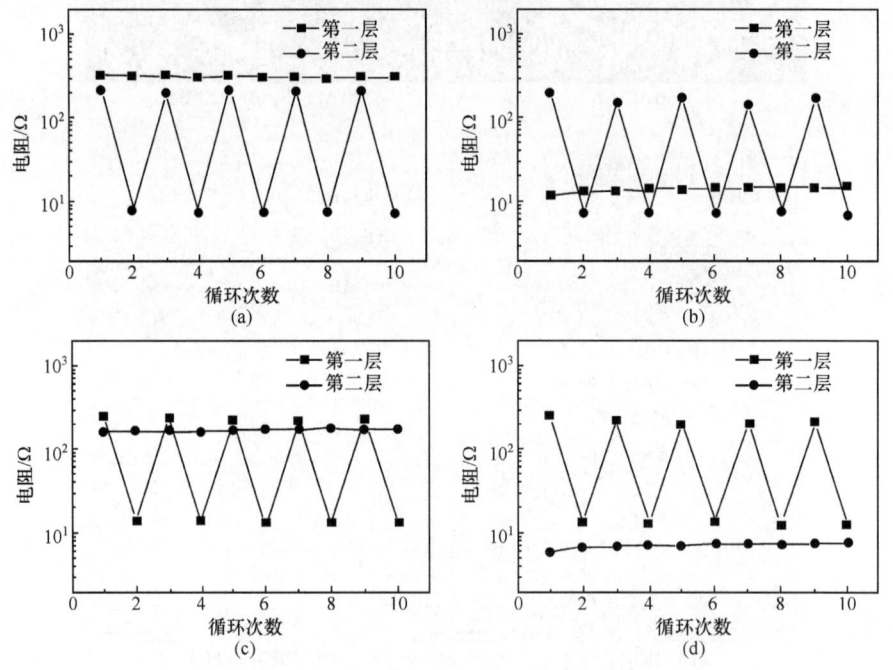

图 8.57 各层器件操作的相互影响[42]
((a)(b)第二层器件进行开关行为时,第一层器件的阻态变化图;
(c)(d)第一层器件进行开关行为时,第二层器件的阻态变化图)

Wang 等[43]制备了 Pd/SiO$_x$/Pt 结构的柔性忆阻器件,并研究在 SiO$_x$ 中分别加入不同的 Pd、Ti、Carbon 和 MLG 插层对器件特性的影响。插层结构如图 8.58 所示。研究发现,插层的层数越多,器件的电初始化电压和阈值电压就会降得越低(图 8.59)。同时,在保持良好柔性阻变特性的基础上,插层的引入还可以提高开关速度。该研究也为进一步改善器件的忆阻特性提供了新思路。

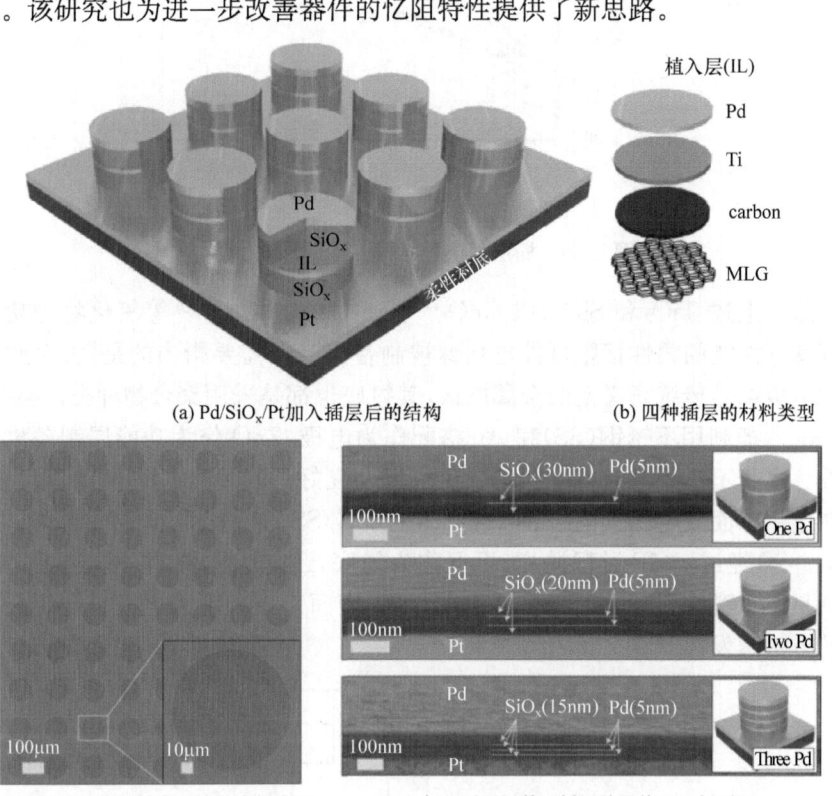

图 8.58 四种 Pd/SiO$_x$/Pt 插层结构[43]

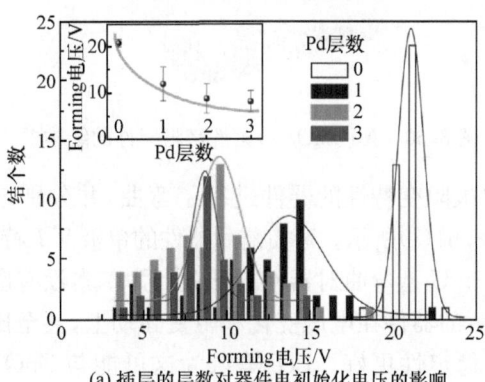

(a) 插层的层数对器件电初始化电压的影响

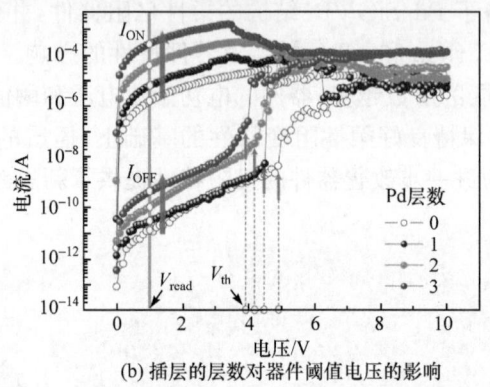

(b) 插层的层数对器件阈值电压的影响

图 8.59　插层的层数对器件电学性能的影响[43]

除了上述 TiO_2 和 SiO_x，以 GdO_2[44]、Sm_2O_3 和 Lu_2O_3[45] 等氧化物为功能层并具有良好性能的柔性忆阻器件也相继被制备出来。需要指出的是，大多数工作采用的电极都是传统意义上的金属电极，其衬底也都是采用聚合物种类。与此不同，Lee 等[46]却利用不锈钢（SS）和 Au 搭配作为电极，ZnO 作为功能层制备出了柔性器件。由于不锈钢具有抗腐蚀、高电导，以及良好的热稳定性等优点，使得整个器件在应用方面有着巨大的潜在优势。Au/ZnO/SS 柔性忆阻器件的结构如图 8.60 所示。SS 经过 CMP 过程抛光，不但作为衬底，还作为器件的一端电极。ZnO 薄膜则是通过磁控射频溅射直接沉积在 SS 的表面上，Au 上的电极是利用金属掩膜版的方法蒸发镀膜在 ZnO 上。

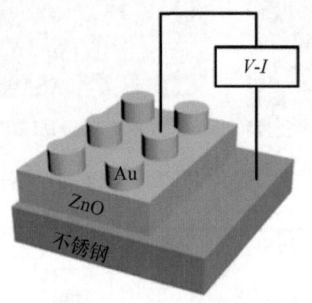

图 8.60　Au/ZnO/SS 柔性忆阻器件的结构[46]

他们对其中呈单极阻变特性的器件进行了弯曲，并分别定义了两种弯曲类型（T 型和 U 型），如图 8.61(a)所示。弯曲前后器件的单极 V-I 特性曲线如图 8.62(b)所示，结果表明 T 型和 U 型弯曲对器件的开关行为基本没有影响。仔细观察这些结果还会发现，弯曲后的器件在电压变化和阻变浮动上，甚至比器件平整时还要小一些，意味着器件的稳定性更好。Lee 等认为这可能与 ZnO 薄膜的柱状结构有关,当器件被弯曲后,施加在多晶结构上的拉伸力或压力会影响平整时柱状 ZnO 薄膜的晶界,进而造成上述的效应,但还需要进一步的实验才能够揭示弯曲时器件性能改变的机理。

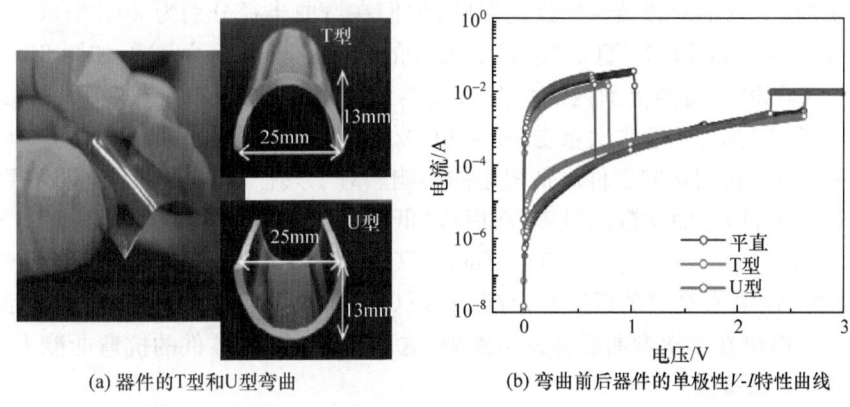

(a) 器件的T型和U型弯曲　　(b) 弯曲前后器件的单极性V-I特性曲线

图 8.61　两种弯曲类型对器件的影响[46]

在众多柔性忆阻器件中,柔性透明忆阻器件因其特殊的透光性质受到广泛关注。由于该类型器件的各层材料都要是透光性较高的,因此不透光电极材料的使用都受到了巨大限制。ITO 作为目前工艺十分成熟的透明电极材料,自然而然地成为柔性透明忆阻器件电极的首选。Seo 等[47]利用 ITO 作为电极,分别制备出 ITO/ZnO/ITO 和 ITO/ZnO/ITO/Ag/ITO 两种柔性透明忆阻结构,衬底都是 PES 聚合物。第二种结构中的 ITO/Ag/ITO 三层实际上是作为整个器件的下电极,用以改善器件的部分性能。如图 8.62(a)所示是 ITO/ZnO/ITO/Ag/ITO 器件的结构示意图。如图 8.62(b)所示是对比了两种器件在光波长从 300~800nm

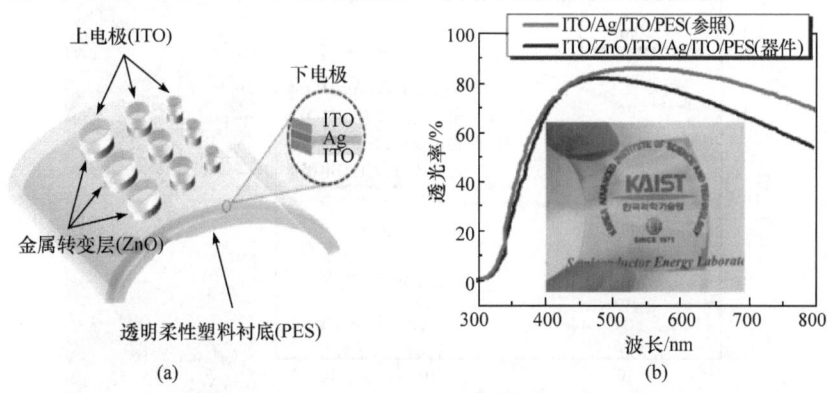

图 8.62　ITO 基柔性透明忆阻器[47]

((a) ITO/ZnO/ITO/Ag/ITO 器件的结构;
(b) ITO/ZnO/ITO/Ag/ITO 器件和 ITO/ZnO/ITO 器件的光学透光率随光波长的变化)

的光学透光率。众所周知,可见光的波长范围在 390～760nm,而这两种器件在该范围内都有超过 60% 的透光率,中间波段更是高达 80%,因此图中的文字(KAIST)清晰可见。

为了探究弯曲对该器件特性的影响,他们在弯曲半径分别为 20、25、30、40 和 50mm 时,对 ITO/ZnO/ITO/Ag/ITO 器件的高低阻态进行了测试,如图 8.63(a)所示。结果表明,适当范围内的弯曲对该器件的阻变行为没有造成明显的影响。如图 8.63(b)所示,弯曲次数分别对 ITO/ZnO/ITO,以及 ITO/ZnO/ITO/Ag/ITO 两种柔性透明忆阻器件高低阻态的影响。对于只有 ITO 作为下电极的 ITO/ZnO/ITO 器件,弯曲次数超过 10 次后,高低阻态就发生了明显的变化,而对于用 ITO/Ag/ITO 作为下电极的 ITO/ZnO/ITO/Ag/ITO 器件则不存在这种现象。这是因为 Ag 具有良好的延展性,有助于 ITO 的弯曲,而 ITO 本身延展性不足,单纯的 ITO 电极在多次弯曲后易发生断裂,这也在两种结构器件的抗弯曲能力不同的结果中得到验证。

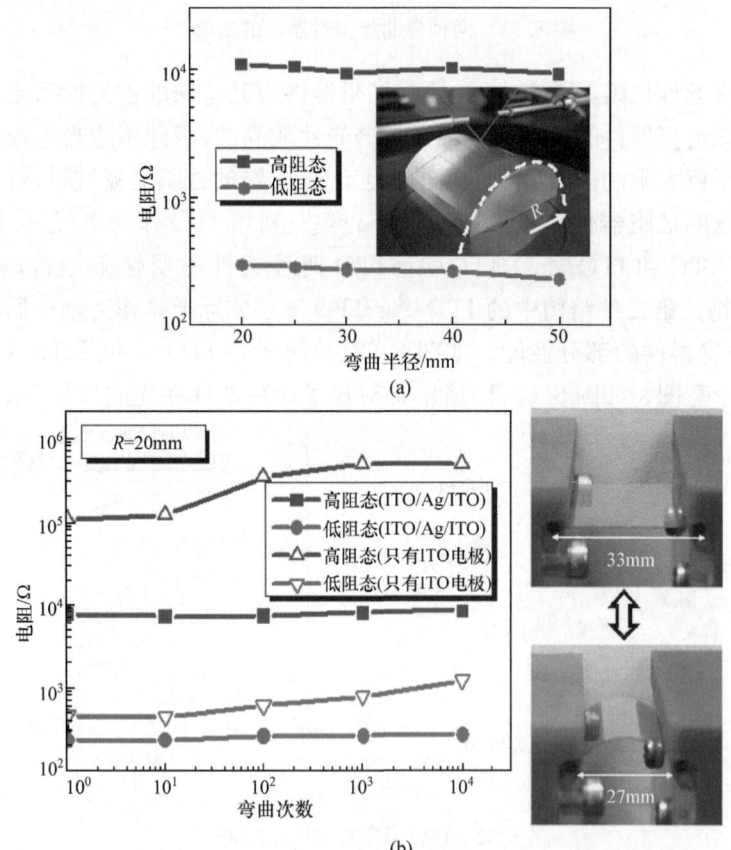

图 8.63 弯曲半径对 ITO/ZnO/ITO/Ag/ITO 器件高低阻态的影响,以及弯曲次数对两种结构器件高低阻态的影响[47]

Lin 等[48]利用 $WO_3 \cdot H_2O$ 纳米片材料也制成了可靠的柔性忆阻器件,如图 8.64 所示。该器件的导电机理也比较特殊(图 8.65):$WO_3 \cdot H_2O$ 纳米片中存在着大量的空位联合体,而每个联合体周围束缚了四个空穴。施加电压后活性 Cu 电极被氧化成 Cu^{2+},而 Cu^{2+} 可以与空位联合体形成新的空位缺陷 $V''_{[CuOWOH2]}$,同时释放出两个多余的空穴,从而形成空位导电丝。施加反向电压导电丝断裂。

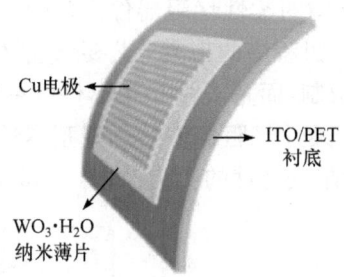

图 8.64 $Cu/WO_3 \cdot H_2O/ITO$ 器件结构[48]

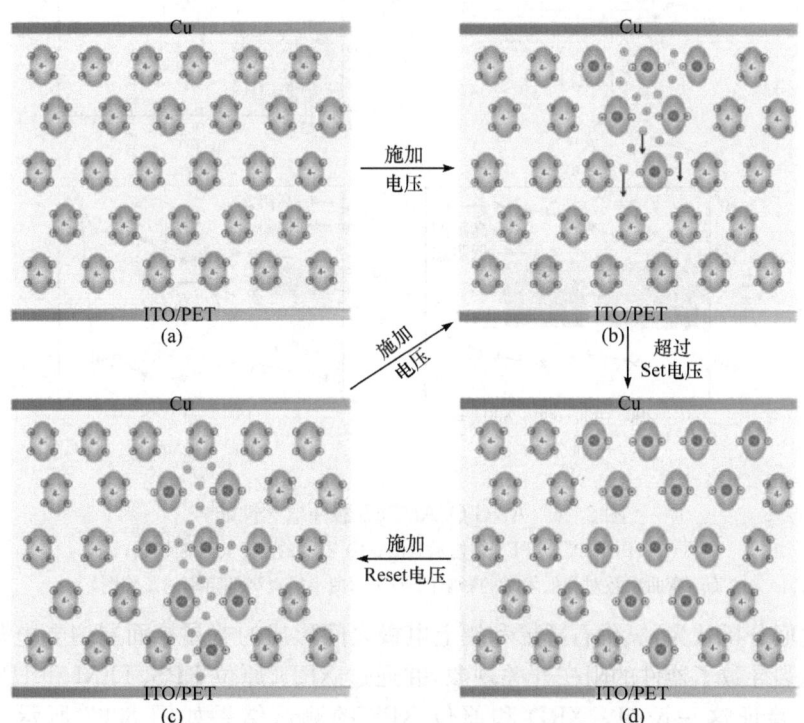

图 8.65 $WO_3 \cdot H_2O$ 纳米片导电机理[48]

((a) 初始状态下 $WO_3 \cdot H_2O$ 纳米薄片中存在大量的空位联合体;(b) 施加电压后 Cu^{2+} 与空位联合体形成新的空位缺陷 $V''_{[CuOWOH2]}$,同时释放出两个多余的空穴;(c) 电压达到 Set 后形成导电丝;(d) 施加反向电压导电丝断裂)

(3) 基于石墨烯衍生物的柔性忆阻器

作为混合体系柔性忆阻器的重要组成部分,金属氧化物显然具有广泛的应用,但还有不少非金属氧化物作为功能层也受到了密切的关注。近几年,比较热门的材料石墨烯及其衍生物因其本身良好的柔韧性也包括在内。

Jeong 等[49]利用氧化石墨烯(graphene oxide,G-O)作为功能层,Al 作为电极,制备了 Al/G-O/Al/PES 结构的柔性忆阻器件。现阶段,许多以金属氧化物作为功能层的忆阻器会因其制作过程中的高温工艺要求或材料的特性而导致其在大面积柔性衬底上的应用受到限制,而基于 G-O 的器件就有望打破这一限制。该器件的结构如图 8.66(a)所示。柔性忆阻器件的一些基本性能测试,包括电阻转变效应,弯曲次数和弯曲曲率对阻变特性的影响,如图 8.66(b)~图 8.66(d)所示。

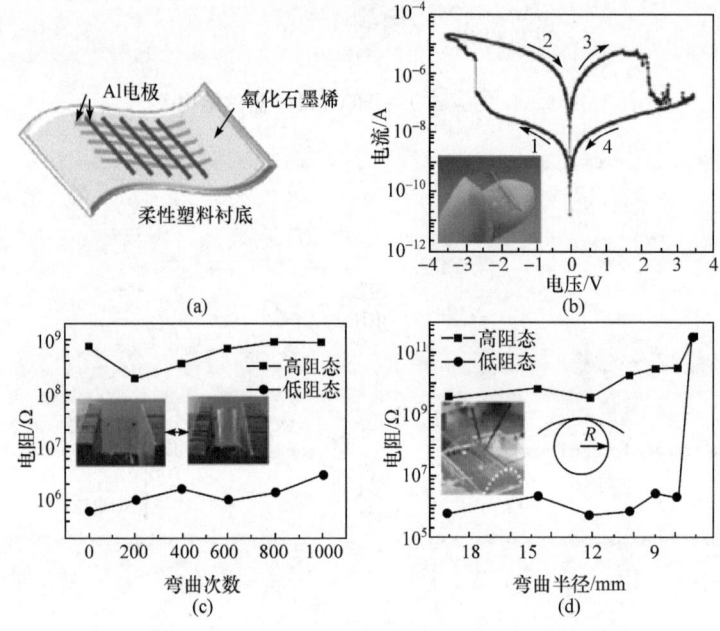

图 8.66　Al/G-O/Al/PES 器件电学性能[49]
((a) Al/G-O/Al/PES 结构示意图;(b) 器件的 V-I 特性曲线图;
(c) 弯曲次数对高低阻态的影响图;(d) 弯曲半径对高低阻态的影响图)

他们分析认为,氧化石墨烯和铝上电极之间形成的非晶界面层内导电丝的形成与断裂导致了器件的阻变开关现象,并通过 XRD、原位 XPS、TEM 和 HRTEM 测试来验证这一设想。XRD 和原位 XPS 的测试结果如图 8.67 所示。对比图 8.67(a)和图 8.67(b)可以发现,没有 Al 上电极的 G-O 的 002 峰比有上电极的要明显许多。同时,图 8.67(b)也表明,G-O 薄膜的晶面间距随着 Al 厚度的增加而减小,这意味着 G-O 与 Al 在界面处的确发生了一定的反应。图 8.67(c)和图 8.67(d)则表明,C 1s 和 Al 2p 的原位 XPS 谱都与 Al 厚度相关。图 8.67(c)中的两个主要峰分别为与 C 的 sp² 键有关的 C=C/C-C 峰(284.6 eV),以及与 C 的 sp³ 键有关的 C-O (286.1 eV)、C=O(287.5 eV)、C(=O)-(OH)(289.2 eV)。随着铝厚度的增加前者会相对减小,而后者则近乎消失,也就说明了在沉积 Al 后 G-O 薄膜的表面会大幅度减少。图 8.67(d)则表明,随着 Al 厚度的逐渐增加,界面的铝被不断的氧化。

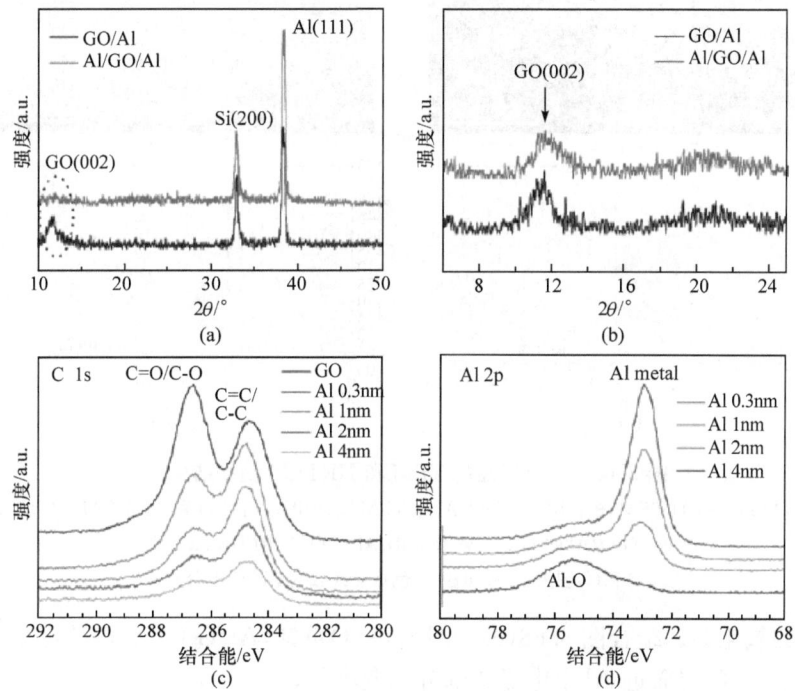

图 8.67 G-O 基样品的 XRD 与 XPS 测试结果[49]
((a) G-O/Al 和 Al/G-O/Al 样品在 θ～2θ 的测试结果;(b) 图(a)虚线处的放大结果;
(c) C 1s 的原位 XPS 谱随 Al 厚度的变化;(d) Al 2p 的原位 XPS 谱随 Al 厚度的变化)

G-O/Al 和 Al/G-O/Al 样品的 TEM 和 HRTEM 测试结果如图 8.68 所示。图 8.68(c)是 Al 下电极与 G-O 的界面层,该层内极有可能是紫外臭氧等离子清洗

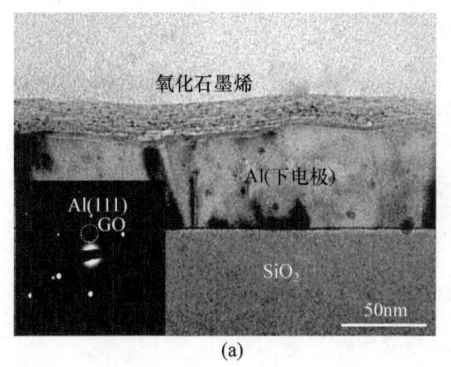

(a)

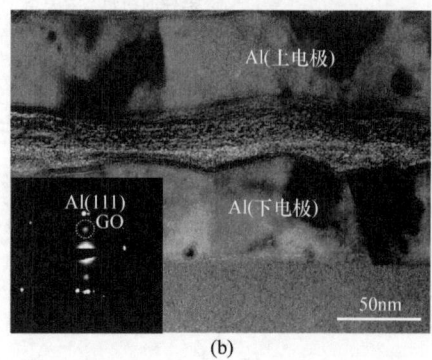

(b)

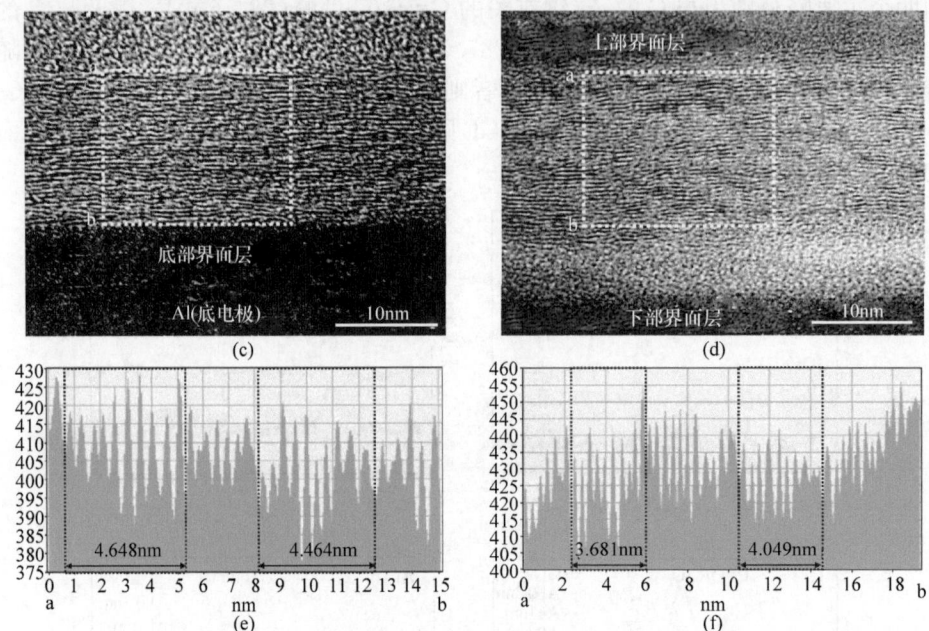

图 8.68 G-O 样品的 TEM 和 HRTEM 测试结果[49]
((a) G-O/Al 的 TEM 图;(b) Al/G-O/Al 的 TEM 图(插图包括 G-O 和 Al 的 SAED 区域);
(c) G-O/Al 的 HRTEM 图;(d) Al/G-O/Al 的 HRTEM 图;
(e)和(f)图为(c)和(d)中白色矩形区域的平均强度分布)

中形成的氧化铝。结合图 8.68(c)~图 8.68(f)可知,Al/G-O/Al 内的界面空间会大大减小,界面层靠近 Al 上电极的部分也变小了。

综合上述数据分析,可以得出如下结论,Al/G-O/Al 器件在未加任何偏压时由于界面阻挡层的存在使器件最初处于关态,在加负向偏压后,氧离子通过向 G-O 薄膜的扩散在上界面层中形成局部导电丝。此时,阻挡层变薄,G-O 层中的键态也由 sp^2 转变为 sp^3,从而使器件处于开态,如图 8.69 所示。

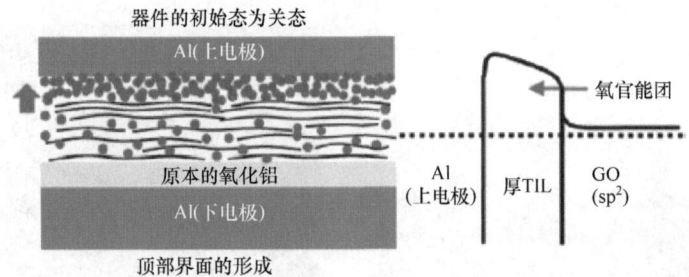

(a) 器件由于氧化还原反应形成的厚绝缘上界面层所导致的关态

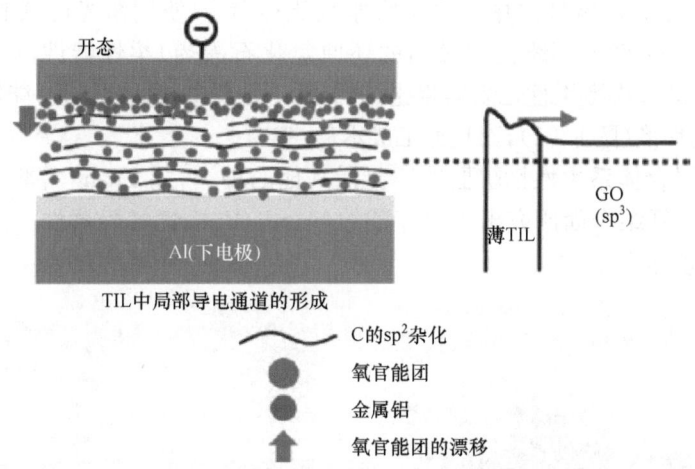

(b) 偏压为负时氧离子的扩散在上界面层中形成局部导电丝,从而使器件处于开态

图 8.69　Al/G-O/Al 器件的阻变模型[49]

同样是利用氧化石墨烯作为功能层,Khurana 等[50]在其中添加 ZnO 纳米棒(ZNs)研制出 Al/G-OZNs/ITO/PET 结构的柔性忆阻器件。由于掺入的 ZnO 成分可以增加 G-O 基质中氧空位的浓度,因此相比较不加入 ZNs 的器件,操作电压有了明显的降低。如图 8.70 所示,Set 和 Reset 电压分别从 4V 和−4V 左右减小到 2V 和−2V 左右。

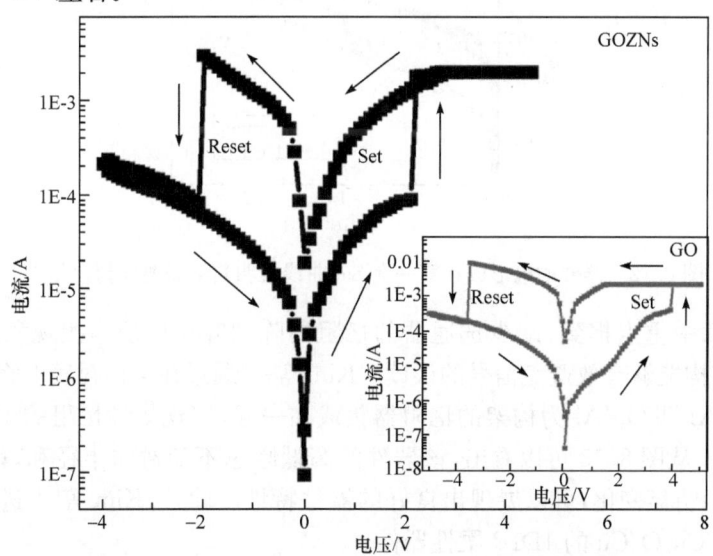

图 8.70　GOZNs 与单纯 GO 器件的开关特性比较[50]

此外,石墨烯的衍生物不但可以作为忆阻功能层,而且能够作为优良的电极材

料应用于柔性忆阻器件之中。清华大学任天令等[51]使用激光画线技术研制出 Ag/HfO$_x$/LSG(激光画线技术做出的还原氧化石墨烯)柔性器件,如图 8.71 所示。与以往的大多数柔性忆阻器相比,该器件不需要电初始化过程,能够直接在高低阻态之间切换(图 8.72),而且加工成本低、省时。

当然,混合体系柔性忆阻器件还包括其他的种类,如 Zhang 等将 Bi$_2$Se$_3$ 纳米片包裹在 Pt 纤维表面研究出了可穿戴的 Bi$_2$Se$_3$/Pt 柔性忆阻器件。其制备流程如图 8.73 所示[52]。

图 8.71 Ag/HfO$_x$/LSG 器件的结构与器件制备过程[51]

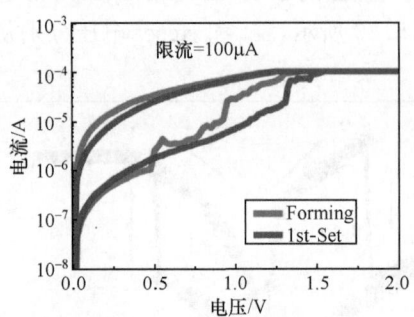

图 8.72 器件的电形成和第一次 Set 曲线表明其不需要电初始化[51]

第 4 章中重点提到,缺少选通器的忆阻器阵列容易出现串扰现象,1T1R 和 1D1R 的结构能够有效避免信号的误读。Kim 等[53]通过在柔性衬底上将单晶硅晶体管和以 Al/TiO$_2$/Al 为构架的忆阻器集成在一起,实现柔性忆阻的 1T1R 结构(图 8.74)。从图 8.75 可以看出,该器件的高低阻态不随弯曲半径和弯曲次数的改变而发生明显变化,可以展现出良好的器件特性。此外,Kim 等[54]进一步制备了基于 Al/Cu$_x$O/Cu 的 1D1R 柔性器件。

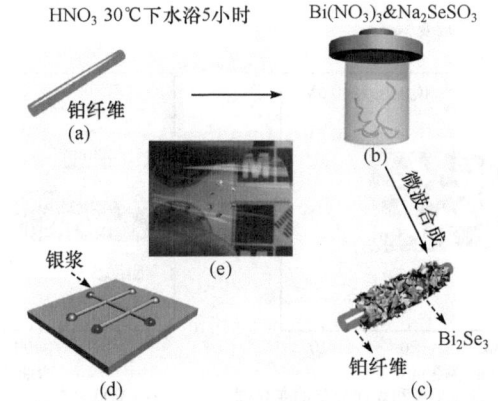

图 8.73 Bi$_2$Se$_3$/Pt 柔性忆阻器件的制备流程图[52]

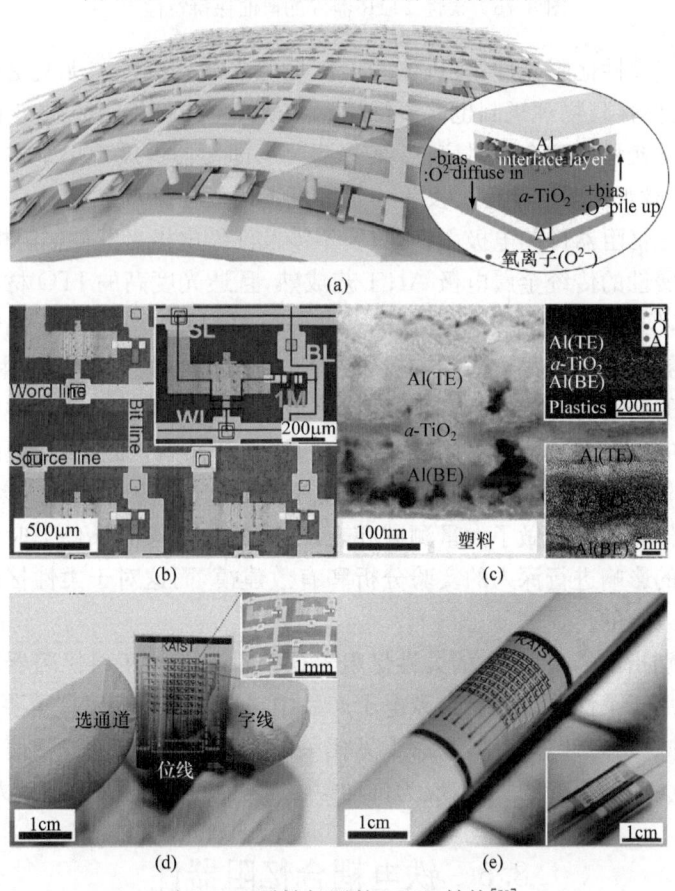

图 8.74 柔性忆阻的 1T1R 结构[53]

((a) Al/TiO$_2$/Al 的 1T1R 结构及器件原理示意图;(b) 阵列放大后的光学图像;
(c) 器件的 BFTEM 图像(右上角插图是器件的 EDS 图,右下角插图是 HRTEM 图);(d) 器件的放大图片(Au pad 分别与字线、位线和选通线路相连);(e) 卷在石英棒上的成品图)

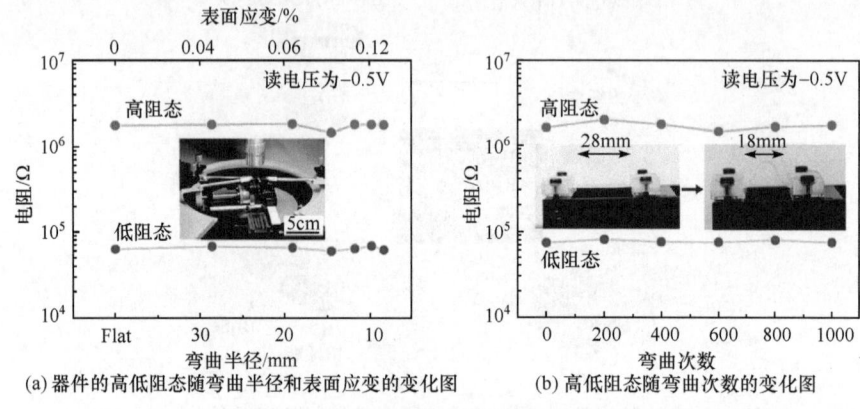

(a) 器件的高低阻态随弯曲半径和表面应变的变化图　(b) 高阻态随弯曲次数的变化图

图 8.75　柔性 1T1R 器件的弯曲保持特性[54]

总结上述柔性忆阻器件，有机体系柔性忆阻器制备工艺与无机忆阻器存在较大差异，其具体忆阻物理机制也需要继续深入研究与重新探讨。事实上，即使是将无机忆阻器直接移植到有机衬底上，某些情况下即便器件展现出基本不变的阻变开关行为，其微观忆阻机制也会发生一定程度上的变化。

对于柔性忆阻器件的电极而言，只要不涉及活性电极对器件忆阻机制的影响，具有良好延展性的传统金属电极 Al、工艺成熟，且透光度高的 ITO 材料都是电极的不错选择，但这并不排除还有其他的一些特殊材料可以作为叠层结构中的电极部分，如不锈钢、还原氧化石墨烯电极等。各种功能层材料与电极材料的优劣点还需要进一步的研究和对比分析，何种材料更适用于未来柔性忆阻器件的大规模制备与商业化应用，同样需要更多人力、物力的投入和探索。此外，在现阶段报道的许多柔性忆阻器件研究中，器件在平整情况下的导电机理较为清晰。然而，虽然对弯曲后的器件开关行为做了大量测试和表征，但并未对弯曲条件下时应力等因素对忆阻机制的影响进行深入的实验分析和有效建模，而这对于柔性忆阻器的系统研究是不可或缺的。

需要特别指出的是，目前的柔性忆阻器研究都只关注于将忆阻器作为非易失性存储器应用于柔性系统或可穿戴电子产品中。忆阻器逐渐发挥重要作用的逻辑运算器件、神经形态计算器件领域，少见相关的柔性化研究进展，相信未来这方面的研究必定会收到更多的关注，成为推动柔性忆阻器蓬勃发展的新动力。

8.5　铁电耦合忆阻器件

具有铁电特性的氧化物材料是一类极为重要的忆阻材料体系。近些年来，铁电材料的优秀性能使其在许多技术应用中显现出巨大的潜力，吸引了越来越多的人对其关注[55,56]。

铁电材料是指具有铁电效应的一类材料,其最主要的特点是它能够发生自发极化,这种极化状态并非由外电场造成,而是由晶体内部结构特点造成的,即晶体中每一个晶胞里都存在固有电偶极矩。与铁磁材料具有磁滞回线一样,铁电材料也具有类似的电滞回线。铁电体可以分为两类。第一类是以 KH_2PO_4 为代表的有序-无序型铁电体。这类铁电体晶体中含有氢键,材料的铁电性与晶体中质子的有序运动联系紧密。第二类是以 $BaTiO_3$ 为代表的位移型铁电体。这类铁电体晶体结构大多是钙钛矿结构及钛铁矿结构,由于晶体内原子的相对位移产生了一个偶极矩,这使得材料表现出铁电性。

早期铁电材料的一个典型的应用就是铁电存储器(FRAM)。FRAM 采用铁电材料作为存储介质,利用铁电材料的不同极化方向来存储数据[57,58]。2005 年,Kohlstedt 等[59]提出铁电隧道结(ferroelectric tunnel junction,FTJ)的概念,并用实验证明铁电隧道结也具有两种阻态,可应用于二值存储。随后,Tsymbal 等[60]报道了 FTJ 存储器件具有非破坏性读出的特点,铁电隧道结逐渐进入人们的视野。2011 年,Pantel 等[61]在铁电薄膜中观察到了忆阻特性;同年,Qu 等[62]在铁电异质结这种复杂氧化物形成的结构中也发现了忆阻特性;次年,铁电隧道结中的忆阻特性也被发现[63]。这类器件拥有一个新名词——铁电忆阻器(ferroelectric memristor)。铁电忆阻器相较于铁电存储器 FRAM 具有更多优秀的性质,例如室温下电阻比高达 10^5%、极强的数据保持能力、优秀的抗疲劳能力、工艺尺寸能降到纳米等级,以及非破坏性读出等。

与铁电存储器存储机理不同,铁电忆阻器的工作机理不但仅依靠铁电材料极化反转这一特性,在器件内部还存在更为复杂的忆阻物理工作机制。

最开始人们普遍认为铁电隧道结中主要是由隧道电致阻变(tunneling electroresistance,TER)效应导致结电阻发生巨大的变化。铁电材料发生不同方向的极化时,由于表面态密度的影响[60]或者隧道结物理参数(结的高度[59,64]、宽度[59]或质量[59]等)的影响,隧道结电流会相差好几个数量级。后来,Chanthbouala 等[63]在实验过程中观测到铁电隧道结的电阻出现准连续变化的特点,进而建立了一种不同于 TER 效应的阻变模型。他们在 30nm 厚的 $La_{0.67}Sr_{0.33}MnO_3$(LSMO)材料上外延 2nm 厚的 $BaTiO_3$(BTO)薄膜,以 Co 和 Au 作衬底,在实验过程中观察到了忆阻现象,如图 8.76(a)所示。随后,利用压电显微镜(PFM)观察铁电畴的相态,结果如图 8.76(b)所示,方框是给其施加正向或反向脉冲电压的结果,深色部分代表极化向上的区域,浅色部分代表极化向下的区域。可以看出,铁电畴极化方向全部为上时,材料处于低阻态;外加正脉冲电压时,材料中出现极化向下的铁电畴;继续增大脉冲电压幅值,极化向下的铁电畴越来越多,材料逐渐达到高阻态。之后施加反方向的电压,极化向下的铁电畴慢慢消失,最后铁电畴的极化方向基本又只有向上，材料回到低阻态。于是，他们提出在 BTO/LSMO 隧道结中存在一种铁电畴成核生长模型，即施加的正向脉冲电压使得极化向下的铁电畴成核生长，并且推导出数学方程来解释电阻的准连续变化。

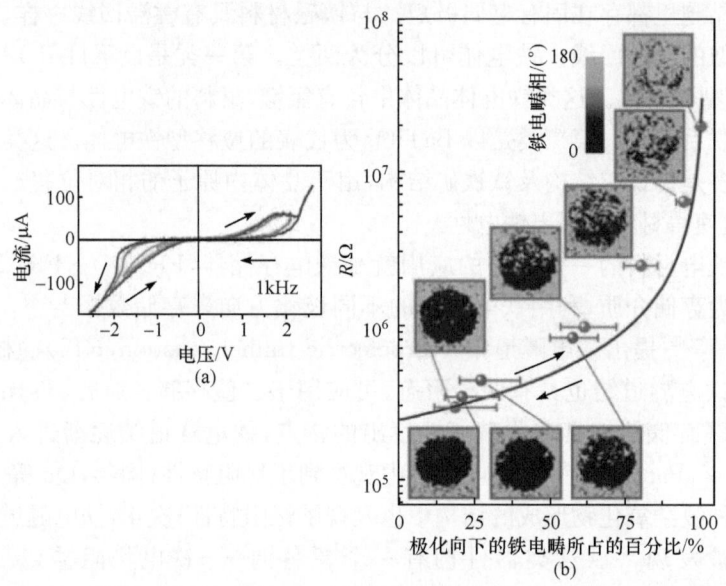

图 8.76 BTO/LSMO 材料的 V-I 曲线，以及用 PFM 观察到的不同阻值下的铁电畴相态[63]

Kim 等[65]在对 Au/Co/BaTiO$_3$/La$_{0.66}$Sr$_{0.33}$MnO$_3$/NdGaO$_3$ 结构器件的研究中提出另一种观点。实验发现，Co 和 BaTiO$_3$（BTO）界面处由于工艺的原因会形成一层极薄的 CoO$_x$ 薄膜，于是猜想除了铁电极化，铁电隧道结的界面性质也与准连续的电阻变化存在一定的联系，并提出外场能影响界面电荷的分布，进而调控界面势垒高度，使材料产生忆阻行为。他们认为，正是 Co/BTO 界面存在这样的缺陷，导致电子的迁移率发生改变，从而影响材料的阻值。图 8.77 中的一组简单能量势垒示意图展示了这种界面性质在电阻准连续变化过程中发挥的重要作用，在 ON 状态下，外电场 E_{ext} 越大，表面缺陷越多，势垒高度越低，电流越大。

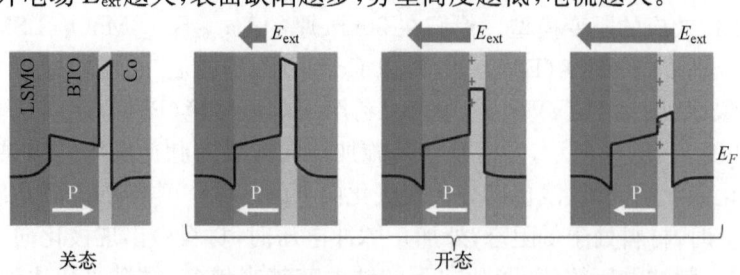

图 8.77 外电场作用下 OFF 态和 ON 态能量势垒示意图[65]
（灰色区域为 CoO$_x$ 层）

此外,材料上电极的沉积环境对阻态保持能力具有很大的影响[65]。实验表明,在高压环境(high base pressure,HBP)下沉积和在低压环境(low base pressure,LBP)下沉积,器件电阻比 R_{OFF}/R_{ON} 确实表现出很大的差异,如图 8.78 所示。在 HBP 下,测得的 R_{OFF}/R_{ON} 会慢慢变成 1;在 LBP 下,R_{OFF}/R_{ON} 能很好地保持。另外,通过改变写电压 V_{write} 的幅值,可以调整 R_{OFF} 与 R_{ON} 的比值,如图 8.79 所示。

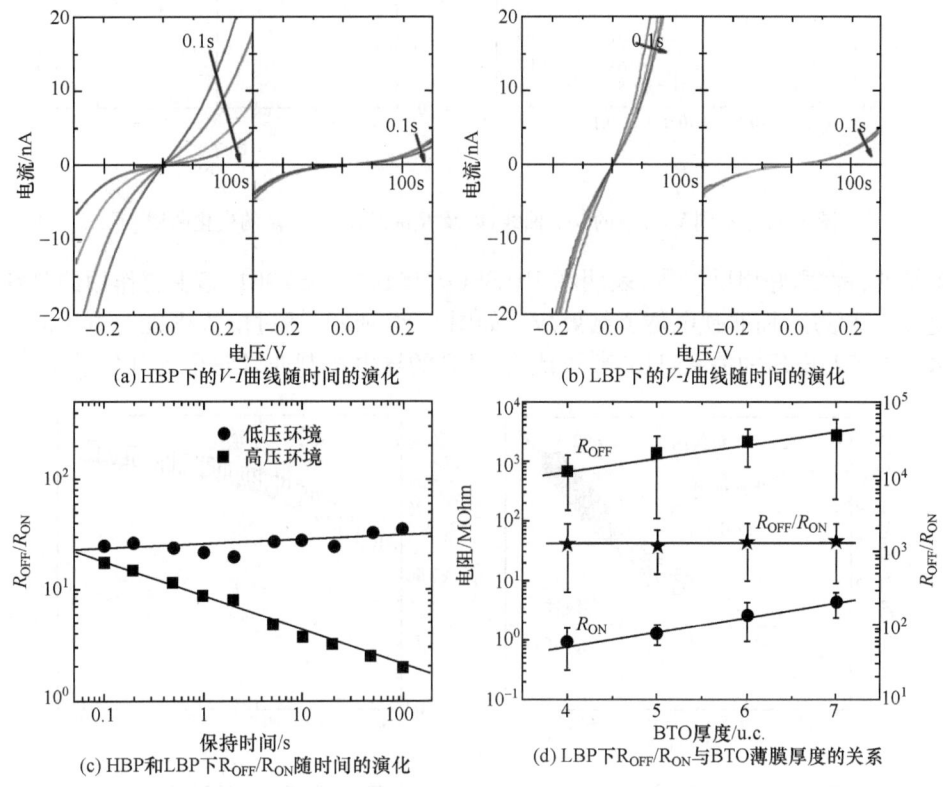

(a) HBP下的 V-I 曲线随时间的演化

(b) LBP下的 V-I 曲线随时间的演化

(c) HBP和LBP下 R_{OFF}/R_{ON} 随时间的演化

(d) LBP下 R_{OFF}/R_{ON} 与BTO薄膜厚度的关系

图 8.78 器件的电学特性[65]

除了 BTO 材料,大量实验在 $BiFeO_3$(BFO)薄膜材料中也发现了类似的忆阻行为,现阶段主要有两种模型解释,即导电细丝(金属[66]或氧空位[67])模型和铁电极化引起的界面类型的调整[62,68,69]。然而,BFO 薄膜的忆阻物理机制未得到清晰的阐明,存在争议。

2013 年,Hu 等[70]深入细致地探讨了 Pt/$BiFeO_3$/Nb-doped $SrTiO_3$(Pt/BFO/NSTO)异质结的忆阻机制。首先,他们在实验过程中观察到异质结高阻态和低阻态的阻值对电极面积有很强的依赖性,电极面积越小,阻值越大,这与导电细丝机制不符,于是重点探索界面效应对忆阻特性的影响。随后,通过测试器件 V-I 特性发现,正向 V_{write} 越大,材料电阻越小;反向 V_{write} 越大,材料电阻越大。这与铁电隧

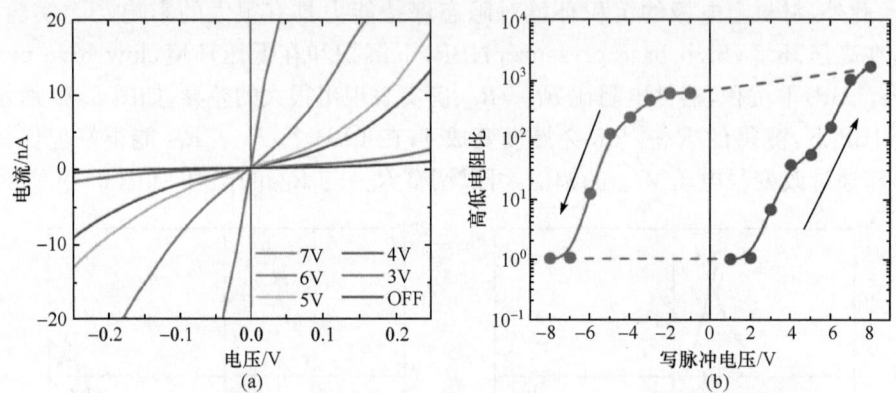

图 8.79 不同 V_{write} 下的 V-I 曲线,以及 R_{OFF}/R_{ON} 随 V_{write} 的变化曲线[65]

道结的特性刚好相反[63,65],表明在 Pt/BFO/NSTO 异质结中,起主要作用的是铁电 p-n 结效应,而非铁电隧道结效应。如图 8.80 所示,通过电流密度与电压的关系及电流与电压的关系,Hu 等[70]认为 LRS 的导电机制非常符合 SCLC 模型,而

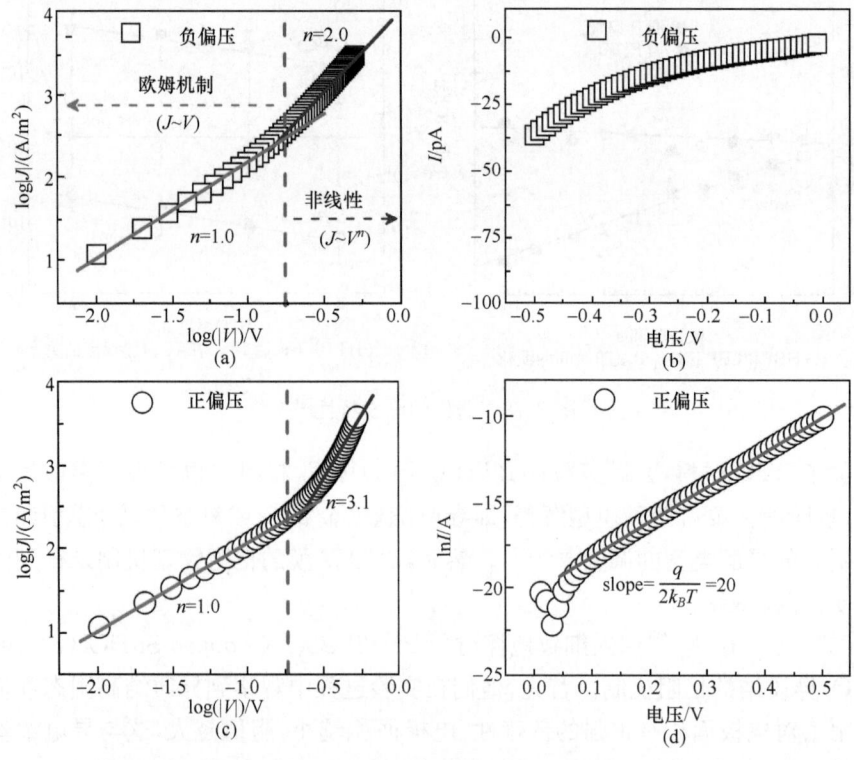

图 8.80 负偏压和正偏压下的 LRS 导电机制及 HRS 导电机制[70]

HRS 主要是由 p-n 结模型主导,利用能带图能够非常直观地解释这种异质结的微观忆阻机理,如图 8.81 所示。当给异质结两端施加正向 V_{write} 时,BFO 层极化向下,带正电的极化电荷聚集在 BFO/NSTO 界面处。由于铁电场效应,NSTO 中负电荷载流子被界面处的正电荷吸引,并与之复合,使得耗尽层宽度减小,势垒高度下降,材料逐渐进入低阻态。施加反方向的反向 V_{write} 时,BFO 层极化向上。由于铁电场效应,NSTO 中负电荷载流子被界面处的负极化电荷排斥,造成耗尽层宽度增加,势垒高度上升,电阻越来越大,到达高阻态。由此可知,Pt/BFO/NSTO 异质结中主要是由铁电极化引起的 BFO/NSTO 界面处耗尽层宽度的改变和势垒高度的改变,从而表现出忆阻阻变现象。这一结论被后来的 Chen 等[71]的研究结果证实。此外,该结构在不同 V_{read} 下也有不同的 R_{OFF}/R_{ON},可高达 3000~5000,也可低至 10~200,而且能稳定地保持,这样就能够实现多值存储。

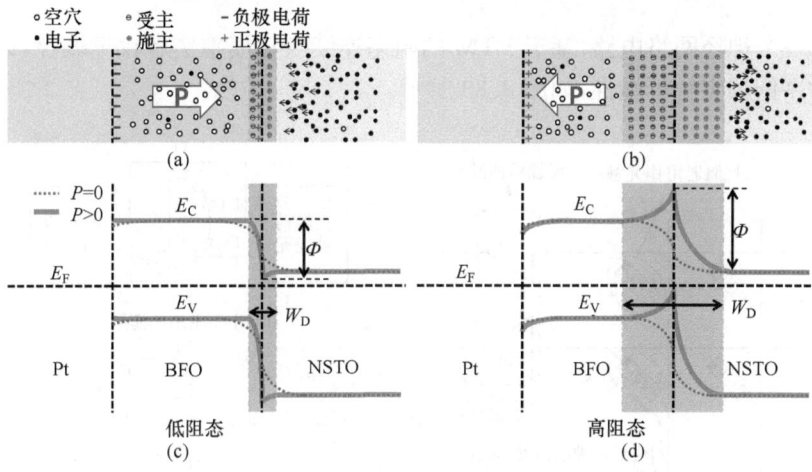

图 8.81 LRS 和 HRS 下 Pt/BFO/NSTO 异质结的电荷分布及能带图[70]

2013 年,Wang 等[74,75]在研究铁电隧道忆阻器(ferroelectric tunnel memristor,FTM)时,提出一种超薄的 $Co/BaTiO_3/La_{0.67}Sr_{0.33}MnO_3$ 结构[73],基于单一 KAI 模型,利用 Verilog-A 语言编程模拟,仿真并证实了这种单层结构器件的忆阻特性,十分吻合地解释了实验结果。经过详细的数学公式推导,获得了整个薄膜中极化向下的铁电畴的比例与外加脉冲电压持续时间的关系。

如图 8.82(a)所示,通过改变薄膜两端的电压脉冲幅值,可以观察到铁电隧道忆阻器的阻值在一个比较大的范围内连续变化,而且回线的大小也可以通过改变脉冲峰值来进行调节。图 8.82(b)所示为 FTM 的阻值与薄膜两端电压脉冲数量之间的关系。可以看出,脉冲数量越多,持续时间越长,阻值下降的幅度越大,从而通过控制脉冲数量,可以得到不同的 FTM 阻值,实现多级存储。

此外,他们还进一步将铁电忆阻器应用于神经形态计算之中,基于 1T1R 结构

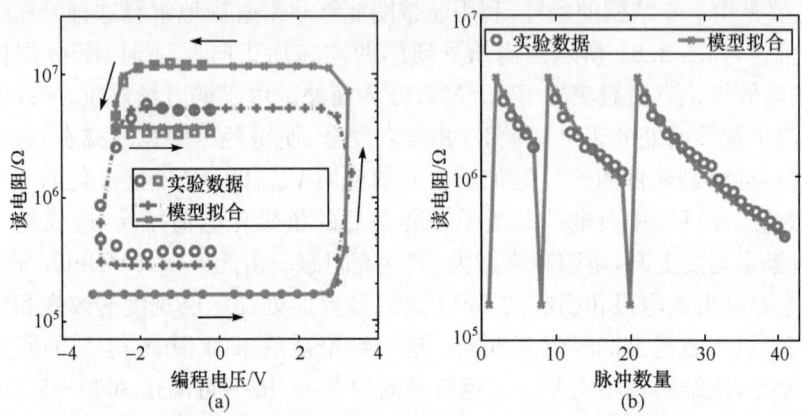

图 8.82　FTM 阻值与编程电压幅值和脉冲数量的关系[73]

构建了一个神经网络电路,基于 FTM 的阻态连续变化模拟突触权重调控,以实现脉冲时序依赖突触可塑性,如图 8.83 所示。

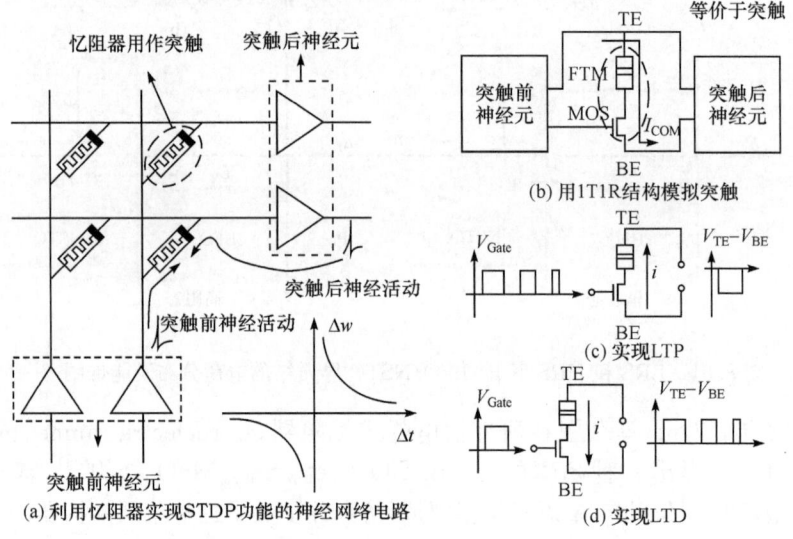

图 8.83　铁电忆阻器的神经形态计算功能实现[73]

如图 8.83(a)所示为一个典型的利用忆阻器实现 STDP 功能的神经网络电路。当突触前活动先于突触后活动,$\Delta t > 0$,Δw 为正,表示突触权重增强,而且时间间隔越长,突触权重增强的程度越低;反之,当突触后活动先于突触前活动,$\Delta t < 0$,Δw 为负,表示突触权重减弱,且时间间隔越长,突触权重减弱的程度越低。Wang 等将一个 FTM 和一个 MOS 管串联用于模拟突触[73](图 8.83(b)),实现了长时程增强(LTP)和长时程抑制(LTD)过程。如图 8.83(c)所示,在 MOS 管栅极

施加一连串脉冲持续时间逐渐降低而幅值不变的正向脉冲电压,用以表示突触前活动;同时在 TE 和 BE 两端施加一个幅值一定的反向脉冲电压,用以表示突触后活动,从而实现 LTP 过程。如图 8.83(d)所示的是 LTD 过程,在 MOS 管栅极施加一个幅值一定的正向脉冲电压,同时在 TE 和 BE 两端施加一连串脉冲持续时间逐渐降低而幅值不变的正向脉冲电压。交流电流 I_{COM} 的变化即可反映突触权重的变化。

相关实验结果如图 8.84 所示,可以看出,在 $6\sim10\mu s$,I_{COM} 从 124.51nA 上升到 224.45nA,这相当于长时程增强过程;在 $12\sim16\mu s$ 内,I_{COM} 从 224.45nA 下降到了 188.52nA,说明这段时间内器件模拟了长时程抑制的过程。另外,测得的突触权重与前后两个神经元活动的相对时间的关系非常符合图 8.83(a),证明这种电路结构实现 STDP 应用于神经形态计算的可行性。

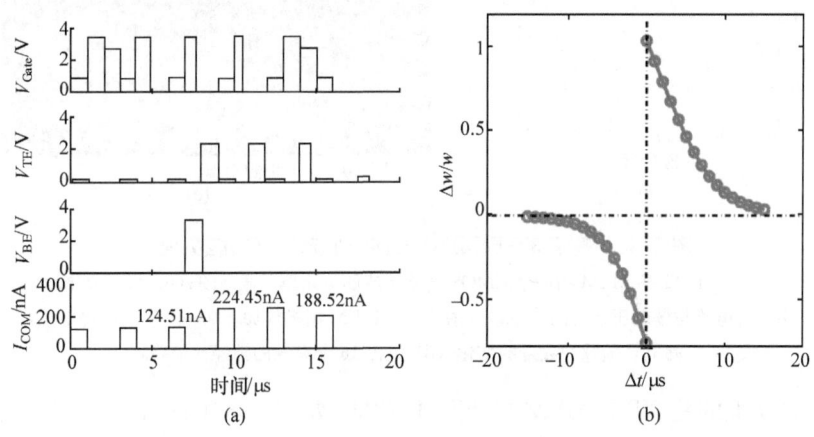

图 8.84 基于 FTM 的 STDP 实验结果[73]

((a) 一次模拟中 V_{Gate}、V_{TE}、V_{BE}、I_{COM} 的信号序列;(b) 突触权重变化与神经元活动的相对时间之间的关系)

此外,Yukihiro 等[76]设计了一种三端铁电忆阻器(3T-FeMEM),并把众多器件集成在一块芯片上模拟神经网络。相对于二端器件而言,三端器件多了一个栅电极,栅电极能够控制流经另外两个电极的电流,从而实现同步学习。

如图 8.85(a)所示,3T-FeMEM 的栅极由 $SrRuO_3/Pt$ 制成,铁电层材料是 $Pb(Zr,Ti)O_3$,源极和漏极材料是半导体 ZnO。将 3T-FeMEM 与一个 CMOS 电路集成在一起以模拟突触。如图 8.85(b)所示是 3T-FeMEM 的漏极电流随外加栅电压之间的关系,展现出该结构器件的忆阻特性。在 3T-FeMEM 栅极施加幅值从 $-10V\sim10V$ 变化的扫描脉冲电压,漏电导出现连续的周期性变化,如图 8.85(c)所示。如图 8.85(d)所示是一个包含 16 个突触的神经元电路,里面有 8 个单元,每个单元都由一个刺激型突触和一个抑制型突触组成。

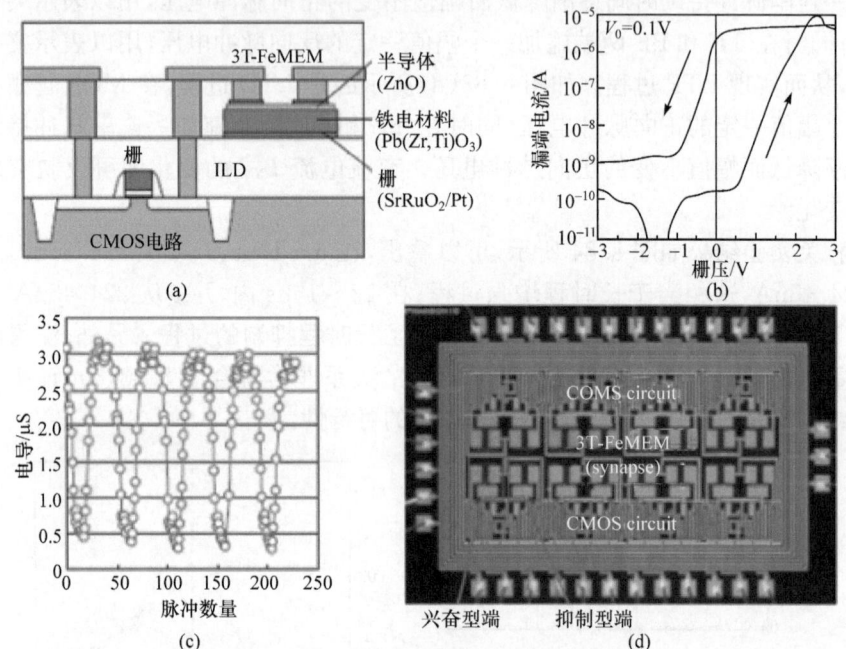

图 8.85 基于 3T-FeMEM 的神经形态计算功能实现[76]
((a) 一个 3T-FeMEM 和一个 CMOS 电路组成的电路单元截面图;(b) 3T-FeMEM 中漏极电流与栅电压之间的关系;(c) 在 3T-FeMEM 栅极施加 $-10\sim10\text{V}$ 的脉冲电压,漏电导随脉冲数量的变化;(d) 包含 16 个突触的神经元电路)

首先模拟的是 3T-FeMEM 的 STDP 功能,如图 8.86(a) 和图 8.86(b) 所示。将突触前活动和突触后活动分别用两种不同波形的脉冲表示,利用选择器电路,使两种信号先后到达 3T-FeMEM 端口。当突触后活动先于突触前活动到达时,测得的 3T-FeMEM 栅极电压为负值;当突触前活动先于突触后活动到达时,3T-FeMEM 的栅极电压为正值,这正好符合 STDP 特性。用源漏电导的变化来表征突触权重,可以得到 3T-FeMEM 突触权重与相对时间之间的关系。如图 8.86(c) 和图 8.86(d) 所示,分别表示 3T-FeMEM 和生物突触的突触权重的变化,可以看出两者形状十分相似。

随后,他们训练由 9 个神经元组成的神经网络电路学习两种模式信号,即 + 和 L。如图 8.87(a) 所示,1~9 表示九个神经元电路,左边两个图表示刺激型和抑制型的初始内电势,中间两个图表示学习了 + 模式之后的内电势,右边两个图是学习了 + 和 L 之后的内电势。浅色表示高电势,深色表示低电势,可以明显地看到刺激型与抑制型电势分布刚好相反。图 8.87(b) 是模拟回想功能实验的结果。+ 和 L 模式对应编号 1 和 2。学习了两种模式之后,该神经网络电路的内电势分布如

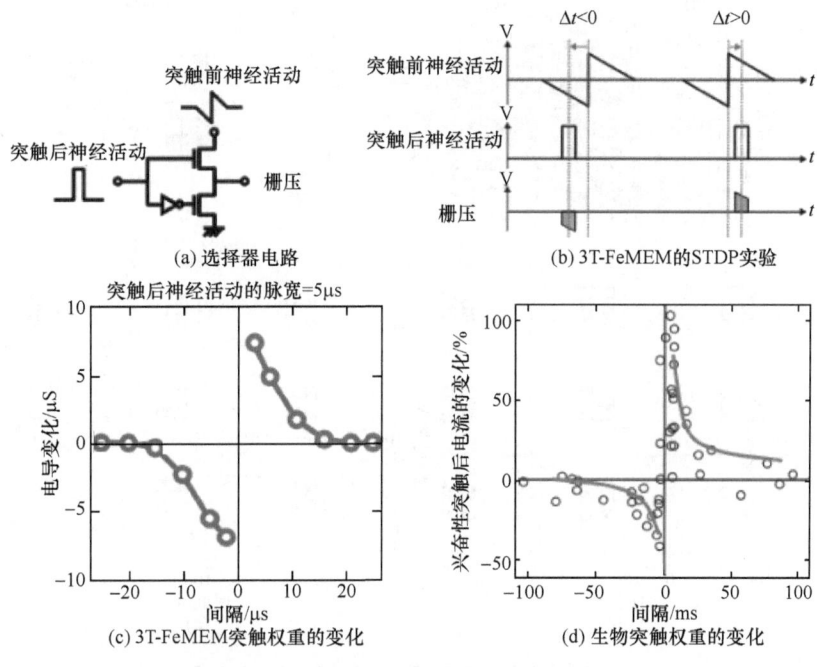

图 8.86 基于 3T-FeMEM 的 STDP 功能[76]

左边两图;之后给电路输入一个与模式 1 很相似的模式,电路会自动输出模式 1 的内电势分布,即该神经网络电路回想起了模式+。图 8.87(c)和图 8.87(d)对每个神经元的电势进行了分析,从上到下九个信号图对应着相应位置的九个格子,每个格子就是一个神经元电路。在 0 给电路施加一个脉冲信号,格子会变成白色;在 100ms 给电路施加一个脉冲信号,格子会变成黑色。若要得到如图 8.87(b)所示的输入模式,只需要对 3、7、9 号格子在 100ms 时刻施加一个脉冲信号即可,那么这三个格子是黑色,其余六个都是白色。输入该模式后,测量每一个神经元的内电势。将器件阈值电压设置为 0.4V,如果内电势达到 0.4V,则相当于神经元接收到一个刺激信号;如果在 0 受到刺激信号,该神经元对应的格子将会变成白色。最终测得的内电势结果如图 8.87(d)所示,与模式 1 的内电势分布相同,说明实现了回想功能,这也成功证明铁电忆阻器能应用于神经网络以实现高阶学习功能。

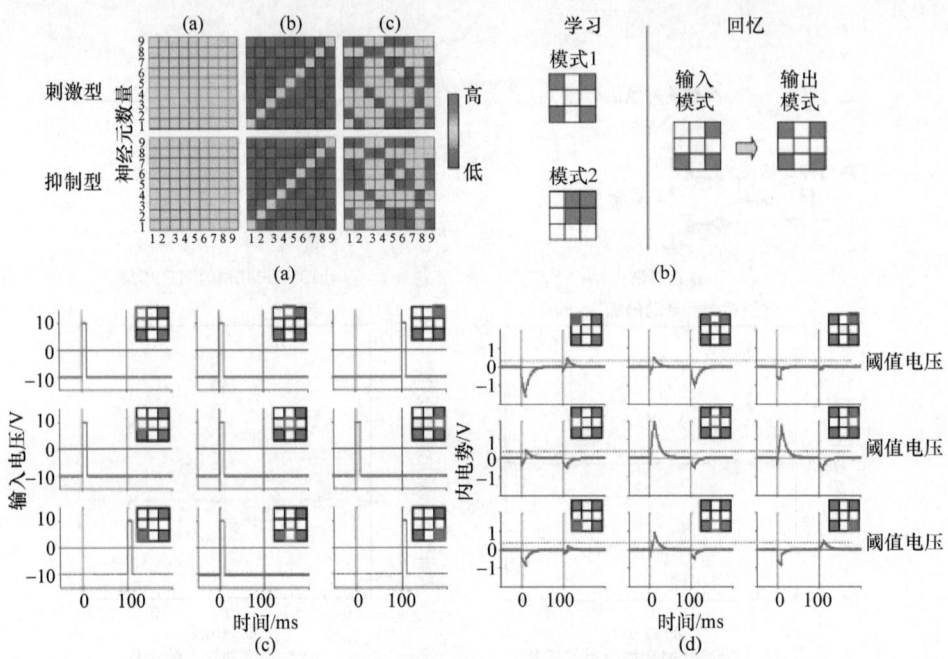

图 8.87 基于 3T-FeMEM 的神经网络电路[76]

((a) 刺激型和抑制型突触的权重变化,从左到右依次为初始状态、学习了＋模式、学习了＋和 L 模式;(b) 学习＋模式和 L 模式以及实现回想功能;(c) 每个神经元输入的脉冲信号;(d) 每个神经元的内电势测量结果)

参 考 文 献

[1] Chappert C,et al. The emergence of spin electronics in data storage. Nature Materials,2007,6:813-823.

[2] Waser R,et al. Nanoionics-based resistive switching memories. Nature Materials,2007,6:833-840.

[3] Ohno H,et al. Electric-field control offerromagnetism. Nature,2000,408:944-946.

[4] Chiba D,et al. Electrical control of the ferromagnetic phase transition in cobalt at room temperature. Nature Materials,2011,10:853-856.

[5] Lottermoser T,et al. Magnetic phase controlby an electric field. Nature Materials,2004,430:541-544.

[6] Chu Y H,et al. Electric-field control of local ferromagnetismusing a magnetoelectric multiferroic. Nature Materials,2008,7:478-482.

[7] Chiba D,et al. Electric-field control of ferromagnetism in (Ga,Mn)As. Applied Physics Letters,2006,89:162505.

[8] Stolichnov I,et al. Non-volatile ferroelectric control offerromagnetism in (Ga,Mn)As. Nature

Materials,2008,7:464-467.

[9] Chiba D, et al. Magnetization vector manipulation by electric fields. Nature, 2008, 455: 515-518.

[10] Yamada Y, et al. Electrically induced ferromagnetismat room temperature in cobalt-dopedtitanium dioxide. Science,2011,322:1065-1067.

[11] Chen G, et al. Resistive switching and magnetic modulation in cobalt-doped ZnO. Advanced Materials,2012,24:3515-3520.

[12] Chen G, et al. Interplay between chemical state, electric properties, and ferromagnetism in Fe-doped ZnO films. Journal of Applied Physics,2013,113:104503.

[13] Ren S X, et al. Electric field-induced magnetic switching in Mn:ZnO film. Applied Physics Letters,2014,104:232406.

[14] Zou C W, et al. Reversible switching of ferromagnetism in ZnCuO nanorods by electric field. Applied Physics Letters,2015,106:142402.

[15] Stefano F D, et al. Semiconducting-like filament formation in $TiN/HfO_2/TiN$ resistive switching random access memories. Applied Physics Letters,2012,100:142102.

[16] Yun C, et al. Fabrication of FeO_x thin films and the modulation of transport and magnetic properties by resistance switching in $Au/\alpha\text{-}Fe_2O_3/Pt$ heterostructure. Journal of Applied Physics,2014,115:17C306.

[17] Yun C, et al. Fabrication of ferrimagnetic FeO_x thin film and the resistances witching of $Au/FeO_x/Pt$ heterostructure. Journal of Applied Physics,2013,113:17C303.

[18] Chen X G, et al. The manipulation of magnetic properties by resistive switching effect in $CeO_2/La_{0.7}(Sr_{0.1}Ca_{0.9})_{0.3}MnO_3$ system. Journal of Applied Physics,2013,113:17C708.

[19] Xiong Y Q, et al. Electric field modification of magnetism in $Au/La_{2/3}Ba_{1/3}MnO_3/Pt$ device. Scientific Reports,2015,5:12766.

[20] Prezioso M, et al. A single-device universal logic gate based on a magnetically enhanced memristor. Advanced Materials,2013,25:534-538.

[21] Krzysteczko P, et al. The memristive magnetic tunnel junction as a nanoscopic synapse-neuron system. Advanced Materials,2012,24:762-766.

[22] Chen X, et al. Interfacial oxygen migration and its effect on the magnetic anisotropy in Pt/Co/MgO/Pt films. Applied Physics Letters,2014,104:52413.

[23] Ren S Q, et al. Coexistence of electric field controlled ferromagnetism and resistive switching for TiO_2 film at room temperature. Applied Physics Letters,2015,107:62404.

[24] Jiang C J, et al. Electric field tuning of non-volatile three-state magnetoelectric memory in $FeCo\text{-}NiFe_2O_4/Pb(Mg_{1/3}Nb_{2/3})_{0.7}Ti_{0.3}O_3$ heterostructures. Applied Physics Letters,2015,106:122406.

[25] Chen X X, et al. Nanoscale magnetization reversalcaused by electric field-induced ionmigration and redistribution in cobaltferrite thin films. ACS Nano,2015,9:4210-4218.

[26] Pan F, Gao S, Chen C, et al. Recent progress in resistive random access memories: materials,

switching mechanisms, and performance. Materials Science and Engineering,2014,83:1-59.

[27] Emboras A, Goykhman I, Desiatov B, et al. Nanoscale plasmonic memristor with optical readout functionality. Nano Letters,2013,13:6151-6155.

[28] Ghosh B, Amlan J P. Conductance switching in TiO_2 nanorods is a redox-driven process: evidence from photovoltaic parameters. Journal of Physics Chemistry C, 2009, 113: 18391-18395.

[29] Gao S, et al. Dynamic processes of resistive switching in metallic filament-based organic memory devices. Journal of Physics Chemistry C,2012,116:17955-17959.

[30] He C L, et al. Tunable electroluminescence in planar graphene/SiO_2 memristors. Advanced Materials,2013,25:5593-5598.

[31] Tan H W, et al. An optoelectronic resistive switching memory with integrated demodulating and arithmetic functions. Advanced Materials,2015,27:2797-2803.

[32] Ye C Q, et al. Multilevel conductance switching of memory device through photoelectric effect. Journal of the American Chemical Society,2012,134:20053-20059.

[33] Zhu X J, et al. Observation of conductance quantization in oxide-based resistive switching memory. Advanced Materials,2012,24:3941-3946.

[34] Koza J A, et al. Superconducting filaments formed during nonvolatile resistance switching in electrodeposited δ-Bi_2O_3. ACS Nano,2013,7:9940-9946.

[35] Lee B H, et al. Direct observation of a carbon filament in water-resistant organic memory. ACS Nano,2015,9:7306-7313.

[36] Hwang S K, et al. Flexible multilevel resistive memory with controlled charge trap band N-doped carbon nanotubes. Nano Letters,2012,12:2217.

[37] Liang P, et al. Metal-organic framework nanofilm for mechanically flexible information storage applications. Advanced Functional Materials,2015,25:2677-2685.

[38] Nagashima K, et al. Cellulose nanofiber paper as an ultra flexible nonvolatile memory. Scientific Reports,2014,4:5532.

[39] Gergel-Hackett N, et al. A flexible solution-processed memristor. IEEE Electron Device Letters,2009,30:706-708.

[40] Tedesco J L, et al. Flexible memristors fabricated through sol-gel hydrolysis. ECS Transactions,2011,35:111-120.

[41] Kim S, et al. Resistive switching characteristics of sol-gel zinc oxide films for flexible memory applications. IEEE Transactions on Electron Devices,2009,56:696.

[42] Jeong H Y, et al. A low-temperature-grown TiO_2-based device for the flexible stacked RRAM application. Nanotechnology,2010,21:115203.

[43] Wang G, et al. Conducting-interlayer SiO_x memory devices on rigid and flexible substrates. ACS Nano,2014,8:1410-1418.

[44] Hongbin Z, et al. High mechanical endurance RRAM based on amorphous gadolinium oxide for flexible nonvolatile memory application. Applied Physics Letters,2015,48:205104.

[45] Somnath M. Current conduction and resistive switching characteristics of Sm_2O_3 and Lu_2O_3 thin films for low-power flexible memory applications. Journal of Applied Physics, 2014, 115:14501.

[46] Lee S, et al. Resistive switching characteristicsof ZnO thin film grown on stainless steel for flexible nonvolatile memory devices. Applied Physics Letters, 2009, 95:262113.

[47] Seo J, et al. Transparent flexible resistive random access memory fabricated at room temperature. Applied Physics Letters, 2009, 95:133508.

[48] Lin L, et al. Vacancy associates-rich ultrathin nanosheets for high performance and flexible nonvolatile memory device. Journal of the American Chemical Society, 2015, 137: 3102-3108.

[49] Jeong H Y, et al. Graphene oxide thin films for flexible nonvolatile memory applications. Nano Letters, 2010, 10:4381-4386.

[50] Khurana G, et al. Tunable power switching in nonvolatile flexible memory devices based on graphene oxide embedded with ZnO nanorods. Journalof Physical Chemistry C, 2014, 118: 21357-21364.

[51] Tian H, et al. Cost-effective, transfer-free, flexible resistive random access memory using laser-scribed reduced graphene oxide patterning technology. Nano Letters, 2014, 14:3214-3219.

[52] Zhang X Y, et al. Wearable non-volatile memory devices based on topological insulator Bi_2Se_3/Pt fibers. Applied Physics Letters, 2015, 107:103109.

[53] Kim S, et al. Flexible memristive memory array on plastic substrates. Nano Letters, 2011, 11:5438-5442.

[54] Kim S, et al. Flexible one diode-one resistor resistive switchingmemory arrays on plastic substrates. RSC Advances, 2014, 4:20017-20023.

[55] Samara G A, et al. Ferroelectricity revisited: advances in materials and physics. Solid State Physics, 2001, 56:239-458.

[56] Shaw T, et al. The properties of ferroelectric films at small dimensions. Annual Review of Materials Science, 2000, 30:263-298.

[57] Ha S D, et al. Adaptive oxide electronics: a review. Journal of Applied Physics, 2011, 110:71101.

[58] Scott J F, et al. Ferroelectric memories. Science, 1989, 246:1400-1405.

[59] Kohlstedt H, et al. Theoretical current-voltage characteristics of ferroelectric tunnel junctions. Physical Review B, 2005, 72:125341.

[60] Tsymbal E Y, et al. Tunneling across a ferroelectric. Science, 2006, 313:181-183.

[61] Pantel D, et al. Room-temperature ferroelectric resistive switching in ultrathin $Pb(Zr_{0.2}Ti_{0.8})O_3$ films. ACS Nano, 2011, 5:6032-6038.

[62] Qu T L, et al. Resistance switching and white-light photovoltaic effects in $BiFeO_3$/Nb-$SrTiO_3$ heterojunctions. Applied Physics Letters, 2011, 98:173507.

[63] Chanthbouala A, et al. A ferroelectric memristor. Nature Materials, 2012, 11:860-864.

[64] Zhuravlev M Y, et al. Giant electroresistance in ferroelectric tunnel junctions. Physical Review Letters, 2005, 94:246802.

[65] Kim D J, et al. Ferroelectric tunnel memristor. Nano Letters, 2012, 12:5697-5702.

[66] Chen X, et al. Nonvolatile bipolar resistance switching effects in multiferroic $BiFeO_3$ thin films on $LaNiO_3$-electrodized Si substrates. Applied Physics A, 2010, 100:987-990.

[67] Yin K, et al. Resistance switching in polycrystalline $BiFeO_3$ thin films. Applied Physics Letters, 2010, 97:042101.

[68] Jiang A Q, et al. A resistive memory in semiconducting $BiFeO_3$ thin-film capacitors. Advanced Materials, 2011, 23:1277-1281.

[69] Lee D, et al. Polarity control of carrier injection at ferroelectric/metal interfaces for electrically switchable diode and photovoltaic effects. Physical Review B, 2011, 84:125305.

[70] Hu Z Q, et al. Ferroelectric memristor based on $Pt/BiFeO_3/Nb$-doped $SrTiO_3$ heterostructure. Applied Physics Letters, 2013, 102:102901.

[71] Chen X, et al. Ferroelectric memristive effect in $BaTiO_3$ epitaxial thin films. Applied Physics Letters, 2014, 47:365102.

[72] 潘峰, 陈超. 阻变存储器材料与器件. 北京: 科学出版社, 2014.

[73] Wang Z H, et al. Compact modelling of ferroelectric tunnel memristor and its use forneuromorphic simulation. Applied Physics Letters, 2014, 104:53505.

[74] Ishibashi Y, et al. Note on ferroelectric domain switching. Journal of the Physical Society of Japan, 1971, 31:506.

[75] Hashimoto S, et al. Study on D-E hysteresis loop of TGS based on the Avrami-type model. Journal of the Physical Society of Japan, 1994, 63:1601.

[76] Yukihiro K, et al. Neural network based on a three-terminal ferroelectric memristor to enable on-chip pattern recognition//2013 IEEE Symposium on VLSI Technology, 2013.